시대에듀

전기기능사 필기
기초특강
무료 제공!

"초보자도 쏙쏙 쉽게 이해하는 **기초수학 & 계산기 사용법**"

기초보자도 합격한다!

01

기초특강 1교시

02

기초특강 2교시

03

기초특강 3교시

04

기초특강 4교시

시대에듀

전기
기능사 필기

시대에듀

편·저·자·약·력

김대범
現 수도전기공업고등학교 교사
홍익대학교 전기공학과 졸업

한규철
現 수도전기공업고등학교 교사
충남대학교 전기공학교육과 졸업

 끝까지 책임진다! 시대에듀!
QR코드를 통해 도서 출간 이후 발견된 오류나 개정법령, 변경된 시험 정보, 최신기출문제, 도서 업데이트 자료 등이 있는지 확인해 보세요! **시대에듀 합격 스마트 앱**을 통해서도 알려 드리고 있으니 구글 플레이나 앱 스토어에서 다운받아 사용하세요.
또한, 파본 도서인 경우에는 구입하신 곳에서 교환해 드립니다.

편집진행 윤진영·김경숙 | **표지디자인** 권은경·길전홍선 | **본문디자인** 정경일·박동진

PREFACE

전기 분야의 전문가를 향한 첫 발걸음!

'시간을 덜 들이면서도 시험을 좀 더 효율적으로 대비하는 방법은 없을까?'
'짧은 시간 안에 시험을 준비할 수 있는 방법은 없을까?'

자격증 시험을 앞둔 수험생들이라면 누구나 한 번쯤 들었을 법한 생각이다. 실제로도 많은 자격증 관련 카페에서도 빈번하게 올라오는 질문이기도 하다. 이런 질문들에 대해 대체적으로 기출문제 분석 → 출제경향 파악 → 핵심이론 요약 → 관련 문제 반복 숙지의 과정을 거쳐 시험을 대비하라는 답변이 꾸준히 올라오고 있다.

윙크(Win-Q) 시리즈는 위와 같은 질문과 답변을 바탕으로 기획되어 발간된 도서이다.

그중에서도 윙크(Win-Q) 전기기능사(필기)는 PART 01 핵심이론과 PART 02 과년도 및 최근 기출복원문제로 구성되었다. PART 01은 과거에 치러 왔던 기출문제의 Key-word를 철저하게 분석하고, 반복 출제되는 문제를 엄선해 이론과 문제를 한 번에 학습함으로써 효율을 높였고, PART 02에서는 과년도 및 최근 기출복원문제를 수록하여 PART 01에서 놓칠 수 있는 최근에 출제되고 있는 새로운 유형의 문제에 대비할 수 있게 하였다.

전기기능사는 전기에 필요한 장비 및 공구를 사용하여 회전기, 정지기, 제어장치 또는 빌딩, 공장, 주택 및 전력시설물의 전선, 케이블, 전기기계 및 기구를 설치, 보수, 검사, 시험 및 관리하는 업무를 수행하고 있다.

윙크(Win-Q) 시리즈는 필기 고득점 합격자와 평균 60점 이상의 필기 합격자 모두를 위한 훌륭한 지침서이다. 무엇보다 효과적인 자격증 대비서로서 기존의 부담스러웠던 수험서에서 필요 없는 부분을 제거하고 꼭 필요한 내용들을 중심으로 수록한 윙크(Win-Q) 시리즈가 수험준비생들에게 "합격비법노트"로서 함께하는 수험서로 자리 잡길 바란다. 수험생 여러분들의 건승을 기원한다.

편저자 씀

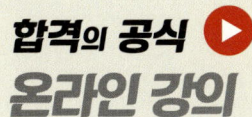 

보다 깊이 있는 학습을 원하는 수험생들을 위한 시대에듀의 동영상 강의가 준비되어 있습니다.

www.sdedu.co.kr ➔ 회원가입(로그인) ➔ 강의 살펴보기

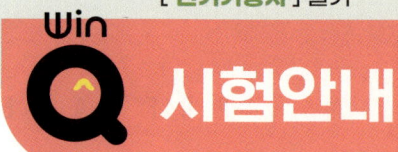

개요
전기로 인한 재해를 방지하기 위하여 일정한 자격을 갖춘 사람으로 하여금 전기기기를 제작, 제조, 조작, 운전, 보수 등을 하도록 하기 위해 자격제도를 제정하였다.

진로 및 전망
발전소, 변전소, 전기공작물시설업체, 건설업체, 한국전력공사 및 일반사업체나 공장의 전기부서, 가정용 및 산업용 전기 생산업체, 부품 제조업체 등에 취업하여 전기와 관련된 제반시설의 관리 및 검사업무를 보조 및 담당할 수 있다. 설치된 전기시설을 유지·보수하는 인력과 전기제품을 제작하는 인력수요는 계속될 전망이며, 새롭게 등장하는 신기술의 개발로 인해 상위의 기술수준 습득이 요구되므로 꾸준한 자기개발을 하는 노력이 필요하다.

시험일정

구분	필기원서접수 (인터넷)	필기시험	필기합격 (예정자)발표	실기원서접수	실기시험	최종 합격자 발표일
제1회	1월 초순	1월 하순	2월 초순	2월 초순	3월 중순	4월 중순
제2회	3월 중순	4월 초순	4월 중순	4월 하순	5월 하순	6월 하순
제3회	6월 초순	6월 하순	7월 중순	7월 하순	8월 하순	9월 하순
제4회	8월 하순	9월 하순	10월 중순	10월 하순	11월 하순	12월 하순

※ 상기 시험일정은 시행처의 사정에 따라 변경될 수 있으니, www.q-net.or.kr에서 확인하시기 바랍니다.

시험요강
❶ 시행처 : 한국산업인력공단
❷ 시험과목
　㉠ 필기 : 1. 전기이론　2. 전기기기　3. 전기설비
　㉡ 실기 : 전기설비작업
❸ 검정방법
　㉠ 필기 : 객관식 4지택일형(60문항)
　㉡ 실기 : 작업형(5시간 정도, 전기설비작업)
❹ 합격기준
　㉠ 필기 : 100점을 만점으로 하여 60점 이상
　㉡ 실기 : 100점을 만점으로 하여 60점 이상

검정현황

필기시험

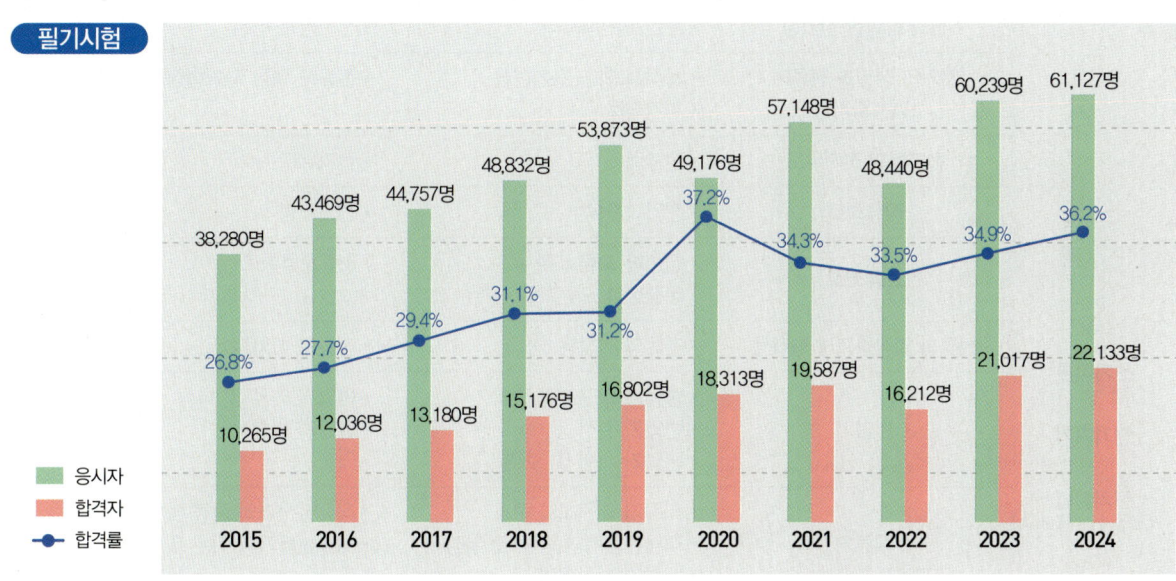

실기시험

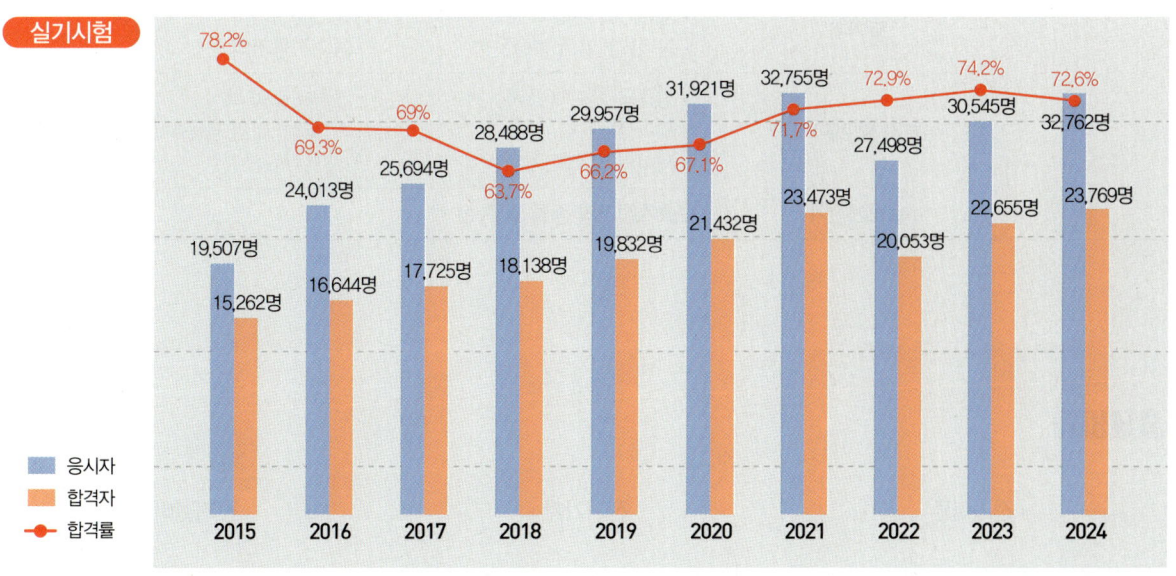

[전기기능사] 필기 시험안내

출제기준

필기과목명	주요항목	세부항목	
전기이론 · 전기기기 · 전기설비	전기의 성질과 전하에 의한 전기장	• 전기의 본질 • 콘덴서(커패시터)	• 정전기의 성질 및 특수현상 • 전기장과 전위
	자기의 성질과 전류에 의한 자기장	• 자석에 의한 자기현상 • 자기회로	• 전류에 의한 자기현상
	전자력과 전자유도	• 전자력	• 전자유도
	직류회로	• 전압과 전류	• 전기저항
	교류회로	• 정현파 교류회로 • 비정현파 교류회로	• 3상 교류회로
	전류의 열작용과 화학작용	• 전류의 열작용	• 전류의 화학작용
	변압기	• 변압기의 구조와 원리 • 변압기 결선 • 변압기 시험 및 보수	• 변압기 이론 및 특성 • 변압기 병렬운전
	직류기	• 직류기의 원리와 구조 • 직류전동기의 종류 및 특성 • 직류기의 시험법	• 직류발전기의 종류 및 특성 • 직류전동기의 이론 및 용도
	유도전동기	• 유도전동기의 원리와 구조	• 유도전동기의 속도제어 및 용도
	동기기	• 동기기의 원리와 구조 • 동기발전기의 병렬운전	• 동기발전기의 이론 및 특성 • 동기전동기의 운전
	정류기 및 제어기기	• 정류용 반도체 소자 • 제어 정류기 • 제어기 및 제어장치	• 정류회로의 특성 • 사이리스터의 응용회로
	보호계전기	보호계전기의 종류 및 특성	

출제비율

전기이론	전기기기	전기설비
33%	33%	33%

필기과목명	주요항목	세부항목
전기이론 · 전기기기 · 전기설비	배선재료 및 공구	• 전선 및 케이블 • 배선재료 • 전기설비에 관련된 공구
	전선접속	• 전선의 피복 벗기기 • 전선의 각종 접속방법 • 전선과 기구단자와의 접속
	배선설비공사 및 전선허용전류 계산	• 전선관시스템 • 케이블트렁킹시스템 • 케이블덕팅시스템 • 케이블트레이시스템 • 케이블공사 • 저압 옥내배선공사 • 특고압 옥내배선공사 • 전선허용전류
	전선 및 기계기구의 보안공사	• 전선 및 전선로의 보안 • 과전류차단기 설치공사 • 각종 전기기기 설치 및 보안공사 • 접지공사 • 피뢰기 설치공사
	가공인입선 및 배전선공사	• 가공인입선 공사 • 배전선로용 재료와 기구 • 장주, 건주(전주세움) 및 가선(전선설치) • 주상기기의 설치
	고압 및 저압 배전반공사	• 배전반공사 • 분전반공사
	특수장소공사	• 먼지가 많은 장소의 공사 • 위험물이 있는 곳의 공사 • 가연성 가스가 있는 곳의 공사 • 부식성 가스가 있는 곳의 공사 • 흥행장, 광산, 기타 위험장소의 공사
	전기응용시설공사	• 조명배선 • 동력배선 • 제어배선 • 신호배선 • 전기응용기기 설치공사

[전기기능사] 필기

CBT 응시 요령

기능사 종목 전면 CBT 시행에 따른
CBT 완전 정복!

"CBT 가상 체험 서비스 제공"
한국산업인력공단
(http://www.q-net.or.kr) 참고

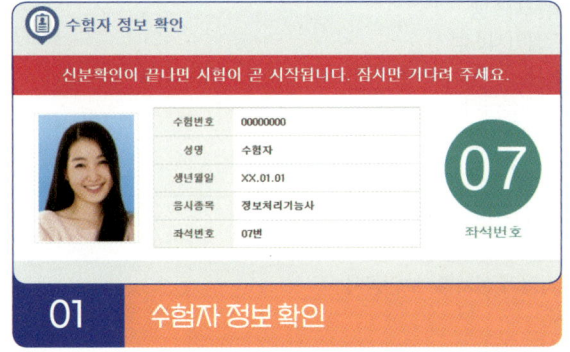

01 수험자 정보 확인

시험장 감독위원이 컴퓨터에 나온 수험자 정보와 신분증이 일치하는지를 확인하는 단계입니다. 수험번호, 성명, 생년월일, 응시종목, 좌석번호를 확인합니다.

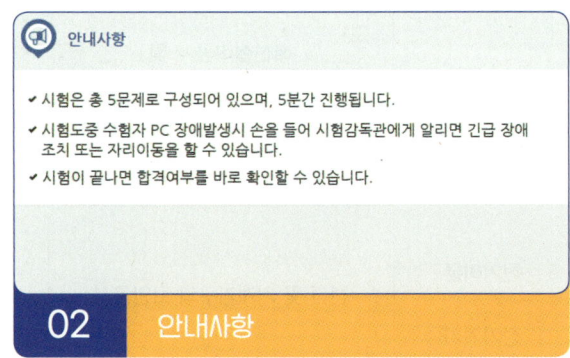

02 안내사항

시험에 관한 안내사항을 확인합니다.

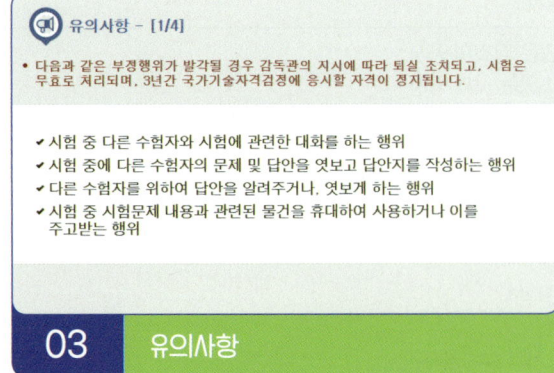

03 유의사항

부정행위에 관한 유의사항이므로 꼼꼼히 확인합니다.

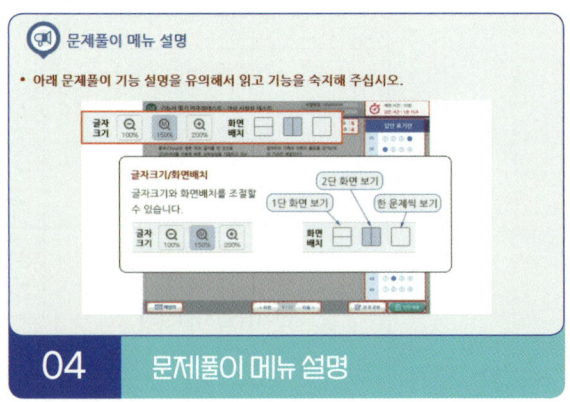

04 문제풀이 메뉴 설명

문제풀이 메뉴의 기능에 관한 설명을 유의해서 읽고 기능을 숙지해 주세요.

CBT GUIDE

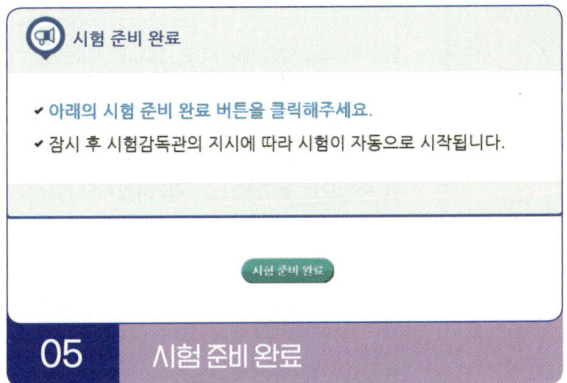

05 시험 준비 완료

시험 안내사항 및 문제풀이 연습까지 모두 마친 수험자는 시험 준비 완료 버튼을 클릭한 후 잠시 대기합니다.

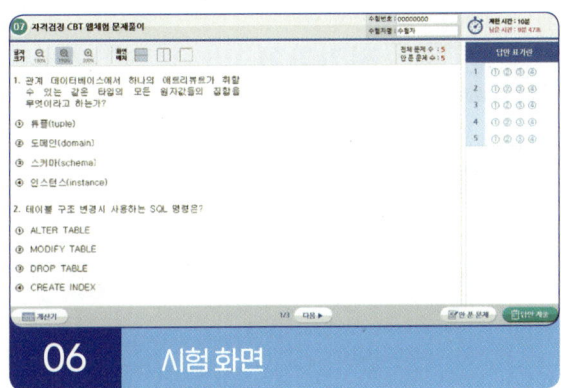

06 시험 화면

시험 화면이 뜨면 수험번호와 수험자명을 확인하고, 글자크기 및 화면배치를 조절한 후 시험을 시작합니다.

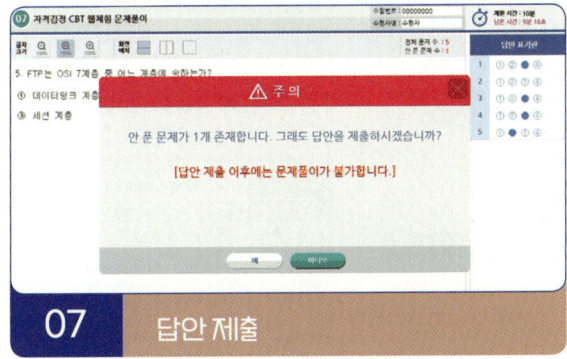

07 답안 제출

[답안 제출] 버튼을 클릭하면 답안 제출 승인 알림창이 나옵니다. 시험을 마치려면 [예] 버튼을 클릭하고 시험을 계속 진행하려면 [아니오] 버튼을 클릭하면 됩니다. 답안 제출은 실수 방지를 위해 두 번의 확인 과정을 거칩니다. [예] 버튼을 누르면 답안 제출이 완료되며 득점 및 합격여부 등을 확인할 수 있습니다.

CBT 완전 정복 TIP

내 시험에만 집중할 것
CBT 시험은 같은 고사장이라도 각기 다른 시험이 진행되고 있으니 자신의 시험에만 집중하면 됩니다.

이상이 있을 경우 조용히 손을 들 것
컴퓨터로 진행되는 시험이기 때문에 프로그램상의 문제가 있을 수 있습니다. 이때 조용히 손을 들어 감독관에게 문제점을 알리며, 큰 소리를 내는 등 다른 사람에게 피해를 주는 일이 없도록 합니다.

연습 용지를 요청할 것
응시자의 요청에 한해 연습 용지를 제공하고 있습니다. 필요시 연습 용지를 요청하며 미리 시험에 관련된 내용을 적어놓지 않도록 합니다. 연습 용지는 시험이 종료되면 회수되므로 들고 나가지 않도록 유의합니다.

답안 제출은 신중하게 할 것
답안은 제한 시간 내에 언제든 제출할 수 있지만 한 번 제출하게 되면 더 이상의 문제풀이가 불가합니다. 안 푼 문제가 있는지 또는 맞게 표기하였는지 다시 한 번 확인합니다.

구성 및 특징

핵심이론

필수적으로 학습해야 하는 중요한 이론들을 각 과목별로 분류하여 수록하였습니다. 시험과 관계없는 두꺼운 기본서의 복잡한 이론은 이제 그만! 시험에 꼭 나오는 이론을 중심으로 효과적으로 공부하십시오.

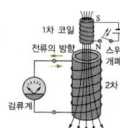

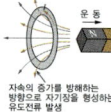

10년간 자주 출제된 문제

출제기준을 중심으로 출제 빈도가 높은 기출문제와 필수적으로 풀어보아야 할 문제를 핵심이론당 1~2문제씩 선정했습니다. 각 문제마다 핵심을 찌르는 명쾌한 해설이 수록되어 있습니다.

FORMULA OF PASS · SDEDU.CO.KR

STRUCTURES

과년도 기출복원문제

지금까지 출제된 과년도 기출복원문제를 수록하였습니다. 각 문제에는 자세한 해설이 추가되어 핵심이론만으로는 아쉬운 내용을 보충 학습하고 출제경향의 변화를 확인할 수 있습니다.

2017년 제1회 과년도 기출복원문제

01 다음 중 자기작용에 관한 설명으로 올바른 것은?
① 기자력의 단위는 [AT]를 사용한다.
② 자기회로에서 자속을 발생시키기 위한 힘을 기전력이라고 한다.
③ 자기회로의 자기저항이 작은 경우는 누설자속이 매우 크다.
④ 평행한 두 도체 사이에 전류가 반대 방향으로 흐르면 흡인력이 작용한다.

해설
② 자기회로에서 자속을 발생시키기 위한 힘을 기자력이라고 한다.
③ 자기회로의 자기저항이 작은 경우는 누설자속이 거의 발생하지 않는다.
④ 평행한 두 도체 사이에 전류가 같은 방향으로 흐르면 흡인력이 작용한다.

02 0.02[μF], 0.03[μF] 2개의 콘덴서를 직렬로 접속할 때의 합성용량은 몇 [μF]인가?
① 0.05
② 0.012
③ 0.06
④ 0.016

해설
콘덴서의 직렬접속 시 합성용량은 저항의 병렬접속 계산방법과 같다.
$\frac{1}{C} = \frac{1}{C_1} + \frac{1}{C_2}$ [1/F]
$C = \frac{1}{\frac{1}{C_1}+\frac{1}{C_2}} = \frac{C_1 \times C_2}{C_1+C_2} = \frac{0.02 \times 0.03}{0.02+0.03} = \frac{0.0006}{0.05}$
$= 0.012[\mu F]$

03 Y-Y 결선 회로에서 선간전압이 380[V]일 때 상전압은 약 몇 [V]인가?
① 190
② 219
③ 269
④ 380

해설
Y결선(성형 결선, Star 결선)
· 선전압(V_l)이 상전압(V_p)보다 $\sqrt{3}$ 배 크고 $\frac{\pi}{6}$[rad]만큼 위상이 앞선다.
$V_l = \sqrt{3}\,V_p \angle \frac{\pi}{6}$
· 상전류(I_p)는 선전류(I_l)와 동상이다.
∴ 위의 식을 참고하여 계산하면 $V_p = \frac{V_l}{\sqrt{3}} = \frac{380}{\sqrt{3}} ≒ 219[V]$

04 3[Ω]의 ...
① 1.7
③ 3.2

해설
RLC 병렬
$Y = \frac{1}{Z}$
$Z = 2.4$
(Y: 어드...)

108 ■ PART 02 과년도 + 최근 기출복원문제

2025년 제3회 최근 기출복원문제

01 컨덕턴스 G[℧], 저항 R[Ω], 전압 V[V], 전류를 I[A]라 할 때 G와의 관계가 옳은 것은?
① $G = \frac{R}{V}$
② $G = \frac{I}{V}$
③ $G = \frac{V}{R}$
④ $G = \frac{V}{I}$

해설
컨덕턴스는 저항의 역이므로 $G = \frac{I}{V}$[℧]가 된다.

02 10[Ω] 저항 5개를 가지고 얻을 수 있는 가장 작은 합성저항[Ω] 값은?
① 1
② 2
③ 4
④ 5

해설
합성저항이 직렬일 때는 $5 \times 10 = 50$[Ω]이고,
병렬일 때는 $\frac{10}{5} = 2$[Ω]이므로 가장 작은 합성저항은 ②이다.

03 어떤 회로에 50[V]의 전압을 가하니 $8+j6$[A]의 전류가 흐른다면 이 회로의 임피던스[Ω]는?
① $3-j4$
② $3+j4$
③ $4-j3$
④ $4+j3$

해설
임피던스 $Z = \frac{V}{I} = \frac{50}{8+j6}$
$= \frac{50(8-j6)}{(8+j6)(8-j6)} = 4-j3[\Omega]$

04 다음은 전기력선의 성질이다. 틀린 것은?
① 전기력선은 서로 교차하지 않는다.
② 전기력선은 도체의 표면에 수직이다.
③ 전기력선의 밀도는 전기장의 크기를 나타낸다.
④ 같은 전기력선은 서로 끌어당긴다.

해설
같은 전기력선은 서로 반발한다.

05 대칭 3상 △결선에서 선전류와 상전류와의 위상 관계는?
① 상전류가 $\frac{\pi}{6}$[rad] 앞선다.
② 상전류가 $\frac{\pi}{6}$[rad] 뒤진다.
③ 상전류가 $\frac{\pi}{3}$[rad] 앞선다.
④ 상전류가 $\frac{\pi}{3}$[rad] 뒤진다.

해설
선전류(I_l)와 상전류(I_p)의 크기와 위상이 같고, 전류는 $I_l = \sqrt{3}\,I_p$이고 I_l은 I_p보다 위상이 30° 뒤진다.

정답 1② 2② 3③ 4④ 5①

2025년 제3회 최근 기출복원문제 ■ 511

최근 기출복원문제

최근에 출제된 기출문제를 복원하여 가장 최신의 출제경향을 파악하고 새롭게 출제된 문제의 유형을 익혀 처음 보는 문제들도 모두 맞힐 수 있도록 하였습니다.

[전기기능사] 필기
최신 기출문제 출제경향

2023년 2회
- 저항의 접속
- 콘덴서에 저장되는 에너지
- 선전류에 작용하는 힘
- 합성인덕턴스
- 직권전동기의 속도 특성
- 직류기의 무부하 포화 곡선
- 3상 동기발전기의 출력
- 변압기의 병렬운전 조건
- 트랜지스터를 활용한 전동기 제어
- 분기회로수
- 누전차단기 설치
- 부등률, 수용률

2024년 1회
- 정전용량 콘덴서
- 전자유도
- 3상 평형회로의 선전류
- 동기발전기에서 동기속도, 극수, 슬립에 관한 그래프
- 동기발전기의 병렬운전 조건
- 변압기의 뱅크 구성(V결선)
- 유도전동기 매극 매상당 홈 수
- 직류전동기의 속도제어방식
- 절연전선의 약호
- 금속관 배관공사용 공구(리머)
- 접지선의 시설
- 저압 접촉 전선(트롤리선) 공사
- 폭연성 먼지 위험장소

2023년 3회
- 브리지의 평형조건
- 최대전력 전달
- RLC 직렬회로의 임피던스
- RLC 직렬회로의 선택도(전압 확대율)
- 직류 분권발전기의 특성 시험
- 단락비 크기에 따른 동기발전기 특성
- 동기기의 난조와 방지 대책
- 변압기의 냉각방식
- 유도전동기의 2차 전류 계산
- 금속몰드/케이블 공사의 시설 조건
- 전기공사에 사용하는 공구의 명칭
- KEC 기준에 따른 전원 종류 및 색상 구분
- 과전류 보호장치의 정격전류에 따른 동작특성
- 합성수지관 및 부속품의 시설

2024년 2회
- 전기력선의 성질
- 합성인덕턴스
- 전류의 발열작용
- 직류전동기의 속도제어방식
- 직권 전동기의 토크와 회전수의 관계
- 단락비가 큰 동기기 특성
- 변압기의 병렬운전 조건
- 단상 전파정류회로
- 단선의 접속(트위스트 분기접속)
- 가요전선관의 접속(커플링)
- 과부하 보호장치의 설치 위치
- 가공전선로 지지물의 시설
- 고압 가공전선로 지지물 간 거리의 제한

TENDENCY OF QUESTIONS

2024년 3회
- 전위의 평형
- 자속밀도
- RLC 직렬회로의 공진상태
- 직류발전기의 여자방식(타여자발전기)
- 동기발전기의 전기자 반작용
- 변압기의 V결선 방식(이용률, 출력률)
- 변압기의 보호장치(부흐홀츠계전기)
- 전력용 반도체 소자(GTO)
- 금속관공사
- 금속덕트공사
- 허용전류

2025년 1회
- 콘덴서 병렬 접속 시 합성 정전용량
- 렌츠의 자기유도 법칙
- 전기력선의 성질
- 브리지 회로의 평형조건
- 다이오드의 직렬접속
- 변압기의 작동 원리
- 동기발전기의 병렬운전조건
- 유도전동기의 슬립
- 역률 개선을 위한 장치
- 변압기 중성점 접지공사의 목적
- 애자공사/라이팅덕트공사 시설조건
- 가공전선로 지지물의 기초의 안전율

2025년 2회
- V결선의 3상 출력
- 히스테리시스 곡선
- 정전 흡인력
- 절연저항
- 직류기의 회로 구조
- 변압기의 권수비
- 동기발전기의 난조 방지법
- 권선형 유도전동기의 비례추이
- PN 접합 정류소자의 특징
- 차단기의 차단용량
- 케이블공사/합성수지관공사 시설조건
- 저압수용가 인입구 접지
- 전기자동차의 충전장치 시설

2025년 3회
- 임피던스
- 배율기와 분류기의 접속 방법
- 자기저항
- 전압과 전류의 위상차
- 직류전동기의 속도변동률
- 변압기유의 구비조건
- 위상 특성곡선(V곡선)
- 유도전동기의 전전압 기동
- 정류회로의 특징
- 금속몰드공사/합성수지관공사 시설조건
- 화약류 저장소에서 전기설비의 시설
- 변류기
- 전선의 접속법

[전기기능사] 필기
D-20 스터디 플래너

20일 완성!

D-20	D-19	D-18	D-17
☑ 01 전기이론 1. 직류회로	☑ 01 전기이론 2. 전기장과 자기장	☑ 01 전기이론 3. 교류회로	☑ 02 전기기기 1. 직류기

D-16	D-15	D-14	D-13
☑ 02 전기기기 2. 동기기	☑ 02 전기기기 3. 변압기	☑ 02 전기기기 4. 유도기	☑ 02 전기기기 5. 정류기

D-12	D-11	D-10	D-9
☑ 03 전기설비 1. 총칙 2. 전선로	☑ 03 전기설비 3. 배선재료 및 공구	☑ 03 전기설비 4. 옥내 전기사용 장소의 시설	☑ 03 전기설비 5. 특수장소 및 전기응용시설 공사

D-8	D-7	D-6	D-5
2017~2018년 과년도 기출복원문제 풀이	2019년 과년도 기출복원문제 풀이	2020년 과년도 기출복원문제 풀이	2021년 과년도 기출복원문제 풀이

D-4	D-3	D-2	D-1
2022년 과년도 기출복원문제 풀이	2023년 과년도 기출복원문제 풀이	2024년 과년도 기출복원문제 풀이	2025년 최근 기출복원문제 풀이 기출문제 오답정리

합격 수기

꿈을 향한 첫걸음

안녕하세요. 전기기능사 합격자입니다.

한전을 목표로 기초가 되는 전기기능사 자격증에 도전하게 되었습니다. 그런데 저는 실전은 강한데 필기가 약해 막상 공부를 하려고 하니 어떻게 해야 할지 막막했습니다. 기술 쪽에 계시는 분들 중에 공감하시는 분들이 많을 텐데요.. 필기 내용은 먼 기억이기도 하고 새로 바뀐 것도 많아 늘 새롭기만 합니다. 그렇지만 실무는 실전이라 필기만 극복하면 자격증 취득이 어렵지 않으리라 생각했습니다. 그래서 단기로 찐하게 준비하기로 마음먹었습니다. 책은 수험서로 유명한 Win-Q로 구매했습니다. 시험에 나올 만한 부분만 공부하는 저의 성향에 딱 맞았습니다. 근데 생각보다 내용이 적지 않아서 공부하는 데 조금 힘들었습니다. 그래도 중간 중간에 이미 아는 부분들이 꽤 나와서 끝까지 마쳤습니다. 시험날 고사장까지 가는 길에 빨간키를 보면서 최종적으로 이론을 정리하고 시험을 치렀습니다. 생소한 문제들이 좀 있었지만 대부분은 공부할 때 본 것들이라 무난히 합격할 수 있었던 것 같습니다. 꿈에 한 걸음 가까이 다가설 수 있어 매우 기쁩니다. 다음 도전도 시대에듀와 함께 하겠습니다.

2022년 전기기능사 합격자

친구랑 윙크책으로 공부해서 합격했습니다.

올해는 기필코 전기기능사를 따겠다고 굳은 결심을 했는데, 시간이 지날수록 의지가 약해져 점점 공부를 게을리 할 무렵, 친구가 들고 온 윙크책이 학습의 방향을 바꿔놓았습니다. 원래 정리를 잘 못하는 성격이라 몇 시간을 공부를 해도 뭔가 남는 것이 적은 편인데, 윙크로 공부하니 집중도도 높고 이해도 빨랐습니다. 친구도 같이 집중을 하니 도서관에 있는 시간이 길어져 혼자서 할 때는 20페이지 보는 데도 5일이 걸렸는데 2주 만에 이론을 다 끝내고 10일 동안 기출문제를 끝냈습니다. 친구도 공부를 더 열심히 하게 되었다고 하니 좋은 선택이었다는 생각이 들었습니다. 시험장에 가서 문제를 푸는 데 이론과 기출문제에서 봤던 내용들이 눈에 많이 들어오면서 어렵지 않게 풀고 나왔습니다. 완료를 누르니까 바로 합격 결과가 떠서 놀랍기도 했지만 무척 기뻤습니다. 친구도 합격을 하여 끝나고 나서 홀가분하게 놀았습니다. 다들 현명한 선택을 해서 공부에 집중하시면 저처럼 원하는 결과를 얻으리라 믿습니다. 모두들 힘내세요!

2023년 전기기능사 합격자

[전기기능사] 필기

이 책의 목차

빨리보는 간단한 키워드

PART 01	핵심이론	
CHAPTER 01	전기이론	002
CHAPTER 02	전기기기	036
CHAPTER 03	전기설비	071

PART 02	과년도 + 최근 기출복원문제	
2017년	과년도 기출복원문제	108
2018년	과년도 기출복원문제	161
2019년	과년도 기출복원문제	215
2020년	과년도 기출복원문제	272
2021년	과년도 기출복원문제	311
2022년	과년도 기출복원문제	351
2023년	과년도 기출복원문제	394
2024년	과년도 기출복원문제	439
2025년	최근 기출복원문제	483

빨간키

빨리보는 간단한 키워드

CHAPTER 01 전기이론

■ **전기량(전하량)**
- 단위 : [C](Colulomb, 쿨롬)
- 전기량 $Q = I \times t$
- $1[C]$: $\dfrac{1}{1.60219 \times 10^{-19}} = 6.24 \times 10^{18}$개의 전자의 과부족으로 생기는 전기량

■ **쿨롱의 법칙(Coulomb's Law)**

$$F = k\dfrac{Q_1 Q_2}{r^2} = \dfrac{1}{4\pi\varepsilon} \cdot \dfrac{Q_1 Q_2}{r^2} = 9 \times 10^9 \dfrac{Q_1 Q_2}{r^2} [N] \quad (F > 0 : 반발력, \ F < 0 : 흡인력)$$

- 유전율 $\varepsilon = \varepsilon_0 \varepsilon_r$
- 진공의 유전율 $\varepsilon_0 = 8.854 \times 10^{-12} [F/m]$

■ **전기력선의 성질**
- 전기력선은 양전하의 표면에서 나와서 음전하의 표면으로 들어간다.
- 전기력선의 밀도는 그 점에서의 전계의 크기와 같다.
- 전기력선의 접선 방향은 그 접점에서의 전기장의 방향을 가리킨다.
- 전기력선의 밀도는 전기장의 세기를 나타낸다.
- 전기력선은 도체의 표면에 수직으로 출입한다.
- 전기력선은 서로 교차하지 않는다.
- 전체 전하량 $Q[C]$를 둘러싼 폐곡면을 통하고 밖으로 나가는 전기력선의 총수는 $N = \dfrac{Q}{\varepsilon}$개다(가우스의 정리).
- 도체 내부에는 전기력선이 없다(도체 내부에는 전기장이 존재하지 않는다).

■ **전기장의 세기**

$$E = \dfrac{Q}{4\pi\varepsilon r^2} = 9 \times 10^9 \dfrac{Q}{\varepsilon_r r^2} [V/m]$$

전류
- 단위 : [A](Ampere, 암페어)
- 전류 $I = \dfrac{Q}{t}$ [C/s]

주파수
1초 동안에 일정한 모양의 파형이 반복되는 횟수

$f = \dfrac{1}{T}$ [Hz]

전 압
어떤 도체에 Q[C]의 전기량이 이동하여 W[J]의 일을 할 때의 전위차

$V = \dfrac{W}{Q}$ [J/C], [V]

저 항
$R = \rho \dfrac{l}{A}$ [Ω] (ρ : 고유저항, A : 단면적, l : 전선의 길이)

온도계수
- 부(−)특성 온도계수 : 반도체, 서미스터, 전해질, 방전관, 탄소
- 정(+)특성 온도계수 : 도체, 즉 금속

콘덴서 접속
- 병렬접속 $C = C_1 + C_2$ [F]
- 직렬접속 $\dfrac{1}{C} = \dfrac{1}{C_1} + \dfrac{1}{C_2}$ [1/F]

정전에너지
$W = \dfrac{1}{2}QV = \dfrac{1}{2}CV^2$ [J]

전자유도작용

코일에 전류가 흘러 자속이 변하면 자속을 방해하려는 방향으로 유도기전력이 발생하는 작용이다.

$e = \left| -L\dfrac{di}{dt} \right|$ [V]

자석의 성질

- 자석에는 N극과 S극이 있다.
- 자석의 같은 극끼리는 서로 반발하고, 다른 극끼리는 끌어당긴다.
- 자극으로부터 자력선이 나온다.
- 자력선은 N극에서 나와 S극으로 향한다.
- 자력이 강할수록 자기력선의 수가 많다.
- 발생되는 자기력선은 아무리 사용해도 기본적으로 감소하지 않는다.
- 자기력선은 비자성체를 투과한다.
- 자기력선에는 고무줄과 같은 장력이 존재한다.
- 자석은 고온이 되면 자력이 감소되고, 저온이 되면 자력이 증가된다.
- 자석은 임계온도 이상으로 가열하면 자석의 성질이 없어진다.

물체의 자화 정도에 따른 분류

- 강자성체 : 철, 니켈, 코발트, 망가니즈
- 상자성체 : 알루미늄, 백금, 주석, 이리듐, 산소
- 반자성체 : 자석에 접근시킬 때 같은 극이 생겨 서로 반발하는 금속(비스무트, 탄소, 인, 금, 은, 구리, 안티모니, 아연, 납)

자기에 관한 쿨롱의 법칙

$F = \dfrac{1}{4\pi\mu} \cdot \dfrac{m_1 m_2}{r^2} = 6.33 \times 10^4 \dfrac{m_1 m_2}{r^2}$ [N]

- 투자율 $\mu = \mu_0 \mu_r$ [H/m]
- 진공에서의 투자율 $\mu_0 = 4\pi \times 10^{-7}$ [H/m]

자기장의 세기

$H = \dfrac{1}{4\pi\mu_0\mu_r} \cdot \dfrac{m_1}{r^2} = 6.33 \times 10^4 \dfrac{m_1}{\mu_r r^2}$ [AT/m]

▌ 전류에 의한 자기 현상(자기장의 세기)

- 무한장 직선 $H = \dfrac{I}{2\pi r}$ [AT/m]

- 원형 코일 중심의 자기장 $H = \dfrac{NI}{2r}$ [AT/m]

- 환상 솔레노이드 $H = \dfrac{NI}{l} = \dfrac{NI}{2\pi r}$ [AT/m] (N : 코일의 권수)

- 무한장 솔레노이드 $H = NI$ [AT/m] (N : 단위길이당 코일의 권수)

- 솔레노이드 외부자계 $H = 0$ 이다.

▌ 앙페르(Ampere)의 오른나사 법칙

전류가 흐르는 방향[(+) → (−)]으로 오른손 엄지손가락을 향하면, 나머지 손가락은 자기장의 방향이 된다.

▌ 플레밍의 왼손 법칙

- 도체가 자기장에서 받고 있는 힘의 방향을 알 수 있으며, 전동기 회전의 원리가 된다.
- 중지는 전류(I), 검지는 자기장(B), 엄지는 힘(F)의 방향

▌ 플레밍의 오른손 법칙

도체의 운동에 의한 유도기전력의 방향을 알 수 있으며, 발전기 회전의 원리가 된다.

▌ 비오-사바르의 법칙

자계의 세기는 전류의 크기와 전류가 흐르고 있는 도체와 고찰하려는 점까지의 거리에 의해 결정된다.
$dH = \dfrac{Idl\sin\theta}{4\pi r^2}$ [AT/m]

▌ 코일의 접속

합성인덕턴스 $L = L_1 + L_2 \pm 2M$

▌ 히스테리시스 곡선 : 횡축은 자계의 세기, 종축은 자속밀도

- 히스테리시스 곡선에서 횡축이 만나는 점 : 보자력(H_c)
- 히스테리시스 곡선에서 종축이 만나는 점 : 잔류자기(B_r)

▎ 전압과 전류 측정
  • 전압계 : 부하 또는 전원과 병렬로 연결
  • 전류계 : 부하 또는 전원과 직렬로 연결

▎ 배율기
  $m = \dfrac{V}{V_V} = 1 + \dfrac{R_m}{r_v}$: 배율

▎ 분류기
  $m = \dfrac{I}{I_a} = 1 + \dfrac{r_a}{R_s}$: 배율

▎ 저항의 접속
  • 직렬접속 $R = R_1 + R_2 [\Omega]$
  • 병렬접속 $\dfrac{1}{R} = \dfrac{1}{R_1} + \dfrac{1}{R_2} [\mho]$, $R = \dfrac{R_1 R_2}{R_1 + R_2} [\Omega]$

▎ 저항의 Y-△ 변환
  $R_Y = \dfrac{R_\triangle}{3}$

▎ 휘트스톤 브리지 : 미지의 저항 $X = \dfrac{P}{Q} R [\Omega]$

▎ 온도차에 따른 저항
  온도가 $t[℃]$에서 $T[℃]$로 되면 $R_T = R_t [1 + \alpha_t (T - t)] [\Omega]$ (α_t : $t[℃]$에서 온도계수)

▎ 패러데이의 법칙(Faraday's Law)
  전해액에 흐르는 전류의 전기량은 전극에서 석출되는 물질의 양과 비례한다.

▎ 줄의 법칙(Joule's Law) : $H = I^2 R t \, [\text{J}] = 0.24 I^2 R t \, [\text{cal}]$

▎ 각속도
  $\omega = 2\pi f \, [\text{rad/s}]$

▌ 위상 및 위상차

- $v_1 = V_m \sin(\omega t - \theta_1) \Rightarrow$ 뒤짐
- $v_2 = V_m \sin(\omega t + \theta_2) \Rightarrow$ 앞섬

▌ 실횻값, 평균값

- 직류와 동일한 일을 하는 크기의 교류값 : 실횻값 $I = 0.707 I_m$
- 한 주기 동안 면적의 산술적인 평균값 : 평균값 $V_a = 0.637 V_m$

▌ 파고율, 파형률

- 파고율 $= \dfrac{\text{최댓값}}{\text{실횻값}} ≒ 1.414$(정현파)
- 파형률 $= \dfrac{\text{실횻값}}{\text{평균값}} ≒ 1.111$(정현파)

▌ 코일(L)만의 회로

- 유도성 리액턴스 : $X_L = \omega L = 2\pi f L\,[\Omega]$
- 전류가 전압보다 위상이 $\dfrac{\pi}{2}$[rad]만큼 뒤진다(지상, 유도성).

▌ 콘덴서(C)만의 회로

- 용량성 리액턴스 : $X_C = \dfrac{1}{\omega C} = \dfrac{1}{2\pi f C}\,[\Omega]$
- 전류는 전압보다 $\dfrac{\pi}{2}$[rad]만큼 위상이 앞선다.

▌ 임피던스의 유도성과 용량성

- $\omega L = \dfrac{1}{\omega C}$ 인 경우 전류와 전압은 동상(직렬 공진회로)
- $\omega L > \dfrac{1}{\omega C}$ 인 경우 $\theta > 0$이 되어 유도성 회로(지상회로)
- $\omega L < \dfrac{1}{\omega C}$ 인 경우 $\theta < 0$이 되어 용량성 회로(진상회로)

공진주파수

$$f_0 = \frac{1}{2\pi\sqrt{LC}}\,[\text{Hz}]$$

유효전력

$$P = I^2 R = VI\cos\theta\,[\text{W}]$$

역률

$$\cos\theta = \frac{\text{유효전력}}{\text{피상전력}}$$

전력의 단위

피상전력[VA], 유효전력[W], 무효전력[Var], 전력량[Wh]

△ 결선

- 선전압은 상전압과 동상이다.
- $I_l = \sqrt{3}\,I_p \angle -\dfrac{\pi}{6}$
- 소비전력 : $P = 3I_p^2 R = \sqrt{3}\,V_l I_l \cos\theta = 3V_p I_p \cos\theta\,[\text{W}]$

V결선

- 변압기 용량 : $P_V = \sqrt{3}\,P_l\,[\text{VA}]$ (P_l : △결선 1대 용량)
- 출력 : $P_V = \sqrt{3}\,V_p I_p \cos\theta\,[\text{W}]$
- 출력비 $= \dfrac{\text{V 결선 출력}}{\triangle \text{ 결선 출력}} \fallingdotseq 0.577$
- 이용률 $= \dfrac{\text{V 결선 허용용량}}{2\text{대 허용용량}} \fallingdotseq 0.866$

왜형률

$$\text{왜형률} = \frac{\sum \text{고조파의 실횻값}}{\text{기본파의 실횻값}} = \frac{\sqrt{V_2^2 + V_3^2 + V_4^2 + \cdots + V_n^2}}{V_1} \times 100\,[\%]$$

CHAPTER 02 전기기기

[01] 직류기

- **직류기의 3요소** : 계자, 전기자, 정류자

- **철심** : 성층(와류손 감소), 규소강판(히스테리시스손 감소)

- **유도기전력** : $E = \dfrac{pz}{60a}\phi N = k_e \phi N [\text{V}]$

- **전기자권선법** : 고상권, 폐로권, 이층권(중권, 파권)

구 분	중 권	파 권
전기자 병렬회로수	p(극수)	2
브러시수	p(극수)	2
용 도	저전압, 대전류	고전압, 소전류

- **전기자 반작용**
  - 특 징
    - 브러시 사이에 불꽃을 발생
    - 전기적 중성축을 이동시킴
    - 주자속을 감소시켜 유도전압을 감소시킴
  - 대 책
    - 브러시 위치를 전기적 중성점으로 이동
    - 보극을 설치
    - 보상권선을 설치

- **타여자발전기** : 외부 여자회로 존재, 전기자전압과 무관하게 계자전압 조정

- **자여자발전기** : 발전기 자체의 잔류 기전력으로 여자시킴

▌ 분권발전기 : 계자권선과 전기자권선이 병렬접속, $I_a = I + I_f$[A]

▌ 직권발전기 : 계자권선과 전기자권선이 직렬접속, $I_a = I = I_f$[A]

▌ 복권발전기
- 평복권(부하증가에도 일정한 전압유지)
- 과복권(급전선 전압강하 보상)
- 차동복권(수하특성, 용접용)

▌ 전압확립조건(자여자)
- 무부하곡선이 자기포화곡선에 있을 것
- 잔류자기가 있을 것
- 임계저항 > 계자저항
- 회전방향이 잔류자기를 강화하는 방향일 것

▌ 병렬운전조건
- 정격전압이 일치할 것
- 외부특성이 수하특성일 것
- 용량이 다를 경우 외부 특성곡선이 일치할 것
- 병렬운전 시 직권, 과복권 균압선 필요

▌ 무부하 특성곡선 : 계자전류(I_f)와 유도기전력(E)의 관계

▌ 외부 특성곡선 : 부하전류(I)와 단자전압(V)의 관계
- 평복권발전기($V_n = V_o$)
- 과복권발전기($V_n > V_o$)
- 부족복권발전기($V_n < V_o$)
- 차동복권발전기 : 수하특성

직류전동기

- 역기전력 : $E = \dfrac{p}{a}z\phi\dfrac{N}{60} = k_e\phi N = V - I_a R_a [\text{V}]$

- 전기자전류 : $I_a = \dfrac{V-E}{R_a}[\text{A}]$

- 회전속도 : $N = K\dfrac{E}{\phi} = K\dfrac{V - I_a R_a}{\phi}[\text{rpm}]$

- 출력 : $P = EI_a = \dfrac{p}{a}z\phi\dfrac{N}{60}I_a = \dfrac{2\pi NT}{60}[\text{W}]$

- 토크(회전력) : $T = \dfrac{P}{\omega} = \dfrac{pz\phi I_a}{2\pi a} = K\phi I_a[\text{N}\cdot\text{m}] = 9.55 \times \dfrac{P}{N}[\text{N}\cdot\text{m}] = 0.975 \times \dfrac{P}{N}[\text{kg}\cdot\text{m}]$

전동기 속도

- 타여자 : 극성 반대 ⇒ 회전 반대

- 분권 : $N = K\dfrac{V - I_a R_a}{\phi}[\text{rpm}]$

  $T = K\phi I_a[\text{N}\cdot\text{m}]\ \left(T \propto I \propto \dfrac{1}{N}\right)$

- 직권 : $N = K\dfrac{V - I_a(R_a + R_s)}{\phi} = K\dfrac{V}{I_a}[\text{rpm}]$

  $T = K I_a^2[\text{N}\cdot\text{m}]\ \left(T \propto I^2 \propto \dfrac{1}{N^2},\ 벨트운전\ 금지\right)$

전동기 속도제어

- 전압제어 : 광범위 속도제어 가능, 정토크제어, 워드-레오나드 방식(광범위 속도제어), 일그너 방식(플라이휠, 압연기)
- 계자제어 : 세밀하고 안정된 속도제어, 정류 불량, 정출력제어
- 저항제어 : 속도조정 범위 좁음, 효율 저하

전동기 제동

- 발전제동 : 전동기를 발전기로 동작시켜 저항에서 열로 소비
- 회생제동 : 전동기에 유기되는 역기전력을 전원으로 반환
- 역전제동(플러깅) : 전기자의 접속을 반대로 바꾸어 회전 방향과 반대의 토크를 발생시켜 급정지

▌ 전압변동률

$$\varepsilon = \frac{V_0 - V}{V} \times 100[\%] = \frac{\text{무부하전압} - \text{전부하전압}}{\text{전부하전압}} \times 100[\%]$$

▌ 속도변동률

$$\varepsilon = \frac{N_0 - N}{N} \times 100[\%] = \frac{\text{무부하회전수} - \text{전부하회전수}}{\text{전부하회전수}} \times 100[\%]$$

▌ 손 실

- 고정손(무부하손) : 철손(히스테리시스손, 와류손), 기계손(베어링 마찰손, 풍손)
- 가변손(부하손) : 동손(전기자동손, 계자동손)
- 표유부하손 : 무부하손과 부하손을 제외한 손실(측정 외 손실)
- 총손실 = 철손 + 기계손 + 동손 + 표유부하손

▌ 효 율

- 최대효율조건 : 부하손 = 고정손

- 실측효율[%] : $\eta = \dfrac{\text{출력}}{\text{입력}} \times 100[\%]$

- 발전기 규약효율[%] : $\eta = \dfrac{\text{출력}}{\text{입력}} \times 100[\%] = \dfrac{\text{출력}}{\text{출력} + \text{손실}} \times 100[\%]$

- 전동기 규약효율[%] : $\eta = \dfrac{\text{출력}}{\text{입력}} \times 100[\%] = \dfrac{\text{입력} - \text{손실}}{\text{입력}} \times 100[\%]$

[02] 동기기

▌ 동기속도 : $N_s = \dfrac{120f}{p}[\text{rpm}] \quad \left(\text{주파수 } f = \dfrac{p}{2} \times \dfrac{N_s}{60}[\text{Hz}]\right)$

▌ 유도기전력 : $E = 4.44 f \phi \omega k_\omega [\text{V}]$

▌ 전기자권선법 : 분포권, 단절권 ⇒ 고조파 개선

■ 전기자 반작용

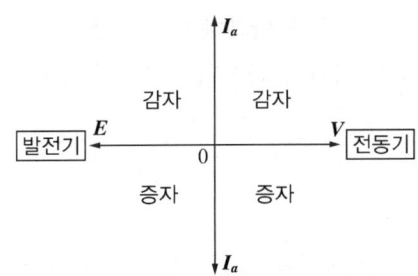

- 교차자화작용(횡축 반작용) : R부하인 경우 전기자전류 I_a와 기전력 E가 동상인 경우
- 감자작용(직축 반작용) : L부하인 경우 전기자전류 I_a가 기전력 E보다 위상이 90° 늦은 경우
- 증자작용(직축 반작용) : C부하인 경우 전기자전류 I_a가 기전력 E보다 위상이 90° 앞선 경우

■ 동기기의 출력

- 단상 동기 출력 : $P_s = VI\cos\theta = \dfrac{EV}{x_s}\sin\delta\,[\text{W}]$ (δ : 부하각, 위상각 90°에서 최대)

- 3상 동기 출력 : $P_{s3} = 3P_s = \dfrac{3EV}{x_s}\sin\delta\,[\text{W}]$

■ 무부하 포화곡선

계자전류 I_f를 점차 증가시키면서 I_f와 단자전압 V의 관계를 나타낸 곡선

■ 단락곡선

발전기를 정격속도로 회전시킬 때, 계자전류를 변화시키면서 단락전류와의 관계를 나타내는 곡선

■ 단락비

- 단락비 $K_s = \dfrac{100}{\%Z}$

- 단락비가 큰 동기기 특성
  - 안정도가 높다, 중량이 무겁고 가격이 비싸다, 전압변동률이 작다.
  - 전기자 반작용이 작다, 공극과 계자기자력이 크다, 효율이 나쁘다.

■ 동기임피던스

$$Z_s = \dfrac{E}{I_s} = \dfrac{\frac{V}{\sqrt{3}}}{I_s}\,[\Omega],\ \%Z = \dfrac{1}{\text{단락비}}\times 100\,[\%]$$

난조
- 새로운 부하각을 중심으로 가속과 감속을 반복하여 진동함
- 방지 : 제동권선 설치, 관성모멘트 증대(플라이휠), 조속기 둔감, 고조파 제거(단절, 분포권)

동기전동기
- 장 점
  - 부하의 변화로 속도가 변하지 않음(정속도 전동기)
  - 역률을 조정하여 운전 가능, 전력계통 역률개선(동기조상기)
  - 공극이 넓으므로 기계적으로 견고함
  - 공급전압의 변화에 대한 토크의 변화가 적음
  - 전부하 효율이 양호함
- 단 점
  - 여자를 필요로 하므로 직류전원장치, 동기화 장치가 필요(고가)
  - 속도제어가 힘듦, 기동이 어려움(설비비 고가)
  - 난조가 발생하기 쉬움

동기전동기 특성
- 단상 출력
  - 출력 : $P_s = EI\cos\theta = \dfrac{EV}{x_s}\sin\delta [\text{W}]$
  - 최대출력 : $P_{\max} = \dfrac{3EV}{x_s}[\text{W}] \quad (\delta = 90°)$
  - 토크 : $T = \dfrac{P_s}{\omega_s} = P_s \times \dfrac{60}{2\pi N_s}[\text{N} \cdot \text{m}]$

    $= 9.55 \times \dfrac{P_s}{N_s}[\text{N} \cdot \text{m}] = 0.975 \times \dfrac{P_s}{N_s}[\text{kg} \cdot \text{m}]$

- 3상 출력 : $P_s = \dfrac{3EV}{x_s}\sin\delta = \dfrac{E_l V_l}{x_s}\sin\delta = \omega_s T = 2\pi f \cdot T = 2\pi \dfrac{N_s}{60}T[\text{W}]$

■ 위상 특성곡선(V곡선)

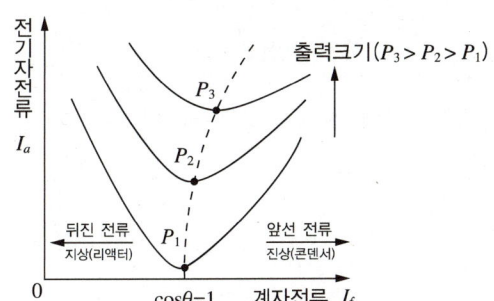

- 과여자 : 앞선 역률(진상), 전기자전류 증가, C
- 부족여자 : 늦은 역률(지상), 전기자전류 증가, L

[03] 변압기

■ 유도기전력 : $E_1 = 4.44fN_1\phi_m[\text{V}]$, $E_2 = 4.44fN_2\phi_m[\text{V}]$

■ 권수비 : $a = \dfrac{E_1}{E_2} = \dfrac{V_1}{V_2} = \dfrac{I_2}{I_1} = \dfrac{N_1}{N_2} = \sqrt{\dfrac{Z_1}{Z_2}} = \sqrt{\dfrac{R_1}{R_2}}$

■ 변압기 정격
- 정격출력 : 정격용량[VA]= 정격 2차 전압 $V_{2n}[\text{V}]$×정격 2차 전류 $I_{2n}[\text{A}]$
- 정격전압 : 정격 1차 전압 $V_{1n}[\text{V}] = a$×정격 2차 전압 $V_{2n}[\text{V}]$
- 정격전류 : 정격 1차 전류 $I_{1n}[\text{A}] = \dfrac{1}{a}$×정격 2차 전류 $I_{2n}[\text{A}]$

■ 손 실
- 무부하손 : 철손(히스테리시스손 + 맴돌이전류손) + 유전체손 등
- 부하손 : 구리손 + 표유부하손

전압변동률

- $\varepsilon = \dfrac{V_{20} - V_{2n}}{V_{2n}} \times 100 [\%]$ (V_{20} : 무부하 2차 단자전압[V], V_{2n} : 2차 정격전압[V])
- $\varepsilon = p\cos\theta \pm q\sin\theta [\%]$ (p : 퍼센트 저항강하, q : 퍼센트 리액턴스강하, θ : V_{2n}과 I_{2n}의 위상각)
- 최대전압변동률 $\varepsilon_{\max} = \sqrt{p^2 + q^2}\,[\%]$
- 최대부하역률 $\cos\theta_{\max} = \dfrac{p}{\sqrt{p^2 + q^2}}$

변압기 효율

- 규약효율 : $\eta = \dfrac{\text{출력}}{\text{출력} + \text{전체손실(무부하손} + \text{부하손)}} \times 100[\%]$
- 실측효율 : $\eta = \dfrac{\text{출력}}{\text{입력}} \times 100[\%]$
- 최대효율 : 구리손(부하손)과 철손(무부하손)이 같게 되는 부하일 때($\eta_{\max} : P_c = P_i$)

열화방지

콘서베이터 설치, 질소 봉입, 흡착제(실리카겔)-브리더 설치

변압기유 구비조건

- 절연내력이 클 것, 화학작용이 없을 것
- 점도가 적고, 비열이 커서 냉각 효과가 클 것
- 인화점은 높고, 응고점은 낮을 것
- 고온에서 산화하지 않고, 침전물이 발생하지 않을 것

냉각방식

- 건식 : 공랭식, 풍랭식
- 유입식 : 유입자랭식(ONAN), 유입풍랭식(ONAF), 유입수랭식(ONWF), 송유풍랭식(OFAF), 송유수랭식(OFWF)

▌ 3상 결선
- △-△결선 : 대전류 저전압의 부하(60[kV] 이하)
- △-Y결선 : 저전압을 고전압으로 송전에 사용됨($\sqrt{3}$ 배, 승압용)
- Y-△결선 : 고압에서 저압으로 강압에 사용됨(강압용)
- V-V결선 : △결선 변압기에서 1대 고장 시 남은 2대로 운전 가능, 최대출력은 1대의 $\sqrt{3}$ 배
  (이용률 = 86.6[%], 출력비 = 57.7[%])

▌ 병렬운전조건
- 각 변압기의 극성이 같을 것
- 각 변압기의 권수비가 같고, 1차 및 2차의 정격전압이 같을 것
- 각 변압기의 %임피던스(백분율 임피던스)강하의 비가 같을 것
- 운전 가능(△-△와 △-△, △-△와 Y-Y, Y-Y와 Y-Y, △-Y와 △-Y, Y-△와 Y-△)
  ※ 운전 불가능(△-△와 △-Y, △-Y와 Y-Y)

▌ 특수변압기
- (계기용) 변류기(CT) : $I_1 = \dfrac{N_2}{N_1} I_2 = K I_2 [A]$
- 계기용 변압기(PT) : $V_1 = \dfrac{N_2}{N_1} V_2 = K' V_2 [V]$

▌ 부흐홀츠계전기
- 변압기 고장으로 절연유의 온도 상승 시 발생하는 유증기 검출
- 설치위치 : 변압기 주탱크와 콘서베이터 사이

▌ 비율차동계전기
고장으로 생긴 불평형의 전류차가 평형전류의 어떤 비율 이상으로 될 때 동작하는 것으로, 주로 발전기, 변압기 및 모선을 보호

[04] 유도기

유도기의 특징

- 전원을 쉽게 얻을 수 있음
- 구조가 간단하고, 값이 싸며, 튼튼함
- 취급이 용이함
- 부하 변화에 대하여 정속도 특성을 가짐

회전수와 슬립

- 동기속도 : $N_s = \dfrac{120f}{p}[\text{rpm}]$

- 슬립 : $s = \dfrac{\text{동기속도}-\text{회전자속도}}{\text{동기속도}} = \dfrac{N_s - N}{N_s}$ (정지일 때 : $s=1$, 동기속도일 때 : $s=0$)

- 회전자속도(전동기속도) : $N = (1-s)N_s = (1-s)\dfrac{120f}{p}$ $(0 < s < 1)$

유도전동기의 전력변환식

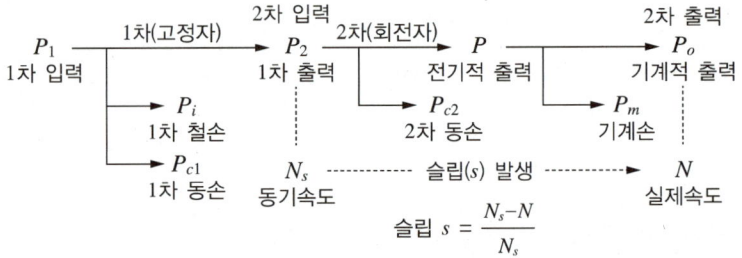

- $P_2 : P_{c2} : P_o = 1 : s : (1-s)$
- 2차 입력 : $P_2 = \dfrac{P_{c2}}{s}[\text{W}]$
- 2차 출력 : $P_o = P_2 - P_{c2} = (1-s)P_2[\text{W}]$ (P_{c2} : 2차 구리손)
- 2차 구리손(동손) : $P_{c2} = sP_2 = \dfrac{s}{1-s}P_o[\text{W}]$
- 전동기 슬립 : $s = \dfrac{\text{2차 동손}}{\text{2차 입력}}$
- 2차 효율 : $\eta = \dfrac{P_o}{P_2} = 1-s = \dfrac{N}{N_s}$

토크특성

$$T = \frac{P}{\omega} = 9.55 \frac{P_o}{N} [\text{N} \cdot \text{m}] = 0.975 \frac{P_o}{N} [\text{kg} \cdot \text{m}]$$

비례추이(권선형 유도전동기)

- 속도-토크 곡선이 2차 합성저항의 변화에 비례하여 이동하는 것
- 최대토크는 불변, 최대토크의 발생 슬립은 변화
- 기동전류는 감소하고, 기동토크는 증가
- 비례추이할 수 없는 것 : 출력, 2차 효율, 2차 동손

원선도

- 출력, 슬립, 효율, 역률 등의 여러 특성을 도형으로 표현
- 작성요소 : 저항측정, 무부하(개방)시험-철손/여자전류, 구속(단락)시험-동손/임피던스전압/단락전류
- 기계적 출력, 기계손은 알 수 없음

농형 유도전동기 기동법

- 전전압 기동법 : 정격전압으로 기동(~5[kW])
- Y-△ 기동법 : Y결선 기동, 정격속도에 이르면 △결선(5~15[kW])
- 기동보상기법(콘돌퍼 기동법) : 단권 3상 변압기를 사용, 기동전류를 제한(15[kW]~)
- 리액터 기동법
- 속도제어 : 주파수 변환법, 극수 변환법, 전압제어법

권선형 유도전동기 기동법

- 2차 저항 기동법(2차 회로저항을 조절하여 기동토크와 기동전류를 제한하고 속도가 커짐)에 따라 외부저항을 줄임-비례추이 이용
- 속도제어 : 2차 저항법(슬립제어), 2차 여자법(주파수제어), 종속접속법(직렬, 차동, 병렬종속법)

기동토크 큰 순서

반발 기동형 > 반발 유도형 > 콘덴서 기동형 > 분상 기동형 > 셰이딩 코일형

단상 유도전동기 특징

- 교번자계 발생
- 기동토크가 없으므로 별도의 기동장치가 필요함
- 슬립이 0이 되기 전에 토크가 0이 됨
- 2차 저항이 증가되면 토크는 감소하여 부(-)로 됨(비례추이 불가)

[05] 정류기

반도체

- Si(0.7[V]), Ge(0.3[V])를 사용, 증폭 또는 정류기능
- 불순물 반도체
  - N형 반도체 : 진성 반도체+불순물(5가 : Sb, As), 과잉 전자(도너)
  - P형 반도체 : 진성 반도체+불순물(3가 : Ga, In), 정공(억셉터)
- PN 접합 다이오드 : N형, P형 반도체 접합, 단방향 전류제어, AC → DC(정류, 스위칭)

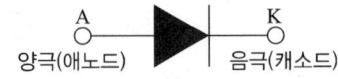

양극(애노드)　음극(캐소드)

전력변환장치

- 직류-교류 변환 : 인버터
- 교류-직류 변환 : 제어 정류기
- 교류-교류 변환 : 사이클로 컨버터
- 직류-직류 변환 : 초퍼

정류회로

- 단상 반파 : $V_o = \dfrac{\sqrt{2}}{\pi} V_i ≒ 0.45 V_i$
- 단상 전파 : $V_o = \dfrac{2\sqrt{2}}{\pi} V_i ≒ 0.9 V_i$
- 3상 반파 : $V_o = \dfrac{3\sqrt{6}}{2\pi} V_i ≒ 1.17 V_i$
- 3상 전파 : $V_o = \dfrac{3\sqrt{2}}{\pi} V_i ≒ 1.35 V_i$

맥동률

단상 반파 > 단상 전파 > 3상 반파 > 3상 전파(정류효율이 가장 높음)

SCR

단방향성 3단자 사이리스터(Thyristor)(역방향 전압을 가하면 차단상태로 전환), P-N-P-N 4층 구조, 아크가 없으며, 역률각 이하는 제어 불가

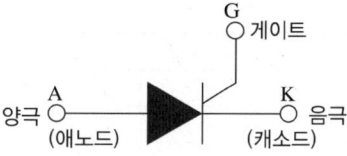

TRIAC

양방향성 3단자 사이리스터(Thyristor), On/Off 위상제어, 교류기의 회전수제어, 냉장고나 전기담요의 온도제어에 활용

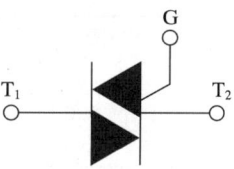

GTO

자기소호 가능, 유도전동기 구동용 PWM제어, VVVF 인버터로 활용

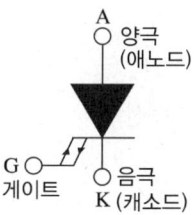

IGBT

대전력의 고속 스위칭이 가능한 반도체 소자

CHAPTER 03 전기설비

■ 전압의 종류

구 분	전 압
저압 직류	1.5[kV] 이하
저압 교류	1[kV] 이하
고압 직류	1.5[kV] 초과 7[kV] 이하
고압 교류	1[kV] 초과 7[kV] 이하
특고압	7[kV] 초과

■ 저압 전로의 절연저항

사용전압[V]	DC시험전압[V]	절연저항[MΩ]
SELV 및 PELV	250	0.5
FELV를 포함한 500[V] 이하	500	1.0
500[V] 초과	1,000	1.0

■ 접지시설

- 전기수용가 접지
  - 대지와의 저항값이 3[Ω] 이하인 금속제 수도관로
  - 대지와의 저항값이 3[Ω] 이하인 건물의 철골
  - 접지도체 : 공칭단면적 6[mm^2] 이상의 연동선
- 주택 등 저압 수용장소 접지
  - 계통접지가 TN-C-S 방식인 경우
  - 보호도체 : 구리 10[mm^2] 이상, 알루미늄 16[mm^2] 이상

- 변압기 중성점 접지
  - 고압·특고압 측 전로 1선 지락전류로 150을 나눈 값
  - 고압·특고압 측 전로 또는 사용전압이 35[kV] 이하의 특고압 전로가 저압 측 전로와 혼촉하고 저압 전로의 대지전압이 150[V]를 초과하는 경우
    - ⓐ 1초 초과 2초 이내에 고압·특고압 전로를 자동으로 차단하는 장치를 설치할 때는 300을 나눈 값 이하
    - ⓑ 1초 이내에 고압·특고압 전로를 자동으로 차단하는 장치를 설치할 때는 600을 나눈 값 이하
- 공통접지 및 통합접지
  - 공통접지시스템 : 고압 및 특고압과 저압 전기설비의 접지극이 근접하여 시설되어 있는 변전소
    - ⓐ 접지극 상호 접속 : 저압 전기설비의 접지극이 고압 및 특고압 접지극의 접지저항 형성영역에 포함된 경우
    - ⓑ 접지시스템에서 고압 및 특고압 계통의 지락사고 시 저압계통에 가해지는 상용주파 과전압은 다음을 초과하지 않을 것

      〈저압설비 허용 상용주파 과전압〉

고압계통에서 지락고장시간	저압설비 허용 상용주파 과전압	비 고
> 5초	U_0 + 250[V]	중성선 도체가 없는 계통에서 U_0 = 선간전압
≤ 5초	U_0 + 1,200[V]	

  - 통합접지시스템 : 접지설비·건축물의 피뢰설비·전자통신설비 등의 접지극을 공용
    ※ 서지보호장치 : 낙뢰에 의한 과전압 등으로부터 보호

과전류차단

- 퓨즈(gG)의 용단특성

정격전류의 구분	시 간	정격전류의 배수	
		불용단전류	용단전류
4[A] 이하	60분	1.5배	2.1배
4[A] 초과 16[A] 미만	60분	1.5배	1.9배
16[A] 이상 63[A] 이하	60분	1.25배	1.6배
63[A] 초과 60[A] 이하	120분	1.25배	1.6배
160[A] 초과 400[A] 이하	180분	1.25배	1.6배
400[A] 초과	240분	1.25배	1.6배

- 산업용 배선차단기(모든 극에 통전)

정격전류의 구분	시 간	정격전류의 배수	
		부동작전류	동작전류
63[A] 이하	60분	1.05배	1.3배
63[A] 초과	120분	1.05배	1.3배

- 주택용 배선차단기
  - 순시트립에 따른 구분

형	순시트립범위(I_n : 차단기정격전류)
B	$3I_n$ 초과 ~ $5I_n$ 이하
C	$5I_n$ 초과 ~ $10I_n$ 이하
D	$10I_n$ 초과 ~ $20I_n$ 이하

  - 과전류트립 동작시간 및 특성(모든 극에 통전)

| 정격전류의 구분 | 시 간 | 정격전류의 배수 | |
		부동작전류	동작전류
63[A] 이하	60분	1.13배	1.45배
63[A] 초과	120분	1.13배	1.45배

부하의 상정 시 표준부하

건축물의 종류	표준부하[VA/m²]
공장, 공회당, 사원, 교회, 극장, 영화관, 연회장 등	10
기숙사, 여관, 호텔, 병원, 학교, 음식점, 다방, 대중목욕탕	20
사무실, 은행, 상점, 이발소, 미용원	30
주택, 아파트	40

배선기호

- 천장 은폐배선 ─────────
- 노출배선 ·················
- 바닥 은폐배선 ─ ─ ─ ─ ─ ─
- 바닥 노출배선 ─··─··─··─··
- 지중 매설배선 ─·─·─·─·─

피뢰기의 구비조건

- 이상전압이 내습하면 신속히 방전
- 제한전압이 낮을 것
- 속류차단능력이 우수할 것
- 경력변화가 없을 것
- 반복동작 특성이 좋을 것
- 가격이 싸고 경제적일 것

설비의 용량결정

- 수용률 : 총설치한 용량에서 최대수용전력의 비

$$수용률 = \frac{최대수용전력[kW]}{총부하설비용량[kW]} \times 100[\%]$$

- 부등률 : 부등률이 크면 설비 이용률이 큼

$$부등률 = \frac{수용설비 최대수용전력의 합[kW]}{합성최대수용전력[kW]} \times 100[\%]$$

- 부하율 : 부하율이 크면 유효하게 사용한다는 뜻

$$부하율 = \frac{평균수용전력[kW]}{합성최대수용전력[kW]} \times 100[\%]$$

보호계전기의 구비조건

- 보호동작이 정확하고 감도가 양호할 것
- 고장을 신속 정확하게 선택할 것
- 온도와 파형 등에 의한 오차가 적을 것
- 오랫동안 사용하더라도 특성이 변화하지 않을 것
- 보수, 점검이 용이할 것
- 열적, 기계적으로 견고할 것
- 가격이 싸고, 소비전력도 적을 것

보호계전기의 종류

- 과전류계전기(OCR ; Over Current Relay)
- 부족전류계전기(UCR ; Under Current Relay)
- 과전압계전기(OVR ; Over Voltage Relay)
- 부족전압계전기(UVR ; Under Voltage Relay)
- 차동계전기(DCR ; Differential Current Relay)
- 거리계전기(DR ; Distance Relay)
- 주파수계전기(FR ; Frequency Realy)
- 재폐로계전기

■ 차단기
- 진공차단기(VCB ; Vacuum Circuit Breaker)
- 유입차단기(OCB ; Oil Circuit Breaker)
- 가스차단기(GCB ; Gas Circuit Breaker)
- 기중차단기(ACB ; Air Circuit Breaker)
- 공기차단기(ABB ; Air Blast Circuit Breaker)
- 자기차단기(MBB ; Magnetic Blast Circuit Breaker)

■ B종 철주/철근 콘크리트주
- 직선형 : 직선각도 3° 이하일 때 사용
- 각도형 : 직선각도 3° 초과일 때 사용
- 잡아당김형 : 가섭선 전체를 잡아당기는 곳에 사용
- 내장형 : 지지물 간 거리의 차이가 큰 곳에 사용
- 보강형 : 직선전선로 보강용으로 사용

■ 애자의 종류

구 분	
가지 애자	전선을 다른 방향으로 돌리는 부분
곡핀 애자	인입선
구형 애자	지지선의 중간 부분(지선 애자, 옥 애자)
현수 애자	• 특고압 배선선로에 사용 • 선로종단, 선로분기, 수평각 30° 이상인 인류개소, 전선의 굵기 변경지점, 개폐기 설치 전주 등
다구 애자	동력용 저압 인입선공사 시 건물 벽면에 시설 시 사용

■ 인입선의 설치 높이

구 분	저 압	고 압	특고압(35[kV] 이하)
도로횡단	5[m] 이상(부득이한 경우 3[m] 이상)	6[m] 이상	6[m] 이상
철도, 궤도횡단	6.5[m] 이상	6.5[m] 이상	6.5[m] 이상
횡단보도교 위	3[m] 이상	3.5[m] 이상	4[m] 이상

▍가공통신선의 높이

시설장소	전력보안 가공통신선	가공전선로의 지지물에 시설하는 통신선	
도로횡단	5[m] 이상	6[m] 이상	
도로횡단(교통지장 없는 경우)	4.5[m]까지	5[m]까지	
철도/궤도횡단	6.5[m] 이상	6.5[m] 이상	
횡단보도교 위	3[m] 이상	5[m] 이상 / 저·고압	3.5[m] 이상
		특고압	4[m] 이상
기타의 곳	3.5[m]	5[m] 이상	

▍가공전선과 첨가 통신선과의 간격

- 특고압 가공전선로의 다중 접지를 한 중성선 사이의 간격 : 0.6[m] 이상
- 통신선과 고압 가공전선 사이의 간격 : 0.6[m] 이상
- 통신선과 특고압 가공전선 사이의 간격 : 1.2[m] 이상

▍전 선

- 구 조
  - 단선 : 전선이 하나의 도체로 이루어진 전선
  - 연선 : 여러 단선이 필요한 굵기에 따라 합쳐진 선
- 용 도
  - 경동선 : 인장강도가 커서 가공선로에 쓰임
  - 연동선 : 전기저항이 작고, 부드러운 성질이 있어서 주로 옥내배선에 쓰임

▍전선의 식별

상(문자)	색 상
L1	갈색
L2	검은색
L3	회색
N	파란색
보호도체	녹색-노란색

전선의 구비조건
- 도전율이 클 것
- 비중이 작을 것
- 공사가 쉬울 것(가공성이 클 것)
- 기계적 강도가 클 것
- 내구성이 있을 것
- 값이 싸고 쉽게 구할 수 있을 것
- 공사 보수상 취급이 용이할 것

전선접속 규정
- 전선의 세기를 20[%] 이상 감소시키지 않을 것
- 전기저항이 증가되지 않을 것
- 절연전선 상호·절연전선과 코드, 캡타이어케이블과 접속하는 경우에는 접속 부분을 그 부분의 절연전선의 절연물과 동등 이상의 절연효력이 있는 것으로 피복할 것
- 코드 상호, 캡타이어케이블 상호 또는 이들 상호를 접속하는 경우에는 코드 접속기, 접속함, 기타의 기구를 사용할 것
- 도체에 알루미늄을 사용하는 전선과 동을 사용하는 전선을 접속하는 등 전기화학적 성질이 다른 도체를 접속하는 경우에는 접속 부분에 전기적 부식이 생기지 않도록 할 것

※ 불완전 접속 시 누전, 저항증대, 과열로 인한 화재 발생 가능

전선접속
- 직선접속
  - 단선접속 : 트위스트 직선접속(6[mm^2] 이하), 브리타니아 직선접속(10[mm^2] 이상)
  - 연선접속 : 권선 직선접속, 단권 직선접속, 복권 직선접속
- 분기접속
  - 단선접속 : 트위스트 분기접속(6[mm^2] 이하), 브리타니아 분기접속(10[mm^2] 이상)
  - 연선접속 : 권선 분기접속
- 종단접속 : 쥐꼬리 접속(4[mm^2] 이하 접속)

전기공구와 기구

- 녹아웃 펀치 : 배전반, 분전반 등의 배관변경이나 캐비닛에 구멍을 뚫을 때 사용한다. 수동식과 유압식이 있다.
- 드라이브잇 툴 : 드라이브 핀을 콘크리트에 박을 때 사용하는 공구이다. 화약을 사용하므로 사용안전훈련을 하여야 한다.
- 리머 : 금속관을 자른 후 관 안을 다듬는 데 사용된다.
- 벤더, 히키 : 금속관을 구부릴 때 사용한다.
- 스패너 : 볼트, 너트를 조일 때 사용한다.
- 오스터 : 금속관의 끝에 나사를 만들 때 사용하며, 나사날(다이스)과 손잡이(래칫)로 구성된다.
- 와이어 스트리퍼 : 전선의 피복을 쉽게 벗길 수 있다. 수동과 자동이 있다.
- 전선 피박기 : 가공배전선에서 활선상태로 전선 피복을 벗기는 공구이다.
- 철망 그립 : 여러 가닥의 전선을 넣을 때 사용한다.
- 클리퍼(케이블 커터) : 굵은 전선을 절단할 때 사용되는 가위이다.
- 토치램프 : 전선접속 시 또는 납땜 사용 시 열원으로 합성수지관의 가공에 가할 때 사용한다.
- 파이어 포트 : 납땜 인두나 납땜 냄비를 올려 납물을 만드는 데 사용된다.
- 파이프 렌치 : 금속관에 커플링으로 접속 시 사용한다. 금속관과 커플링을 조일 때 사용한다.
- 파이프 커터 : 금속관을 절단할 때 사용한다.
- 펌프 플라이어 : 전선의 슬리브 접속 시 펜치와 같이 사용되고 금속관에서 로크너트를 조일 때 사용한다.
- 펜치 : 전선의 절단, 접속, 바인드 등에 사용된다.
- 프레셔 툴 : 솔더리스 커넥터 또는 솔더리스 터미널을 압착하는 데 쓰인다.
- 피시 테이프 : 전선관에 전선을 넣을 때 사용하는 평각 강철선이다.
- 홀소 : 녹아웃 펀치와 같은 용도로 배·분전반 캐비닛에 구멍을 뚫을 때 사용한다.

합성수지관공사

- 누전이 없음, 내식성이 강함, 접지가 필요 없음, 열에 약함, 가볍고 시공이 용이
- 관의 호칭 : 14, 16, 22, 28, 36, 42, 54, 70, 82[mm](1본 4[m])

금속관공사 전선관 및 사용전선

- 후강전선관 : 안지름 근접 짝수(호칭), 16~104[mm] 10종, 두께 2.3[mm] 이상, 길이 3.6[m]
- 박강전선관 : 바깥지름 근접 홀수(호칭), 19~75[mm] 7종, 길이 3.6[m]
- 사용전선 : 절연전선(OW 제외)으로 연선을 사용하며, 관 안에 접속점이 없도록 한다(단, 짧고 가는 금속관이나 10[mm^2](알루미늄선은 16[mm^2]) 이하인 것은 제외)

▌ 특별한 장소별 공사

종 류	금속관공사	케이블공사	합성수지관공사	애자공사
폭연성 먼지	○	○	×	×
가연성 먼지	○	○	○	×
가연성 가스	○	○	×	×
위험물	○	○	○	×
폭연성, 가연성 이외의 먼지	○	○	○	○

▌ 조명설비

광 속	광원으로부터 나오는 빛의 양	• 기호 : F(Luminous Flux) • 단위 : 루멘[lm]
광 도	광원이 어떤 방향에 대하여 발생하는 빛의 세기	• 기호 : I(Luminous Intensity) • 단위 : 칸델라[cd]
조 도	어떤 면에 광속이 도달하여 밝아졌을 때 그 면에서의 밝기	• 기호 : E(Intensity of Illumination) • 단위 : 럭스[lx]
휘 도	눈부심 정도	• 기호 : B(Brightness) • 단위 : 스틸브[sb]

- 평균조도 $E = \dfrac{N \times F \times U}{A \times D} = \dfrac{N \times F \times U \times M}{A}$ [lx], $D = \dfrac{1}{M}$

  E : 평균조도[lx]

  N : 램프의 개수

  F : 램프 1개당 광속[lm]

  U : 조명률

  A : 작업면의 면적[m^2]

  D : 감광보상률

  M : 유지율(보수율)

- 실지수 = $\dfrac{XY}{H(X+Y)}$

  X : 방의 가로 길이(폭)

  Y : 방의 세로 길이

  H : 피조면에서 조명기구까지의 높이(일반 사무실에서는 바닥 위 0.85[m])

PART 01

핵심이론

CHAPTER 01   전기이론

CHAPTER 02   전기기기

CHAPTER 03   전기설비

CHAPTER 01 전기이론

제1절 직류회로

핵심이론 01 물질과 전기의 발생

① 원자와 분자
   ㉠ 원자 : 원소의 화학적 상태를 특징짓는 최소 기본 단위
   ㉡ 분자 : 물질의 성질을 가진 최소 단위

② 물질의 구성

   원자 ─ 원자핵 ─ 양자 : (+) 전기
         │   └ 중성자 : 중성
         └ 전자 : (−) 전기

   ㉠ 원자 내의 양성자수와 전자수가 같다.
   ㉡ 전자 1개의 전기량(전하량) $e = 1.60219 \times 10^{-19}$[C]

③ 전기의 발생
   ㉠ 자유전자 : 원자핵의 구속에서 쉽게 이탈하여 자유로이 이동할 수 있는 전자
   ㉡ 자유전자의 이동으로 전기가 발생한다.
   ㉢ 대전 : 어떤 물질이 중성상태에서 외부의 영향(마찰)으로 전자가 이동하여, 부족하거나 남게 된 상태에서 양전기나 음전기를 띠게 되는 현상

④ 전 하
   ㉠ 물체가 대전되었을 때 물체가 가지고 있는 전기(단위 : 쿨롬[C])
   ㉡ 전하의 성질 : 같은 종류의 전하는 서로 반발하고 다른 종류의 전하는 서로 흡인한다.
   ㉢ 전하량 : 단위시간에 흐른 전류의 양, 전하가 가지고 있는 전기의 양
      • 전기량의 기호 : Q
      • 전기량의 단위 : 쿨롬[C]
      • 전기량 : $Q = I \cdot t$[C]

   • 1[C] : $\dfrac{1}{1.60219 \times 10^{-19}} = 6.24 \times 10^{18}$개의 전자의 과부족으로 생기는 전기량

10년간 자주 출제된 문제

1-1. 물질 중의 자유전자가 과잉된 상태란?
① (−)대전상태
② (+)대전상태
③ 발열상태
④ 중성상태

1-2. 전하의 성질에 대한 설명 중 옳지 않은 것은?
① 같은 종류의 전하는 흡인하고 다른 종류의 전하끼리는 반발한다.
② 대전체에 들어 있는 전하를 없애려면 접지시킨다.
③ 대전체의 영향으로 비대전체에 전기가 유도된다.
④ 전하는 가장 안정한 상태를 유지하려는 성질이 있다.

1-3. 일반적으로 절연체를 서로 마찰시키면 이들 물체는 전기를 띠게 된다. 이와 같은 현상은?
① 분 극
② 정 전
③ 대 전
④ 코로나

1-4. 충전된 대전체를 대지(大地)에 연결하면 대전체는 어떻게 되는가?
① 방전한다.
② 반발한다.
③ 충전이 계속된다.
④ 반발과 흡인을 반복한다.

【해설】

1-1
- (−)대전상태 : 자유전자 과잉
- (+)대전상태 : 자유전자 부족

1-2
같은 종류의 전하끼리는 반발하고, 다른 종류의 전하끼리는 흡인한다.

1-3
- 유전분극 : 절연체에 전기장을 가할 때 한쪽에는 양전하가 많게 되고 다른 한쪽에는 음전하가 많아져 양전하와 음전하가 나뉘는 현상
- 정전유도 : 도체 또는 유전체에 전하를 접근시킬 때 전하가 만드는 정전기장의 영향으로 도체 또는 유전체 표면에 전하가 나타나는 현상
- 코로나 : 두 전극 사이에 높은 전압을 가하면 불꽃을 내기 전에 전기장의 강한 부분만이 발광하여 전도성을 갖는 현상으로, 송전선 상호 간이나 송전선과 대지 사이에서 일어남

1-4
대전체를 지구에 도선으로 연결하는 것을 접지라고 하고, 접지하여 대전체에 들어 있는 전하를 없애는 것을 방전이라고 한다.

정답 1-1 ① 1-2 ① 1-3 ③ 1-4 ①

핵심이론 02 전기회로 구성요소

① 전원 : 전기의 공급원
② 부하 : 전원으로부터 전기를 공급받고 있는 것
③ 전류(I) : 전하의 흐름
④ 전압(V) : 전위차로 생긴 전기적 압력
⑤ 저항(R) : 전기의 흐름을 방해하는 정도

핵심이론 03 전류(I)

① 어떤 도체의 단면을 단위시간 1[s]에 이동하는 전하(Q)의 양

$$I = \frac{Q}{t}[\text{C/s}] = \frac{V}{R}[\text{A}]$$

② 전류의 기호와 단위 : I[A](Ampere, 암페어)
  ㉠ 전류는 양극에서 음극으로 흐른다.
  ㉡ 전류가 흐르는 방향과 전자의 흐르는 방향은 반대다.

③ 전류의 작용
  ㉠ 발열작용(줄의 법칙, 전열기, 백열등)
  ㉡ 자기작용(전동기, 스피커, 전자석)
  ㉢ 화학작용(전기분해, 건전지, 축전지, 전기도금)

④ 전류의 종류
  ㉠ 직류(DC) : 전류의 크기와 방향이 일정하다.
  ㉡ 교류(AC) : 전류의 크기가 시간에 따라 주기적으로 변한다.
    ※ 주파수 : 1초 동안에 일정한 모양의 파형(주기)이 반복되는 횟수

    주파수 $f = \frac{1}{T}[\text{Hz}]$ (T : 주기)

10년간 자주 출제된 문제

어떤 도체에 t초 동안에 Q[C]의 전기량이 이동하면 이때 흐르는 전류[A]는?

① $I = Qt$
② $I = Q^2 t$
③ $I = \frac{t}{Q}$
④ $I = \frac{Q}{t}$

|해설|

전류는 어떤 도체의 단면을 단위시간 1[s]에 이동하는 전하(Q)의 양

정답 ④

핵심이론 04 전압(V)

① 두 점 사이의 전위의 차
② 어떤 도체에 1[C]의 전기량(Q)이 이동하여 할 수 있는 일(W)의 양
③ 전압의 기호와 단위 : V[V](Volt, 볼트)

$$V = \frac{W}{Q}[\text{J/C}] = I \times R[\text{V}]$$

④ 기전력(EMF)
  ㉠ 전류를 계속 흘릴 수 있도록 전위차를 만들어 주는 힘
  ㉡ 기전력의 기호 : E(단위 : [V], 전압과 같음)

10년간 자주 출제된 문제

Q[C]의 전기량이 도체를 이동하면서 한 일을 W[J]이라 할 때 전위차 V[V]를 나타내는 관계식으로 옳은 것은?

① $V = QW$
② $V = \frac{W}{Q}$
③ $V = \frac{Q}{W}$
④ $V = \frac{1}{QW}$

|해설|

전 압

- 회로 내에 전기적인 압력이 가해져 전류가 흐른다고 볼 때 그 압력
- 전원으로부터 어떤 전하량 Q[C]을 이동시키는 데 W[J]의 에너지를 소비하였다면 두 단자 간 전위차 $V = \frac{W}{Q}$[J/C], [V]

정답 ②

핵심이론 05 저항(R)

① 전류의 흐름을 방해하는 정도를 나타내는 상수
② 저항의 기호와 단위 : $R[\Omega]$(Ohm, 옴)

$$R = \rho\frac{l}{A}[\Omega]$$

(ρ : 물체의 고유저항, l : 길이, A : 단면적)

③ $1[\Omega]$: 1[V]의 전압을 가할 때 1[A]의 전류가 흐르는 저항

$$R = \frac{V}{I}[\Omega]$$

④ 저항의 접속
  ㉠ 직렬접속
  $$R = R_1 + R_2[\Omega]$$
  ㉡ 병렬접속
  - $\frac{1}{R} = \frac{1}{R_1} + \frac{1}{R_2}[℧]$
  - $R = \frac{R_1 R_2}{R_1 + R_2}[\Omega]$

  ㉢ 같은 저항(R_1) n개가 병렬접속된 경우 합성저항
  $$R = \frac{R_1}{n}[\Omega]$$
  ㉣ 저항의 Y-△ 변환
  $$R_{ab} = \frac{R_a R_b + R_b R_c + R_c R_a}{R_c}$$
  저항이 같을 경우 $R_\triangle = 3R_Y$, $R_Y = \frac{R_\triangle}{3}$

10년간 자주 출제된 문제

5-1. 동선의 길이를 2배로 늘이면 저항은 처음의 몇 배가 되는가?(단, 동선의 체적은 일정하다)

① 2 　　　　② 4
③ 8 　　　　④ 16

5-2. 내부저항이 0.1[Ω]인 전지 10개를 병렬연결하면, 전체 내부저항은?

① 0.01[Ω] 　　　　② 0.05[Ω]
③ 0.1[Ω] 　　　　④ 1[Ω]

5-3. 다음 회로에서 a, b 간의 합성저항은?

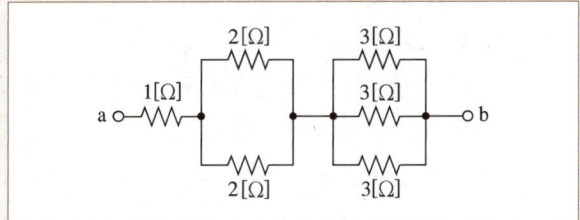

① 1[Ω] 　　　　② 2[Ω]
③ 3[Ω] 　　　　④ 4[Ω]

[해설]

5-1
전선의 체적이 일정할 때 길이를 2배로 하면 단면적은 $\frac{1}{2}$ 배가 된다.
$$\therefore R' = \rho\frac{l'}{A'} = \rho\frac{2l}{\frac{1}{2}A} = \rho\frac{l}{A} \times 4 = 4R$$

5-2
병렬연결 전지의 전체 내부저항
$$R_t = \frac{r}{n} = \frac{1개\ 저항값}{개수} = \frac{0.1}{10} = 0.01[\Omega]$$

5-3
- 직렬연결 합성저항 = $R_1 + R_2$
- 병렬연결 합성저항 = $\frac{R_1 \times R_2}{R_1 + R_2}$
- R값이 같을 때의 병렬연결 합성저항 = $\frac{R}{n}$
- a, b 간의 합성저항 = $1 + \frac{2}{2} + \frac{3}{3} = 3[\Omega]$

정답 5-1 ② 　 5-2 ① 　 5-3 ③

핵심이론 06 도체와 부도체

① **도체** : 금속, 흑연, 은(Ag), 구리(Cu), 알루미늄(Al), 금(Au) → 전기가 잘 통함
② **부도체** : 페놀수지, 뷰틸고무, 운모, 수소, 헬륨, 석영, 유리
  ㉠ 전기 혹은 열이 잘 흐르지 않는 물질
  ㉡ 전류의 흐름을 차단하는 절연체로 사용함
  ㉢ 절연체 중 분극현상이 일어나는 물체를 유전체라고 함
  ㉣ 유전체는 콘덴서와 같이 전하를 저장할 때 사용함
③ **반도체**
  ㉠ 규소(Si), 저마늄(Ge), 셀레늄(Se) 등 도체와 부도체 양쪽의 성질을 지닌 물체
  ㉡ 전자회로 소자의 원료로 사용됨(다이오드, 트랜지스터)

핵심이론 07 옴의 법칙

① 도체에 흐르는 전류는 전압에 비례하고 저항에 반비례한다.
  전압 $V = I \times R[\text{V}]$
  전류 $I = \dfrac{V}{R}[\text{A}]$
  저항 $R = \dfrac{V}{I}[\Omega]$

② **전압강하**
  ㉠ 직렬저항회로에서는 각 저항에 걸리는 전압은 저항에 비례, 저항에 흐르는 전류는 일정
  $V_1 = IR_1, \quad V_2 = IR_2$
  ㉡ 병렬저항회로에서는 각 저항에 걸리는 전압은 저항에 관계없이 일정, 전류는 저항에 반비례
  $I_1 = \dfrac{V}{R_1} = \dfrac{R_2}{R_1 + R_2} I, \quad I_2 = \dfrac{V}{R_2} = \dfrac{R_1}{R_1 + R_2} I$

③ **키르히호프의 법칙(Kirchhoff's Law)**
  ㉠ 제1법칙(전류의 법칙 : KCL)
    • 회로의 한 점에서 볼 때 : Σ 유입전류 = Σ 유출전류
    • $I_1 + I_2 + I_3 + \cdots + I_n = 0$
  ㉡ 제2법칙(전압의 법칙 : KVL)
    • 임의의 폐회로에서의 기전력 총합은 회로소자에서 발생하는 전압강하의 총합과 같다.
    • Σ 기전력 = Σ 전압강하

핵심이론 08 전압, 전류 측정

① 전압과 전류 측정 시
  ㉠ 전압계 : 부하 또는 전원과 병렬로 연결
  ㉡ 전류계 : 부하 또는 전원과 직렬로 연결
② 배율기와 분류기
  ㉠ 배율기
  • 전압계의 측정 범위를 넓히기 위해서는 전압계와 직렬로 저항을 접속한다.
  • 이 직렬저항(R_m)을 배율기라 한다.
  • 배율기의 배율 $m = \dfrac{V}{V_V} = 1 + \dfrac{R_m}{r_v}$
  • 배율기의 저항 $R_m = (m-1)r_v [\Omega]$
    (V : 측정전압, V_V : 전압계 측정전압, r_v : 전압계 내부저항)
  ㉡ 분류기
  • 전류계의 측정 범위를 넓히기 위해서는 전류계와 병렬로 저항을 접속해야 한다.
  • 이 병렬저항(R_s)을 분류기라 한다.
  • 분류기의 배율 $m = \dfrac{I}{I_a} = 1 + \dfrac{r_a}{R_s}$
  • 분류기의 저항 $R_s = \dfrac{r_a}{m-1}[\Omega]$
    (I : 측정전류, I_a : 전류계 측정전류, r_a : 전류계 내부저항)
③ 전위의 평형
  ㉠ 전위의 평형 : 전기회로에 전압이 가해져 있는 데도 전기회로의 두 점 사이의 전위차가 0이 되는 경우

  ㉡ 휘트스톤 브리지
  • 중저항 $0.5[\Omega] \sim 100[k\Omega]$ 측정에 이용

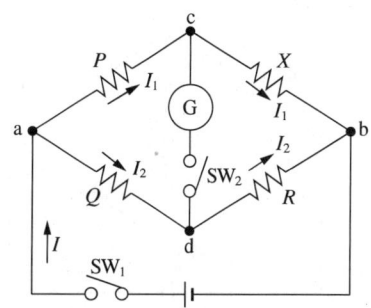

  • 평형조건은 검류계(G)의 전류가 흐르지 않을 때
    $PR = QX$, 미지의 저항 $X = \dfrac{P}{Q}R$

10년간 자주 출제된 문제

8-1. 전압계 및 전류계의 측정 범위를 넓히기 위하여 사용하는 배율기와 분류기의 접속법은?
① 배율기는 전압계와 병렬접속, 분류기는 전류계와 직렬접속
② 배율기는 전압계와 직렬접속, 분류기는 전류계와 병렬접속
③ 배율기 및 분류기 모두 전압계와 전류계에 직렬접속
④ 배율기 및 분류기 모두 전압계와 전류계에 병렬접속

8-2. 5[Ω], 10[Ω], 15[Ω]의 저항을 직렬로 접속하고 전압을 가하였더니 10[Ω]의 저항 양단에 30[V]의 전압이 측정되었다. 이 회로에 공급되는 전전압은 몇 [V]인가?
① 30 ② 60
③ 90 ④ 120

8-3. 저항 R_1, R_2의 병렬회로에서 R_2에 흐르는 전류가 I일 때 전전류는?
① $\dfrac{R_1+R_2}{R_1}I$ ② $\dfrac{R_1+R_2}{R_2}I$
③ $\dfrac{R_1}{R_1+R_2}I$ ④ $\dfrac{R_2}{R_1+R_2}I$

10년간 자주 출제된 문제

8-4. 회로에서 검류계의 지시가 0일 때 저항 X는 몇 $[\Omega]$인가?

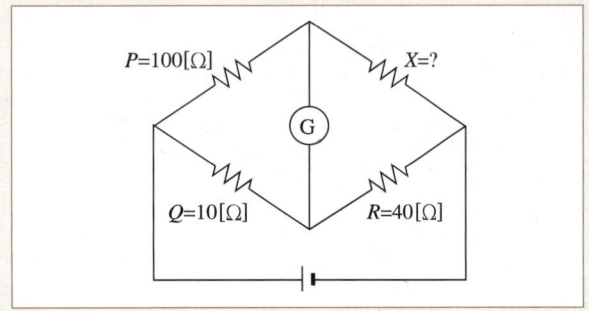

① 10
② 40
③ 100
④ 400

|해설|

8-2

저항의 직렬접속에서 각 저항에 걸리는 전압 V_1, V_2, V_3의 크기는 저항 R_1, R_2, R_3에 비례한다. 또 V_1, V_2, V_3의 값과 전체전압 V의 관계는 $V = V_1 + V_2 + V_3$이 된다.

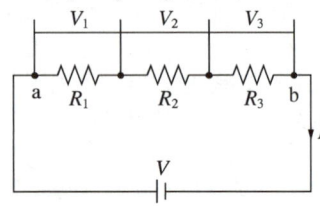

∴ $10[\Omega]$에 $30[V]$ 전압이 걸리므로 저항에 비례해 $5[\Omega]$에는 $15[V]$가 $15[\Omega]$에는 $45[V]$가 걸린다.
전전압 $V = 15 + 30 + 45 = 90[V]$

8-3

$I = \left(\dfrac{R_1}{R_1 + R_2}\right) I_0$

∴ 전전류 $I_0 = \left(\dfrac{R_1 + R_2}{R_1}\right) I$

8-4

휘트스톤 브리지
- 4개의 저항 P, Q, R, X에 검류계를 접속하여 미지의 저항을 측정하기 위한 회로
- 브리지의 평형조건 : $PR = QX$(마주보는 변의 곱은 서로 같다)

∴ $X = \dfrac{PR}{Q} = \dfrac{100 \times 40}{10} = 400[\Omega]$

정답 8-1 ② 8-2 ③ 8-3 ① 8-4 ④

핵심이론 09 전기저항

① 고유저항과 전기저항

㉠ 고유저항 : 단위입방체적당 저항값

고유저항 $\rho = R\dfrac{A}{l}[\Omega \cdot m]$

(ρ : 물체의 고유저항, A : 단면적, l : 길이)

㉡ 전기저항 $R = \rho\dfrac{l}{A}[\Omega]$

㉢ 단위변환 : $1[\Omega \cdot m] = 10^6[\Omega \cdot mm^2/m]$

㉣ 전도율(도전율, 도전도, 전도도) : 전류가 잘 통하는 정도

전도율 $\sigma = \dfrac{1}{\rho}[\mho/m]$

㉤ 컨덕턴스(G) : 전류가 잘 흐르는 정도로 저항의 역수

$G = \dfrac{1}{R}[\mho]$

② 전기저항의 결정 4가지 요소

㉠ 물질의 종류
㉡ 물질의 단면적
㉢ 물질의 길이
㉣ 물질의 온도
- 도체 : 온도가 높아질수록 저항이 증가[정(+)특성 온도계수]
  예 은, 구리, 금, 알루미늄
- 반도체 : 온도가 높아질수록 저항이 감소[부(-)특성 온도계수]
  예 규소, 저마늄, 탄소, 서미스터, 아산화동

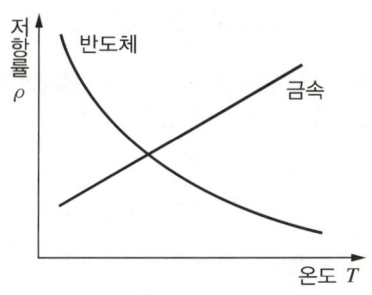

[저항률의 온도특성]

- 온도차에 따른 저항 계산식
  온도가 $t[℃]$에서 $T[℃]$로 되면
  $R_T = R_t[1 + \alpha_t(T-t)][\Omega]$
  (α_t : $t[℃]$에서 온도계수)

- 온도계수 : $1[℃]$ 상승하는 데 따른 저항의 증가 비율

- 표준 연동에 대한 저항의 온도계수 $0[℃]$에서 $1[℃]$ 상승 시 저항값 증가 비율
  $\alpha_0 = \dfrac{1}{234.5} ≒ 0.00427$
  $t[℃]$에서 $1[℃]$ 상승 시 저항값 증가 비율
  $\alpha_t = \dfrac{1}{234.5 + t}$

10년간 자주 출제된 문제

9-1. 전도도(Conductivity)의 단위는?
① $[\Omega \cdot m]$　② $[\mho \cdot m]$
③ $[\Omega/m]$　④ $[\mho/m]$

9-2. 전기 전도도가 좋은 순서대로 도체를 나열한 것은?
① 은 → 구리 → 금 → 알루미늄
② 구리 → 금 → 은 → 알루미늄
③ 금 → 구리 → 알루미늄 → 은
④ 알루미늄 → 금 → 은 → 구리

9-3. $0.2[\mho]$의 컨덕턴스 2개를 직렬로 접속하여 3[A]의 전류를 흘리려면 몇 [V]의 전압을 공급하면 되는가?
① 12　② 15
③ 30　④ 45

9-4. 주위 온도 $0[℃]$에서의 저항이 $20[\Omega]$인 연동선이 있다. 주위 온도가 $50[℃]$로 되는 경우 저항은?(단, $0[℃]$에서 연동선의 온도계수는 $a_0 = 4.3 \times 10^{-3}$이다)
① 약 $22.3[\Omega]$　② 약 $23.3[\Omega]$
③ 약 $24.3[\Omega]$　④ 약 $25.3[\Omega]$

9-5. 일반적으로 온도가 높아지게 되면 전도율이 커져서 온도계수가 부(−)의 값을 가지는 것이 아닌 것은?
① 구리　② 반도체
③ 탄소　④ 전해액

|해설|

9-1
전도도는 전류가 잘 흐르는 정도를 나타낸 것으로 전기저항의 역수이다. 따라서 전도도의 단위는 $[\Omega^{-1}m^{-1}] = [\mho/m]$이다.

9-2
전도도(전도율, 도전율)
- 전류가 잘 통하는 정도로 저항의 반대(G : 컨덕턴스)되는 값이다.
  $\sigma = \dfrac{1}{\rho}[\mho/m]$
- 은＞구리＞금＞알루미늄의 순서로 전기가 잘 통한다.

9-3
컨덕턴스 $G = \dfrac{1}{R}$이므로 저항으로 나타내면
$R = \dfrac{1}{G} = \dfrac{1}{0.2} = 5[\Omega]$
직렬저항 접속으로 전체저항 $R = 5 + 5 = 10[\Omega]$, 흐르는 전류 $I = 3[A]$이므로 옴의 법칙에 따라 $V = IR = 3 \times 10 = 30[V]$이다.

9-4
온도가 $t[℃]$에서 $T[℃]$로 되면
$R_T = R_t[1 + a_t(T-t)][\Omega]$
$R_{50} = 20[1 + (4.3 \times 10^{-3})(50-0)][\Omega]$
$\phantom{R_{50}} = 20(1 + 21.5 \times 10^{-2}) = 24.3[\Omega]$

9-5
일반 금속도체는 온도가 높아지면 저항이 증가하여 전도율이 작아지고, 반도체에서는 반대로 온도가 높아지면 저항이 감소하여 전도율이 커지는 경향이 있다.
- 부(−)특성 온도계수 : 반도체, 서미스터, 전해질, 방전관, 탄소
- 정(+)특성 온도계수 : 도체, 즉 금속

정답 9-1 ④　9-2 ①　9-3 ③　9-4 ③　9-5 ①

핵심이론 10 전류의 화학작용

① 전기분해 작용 : 전해액에 전류가 흘러서 전해액을 화학적으로 분해하는 현상

　예 물의 전기분해 → 수소+산소, 전기도금

② 패러데이의 법칙(Faraday's law)
　㉠ 전해액에 흐르는 전류의 전기량(Q)은 전극에서 석출되는 물질의 양(W)과 비례한다.
　㉡ 전기량이 같을 때 석출되는 물질의 양은 그 물질의 전기화학당량(k)에 비례한다.
　　• $W = kQ = kIt$ [g]
　　• k : 화학당량 $= \dfrac{원자량}{원자가}$

③ 전지(Battery)
　㉠ 1차 전지 : 재사용이 안 되는 전지(망가니즈건전지, 수은건전지)
　㉡ 2차 전지 : 재사용할 수 있는 전지(알칼리축전지, 납축전지)
　㉢ 납축전지(Lead Storage Battery)

양극	전해액	음극		양극	전해액	음극
PbO_2	$+ 2H_2SO_4$	$+ Pb$	$\underset{방전}{\overset{충전}{\rightleftarrows}}$	$PbSO_4$	$+ 2H_2O$	$+ PbSO_4$

10년간 자주 출제된 문제

전기분해를 하면 석출되는 물질의 양은 통과한 전기량에 관계가 있다. 이것을 나타낸 법칙은?

① 옴의 법칙
② 쿨롱의 법칙
③ 앙페르의 법칙
④ 패러데이의 법칙

해설
- 옴의 법칙 : 전류 크기는 전압에 비례하고 도체의 저항에 반비례한다.
- 쿨롱의 법칙 : 두 자극 사이에 작용하는 자력의 크기는 양 자극의 세기의 곱에 비례하며, 자극 간 거리의 제곱에 반비례한다.
- 앙페르의 오른나사 법칙 : 전류의 방향을 오른나사가 진행하는 방향으로 하면, 이때 발생되는 자기장의 방향은 오른나사의 회전 방향이 된다.
- ※ 패러데이의 전자유도 법칙 : 코일을 관통하는 자속을 변화시킬 때 코일에 유도기전력이 발생한다.

정답 ④

핵심이론 11 전류의 열작용

① 줄의 법칙(Joule's Law)
  ㉠ $R[\Omega]$의 저항에 $I[A]$의 전류를 t초 동안 흘릴 때 저항에서 소비되는 전력량(에너지)
    $W = Pt = I^2Rt$[W]
  ㉡ 전부 열에너지로 바뀌며, 이것을 줄의 법칙이라 한다.
    • $H = I^2Rt$ [J] $= 0.24 I^2Rt$[cal]
    • 1[cal] = 4.186[J] ≒ 4.2[J]
    • 1[J] ≒ 0.24[cal]
② 제베크 효과 : 접속된 두 금속에 온도변화를 주면 기전력이 발생한다(열전온도계).
③ 펠티에 효과 : 접속된 두 금속에 기전력을 가하면 온도변화가 발생한다(전자냉동기).

10년간 자주 출제된 문제

11-1. 2[Ω]의 저항에 3[A]의 전류를 1분간 흘릴 때 이 저항에서 발생하는 열량은?
① 약 4[cal] ② 약 86[cal]
③ 약 259[cal] ④ 약 1,080[cal]

11-2. 두 종류의 금속 접합부에 전류를 흘리면 전류의 방향에 따라 줄열 이외의 열의 흡수 또는 발생 현상이 생긴다. 이러한 현상을 무엇이라 하는가?
① 제베크 효과 ② 페란티 효과
③ 펠티에 효과 ④ 초전도 효과

해설

11-1
$H = 0.24 I^2Rt$ [cal] $= 0.24 \times 3^2 \times 2 \times 60$[s] $= 259.2$ ≒ 259[cal]

11-2
• 제베크 효과 : 서로 다른 종류의 금속으로 이루어진 폐회로에서 양 접점의 온도가 다르면 전류가 흐르는 현상
• 페란티 효과 : 송전단은 수전단보다 전압이 높지만, 계통에 콘덴서에 의해 역률 과보상으로 인한 수전단이 송전단 전압보다 높아지는 현상
• 초전도 효과 : 어떤 물질이 전기저항이 0이 되고 내부 자기장을 밀쳐 내는 등의 성질을 보이는 현상

정답 11-1 ③ 11-2 ③

핵심이론 12 전력과 전력량

① 전력
  ㉠ 단위시간당 전류가 할 수 있는 일의 양
  ㉡ 전력(P)의 단위는 와트를 사용하고 [W]로 표시
    • $P = VI = I^2R = \dfrac{V^2}{R}$[W]
    • 1[Wh] = 3,600[J]
② 전력량
    $W = P \cdot t = VIt = I^2Rt$[J], [W·s]
③ 최대전력 전송

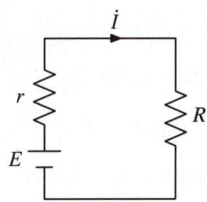

  ㉠ $I = \dfrac{E}{r+R}$
  ㉡ $P = I^2R = \dfrac{E^2R}{(r+R)^2}$[W]
  ㉢ 최대전력 전달조건 : $r = R$
  ㉣ 최대전력 : $P_{\max} = \dfrac{E^2}{4R}$[W]
    (r : 내부저항(전원 측), R : 부하 측 저항)

제2절 전기장과 자기장

핵심이론 01 정전기 현상

① 정전기와 동전기
  ㉠ 정전기 : 연속적으로 흐르지 않는 전기(예 마찰전기)
    ※ 마찰대전 계열
      (+) 모피 > 유리 > 운모 > 무명 > 면사 > 목재 > 호박 > 수지 > 에보나이트 (−)
  ㉡ 동전기 : 연속적으로 흐르는 전기
② 접지(Earth) : 대전체를 지구에 도선으로 연결하여 대전체에 들어 있는 전하를 없애는 것
③ 정전유도 : 비대전체에 대전체를 가까이 하면 대전체의 영향으로 비대전체에 전기가 유도되는 현상
  ㉠ 정전차폐 : 정전유도를 막는 것
  ㉡ 강자성체 : 정전유도를 차폐할 수 있는 물질(니켈, 코발트, 철, 망가니즈, 텅스텐)

핵심이론 02 쿨롱의 법칙(Coulomb's Law)

① 두 전하 사이에 작용하는 힘(전기력)의 관계

$$F = k\frac{Q_1 Q_2}{r^2} = \frac{1}{4\pi\varepsilon} \cdot \frac{Q_1 Q_2}{r^2}$$

$$= 9 \times 10^9 \cdot \frac{Q_1 Q_2}{\varepsilon_r r^2} [\text{N}]$$

($F > 0$: 반발력, $F < 0$: 흡인력)

  ㉠ 유전율 : $\varepsilon = \varepsilon_0 \varepsilon_r$
  ㉡ 진공의 유전율 : $\varepsilon_0 = 8.854 \times 10^{-12}$[F/m]
  ㉢ 비유전율 : ε_r 진공의 유전율에 대한 상대적인 값
  ㉣ Q_1, Q_2 : 전하
  ㉤ r : 두 전하 사이 거리[m]

② 유전율
  ㉠ 전하 사이에 전기장이 작용할 때, 그 전하 사이의 매질이 전기장에 미치는 영향을 나타내는 물리적 단위이다.
  ㉡ 매질이 저장할 수 있는 전하량으로 볼 수도 있다.
  ㉢ 같은 양의 물질이라도 유전율이 더 높으면 더 많은 전하를 저장할 수 있다.
  ㉣ (저장된 전하량이 동일할 때)유전율이 높을수록 전기장의 세기가 감소된다.
  ㉤ 높은 유전율을 가진 물질을 축전기에 넣는 유전체로 사용하면, 축전기의 전기용량이 커진다.

유전체	비유전율(ε_r)	유전체	비유전율(ε_r)
진 공	1	고 무	2 ~ 3.5
공 기	1.00058	유 리	3.5 ~ 10
종 이	2 ~ 2.6	운 모	6.7
폴리에틸렌	2.2 ~ 2.4	물(증류수)	80

10년간 자주 출제된 문제

2-1. 진공 중에 10[μC]과 20[μC]의 점전하를 1[m]의 거리로 놓았을 때 작용하는 힘[N]은?

① 18×10^{-1} ② 2×10^{-2}
③ 9.8×10^{-9} ④ 98×10^{-9}

10년간 자주 출제된 문제

2-2. 다음 설명 중 틀린 것은?

① 앙페르의 오른나사 법칙 : 전류의 방향을 오른나사가 진행하는 방향으로 하면, 이때 발생되는 자기장의 방향은 오른나사의 회전방향이 된다.
② 렌츠의 법칙 : 유도기전력은 자신의 발생 원인이 되는 자속의 변화를 방해하려는 방향으로 발생한다.
③ 패러데이의 전자유도 법칙 : 유도기전력의 크기는 코일을 지나는 자속의 매초 변화량과 코일의 권수에 비례한다.
④ 쿨롱의 법칙 : 두 자극 사이에 작용하는 자력의 크기는 양 자극의 세기의 곱에 비례하며, 자극 간 거리의 제곱에 비례한다.

2-3. 진공 중에서 비유전율 ε_r의 값은?

① 1
② 6.33×10^4
③ 8.855×10^{-12}
④ 9×10^9

|해설|

2-1

쿨롱의 법칙(Coulomb's Law) : 두 전하 사이에 작용하는 힘(전기력)의 관계

$$F = \frac{1}{4\pi\varepsilon} \cdot \frac{Q_1 Q_2}{r^2}$$
$$= 9 \times 10^9 \frac{Q_1 Q_2}{\varepsilon_r r^2} = 9 \times 10^9 \frac{10 \times 10^{-6} \times 20 \times 10^{-6}}{1 \times 1^2}$$
$$= 9 \times 20 \times 10 \times 10^{-3}$$
$$= 1,800 \times 10^{-3}$$
$$= 18 \times 10^{-1} [\text{N}]$$

2-2

쿨롱(Coulomb)의 법칙
두 전하 사이에 작용하는 전기력은 전하의 크기에 비례하고, 두 전하 사이 거리의 제곱에 반비례한다는 법칙

$$F = \frac{1}{4\pi\varepsilon} \cdot \frac{Q_1 Q_2}{r^2} [\text{N}]$$

2-3

- 진공, 공기 중에서 비유전율은 1이다.
- 진공의 투자율 $\mu_0 = 4\pi \times 10^{-7} [\text{H/m}]$
- 진공의 유전율 $\varepsilon_0 = 8.854 \times 10^{-12} [\text{F/m}]$
- 쿨롱의 법칙의 전기장에서 비례상수 $k = \frac{1}{4\pi\varepsilon_0} = 9 \times 10^9$
- 쿨롱의 법칙의 자기장에서 비례상수 $k = \frac{1}{4\pi\mu_0} = 6.33 \times 10^4$

정답 2-1 ① 2-2 ④ 2-3 ①

핵심이론 03 전기장과 전기력선

① **전기장** : 전하 주변으로 전기력이 작용하는 공간
② **전기력선** : 전기장에서 전기길을 나타내는 가상적인 선
  ㉠ 전속 : 전기력선의 집속체로 1[C]의 전하에서는 1[C]의 전속이 나온다.
  ㉡ 전속밀도 : 단위단면을 직각으로 관통하는 전기력선의 수
  $$D = \frac{Q}{S} = \frac{Q}{4\pi r^2} [\text{C/m}^2], \quad D = \varepsilon E [\text{C/m}^2]$$
③ **전기력선의 성질**
  ㉠ 전기력선은 양전하의 표면에서 나와서 음전하의 표면으로 들어간다.
  ㉡ 전기력선의 밀도는 그 점에서의 전계의 크기와 같다.
  ㉢ 전기력선의 접선 방향은 그 접점에서의 전기장의 방향을 가리킨다.
  ㉣ 전기력선의 밀도는 전기장의 세기를 나타낸다.
  ㉤ 전기력선은 도체의 표면에 수직으로 출입한다.
  ㉥ 전기력선은 서로 교차하지 않는다.
  ㉦ 전체 전하량 Q[C]를 둘러싼 폐곡면을 통하고 밖으로 나가는 전기력선의 총수는 $N = \frac{Q}{\varepsilon}$ 개다(가우스의 정리).
  ㉧ 도체 내부에는 전기력선이 없다(전기장 세기 = 0).
④ **전기장의 세기 E(전계의 세기, 전기력선의 밀도)**
  ㉠ Q[C]의 전하로부터 r[m] 떨어진 점의 전기장의 세기
  $$\cdot E = \frac{Q}{4\pi\varepsilon r^2} = 9 \times 10^9 \cdot \frac{Q}{\varepsilon_r r^2} [\text{V/m}]$$
  $$\cdot E = \frac{\text{가닥수}(N)}{\text{면적}(S)} [\text{V/m}]$$
  ㉡ E[V/m]의 전기장 중에 Q[C]의 전하가 있을 때 받는 힘
  $$F = QE [\text{N}]$$

⑤ 전위
　㉠ 전기장 속에 놓인 전하의 전기적인 위치에너지
　　$$V = \frac{Q}{4\pi\varepsilon r} = Er \,[\text{V}]$$
　㉡ 단위전하를 옮기는 데 필요한 일의 양
　　$$V = \frac{W}{Q} \,[\text{J/C}]$$
　㉢ 등전위면
　　• 전계 내에서 동일한 전위의 점을 연결하여 얻어지는 면을 등전위면이라 한다.
　　• 서로 다른 전위를 가진 등전위면은 교차하지 않는다.
　　• 정전기적 상태에서 도체 표면은 등전위면이다.
　　• 전기력선과 직각으로 교차한다.
　　• 등전위면의 밀도가 높은 곳은 전기장의 세기도 크다.
　　• 전하는 등전위면과 직각으로 이동한다(전기력선은 전하의 이동방향을 가리키므로).
　　• 등전위면의 위의 모든 점에서의 전위차는 0이다.

10년간 자주 출제된 문제

3-1. 전기력선의 성질 중 맞지 않는 것은?
① 전기력선은 양(+)전하에서 나와 음(-)전하에서 끝난다.
② 전기력선의 접선방향이 전장의 방향이다.
③ 전기력선은 도중에 만나거나 끊어지지 않는다.
④ 전기력선은 등전위면과 교차하지 않는다.

3-2. 전기장 중에 단위전하를 놓았을 때 그것에 작용하는 힘은 어느 값과 같은가?
① 전장의 세기　　② 전 하
③ 전 위　　　　　④ 전위차

[해설]

3-1
전기력선과 등전위면은 수직 교차한다.

3-2
전기장의 세기는 전기장 중에 단위전하를 놓았을 때 작용하는 전자력의 크기로 정의한다.

정답 3-1 ④　3-2 ①

핵심이론 04 콘덴서

① 콘덴서
　㉠ 전하를 축적하는 것을 목적으로 만든 전기회로 소자로, 커패시터(Capacitor)라고도 한다.
　㉡ 정전용량 : 콘덴서에 일정한 전위 V를 주었을 때 전하 Q를 저축하는 능력을 표시한다. Q는 V에 비례하고, 비례상수를 C라 하며 단위는 [F](Farad, 패럿)이다.
　　$$Q = C \cdot V [\text{C}], \quad C = \frac{Q}{V} [\text{F}]$$
　㉢ 콘덴서의 정전용량을 크게 하기 위한 방법
　　• 극판 면적(A)을 넓게 하는 방법
　　• 극판 간의 간격(d)을 좁게 하는 방법
　　• 극판 간에 넣은 절연물의 비유전율(ε_r)이 큰 것을 사용하는 방법
　　$$C = \frac{\varepsilon A}{d} [\text{F}]$$

② 콘덴서의 접속
　㉠ 병렬접속
　　$$C = C_1 + C_2 [\text{F}]$$
　㉡ 직렬접속
　　$$\frac{1}{C} = \frac{1}{C_1} + \frac{1}{C_2} [1/\text{F}]$$
　　$$C = \frac{1}{\frac{1}{C_1} + \frac{1}{C_2}} = \frac{C_1 \times C_2}{C_1 + C_2} [\text{F}]$$

③ 정전에너지 : 콘덴서에 전압을 가하여 충전되는 에너지
　㉠ $W = \frac{1}{2}QV = \frac{1}{2}CV^2 [\text{J}]$
　㉡ 단위체적당 축적되는 에너지
　　$$W_0 = \frac{1}{2}ED = \frac{1}{2}\varepsilon E^2 [\text{J/m}^3]$$
　　(E : 전계의 세기, D : 전속밀도)

10년간 자주 출제된 문제

4-1. 2[F], 4[F], 6[F]의 콘덴서 3개를 병렬로 접속했을 때의 합성정전용량은 몇 [F]인가?

① 1.5　　　② 4
③ 8　　　　④ 12

4-2. $C_1 = 5[\mu F]$, $C_2 = 10[\mu F]$의 콘덴서를 직렬로 접속하고 직류 30[V]를 가했을 때 C_1의 양단의 전압[V]은?

① 5　　　　② 10
③ 20　　　 ④ 30

4-3. 콘덴서에 V[V]의 전압을 가해서 Q[C]의 전하를 충전할 때 저장되는 에너지는 몇 [J]인가?

① $2QV$　　　② $2QV^2$
③ $\frac{1}{2}QV$　　④ $\frac{1}{2}QV^2$

4-4. 전계의 세기 50[V/m], 전속밀도 100[C/m²] 유전체의 단위체적에 축적되는 에너지는?

① 2[J/m³]
② 250[J/m³]
③ 2,500[J/m³]
④ 5,000[J/m³]

4-4

$W = \frac{1}{2}QV = \frac{1}{2}CV^2$에서 단위체적(1[m³])에 축적되는 정전에너지 W는 $W = \frac{1}{2}ED$ [J/m³]이다(E : 전계의 세기, D : 전속밀도).

$\therefore W = \frac{1}{2} \times 50 \times 100 = 2,500$[J/m³]

정답 4-1 ④　4-2 ③　4-3 ③　4-4 ③

해설

4-1
- 병렬일 때 합성정전용량 산출공식은
$C = C_1 + C_2 + C_3 = 2 + 4 + 6 = 12$[F]
- 직렬일 때 합성정전용량 산출공식은
$C = \frac{C_1 C_2 C_3}{C_1 C_2 + C_2 C_3 + C_3 C_1} = \frac{12}{11}$[F]

4-2

리액턴스 $X_C = \frac{1}{\omega C}[\Omega]$이므로 콘덴서의 리액턴스값은 콘덴서의 크기에 반비례한다.

$\therefore V_{C_1} = \frac{C_2}{C_1 + C_2} \times V = \frac{10}{5+10} \times 30 = 20$[V]

4-3

$W = \frac{1}{2}CV^2 = \frac{Q^2}{2C} = \frac{1}{2}QV$[J]

핵심이론 05 전기와 자기장

① **자극의 세기(자하량)** : m으로 나타내고, 단위는 [Wb](웨버)를 사용

※ 자하 : 자기적 성질을 가진 기본입자

② **자석의 성질**
   ㉠ 자석은 반드시 N극과 S극 짝으로 이루어져 있다.
   ㉡ 자석의 같은 극끼리는 서로 반발하고, 다른 극끼리는 끌어당긴다.
   ㉢ 자극으로부터 자력선이 나온다.
   ㉣ 자기력선은 N극에서 나와 S극으로 향한다.
   ㉤ 자기력이 강할수록 자기력선의 수가 많다 $\left(\dfrac{m}{\mu}\right)$.
   ㉥ 발생되는 자기력선은 아무리 사용해도 기본적으로 감소하지 않는다.
   ㉦ 자기력선은 비자성체를 투과한다.
   ㉧ 자기력선에는 고무줄과 같은 장력이 존재한다.
   ㉨ 자석은 고온이 되면 자력이 감소되고, 저온이 되면 자력이 증가된다.
   ㉩ 자석은 임계온도 이상으로 가열하면 자석의 성질이 없어진다.

③ **투자율**
   ㉠ 자성체가 자성을 띠는 정도로, 투자율이 클수록 자속이 잘 통과한다.
   ㉡ 투자율 : $\mu = \mu_0 \mu_r$ [H/m]
   ㉢ 진공에서의 투자율 : $\mu_0 = 4\pi \times 10^{-7}$ [H/m]
   ㉣ 물질의 비투자율 : 진공의 투자율에 대한 다른 매질의 투자율의 비율
   $\mu_r = \dfrac{\mu}{\mu_0}$ (진공 = 1, 공기 ≒ 1)

④ **자기유도** : 임의의 자성체를 자기장 안에 놓으면, 자석의 N극 쪽에는 S극이, S극 쪽에는 N극이 유도되어 자성체가 자기를 띠는 현상

⑤ **물체의 자화 정도에 따른 분류**
   ㉠ 강자성체($\mu_r \gg 1$) : 상자성체 중 자화강도가 큰 금속[철(Fe), 니켈(Ni), 코발트(Co), 망가니즈(Mn)]
   ㉡ 상자성체($\mu_r > 1$) : 자석에 접근시킬 때 반대의 극이 생겨 서로 당기는 금속[알루미늄(Al), 백금(Pt), 주석(Sn), 이리듐(Ir), 산소(O)]
   ㉢ 반자성체($\mu_r < 1$) : 자석에 접근시킬 때 같은 극이 생겨 서로 반발하는 금속[비스무트(Bi), 탄소(C), 인(P), 금(Au), 은(Ag), 구리(Cu), 안티모니(Sb), 아연(Zn), 납(Pb), 수은(Hg), 이산화탄소(CO_2), 수소(H), 질소(N)]

10년간 자주 출제된 문제

5-1. 자기력선에 대한 설명으로 옳지 않은 것은?
① 자기장의 모양을 나타낸 선이다.
② 자기력선이 조밀할수록 자기력이 세다.
③ 자석의 N극에서 나와 S극으로 들어간다.
④ 자기력선이 교차된 곳에서 자기력이 세다.

5-2. 공기 중에서 m[Wb]의 자극으로부터 나오는 자력선의 총수는 얼마인가?(단, μ는 물체의 투자율이다)
① m
② μm
③ $\dfrac{m}{\mu}$
④ $\dfrac{\mu}{m}$

5-3. 자기회로에 강자성체를 사용하는 이유는?
① 자기저항을 감소시키기 위하여
② 자기저항을 증가시키기 위하여
③ 공극을 크게 하기 위하여
④ 주자속을 감소시키기 위하여

해설

5-1
- 자기력선은 상호 간에 교차하지 않는다.
- 같은 방향의 자기력선은 상호 반발력이 작용한다.
- 자기장의 방향은 그 점을 통과하는 자기력선의 방향으로 표시한다.
- 자기장의 크기는 그 점에 있어서의 자기력선의 밀도를 나타낸다.

5-2
자기력선의 성질
- 자기력선은 자석의 N극에서 시작하여 S극에서 끝난다.
- 자기력선은 상호 간에 교차하지 않는다.
- m(자극)에서 $\dfrac{m}{\mu}$개의 자기력선이 발생한다.
- 자기력선은 보이지 않는다.

5-3
강자성체
외부로부터의 자기장에 의해 강하게 자화되어 그 자기장을 없앤 후에도 오래도록 자성이 남아 있는 물질로, 상자성체 중 자화강도가 큰 금속[철(Fe), 니켈(Ni), 코발트(Co)]의 투자율이 매우 크다.

정답 5-1 ④ 5-2 ③ 5-3 ①

핵심이론 06 자기에 관한 쿨롱의 법칙

① 두 자극 사이에 작용하는 힘(F)

$$F = \dfrac{1}{4\pi\mu} \cdot \dfrac{m_1 m_2}{r^2} = 6.33 \times 10^4 \cdot \dfrac{m_1 m_2}{\mu_r r^2}\,[\text{N}]$$

㉠ 두 자극의 세기(m)의 곱에 비례하고, 두 자극 사이 거리(r)의 제곱에 반비례
㉡ 투자율 $\mu = \mu_0 \mu_r$[H/m]
㉢ 진공에서의 투자율 $\mu_0 = 4\pi \times 10^{-7}$[H/m]

② 자기장(자계)의 세기(H)
㉠ 자기장 안에 있는 어떤 점에 +1[Wb]의 자하를 둘 때 이 자극에 작용하는 힘을 그 점의 자기장의 세기라 한다.
㉡ 자기장의 세기 : H[AT/m], [N/Wb]

$$H = \dfrac{1}{4\pi\mu_0 \mu_r} \cdot \dfrac{m_1}{r^2}$$

$$= 6.33 \times 10^4 \cdot \dfrac{m_1}{\mu_r r^2}\,[\text{AT/m}]$$

㉢ H[AT/m]의 자기장 내의 자기력선수는 자기장 방향으로 1[m²]당 H개
㉣ 자기장의 세기가 H인 공간 내에 자하 m[Wb]을 두면 여기에 작용하는 힘은

$$F = mH[\text{N}],\ H = \dfrac{F}{m}[\text{AT/m}],\ m = \dfrac{F}{H}[\text{Wb}]$$

(F : 자기력[N], m : 자극의 세기[Wb], H : 자기장의 세기[AT/m])

10년간 자주 출제된 문제

6-1. 진공 중에서 같은 크기의 두 자극을 1[m]거리에 놓았을 때, 그 작용하는 힘이 6.33×10^4[N]이 되는 전극 세기의 단위는?

① 1[Wb] ② 1[C]
③ 1[A]   ④ 1[W]

6-2. 공기 중 자장의 세기가 20[AT/m]인 곳에 8×10^{-3}[Wb]의 자극을 놓으면 작용하는 힘[N]은?

① 0.16 ② 0.32
③ 0.43 ④ 0.56

[해설]

6-1

- 1[C] : $\frac{1}{1.60219 \times 10^{-19}} \fallingdotseq 6.24 \times 10^{18}$개의 전자의 과부족으로 생기는 전기량
- 1[A] : 1초 동안 1[C]의 전하가 이동한 것으로 전자 1개가 가지고 있는 전하량은 1.60219×10^{-19}[C]이므로 1[A]의 전류가 흐를 때 전자가 이동한 수는 $\frac{1}{1.60219 \times 10^{-19}} \fallingdotseq 6.24 \times 10^{18}$개이다.
- 1[W] : 1[V]의 전압이 걸린 부하에 1[A]의 전류가 흐를 때 소비된 전력의 크기

자기장의 세기

- 자기장 안에 있는 어떤 점에 +1[Wb]의 자하를 둘 때 이 자극에 작용하는 힘을 그 점의 자기장의 세기라 한다.
- 자기장의 세기 : H[AT/m], [N/Wb]

$$H = \frac{1}{4\pi\mu_0\mu_r} \cdot \frac{m_1}{r^2} = 6.33 \times 10^4 \frac{m_1}{\mu_r r^2} \text{[AT/m]}$$

6-2

자기장의 세기가 H인 곳에 자하 m을 두면 여기에 작용하는 힘은
$F = mH = 20 \times 8 \times 10^{-3} = 0.16$[N]

정답 6-1 ① 6-2 ①

핵심이론 07 자속과 자속밀도

① 자속(ϕ) : 어떤 가상의 곡면에 작용하는 총자기력을 나타내는 물리량

② 자속밀도 : B[Wb/m²], [T](Tesla)
자속밀도는 자속의 방향에 수직인 1[m²]를 통과하는 자속의 수

$$B = \frac{\phi}{S} = \frac{m}{4\pi r^2} \text{[Wb/m}^2\text{]}$$

③ 자속밀도와 자기장

㉠ 진공 중에서 $B = \mu_0 H$[Wb/m²]

㉡ 일반 매질 중에서 $B = \mu_0 \mu_r H = \mu H$[Wb/m²]

㉢ 자기장 중에 있는 철심 내부의 자속밀도
$B = B_0 + J = \mu_0 H_0 + J$[Wb/m²]
(J : 철심 자화의 세기)

핵심이론 08 전류에 의한 자기장의 세기와 방향

① 앙페르(Ampere)의 오른나사 법칙
  ㉠ 전류가 만드는 자기장의 방향은 앙페르의 오른나사 법칙을 통해 알 수 있다.
  ㉡ 직선의 도체에서 전류의 방향으로 오른손 엄지를 폈을 때 나머지 네 손가락이 감아지는 방향이 자기장의 방향이다.
  ㉢ 원형 코일과 솔레노이드에서는 반대로 전류의 방향으로 네 손가락을 감았을 때 엄지손가락이 향하는 방향이 자기장의 방향(N극)이다.
  ㉣ ⊙ : 전류가 지면에서 나오는 방향
     ⊗ : 전류가 지면으로 들어가는 방향

② 도체의 모양별 자기장(자계)의 세기(전류가 흐를 때)
  ㉠ 무한장 직선도체의 자기장
    $H = \dfrac{I}{2\pi r}$ [AT/m] (r : 직선도체로부터의 거리)
  ㉡ 무한장 솔레노이드 내부의 자기장
    • $H = \dfrac{NI}{l} = n_0 I$ [AT/m]
      (N : 코일의 권수, I : 전류[A], l : 길이[m], n_0 : 단위길이당 코일의 권수)
    • 코일 안쪽 철심 부분에서만 자계가 발생하고 솔레노이드 외부자계는 $H = 0$ 이다.
    • 솔레노이드의 내부 자기장은 평등(균일)자장이다.
  ㉢ 환상 솔레노이드 내부의 자기장
    • $H = \dfrac{NI}{l} = \dfrac{NI}{2\pi r}$ [AT/m]
      (r : 원 중심에서 철심 부분 중심까지의 거리)
    • 코일 안쪽 철심 부분에서만 자계가 발생하고 솔레노이드 외부자계는 $H = 0$ 이다.
  ㉣ 원형 코일 전류에 의한 자기장
    $H = \dfrac{NI}{2r}$ [AT/m] (r : 원형 코일의 반지름)

③ 앙페르의 주회적분 법칙(전류와 자계의 관계)
  $\int H dl = \sum I \rightarrow Hl = NI$ [AT]

④ 비오-사바르의 법칙 : 자계의 세기는 전류의 크기와 전류가 흐르고 있는 도체와 고찰하려는 점까지의 거리에 의해 결정
  $dH = \dfrac{Idl \sin\theta}{4\pi r^2}$ [AT/m]

10년간 자주 출제된 문제

8-1. 전류에 의해 만들어지는 자기장의 자기력선 방향을 간단하게 알아내는 방법은?
① 플레밍의 왼손 법칙
② 렌츠의 자기유도 법칙
③ 앙페르의 오른나사 법칙
④ 패러데이의 전자유도 법칙

8-2. 평균 반지름 r[m]의 환상 솔레노이드에 I[A]의 전류가 흐를 때, 내부자계가 H[AT/m]이었다. 권수 N은?
① $\dfrac{HI}{2\pi r}$ ② $\dfrac{2\pi r}{HI}$
③ $\dfrac{2\pi rH}{I}$ ④ $\dfrac{I}{2\pi rH}$

8-3. 1[cm]당 권선수가 10인 무한 길이 솔레노이드에 1[A]의 전류가 흐르고 있을 때 솔레노이드 외부자계의 세기[AT/m]는?
① 0 ② 10
③ 100 ④ 1,000

|해설|

8-1
• 플레밍의 왼손 법칙 : 자기장 속에서 전류가 받는 힘의 방향
  ※ 플레밍의 오른손 법칙 : 자기장 속에서 도선(導線)을 움직일 때 유도기전력에 유도되는 전류의 방향
• 렌츠의 자기유도 법칙 : 전자기유도의 방향에 관한 법칙, 즉 자기유도로 생기는 전류는 그것이 만드는 자기장이 전류를 유도한 자기장의 변화를 줄이는 방향으로 흐른다.
• 패러데이의 전자유도 법칙 : 코일을 관통하는 자속을 변화시킬 때 코일에 유도기전력이 발생하는 현상

[해설]

8-2

평균 반지름이 r[m]의 환상 솔레노이드의 자기장 세기 $H=\dfrac{NI}{2\pi r}$ 에서 치환하면 $N=\dfrac{2\pi rH}{I}$ 가 된다.

8-3

무한장 솔레노이드의 자계의 세기는 $H=NI$ [AT/m]이고, 솔레노이드의 외부자계는 $H=0$이다.

정답 8-1 ③ 8-2 ③ 8-3 ①

핵심이론 09 자기회로의 옴의 법칙

① 자기회로 : 원형 철심이 들어 있는 코일에 전류(I)를 흘리면 철심 내에서는 자속(ϕ)이 발생하여 원형 철심이 구성하는 폐회로를 지난다. 이때 자속(ϕ)이 지나는 통로를 자기회로라고 한다.

② 기자력 : 자속을 발생시키는 힘

$F=NI=R_m\phi$[AT]

③ 자기저항

$R_m=\dfrac{l}{\mu S}=\dfrac{NI}{\phi}$[AT/Wb]

(l : 자로의 길이, μ : 자로의 투자율, S : 자로의 단면적)

④ 자기회로에서의 자속

$\phi=\dfrac{F}{R_m}=\dfrac{\mu SNI}{l}=BS=\mu HS$[Wb]

⑤ 히스테리시스 현상

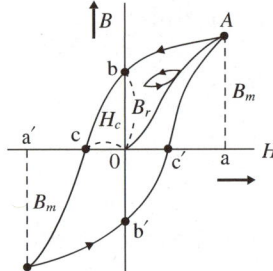

B_m : 최대자속밀도
B_r : 잔류자속밀도(잔류자기)
H_c : 보자력

㉠ 자기장의 변화보다 자속밀도의 변화가 늦으면서 하나의 폐곡선을 이루는 현상이다.

㉡ 히스테리시스 곡선 : 횡축은 자계의 세기, 종축은 자속밀도

 • 횡축이 만나는 점 : 보자력(H_c)
 • 종축이 만나는 점 : 잔류자기(B_r)

㉢ 히스테리시스 손실, 열로 소비(철손)

$P_e=\eta f B_m^{1.6}$[Wb/m²]

(f : 주파수, η : 히스테리시스 상수, 1.6 : 스타인메츠 상수)

ㄹ 자석의 구비조건
- 영구자석 : 보자력(H_c), 잔류자속밀도(B_r)가 클 것
- 전자석 : 보자력(H_c)은 작고, 잔류자속밀도(B_r)는 클 것

10년간 자주 출제된 문제

자기회로의 길이 l[m], 단면적 A[m²], 투자율 μ[H/m]일 때 자기저항 R[AT/Wb]을 나타낸 것은?

① $R = \dfrac{\mu l}{A}$ ② $R = \dfrac{A}{\mu l}$

③ $R = \dfrac{\mu A}{l}$ ④ $R = \dfrac{l}{\mu A}$

[해설]

자기회로에 기자력 NI[A]가 작용했을 때 생기는 자속을 ϕ[Wb]라 할 때 NI와 ϕ의 비를 자기저항이라 한다.

$R_m = \dfrac{NI}{\phi} = \dfrac{l}{\mu A}$[AT/Wb]

정답 ④

핵심이론 10 전자력과 회전력

① 플레밍의 왼손 법칙
  ㉠ 도체가 자기장에서 받고 있는 힘의 방향을 알 수 있으며 전동기 회전의 원리가 된다.
  ㉡ 엄지 : 힘(F)의 방향
     검지 : 자기장(B)의 방향
     중지 : 전류(I)
  ㉢ 도선이 받는 힘
     $F = BIl\sin\theta$[N]
     (B : 자속밀도(자기장의 세기), I : 전류, l : 도체의 길이, θ : 도체가 자기장의 방향과 이루는 각)

② 평행도선 간에 작용하는 힘
  $F = \dfrac{\mu_0 I_1 I_2}{2\pi r} = \dfrac{2I_1 I_2}{r} \times 10^{-7}$[N/m]
  도선의 전류가 같은 방향으로 흐르면 흡인(인력), 다르면 반발(척력)

③ 회전력
  ㉠ 자기모멘트
     $M = ml$[Wb·m]
     (m : 자극의 세기[Wb], l : 자극의 길이)
  ㉡ 평등자계 안에서의 막대자석 회전력
     $T = MH\sin\theta$[N·m]
     (M : 자기모멘트, H : 자기장의 세기, θ : 평등자계와 자석의 각도)
  ㉢ 사각형 코일에 작용하는 회전력
     $T = BINS\cos\theta$[N·m]
     (B : 자속밀도, I : 코일에 흐르는 전류, N : 코일의 권수, S : 코일의 면적(가로×세로), θ : 자기장과 코일의 각)

10년간 자주 출제된 문제

자속밀도 0.5[Wb/m²]의 자장 안에 자장과 직각으로 20[cm]의 도체를 놓고 이것에 10[A]의 전류를 흘릴 때 도체가 50[cm] 운동한 경우의 한 일은 몇 [J]인가?

① 0.5
② 1
③ 1.5
④ 5

[해설]

선전류(자계 중 전류)에 작용하는 힘
$F = BIl\sin\theta$[N]
여기서, F : 도선이 받는 힘
B : 자속밀도(자기장의 세기)
I : 전류
l : 코일의 길이
$F = 0.5 \times 10 \times 0.2 \times \sin 90° = 1$[N]
1[J]은 1[N]의 힘이 1[m]의 거리 동안 작용할 때 하는 일이므로
일 $W = 1 \times 0.5 = 0.5$[N·s] = 0.5[J]

정답 ①

핵심이론 11 전자유도 법칙

① 전자유도
  ㉠ 자기장 내에서 도체를 움직이면 도체에 기전력이 발생해 전류가 흐르는 현상
  ㉡ 전자유도기전력
  $$e = -N\frac{d\phi}{dt}[V]$$
  ((-) : 자속의 변화를 방해하는 방향, $d\phi$: 자속의 변화량, dt : 시간의 변화량)
  ㉢ 패러데이의 법칙(전자유도기전력의 크기) : 전자유도에 의해 발생하는 유도기전력의 크기는 코일과 쇄교하는 자속(ϕ)의 시간적인 변화율에 비례한다.
  ㉣ 렌츠의 법칙(전자유도기전력의 방향) : 전자유도 작용에 의해 회로에 발생하는 유도전류는 항상 자속의 변화를 방해하는 방향(-)으로 흐른다.

② 발전기의 유도기전력
  ㉠ 플레밍의 오른손 법칙 : 발전기 회전의 원리, 도체의 운동에 의한 유도기전력의 방향을 알 수 있다.
  ㉡ 엄지 : 운동의 방향
     검지 : 자속의 방향
     중지 : 유도기전력(전류)의 방향
  ㉢ 유도기전력의 크기
  $$e = Blv\sin\theta[V]$$
  (B : 자속밀도, l : 도체의 길이, v : 도체의 회전속도, θ : 도체와 자기장이 이루는 각)

10년간 자주 출제된 문제

도체가 운동하여 자속을 끊었을 때 기전력의 방향을 알아내는 데 편리한 법칙은?

① 렌츠의 법칙
② 패러데이의 법칙
③ 플레밍의 왼손 법칙
④ 플레밍의 오른손 법칙

|해설|

플레밍의 오른손 법칙(발전기)
- 엄지 : 운동의 방향
- 검지(집게손가락) : 자계의 방향
- 중지(가운뎃손가락) : 유도기전력의 방향

정답 ④

핵심이론 12 코일(Inductor)

① 도선을 나선형으로 감아 놓은 것 또는 그와 같은 부품 (기호와 단위 : L[H])

② 자기인덕턴스(L)

　㉠ 자기유도 : 코일에 자신이 생성한 자속의 변화를 방해하는 방향으로 유도기전력이 발생하는 현상

　㉡ 자기인덕턴스(L) : 코일의 자기유도가 일어나는 정도를 나타내는 상수

　㉢ 자기인덕턴스(L)에 유기되는 전압

　　$e = -L\dfrac{di}{dt} = -N\dfrac{d\phi}{dt}$

　㉣ $\phi = LI$[Wb], $N\phi = LI$[Wb], $L = \dfrac{N\phi}{I}$[H]

　　(N : 코일의 권수)

　㉤ 환상 솔레노이드 자기인덕턴스

　　$L = \dfrac{\mu SN^2}{l}$[H] $\propto N^2$

　　(μ : 투자율, S : 환상 솔레노이드 단면적, N : 코일의 권수, l : 자로의 길이($2\pi r$))

③ 상호인덕턴스(M)

　㉠ 상호유도 : 1차 코일에 변화하는 전류가 흐르면 2차 코일에 유도기전력이 발생하는 현상

　㉡ 상호인덕턴스(M) : 코일의 상호유도가 일어나는 정도를 나타내는 상수

　㉢ 상호인덕턴스에 유기되는 전압

　　$e_2 = -M\dfrac{di}{dt} = -N_2\dfrac{d\phi_2}{dt}$[V]

　㉣ 두 코일 간의 상호인덕턴스

　　$M = k\sqrt{L_1 \times L_2}$[H] ($0 \leq k \leq 1$)

　　(누설자속이 없을 경우 결합계수 $k = 1$)

④ 코일의 접속

　㉠ 자기인덕턴스가 각각 L_1, L_2인 2개의 코일이 직렬로 접속되어 있을 때

- 서로 자기력선속의 영향을 받지 않는 경우
  합성인덕턴스 $L = L_1 + L_2$
- 전자결합이 있는 경우

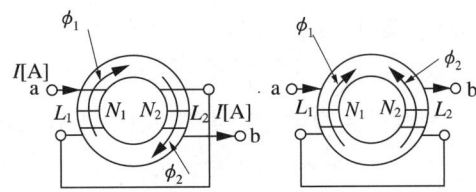

[가동접속과 차동접속]

- 정방향(가동접속) : $L = L_1 + L_2 + 2M$[H]
- 역방향(차동접속) : $L = L_1 + L_2 - 2M$[H]

10년간 자주 출제된 문제

12-1. 자체인덕턴스가 100[H]가 되는 코일에 전류를 1초 동안 0.1[A]만큼 변화시켰다면 유도기전력[V]은?

① 1　　　　　　② 10
③ 100　　　　　④ 1,000

12-2. 2개의 코일을 서로 근접시켰을 때 한쪽 코일의 전류가 변화하면 다른 쪽 코일에 유도기전력이 발생하는 현상을 무엇이라고 하는가?

① 상호결합　　　② 자체유도
③ 상호유도　　　④ 자체결합

12-3. 그림과 같은 회로를 고주파 브리지로 인덕턴스를 측정하였더니 그림 (a)는 40[mH], 그림 (b)는 24[mH]이었다. 이 회로의 상호인덕턴스 M[mH]은?

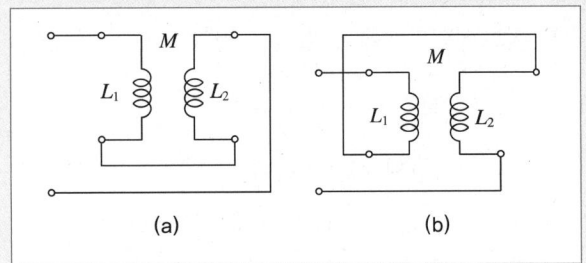

① 2　　　　　　② 4
③ 6　　　　　　④ 8

해설

12-1

$e = -L\dfrac{di}{dt} = -100 \times \dfrac{0.1}{1} = -10$[V]

∴ 10[V]의 유도기전력이 발생된다.

12-2

상호유도
두 개의 코일이 인접해 있을 때, 한 코일에 흐르는 전류의 변화가 전자기유도에 의해 다른 코일에 전류를 유도하는 현상

12-3

합성인덕턴스
$L = L_1 + L_2 \pm 2M$
가동접속(같은 방향) $40 = L_1 + L_2 + 2M$
　　　　　　　→ $L_1 + L_2 = 40 - 2M$ … ㉠
차동접속(다른 방향) $24 = L_1 + L_2 - 2M$
　　　　　　　→ $L_1 + L_2 = 24 + 2M$ … ㉡

∴ 식 ㉠, ㉡에서 $M = \dfrac{1}{4}(40 - 24) = 4$[mH]

정답 12-1 ②　12-2 ③　12-3 ②

핵심이론 13 전자에너지

① 코일에 전류가 흐르면 코일 주위에 자기장을 발생시켜 전자에너지를 저장

$$W = \frac{1}{2}LI^2 [J]$$

② 단위체적당 축적되는 에너지

$$W_0 = \frac{1}{2}BH = \frac{1}{2}\mu H^2 = \frac{B^2}{2\mu} [J/m^3] \ (B = \mu H)$$

③ 코일의 성질
  ㉠ 전류의 변화를 안정시키려고 하는 성질이 있다.
  ㉡ 상호유도작용 : 두 코일을 가까이 하면 한쪽 코일의 전력을 다른 쪽 코일에 전달할 수 있다(예 변압기).
  ㉢ 전자석의 성질 : 코일에 전류가 흐르면 철이나 니켈을 흡착하는 자석의 성질을 띤다(예 릴레이, 스피커).
  ㉣ 공진하는 성질 : 코일과 콘덴서를 조합하여 특정한 주파수만을 통과시키기 위한 필터회로로 이용한다.
  ㉤ 전원 노이즈 차단 기능 : 코일은 전류의 변화를 안정화시키는 기능을 이용하여 외부로부터 유입되는 노이즈를 효과적으로 차단하는 기능을 한다.

10년간 자주 출제된 문제

자기인덕턴스에 축적되는 에너지에 대한 설명으로 가장 옳은 것은?
① 자기인덕턴스 및 전류에 비례한다.
② 자기인덕턴스 및 전류에 반비례한다.
③ 자기인덕턴스와 전류의 제곱에 반비례한다.
④ 자기인덕턴스에 비례하고 전류의 제곱에 비례한다.

|해설|

자기인덕턴스
- 코일의 자기유도능력의 정도
- 자기인덕턴스에 축적되는 에너지의 양은 $W = \frac{1}{2}LI^2 [J]$이므로, 축적 에너지는 자기인덕턴스(L)에 비례하고 전류(I)의 제곱에 비례한다.

정답 ④

제3절 교류회로

핵심이론 01 사인파 교류의 발생

① 교류(AC ; Alternating Current) : 시간이 변함에 따라 크기와 방향이 주기적으로 변하는 전압, 전류
② 직류(DC ; Direct Current) : 시간이 변해도 크기와 방향이 일정한 전압, 전류
③ 사인파 교류의 발생
  $B[Wb/m^2]$ 평등 자기장, 길이 $l[m]$의 도체를 속도 $v[m/s]$로 회전시킬 때 도체에 발생한다.
  $V = Blv\sin\theta [V]$
  ㉠ 주기(T) : 1사이클(Cycle)의 변화에 소요되는 시간, 단위는 [s]
  $$T = \frac{1}{f} [s]$$
  ㉡ 주파수(f) : 1[s] 동안에 발생하는 사이클의 수, 단위는 [Hz]
  $$f = \frac{1}{T} = \frac{\omega}{2\pi} [Hz]$$
  ※ 상용주파수 : 60[Hz]
  ㉢ 각속도(각주파수 : ω) : 1초 동안의 각의 변화율
  - $\omega = 2\pi f [rad/s]$
  - $v = V_m \sin\omega t = V_m \sin 2\pi f t [V]$
  ㉣ 호도법 : 원의 반지름에 대한 호의 길이의 비율, 단위는 [rad](라디안)
  - $1[rad] = 57.17°$
  - $\pi [rad] = 180°$

ⓒ 위상 및 위상차 : 주파수가 동일한 2개 이상의 교류 사이의 시간적인 차

- $v = V_m \sin \omega t$ → 기준
- $v_1 = V_m \sin(\omega t - \theta_1)$ → 뒤짐
- $v_2 = V_m \sin(\omega t + \theta_2)$ → 앞섬

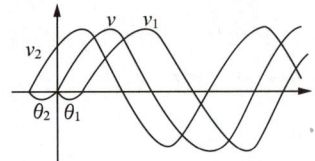

10년간 자주 출제된 문제

1-1. 다음 전압 파형의 주파수는 약 몇 [Hz]인가?

$$e = 100\sin\left(377t - \frac{\pi}{5}\right)[V]$$

① 50　　　　　② 60
③ 80　　　　　④ 100

1-2. $v = V_m \sin(\omega t + 30°)[V]$, $i = I_m \sin(\omega t - 30°)[A]$ 일 때 전압을 기준으로 할 때 전류의 위상차는?

① 60° 뒤진다.　　② 60° 앞선다.
③ 30° 뒤진다.　　④ 30° 앞선다.

|해설|

1-1
$e = V_m \sin(\omega t - \theta)$에서
각속도 $\omega = 2\pi f [\text{rad/s}]$이므로 $377 = 2\pi f$이고,
주파수 $f = \frac{377}{2\pi} ≒ 60[\text{Hz}]$이다.

1-2
기준에서 전압의 위상은 30° 빠르고, 전류의 위상은 30° 느리므로 그 차이는 60°이다. 그러므로 전압의 위상을 기준으로 전류의 위상은 60° 뒤진다.

정답 1-1 ②　1-2 ①

핵심이론 02 정현파 교류의 표시

① **순시값** : 전류, 전압 파형에서 어떤 임의의 순간에서 전류, 전압의 크기
$v(t) = V_m \sin \omega t [V]$
(V_m : 최댓값 또는 진폭(Amplitude))

② **실횻값** : 직류와 동일한 일을 하는 크기의 교류값(일반적으로 교류의 전압, 전류는 실횻값으로 표시)
$I = \frac{1}{\sqrt{2}} I_m ≒ 0.707 I_m$

③ **평균값** : 한 주기 동안 면적의 산술적인 평균값
$V_a = \frac{2}{\pi} V_m ≒ 0.637 V_m$

④ **파고율과 파형률**

ⓐ 파고율 $= \frac{최댓값}{실횻값} = \frac{V_m}{V} = \sqrt{2}$
　　　≒ 1.414(정현파)
: 파형에서 파두(Wave Front)의 날카로운 정도

ⓑ 파형률 $= \frac{실횻값}{평균값} = \frac{V}{V_a} = \frac{\pi}{2\sqrt{2}}$
　　　≒ 1.111(정현파)
: 파형의 기울기의 정도

⑤ **정현파 교류의 벡터 표시법**

ⓐ 벡터 : 물체의 변위를 크기와 방향으로 나타내는 물리량

ⓑ 순시전류
$i(t) = \sqrt{2} I \sin(\omega t \pm \theta)[A]$
- 크기(I)는 실횻값으로 표시
- 위상각의 값이 (+)면 위상이 앞선 경우, (-)면 위상이 뒤진 경우이다.

ⓒ 극형식법(극좌표법) : $\dot{I} = I \angle \theta [A]$

ⓓ 지수함수법 : $\dot{I} = I \cdot e^{j\theta}[A]$

ⓔ 삼각함수법 : $\dot{I} = I(\cos\theta + j\sin\theta)[A]$

ⓗ 복소수법 : $\dot{I} = a + jb[A]$

- 크기 : 실횻값 $|\dot{I}| = \sqrt{a^2 + b^2}$
- 방향 : 위상각 $\theta = \tan^{-1}\dfrac{b}{a}$
- 크기 및 위상 : $\dot{I} = \sqrt{a^2 + b^2} \angle \tan^{-1}\dfrac{b}{a}$
- 허수 j는 위상 +90°, 허수 $-j$는 위상 -90°

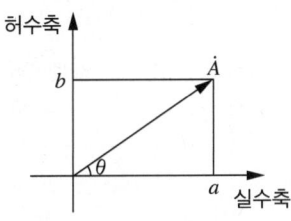

[복소수 $A = a + jb$]

$i = \sqrt{2}\,I\sin(\omega t \pm \theta)$

→ $\dot{I} = I\angle \pm \theta = I(\cos\theta \pm j\sin\theta)$

10년간 자주 출제된 문제

2-1. 전기저항 25[Ω]에 50[V]의 사인파 전압을 가할 때 전류의 순시값은?(단, 각속도 ω=377[rad/s]이다)

① $2\sin377t[A]$
② $2\sqrt{2}\sin377t[A]$
③ $4\sin377t[A]$
④ $4\sqrt{2}\sin377t[A]$

2-2. 어떤 정현파 교류의 최댓값이 $V_m = 220[V]$이면 평균값 V_a는?

① 약 120.4[V]
② 약 125.4[V]
③ 약 127.3[V]
④ 약 140.1[V]

2-3. 다음 중 파형률을 나타낸 것은?

① $\dfrac{\text{실횻값}}{\text{평균값}}$
② $\dfrac{\text{최댓값}}{\text{실횻값}}$
③ $\dfrac{\text{평균값}}{\text{실횻값}}$
④ $\dfrac{\text{실횻값}}{\text{최댓값}}$

|해설|

2-1

$I = \dfrac{V}{R} = \dfrac{50}{25} = 2[A]$에서 전류는 실횻값이므로

$i_1 = \sqrt{2}\,I_1\sin(\omega t \pm \theta_1)[A]$로 표현한다.

2-2

정현파 교류전압의 평균값

$V_a = \dfrac{2V_m}{\pi} = \dfrac{2 \times 220}{\pi} \fallingdotseq 140.1[V]$

2-3

- 파고율 $= \dfrac{\text{최댓값}}{\text{실횻값}}$: 파형에서 파두(Wave Front)의 날카로운 정도
- 파형률 $= \dfrac{\text{실횻값}}{\text{평균값}}$: 파형의 기울기의 정도

정답 2-1 ② 2-2 ④ 2-3 ①

핵심이론 03 기본 소자들의 특성

① 임피던스(Impedance) : 교류저항
  ㉠ 교류회로에서의 전압과 전류의 위상이 달라지는 현상이 발생하는 것을 설명
  ㉡ 임피던스 $Z = \dfrac{V}{I} = R + jX[\Omega]$
  ㉢ 복소수의 실수부 R을 저항, 허수부 X를 리액턴스

② 저항(R)만의 회로

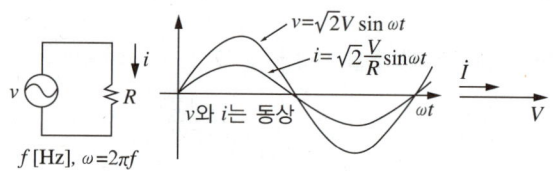

(a) 저항 R만의 회로   (b) 전압과 전류의 파형   (c) 벡터 그림

  ㉠ 전압과 전류의 위상차가 없다. 즉, 동상이다.
  ㉡ 임피던스의 허수부가 존재하지 않는다.

③ 코일(L)만의 회로

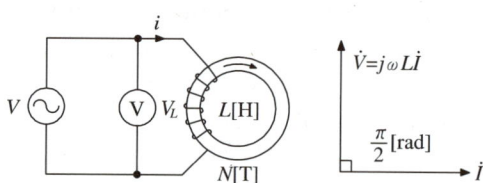

  ㉠ 전압과 전류 : $V = \omega LI[V]$, $I = \dfrac{V}{\omega L}[A]$
  ㉡ 유도성 리액턴스 : $X_L = \omega L = 2\pi fL[\Omega]$
  ㉢ 축적되는 에너지 : $W = \dfrac{1}{2}LI^2[J]$
  ㉣ 전류가 전압보다 위상이 $\dfrac{\pi}{2}[rad]$만큼 뒤진다(지상, 유도성).

④ 콘덴서(C)만의 회로
  ㉠ 콘덴서에 축적되는 전기량
    • 직류 $Q = CV[C]$
    • 교류 $q = Cv$
  ㉡ 전압과 전류 : $V = \dfrac{1}{\omega C}I[V]$, $I = \omega CV[A]$
  ㉢ 용량성 리액턴스 : $X_C = \dfrac{1}{\omega C} = \dfrac{1}{2\pi fC}[\Omega]$
  ㉣ 축적되는 에너지 : $W = \dfrac{1}{2}CV^2[J]$
  ㉤ 전류는 전압보다 $\dfrac{\pi}{2}[rad]$만큼 위상이 앞선다(진상, 용량성).

10년간 자주 출제된 문제

3-1. 자체인덕턴스가 0.01[H]인 코일에 100[V], 60[Hz]의 사인파 전압을 가할 때 유도리액턴스는 약 몇 [Ω]인가?
① 3.77   ② 6.28
③ 12.28   ④ 37.68

3-2. $L = 0.05[H]$의 코일에 흐르는 전류가 0.05[s] 동안에 2[A]가 변했다. 코일에 유도되는 기전력[V]은?
① 0.5   ② 2
③ 10   ④ 25

3-3. 정전에너지 $W[J]$를 구하는 식으로 옳은 것은?(단, C는 콘덴서용량[μF], V는 공급전압[V]이다)
① $W = \dfrac{1}{2}CV^2$ ② $W = \dfrac{1}{2}CV$
③ $W = \dfrac{1}{2}C^2V$ ④ $W = 2CV^2$

|해설|

3-1
유도리액턴스
$X_L = \omega L = 2\pi fL[\Omega] = 2\pi \times 60 \times 0.01 \fallingdotseq 3.77[\Omega]$

3-2
$v = N\dfrac{d\phi}{dt} = \left|-L\dfrac{di}{dt}\right| = 0.05 \times \dfrac{2}{0.05} \fallingdotseq 2[V]$

3-3
정전에너지
콘덴서에 전압을 가하여 충전되는 에너지이다.
$W = \dfrac{1}{2}QV = \dfrac{1}{2}CV^2[J]$

정답 3-1 ① 3-2 ② 3-3 ①

핵심이론 04 RLC 직렬회로

① 임피던스와 위상
  ㉠ 임피던스
  $$\dot{Z} = R + j(X_L - X_C) = R + jX = Z\angle\theta\,[\Omega]$$
  ㉡ 크 기
  $$Z = \sqrt{R^2 + X^2} = \sqrt{R^2 + (X_L - X_C)^2}\,[\Omega]$$
  ㉢ 위 상
  $$\theta = \tan^{-1}\frac{X}{R} = \tan^{-1}\frac{X_L - X_C}{R}$$
  $$= \tan^{-1}\frac{\omega L - \dfrac{1}{\omega C}}{R}$$
  ㉣ 역 률
  $$\cos\theta = \frac{R}{Z}$$

② 임피던스의 유도성과 용량성
  ㉠ $\omega L = \dfrac{1}{\omega C}$인 경우 전류와 전압은 동상(직렬 공진회로)
  ㉡ $\omega L > \dfrac{1}{\omega C}$인 경우 $\theta > 0$이 되어 유도성회로(지상회로)
  ㉢ $\omega L < \dfrac{1}{\omega C}$인 경우 $\theta < 0$이 되어 용량성회로(진상회로)

③ 직렬공진
  ㉠ 직렬공진의 조건
  - $X_L = X_C$이면
    $Z_0 = R\,[\Omega]$: 임피던스(최소)
    $I_0 = \dfrac{V}{Z_0} = \dfrac{V}{R}\,[\text{A}]$: 공진전류(최대)
  - V와 I_0은 동상(同相)이 된다. 이와 같은 상태를 직렬공진이라 한다.

  ㉡ 공진주파수
  - $\omega_0 L = \dfrac{1}{\omega_0 C}$, $\omega_0^2 = \dfrac{1}{LC}$
  - $f_0 = \dfrac{1}{2\pi\sqrt{LC}}\,[\text{Hz}]$: 공진주파수

  ㉢ 선택성과 전압의 증대 : 공진주파수에 근접한 주파수의 전류는 잘 흐르고, 다른 주파수의 전류는 거의 흐르지 못함
  - $Q^2 = Q_L \cdot Q_C = \dfrac{\omega_0 L}{R} \cdot \dfrac{1}{\omega_0 CR}$
  - $Q = \dfrac{1}{R}\sqrt{\dfrac{L}{C}}$: 선택도, 전압확대도

10년간 자주 출제된 문제

$R=10[\Omega]$, $X_L=15[\Omega]$, $X_C=15[\Omega]$의 직렬회로에 100[V]의 교류전압을 인가할 때 흐르는 전류[A]는?

① 6　　　　　　② 8
③ 10　　　　　 ④ 12

|해설|

$$I = \frac{100}{10 + j15 - j15} = 10[\text{A}]$$

정답 ③

핵심이론 05 RLC 병렬회로

① 어드미턴스(Y)

$$\dot{Y} = \frac{1}{\dot{Z}} = \frac{1}{R+jX} = \frac{R}{R^2+X^2} + j\frac{X}{R^2+X^2}$$

$$= G + jB\,[\mho]$$

(Y : 어드미턴스, G : 컨덕턴스(실수부), B : 서셉턴스(허수부))

② 어드미턴스의 접속

　㉠ 직렬접속

$$Y_{합성} = \frac{Y_1 Y_2}{Y_1 + Y_2}\,[\mho]$$

　㉡ 병렬접속

$$Y_{합성} = Y_1 + Y_2\,[\mho]$$

③ RLC 병렬회로

　㉠ $\dot{I} = \dot{I}_R + \dot{I}_L + \dot{I}_C = \frac{\dot{V}}{R} - j\frac{\dot{V}}{X_L} + j\frac{\dot{V}}{X_C}$

$$= \frac{\dot{V}}{R} + j\left(\frac{1}{X_C} - \frac{1}{X_L}\right)\dot{V}$$

　㉡ $\dot{Y} = \frac{1}{R} - j\frac{1}{X_L} + j\frac{1}{X_C}$

$$= \frac{1}{R} + j\left(\frac{1}{X_C} - \frac{1}{X_L}\right)[\mho]$$

　㉢ 크기

$$Y = \sqrt{\left(\frac{1}{R}\right)^2 + \left(\frac{1}{X_C} - \frac{1}{X_L}\right)^2}$$

$$= \sqrt{G^2 + B^2}\,[\mho]$$

　㉣ 위상

$$\theta = \tan^{-1}\frac{B}{G}\,[\text{rad}]$$

　㉤ 역률

$$\cos\theta = \frac{\frac{1}{R}}{Y}$$

④ 병렬공진

　㉠ 병렬공진의 조건

　　• $X_L = X_C$이면(어드미턴스의 허수부인 서셉턴스 성분이 0이 되는 것)

$$Y_0 = \frac{1}{R}[\mho]\,:\,\text{어드미턴스(최소)}$$

$$I_0 = VY_0 = \frac{V}{R}[\text{A}]\,:\,\text{공진전류(최소)}$$

　　• V와 I_0은 동상(同相)이 된다. 이와 같은 상태를 병렬공진이라 한다.

　㉡ 공진주파수

　　• $\dfrac{1}{\omega_0 L} = \omega_0 C,\quad \omega_0^2 = \dfrac{1}{LC}$

　　• $f_0 = \dfrac{1}{2\pi\sqrt{LC}}[\text{Hz}]\,:\,\text{공진주파수}$

　㉢ 전류확대율, 양호도(Q)

$$Q = R\sqrt{\frac{C}{L}}$$

10년간 자주 출제된 문제

5-1. RL 직렬회로에서 서셉턴스는?

① $\dfrac{R}{R^2+X_L^2}$ ② $\dfrac{X_L}{R^2+X_L^2}$

③ $\dfrac{-R}{R^2+X_L^2}$ ④ $\dfrac{-X_L}{R^2+X_L^2}$

5-2. 저항 $R=15[\Omega]$, 자체인덕턴스 $L=35[mH]$, 정전용량 $C=300[\mu F]$의 직렬회로에서 공진주파수 f_0은 약 몇 [Hz]인가?

① 40 ② 50
③ 60 ④ 70

|해설|

5-1
RL 직렬회로의 임피던스 $Z=R+jX_L$이고
문제에서의 서셉턴스(B)는 어드미턴스(Y)의 허수부를 말한다.

$$Y = \dfrac{1}{Z} = \dfrac{1}{R+jX_L} = \dfrac{R-jX_L}{(R+jX_L)\cdot(R-jX_L)}$$

$$= \dfrac{R-jX_L}{R^2+X_L^2} = \dfrac{R}{R^2+X_L^2} + j\dfrac{-X_L}{R^2+X_L^2}$$

어드미턴스 $Y=G+jB$이므로

$B = \dfrac{-X_L}{R^2+X_L^2}$ 이다.

5-2
$f_0 = \dfrac{1}{2\pi\sqrt{LC}} = \dfrac{1}{2\pi\sqrt{35\times10^{-3}\times300\times10^{-6}}}$ [Hz] ≒ 50[Hz]

정답 5-1 ④ 5-2 ②

핵심이론 06 교류전력

① **전력**: 순시전력의 1주기 평균값을 전력이라 하며, 이는 교류회로에서의 소비전력을 의미하고 단순히 전력, 평균전력 또는 유효전력이라 한다.

② **피상전력(전기기기의 용량표시전력)**: 교류회로에서 위상을 고려하지 않고 단순히 전압과 전류의 실횻값을 곱한 값(단위 : [VA])

$$P = I^2Z = VI = \dfrac{V^2}{Z} = YV^2 \text{[VA]}$$

③ **유효전력(전기기기에 사용된 전력)**: 전원에서 부하로 전달되어 소비되는 전기에너지(단위 : [W])

$$P = I^2R = VI\cos\theta \text{[W]}$$

④ **무효전력(전기기기 사용 시 손실된 전력)**: 부하에서 소모되지는 않고 전원에서 부하로, 또는 부하에서 전원으로 왕복 이동만 되는 에너지(단위 : [Var])

$$P_r = I^2X = VI\sin\theta \text{[Var]}$$

⑤ **역률과 무효율**: 유효전력, 무효전력, 피상전력의 관계

㉠ 역률 : $\cos\theta = \dfrac{유효전력}{피상전력}$

㉡ 무효율 : $\sin\theta = \dfrac{무효전력}{피상전력}$

10년간 자주 출제된 문제

6-1. 교류기기나 교류전원의 용량을 나타낼 때 사용되는 것과 그 단위가 바르게 나열된 것은?

① 유효전력[VAh] ② 무효전력[W]
③ 피상전력[VA] ④ 최대전력[Wh]

6-2. 단상 전압 220[V]에 소형 전동기를 접속하였더니 2.5[A]의 전류가 흘렀다. 이때의 역률이 75[%]이었다. 이 전동기의 소비전력[W]은?

① 187.5 ② 412.5
③ 545.5 ④ 714.5

[해설]

6-1
전력의 단위는 피상전력[VA], 유효전력[W], 무효전력[Var], 전력량[Wh]이다.

6-2
P(소비전력)$= VI\cos\theta =$전압×전류×역률
$= 220[V] \times 2.5[A] \times 0.75 = 412.5[W]$

정답 6-1 ③ 6-2 ②

핵심이론 07 대칭 3상 교류

① $120°\left(\frac{2}{3}\pi\right)$만큼의 간격을 두고 배치한 코일 A, B, C를 자기장(B) 내에서 일정한 속도(v)로 회전시킬 때 서로 $120°\left(\frac{2}{3}\pi\right)$만큼의 위상차를 갖는 같은 크기의 3개 사인파 전압이 발생한다.

② 대칭 3상 교류 표시

㉠ $\dot{V}_a = V\angle 0 = V(\cos 0° + j\sin 0°) = V$[V]

㉡ $\dot{V}_b = V\angle -\frac{2\pi}{3}$
$= V\left[\cos\left(-\frac{2\pi}{3}\right) + j\sin\left(-\frac{2\pi}{3}\right)\right]$
$= V\left(-\frac{1}{2} - j\frac{\sqrt{3}}{2}\right)$[V]

㉢ $\dot{V}_c = V\angle -\frac{4\pi}{3}$
$= V\left[\cos\left(-\frac{4\pi}{3}\right) + j\sin\left(-\frac{4\pi}{3}\right)\right]$
$= V\left(-\frac{1}{2} + j\frac{\sqrt{3}}{2}\right)$[V]

㉣ $\dot{V} = \dot{V}_a + \dot{V}_b + \dot{V}_c$
$= V + V\left(-\frac{1}{2} - j\frac{\sqrt{3}}{2}\right) + V\left(-\frac{1}{2} + j\frac{\sqrt{3}}{2}\right)$
$= 0$[V]

③ 대칭 3상 교류의 조건
㉠ 각 상의 기전력 크기가 같을 것
㉡ 각 상의 주파수가 같을 것
㉢ 각 상의 위상차가 $\frac{2}{3}\pi$[rad]일 것

④ 대칭 3상 교류의 결선법
㉠ Y결선(성형결선, Star결선)
• 선간전압(V_l)이 상전압(V_p)보다 $\sqrt{3}$배 크고, $\frac{\pi}{6}$[rad]만큼 위상이 앞선다.

$\dot{V}_l = \sqrt{3}\,V_p \angle \frac{\pi}{6}$

- 선전류(I_l)는 상전류(I_p)와 크기 및 위상이 같다.
  $$\dot{I}_l = \dot{I}_p$$
ⓒ △결선(환상결선, 삼각결선)
- 선간전압(V_l)과 상전압(V_p)은 크기 및 위상이 같다.
  $$\dot{V}_l = \dot{V}_p$$
- 선전류(I_l)는 상전류(I_p)보다 $\sqrt{3}$ 배 크고, $\frac{\pi}{6}$[rad]만큼 위상이 뒤진다.
  $$\dot{I}_l = \sqrt{3}\, I_p \angle -\frac{\pi}{6}$$
- 전원 내부는 폐회로이나 $\dot{V}_a + \dot{V}_b + \dot{V}_c = 0$ 이므로 순환전류는 흐르지 않는다.

ⓒ V결선
- △결선된 3상 전원 중 2개 상의 전원만을 이용하여 3상 부하에 전력을 공급할 수 있는 결선
- 선간전압, 상전압($V_l = V_p$)이 같고, 선전류, 상전류($I_l = I_p$)도 같다.
- 변압기 출력 : $P_V = \sqrt{3}\, V_p I_p \cos\theta = \sqrt{3}\, P_l$[W]
  (P_l : △결선 1대 용량)
- 출력비 $= \dfrac{\text{V 결선 출력}}{\text{△ 결선 출력}} = \dfrac{\sqrt{3}\, V_p I_p \cos\theta}{3\, V_p I_p \cos\theta}$
  $= \dfrac{\sqrt{3}}{3} \fallingdotseq 0.577$
- 이용률 $= \dfrac{\text{V 결선 허용용량}}{\text{2대 허용용량}} = \dfrac{\sqrt{3}\, P_1}{2P_1} = \dfrac{\sqrt{3}}{2}$
  $\fallingdotseq 0.866$

⑤ 대칭 3상 전력
ⓐ 피상전력 : $P_a = 3VI = \sqrt{3}\, VI$[VA]
ⓑ 소비전력(유효전력)
  $P = 3V_p I_p \cos\theta = \sqrt{3}\, VI \cos\theta$[W]
ⓒ 무효전력
  $P_r = 3V_p I_p \sin\theta = \sqrt{3}\, VI \sin\theta$[Var]
  ※ 선간전압, 선전류는 $V_l = V$, $I_l = I$로 편의상 표기한다.
ⓓ 역률 : $\cos\theta = \dfrac{R}{Z}$

⑥ 저항의 Y, △ 변환
ⓐ Y → △ 로 변환
- $R_{ab} = \dfrac{R_a R_b + R_b R_c + R_c R_a}{R_c}$
- $R_{bc} = \dfrac{R_a R_b + R_b R_c + R_c R_a}{R_a}$
- $R_{ca} = \dfrac{R_a R_b + R_b R_c + R_c R_a}{R_b}$
- Y형 저항이 같으면 $R_\triangle = 3R_Y$

ⓑ △ → Y로 변환
- $R_a = \dfrac{R_{ca} R_{ab}}{R_{ab} + R_{bc} + R_{ca}}$
- $R_b = \dfrac{R_{ab} R_{bc}}{R_{ab} + R_{bc} + R_{ca}}$
- $R_c = \dfrac{R_{bc} R_{ca}}{R_{ab} + R_{bc} + R_{ca}}$
- △형 저항이 같으면 $R_Y = \dfrac{R_\triangle}{3}$

⑦ 3상 전력의 측정
ⓐ 3전력계법 : 단상 전력계 3개를 이용하여 3상 전력을 측정하는 방법
  $P = P_a + P_b + P_c$[W]
  (단, Y결선 회로에서만 측정이 가능)
ⓑ 1전력계 : 단상 전력계 1개를 이용하여 3상 전력을 측정하는 방법
  $P = 3P_1$[W]
  (단, △결선에서는 직접 사용할 수 없으며 평형회로에서만 측정이 가능)

ⓒ 2전력계법
- 유효전력 $P = P_1 + P_2 [\text{W}]$
- 무효전력 $P_r = \sqrt{3}(P_1 - P_2)[\text{Var}]$

10년간 자주 출제된 문제

7-1. 1상의 $R = 12[\Omega]$, $X_L = 16[\Omega]$을 직렬로 접속하여 선간전압 200[V]의 대칭 3상 교류전압을 가할 때의 역률은?

① 60[%]   ② 70[%]
③ 80[%]   ④ 90[%]

7-2. 전압 220[V], 전류 10[A], 역률 0.8인 3상 전동기 사용 시 소비전력은?

① 약 1.5[kW]   ② 약 3.0[kW]
③ 약 5.2[kW]   ④ 약 7.1[kW]

7-3. 3상 220[V], △결선에서 1상의 부하가 $Z = 8 + j6[\Omega]$이면 선전류[A]는?

① 11   ② $22\sqrt{3}$
③ 22   ④ $\dfrac{22}{\sqrt{3}}$

7-4. 1대의 출력이 100[kVA]인 단상 변압기 2대로 V결선하여 3상 전력을 공급할 수 있는 최대전력은 몇 [kVA]인가?

① 100   ② $100\sqrt{2}$
③ $100\sqrt{3}$ ④ 200

7-5. 평형 3상 △결선에서 선간전압 V_l과 상전압 V_p의 관계가 옳은 것은?

① $V_l = \dfrac{1}{\sqrt{3}}V_p$ ② $V_l = \dfrac{1}{3}V_p$
③ $V_l = V_p$ ④ $V_l = \sqrt{3}V_p$

7-6. 3상 교류회로에 2개의 전력계 W_1, W_2로 측정해서 W_1의 지시값이 P_1, W_2의 지시값이 P_2라고 하면 3상 전력은 어떻게 표현되는가?

① $P_1 - P_2$ ② $3(P_1 - P_2)$
③ $P_1 + P_2$ ④ $3(P_1 + P_2)$

[해설]

7-1
$$\cos\theta = \frac{R}{Z} = \frac{12}{\sqrt{12^2 + 16^2}} = 0.6$$

7-2
3상 전동기 소비전력
$P = \sqrt{3}\,VI\cos\theta[\text{W}] = \sqrt{3} \times 220 \times 10 \times 0.8 ≒ 3,048[\text{W}]$
≒ 3.0[kW]

7-3
상전류 = $\dfrac{220}{8 + j6} = \dfrac{220}{\sqrt{8^2 + 6^2}} = \dfrac{220}{10} = 22[\text{A}]$이고, △결선에서 선전류는 상전류보다 $\sqrt{3}$배 크므로 $22\sqrt{3}[\text{A}]$가 된다.

7-4
최대전력은 변압기 1대 용량의 $\sqrt{3}$배를 공급한다.
$P_V = \sqrt{3}\,P_1[\text{kVA}]$ (P_1 : 1대 용량) $= 100\sqrt{3}[\text{kVA}]$

7-5
- △ 결선 : $I_l = \sqrt{3}\,I_p$, $V_l = V_p$
- Y 결선 : $V_l = \sqrt{3}\,V_p$, $I_l = I_p$

7-6
- 1전력계법 : $P = 3P_1[\text{W}]$
- 2전력계법 : $P = P_1 + P_2[\text{W}]$
- 3전력계법 : $P = P_1 + P_2 + P_3[\text{W}]$

정답 7-1 ① 7-2 ② 7-3 ② 7-4 ③ 7-5 ③ 7-6 ③

핵심이론 08 비정현파 교류회로

① 비사인파의 의미
  ㉠ 주기파 : 일정한 시간 간격으로 같은 파형이 반복되는 파형
  ㉡ 비사인파 : 사인 주기파 외에 다른 모양의 주기를 가지는 모든 주기파(펄스파, 삼각파, 사각파)

② 비사인파의 발생원인
  ㉠ 교류발전기에서의 전기자 반작용에 의한 일그러짐
  ㉡ 변압기에서의 철심의 자기포화 및 히스테리시스 현상에 의한 여자전류의 일그러짐
  ㉢ 다이오드의 비직선성에 의한 전류의 일그러짐

③ 비사인파의 구성
  ㉠ 비사인파 : 직류분 + 기본파 + 고조파
  ㉡ 기본파 : 비사인파에서 주파수가 f인 파
  ㉢ 고조파 : 주파수가 기본파의 2배, 3배, 4배 …가 되는 파로, 각각 2고조파, 3고조파, 4고조파 …라 부른다.

④ 비사인파의 실횻값 : 순시값의 제곱의 평균값의 제곱근
  $$V = \sqrt{V_0^2 + V_1^2 + V_2^2 + V_3^2 + \cdots} \ [\text{V}]$$

⑤ 비사인파의 왜형률 : 파형이 얼마나 일그러졌는가를 나타낸다.
  $$\text{왜형률} = \frac{\sum \text{고조파의 실횻값}}{\text{기본파의 실횻값}} = \frac{\sqrt{V_2^2 + V_3^2 + V_4^2 + \cdots}}{V_1}$$

10년간 자주 출제된 문제

8-1. 비정현파가 발생하는 원인과 거리가 먼 것은?
① 자기포화 ② 옴의 법칙
③ 히스테리시스 ④ 전기자 반작용

8-2. 비사인파 교류회로의 전력성분과 거리가 먼 것은?
① 맥류성분과 사인파와의 곱
② 직류성분과 사인파와의 곱
③ 직류성분
④ 주파수가 같은 두 사인파의 곱

8-3. 정현파 교류의 왜형률(Distortion Factor)은?
① 0 ② 0.1212
③ 0.2273 ④ 0.4834

|해설|

8-1
비사인파의 발생원인은 교류발전기에서의 전기자 반작용, 변압기에서의 철심의 자기포화 및 히스테리시스 현상, 다이오드의 비직선성에 의해 발생된다.

8-2
비사인파 교류
부하의 성질에 따라 파형이 일그러져 비사인파형으로 되는 교류로, 기본파+고조파+직류분으로 볼 수 있다.
• 기본파 : 비사인파형에서 기본이 되는 파형
• 고조파 : 기본파보다 높은 주파수

8-3
왜형률
• 고조파의 값에 따라 정현파의 모양이 변하는 정도를 나타내는 값
  $$\text{왜형률} = \frac{\sum \text{고조파의 실횻값}}{\text{기본파의 실횻값}}$$
• 정현파는 기본파만 있고, 고조파가 없으므로 왜형률은 0이다.

정답 8-1 ② 8-2 ① 8-3 ①

CHAPTER 02 전기기기

제1절 직류기

핵심이론 01 직류발전기의 원리와 구조

① 전자유도현상

　㉠ 패러데이의 전자유도 법칙
　　• 도체가 자속을 끊거나 도체 주위의 자기장이 변화하면 도체에는 기전력(전류)이 유도됨
　　• $e = N\dfrac{d\phi}{dt} = L\dfrac{di}{dt}\,[\text{V}]$

　　(N : 권선횟수, $\dfrac{d\phi}{dt}$: 단위시간당 자속의 변화, L : 인덕턴스 크기, $\dfrac{di}{dt}$: 단위시간당 전류의 변화)

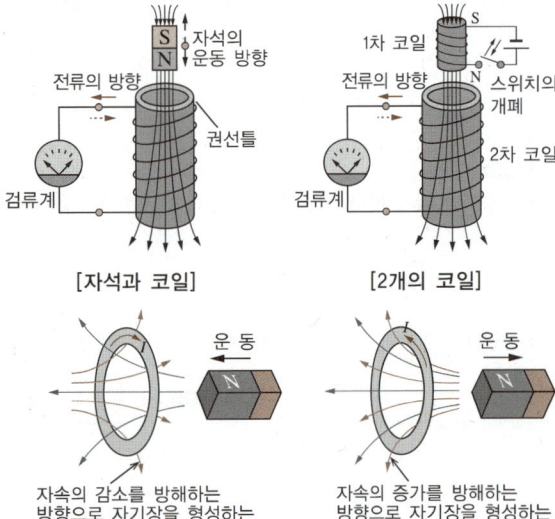

　㉡ 렌츠의 법칙
　　• 유도된 기전력은 유도된 전류가 만드는 자기장의 변화를 상쇄(방해)하는 방향(-)으로 발생
　　• $e = -N\dfrac{d\phi}{dt}\,[\text{V}]$

　　(N : 권선횟수, $\dfrac{d\phi}{dt}$: 단위시간당 자속의 변화)

　㉢ 플레밍의 오른손 법칙
　　• 자속밀도 $B\,[\text{Wb/m}^2]$의 자기장에서 길이 $l\,[\text{m}]$의 도체를 자기장과 직각 방향으로 속도 $v\,[\text{m/s}]$로 움직일 경우 도체에 기전력 $e\,[\text{V}]$가 유도됨

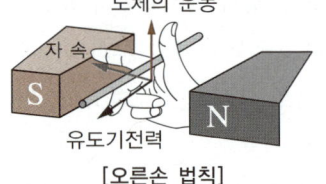

[오른손 법칙]

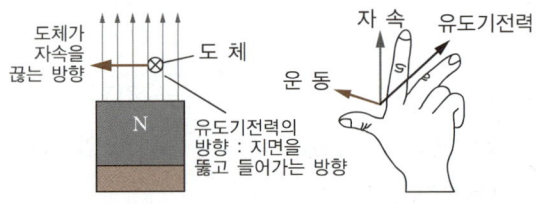

[도체를 움직이는 대신 자석을 움직여도 기전력이 발생한다]

　　• $e = Blv\sin\theta\,[\text{V}]$

　　($B\,[\text{Wb/m}^2]$: 자속밀도, $l\,[\text{m}]$: 도체의 길이, $v\,[\text{m/s}]$: 도체의 운동속도, θ : 도체운동과 자기장 방향의 각)

② 주요 구성요소

　㉠ 계자(Field Magnet) : 자속을 만드는 부분(자극, 계철, 계자철심, 계자권선)

　㉡ 전기자(Armature) : 자속을 끊어 기전력을 발생하는 부분(전기자철심, 전기자권선)

- 철심의 성층
  - 규소강판(4~4.5[%] 함유) : 히스테리시스손의 감소
  - 성층(0.35~0.5[mm]) : 맴돌이전류에 의한 와류손의 감소
ⓒ 정류자(Commutator) : 유도된 교류를 직류로 바꿔 주는 부분
ⓔ 브러시(Brush) : 정류자에 연결되어 기전력을 외부로 인출하는 부분(탄소질 브러시)
ⓜ 구 조

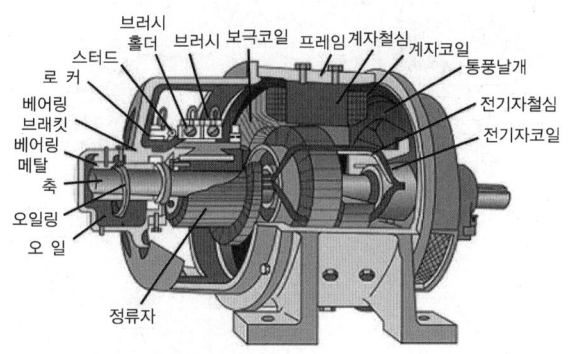

[직류기의 외내부 구조]

③ 전기자권선법

㉠ 환상권

㉡ 고상권
- 단층권
- 2층권 : 중권(병렬권), 파권(직렬권)

※ 직류기는 고상권, 폐로권, 이층권으로 권선

㉢ 중권과 파권 비교

구 분	중 권	파 권
권선형태	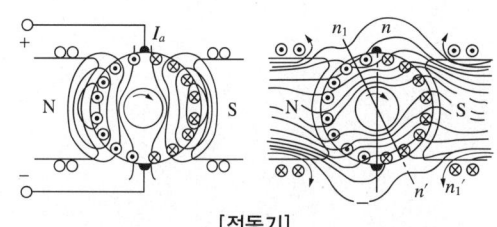	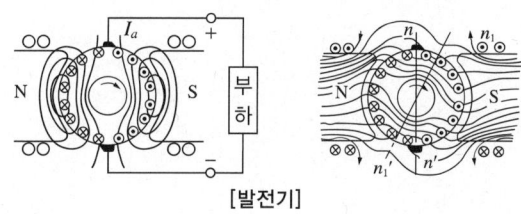
전기자 병렬 회로수(a)	p(극수)	2
브러시 수(b)	p(극수)	2
용 도	저전압, 대전류	고전압, 소전류
균압 접속	4극 이상만	×

④ 유도기전력의 크기

㉠ 전기자도체 1개에 유도되는 기전력의 크기
- $v = \pi Dn$ [m/s]
  (D : 지름[m], n : 초당 회전수[rps])
- $B = \dfrac{p\phi}{\pi Dl}$

  (자속밀도 = $\dfrac{전체자속}{회전자표면적}$, p : 자극수, ϕ : 자속)

- $e = \dfrac{p\phi}{\pi Dl} l\pi Dn = p\phi n$ [N]

㉡ 도체 총수가 z인 발전기의 유도기전력
- $E = p\phi n \times \dfrac{z}{a}$ (a : 병렬회로수)
- $E = \dfrac{p}{a} z\phi \dfrac{N}{60}$ [V] (N : 분당 회전수[rpm])

⑤ 전기자 반작용

㉠ 전기자 반작용 : 전기자전류가 흘러 주자극의 자기력선속 분포에 영향을 주는 것

[전동기]

[발전기]

㉡ 영 향
- 전기적 중성축 이동 : 주자기력선속 일그러짐
- 발전기 : 기전력 감소, 회전방향으로 이동
- 전동기 : 토크 감소, 회전 반대방향으로 이동
- 브러시 사이에 불꽃 발생 : 정류 불량
- 주자속을 감소시켜 유도전압을 감소시킴

ⓒ 방지책
- 브러시 위치를 전기적 중성점으로 이동시킴
- 보극을 설치 : 전기자가 발생하는 자속(전기자 반작용)을 없애기 위해 계자 자극 간에 전기자와 코일을 직렬로 접속한 자극
- 보상권선을 설치 : 전기자회로와 직렬로 접속하여 전기자 반작용을 상쇄시킬 목적으로 주자극 편의 표면의 홈에 도체를 넣어 반대 방향의 전류가 흐르도록 권선함

10년간 자주 출제된 문제

전기기계의 철심을 규소강판으로 성층하는 이유는?
① 동손 감소
② 기계손 감소
③ 철손 감소
④ 제작이 용이

[해설]
직류발전기의 철심은 맴돌이전류와 히스테리시스 현상에 의한 철손을 적게 하기 위하여 0.35~0.5[mm] 규소강판을 성층하여 만든다.

정답 ③

핵심이론 02 직류발전기의 종류와 특성

직류발전기 ─┬─ 타여자발전기
            └─ 자여자발전기 ─┬─ 분권발전기
                              ├─ 직권발전기
                              └─ 복권발전기 ─┬─ 차동 복권발전기
                                            └─ 가동 복권발전기 ─┬─ 평복권
                                                                  ├─ 과복권
                                                                  └─ 부족복권

① 타여자발전기 : 외부의 직류전원을 이용하여 계자를 여자시키는 방법

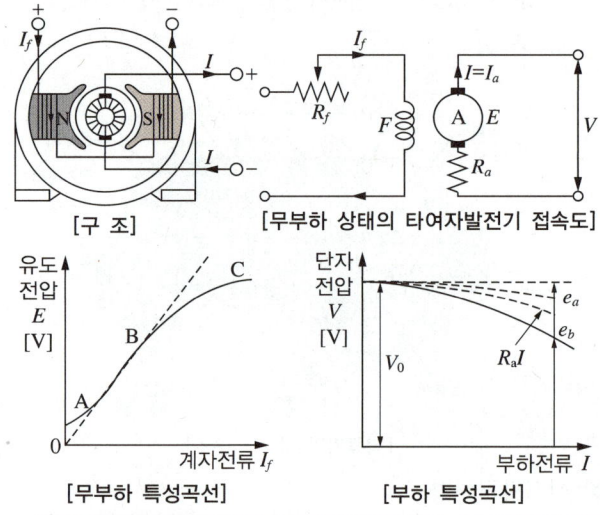

[구 조] [무부하 상태의 타여자발전기 접속도]
[무부하 특성곡선] [부하 특성곡선]

단자전압	$V = E - I_a R_a [\text{V}]$
무부하 특성곡선 ($E-I_f$)	$V = E,\ I = I_a = 0$
부하 특성곡선 ($V-I_f$)	$I \propto \dfrac{1}{V}$
특 징	• 잔류자기가 없어도 발전 가능 • 역회전 시 극성이 반대로 발전
용 도	• 시험용 직류전원 • 교류발전기 주여자기

② **자여자발전기** : 발전기 자체의 직류전원을 이용하여 계자를 여자시키는 방법

㉠ 직권발전기 : 계자권선과 전기자권선이 직렬로 연결

㉡ 분권발전기 : 계자권선과 전기자권선이 병렬로 연결됨

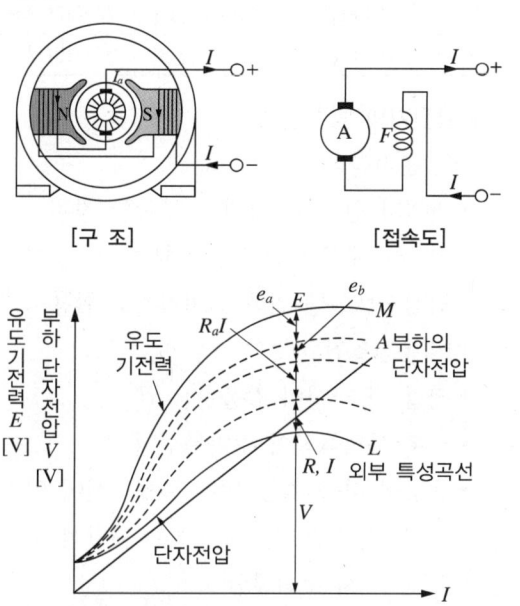

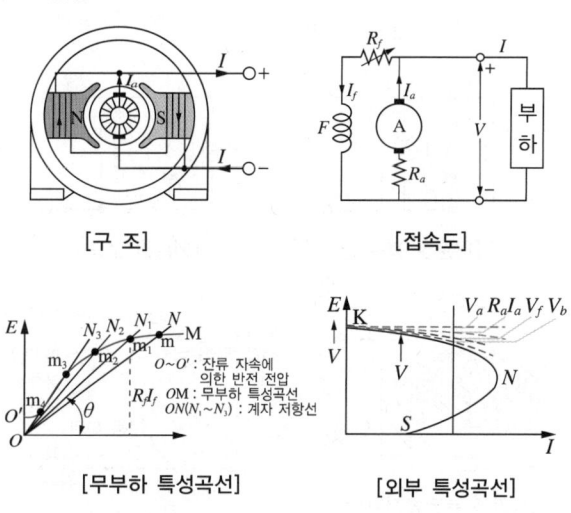

단자전압	$V = E - I_a R_a - I_f R_f = E - IR_a - IR_f$ $= E - I(R_a + R_f)$
무부하 특성곡선 ($E - I_f$)	• 무부하 특성곡선 없음 • $I = I_f = 0$로 자기여자를 통한 전압 확립 불가
외부 특성곡선 ($V - I$)	$I_a = I_f = I$
특 징	• 잔류자기가 없으면 발전 불가 • 운전 중 회전방향 반대로 하면 잔류자기 소멸(발전 불가) • 무부하 시 자기여자 전압 확립 불가 • 부하로 단자전압이 크게 변동
용 도	선로의 전압강하를 보상하기 위한 승압기로 사용

단자전압	• $V = E - I_a R_a = E - (I_f + I)R_a$ • $I_a = I + I_f$ • $V_f = R_f I_f$
무부하 특성곡선 ($E - I_f$)	N_3 : 임계저항선 m : 전압확립점
외부 특성곡선 ($V - I$)	부하 증가 시 단자전압 감소(KN)
특 징	• 자기여자를 이용해 잔류자속(5[%])으로 발전 가능 • 잔류자기가 없으면 발전 불가능 • 역회전 시 잔류자기 소멸로 발전 불가(회전방향이 잔류자기 강화방향일 것) • 임계저항 > 계자저항
용 도	• 일반 직류전원용 • 축전지의 충전용, 동기기 여자용

ⓒ 복권발전기 : 계자권선과 전기자권선이 직렬로 연결된 직권계자 구조와 병렬로 연결된 분권계자 구조가 복합되어 연결됨

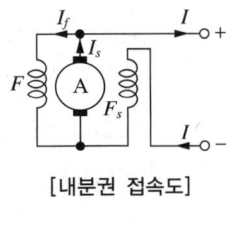
[내분권 접속도]

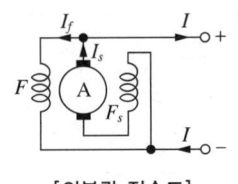
[외분권 접속도]

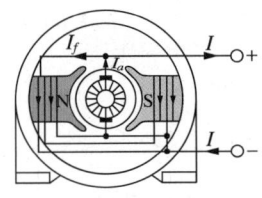
[가동 복권발전기]

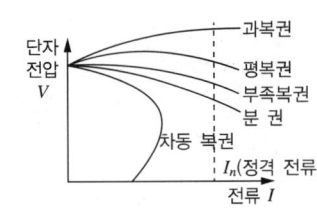

- 차동 복권발전기 : 직권계자에 흐르는 전류와 분권계자에 흐르는 전류가 서로 반대 방향일 때 계자에서 발생되는 자기력이 감소됨
- 가동 복권발전기 : 직권계자에 흐르는 전류와 분권계자에 흐르는 전류가 같은 방향일 때 계자에서 발생되는 자기력이 상승

단자전압 (외분권)	• $V = E - I_a R_a - I_a R_s$ 　 $= E - (I_f + I)R_a - (I + I_f)R_s$ • $I_a = I + I_f$
외부 특성곡선	• 가동 복권발전기 : 부하증감에 무관하게 단자전압 유지 • 차동 복권발전기 : 부하전류 증가 시 출력단자 수직강하(수하특성)
용도	• 평복권발전기($V_n = V_0$) : 무부하전압과 전부하전압이 같은 특성(직류전원 및 전기기계의 여자전원) • 과복권발전기($V_n > V_0$) : 전부하전압이 무부하전압보다 높은 특성(급전선의 전압강하 보상) • 부족복권발전기($V_n < V_0$) : 전부하전압이 무부하전압보다 낮은 특성 • 차동 복권발전기 : 아크 전기용접기(수하특성 이용)

③ 직류발전기 특성곡선

특성곡선	가로축	세로축	조건
부하	I_f(계자전류)	V(단자전압)	부하전류 I=일정
무부하	I_f(계자전류)	E(유도기전력)	부하전류 I=0
외부	I(부하전류)	V(단자전압)	계자저항 R_f=일정
내부	I(부하전류)	E(유도기전력)	계자저항 R_f=일정

④ 직류발전기의 병렬운전
　㉠ 병렬운전목적
　　• 발전기 한 대로 용량이 부족할 경우
　　• 전부하 시 두 대로 운전, 경부하 시 한 대로 운전
　　• 점검·보수를 위해 예비기기로 활용
　㉡ 병렬운전조건
　　• 전압 및 극성이 같을 것
　　• 외부 특성곡선이 수하특성일 것
　　• 용량이 다를 경우 외부 특성곡선이 일치할 것
　　• 직권 및 복권발전기의 경우 균압선 설치
　㉢ 병렬운전 시 부하분담
　　• 저항이 같으면 유도전압이 큰 측이 큰 부하분담
　　• 유도전압이 같으면 전기자저항에 반비례로 부하분담

10년간 자주 출제된 문제

전기자저항 0.1[Ω], 전기자전류 104[A], 유도기전력 110.4[V]인 직류 분권발전기의 단자전압[V]은?

① 110　　　　　② 106
③ 102　　　　　④ 100

|해설|

$V = E - I_a R_a$
　$= 110.4 - (104 \times 0.1) = 100$[V]

정답 ④

핵심이론 03 직류전동기의 원리와 구조

① 직류전동기의 원리와 역기전력

㉠ 플레밍의 왼손 법칙
- 검지(자기장의 방향, B)의 방향과 중지(전류의 방향, I)의 방향을 알면 엄지의 방향이 도체가 자기장에서 받는 힘(F)의 방향이 됨

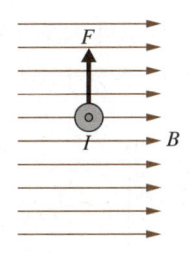
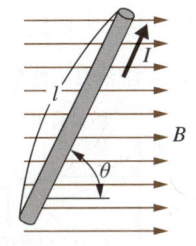

[B와 I가 수직인 경우]   [B와 I가 θ를 이루는 경우]

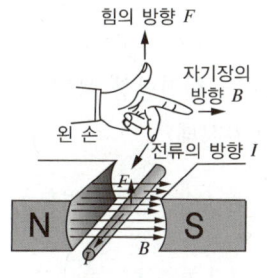
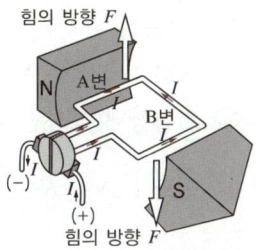

[플레밍의 왼손 법칙]   [직류전동기의 원리]

- 도체가 받는 힘의 크기

$F = BIl\sin\theta\,[\text{N}]$

($B\,[\text{Wb/m}^2]$: 자속밀도, $I\,[\text{A}]$: 도체에 흐르는 전류의 크기, $l\,[\text{m}]$: 도체의 길이, θ : 도체가 자기장의 방향과 이루는 각)

㉡ 역기전력(E)
- $E = \dfrac{p}{a}z\phi\dfrac{N}{60} = K_1\phi N \left(K_1 = \dfrac{pz}{60a}\right)$
  $\quad = V - I_a R_a\,[\text{V}]$

(p : 전동기의 자극수, a : 전기자의 병렬회로수, z : 도체수, $\phi\,[\text{Wb}]$: 극당 자기력선속수, $N\,[\text{rpm}]$: 회전수)

- 역기전력 : 직류전동기와 직류발전기는 구조가 같아서 전기자가 회전하면서 계자의 자기력선속을 끊게 되는데 이는 전동기가 회전하면서 동시에 발전하는 것을 말하며, 이를 기전력과 반대의 의미로 역기전력이라고 함

㉢ 회전속도(N)

$N = K\dfrac{E}{\phi} = K\dfrac{V - I_a R_a}{\phi}\,[\text{rpm}]$

$\left(N \propto \dfrac{V}{\phi},\ K = \dfrac{60a}{pz}\right)$

㉣ 토크(회전력, T)

$T = \dfrac{P}{\omega} = \dfrac{pz\phi I_a}{2\pi a} = K_T \phi I_a$

$\quad = 9.55 \times \dfrac{P}{N}\,[\text{N}\cdot\text{m}] = 0.975 \times \dfrac{P}{N}\,[\text{kg}\cdot\text{m}]$

$\left(K_T = \dfrac{pz}{2\pi a},\ 1[\text{kg}] = 9.8[\text{N}]\right)$

㉤ 출력(P)

$P = EI_a = \dfrac{p}{a}z\phi\dfrac{N}{60}I_a = \dfrac{2\pi NT}{60}\,[\text{W}]$

② 직류전동기의 구조

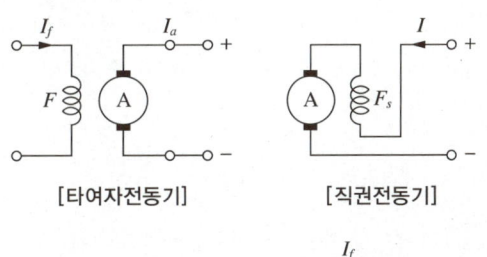

[타여자전동기]   [직권전동기]

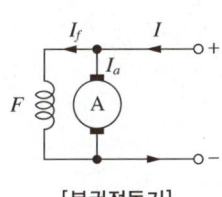
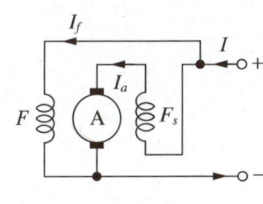

[분권전동기]   [복권전동기]

여기서, A : 전기자
        I : 전동기 전류
        F : 분권 또는 타여자계자권선
        I_a : 전기자전류
        F_s : 직권계자권선
        I_f : 분권 또는 타여자전류

㉠ 타여자전동기 : 계자권선과 전기자권선이 각기 다른 전원에 접속
㉡ 자여자전동기
- 직권전동기 : 계자권선과 전기자권선이 전원에 직렬접속
- 분권전동기 : 계자권선과 전기자권선이 전원에 병렬접속
- 복권전동기 : 계자권선과 직권계자권선이 전원에 병렬접속

10년간 자주 출제된 문제

직류전동기의 출력이 50[kW], 회전수가 1,800[rpm]일 때 토크는 약 몇 [kg·m]인가?

① 12 ② 23
③ 27 ④ 31

[해설]

$T = \dfrac{P}{\omega} = 0.975 \times \dfrac{P}{N} = 0.975 \times \dfrac{50 \times 10^3}{1,800} ≒ 27[\text{kg·m}]$

정답 ③

핵심이론 04 직류전동기의 종류와 특징

① 타여자전동기
  ㉠ 회전 : 극성을 반대로 하면 회전방향이 반대
  ㉡ 속도 : $N = K\dfrac{V - I_a R_a}{\phi}$[rpm], 정속도전동기
  ㉢ 토크 : $T = K_T \phi I_a$[N·m] $\left(T \propto I \propto \dfrac{1}{N}\right)$
  ㉣ 용도 : 워드-레오나드, 일그너 속도제어 방식용 (압연기, 권상기, 크레인, 승강기 주동력기)

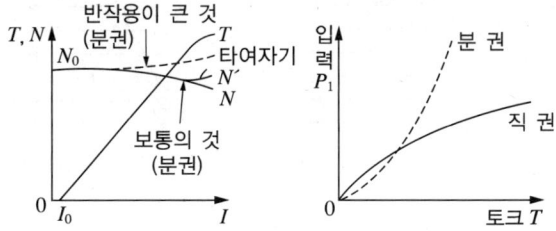

② 분권전동기
  ㉠ 회전 : 극성을 반대로 하면 회전방향 불변
  ㉡ 위험상태(정격전압, 무여자상태)
  ㉢ 속도 : $N = K\dfrac{V - I_a R_a}{\phi}$[rpm], 정속도전동기
  ㉣ 토크 : $T = K_T \phi I_a$[N·m] $\left(T \propto I \propto \dfrac{1}{N}\right)$
  ㉤ 용도 : 정속도전동기에 적합(펌프, 송풍기, 압연기 보조용)

③ 직권전동기
  ㉠ 회전 : 극성을 반대로 하면 회전방향 불변
  ㉡ 특징
  - 부하에 따라 심한 속도 변동(가변속도전동기)
  - 무부하상태에서 위험속도 → 벨트운전 금지
  - $I = I_a = I_f$, $\phi \propto I_f$
  ㉢ 속도 : $N = K\dfrac{V - I_a(R_a + R_s)}{\phi} = K\dfrac{V}{I_a}$[rpm]
  ㉣ 토크 : $T = K_T \phi I_a = K_T' I_a^2$[N·m]
  $\left(T \propto I^2 \propto \dfrac{1}{N^2}\right)$

ⓜ 용도 : 기동이 빈번하고 기동토크 큰 곳에 적합(전동차, 크레인, 전기철도, 승강기 주동력기 등)

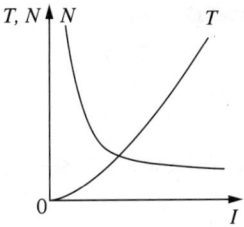

④ 복권전동기

  ㉠ 가동 복권 : 분권기보다 기동토크가 크고, 무부하 시 직권과 같이 위험속도에 이르지 않음(크레인, 승강기, 공작기계)

  ㉡ 차동 복권 : 부하가 늘면 자속이 줄어 속도변동 감소, 과부하 시 과속 우려, 기동 시 직권이 강하면 역회전 우려(잘 사용하지 않음)

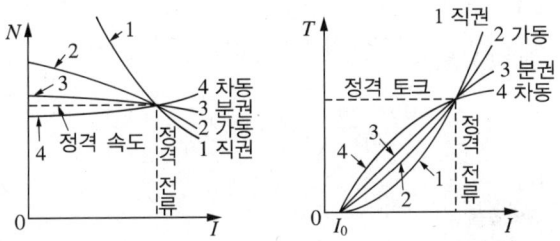

10년간 자주 출제된 문제

직류 직권전동기의 특징에 대한 설명으로 틀린 것은?

① 부하전류가 증가하면 속도가 크게 감소된다.
② 기동토크가 작다.
③ 무부하 운전이나 벨트를 연결한 운전은 위험하다.
④ 계자권선과 전기자권선이 직렬로 접속되어 있다.

[해설]

직권전동기(Series Motor)
전기자와 계자권선이 직렬로 접속된 정류자전동기를 말하며, 기동토크가 크고 부하에 의한 속도 변동이 크며, 경부하 또는 무부하에서 고속이 되는 경우가 있다.

정답 ②

핵심이론 05 직류기의 속도와 제동 및 효율

① 속도제어

구 분	제어특성	특 징
계자제어법	정출력제어	광범위 속도제어 곤란
전압제어법	• 정토크제어 방식 - 워드-레오나드 - 일그너	• 광범위 속도제어 • 정역운전 가능 • 저손실, 고비용
직렬저항법	• 큰 전압강하로 손실이 큼 • 속도변동이 큼	효율이 나쁨

② 제동방법

  ㉠ 발전제동 : 전동기 전기자회로를 전원에서 차단하는 동시에 계속 회전하고 있는 전동기를 발전기로 동작시켜 이때 발생하는 전기자의 역기전력을 전기자에 병렬접속된 외부저항에서 열로 소비하여 제동하는 방식

  ㉡ 회생제동 : 전동기의 전원을 접속한 상태에서 전동기에 유기되는 역기전력을 전원전압보다 크게 하여 이때 발생하는 전력을 전원 속에 반환하여 제동하는 방식

  ㉢ 역전제동(플러깅제동) : 전동기를 전원에 접속한 채로 전기자의 접속을 반대로 바꾸어 회전방향과 반대의 토크를 발생시켜 급정지시키는 방법

③ 정격과 변동률

  ㉠ 정격 : 발전기와 전동기를 사용함에 있어서 사용제한범위 내에서 최대출력을 낼 수 있는 전압, 전류, 속도 등이 있음

  ㉡ 전압변동률

$$\varepsilon[\%] = \frac{V_0 - V}{V} \times 100$$

$$= \frac{무부하전압 - 전부하전압}{전부하전압} \times 100$$

ⓒ 속도변동률

$$\varepsilon[\%] = \frac{N_0 - N}{N} \times 100$$

$$= \frac{무부하회전수 - 전부하회전수}{전부하회전수} \times 100$$

④ 손실과 효율

㉠ 손 실
- 고정손(무부하손) : 철손(히스테리시스손, 와류손), 기계손(베어링 마찰손, 풍손)
- 가변손(부하손) : 동손(구리손, 전기자동손, 계자동손)
- 표유부하손(측정 외 손실) : 무부하손과 부하손을 제외한 손실
- 총손실 = 철손 + 기계손 + 동손 + 표유부하손

㉡ 효 율

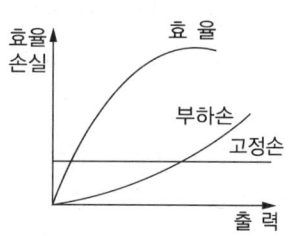

- 최대효율조건 : 부하손 = 고정손
- 실측효율 : $\eta = \dfrac{출력}{입력} \times 100[\%]$
- 규약효율
  - 발전기 : $\eta = \dfrac{출력}{입력} = \dfrac{출력}{출력+손실} \times 100[\%]$
  - 전동기 : $\eta = \dfrac{출력}{입력} = \dfrac{입력-손실}{입력} \times 100[\%]$

10년간 자주 출제된 문제

5-1. 직류발전기의 정격전압 100[V], 무부하전압 109[V]이다. 이 발전기의 전압변동률 $\varepsilon[\%]$은?

① 1 ② 3
③ 6 ④ 9

5-2. 직류전동기의 규약효율을 표시하는 식은?

① $\dfrac{출력}{출력+손실} \times 100[\%]$

② $\dfrac{출력}{입력} \times 100[\%]$

③ $\dfrac{입력-손실}{입력} \times 100[\%]$

④ $\dfrac{출력}{입력+손실} \times 100[\%]$

|해설|

5-1

$$전압변동률 = \frac{무부하 시 전압 - 정격전압}{정격전압} \times 100$$

$$= \frac{109-100}{100} \times 100 = 9[\%]$$

5-2

규약효율

- 발전기 : $\eta = \dfrac{출력}{입력} = \dfrac{출력}{출력+손실} \times 100[\%]$
- 전동기 : $\eta = \dfrac{출력}{입력} = \dfrac{입력-손실}{입력} \times 100[\%]$

정답 5-1 ④ 5-2 ③

제2절 동기기

핵심이론 01 동기기의 원리와 구조

① 동기기
  ㉠ 정의 : 정상운전상태에서 전원주파수에 동기하여 회전자가 동기속도로 회전하는 교류기
  ㉡ 종류 및 용도
    • 동기발전기 : 교류발전기라고도 하며, 소용량~ 대용량의 전력 공급용 발전기
    • 동기전동기 : 일정 속도의 낮은 회전수로 큰 출력이 요구되는 부하에 이용(높은 운전 효율, 신뢰성, 제어 등을 요구하는 제련소, 펌프, 압축기, 팬, 분쇄기)
  ㉢ 구 조

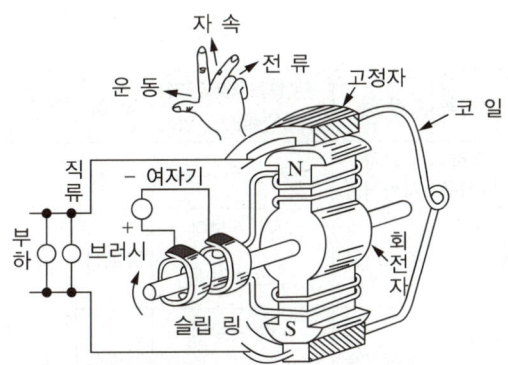

② 기전력 발생(회전계자형)
  ㉠ 여자기를 통해 계자권선에 투입된 직류로 회전자를 여자시킨 후 회전시키면 고정자권선에 자속이 쇄교하여 플레밍 오른손 법칙에 의해 3상(a, b, c) 교류기전력이 발생함
  ㉡ 유도기전력 : $E = 4.44 f \phi \omega K_w [\text{V}]$
    (f : 주파수, ϕ : 자속, ω : 각속도, K_w : 권선계수)

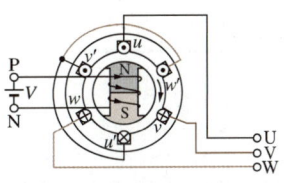
[2극 회전 계자형 3상 동기발전기]

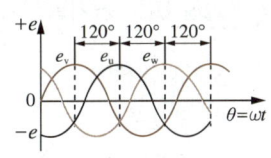
[3상 교류기전력]

③ 동기기의 속도

동기속도 $N_s = \dfrac{120f}{p} [\text{rpm}]$

($n_s = \dfrac{2f}{p} [\text{rps}]$, 주파수 $f = \dfrac{p}{2} \times \dfrac{N_s}{60} [\text{Hz}]$, p : 극수)

10년간 자주 출제된 문제

동기속도 3,600[rpm], 주파수 60[Hz]의 동기발전기의 극수는?
① 2극 ② 4극
③ 6극 ④ 8극

[해설]

$N_s = \dfrac{120f}{p} [\text{rpm}]$

$3,600 = \dfrac{120 \times 60}{p}$

$\therefore p = 2$

정답 ①

핵심이론 02 동기발전기의 특징

① 전기자권선법
  ㉠ 분포권
   - 매극 매상의 도체를 각각의 슬롯에 고르게 감아 주는 권선법(과열방지)
   - 고조파 제거(파형개선) 및 누설리액턴스 감소
   - 집중권에 비해 유기기전력이 분포권계수 배(K_d) 만큼 감소
   - 분포권계수 $K_d = \dfrac{\sin\dfrac{\pi}{2m}}{q\sin\dfrac{\pi}{2mq}}$
   - 매극 매상당 슬롯수 $= \dfrac{\text{총 슬롯수}}{\text{상수}\times\text{극수}}$

   (q : 매극 매상 슬롯수, m : 상수)

  ㉡ 단절권
   - 코일 간격을 극 간격보다 작게 하는 권선법
   - 고조파 제거에 의한 파형을 개선
   - 코일의 길이가 줄어들어 구리선 절약
   - 전절권에 비해 유기기전력이 K_p배만큼 감소
   - 단절권계수 : $K_p = \dfrac{\sin\beta\pi}{2}$

  ㉢ 권선계수 : $K_\omega = K_d \cdot K_p$

② 동기발전기(돌극기)의 출력
  ㉠ 단상 발전기 : $P_s = VI\cos\theta = \dfrac{EV}{x_s}\sin\delta\,[\text{W}]$

  (V : 단자전압, E : 유도기전력, δ : 부하각)

  ㉡ 3상 발전기 : $P_{s3} = \dfrac{3EV}{x_s}\sin\delta = \dfrac{E_l V_l}{x_s}\sin\delta\,[\text{W}]$

  (E_l : 선간기전력, V_l : 선간전압)

  ㉢ 최대출력 : 부하각 $\delta = 90°$에서 최대

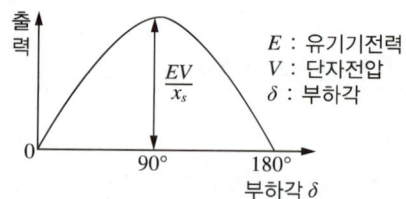

③ 전기자 반작용(동기전동기와 반대 특성) : 동기발전기에 부하전류가 흐를 때, 전기자전류에 의한 회전자기장이 회전자극의 주자속에 대하여 일정한 크기의 영향을 주는 작용

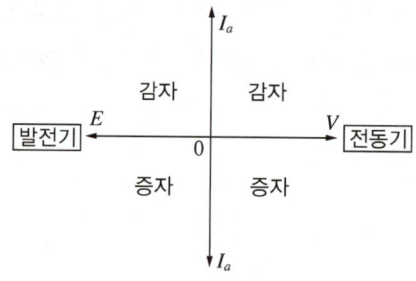

반작용	작 용	전기자전류(I_a)와 유기기전력(E) 위상	부 하	역 률	전류 위상
횡축 반작용	교차 자화작용	I_a가 E와 같음	저 항	1	같 음
직축 반작용	감자작용	I_a가 E보다 $\dfrac{\pi}{2}$만큼 늦음	유도성	0	늦 음
	증자작용	I_a가 E보다 $\dfrac{\pi}{2}$만큼 빠름	용량성	0	빠 름

④ 동기발전기의 특성

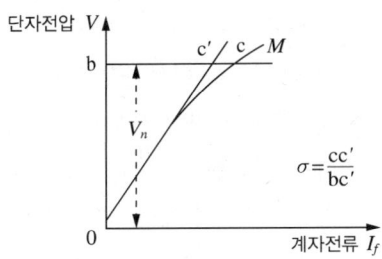

[무부하시험]

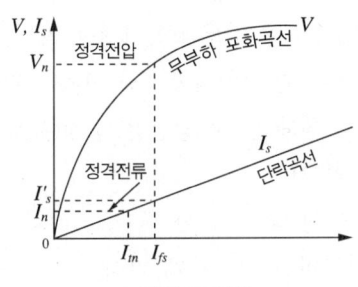

[단락회로시험]

㉠ 무부하 포화곡선(무부하시험)

계자전류 I_f를 점차 증가시키면서 I_f와 단자전압 V의 관계를 나타낸 곡선 $\left(\text{포화율} : \sigma = \dfrac{cc'}{bc'}\right)$

㉡ 단락곡선(단락회로시험)

- 동기발전기의 3상 단자를 단락하고 정격속도로 회전시킨 후 계자전류 I_f를 점차 증가시키면서 발생하는 단락전류로 최대부하에 대한 내력응답을 파악
- 단락비(K_s) : 계자저항 R_f를 조정하여 정격전압을 유기하는 데 필요한 계자전류 I_{fs}를 증가시키면서 정격전류(I_m)를 흘리는 데 필요한 계자전류 I_{fn}과의 비 $\left(K_s = \dfrac{I_{fs}}{I_{fn}} = \dfrac{100}{\%Z}\right)$

구 분	철기계	동기계
특 징	정격전압을 유도하는 데 계자전류를 많이 흘려 주어야 함	정격전압을 유도하는 데 계자전류를 적게 흘려 주어야 함
단락비	단락비가 크다.	단락비가 작다.
장 점	• 전압변동률이 작음 (안정도 좋음) • 과부하에 잘 견딤 • 전기자반작용 작음 • 동기임피던스 작음	• 기계가 작음 • 공극이 작음 • 무게가 가벼움 • 가격이 저렴함
단 점	• 기계가 커짐 • 가격이 비싸짐 • 무게가 무거움 • 효율이 나빠짐	• 전압변동률이 커짐 • 과부하에 약함 • 전기자 반작용 커짐 • 동기임피던스 커짐

㉢ 전압변동률

- 여자전류와 회전속도를 일정하게 하고 설정된 역률의 정격출력에서 무부하로 운전할 때의 전압 변동비율

- $\varepsilon = \dfrac{V_0 - V}{V} \times 100$

    $= \dfrac{\text{무부하전압} - \text{정격전압}}{\text{정격전압}} \times 100\,[\%]$

㉣ 동기임피던스

- $Z_s = \dfrac{E_n}{I_s} = \dfrac{\dfrac{V_n}{\sqrt{3}}}{I_s} = \dfrac{V_n}{\sqrt{3}\,I_s}\,[\Omega]$

    (E_n : 정격상전압, I_s : 3상 단락전류, V_n : 정격단자전압)

- %동기임피던스

    $\%Z_s = \dfrac{1}{K_s} = \dfrac{Z_s I_n}{E} \times 100\,[\%] = \dfrac{I_n}{I_s} \times 100\,[\%]$

    (Z_s : 동기임피던스, I_n : 정격전류, E : 유도기전력)

◎ 외부 특성곡선 : 계자전류 I_f 및 부하의 역률 $\cos\theta$를 일정하게 유지하면서 부하크기를 변화시킬 때, 단자전압과 부하전류의 관계를 나타내는 곡선

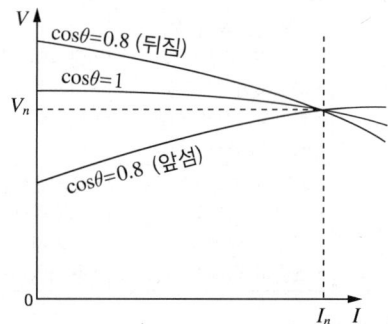

⑤ 병렬운전
㉠ 부하 증가에 따른 발전기의 경제적 운전과 발전기의 주기적인 보수에 유연성을 위함

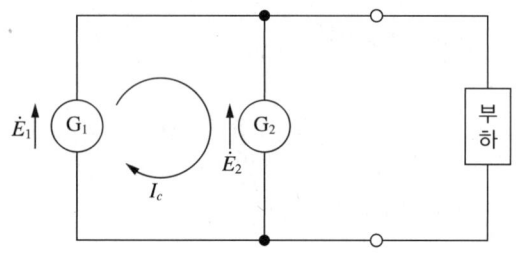

[동기발전기의 두 대 병렬운전]

㉡ 병렬운전조건
  • 유도기전력의 주파수가 같을 것
    (다를 경우 → 발전기 순시 단자전압이 심하게 진동)
  • 유도기전력의 크기가 같을 것
    (다를 경우 → 순환전류 흐름)
  • 유도기전력의 위상이 같을 것
    (다를 경우 → 동기화전류 흐름)
  • 유도기전력의 파형이 같을 것
    (다를 경우 → 무효순환전류 흐름)

㉢ 난조와 난조방지
  • 난조 : 동기기가 새로운 부하각을 중심으로 속도가 가속과 감속을 반복하게 되어, 동기기가 고유진동에 가까워지면 공진작용이 발생하여 진동이 증대하는 이상현상
  • 난조원인 : 조속기 예민, 큰 전기자저항, 부하급변, 고조파 성분의 토크, 작은 관성모멘트
  • 난조방지 : 제동권선 설치, 관성모멘트 증대(플라이휠), 조속기 둔감화, 고조파 제거(단절, 분포권)
  ※ 제동권선의 역할 : 난조방지, 기동토크 발생, 파형개선, 이상전압 방지(유도기 농형권선 역할)

⑥ 안정도 향상 대책
㉠ 동기임피던스를 작게 한다.
㉡ 속응여자방식을 채택한다.
㉢ 회전자에 플라이휠을 설치해 관성모멘트를 크게 한다.
㉣ 단락비를 크게 한다.
㉤ 동기탈조계전기를 사용한다.

10년간 자주 출제된 문제

3상 동기발전기의 병렬운전조건이 아닌 것은?
① 전압의 크기가 같을 것
② 회전수가 같을 것
③ 주파수가 같을 것
④ 전압 위상이 같을 것

|해설|
동기발전기의 병렬운전조건
• 유기기전력의 주파수가 서로 같아야 한다.
• 유기기전력의 크기가 같아야 한다.
• 유기기전력의 위상이 같아야 한다.
• 유기기전력의 파형이 같아야 한다.

정답 ②

핵심이론 03 동기전동기의 특징

① 장단점
  ㉠ 장 점
    - 속도가 항상 일정하다.
    - 항상 역률 1로 운전할 수 있다.
    - 필요시 진상전류를 흘릴 수 있다.
    - 유도전동기에 비하여 효율이 좋다.
  ㉡ 단 점
    - 기동토크가 비교적 작고 속도조정이 어렵다.
    - 난조가 발생할 수 있다.
    - 여자용 직류전원을 별도로 설치해야 한다.
  ㉢ 용 도
    - 저속도 대용량 설비(압축기, 송풍기, 분쇄기 등)
    - 소용량 장치(시계, 오실로스코프 등)

② 출 력
  ㉠ 단 상
    - 출력 : $P_s = EI\cos\theta = \dfrac{EV}{x_s}\sin\delta[\text{W}]$
    - 최대출력 : $P_{\max} = \dfrac{3EV}{x_s}[\text{W}]$ ($\delta = 90°$)
    - 토크 : $T = \dfrac{P_s}{\omega_s} = P_s \times \dfrac{60}{2\pi N_s}[\text{N}\cdot\text{m}]$
      $= 9.55 \times \dfrac{P_s}{N_s}[\text{N}\cdot\text{m}]$
      $= 0.975 \times \dfrac{P_s}{N_s}[\text{kg}\cdot\text{m}]$
  ㉡ 3상
    - 출력 : $P_s = \dfrac{3EV}{x_s}\sin\delta = \dfrac{E_l V_l}{x_s}\sin\delta = \omega_s T$
      $= 2\pi f \cdot T = 2\pi \dfrac{N_s}{60} T[\text{W}]$

③ 위상 특성곡선(V곡선)

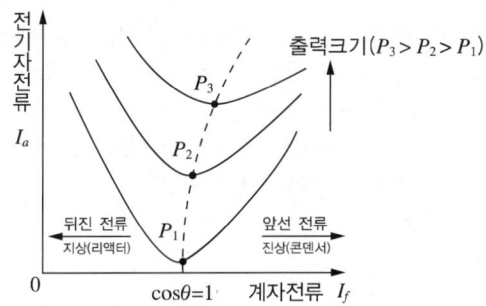

  ㉠ 공급전압과 부하가 일정한 상태에서 계자전류 I_f를 변화시킬 때의 전기자전류 변화 곡선
  ㉡ 특 징
    - 계자전류 조정 → 전기자전류의 크기/위상 조정
    - 부하가 클수록 V곡선이 위로 올라간다.
    - 역률이 1인 경우 전기자전류는 최소가 된다.
    - 여자전류의 변화 → 전기자전류와 역률의 변화

④ 전기자 반작용(동기발전기와 반대특성)

반작용	작 용	전기자전류(I_a)와 유기기전력(E) 위상	부 하	역 률	전류 위상
횡축 반작용	교차 자화작용	I_a가 E와 같음	저 항	1	같 음
직축 반작용	증자작용	I_a가 E보다 $\dfrac{\pi}{2}$만큼 늦음	유도성	0	늦 음
	감자작용	I_a가 E보다 $\dfrac{\pi}{2}$만큼 빠름	용량성	0	빠 름

⑤ 시험 및 측정

시험항목	시험종류
철 손	무부하시험
기계손	무부하시험
동기임피던스	단락시험
동기리액턴스	단락시험
단락비	무부하포화시험, 단락시험

10년간 자주 출제된 문제

동기전동기의 계자전류를 가로축에, 전기자전류를 세로축으로 하여 나타낸 V곡선에 관한 설명으로 옳지 않은 것은?

① 위상 특성곡선이라 한다.
② 부하가 클수록 V곡선은 아래쪽으로 이동한다.
③ 곡선의 최저점은 역률 1에 해당한다.
④ 계자전류를 조정하여 역률을 조정할 수 있다.

[해설]

부하가 증가하면 부하각이 커지고 V곡선의 모양은 위로 올라가며, 부하가 감소하면 부하각이 작아지고 V곡선의 모양은 아래로 내려간다.

정답 ②

제3절 변압기

핵심이론 01 변압기의 구조와 원리

① 변압기

㉠ 정의 : 자기유도와 상호유도현상을 응용하여, 전원 쪽에 인가되는 전압, 전류의 관계를 권수에 비례하여 임의로 변환하는 전기기기

㉡ 변압기의 형태

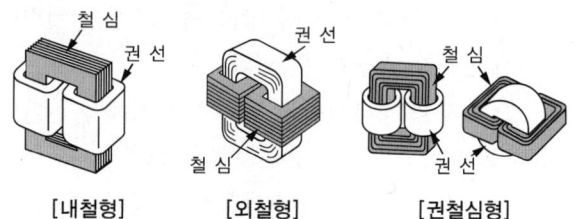

[내철형]　　[외철형]　　[권철심형]

㉢ 구 조

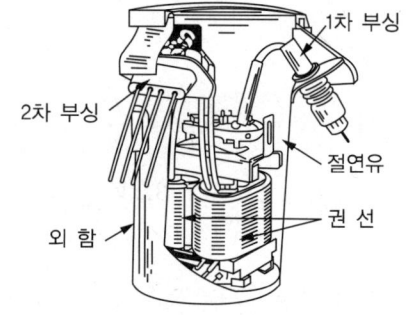

- 철 심
  - 규소 함유량 4~4.5[%] 사용(히스테리시스손 감소)
  - 두께 0.35~0.5[mm] 규소강판 성층(맴돌이 전류에 의한 철손 철판을 성층)
- 권선 : 에나멜구리선(소용량), 평각구리선(대용량)
- 외함 : 변압기의 본체와 절연유를 넣는 함
  - 부착요소 : 명판(변압기 용량, 결선도), 접지용 단자
- 부싱 : 변압기권선 인출선을 끌어내는 절연단자
- 절연유(변압기유)

② 변압기의 원리
  ㉠ 원리 : 전원 쪽 권선(1차 권선)에 의하여 발생된 자기력선속은 철심을 통하여 부하 쪽 권선을 지나면서 전자유도작용에 의해 부하 쪽 권선(2차 권선)의 감은 횟수에 비례하는 유도기전력을 발생

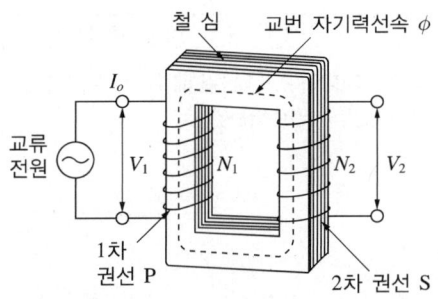

  ㉡ 유도기전력(e), (f : 주파수, ϕ_m : 최대자속)
  • 1차 권선에 유도되는 유도(역)기전력
  $$e_1 = N_1 \frac{\Delta\phi}{\Delta t} [V] \rightarrow 실효값\ E_1 = 4.44 f N_1 \phi_m [V]$$
  • 2차 권선에 유도되는 유도(역)기전력
  $$e_2 = N_2 \frac{\Delta\phi}{\Delta t} [V] \rightarrow 실효값\ E_2 = 4.44 f N_2 \phi_m [V]$$

  ㉢ 권수비(a)
  • $a = \dfrac{E_1}{E_2} = \dfrac{V_1}{V_2} = \dfrac{I_2}{I_1} = \dfrac{N_1}{N_2} = \sqrt{\dfrac{Z_1}{Z_2}} = \sqrt{\dfrac{R_1}{R_2}}$
  • 변압비 : $\dfrac{V_1}{V_2}$
  • 변류비 : $\dfrac{I_1}{I_2} = \dfrac{V_2}{V_1} = \dfrac{N_2}{N_1} = \dfrac{1}{a}$

  ㉣ 누설자기력선속 : 1차와 2차 권선에 공통으로 통과하는 주자기력선속 ϕ와 권선의 일부만 통과하는 누설자기력선속 ϕ_{l1}, ϕ_{l2}가 각각 존재

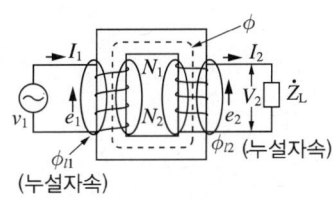

  ㉤ 누설리액턴스
  $$L \frac{di}{dt} = N \frac{d\phi}{dt} \rightarrow L = \frac{N\phi}{I} 에서$$
  $$\phi = \frac{F_m}{R} = \frac{NI}{\dfrac{l}{\mu A}} = \frac{\mu A N I}{l} 이므로$$
  $$L = \frac{\mu A N^2}{l} (L \propto N^2)$$
  (L : 인덕턴스[H], N : 권선횟수, A : 철심단면적[m^2], l : 자속이 지나가는 길이[m])

  ㉥ 변압기 등가회로(이상적인 변압기 포함)

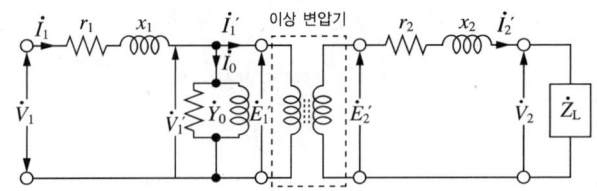

  • 1차 임피던스 : $\dot{Z}_1 = r_1 + jx_1 [\Omega]$
    2차 임피던스 : $\dot{Z}_2 = r_2 + jx_2 [\Omega]$
  • 부하임피던스 : $\dot{Z}_L = r_L + jx_L [\Omega]$
    여자어드미턴스 : $\dot{Y}_0' = g_0 - jb_0 [\mho]$
  • $\dot{V}_1 = \dot{V}_1' + (r_1 + jx_1)\dot{I}_1 = -\dot{E}_1 + (r_1 + jx_1)\dot{I}_1$
    $\dot{V}_2 = \dot{E}_2 + (r_2 + jx_2)\dot{I}_2 = \dot{I}_2 \dot{Z}_L$
    $\dot{I}_1 = \dot{I}_0 + \dot{I}_1'$

  ㉦ 여자회로
  • 1차 측에 v_1'을 가하면 여자전류 i_0가 흐르고, 철심에는 ϕ가 발생
  • 히스테리시스 현상에 의한 자기포화 현상으로 비정현파 여자전류(i_0') 발생
  • 철손(히스테리시스손 + 맴돌이전류손)으로 인해 여자전류($\dot{I}_0$)는 $\dot{\phi}$보다 진상이 됨
  • 여자전류($\dot{I}_0$) = 철손전류($\dot{I}_i$) + 자화전류($\dot{I}_\phi$)

- 여자어드미턴스($\dot{Y}_0'$)

  = 여자컨덕턴스(g_0) − 여자서셉턴스(b_0)

  $$\dot{Y}_0' = g_0 - jb_0 = \frac{\dot{I}_0}{\dot{V}_1'}$$

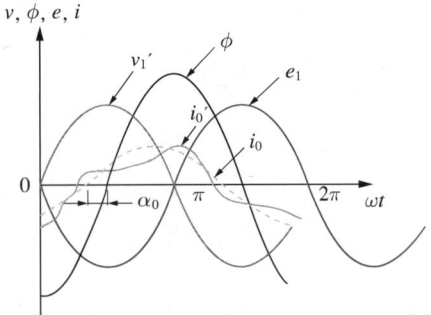

[여자전류 파형]

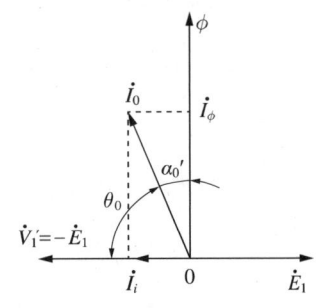

[여자전류 벡터도]

◎ 환산 등가회로

- 1차 쪽에서 본 등가회로(2차를 1차로 환산)

  - 2차 전압을 a배

  - 전류를 $\frac{1}{a}$배

  - 임피던스를 a^2배

- 2차 쪽에서 본 등가회로(1차를 2차로 환산)

  - 1차 전압을 $\frac{1}{a}$배

  - 전류를 a배

  - 임피던스를 $\frac{1}{a^2}$배

  - 어드미턴스를 a^2배

- 간이등가회로

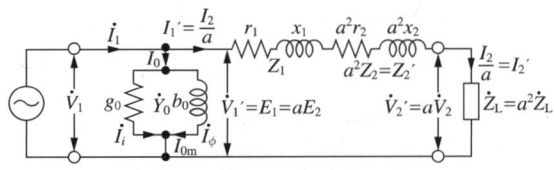

10년간 자주 출제된 문제

변압기의 2차 저항이 0.1[Ω]일 때 1차로 환산하면 360[Ω]이 된다. 이 변압기의 권수비는?

① 30   ② 40
③ 50   ④ 60

【해설】

$R_1 = a^2 R_2$ (R_1 : 1차 저항, a : 권수비, R_2 : 2차 저항)

$a^2 = \frac{R_1}{R_2}$ 에서 $a = \sqrt{\frac{R_1}{R_2}} = \sqrt{\frac{360}{0.1}}$

∴ $a = 60$

정답 ④

핵심이론 02 변압기의 전기적 특징

① 정격 : 지정된 조건하에서 변압기를 사용할 수 있는 한도

㉠ 정격출력

정격용량[VA]

= 정격 2차 전압(V_{2n})[V] × 정격 2차 전류(I_{2n})[A]

㉡ 정격전압

정격 1차 전압(V_{1n})[V]

= a × 정격 2차 전압(V_{2n})[V]

㉢ 정격전류

정격 1차 전류(I_{1n})[A]

= $\dfrac{1}{a}$ × 정격 2차 전류(I_{2n})[A]

② 전압변동률

㉠ 퍼센트 전압강하 : 정격전압에 대한 전압강하비

- $z = \sqrt{p^2 + q^2}$

  (z : 퍼센트 임피던스강하, p : 퍼센트 저항강하, q : 퍼센트 리액턴스강하)

- $\varepsilon = \dfrac{V_{20} - V_{2n}}{V_{2n}} \times 100 [\%]$

  $= p\cos\theta \pm q\sin\theta [\%]$

  (V_{20} : 무부하 2차 단자전압[V],

  V_{2n} : 2차 정격전압[V],

  θ : V_{2n}과 I_{2n}의 위상각)

③ 손 실

㉠ 회전부가 없어 기계적 손실이 없으며, 회전기에 비해 효율이 높음

㉡ 변압기의 손실

무부하손	철 손	히스테리시스손 : 철심에서 자속이 변할 때의 손실
		와류손 : 철심에서 발생하는 와전류 손실
	유전체손	절연물에서 발생하는 손실
부하손	동손(구리손)	저항손 : 권선저항에 의한 손실
		와류손 : 권선 내의 와전류에 의한 손실
	표유부하손	누설자속에 의해 발생하는 손실

④ 효 율

㉠ 규약효율(변압기 표준) : 규약에 따라 손실을 결정하여 산출

$\eta = \dfrac{\text{출력}}{\text{출력} + \text{전체손실(무부하손 + 부하손)}} \times 100 [\%]$

$= \dfrac{V_{2n} I_{2n} \cos\theta}{V_{2n} I_{2n} \cos\theta + P_i + r_{21} I_{2n}^2} \times 100 [\%]$

(P_i : 철손, r_{21} : 2차 쪽으로 환산한 전체 저항)

㉡ 실측효율 : 입력과 출력을 실제로 측정

$\eta = \dfrac{\text{출력}}{\text{입력}} \times 100[\%] = \dfrac{P_2}{P_1} \times 100[\%]$

㉢ 최대효율 : 구리손(P_c(동손), $r_{21} I_{2n}^2$)과 철손(P_i)이 같게 되는 부하일 때(부하손 = 무부하손)

10년간 자주 출제된 문제

변압기의 퍼센트 저항강하가 3[%], 퍼센트 리액턴스강하가 4[%]이고, 역률이 80[%] 지상이다. 이 변압기의 전압변동률[%]은?

① 3.2 ② 4.8
③ 5.0 ④ 5.6

|해설|

$\varepsilon = p\cos\theta - q\sin\theta [\%]$ (진상 −)
$\varepsilon = p\cos\theta + q\sin\theta [\%]$ (지상 +)
(p : 저항강하[%], q : 리액턴스강하[%])
∴ 전압변동률 $\varepsilon = 3 \times 0.8 + 4 \times 0.6 = 4.8[\%]$

정답 ②

핵심이론 03 변압기의 화학적 특징

① 변압기유의 구비조건
  ㉠ 절연내력이 클 것, 화학작용이 없을 것
  ㉡ 점도가 적고, 비열이 커서 냉각 효과가 클 것
  ㉢ 인화점은 높고, 응고점은 낮을 것
  ㉣ 고온에서 산화하거나 침전물이 발생하지 않을 것
  ㉤ 열전도율이 크고, 열팽창계수가 작을 것

② 변압기의 호흡작용
  ㉠ 호흡작용 : 변압기 내・외부의 열로 인해 절연유가 수축・팽창하는 현상(외부 공기와 접촉)
  ㉡ 호흡작용에 의한 절연유 열화 방지 대책
    • 콘서베이터 : 공기와 접촉하는 통로에 질소봉입(변압기 상부)
    • 브리더 : 공기 중 수분을 흡수하는 실리카겔

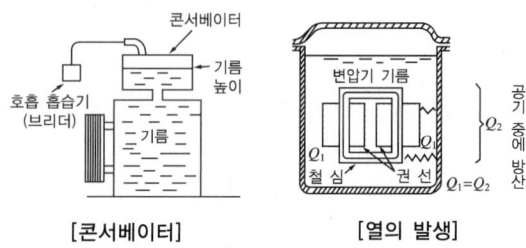

[콘서베이터]   [열의 발생]

③ 변압기 냉각방식
  ㉠ 건 식
    • 공랭식 : 공기의 대류로 냉각
    • 풍랭식 : 송풍기로 강제 통풍시켜 냉각
  ㉡ 유입식
    • 유입자랭식(ONAN) : 본체의 절연유가 대류로 냉각
    • 유입풍랭식(ONAF) : 방열기를 부착하여 송풍기로 강제 통풍
    • 유입수랭식(ONWF) : 냉각관의 냉각수를 순환하여 냉각
    • 송유풍랭식(OFAF) : 순환펌프로 기름을 순환하고 송풍기로 강제 통풍
    • 송유수랭식(OFWF) : 순환펌프로 기름을 순환하고 냉각관의 냉각수를 순환하여 냉각

10년간 자주 출제된 문제

3-1. 변압기유가 구비해야 할 조건 중 맞는 것은?
① 절연내력이 작고 산화하지 않을 것
② 비열이 작아서 냉각 효과가 클 것
③ 인화점이 높고 응고점이 낮을 것
④ 절연재료나 금속에 접촉할 때 화학작용을 일으킬 것

3-2. 변압기에 콘서베이터(Conservator)를 설치하는 목적은?
① 열화 방지   ② 코로나 방지
③ 강제 순환   ④ 통풍 장치

[해설]

3-1
변압기유(절연유) 구비조건
• 절연내력이 크고, 화학반응이 없을 것
• 점도가 적고, 비열이 커서 냉각 효과가 클 것
• 인화점은 높고, 응고점은 낮을 것
• 고온에서 산화하지 않고, 침전물이 발생하지 않을 것

3-2
콘서베이터 : 유입변압기에서는 기름이 공기에 접촉하면 열화하므로 이것을 막기 위하여 외함 상부에 콘서베이터라는 작은 용적의 원통형 용기를 두고, 외함에 연결하여 외함 내에 공기가 남지 않게 한다.

정답 3-1 ③ 3-2 ①

핵심이론 04 변압기의 결선

① 극성 : 변압기 단자의 유도기전력 방향
  ㉠ 감극성 : 1, 2차 유도기전력이 180° 위상차를 가질 때(우리나라 표준)
  ㉡ 가극성 : 1, 2차 유도기전력이 동위상일 때

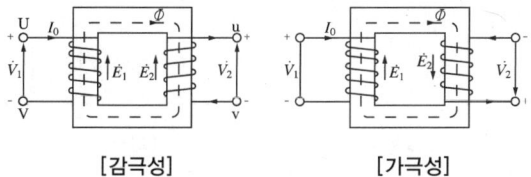

[감극성]   [가극성]

② 병렬운전
  ㉠ 병렬운전 이유 및 운전 상태
    • 부하의 증가에 따른 변압기 용량 증대
    • 각 변압기가 그 용량에 비례하여 부하를 분담
    • 병렬로 연결되어 있는 각 변압기의 폐회로에 순환전류가 흐르지 않는다.
  ㉡ 단상 변압기의 병렬운전조건
    • 각 변압기의 극성이 같을 것
    • 각 변압기의 권수비, 1차와 2차 정격전압이 같을 것
    • 각 변압기의 임피던스가 정격용량에 반비례할 것
    • 각 변압기의 저항과 리액턴스의 비가 같을 것
  ㉢ 3상 변압기의 병렬운전조합
    • 운전 가능 : △-△와 △-△, △-△와 Y-Y, Y-Y와 Y-Y, △-Y와 △-Y, Y-△와 Y-△
    • 운전 불가능 : △-△와 △-Y, △-Y와 Y-Y

③ 단상 변압기의 3상 결선
  ㉠ △-△ 결선

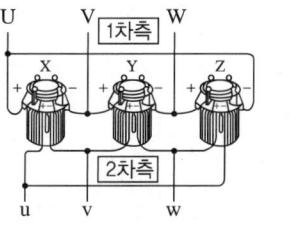 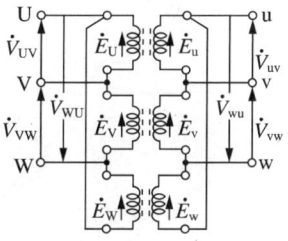

[접속도]   [결선도]

장 점	단 점
• 1, 2차의 전압은 위상차가 없고, 상전류는 선전류의 $\frac{1}{\sqrt{3}}$배 • 변압기 외부에 제3고조파가 발생하지 않아 통신장애가 없음 • 변압기 한 대가 고장나도 V-V결선으로 운전하여 정격출력의 57.7[%]로 사용가능	• 중성점접지가 없어 지락사고 시 보호곤란 • 상부하 불평형일 때에 순환전류가 흐름 • 선간전압과 상전압이 서로 같기 때문에 고압인 경우에 절연이 어려워 60[kV] 이하의 저전압, 대전류용인 배전용 변압기에 주로 사용

  ㉡ Y-Y결선

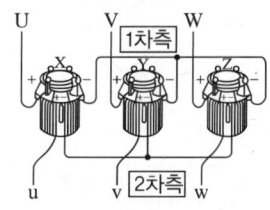 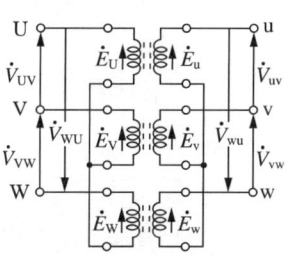

[접속도]   [결선도]

장 점	단 점
• 1, 2차의 전압에 위상차가 없음 • 1, 2차 모두 Y결선으로 중성점접지가 가능하며, 고압의 경우 이상전압 감소 가능 • 상전압이 선간전압의 $\frac{1}{\sqrt{3}}$배로 절연이 용이하여 고전압에 유리	• 중성점이 접지되어 있지 않으면 제3고조파 통로가 없어 기전력 파형은 제3고조파를 포함하는 왜형파가 됨 • 중성점이 접지되어 있으면 접지선을 통하여 제3고조파 전류가 흘러 통신장애 발생

ⓒ △-Y결선 : 2차 쪽의 선간전압이 변압기 전압의 $\sqrt{3}$ 배이므로 발전소에서 저전압을 고전압으로 송전하는 경우와 같이 승압에 사용됨(승압용)

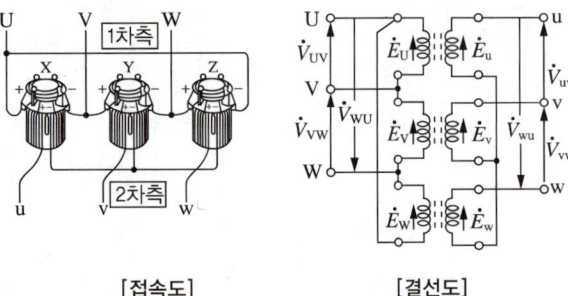

[접속도]　　　　[결선도]

ⓔ Y-△결선 : 2차 쪽의 선간전압과 변압기 전압이 같게 되므로, 송전선에서 변전소에 들어가는 경우와 같이 고압에서 저압으로 강압에 사용됨(강압용)

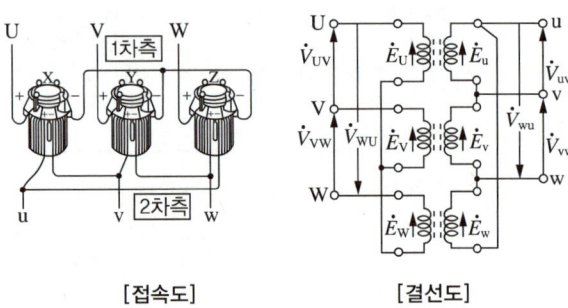

[접속도]　　　　[결선도]

※ △-Y와 Y-△결선의 장단점

장 점	단 점
• Y결선으로 중성점접지 가능 • △결선으로 여자전류의 제3고조파 통로가 있어 제3고조파 장애가 적고, 왜형파가 없음 • △-Y결선은 승압용 변압기로 송전단 변전소용에, Y-△결선은 강압용 변압기로 수전단 변전소용에 사용(송전계통)	• 1차 선간전압과 2차 선간전압 간 30° 위상차가 발생 • 1상에 고장이 발생하면 송전을 계속할 수 없음

ⓜ V-V결선
• 3대의 변압기 중에서 1대 고장 시 남은 2대를 이용하여 사용할 수 있는 결선방법

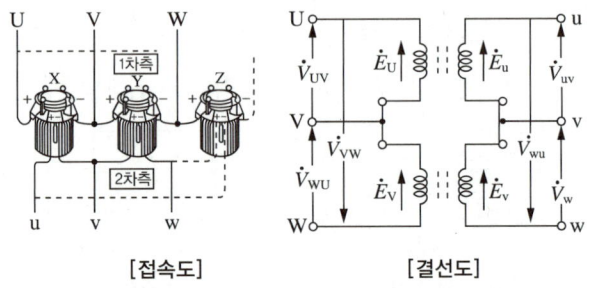

[접속도]　　　　[결선도]

• △결선 시 출력 : $P_\Delta = 3P_i = 3V_{2n}I_{2n}[VA]$
  V결선 시 출력 : $P_V = \sqrt{3}P_i = \sqrt{3}V_{2n}I_{2n}[VA]$

• 이용률 : $\dfrac{V결선\ 출력}{3상\ 출력} = \dfrac{\sqrt{3}\ VI}{2\ VI} = \dfrac{\sqrt{3}}{2}$

  $\fallingdotseq 0.866 = 86.6[\%]$

• 출력률 : $\dfrac{V결선\ 출력}{3상\ 출력} = \dfrac{\sqrt{3}\ VI}{3\ VI} = \dfrac{1}{\sqrt{3}}$

  $\fallingdotseq 0.577 = 57.7[\%]$

• 장점 : 설치방법이 간단하고, 소용량이며, 가격이 저렴하여 3상 부하에 널리 이용

• 단점 : 이용률이 86.6[%], 출력이 57.7[%]밖에 안 되고, 부하의 상태에 따라 2차 단자전압이 불평형이 될 수 있음

10년간 자주 출제된 문제

변압기 2대를 V결선했을 때의 이용률은 몇 [%]인가?
① 57.7　　② 70.7
③ 86.6　　④ 100

해설

V결선은 단상 변압기 2대로 3상 전력을 공급할 때 이용되는 방식이다.

이용률 $U = \dfrac{V결선으로서의\ 출력}{변압기\ 2대의\ 허용\ 용량}$

$= \dfrac{\sqrt{3}\ V_pI_p}{2\ V_pI_p} = \dfrac{\sqrt{3}}{2} \fallingdotseq 0.866 = 86.6[\%]$

정답 ③

핵심이론 05 변압기 보호계전기 및 특수변압기

① 변압기 보호계전기 및 측정
  ㉠ 전기적 보호장치 : 차동계전기, 비율차동계전기
    ※ 비율차동계전기는 주로 변압기 및 발전기 내부 고장 보호용으로 사용된다.
  ㉡ 기계적인 보호장치 : 부흐홀츠계전기(내부고장 검출), 압력계전기
    ※ 부흐홀츠계전기 : 변압기 내부고장으로 인한 절연유의 온도 상승 시 발생하는 유증기를 검출하여 경보 및 차단을 하기 위한 계전기(변압기 본체와 콘서베이터 사이에 설치)
  ㉢ 변압기시험
    • 개방회로시험 : 무부하전류, 히스테리시스손, 와류손, 여자어드미턴스, 철손 확인
    • 단락회로시험 : 동손, 임피던스와트 및 전압
    • 온도시험
      – 반환부하법(동일 정격 2대 이상 시 사용, 철손·동손을 따로 공급해 전력손실 적음, 많이 사용)
      – 실부하법(전력손실로 제한적 사용)

② 특수변압기
  ㉠ 단권변압기 : 1차 및 2차 권선의 일부분이 공통으로 이루어진 변압기

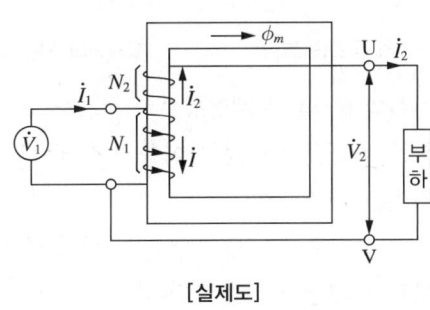
[실제도]

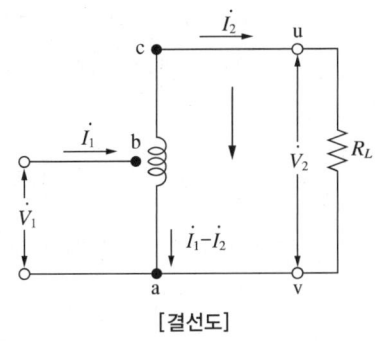
[결선도]

  • 특징 : 코일권수 절약, 손실작음(효율 좋음), 누설리액턴스 작음, 1-2차 절연곤란, 고압·대용량용
  • 변압비 : $a = \dfrac{V_1}{V_2} = \dfrac{N_1}{N_1 + N_2}$
    ($a > 1$이면 강압변압기, $a < 1$이면 승압변압기)
  • 전류비 : $\dfrac{1}{a} = \dfrac{I_1}{I_2} = \dfrac{N_1 + N_2}{N_1}$
    분로권선전류 $I = I_1 - I_2 = (1-a)I_1$ [A]
  • 자기용량 : $P_s = (V_2 - V_1)I_2$
                 $= (1-a)V_2 I_2$ [VA]
  • 정격용량(부하용량) : $P_l = V_2 I_2$ [VA]

  ㉡ 3상 변압기(내철형, 외철형)
    • 장점 : 사용철심이 감소(철손이 감소)로 효율이 좋음, 값싸고, 설치면적 감소, 부싱 절약
    • 단점 : 단상 변압기로의 사용 불가능, 1상이라도 고장이 나면 사용 불가, 보수 곤란
  ㉢ 누설변압기 : 수하특성(정전류특성), 전압변동이 큼, 누설리액턴스가 큼, 용접용 변압기에 사용
  ㉣ 계기용 변성기

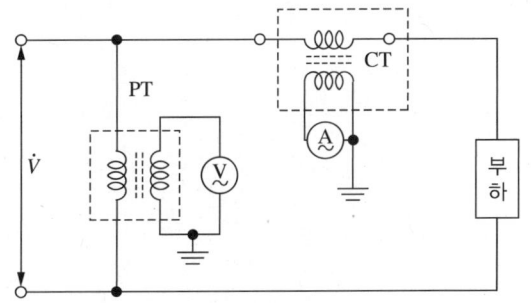

- (계기용) 변류기(CT) : 교류전류의 확대 측정에 사용, 분리 시 2차 측부터 단락시킬 것(2차 쪽은 반드시 접지)

$$I_1 = \frac{N_2}{N_1}I_2 = KI_2[\text{A}] \quad (K : 변류비)$$

- 계기용 변압기(PT) : 교류전압의 확대 측정에 사용, 계기용 변압기 2차 쪽은 반드시 접지

$$V_1 = \frac{N_2}{N_1}V_2 = K'V_2[\text{V}] \quad (K' : 변압비)$$

10년간 자주 출제된 문제

부흐홀츠계전기로 보호되는 기기는?
① 변압기 ② 유도전동기
③ 직류발전기 ④ 교류발전기

|해설|

부흐홀츠계전기
- 변압기 내부고장으로 인한 절연유의 온도 상승 시 발생하는 유증기를 검출하여 경보 및 차단을 하기 위한 계전기
- 부흐홀츠계전기로 보호되는 기기 : 변압기
- 설치위치로 가장 적당한 곳 : 변압기 주탱크와 콘서베이터 사이

정답 ①

제4절 유도기

핵심이론 01 유도기의 원리와 구조

① 유도기의 종류
  ㉠ 정지기 : 변압기(교번자계에 의해 1차, 2차에 기전력이 유기)
  ㉡ 회전기 : 유도전동기(회전자계에 의해 1차, 2차에 기전력이 유기)

② 유도기의 회전원리
  ㉠ 회전력 발생 : 고정자에 감긴 1차 권선에 흐르는 교번전류에 의하여 만들어지는 회전자계와 회전자에 감긴 2차 권선의 유도작용에 의한 유도전류가 상호작용하여 회전력 발생
  ㉡ 아라고(Arago)의 원판

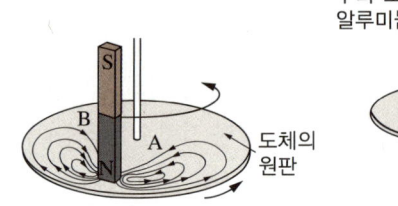

[회전의 원리]

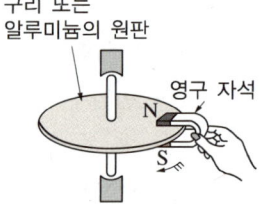

[플레밍의 오른손 법칙]   [플레밍의 왼손 법칙]

- 자석의 N극을 시계방향으로 회전시키면 상대적으로 원판은 자기장 사이를 반시계방향으로 움직이는 것과 같다.
- 플레밍의 오른손 법칙에 따라 원판의 중심으로 향하는 기전력이 유도된다.
- 기전력에 의해 맴돌이전류가 흐르고 이 전류에 의해 플레밍의 왼손 법칙에 따라 원판은 자기력을 받아 시계방향으로 회전한다.

- 원판은 자석보다는 빨리 회전할 수는 없으며 원판이 자석과 같은 속도로 회전한다면 원판이 자석을 쇄교할 수 없으므로 원판은 반드시 자석보다 늦게 회전한다.

ⓒ 구조
- 고정자 : 프레임, 철심, 권선
  - 철심 : 두께 0.35~0.5[mm], 규소강판(4~4.5[%]) 성층
- 회전자(농형 회전자, 권선형 회전자)
  - 농형 회전자 : 구조 간단, 튼튼함, 운전용이, 가격이 저렴, 기동과 속도제어 특성이 좋지 않음
  - 권선형 회전자 : 구조 복잡, 운전 어려움, 효율이 낮으나 기동과 속도제어 특성이 좋음

[농형 회전자]   [권선형 회전자]

ⓔ 유도전동기의 회전(회전자계)

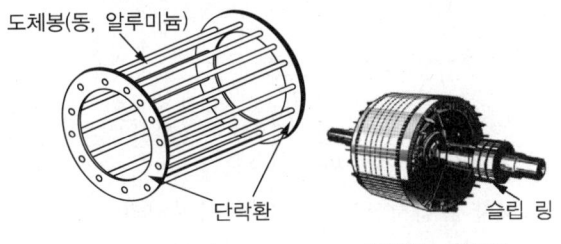

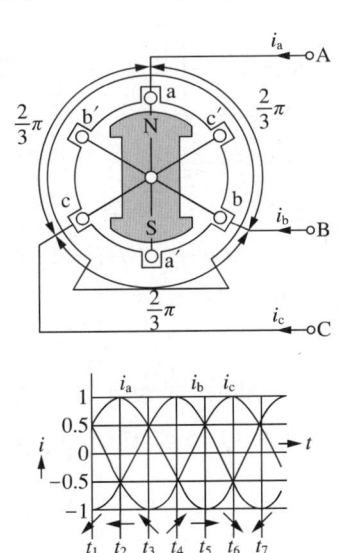

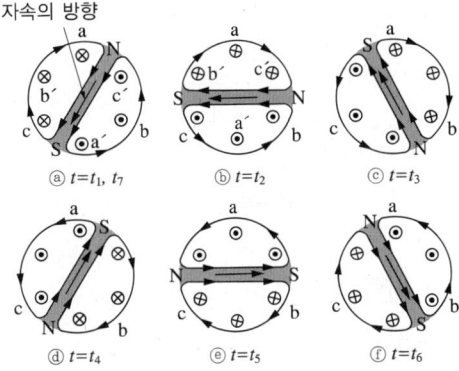

③ 유도전동기의 특성

㉠ 속도와 슬립
- 동기속도 : $N_s = \dfrac{120f}{p}$ [rpm]

  (f : 주파수, p : 극수)

  ※ 1[Hz]마다 $\dfrac{2}{p}$ 회전하므로

  $N_s = \dfrac{2}{p} \times 60f = \dfrac{120f}{p}$ [rpm]

- 슬립 : $s = \dfrac{N_s - N}{N_s} \times 100$ [%]

  (N_s : 동기속도(회전자계속도), N : 회전자속도)

- 회전자속도(전동기속도)

  $N = (1-s)N_s = (1-s)\dfrac{120f}{p}$ $(0 < s < 1)$

- 유도전동기 상태와 슬립
  - 정지 시(기동 시) : $s = 1$
  - 동기 시(무부하 시) : $s = 0$
  - 운전 시(전부하 시) : $0 < s < 1$

$N=-N_s$	$N=0$	$N=N_s$	$N=2N_s$
$s=2$	$s=1$	$s=0$	$s=-1$
제동기(역회전)		전동기	발전기

㉡ 간이등가회로 : 부하저항 $R' = r_2'\left(\dfrac{1-s}{s}\right)$

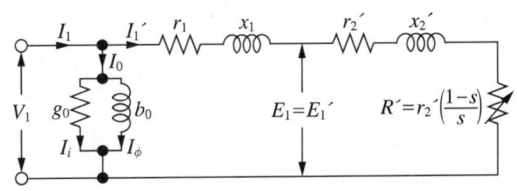

④ 전력의 변환

P_1 1차 입력 →(1차(고정자))→ P_2 2차 입력/1차 출력 →(2차(회전자))→ P 전기적 출력 →→ P_o 2차 출력/기계적 출력
→ P_i 1차 철손
→ P_{c1} 1차 동손
→ P_{c2} 2차 동손
→ P_m 기계손

N_s 동기속도 ······ 슬립(s) 발생 ······ N 실제속도
슬립 $s = \dfrac{N_s - N}{N_s}$

㉠ 1차 입력 : $P_1 = I_1^2 \cdot r_1 [\text{W}]$

㉡ 2차 동손 : $P_{c2} = I_2^2 \cdot r_2 [\text{W}]$

㉢ 2차 입력(1차 출력)
- $P_2 = P_{c2} + P_o = I_2^2 \cdot r_2 + I_2^2 \cdot \left(\dfrac{1-s}{s}\right) r_2$
  $= I_2^2 \cdot \dfrac{r_2}{s} = \dfrac{P_{c2}}{s} [\text{W}]$
- $P_{c2} = s P_2 [\text{W}]$

㉣ 기계적 출력
$P_o = I_2^2 \cdot \left(\dfrac{1-s}{s}\right) r_2 [\text{W}]$
$= P_2 - P_{c2} = P_2 - sP_2 = P_2(1-s) [\text{W}]$

㉤ 2차 효율
- $\eta = \dfrac{P_o}{P_2} = \dfrac{P_2(1-s)}{P_2} = 1 - s$
- $P_2 = \dfrac{P_o}{1-s}$

㉥ $P_2 : P_{c2} : P_o = 1 : s : (1-s)$

⑤ 2차 전류(I_2)

㉠ 정지 시 : $I_2 = \dfrac{E_2}{\sqrt{r_2^2 + x_2^2}} [\text{A}]$

㉡ 회전 시 : $I_2 = \dfrac{sE_2}{\sqrt{r_2^2 + (sx_s)^2}}$
$= \dfrac{E_2}{\sqrt{\left(\dfrac{r_2}{s}\right)^2 + x_s^2}} [\text{A}]$

⑥ 토크(T)

$T = \dfrac{P_o}{\omega} = \dfrac{P_o}{2\pi n} = \dfrac{P_o}{2\pi \dfrac{N}{60}} = \dfrac{60 P_o}{2\pi N} [\text{N} \cdot \text{m}]$

($T \propto V^2$, $s \propto \dfrac{1}{V^2}$)

$= 9.55 \dfrac{P_o}{N} = 9.55 \dfrac{P_2}{N_s} [\text{N} \cdot \text{m}]$

$= 0.975 \dfrac{P_o}{N} = 0.975 \dfrac{P_2}{N_s} [\text{kg} \cdot \text{m}]$

⑦ 비례추이(권선형 유도전동기의 기동 및 속도제어법)

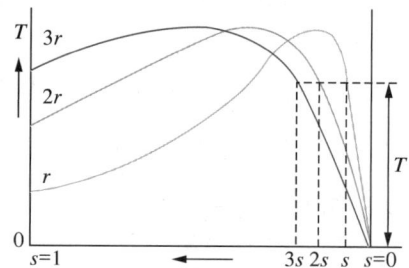

$\dfrac{r_2}{s} = \dfrac{mr_2}{ms} = \dfrac{r_2 + R}{ms} \left(\dfrac{r_{21}}{s_1} = \dfrac{r_{22}}{s_2} = \dfrac{r_{23}}{s_3} = \cdots\right)$

㉠ 2차 삽입저항을 $r \sim 3r$로 증가시키면, 최대토크를 유지하면서 왼쪽($s=1$)으로 이동(회전자저항을 2배, 3배로 증가 시 슬립도 2배, 3배로 비례 증가)

㉡ 기동 시 토크를 높일 경우, 권선형 유도전동기의 2차 저항을 증가시킴

㉢ 속도 증가에 따라 토크의 최댓값을 그대로 유지할 경우, 2차 저항을 감소시킴

㉣ 2차 저항을 크게 하면 기동전류는 감소하고 기동토크는 증가함

㉤ 장단점
- 장점 : 2차 저항기로 최대, 최소토크 선택 가능
- 단점 : 운전 및 감속 시 손실 발생, 비효율성

ⓗ 비례추이 적용
- 가능 : 토크(T), 1차 및 2차 전류(I_1, I_2), 역률($\cos\theta$), 1차 입력(P_1)
- 불가능 : 출력(P_o), 효율(η), 2차 측 동손(P_{c2})

⑧ 원선도 작성
㉠ 실부하시험을 하지 않고 전동기의 특성을 구하는 방법(출력, 슬립, 효율, 역률 등의 여러 특성을 도형으로 표현)
㉡ 작성에 필요한 시험 : 저항측정, 무부하(개방)시험(철손, 여자전류), 구속(단락)시험(동손, 임피던스 전압, 단락전류)
㉢ 구할 수 없는 것 : 기계적 출력, 기계손

10년간 자주 출제된 문제

1-1. 3상 유도전동기의 1차 입력 60[kW], 1차 손실 1[kW], 슬립 3[%]일 때 기계적 출력은 약 몇 [kW]인가?
① 57 ② 75
③ 95 ④ 100

1-2. 회전수 1,728[rpm]인 유도전동기의 슬립[%]은?(단, 동기속도는 1,800[rpm]이다)
① 2 ② 3
③ 4 ④ 5

[해설]

1-1
2차 입력 = 1차 입력 − 1차 손실 = 60 − 1 = 59[kW]
기계적 출력 = 2차 입력 × 효율 = 2차 입력 × (1 − 슬립)
= 59 × (1 − 0.03) ≒ 57[kW]

1-2
$s = \dfrac{N_s - N}{N_s} \times 100 = \dfrac{1,800 - 1,728}{1,800} \times 100 = 4[\%]$

정답 1-1 ① 1-2 ③

핵심이론 02 단상 유도전동기의 특성

① 기동 및 운전방식
㉠ 교번자계 발생
㉡ 기동토크가 없으므로 별도의 기동장치가 필요함
㉢ 기동토크가 큰 순서 : 반발 기동형 > 반발 유도형 > 콘덴서 기동형 > 분상 기동형 > 셰이딩 코일형
㉣ 기동방식별 분류

형 식	접속도	출력[W]	극 수	기동토크
분상 기동형	(기동 스위치) SW ST (기동 권선) 농형 회전자 (주권선)	20~400	2 4 6	중 125~200[%]
콘덴서 기동형	C_1 SW ST M 농형 회전자	100~400	2 4 6	대 200~300[%]
콘덴서 운전형	C A M 농형 회전자 (보조 권선)	35~200	2 4 6	소 50~100[%]
콘덴서 기동 콘덴서 운전형	SW C C_1 A M 농형 회전자 (보조 권선)	100~750	2 4 6	대 250~350[%]
반발 기동형	M 정류자가 있는 분포 농형 회전자	100~1,000	4	극대 400~600[%]
셰이딩 코일형	M 농형 회전자 셰이딩코일	14~10	2	소 40~50[%]

② 속도 및 출력-토크 특성

　㉠ 동기속도

　　• 동기속도 : $N_s = \dfrac{120f}{p}$ [rpm]

　　　슬립 : $s = \dfrac{N_s - N}{N_s} \times 100$ [%]

　　• 회전자속도(전동기속도)

　　　$N = (1-s)N_s = (1-s)\dfrac{120f}{p}$ $(0 < s < 1)$

　　• 회전자주파수(f_2) : 회전자장과 회전자의 상대 속도에 비례함($f_2 = sf$ [Hz])

　㉡ 출력과 토크 특성

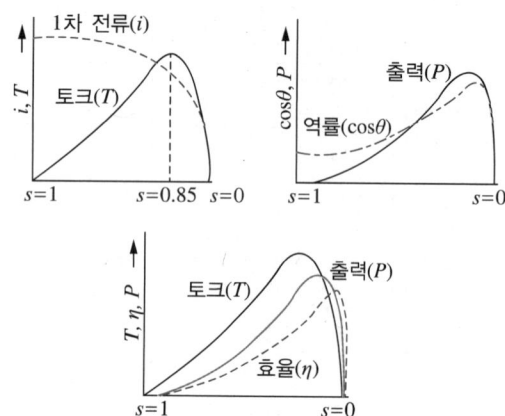

10년간 자주 출제된 문제

2-1. 다음 단상 유도전동기 중 기동토크가 큰 것부터 옳게 나열한 것은?

| ㉠ 반발 기동형 | ㉡ 콘덴서 기동형 |
| ㉢ 분상 기동형 | ㉣ 셰이딩 코일형 |

① ㉠ > ㉡ > ㉢ > ㉣
② ㉠ > ㉣ > ㉡ > ㉢
③ ㉠ > ㉢ > ㉣ > ㉡
④ ㉠ > ㉡ > ㉣ > ㉢

2-2. 단상 유도전동기 기동장치에 의한 분류가 아닌 것은?

① 분상 기동형
② 콘덴서 기동형
③ 셰이딩 코일형
④ 회전계자형

|해설|

2-1

단상 유도전동기의 기동토크 크기

반발 기동형 > 반발 유도형 > 콘덴서 기동형 > 분상 기동형 > 셰이딩 코일형

2-2

단상 유도전동기 기동법

• 분상 기동형
• 콘덴서 기동형
• 영구 콘덴서
• 셰이딩 코일형

정답 2-1 ① 2-2 ④

핵심이론 03 3상 유도전동기의 특성

① 기동법

㉠ 유도전동기는 기동할 때에 정상 운전 시보다 약 5 ~ 6배 많은 기동전류가 흐름

㉡ 종 류

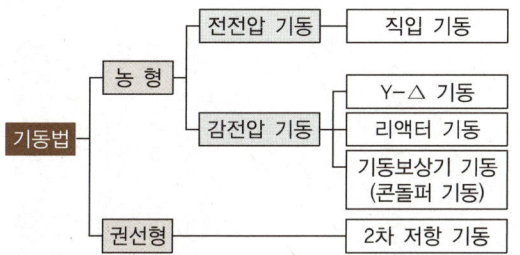

- 직입 기동(전전압 기동)
  - 전전압을 직접 인가해 구동하는 가장 간단한 방법
  - 기동 시 충격이 있기 때문에 소용량에서만 사용
  - 충분한 가속 토크를 얻을 수 있기 때문에 기동시간이 매우 짧음
- Y-△ 기동
  - 저압 전동기는 5.5[kW] 이상이면 Y-△ 기동 가능
  - Y결선으로 기동하여 인가전압을 $\frac{1}{\sqrt{3}}$배, 기동전류와 기동토크를 $\frac{1}{3}$배로 낮춤
  - 기동전류, 기동토크 모두 작고, 기동전류를 조정할 수 없음(무부하, 경부하 기동)
- 리액터 기동
  - 직렬로 연결한 리액터로 전압강하를 만들어 전동기 단자전압을 낮춰 기동전류를 줄임
  - 전압강하 비율로 기동전류가 줄고, 전압강하의 제곱 비율로 토크가 줄어 기동불능을 주의
  - 리액터 탭으로 기동전류 조정 가능하며, 토크의 증가가 현저히 큼(최대토크가 큼)
- 기동보상기 기동(콘돌퍼 기동)
  - 기동 시에 인가전압을 기동보상기(단권변압기)로 강압시켜 기동하는 기동보상
  - V결선으로 단권변압기를 사용하여 전동기의 인가전압을 낮추어서 기동
  - 기동전류를 작게 제한하여도 기동토크는 그만큼 작아지지 않음
  - 단권변압기에 의한 감전압 기동 → 리액터 운전(충격완화) → 전전압 운전

② 구동제어

㉠ 인버터 구동(VVVF)
- VVVF(Variable Voltage Variable Frequency) : 가변전압가변주파수제어 방식
- 인버터제어 소자로 GTO 사이리스터 또는 IGBT 소자를 사용
- 속도제어 범위가 광범위하고, 부하역률과 효율이 높다.
- 모터의 구조가 간단하며 보수와 점검이 용이하다(운전효율이 높다).
- 제어방식 : 극수제어$\left(N = \frac{120f}{p}(1-s)\right)$, 슬립제어, 주파수제어

㉡ 벡터제어
- 유도전동기를 타여자 직류전동기와 같이 자속과 토크를 별도로 제어
- 계자성분(d축 성분 : 직류기의 계자전류에 의한 자속 성분)과 토크 성분(q축 성분 : 직류기의 전기자전류에 의한 토크 성분)으로 나누어 제어
- 비례제어를 통해 속도제어 특성이 매우 개선됨

③ 제동법

㉠ 기계적 제동 : 브레이크를 이용하여 회전 장치와 마찰시켜 회전력을 감소시킴

㉡ 전기적 방법
- 발전제동 : 운전 중인 전동기를 전원에서 분리한 후에 발전기로 작용시켜 회전체의 운동에너지를

전기 에너지로 변환하고, 저항 안에서 줄열로 소비시켜 제동하는 방법
- 회생제동 : 전동기를 발전기처럼 사용하여 발생되는 전력을 전원에 반환하여 제동하는 방법(엘리베이터의 하강과 전기 기관차가 언덕을 내려가는 경우에 사용)
- 역전제동 : 전동기를 전원에 접속시킨 상태에서 전동기의 전기자 접속을 반대로 바꾸어 원래 회전하던 방향과 반대인 토크를 발생시켜 전동기를 급속히 정지시키는 방법

④ 속도제어
   ㉠ 극수변환법 : 극수를 변환하여 속도 변환 $\left(N_s = \dfrac{120f}{p}\right)$
   ㉡ 주파수변환법 : 주파수를 변환하여 속도 변환 $\left(N_s = \dfrac{120f}{p}\right)$, $\dfrac{V}{f}$=일정 → 자속(ϕ) 유지
   ㉢ 전압제어법 : $T \propto V^2$, 부하 시 운전하는 슬립을 변화시킴
   ㉣ 저항제어법(권선형 유도전동기) : 2차 측 저항을 변화시켜 토크-속도 특성(비례추이) 이용
   ㉤ 2차 여자법 : 회전자권선에 2차 기전력과 동일한 주파수의 전압을 가하여 속도 조절

10년간 자주 출제된 문제

3상 유도전동기의 토크는?
① 2차 유도기전력의 2승에 비례한다.
② 2차 유도기전력에 비례한다.
③ 2차 유도기전력과 무관하다.
④ 2차 유도기전력의 0.5승에 비례한다.

|해설|
유도전동기의 토크는 전력의 제곱에 비례한다($T \propto V^2$).

정답 ①

제5절 정류기

핵심이론 01 반도체의 성질

① 진성 반도체 : 불순물이 없는 순수한 단결정 구조의 반도체(Si, Ge)

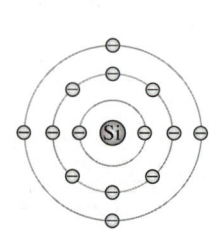
[실리콘(Si)의 원자 구조]

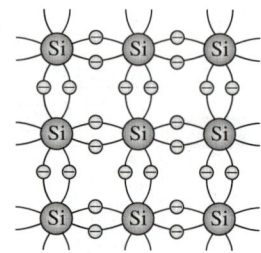
[진성 반도체]

㉠ 외부 에너지 공급 없이는 전기적으로 부도체
㉡ 최외각전자 : 실리콘(Si) 14개, 저마늄(Ge) 32개
㉢ 공유결합 : 최외각의 4개의 가전자가 인접 원자들과 전자 한 개씩 주고받음
㉣ 반송자(Carrier) : 전자가 가전자대에서 전도대로 이동하며 전하를 운반
   - 정공(Hole) : 전자의 이동으로 생긴 빈 자리, 양(+)전하의 성질
   - 전자 : 전하를 운반하는 역할, 음(-)전하의 성질

② 불순물 반도체

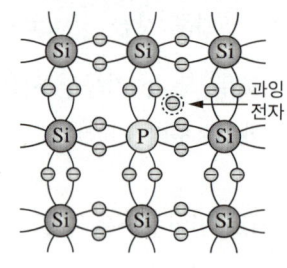
[n형 반도체]

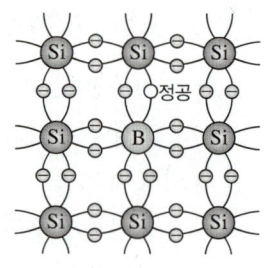
[p형 반도체]

㉠ 부도체인 진성 반도체에 특정한 불순물을 첨가하여 전도도를 증가시킴(도핑)

ⓒ N형 반도체 : 다수 반송자(전자)
- 진성 반도체(Si) + 도너(5가 원소 : 안티모니(Sb), 비소(As), 인(P))

ⓒ P형 반도체 : 다수 반송자(정공)
- 진성 반도체(Si) + 억셉터(3가 원소 : 붕소(B), 알루미늄(Al), 갈륨(Ga), 인듐(In))

③ P-N 접합

㉠ P-N 접합 : P형 반도체와 N형 반도체가 서로 접합면을 가지는 것

㉡ 공핍층 : P-N 접합면 부근에서는 전자와 정공이 서로 결합하여 전자-정공쌍의 소멸

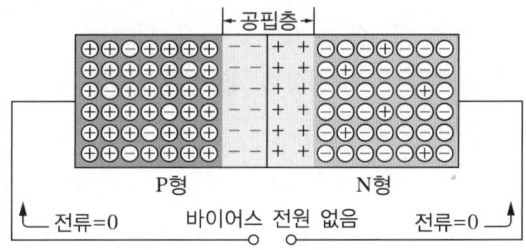

㉢ 공간 전하 영역 : 전자를 잃거나 얻어서 극성을 띠는 전하가 발생하는 영역

㉣ 전위장벽 : 공간 전하 영역의 전하에 의해 생기는 에너지장벽, Si(0.7[V]), Ge(0.3[V])

㉤ P-N 접합 바이어스 : 반도체 소자가 동작하도록 외부에서 에너지를 공급하는 것

바이어스	인가 방식
순방향	P형 영역에 양(+)전압, N형 영역에 음(-)전압을 걸어 줌
역방향	P형 영역에 음(-)전압, N형 영역에 양(+)전압을 걸어 줌

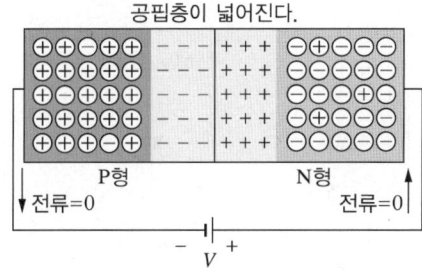

[순방향 바이어스]

[역방향 바이어스]

10년간 자주 출제된 문제

PN 접합 정류소자의 설명 중 틀린 것은?(단, 실리콘 정류소자인 경우이다)
① 온도가 높아지면 순방향 및 역방향 전류가 모두 감소한다.
② 순방향 전압은 P형에 (+), N형에 (-) 전압을 가함을 말한다.
③ 정류비가 클수록 정류특성은 좋다.
④ 역방향 전압에서는 극히 작은 전류만이 흐른다.

|해설|

PN 접합 정류소자(다이오드)의 특징
- 순방향 저항은 작고, 역방향 저항은 매우 커서 한쪽 방향으로는 쉽게 전자를 통과시키지만 다른 방향으로는 통과시키지 않는 정류작용을 가지고 있다.
- 순방향 바이어스된 다이오드의 경우, 온도가 증가하면 동일한 순방향 전압을 기준으로 순방향 전류는 증가하는 반면에 동일한 순방향 전류를 기준으로 하면 순방향 전압은 감소한다(온도가 1[℃] 증가할수록 장벽전위는 2[mV] 감소한다). 역방향 바이어스된 다이오드의 경우, 온도가 상승하면 역방향 전류는 증가한다.

정답 ①

핵심이론 02 반도체 소자

① 다이오드(Diode)
  ㉠ P-N 접합의 양쪽에 전극을 연결한 반도체 소자
  ㉡ 정류작용(AC → DC)
    • 한 방향으로 전류를 흐르게 함
    • 순방향 바이어스(도체), 역방향 바이어스(부도체)

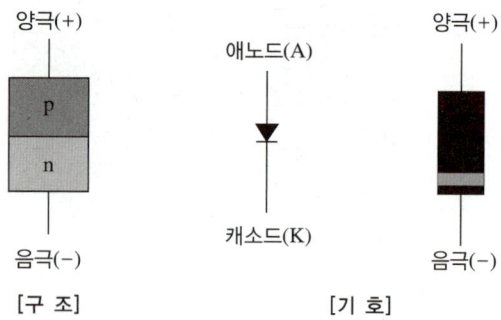
[구 조]   [기 호]

② 양극성 접합 트랜지스터(BJT ; Bipolar Junction Transistor) : 전류제어
  ㉠ 2개의 P-N 접합을 가지는 반도체 소자(정공과 전자에 의해서 전류가 흐름)
  ㉡ 구 조
    • NPN형 또는 PNP형
    • 이미터(E), 베이스(B), 컬렉터(C)의 3개 단자
    • 이미터(E ; Emitter)에서 총전류가 흐르고, 얇은 막으로 된 베이스(B ; Base)가 전류흐름을 제어하며, 증폭된 신호가 컬렉터(C ; Collector)로 흐름

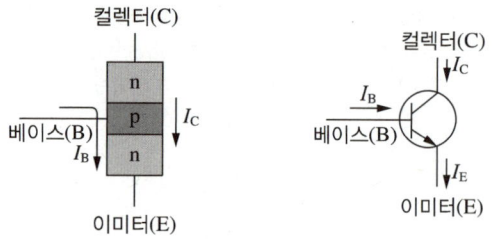
[NPN형 트랜지스터]

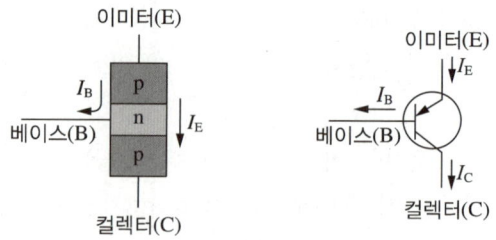
[PNP형 트랜지스터]

③ 전기장 효과 트랜지스터(FET ; Field Effect Transistor) : 전압제어
  ㉠ 게이트(G), 소스(S), 드레인(D)의 3개 전극
  ㉡ 소스(S)에서 드레인(D)까지 연결된 채널(전류통로 : N채널, P채널), 게이트(G)에 가해지는 전압에 의해 채널에 흐르는 전류를 제어
  ㉢ J-FET(P-N 접합형 게이트), MOS-FET(금속산화물 절연게이트)

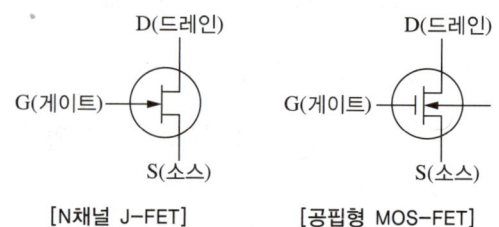
[N채널 J-FET]   [공핍형 MOS-FET]

④ 단접합 트랜지스터(UJT ; Uni-Junction Transistor)
  ㉠ 저항률이 도체 중앙에 반송자를 주입하여 전극을 만든 것
  ㉡ 부성저항 특성
    • 전압이 올라가면 저항률이 감소
    • 이미터(E)에 일정 전압 이상이 공급되면 ON되고, 일정 전압 이하가 되면 OFF

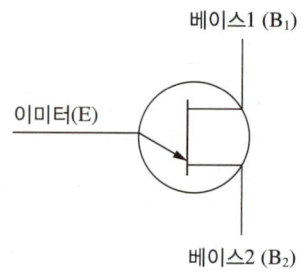

⑤ 실리콘 제어 정류기(SCR ; Silicon Controlled Rectifier)
  ㉠ 특성과 동작
   • SCR : Silicon Controlled Rectifier(실리콘 제어 정류 소자) 또는 Thyristor(사이리스터)라고 불림
   • P-N-P-N 4층 구조로, 단방향전류의 평균제어만 가능
   • 양극, 음극 외에 제어단자를 추가하여 원하는 시점에 도통이 가능
   • 통전하면 게이트전류가 흐르지 않아도 계속 통전(자기유지)
   • 순방향전류를 유지전류 이하로 낮추거나 역방향 전압을 가하면 차단상태로 전환
   • 아크가 발생하지 않고, 과전압에 약함, 역률각 이하는 제어 불가

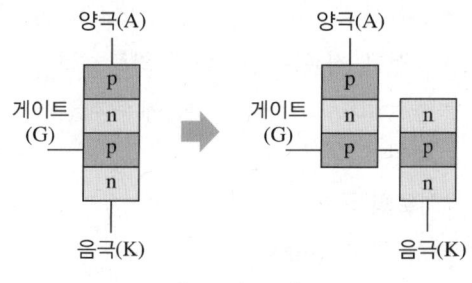
[SCR의 구조]

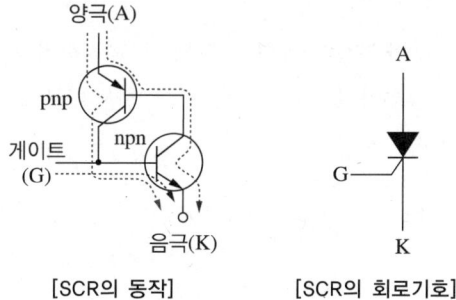
[SCR의 동작]　　[SCR의 회로기호]

㉡ 응용
   • 교류전압제어(주파수 변화 없이 반도체 스위칭으로 제어) : 백열등 조광제어
   • 인버터(직류를 교류로 변환) : 형광등 고주파 점등, 교류전동기 속도제어
   • 제어정류작용 : 펄스의 위치에 의해 점호각 조정으로 정류 출력값 조절

⑥ TRIAC(트라이액)
  ㉠ 2방향성 3단자 사이리스터(Thyristor)로 양방향 On-Off 위상제어(P-N-P-N-P 5층 구조)
  ㉡ 평균전류만 제어, 순간제어와 전류차단 불가능
  ㉢ 교류기의 회전수 제어, 냉장고나 전기담요의 온도 제어에 활용

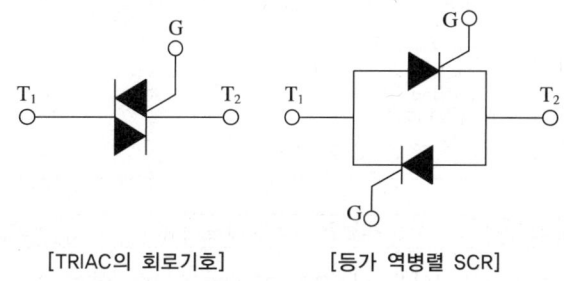
[TRIAC의 회로기호]　　[등가 역병렬 SCR]

⑦ GTO(Gate Turn-Off Thyristor)
  ㉠ 전력용 반도체 소자(사이리스터)의 일종으로 게이트 신호로 전원 On·Off제어(자기소호 가능)
  ㉡ 게이트에 역방향의 전류를 흐르게 하는 것으로 턴 오프할 수 있는 기능을 가진 사이리스터
  ㉢ 유도전동기 구동용 PWM제어, VVVF 인버터, 차량의 보조전원, 차단기 등에 사용

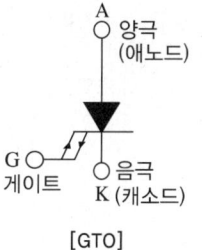
[GTO]

⑧ IGBT(Insulated Gate Bipolar Transistor)
  ㉠ 절연게이트 양극성 트랜지스터로 금속산화막 반도체 전계효과 트랜지스터(MOS-FET)의 형태
  ㉡ 게이트–이미터 간의 전압이 구동되어 입력신호에 의해서 온·오프가 생기는 자기소호형
  ㉢ 대전력의 고속 스위칭이 가능한 반도체 소자

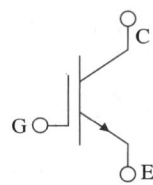

[IGBT]

※ 전류제어 방향에 따른 소자의 분류
  • 단방향성 : SCR, GTO, SCS, LASCR
  • 양방향성 : SSS, TRIAC, DIAC, SBS
※ 극(단자)수에 따른 분류
  • 2극(단자) 소자 : DIAC, Diode, SSS
  • 3극(단자) 소자 : SCR, GTO, TRIAC
  • 4극(단자) 소자 : SCS

10년간 자주 출제된 문제

통전 중인 사이리스터를 턴 오프(Turn Off)하려면?
① 순방향 Anode 전류를 유지전류 이하로 한다.
② 순방향 Anode 전류를 증가시킨다.
③ 게이트 전압을 0 또는 –로 한다.
④ 역방향 Anode 전류를 통전한다.

|해설|

일반적인 SCR(사이리스터)은 게이트와 캐소드에 순바이어스를 걸면 애노드와 캐소드가 턴온되고 한 번 턴온되면 바이어스전압이 없어도 I_H(홀드전류) 이하가 되기 전까지는 자기유지가 된다. 다시 말해서 한 번 턴온되면 애노드 전류를 끊거나, 애노드–캐소드를 쇼트시켜서 일순간 애노드 전류를 I_H(홀드전류) 이하가 되도록 해야 턴오프가 된다.

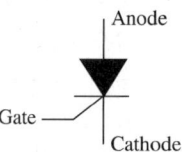

정답 ①

핵심이론 03 정류회로

① **정류기** : 교류를 직류로 변환하는 전력변환기
② **정류회로** : 다이오드의 정류작용을 이용하여 교류를 직류로 변환하는 회로
  ㉠ 다이오드의 정류작용 : P-N 접합 다이오드에서 순방향으로는 전류가 잘 흐르지만 역방향으로는 전류가 흐르지 못하는 현상을 이용한 정류
  ㉡ 정류회로의 구성

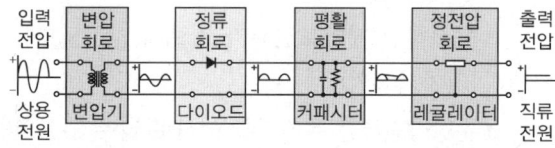

  • 변압회로 : 교류를 변압기 1, 2차 측 권선비를 조정하여 크기를 변환하고, 각 측을 절연
  • 정류회로 교류전기를 맥류로 변환
  • 평활회로 : 교류성분(맥류, Ripple)을 제거하여 완전한 직류로 변환하는 회로
  • 정전압회로 : 전압의 변동에 관계없이 일정한 직류전압 유지

③ **정류회로의 종류**
  ㉠ 단상 반파 정류회로 : 맥동률이 가장 큼
  • 입력정현파의 양(+)에 해당하는 반주기만을 출력시키는 회로
  • 주파수가 높을수록 리플 잡음이 적기 때문에 주파수가 높은 스위칭 모드 전원회로에 사용
  • 직류전압 평균값

$$V_d = \frac{\sqrt{2}}{\pi} V_i ≒ 0.45[\text{V}] \quad (V_i : 교류 실효치)$$

- 정류회로

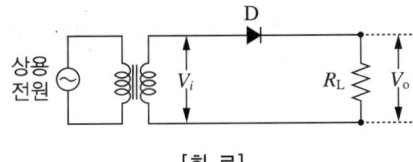

[회 로]

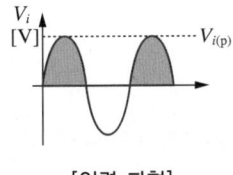

[입력 파형]

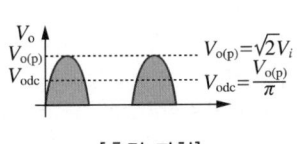

[출력 파형]

ⓒ 단상 전파 정류회로
- 입력정현파의 양(+)과 음(-)에 해당하는 반주기 모두를 출력시키는 회로
- 중간 탭을 만들어야 하므로 변압기 비용이 올라가고, 첨두값이 반파 정류회로나 브리지 정류회로의 반으로 줄어듦
- 직류전압 평균값

$$V_d = \frac{2\sqrt{2}}{\pi} V_i \fallingdotseq 0.9[V] \;(V_i : 교류\;실효치)$$

- 정류회로

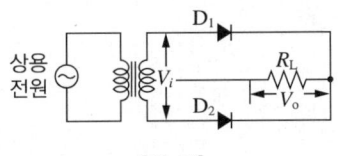

[회 로]

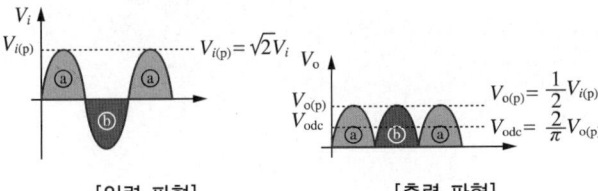

[입력 파형]   [출력 파형]

ⓒ 브리지 정류회로
- 뛰어난 효율성으로 가장 많이 사용
- 정류회로는 4개의 다이오드를 사용하므로 다이오드 순방향 전압강하가 2배가 됨
- 직류전압 평균값

$$V_d = \frac{2\sqrt{2}}{\pi} V_i \fallingdotseq 0.9[V] \;(V_i : 교류\;실효치)$$

- 정류회로

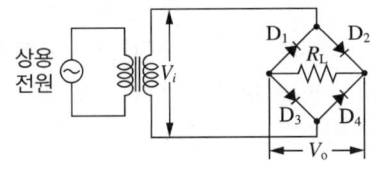

[회 로]

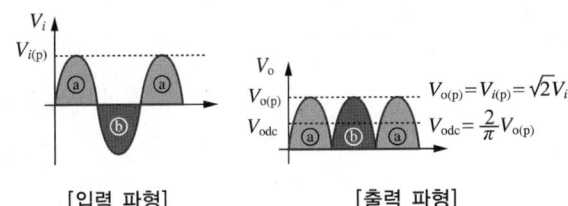

[입력 파형]   [출력 파형]

ⓔ 3상 전파 정류회로 : 맥동률이 가장 작음
- 직류전압 평균값

$$V_d = \frac{3\sqrt{2}}{\pi} V_i \fallingdotseq 1.35[V] \;(V_i : 교류\;실효치)$$

- 정류회로

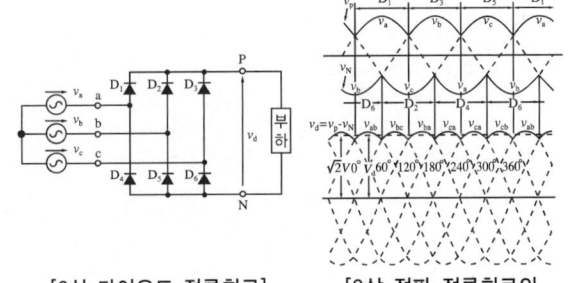

[3상 다이오드 정류회로]   [3상 전파 정류회로의 입력 및 출력전압 파형]

④ 전원에 따른 정류전압(V_i : 입력전압(실횻값))

  ㉠ 단상 반파의 출력전압 : $V_d = 0.45 V_i$[V]

  ㉡ 단상 전파의 출력전압 : $V_d = 0.9 V_i$[V]

  ㉢ 3상 반파의 출력전압 : $V_d = 1.17 V_i$[V]

  ㉣ 3상 전파의 출력전압 : $V_d = 1.35 V_i$[V]

⑤ 전력변환장치

  ㉠ 직류 - 교류 변환 : 인버터

  ㉡ 교류 - 직류 변환 : 제어 정류기

  ㉢ 교류 - 교류 변환 : 사이클로 컨버터

  ㉣ 직류 - 직류 변환 : 초퍼

⑥ 맥동률

  ㉠ 정류된 성분에 포함되어 있는 교류성분의 정도

  $\left(\dfrac{교류분}{직류분} \times 100 [\%] \right)$

  ㉡ 맥동률 크기 : 단상 반파 > 단상 전파 > 3상 반파 > 3상 전파(정류효율이 가장 높음)

10년간 자주 출제된 문제

$e = \sqrt{2} E \sin\omega t$[V]의 정현파 전압을 가했을 때 직류 평균값 $E_m = 0.45 E$[V]인 회로는?

① 단상 반파 정류회로
② 단상 전파 정류회로
③ 3상 반파 정류회로
④ 3상 전파 정류회로

|해설|

각 파형별 직류전압의 평균값(E_d)과 교류전압의 실횻값(E)의 관계

- 단상 반파의 출력전압 : $E_d = 0.45 E$
- 단상 전파의 출력전압 : $E_d = 0.9 E$
- 3상 반파의 출력전압 : $E_d = 1.17 E$
- 3상 전파의 출력전압 : $E_d = 1.35 E$

정답 ①

CHAPTER 03 전기설비

제1절 총칙

핵심이론 01 용어의 정의

① 가공인입선 : 가공전선로의 지지물로부터 다른 지지물을 거치지 아니하고 수용장소의 붙임점에 이르는 가공전선

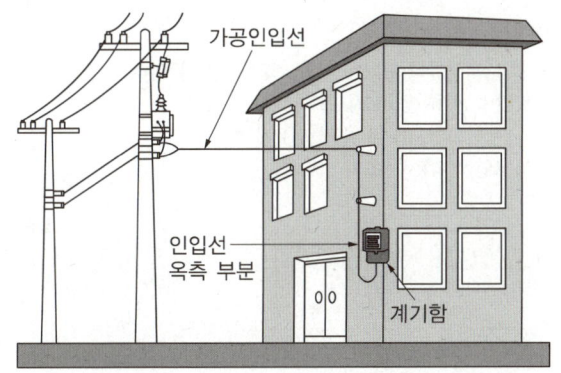

② 이웃 연결 인입선 : 한 수용장소의 인입선에서 분기하여 지지물을 거치지 아니하고 다른 수용장소의 인입구에 이르는 부분의 전선

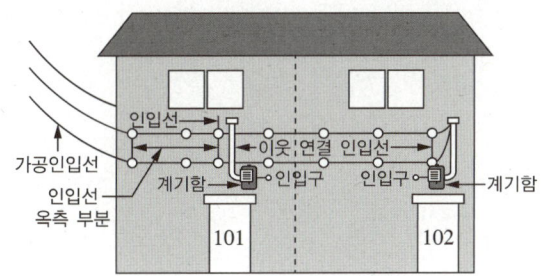

③ 옥측배선과 옥외배선

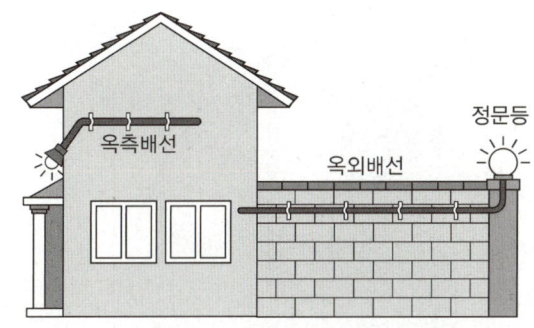

   ㉠ 옥측배선 : 건축물 외부의 전기사용장소에서 그 전기사용장소의 전기사용을 목적으로 조영물(토지에 정착한 시설물 중 지붕 및 기둥 또는 벽이 있는 시설물)에 고정시켜 시설하는 전선
   ㉡ 옥외배선 : 건축물 외부의 전기사용장소에서 그 전기사용장소의 전기사용을 목적으로 고정시켜 시설하는 전선

④ 지지물 : 목주·철주·철근 콘크리트주 및 철탑과 이와 유사한 시설물로서 전선·약전류전선 또는 광섬유 케이블을 지지하는 것을 주된 목적으로 하는 것

⑤ 접근상태
   ㉠ 제1차 접근상태 : 가공전선이 다른 시설물과 접근(병행하는 경우를 포함하며 교차하는 경우 및 동일 지지물에 시설하는 경우를 제외)하는 경우에 가공전선이 다른 시설물의 위쪽 또는 옆쪽에서 수평거리로 가공전선로의 지지물의 지표상의 높이에 상당하는 거리 안에 시설(수평 거리로 3[m] 미만인 곳에 시설되는 것을 제외)됨으로써 가공 전선로의 전선의 절단, 지지물의 넘어지거나 무너짐 등의 경우에 그 전선이 다른 시설물에 접촉할 우려가 있는 상태

ⓛ 제2차 접근상태 : 가공전선이 다른 시설물과 접근하는 경우에 그 가공전선이 다른 시설물의 위쪽 또는 옆쪽에서 수평 거리로 3[m] 미만인 곳에 시설되는 상태

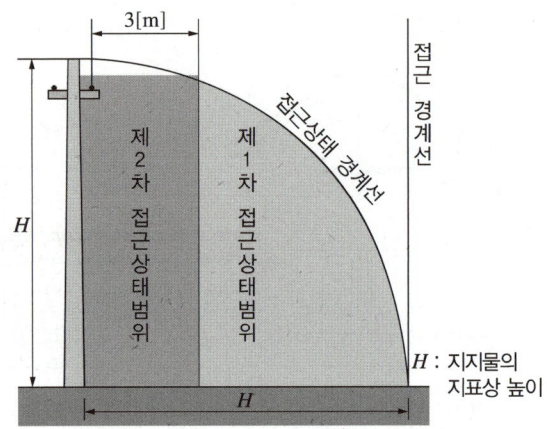

⑥ 대지전압 : 접지식 전로(통상 사용상태에서 전기가 통하고 있는 선로)의 대지전압은 전선과 대지 간 전압, 비접지식 전로의 대지전압은 전선 간 전압

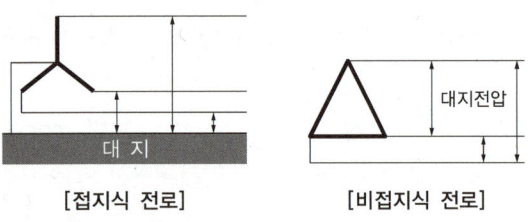

[접지식 전로]   [비접지식 전로]

핵심이론 02 전압의 종류

구 분	전 압
저압 직류	1.5[kV] 이하
저압 교류	1[kV] 이하
고압 직류	1.5[kV] 초과 7[kV] 이하
고압 교류	1[kV] 초과 7[kV] 이하
특고압	7[kV] 초과

10년간 자주 출제된 문제

전압의 종별에서 특고압이란?

① 7[kV] 초과　　② 5[kV] 초과
③ 14[kV] 이상　　④ 20[kV] 이상

[해설]
- 저압 : 직류 1.5[kV] 이하, 교류 1[kV] 이하
- 고압 : 직류 1.5[kV] 초과 7[kV] 이하
　　　　교류 1[kV] 초과 7[kV] 이하
- 특고압 : 7[kV] 초과

정답 ①

핵심이론 03 전로의 절연 및 접지공사

① 전로의 절연
  ㉠ 전로는 원칙적으로 대지로부터 절연
  ㉡ 대지로부터 절연 제외
    • 접지공사를 하는 경우의 접지점
    • 전로의 중성점에 접지공사하는 경우의 접지점
    • 계기용 변성기의 2차 측 전로에 접지공사를 하는 경우의 접지점
  ㉢ 절연저항 측정이 곤란한 경우에는 누설전류를 1[mA] 이하로 유지해야 적합한 것으로 취급

② 전로의 절연저항 및 절연내력
  ㉠ 저압 전로의 절연저항 : 사용전압이 저압인 경우 전로의 전선 상호 간 및 전로와 대지 간의 절연저항은 인입구, 옥내간선과 분기회로에 시설하는 개폐기 또는 과전류차단기로 구분할 수 있는 전로마다 규정된 절연저항값 이상이어야 함

사용전압[V]	DC시험전압[V]	절연저항[MΩ]
SELV 및 PELV	250	0.5
FELV를 포함한 500[V] 이하	500	1.0
500[V] 초과	1,000	1.0

  ㉡ 고압 및 특고압 전로의 절연내력
    • 고압 및 특고압 전로는 규정된 시험전압을 전로와 대지 간에 연속해서 10분간 가하여 절연내력을 시험하였을 때, 이에 견뎌야 함

  • 절연내력 시험전압

중성점 직접 접지	최대사용전압[kV]	시험배율 (배)	최저전압 [V]
×	~7	1.5	500
	7 초과 ~ 60	1.25	10,500
	60 초과 ~ (비접지)	1.25	
	60 초과 ~ (중성점접지)	1.1	75,000
○	7 초과 ~ 25(다중접지)	0.92	
	60 초과 ~ 170	0.72	
	170 초과 ~	0.64	

③ 송전선로의 절연
  ㉠ 송전용 애자 : 철탑의 완철에 기계적으로 고정시키고 절연하기 위해서 사용하는 절연 지지체
  ㉡ 애자의 종류
    • 현수 애자 : 클레비스/볼 소켓형으로 연결한 애자
    • 긴(장간) 애자 : 많은 갓을 지닌 원통형 긴 형태의 애자
      – 열화현상이 없고, 점검과 보수가 용이
      – 경비절감, 비로 세척 가능(오손특성 양호)

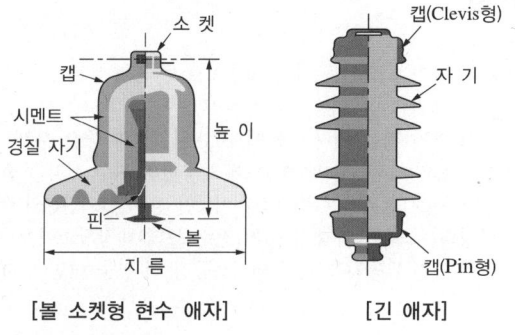

[볼 소켓형 현수 애자]   [긴 애자]

④ 배전선로의 절연
  ㉠ 배전용 애자 : 배전선을 지지, 연결하고 완철과 전선 사이를 절연하기 위해 사용
  ㉡ 애자의 종류
    • 라인 포스트 애자(LP) : 배전선로가 절연전선이고, 장주 형태가 직선주인 경우나 점퍼용일 때 사용

- 현수 애자 : 특고압 배전선로에 사용하는 현수 애자는 선로의 종단, 선로의 분기, 수평 각도가 30° 이상인 개소와 전선의 굵기가 변경되는 지점, 개폐기 설치 전주 등에 사용
- 폴리머 애자 : 염해 지역에 적합, 해변이나 도서 지역 등에 현수 애자 대용으로 사용

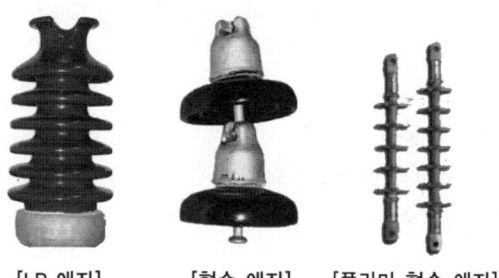

[LP 애자]   [현수 애자]   [폴리머 현수 애자]

10년간 자주 출제된 문제

가공전선로의 지지선에 사용되는 애자는?
① 노브 애자
② 인류 애자
③ 현수 애자
④ 구형 애자

[해설]

애 자
- 가지 애자 : 전선을 다른 방향으로 돌리는 부분
- 곡핀 애자 : 인입선
- 구형 애자(지선 애자, 옥 애자) : 지지선의 중간 부분
- 현수 애자 : 특고압 배선선로에 사용하는 현수 애자는 선로의 종단, 선로의 분기, 수평각 30° 이상인 인류개소, 전선의 굵기가 변경되는 지점, 개폐기 설치 전주 등의 내장장소에 사용
- 다구 애자 : 동력용 저압 인입선공사 시 건물 벽면에 시설할 때 사용

정답 ④

핵심이론 04 접지공사

① 접지시스템 구분
　㉠ 계통접지 : 전력계통의 이상현상에 대비하여 대지와 계통을 접속
　㉡ 보호접지 : 감전보호를 목적으로 기기의 한 점 이상을 접지
　㉢ 피뢰시스템접지 : 뇌격전류를 안전하게 대지로 방류하기 위한 접지

② 접지시스템의 시설 종류 설정
　㉠ 단독접지 : 고압 및 특고압 계통의 접지극과 저압 접지계통의 접지극을 독립적으로 시설하는 접지방식
　㉡ 공통/통합접지
　　• 공통접지 : 고압 및 특고압 접지계통과 저압 접지계통을 등전위 형성을 위해 공통으로 접지하는 방식
　　• 통합접지 : 계통접지·통신접지·피뢰접지의 접지극을 통합하여 접지하는 방식

③ 접지시스템의 방식
　㉠ TN-S 접지시스템 : 전원부는 접지되어 있고, 간선의 중성선(N)과 보호도체(PE)를 분리

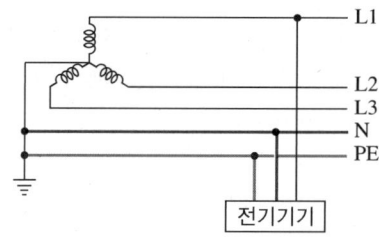

　㉡ TN-C 접지시스템 : 간선의 중성선과 보호도체를 겸용하는 PEN도체를 사용

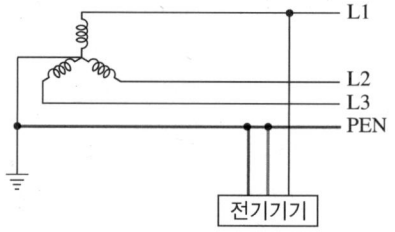

ⓒ TN-C-S 접지시스템 : 전원부는 TN-C로 되어 있고, 간선계통의 일부에서 중성선과 보호도체를 분리하여 TN-S 계통으로 하는 방법

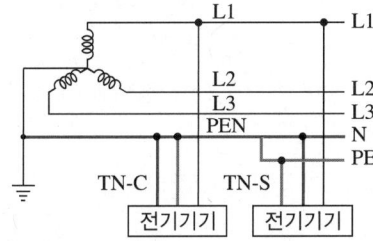

ⓓ IT 접지시스템 : 전원부를 비접지로 하거나 임피던스를 통해 접지

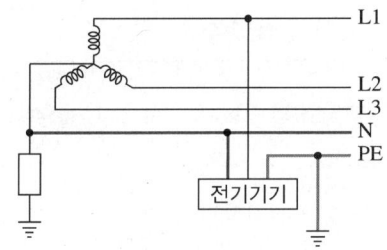

ⓔ TT 접지시스템 : 보호도체를 전원으로부터 가져오지 않고 기기 자체에서 접지

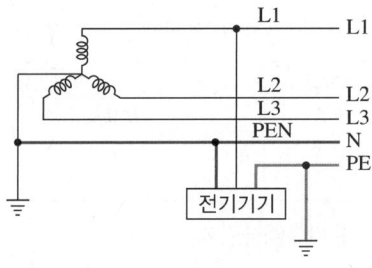

④ 수전전압별 접지설계 시 고려사항
  ㉠ 저압수전 수용가 접지설계 : 주상변압기를 통해 저압전원을 공급받는 수용가의 경우 지락전류 계산과 자동 차단조건 등을 고려하여 설계
  ㉡ 고압 및 특고압수전 수용가 접지설계 : 고압 및 특고압으로 수전받는 수용가의 경우 접촉·보폭전압과 대지전위상승(EPR), 허용접촉전압 등을 고려하여 설계

⑤ 전기수용가 접지
  ㉠ 대지와의 저항값이 3[Ω] 이하인 금속제 수도관로
  ㉡ 대지와의 저항값이 3[Ω] 이하인 건물의 철골
  ㉢ 접지도체 : 공칭단면적 6[mm²] 이상의 연동선

⑥ 주택 등 저압수용장소 접지
  ㉠ 계통접지가 TN-C-S 방식인 경우
  ㉡ 보호도체 : 구리 10[mm²] 이상, 알루미늄 16[mm²] 이상

⑦ 변압기 중성점 접지
  ㉠ 고압·특고압 측 전로 1선 지락전류로 150을 나눈 값
  ㉡ 고압·특고압 측 전로 또는 사용전압이 35[kV] 이하의 특고압 전로가 저압 측 전로와 혼촉하고 저압 전로의 대지전압이 150[V]를 초과하는 경우
    • 1초 초과 2초 이내에 고압·특고압 전로를 자동으로 차단하는 장치를 설치할 때는 300을 나눈 값 이하
    • 1초 이내에 고압·특고압 전로를 자동으로 차단하는 장치를 설치할 때는 600을 나눈 값 이하

⑧ 공통접지 및 통합접지
  ㉠ 공통접지시스템 : 고압 및 특고압과 저압 전기설비의 접지극이 근접하여 시설되어 있는 변전소
    • 접지극 상호 접속 : 저압 전기설비의 접지극이 고압 및 특고압 접지극의 접지저항 형성영역에 포함된 경우
    • 접지시스템에서 고압 및 특고압 계통의 지락사고 시 저압계통에 가해지는 상용주파 과전압은 다음을 초과하지 않을 것

〈저압설비 허용 상용주파 과전압〉

고압계통에서 지락고장시간	저압설비 허용 상용주파 과전압	비 고
>5초	U_0 + 250[V]	중성선 도체가 없는 계통에서 U_0 = 선간전압
≤5초	U_0 + 1,200[V]	

ⓒ 통합접지시스템 : 접지설비·건축물의 피뢰설비·전자통신설비 등의 접지극을 공용

   ※ 서지보호장치 : 낙뢰에 의한 과전압 등으로부터 보호

⑨ 접지극의 매설
   ㉠ 매설 깊이 : 지표면으로부터 지하 0.75[m] 이상
   ㉡ 금속체를 따라서 시설할 경우 : 금속체에서 1[m] 이상 떼어 매설

10년간 자주 출제된 문제

변압기 중성점 접지공사의 저항값을 결정하는 가장 큰 요인은?
① 변압기의 용량
② 고압 가공전선로의 전선 연장
③ 변압기 1차 측에 넣은 퓨즈 용량
④ 변압기 고압 또는 특고압 측 전로의 1선 지락전류의 암페어수

[해설]
변압기 중성점 접지
고압·특고압 측 전로 1선 지락전류로 150을 나눈 값

정답 ④

핵심이론 05 기계기구의 전기시설

① 개폐기의 시설
   ㉠ 저압 분기회로용 개폐기로 중성선 또는 접지 측 전선에 시설하는 경우
   ㉡ 저압 옥내전로에 단극 점멸용 개폐기를 시설하는 경우
   ㉢ 특고압 가공전선로로서 다중접지를 한 중성선 이외의 각 극에 개폐기를 시설하는 경우
   ㉣ 제어회로 등의 조작용 개폐기를 시설하는 경우

② 전로의 과전류 보호
   ㉠ 퓨즈(gG)의 용단특성

정격전류의 구분	시 간	정격전류의 배수	
		불용단 전류	용단 전류
4[A] 이하	60분	1.5배	2.1배
4[A] 초과 16[A] 미만	60분	1.5배	1.9배
16[A] 이상 63[A] 이하	60분	1.25배	1.6배
63[A] 초과 60[A] 이하	120분	1.25배	1.6배
160[A] 초과 400[A] 이하	180분	1.25배	1.6배
400[A] 초과	240분	1.25배	1.6배

   ㉡ 산업용 배선차단기(모든 극에 통전)

정격전류의 구분	시 간	정격전류의 배수	
		부동작전류	동작전류
63[A] 이하	60분	1.05배	1.3배
63[A] 초과	120분	1.05배	1.3배

   ㉢ 주택용 배선차단기
   • 순시트립에 따른 구분

형	순시트립범위(I_n : 차단기 정격전류)
B	$3I_n$ 초과 ~ $5I_n$ 이하
C	$5I_n$ 초과 ~ $10I_n$ 이하
D	$10I_n$ 초과 ~ $20I_n$ 이하

   • 과전류트립 동작시간 및 특성(모든 극에 통전)

정격전류 구분	시 간	정격전류의 배수	
		부동작전류	동작전류
63[A] 이하	60분	1.13배	1.45배
63[A] 초과	120분	1.13배	1.45배

③ 발전소・변전소・개폐소와 이에 준하는 곳의 시설
  ㉠ 울타리, 담 등을 시설할 것
  ㉡ 출입구에는 출입금지표시를 할 것
  ㉢ 출입구에는 자물쇠 등의 장치를 할 것
  ㉣ 울타리, 담 등의 높이는 2[m] 이상으로 하고, 지표면과 울타리, 담 등의 하단 사이의 간격은 0.15[m] 이하로 할 것
  ㉤ 울타리, 담 등의 높이와 울타리, 담 등으로부터 충전 부분까지의 거리 합계

사용전압	거리 합계
35[kV] 이하	5[m]
35[kV] 초과 160[kV] 이하	6[m]
160[kV] 초과	6[m]에 160[kV]를 초과하는 10[kV] 또는 단수마다 0.12[m]를 더한 값

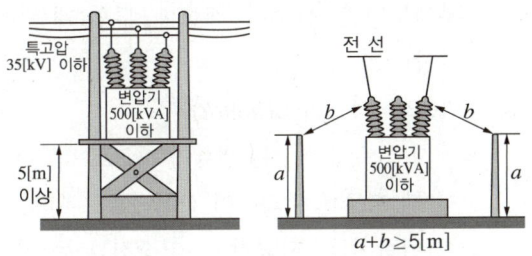

④ 피뢰기(LA ; Lightning Arrester)
  ㉠ 기 능
    • 전력설비기기를 이상전압인 뇌서지 및 개폐서지로부터 보호
    • 단자전압이 이상전압 침입으로 일정전압 이상으로 올라갔을 때 재빨리 동작하여 보호레벨 이하로 이상전압 억제
    • 이상전압을 처리 후 원상태로 자동으로 회복(속류 차단)
  ㉡ 피뢰기의 구비조건
    • 이상전압이 내습하면 신속히 방전
    • 제한전압이 낮을 것
    • 속류차단능력이 우수할 것
    • 경력변화가 없을 것
    • 반복동작 특성이 좋을 것
    • 가격이 싸고 경제적일 것
  ㉢ 피뢰기의 설치위치
    • 발・변전소 또는 이에 준하는 장소의 가공전선 인입구 및 인출구
    • 특고압 가공전선로에 접속하는 배전용 변압기의 고압 측 및 특고압 측
    • 고압 및 특고압 가공전선로로 공급받는 수용장소의 인입구
    • 가공전선과 지중전선이 접속되는 곳

┌─ 10년간 자주 출제된 문제 ─┐

고압 또는 특고압 가공전선로에서 공급을 받는 수용장소의 인입구 또는 이와 근접한 곳에 시설해야 하는 것은?
① 계기용 변성기
② 과전류계전기
③ 접지계전기
④ 피뢰기

|해설|

피뢰기 기능
• 전력설비기기를 이상전압인 뇌서지 및 개폐서지로부터 보호
• 이상전압 침입으로 단자전압이 일정전압 이상으로 올라갔을 때 재빨리 동작하여 보호레벨 이하로 떨어뜨림(이상전압 억제)
• 이상전압을 처리 후 원상태로 자동 회복(속류차단)

정답 ④

핵심이론 06 설비용량과 보호

① 설비의 용량결정
  ㉠ 수용률
    - 총 설치한 용량에서 최대수용전력의 비
    - 수용률 = $\dfrac{\text{최대수용전력[kW]}}{\text{총부하설비용량[kW]}} \times 100[\%]$
  ㉡ 부등률
    - 부등률이 크면 설비 이용률이 큼
    - 부등률 = $\dfrac{\text{수용설비 최대수용전력의 합[kW]}}{\text{합성최대수용전력[kW]}} \times 100[\%]$
  ㉢ 부하율
    - 부하율이 크면 유효하게 사용한다는 뜻
    - 부하율 = $\dfrac{\text{평균수용전력[kW]}}{\text{합성최대수용전력[kW]}} \times 100[\%]$

② 보호계전기
  ㉠ 보호계전기의 구비조건
    - 보호동작이 정확하고 감도가 양호할 것
    - 고장을 신속 정확하게 선택할 것
    - 온도와 파형 등에 의한 오차가 적을 것
    - 오랫동안 사용하더라도 특성이 변화하지 않을 것
    - 보수, 점검이 용이할 것
    - 열적, 기계적으로 견고할 것
    - 가격이 싸고, 소비전력도 적을 것
  ㉡ 보호계전기의 종류
    - 과전류계전기(OCR ; Over Current Relay)
      - 일정값 이상의 전류에 동작
      - 배전선로보호, 고장감시용 등 용도
    - 부족전류계전기(UCR ; Under Current Relay)
      일정값 이하의 전류에 동작(잘 사용 안 함)
    - 과전압계전기(OVR ; Over Voltage Relay)
      - 일정값 이상의 전압에 동작
      - 발전기 과전압보호, 비접지계통 지락보호
    - 부족전압계전기(UVR ; Under Voltage Relay)
      - 일정값 이하의 전압에 동작
      - 고장감시 또는 선로나 발전기의 전압감시용
    - 차동계전기(DCR ; Differential Current Relay)
      - 보호대상설비에 유입되는 전류와 유출되는 전류의 차에 의해 동작(보호구간 100[%] 감시)
      - 변압기, 발전기, 송전선로의 보호장치
    - 거리계전기(DR ; Distance Relay) : 전압과 전류의 크기와 위상차를 이용, 고장점까지의 거리를 측정하는 계전기(154[kV] 계통)
    - 주파수계전기(FR ; Frequency Relay) : 공급과 수요의 불균형이 급격히 발생하는 경우에 동작하는 계전기
    - 재폐로계전기 : 낙뢰 등 순간적인 사고로 계통 분리구간을 신속히 계통에 투입(계통안정도 향상)

③ 차단기(CB ; Circuit Breaker)
  ㉠ 평상시 선로에 흐르는 전류가 사고로 많은 전류가 흐를 때 회로를 분리하여 사고전류로부터 계통을 보호(단락전류, 지락전류, 고장전류 등 차단)
  ㉡ 설치위치 : 전로 수전인입구, 송배전선로 인출구, 변압기의 1차 및 2차 측, 모선의 연결부에 설치
  ㉢ 차단기의 종류
    - 진공차단기(VCB ; Vacuum Circuit Breaker) : 고진공의 용기 안에서 아크를 소호하여 차단
    - 유입차단기(OCB ; Oil Circuit Breaker) : 소호실 내에 아크열로 기름이 분해되면서 수소가스가 발생하고, 단열팽창으로 인하여 아크를 냉각시켜 소호
    - 가스차단기(GCB ; Gas Circuit Breaker) : 소호능력이 뛰어난 SF_6(육불화황)가스로 개폐 시 발생한 아크를 소호
    - 기중차단기(ACB ; Air Circuit Breaker) : 저압 교류 또는 직류차단기로 사용

- 공기차단기(ABB ; Air Blast Circuit Breaker) : 개방할 때 발생하는 아크를 강력한 압축공기로 소호하는 방식
- 자기차단기(MBB ; Magnetic Blast Circuit Breaker) : 아크와 차단전류로 만들어진 전자력에 의해 아크를 소호실로 유도해 차단

10년간 자주 출제된 문제

설비용량 600[kW], 부등률 1.2, 수용률 0.6일 때 합성최대전력[kW]은?

① 240　　　② 300
③ 432　　　④ 833

|해설|

- 수용률 = $\dfrac{\text{최대수용전력[kW]}}{\text{총부하설비용량[kW]}} \times 100[\%]$ 이므로

  $0.6 = \dfrac{\text{최대수용전력[kW]}}{600[kW]}$

  ∴ 최대수용전력 = 360[kW]

- 부등률 = $\dfrac{\text{수용설비 최대수용전력의 합[kW]}}{\text{합성최대수용전력[kW]}} \times 100[\%]$ 이므로

  $1.2 = \dfrac{360[kW]}{\text{합성최대수용전력[kW]}}$

  ∴ 합성최대수용전력 = 300[kW]

정답 ②

제2절 전선로

핵심이론 01 전선로의 종류

① 시설 형태에 따른 분류
  - ㉠ 가공전선로
  - ㉡ 옥측전선로
  - ㉢ 옥상전선로
  - ㉣ 지중전선로
  - ㉤ 터널 안 전선로
  - ㉥ 수상/수저전선로

② 가공전선로
  - ㉠ 지지물의 종류
    - 목주
    - 철주 : A종 철주, B종 철주
    - 철근 콘크리트주 : A종 철근 콘크리트주, B종 철근 콘크리트주
    - 철탑
  - ㉡ B종 철주/철근 콘크리트주의 용도별 분류
    - 직선형 : 직선각도 3° 이하일 때 사용
    - 각도형 : 직선각도 3° 초과일 때 사용
    - 잡아당김형 : 가섭선 전체를 잡아당기는 곳에 사용
    - 내장형 : 지지물 간 거리의 차이가 큰 곳에 사용
    - 보강형 : 직선전선로 보강용으로 사용
  - ㉢ 지지물의 철탑오름·전주오름 방지 시설 : 가공전선로의 지지물에 취급자 이외의 사람의 철탑오름·전주오름 방지를 위해서 발판 볼트 등을 지표상 1.8[m] 미만에 시설 금지

③ 지지물의 기초의 안전율
  - ㉠ 강관주 또는 철근 콘크리트주 : 전체 길이가 16[m] 이하, 설계하중이 6.8[kN] 이하인 것 또는 목주를 다음에 의하여 시설하는 경우
    - 전체의 길이가 15[m] 이하인 경우 : 땅에 묻히는 깊이를 전체 길이의 $\dfrac{1}{6}$ 이상으로 할 것
    - 전체의 길이가 15[m]를 초과하는 경우 : 땅에 묻히는 깊이를 2.5[m] 이상으로 할 것

ⓒ 철근 콘크리트주로서 전체의 길이가 14[m] 이상 20[m] 이하이고, 설계하중이 6.8[kN] 초과 9.8[kN] 이하의 것을 논이나 그 밖의 지반이 연약한 곳 이외에 시설하는 경우 그 묻히는 깊이는 그렇지 않을 때보다 30[cm]를 가산할 것

④ **지지선의 시설**

ⓐ 지지물의 강도를 보강하고, 전선로의 안전성을 증가시키며, 불평형 장력을 줄이기 위해 시설

ⓑ 지지선시설

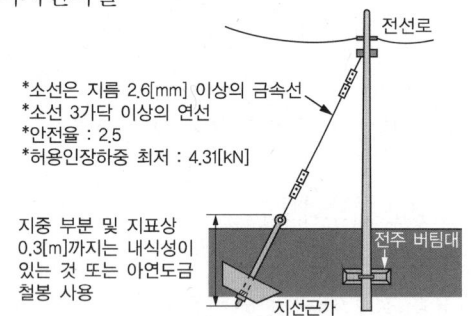

- 지지선의 안전율은 2.5 이상이며, 허용인장하중의 최저는 4.31[kN]으로 할 것
- 지지선은 소선 3가닥 이상의 연선으로 소선의 지름은 2.6[mm] 이상의 금속선을 사용(소선의 지름이 2[mm] 이상 아연도강연선으로 소선의 인장강도가 0.68[kN/mm^2] 이상인 것을 사용 시 제외)
- 지중 부분 및 지표상 0.3[m]까지의 부분에는 내식성이 있는 것 또는 아연도금을 한 철봉을 사용하고 쉽게 부식하지 않는 전주 버팀대에 견고하게 붙임
- 지선 전주 버팀대는 지지선의 인장하중을 견디도록 시설할 것

⑤ **지지선의 종류**

ⓐ Y지선(H주) : 다단의 완금이 설치되고 또한 장력이 클 때, H주일 때

ⓑ 보통지선 : 전주 근원으로부터 전주 길이의 약 $\frac{1}{2}$ 거리에 지선용 근가를 매설하여 설치하는 지지선

ⓒ 공동지선 : 지지물 상호 거리가 비교적 접근해 있을 경우에 시설하는 것

ⓓ 수평지선 : 토지의 상황이나 그 외 사유로 인하여 보통지선을 시설할 수 없을 때

ⓔ 궁지선 : 비교적 장력이 적고 타 종류의 지지선을 시설할 수 없는 경우

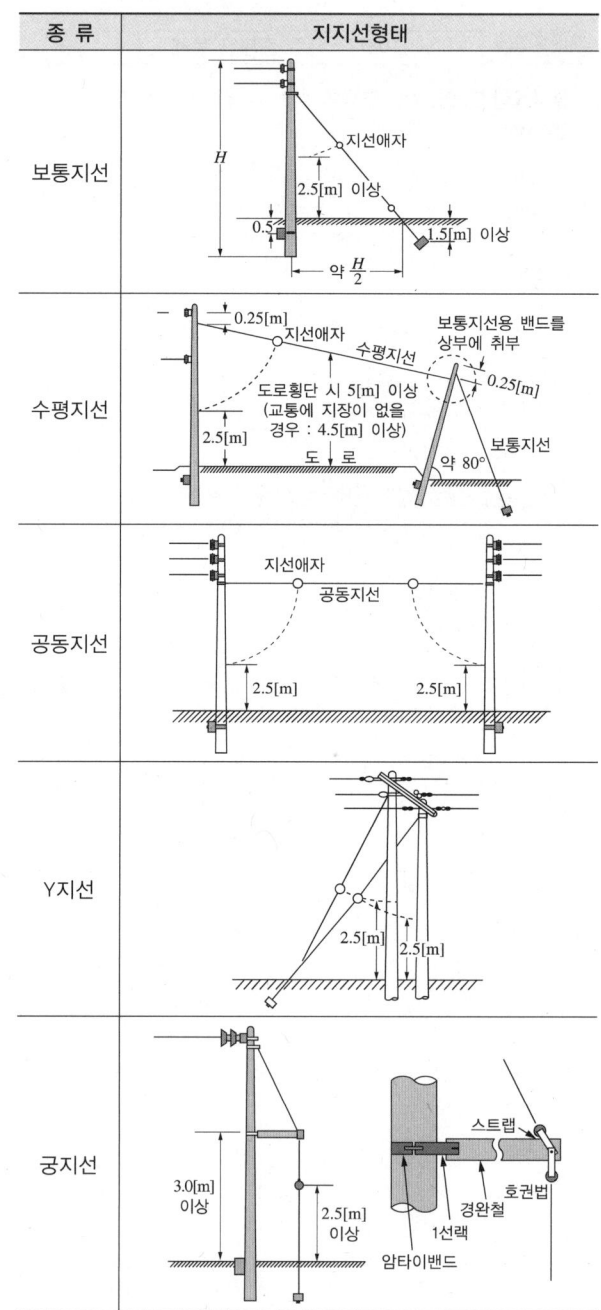

⑥ 가공전선로 지지물 간 거리 제한

지지물의 종류	저압 단면적 22[mm²] 미만	고압 지름 5[mm] 이상	고압 단면적 22[mm²] 이상
목 주 A종 철주 A종 철근 콘크리트주	100[m] 이하	150[m] 이하	300[m] 이하
B종 철주 B종 철근 콘크리트주	150[m] 이하	250[m] 이하	500[m] 이하
철 탑	400[m] 이하	600[m] 이하	–

⑦ 보안공사
  ㉠ 가공전선로가 건조물, 도로, 횡단보도교, 가공약 전선, 안테나, 다른 가공전선, 기타의 인공구조물과 접근, 교차 상태로 시설되는 경우에 일반적인 시설방법보다 강화하여 시설하는 것
  ㉡ 종류 : 저압, 고압 및 특고압 보안공사

10년간 자주 출제된 문제

비교적 장력이 적고 다른 종류의 지지선을 시설할 수 없는 경우에 적용하며 지선용 근가를 지지물 근원 가까이 매설하여 시설하는 지지선은?
① Y지선
② 궁지선
③ 공동지선
④ 수평지선

[해설]
지지선의 종류
• Y지선(H주) : 다단의 완금이 설치되고 또한 장력이 클 때, H주일 때
• 보통지선 : 전주 근원으로부터 전주 길이의 약 $\frac{1}{2}$ 거리에 지선용 근가를 매설하여 설치하는 지선
• 공동지선 : 지지물 상호 거리가 비교적 접근해 있을 경우에 시설하는 것
• 수평지선 : 토지의 상황이나 그 외 사유로 인하여 보통지선을 시설할 수 없을 때
• 궁지선 : 비교적 장력이 적고 타 종류의 지지선을 시설할 수 없는 경우

정답 ②

핵심이론 02 가공전선로, 지중전선로

① 가공전선로
  ㉠ 가공전선의 설치 높이

구 분	저압	고압	특고압 (35[kV] 이하)
도로횡단	지표상 6[m] 이상	지표상 6[m] 이상	6[m] 이상
철도, 궤도횡단	레일면상 6.5[m] 이상	레일면상 6.5[m] 이상	6.5[m] 이상
횡단보도교 위	노면상 3.5[m] 이상	노면상 3.5[m] 이상	(케이블) 4[m] 이상
이외의 장소	지표상 5[m] 이상	지표상 5[m] 이상	5[m] 이상

  ㉡ 가공인입선
  • 가공전선로의 지지물로부터 다른 지지물을 거치지 아니하고 수용장소의 붙임점에 이르는 가공전선을 말함
  • 저압 인입선의 경우 전선의 높이

도로횡단	노면상 5[m](기술상 부득이한 경우에 교통에 지장이 없을 때에는 3[m]) 이상
철도, 궤도횡단	레일면상 6.5[m] 이상
횡단보도교 위	노면상 3[m] 이상
이외의 장소	지표상 4[m](기술상 부득이한 경우에 교통에 지장이 없을 때에는 2.5[m]) 이상

② 지중전선로의 시설
  ㉠ 지중전선로의 전선은 케이블을 사용하고 관로식, 직접 매설식, 암거식(암거에서 암거 내에 사람들이 들어가서 작업할 수 있는 크기를 가지는 것을 '동도'라 하며, 전력케이블, 전선로, 가스관, 상·하수도관 등을 공동으로 포설하는 것을 '공동구'라고 함)에 의하여 시설할 것

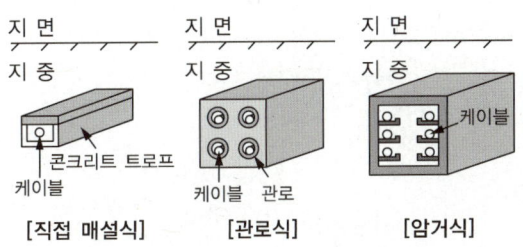
[직접 매설식] [관로식] [암거식]

ⓛ 직접 매설식에 의하여 시설하는 경우, 매설 깊이는 차량, 기타 중량물의 압력을 받을 우려가 있는 곳은 1.0[m] 이상, 기타 장소는 0.6[m] 이상 깊이로 매설할 것
ⓒ 관로식 또는 암거식에 의하여 시설하는 경우에는 견고하고 차량, 기타 중량물의 압력에 견디는 것을 사용할 것

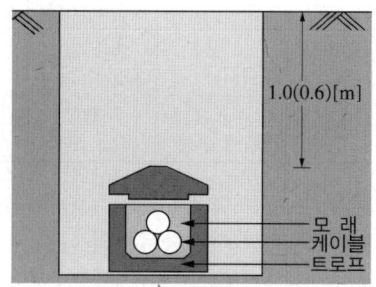

[직접 매설식]

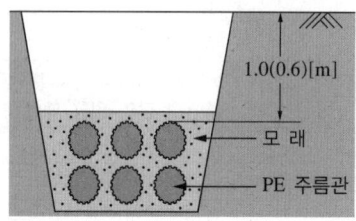

[관로식]

10년간 자주 출제된 문제

2-1. 저압 가공전선이 철도 또는 궤도를 횡단하는 경우에는 레일면상 몇 [m] 이상이어야 하는가?
① 3.5 ② 4.5
③ 5.5 ④ 6.5

2-2. 지중전선로를 직접 매설식에 의하여 시설하는 경우 차량의 압력을 받을 우려가 있는 장소의 매설 깊이는?
① 0.6[m] 이상 ② 0.8[m] 이상
③ 1.0[m] 이상 ④ 1.2[m] 이상

|해설|

2-1
저·고압 가공전선의 높이
- 도로를 횡단하는 경우에는 지표상 6[m] 이상
- 철도 또는 궤도를 횡단하는 경우에는 레일면상 6.5[m] 이상
- 횡단보도교의 위에 시설하는 경우에는 그 노면상 3.5[m] 이상

2-2
직접 매설식에 의하여 시설하는 경우 매설 깊이는 차량, 기타 중량물의 압력을 받을 우려가 있는 장소에는 1.0[m] 이상, 기타 장소는 0.6[m] 이상으로 한다. 또한 지중전선을 견고한 트로프, 기타 방호물에 넣어 시설하도록 규정하고 있다.

정답 2-1 ④ **2-2** ③

핵심이론 03 전력보안통신선의 시설 높이와 간격

① 통신선의 시설
  ㉠ 통신선을 조가선으로 조가할 것(고압·특고압 조가용 행거 간격 : 0.5[m])
  ㉡ 조가선은 금속선으로 된 연선일 것
  ㉢ 조가선은 저·고압 가공전선의 안전율을 적용하여 시설할 것

② 가공통신선의 높이

시설장소	전력보안 가공통신선	가공전선로의 지지물에 시설하는 통신선	
도로횡단	5[m] 이상	6[m] 이상	
도로횡단 (교통에 지장이 없는 경우)	4.5[m]까지	5[m]까지	
철도, 궤도횡단	6.5[m] 이상	6.5[m] 이상	
횡단보도교 위	3[m] 이상	5[m] 이상	저·고압 3.5[m] 이상
			특고압 4[m] 이상
기타의 곳	3.5[m] 이상	5[m] 이상	

③ 가공전선과 첨가 통신선과의 간격
  ㉠ 특고압 가공전선로의 다중접지를 한 중성선 사이의 간격 : 0.6[m] 이상
  ㉡ 통신선과 고압 가공전선 사이의 간격 : 0.6[m] 이상
  ㉢ 통신선과 특고압 가공전선 사이의 간격 : 1.2[m] 이상

제3절 배선재료 및 공구

핵심이론 01 전선 및 케이블

① 전선의 식별

상(문자)	색 상
L1	갈 색
L2	검은색
L3	회 색
N	파란색
보호도체	녹색-노란색

② 전선의 구비조건
  ㉠ 도전율이 클 것(고유저항이 작을 것)
  ㉡ 비중이 작을 것
  ㉢ 공사가 쉬울 것(가공성이 클 것)
  ㉣ 기계적 강도가 클 것
  ㉤ 내구성이 있을 것
  ㉥ 값이 싸고 쉽게 구할 수 있을 것
  ㉦ 공사 보수상 취급이 용이할 것

③ 전선의 분류
  ㉠ 심선의 수에 따른 전선의 종류
    • 단선 : 도체가 한 가닥으로 된 전선
      - 공칭단면적(3종) : 1.5, 2.5, 4[mm^2]
    • 연선 : 도체를 여러 가닥의 소선으로 꼬아 만든 전선
      - 공칭단면적(14종) : 4, 6, 10, 16, 25, 35, 50, 70, 95, 120, 150, 185, 240, 300[mm^2]
      - 소선의 총수 : $N = 3n(n+1)+1$[가닥]
        (n : 층수)
      - 연선의 지름 : $D = (2n+1)d$[mm]
        (d : 소선지름)

ⓒ 피복의 종류에 따른 전선의 종류
- 나전선 : 절연피복을 하지 않은 전선으로, 송전선과 배전선의 가공선로에 주로 쓰임
- 절연전선 : 도체에 절연피복을 한 전선으로, 주로 옥내배선용으로 쓰임

NR	450/750[V] 일반용 단심 비닐절연전선
NF	450/750[V] 일반용 유연성 단심 비닐절연전선
OW	옥외용 비닐절연전선
	용도(옥외 가공배전선로), 옥내(몰드, 덕트) 사용 금지
DV	인입용 비닐절연전선
	절연(폴리염화비닐수지), 용도(저압 가공인입선)
FL	형광방전등용 비닐전선
GV	접지용 비닐절연전선
NV	비닐절연 네온전선

※ 국제기준(IEC)의 도입에 따라 기존의 절연전선 IV, HIV 전선을 NR, NF 전선으로 변경

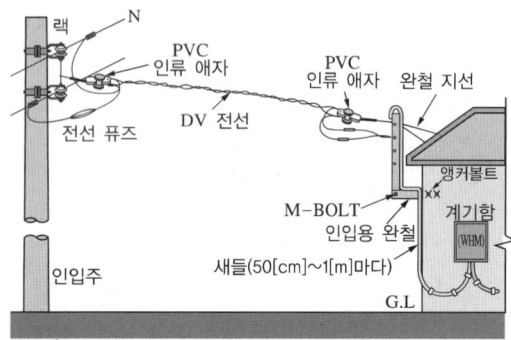

- 코 드
  - 여러 가닥의 소선에 절연피복한 연선 두 가닥을 나란히 붙여서 비닐이나 면 또는 고무 등으로 절연피복한 전선
  - 최소굵기 : $0.75[mm^2]$
  - 종류(용도) : 고무코드(녹색-접지), 기구용 코드(소형 가전기구, 라디오, 선풍기), 전열기용 코드(전기난로, 전기밥솥, 전기담요), 금사코드(이발기, 헤어드라이기, 면도기)

- 케이블 : 도체를 외부의 압력이나 충격 등으로부터 보호하고 가스나 액체 등의 침투를 막기 위하여 튼튼하게 피복절연한 전선으로, 송·배전선로에서 지중매설선이나 옥내의 노출배선 등에 사용

약칭	명 칭	주요용도
EV	폴리에틸렌 절연비닐시스(외장) 케이블	전기 특성이 우수, 내약품성이 우수
VV	비닐절연 비닐시스(외장) 케이블	600[V] 이하인 저압회로에 사용
BN	뷰틸고무절연 클로로프렌시스(외장) 케이블	내열성이 우수, 안정된 성능, 광범위한 사용
PN	고무절연 클로로프렌 시스(외장) 케이블	• 내후성 및 기계적 특성이 우수 • 사용조건이 가혹한 곳도 견딤
CV	가교 폴리에틸렌 절연 비닐시스(외장) 케이블	전력케이블의 대표격, 가장 널리 사용
CV-EV	콘크리트 직매용 폴리에틸렌 절연비닐시스(외장) 케이블	600[V] 이하의 일반 상업용 또는 주거용으로 사용되는 배전용 전선 또는 조명용으로 사용
MI	무기물 절연 케이블	압력이나 기계적 충격을 받는 장소(내열성, 최소 굵기 $1[mm^2]$ 이상)
TFR-CV	난연 케이블	트레이 배선으로 사용하며 석유화학 단지, 지하전력구 덕트나 일반 노출 배선으로 사용

※ 첫째 영문자 : 절연종류, 둘째 영문자 : 외장종류

- 캡타이어케이블 : 고무 혼합물로 외장한 케이블로 기계적 성질에 중점을 두어 주로 이동용으로 사용(최소굵기 : $0.75[mm^2]$ 이상)

ⓒ 전선의 재료에 따른 종류
- 연동선 : 전기저항이 작고 잘 휘어져 저압 옥내배선에 주로 쓰인다.
  - 고유저항 $\rho = \dfrac{1}{58}[\Omega \cdot mm^2/m]$
- 경동선 : 연동선에 비하여 인장강도가 커서 옥외 송·배전선에 주로 쓰인다.
  - 고유저항 $\rho = \dfrac{1}{55}[\Omega \cdot mm^2/m]$

- 알루미늄선 : 구리선보다 전기저항이 크고 강도는 약하나 가격이 싸고, 가벼워서 송·배전선에 주로 쓰인다.

10년간 자주 출제된 문제

전선의 재료로서 구비해야 할 조건이 아닌 것은?

① 기계적 강도가 클 것
② 가요성이 풍부할 것
③ 고유저항이 클 것
④ 비중이 작을 것

|해설|

전선의 구비조건
- 도전율이 클 것(고유저항이 작을 것)
- 비중이 작을 것, 공사가 쉬울 것
- 기계적 강도가 클 것, 내구성이 있을 것
- 값이 싸고 쉽게 구할 수 있을 것

정답 ③

핵심이론 02 배선기구와 기구접속

① 배선기구 종류

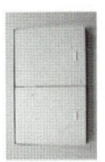 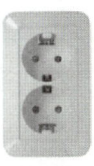  

[스위치]　[콘센트]　[배선용 차단기]　[리셉터클]

② 접속부

 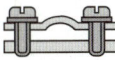

[나사 단자대]　　　　[클램프 단자대]

 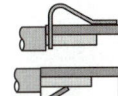

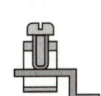 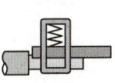

[푸시 체결 단자대]　　[꽂음형 단자대]

③ 배선접속 공구

[드라이버]　　[펜치]　　[와이어 스트리퍼]

[롱노즈 플라이어]　[니퍼]　　[압착 펀치]

④ 접속 단자제작과 접속
  ㉠ 고리형 단자
    • 단선 2.5[mm²]

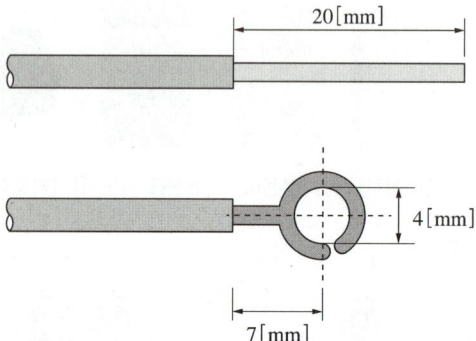

    • 연선 4[mm²]

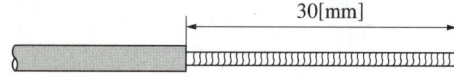

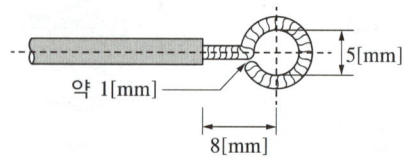

  ㉡ 압착단자

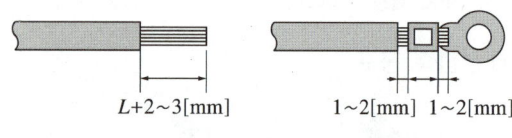

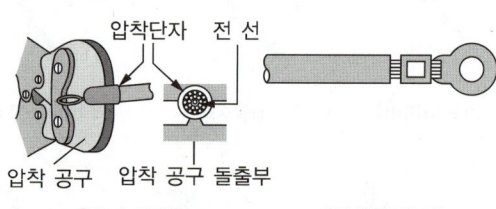

㉢ 단자접속
  • 고리형 단자

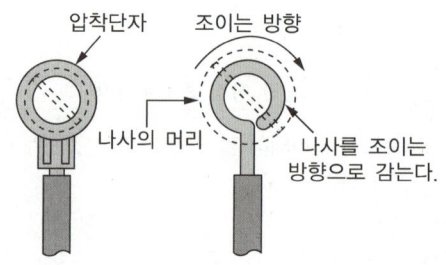

[단자와 고리]

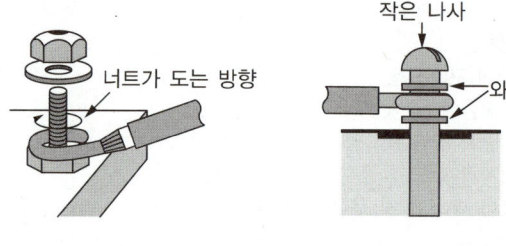

[와셔가 1개인 경우]   [와셔가 2개인 경우]

10년간 자주 출제된 문제

기구 단자에 전선접속 시 진동 등으로 헐거워지는 염려가 있는 곳에 사용되는 것은?
① 스프링 와셔
② 2중 볼트
③ 삼각 볼트
④ 접속기

해설

진동기계기구에 접속할 때에는 2중 너트 또는 스프링 와셔를 사용한다.

정답 ①

핵심이론 03 전선의 접속

① 전선접속 규정
  ㉠ 전선의 세기를 20[%] 이상 감소시키지 않을 것
  ㉡ 전기저항이 증가되지 않을 것
  ㉢ 절연전선 상호·절연전선과 코드, 캡타이어케이블과 접속하는 경우에는 접속 부분을 그 부분의 절연전선의 절연물과 동등 이상의 절연효력이 있는 것으로 피복할 것
  ㉣ 코드 상호, 캡타이어케이블 상호 또는 이들 상호를 접속하는 경우에는 코드 접속기, 접속함, 기타의 기구를 사용할 것
  ㉤ 도체에 알루미늄을 사용하는 전선과 동을 사용하는 전선을 접속하는 등 전기화학적 성질이 다른 도체를 접속하는 경우에는 접속 부분에 전기적 부식이 생기지 않도록 할 것
  ㉥ 불완전 접속 시 누전, 저항 증대, 과열로 인한 화재 발생 가능

② 전선접속 종류
  ㉠ 접속종류

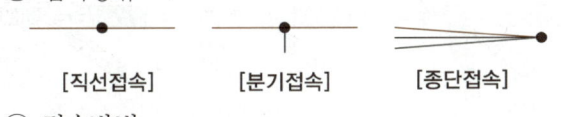

  ㉡ 접속방법

직선접속	단 선	트위스트 직선접속 브리타니아 직선접속
	연 선	권선 직선접속 단권 직선접속 복권 직선접속
분기접속	단 선	트위스트 분기접속 브리타니아 분기접속 S형 슬리브 분기접속
	연 선	권선 분기접속 단권 분기접속 분할 권선 분기접속
종단접속	쥐꼬리 접속	단선접속
	와이어 커넥터 접속	단선접속
	링 슬리브 접속	단선접속

③ 직선접속
  ㉠ 단선접속
    • 트위스트 직선접속(6[mm²] 이하 가는 단선접속)

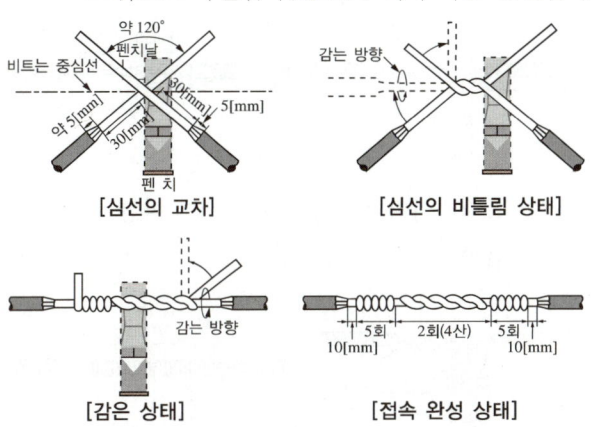

    • 브리타니아 직선접속(10[mm²] 이상 굵은 단선접속)

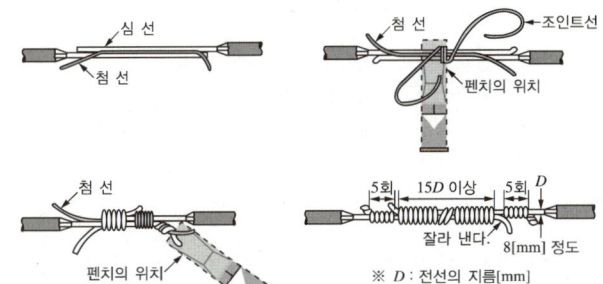

  ㉡ 연선접속
    • 권선 직선접속

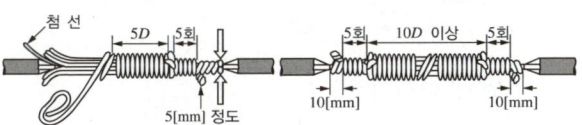

    • 단권 직선접속

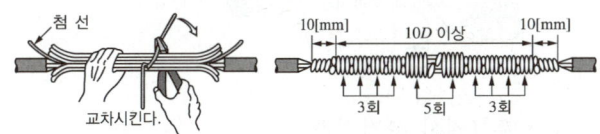

    • 복권 직선접속 : 접속할 두 연선의 피복을 150[mm] 정도 벗기고 소선 전체를 한꺼번에 감아 붙임

④ 분기접속

㉠ 단선접속

- 트위스트 분기접속(6[mm²] 이하 가는 단선접속)

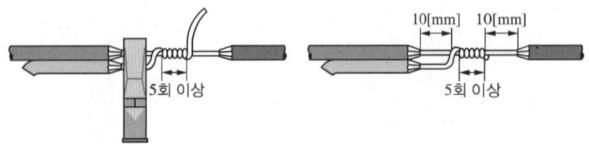

- 브리타니아 분기접속(10[mm²] 이상 굵은 단선 접속)

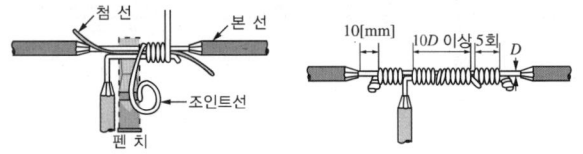

- S형 슬리브 분기접속

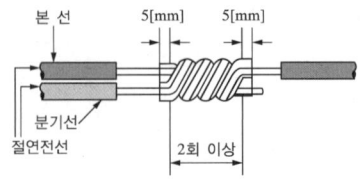

㉡ 연선접속

- 권선 분기접속

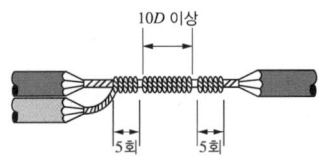

- 단권 분기접속

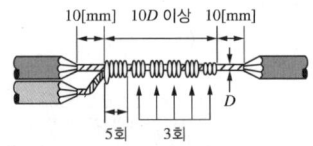

- 분할권선 분기접속

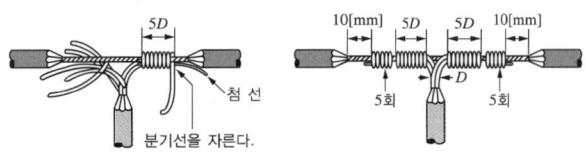

㉢ T형 커넥터접속

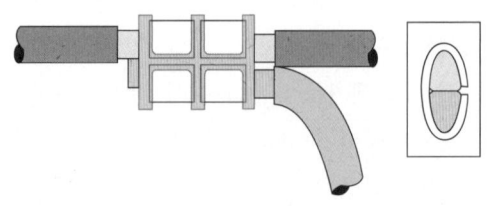

⑤ 종단접속(박스 내 접속) : 쥐꼬리 접속

㉠ 굵기가 같은 두 단선의 쥐꼬리 접속

- 단선 2개

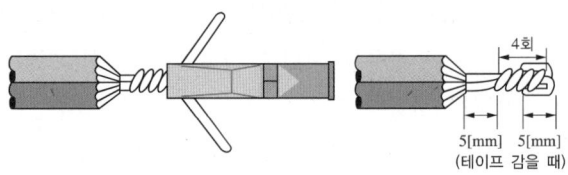

- 단선 3개

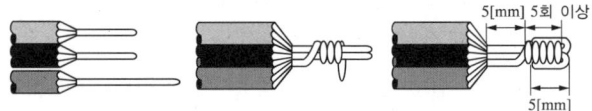

㉡ 굵기가 다른 두 단선의 쥐꼬리 접속

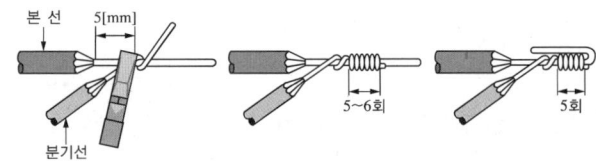

㉢ 와이어 커넥터를 이용한 접속

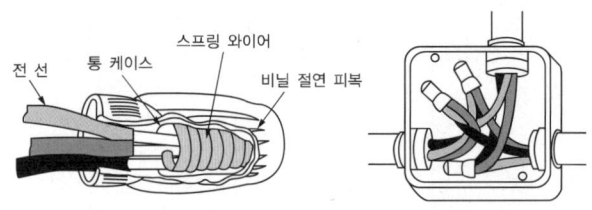

㉣ 링 슬리브를 이용한 접속

⑥ 테이핑 전선접속
  ㉠ 리노 테이프
    • 건조한 목면 위에 절연성 니스를 몇 차례 칠한 다음 건조시킨 것으로 점착성은 없음
    • 온도 변화에 강한 성질을 가지고 있고, 내유성 및 절연내력이 뛰어남
    • 연피(납성분 피복)케이블 접속 시 사용
  ㉡ 비닐 테이프 : 염화비닐수지 재질의 점착성테이프
  ㉢ 고무 테이프
    • 일반 전선의 접속 부분 절연 시 사용
    • 테이프를 감을 때 약 1.2배 정도 늘려서 감음
  ㉣ 면 테이프 : 건조한 목면 위에 점착성 혼합물을 발라 놓은 테이프로 외상, 풍화방지용
  ㉤ 자기융착 테이프 : 합성수지와 합성고무가 주성분. 테이프끼리만 접착됨. 비닐외장케이블 및 클로로프렌 외장케이블의 접속용

10년간 자주 출제된 문제

옥내배선의 접속함이나 박스 내에서 접속할 때 주로 사용하는 접속법은?
① 슬리브 접속
② 쥐꼬리 접속
③ 트위스트 접속
④ 브리타니아 접속

|해설|
• 쥐꼬리 접속(박스 내 접속)
• 트위스트 직선접속(6[mm²] 이하 단선접속)
• 브리타니아 직선접속(10[mm²] 이상 단선접속)

정답 ②

핵심이론 04 배선기구

① 스위치(개폐기)

  ㉠ 나이프 스위치
    • 회로 개폐에 사용하는 개방형 수동식 개폐기
    • 취급자만 출입하는 장소에 설치해서 사용
  ㉡ 커버나이프 스위치
    • 스위치 전면 충전부를 커버를 씌워 덮은 것
    • 퓨즈가 있기 때문에 과부하나 단락사고 시 회로를 차단하는 기능(부하인입개폐 및 분기개폐용)
  ㉢ 전선접속수 및 투입방향에 따른 분류

약 호	명 칭	약 호	명 칭
SPST	단극 단투형	SPDT	단극 쌍투형
DPST	2극 단투형	DPDT	2극 쌍투형
TPST	3극 단투형	TPDT	3극 쌍투형

② 점멸 스위치(옥내용 소형 스위치)
  ㉠ 점멸 스위치 : 등을 켜고 끄는 기능의 스위치
    • 종류 : 텀블러 스위치, 로터리 스위치, 누름단추 스위치, 캐노피 스위치, 코드 스위치, 펜던트 스위치, 도어 스위치, 타임 스위치, 3로 스위치, 4로 스위치 등
    • 설치기준 : 여관이나 호텔 객실의 입구는 1분, 일반주택 및 아파트 현관에는 3분 이내에 소등되는 타임 스위치를 시설
  ㉡ 3로 스위치 : 1개의 전등을 2개소에서 점멸이 가능한 스위치

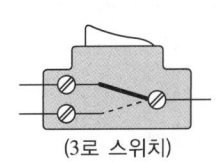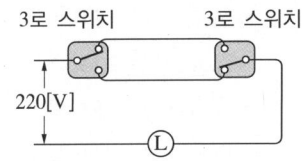

③ 콘센트, 플러그, 소켓
  ㉠ 콘센트 : 전기기계기구와 배선을 접속하는 데 사용되는 접속기
    • 종류 : 노출형, 매입형, 방수형, 플로어형
    • 설치기준
      - 옥내 시설 시 : 바닥면으로부터 30[cm] 정도 높이
      - 욕실 설치 시 : 콘센트는 바닥면으로부터 80[cm] 이상 높이에 방수형 콘센트로 설치
      - 옥외 시설 시 : 지상 1.5[m] 이상의 높이에 시설
  ㉡ 플러그 : 하나의 콘센트에 둘 또는 3가지의 기구를 사용할 때 이용
    • 종류 : 멀티탭, 작업등, 테이블탭 등
  ㉢ 소켓 : 절연전선이나 코드의 끝단에 부착하여 전구를 끼우기 위한 기구
    • 종류 : 리셉터클, 로제트 등
④ 개폐기
  ㉠ 누전차단기(ELB)
    • 누전, 감전 등의 재해를 방지하기 위해 설치하며, 이상발생 시 회로를 차단
    • 원리 : 지락이 발생한 경우 한 선에 지락전류(I_g)가 흘러 상변류기를 통과하는 두 선의 부하전류에 불평형이 발생되는데, 이때 누전검출부에는 2차 전류가 흐르게 되어 트립코일을 여자시켜 전류를 차단
    • 설치조건 : 누전차단기는 사람이 접촉할 우려가 없는 곳에 시설하고 사용전압 50[V]를 초과하는 저압의 금속제 외함 기구의 전로에 설치
  ㉡ 배선용 차단기(MCCB)
    • 선로의 단락이나 과부하가 발생하였을 경우 회로를 자동으로 차단
    • 단락 또는 과부하 등의 이상이 제거된 뒤 다시 수동으로 회로를 닫으면 동작

10년간 자주 출제된 문제

전등 1개를 2개소에서 점멸하고자 할 때 3로 스위치는 최소 몇 개 필요한가?

① 4   ② 3
③ 2   ④ 1

[해설]

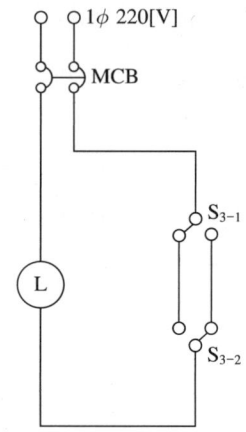

정답 ③

핵심이론 05 전선관

① 합성수지제 전선관
  ㉠ 종류 : 경질비닐관(VE관), 합성수지제 휨(가요)관 (PF관과 CD관), 파상형 경질폴리에틸렌관(지중전선로용) 등
  ㉡ 특 징
    • 장 점
      - 금속관에 비하여 내식성과 절연성이 우수
      - 재료가 가볍기 때문에 배관에 편리
    • 단점 : 열에 약하고 충격 강도가 떨어짐
  ㉢ 경질비닐전선관
    • 경질염화비닐전선관
    • 내충격성 경질염화비닐전선관(HI-VE)
  ㉣ 1본의 길이는 4[m], 두께는 2[mm] 이상
  ㉤ 굵기 : 관 안지름의 크기에 가까운 짝수[mm]로 표시(호칭 : 14, 16, 22, 28, 36, 42, 54, 70, 82[mm])

② 금속전선관
  ㉠ 용도 : 노출된 곳, 은폐된 곳, 습기나 먼지가 있는 곳 등 어느 곳에나 시설 가능
  ㉡ 시설방법
    • 매입공사 : 콘크리트 속에 시설
    • 노출공사 : 조영재 표면을 따라 노출하여 시설
    • 은폐공사 : 2중 천장 속에 배관
  ㉢ 종 류
    • 후강전선관 : 관 안지름[mm]의 근삿값을 짝수로 표시(호칭 : 16, 22, 28, 36, 42, 54, 70, 82, 92, 104[mm])
    • 박강전선관 : 관 바깥지름[mm]의 근삿값을 홀수로 표시(호칭 : 19, 25, 31, 39, 51, 63, 75[mm])

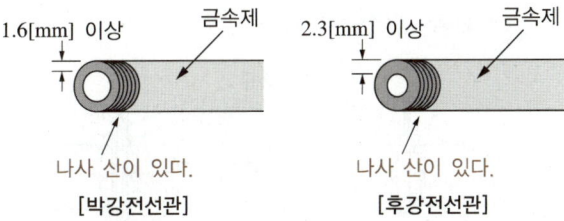

[박강전선관] [후강전선관]

  ㉣ 금속관에 사용하는 부품

명 칭	용 도
로크너트	관과 박스를 접속할 경우 파이프 나사를 죄어 고정시키는 데 사용되며, 6각형과 기어형이 있음
부 싱	전선 관단에 끼우고 전선을 넣거나 빼는 데 있어서 전선의 피복을 보호(금속제와 합성수지 제2종류)
커플링	금속관 상호 접속 또는 관과 노멀 벤드와의 접속에 사용되고 내면에 나사가 나 있으며 관의 양측을 돌려 사용할 수 없는 경우 유니언 커플링을 사용
새 들	노출 배관에서 금속관을 조영재에 고정시키는 데 사용되며 합성수지관, 가요관, 케이블공사에도 사용
노멀 벤드	배관의 직각 굴곡에 사용하며 양단에 나사가 나 있어 관과의 접속에는 커플링을 사용
링 리듀서	금속을 아웃렛 박스의 녹아웃에 취부할 때 녹아웃의 구멍이 관의 구멍보다 클 때 링 리듀서를 사용
스위치 박스	매입형의 스위치나 콘센트를 고정하는 데 사용 (1개용, 2개용, 3개용)
아웃렛 박스	전선관공사에 있어 전등기구나 점멸기 또는 콘센트의 고정, 접속함으로 사용(4각 및 8각)

• 금속전선관의 상호접속(나사내기접속)

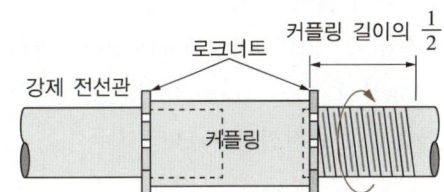

- 관과 접속함의 접속

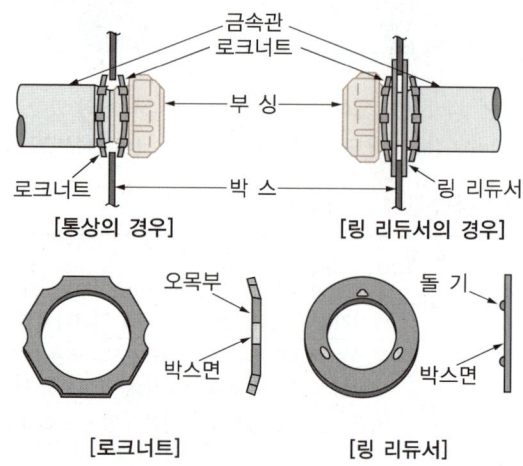

[통상의 경우] [링 리듀서의 경우]

[로크너트] [링 리듀서]

③ 휨(가요)전선관

㉠ 가요전선관
- 특징 : 길이가 길고 자유롭게 굽힐 수 있으며 부속품 종류가 적게 소요되므로 배관작업이 능률적
- 종류(재질) : 합성수지제, 금속제

㉡ 합성수지제 가요전선관
- 롤 형태의 전선관으로 배관접속 개수가 적고 절단이 용이하며, S자 구부리기나 직각 구부리기 등 굽힘작업이 필요한 곳에도 별도의 공구를 사용하지 않아도 됨
- 종류 : PF(Plastic Flexible)관, CD(Combine Duct)관

㉢ 금속제 가요전선관

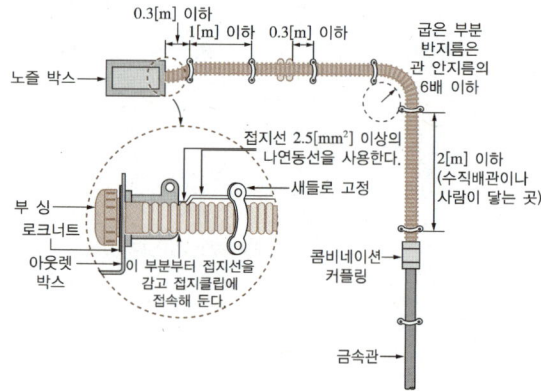

10년간 자주 출제된 문제

금속전선관의 종류에서 후강전선관 규격[mm]이 아닌 것은?
① 16　　② 19
③ 28　　④ 36

|해설|
- 후강전선관 : 공장 등의 배관에서 강도를 필요로 하는 경우 또는 폭발성 가스나 부식성 가스가 있는 장소에 사용하며, 관의 호칭은 안지름의 근삿값을 짝수로 표시한다(16, 22, 28, 36, 42, 54, 70, 82, 92, 104[mm]의 10종류).
- 박강전선관 : 일반적인 장소에 사용하며 관의 호칭은 바깥지름의 근삿값을 홀수로 표시한다(19, 25, 31, 39, 51, 63, 75[mm]의 7종류).

정답 ②

핵심이론 06 배선공사용 공구 및 계기

① 전기공구와 기구

㉠ 전선, 케이블용
- 펜치 : 전선의 절단, 접속, 바인드 등에 사용
- 와이어 스트리퍼 : 전선피복을 벗기는 공구
- 프레셔 툴 : 터미널 러그, 링 슬리브 등을 압착
- 케이블 커터 : 케이블, 굵은 전선 등 절단

㉡ 금속재, 금속관용
- 오스터 : 금속관 끝단 나사내기에 사용
- 쇠톱 : 금속관, 비닐관, 강재 등의 절단
- 홀소 : (드릴에 취부하여) 금속판의 구멍뚫기에 사용
- 워터 펌프 플라이어 : 금속관 관 상호접속용 공구
- 녹아웃 펀치 : 철판의 구멍뚫기에 사용하는 공구
- 파이프 벤더 : 굵은 금속관의 굽힘 가공(히키)
- 파이프 커터 : 금속관 절단 가공
- 파이프 렌치 : 금속파이프 커플링을 조일 때 사용
- 파이프 바이스 : 금속관의 절단, 나사내기 등을 할 때 관 고정
- 줄 : 금속파이프 절단 후 단면의 마무리에 사용
- 리머 : 금속관 내부의 버(쇠 가시)를 오려낼 때 클립에 장착하여 사용

㉢ 기 타
- 볼트 클리퍼 : 볼트, 철근 등 굵은 전선을 절단
- 피시 테이프 : 전선관 전선 삽입 시 사용하는 평각 강철선
- 스패너 : 볼트, 너트를 조일 때 사용
- 파이어 포트 : 납땜 인두나 납땜 냄비를 올려 납 물을 만드는 데 사용
- 드라이브잇 : 콘크리트 면이나 철판 등에 기구 취부용 나사를 쏘아 넣는 공구
- 네온검전기 : 접지, 비접지극 확인, 충전 유무 조사

② 전기용 계기

㉠ 저압 옥내배선의 검사 순서 : 점검 → 절연저항의 측정 → 접지저항의 측정 → 통전시험

㉡ 절연저항의 측정(값이 클수록 좋음)
- 메거(Megger) 사용
- 대지에 대한 전선의 절연저항의 측정
- 전선피복의 절연저항의 측정
- 저압 옥내배선용에는 500[V]용 메거 사용

㉢ 접지저항의 측정(값이 작을수록 좋음)
- 콜라우슈 브리지법(전해액의 저항 측정에 사용)
- 접지저항계(어스테스터)를 이용한 측정법
- 교류전압계와 전류계를 이용한 측정법

③ 게이지

㉠ 와이어 게이지 : 전선 굵기 측정 시 사용, 원형 홈에 전선을 끼워 굵기 확인

㉡ 버니어 캘리퍼스 : 길이, 안지름, 바깥지름, 깊이를 잴 수 있는 측정기

㉢ 마이크로미터 : 두께 정밀 측정(버니어 캘리퍼스 보다 정밀)

10년간 자주 출제된 문제

금속관 배관공사를 할 때 금속관을 구부리는 데 사용하는 공구는?

① 히키(Hickey)
② 파이프 렌치(Pipe Wrench)
③ 오스터(Oster)
④ 파이프 커터(Pipe Cutter)

[해설]
- 벤더, 히키 : 금속관을 구부릴 때 사용(절단 시 파이프 커터)
- 오스터 : 금속관의 끝에 나사를 만들 때 사용
- 파이프 렌치 : 금속관과 커플링을 조일 때 사용
- 리머 : 금속관을 자른 후 관 안을 다듬는 데 사용

정답 ①

제4절 옥내 전기사용장소의 시설

핵심이론 01 과부하전류에 대한 보호

① 배전반 및 분전반의 설치장소
  ㉠ 전기회로를 쉽게 조작할 수 있는 장소
  ㉡ 개폐기를 쉽게 조작할 수 있는 장소
  ㉢ 안정된 장소
  ㉣ 조작 및 점검, 관리가 용이한 장소

② 도체와 과부하 보호장치 사이의 협조
  ㉠ 과부하에 대해 전선 보호장치의 동작특성조건
  - $I_B \leq I_n \leq I_Z$
  - $I_2 \leq 1.45 \times I_Z$
  (I_B : 회로의 설계전류, I_n : 보호장치의 정격전류, I_Z : 케이블의 허용전류, I_2 : 보호장치가 규약시간 이내 유효동작 보장전류)

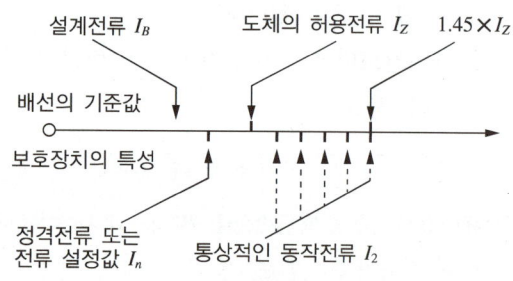

[과부하 보호 설계 조건도]

  ㉡ 조정할 수 있게 설계제작된 보호장치의 경우→정격전류 I_n은 사용현장에 적합하게 조정된 전류의 설정값
  ㉢ 보호장치의 유효한 동작을 보장하는 전류 I_2 → 제조자로부터 제공되거나 제품 표준에 제시
  ㉣ 계산식에 따라 선정된 케이블보다 단면적이 큰 케이블을 선정
  ㉤ I_B는 선도체를 흐르는 설계전류이거나, 함유율이 높은 영상분 고조파(특히 제3고조파)가 지속적으로 흐르는 경우→중성선에 흐르는 전류

③ 과부하 보호장치의 설치위치
  ㉠ 설치위치는 과부하 보호장치는 전로 중 도체의 단면적, 특성, 설치방법, 구성의 변경으로 도체의 허용전류값이 줄어드는 곳(분기점)에 설치할 것
  ㉡ 분기회로(S_2)의 보호장치(P_2)는 P_2의 전원 측에서 분기점(O) 사이에 다른 분기회로 또는 콘센트의 접속이 없고, 단락의 위험과 화재 및 인체에 대한 위험성이 최소화되도록 시설된 경우→분기회로의 보호장치(P_2)는 분기회로의 분기점(O)으로부터 3[m]까지 이동하여 설치 가능

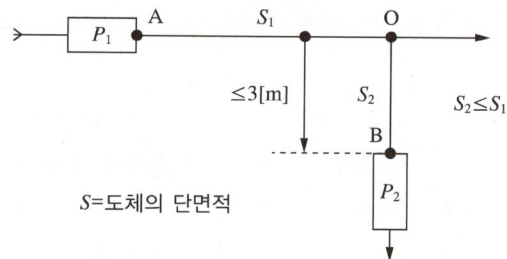

S=도체의 단면적

  ㉢ 도체의 단면적이 줄어들거나 다른 변경이 이루어진 분기회로의 시작점(O)과 이 분기회로의 단락보호장치(P_2) 사이에 있는 도체가 전원 측에 설치되는 보호장치(P_1)에 의해 단락보호가 되는 경우→ P_2의 설치위치는 분기점(O)로부터 거리제한이 없이 설치 가능

④ 과부하 보호장치의 생략
  ㉠ 일반적으로 생략할 수 있는 경우
  - 분기회로의 전원 측에 설치된 보호장치에 의하여 분기회로에서 발생하는 과부하에 대해 유효하게 보호되고 있는 분기회로
  - 단락보호가 되고 있으며, 분기점 이후의 분기회로에 다른 분기회로 및 콘센트가 접속되지 않는 분기회로 중, 부하에 설치된 과부하 보호장치가 유효하게 동작하여 과부하전류가 분기회로에 전달되지 않도록 조치를 하는 경우
  - 통신회로용, 제어회로용, 신호회로용 설비

ⓒ 안전을 위해 과부하 보호장치 생략 가능한 경우
- 회전기의 여자회로
- 전자석 크레인의 전원회로
- 전류변성기의 2차 회로
- 소방설비의 전원회로
- 안전설비(주거침입경보, 가스누출경보) 전원회로

⑤ 부하의 상정 시 표준부하

건축물의 종류	표준부하[VA/m²]
공장, 공회당, 사원, 교회, 극장, 영화관, 연회장 등	10
기숙사, 여관, 호텔, 병원, 학교, 음식점, 다방, 대중목욕탕	20
사무실, 은행, 상점, 이발소, 미용원	30
주택, 아파트	40

10년간 자주 출제된 문제

배전설계를 위한 전등 및 소형 전기기계기구의 부하용량 산정 시 건축물의 종류에 대응한 표준부하에서 원칙적으로 표준부하를 20[VA/m²]로 적용하여야 하는 건축물은?

① 교회, 극장
② 학교, 음식점
③ 은행, 상점
④ 아파트, 미용원

[해설]
- 공장, 공회당, 사원, 교회, 극장, 영화관, 연회장 등 : 표준부하 10[VA/m²]
- 기숙사, 여관, 호텔, 병원, 학교, 음식점, 다방, 대중목욕탕 : 표준부하 20[VA/m²]
- 사무실, 은행, 상점, 이발소, 미용원 : 표준부하 30[VA/m²]
- 주택, 아파트 : 표준부하 40[VA/m²]

정답 ②

핵심이론 02 옥내배선기호

① 배선기호
  ㉠ 천장 은폐배선 ─────
  ㉡ 노출배선 ‑‑‑‑‑‑‑‑‑‑
  ㉢ 바닥 은폐배선 ─ ─ ─ ─
  ㉣ 바닥 노출배선 ─ ‧ ─ ‧ ─
  ㉤ 지중 매설배선 ─ ‧‧ ─ ‧‧ ─

② 스위치

기호	의미	기호	의미
●	스위치(10[A]는 방기하지 않는다)	●A	옥외등에 설치하는 자동 점멸기
●15A	15[A] 이상은 전류치를 방기한다.	⦶	조광기
●2P	2극	●R	리모콘 스위치
●3	3로	⦵R	리모콘 스위치 (파일럿 램프 붙이)
●P	플라스틱	⊗	실렉터 스위치
●L	파일럿 램프 내장	⊙P	압력
●T	타이머 붙이	⊙F	플로트

③ 콘센트

기호	의미	기호	의미
⦂	벽에 부착	⦂T	걸림형
⦂⦂	천장에 부착	⦂E	접지극 붙이
⦂▲	바닥에 부착	⦂ET	접지단자 붙이
⦂	15는 방기 안 한다.	⦂EL	누전차단기 붙이
⦂20A	20 이상은 방기한다.	⦂WP	방수형
⦂2	2개 이상은 방기한다.	⦂EX	방폭형
⦂3P	3극 이상은 방기한다.	⦂H	의료형
⦂LK	빠짐 방지형	⦂⦂	비상용

④ 배전반, 분전반, 제어반

기 호	의 미	기 호	의 미
◁▷	배전반	◀▶	제어반
◣	분전반	◁▶	재해방지용 배전반

⑤ 기 타

기 호	의 미	기 호	의 미
○┤	백열등 (벽에 붙임)	⊗	외 등
⊖	펜던트	●	비상용 백열등
(CL)	실링·직접 부착	━●━	비상용 형광등
(CH)	샹들리에	⊗	유도등(백열등)
(DL)	매입 기구	━⊗━	유도등(형광등)
━○━	형광등	⊗	불멸 또는 비상용등(백열등)
━○━ F40	형광등 용량(F40[W])	━⊗━	불멸 또는 비상용등(형광등)

10년간 자주 출제된 문제

전기배선용 도면을 작성할 때 사용하는 콘센트 도면 기호는?

①   ②
③   ④

[해설]
② 비상용 조명
③ 일반용 조명
④ 형광등(기구 안)

정답 ①

핵심이론 03 배선설비 공사기준

① 애자공사(노브)
  ㉠ 건물의 천장, 벽면 등에 애자, 바인드선 등을 사용하여 전선을 지지하는 배선공사
  ㉡ 시설조건
    • 전선은 절연전선일 것(옥외용 비닐절연전선과 인입용 비닐절연전선은 제외)
    • 전선 상호 간의 간격은 0.06[m] 이상일 것
    • 전선과 조영재 사이의 간격은 사용전압이 400[V] 이하인 경우에는 25[mm] 이상, 400[V] 초과인 경우에는 45[mm] 이상일 것
    • 전선의 지지점 간의 거리는 전선을 조영재의 윗면 또는 옆면에 따라 붙일 경우에는 2[m] 이하일 것
    • 사용전압이 400[V] 초과인 것은, 위의 경우 이외에는 전선의 지지점 간의 거리가 6[m] 이하일 것
    • 저압 옥내배선은 사람이 접촉할 우려가 없도록 시설할 것
    • 전선이 조영재를 관통하는 경우 그 관통하는 부분의 전선을 전선마다 각각 별개의 난연성 및 내수성이 있는 절연관에 넣을 것

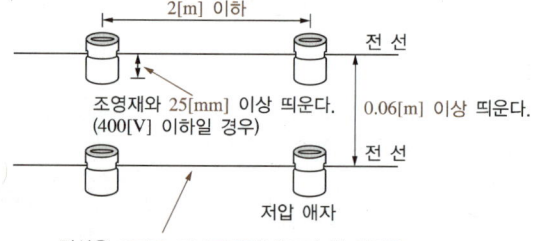

② 합성수지관공사
  ㉠ 전선은 절연전선일 것
  ㉡ 전선은 연선일 것(단, 짧고 가는 관에 넣은 것, 단면적 10[mm²](알루미늄은 16[mm²]) 이하는 예외)

ⓒ 전선은 합성수지관 안에서 접속점이 없도록 할 것
ⓓ 관 상호 간 또는 박스와는 관의 삽입하는 깊이를 관 바깥지름의 1.2배 이상으로 하고, 견고하게 접속할 것
ⓔ 관의 지지점 간의 거리는 1.5[m] 이하로 할 것
ⓕ 습기가 많은 곳 또는 물기가 있는 곳에 시설하는 경우에는 방습장치를 할 것
ⓖ 이중천장(반자 속 포함) 내에는 시설할 수 없다.
ⓗ 전선관 구부리기

전선관 중심부의 곡률 반지름 $r[\text{mm}] \geq 6d + \dfrac{D}{2}$

(d : 전선관 안지름, D : 전선관 바깥지름)

ⓘ 관 접속 : 합성수지관 상호 또는 관과 박스는 접속 시에 삽입하는 깊이를 관 바깥지름의 1.2배(접착제를 사용하는 경우에는 0.8배) 이상으로 할 것

③ 금속관공사
  ⓐ 전선은 절연전선일 것(OW 제외)
  ⓑ 전선은 연선일 것(단, 짧고 가는 관에 넣은 것 또는 단면적 10[mm²](알루미늄은 16[mm²]) 이하 예외)
  ⓒ 전선은 금속관 안에서 접속점이 없도록 할 것
  ⓓ 관의 두께 : 콘크리트에 매설하는 것은 1.2[mm] 이상, 기타의 것은 1[mm] 이상일 것(단, 이음매 없는 길이 4[m] 이하의 것을 건조하고 전개된 곳에 시설하는 경우에는 0.5[mm]까지 가능)

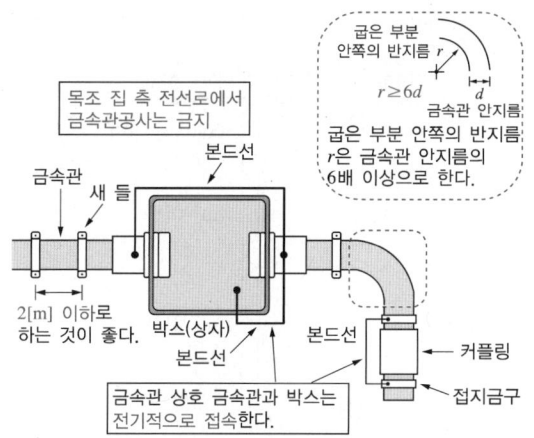

④ 케이블공사
  ⓐ 케이블 종류 : 비닐 외장케이블, 클로로프렌 외장케이블, 폴리에틸렌 외장케이블 등
  ⓑ 케이블 지지
    • 케이블에 적합한 클리트, 새들, 스테이플 등으로 케이블에 손상이 가지 않도록 견고하게 고정
    • 중량물의 압력 또는 현저한 기계적 충격을 받을 우려가 있는 곳에 시설하는 케이블에는 방호장치를 할 것
    • 전선을 조영재의 아랫면 또는 옆면에 따라 붙이는 경우에는 전선의 지지점 간의 거리를 케이블은 2[m] 이하, 캡타이어케이블은 1[m] 이하로 하고, 그 피복을 손상하지 않도록 붙일 것

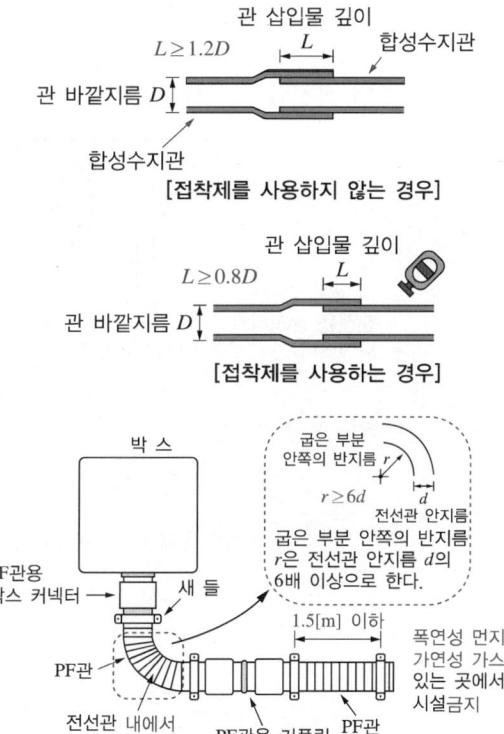

- 케이블의 지지점 간 거리

시설의 구분	지지점 간 거리
조영재의 아랫면 또는 옆면	2[m] 이하
사람이 접촉할 우려가 없는 곳에서 수직 방향으로 시설하는 것	6[m] 이하
케이블 상호 또는 케이블과 박스, 기구와 접속개소	접속개소에서 0.3[m] 이하

- 케이블의 굽은 부분 : 굽은 부분 반지름은 원칙적으로 케이블 바깥지름의 6배(단심인 것은 8배) 이상

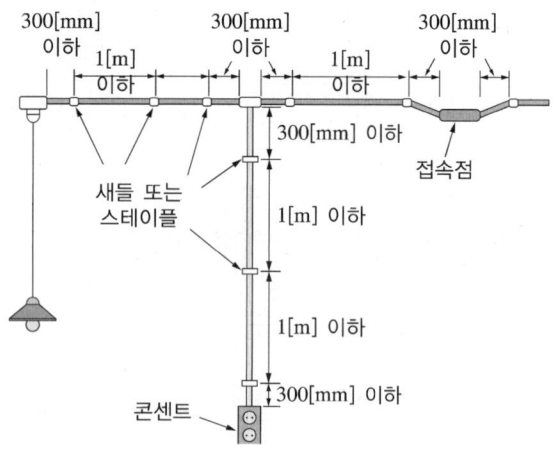

⑤ 몰드공사

㉠ 합성수지몰드공사

- 합성수지몰드는 홈과 폭의 깊이가 35[mm] 이하, 두께는 2[mm] 이상일 것(단, 사람이 쉽게 접촉할 우려가 없도록 시설하는 경우에는 폭이 50[mm] 이하, 두께 1[mm] 이상으로 사용)
- 합성수지몰드공사는 400[V] 이하의 저압에서 절연전선(옥외용 비닐절연전선은 제외)을 사용
- 합성수지몰드공사는 옥내의 건조한 노출장소 또는 점검 가능한 은폐장소에 시설가능

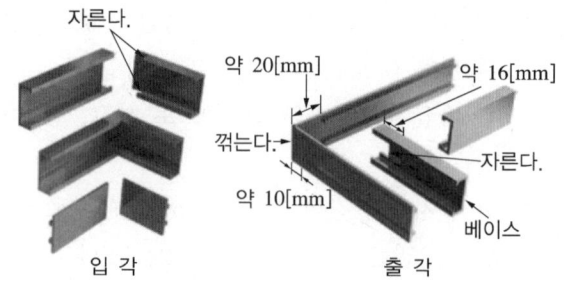

㉡ 금속몰드공사

- 콘크리트 건축물의 건조한 전개장소의 노출배선용으로 부분적인 증설 또는 개수공사에 적합
- 금속몰드는 금속 또는 동으로 견고하게 제작한 폭 50[mm] 이하의 것으로, 400[V] 이하의 저압에서 절연전선(OW 제외)을 사용하고 외상을 받을 우려가 없는 옥내의 노출장소 또는 점검 가능한 은폐장소에 시설
- 금속몰드 내에 서는 전선에 접속 금지(단, 금속제 조인트 박스 사용 시 접속 가능)
- 금속몰드 지지점 간 거리 : 1.5[m] 이하

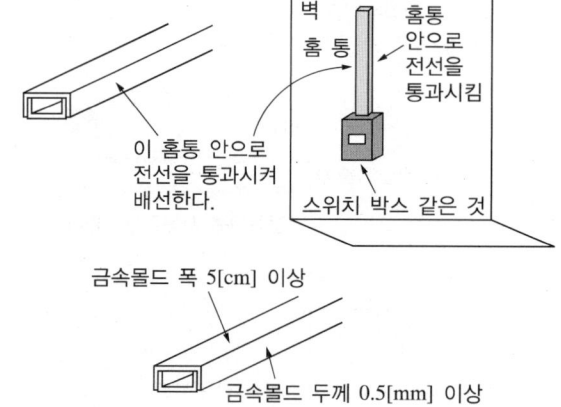

⑥ 덕트공사

㉠ 금속덕트공사

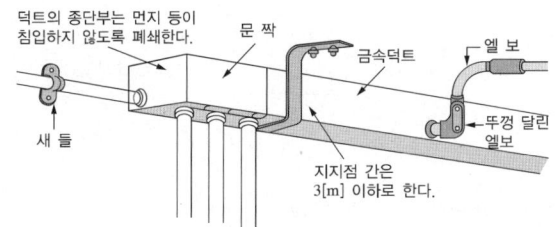

- 저압 옥내배선에서 수변전실의 각 분전반에 이르는 간선 또는 공장 내 기계장치배선 등 다수의 전선을 수납
- 금속덕트는 폭이 40[mm] 이상, 두께가 1.2[mm] 이상의 금속제로 제작
- 금속덕트는 3[m] 이하의 간격으로 견고하게 지지하고, 덕트 내부에 먼지가 침입하지 않도록 하며, 물이 고이지 않도록 시설

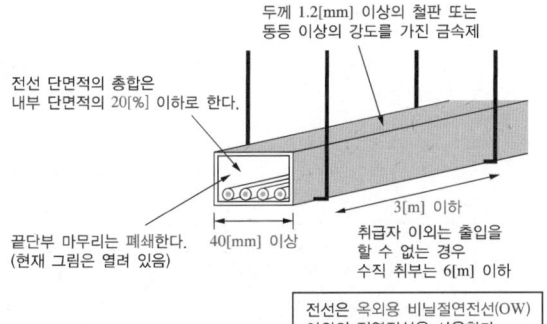

㉡ 버스덕트공사

- 금속제 덕트에 나도체, 절연도체를 수납한 것
- 도체의 단면적이 20[mm^2] 이상의 띠 모양, 5[mm] 이상의 관 모양, 30[mm^2] 이상인 띠 모양의 알루미늄 전선을 사용
- 버스덕트는 저압 간선에 사용하는 것으로, 노출장소나 점검 가능한 은폐장소에 시설가능
- 3[m] 이하의 간격으로 견고하게 지지할 것

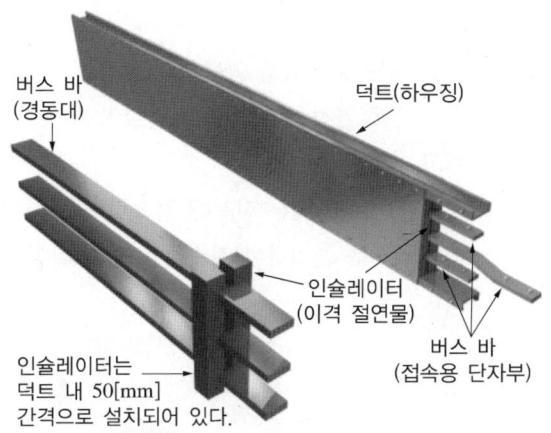

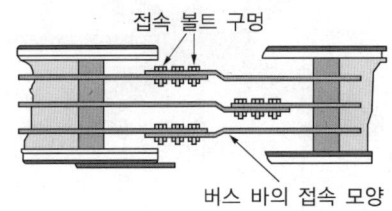

㉢ 라이팅덕트공사

- 조명기구나 콘센트 등의 설치를 덕트 임의의 곳에 배선하도록 만든 것
- 백화점 또는 상가 등에서 조명기구의 위치가 자주 변경되는 곳에 적합한 공사방법
- 덕트배선의 사용전압은 400[V] 이하로 조명재에 부착할 경우 지지점 간 거리는 2[m] 이하

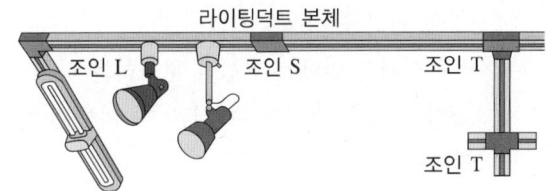

ⓔ 플로어덕트공사
- 건물 바닥에 금속성 덕트를 매설하는 공사 방법
- 전선은 절연전선(옥외용 비닐절연전선은 제외)이고, 연선을 사용
- 플로어덕트 안에는 전선에 접속점 만들면 안 됨 (단, 전선을 분기하여 접속점을 쉽게 확인 시 예외)

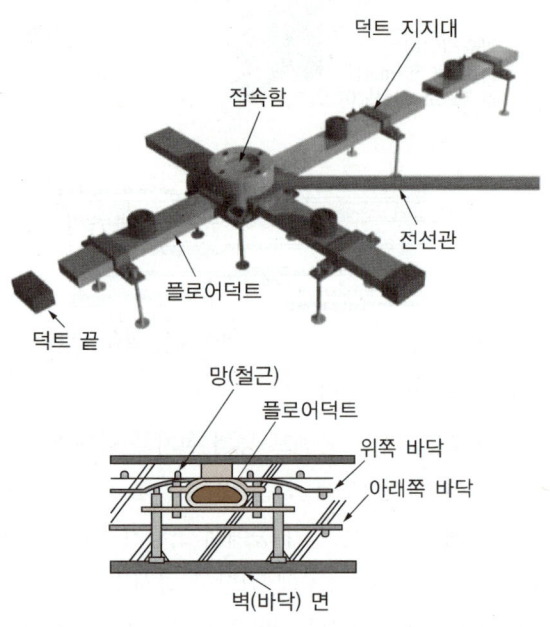

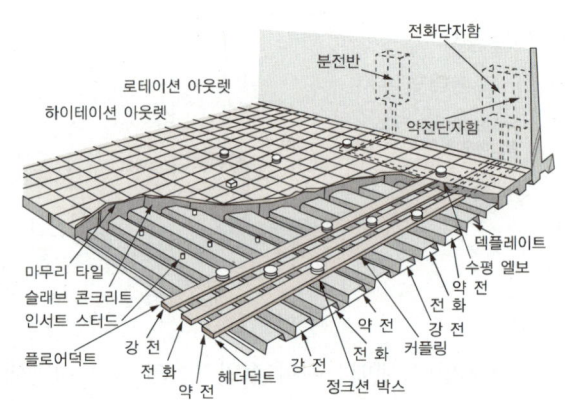

ⓜ 셀룰러덕트공사
- 전선은 절연전선(옥외용 비닐절연전선은 제외)으로 연선을 사용
- 셀룰러덕트 안에는 전선을 분기하는 경우 그 접속점을 쉽게 점검할 수 있을 때 외에는 전선에 접속점을 만들면 안 됨
- 셀룰러덕트 안의 전선을 외부로 인출하는 경우에는 그 셀룰러덕트의 관통 부분에서 전선이 손상될 우려가 없도록 시설

10년간 자주 출제된 문제

애자공사에서 전선의 지지점 간의 거리는 전선을 조영재의 윗면 또는 옆면에 따라 붙이는 경우에는 몇 [m] 이하인가?

① 1 ② 2
③ 2.5 ④ 3

[해설]
애자공사에서 전선의 지지점 간 거리는 조영재의 윗면 또는 옆면에 따라 시설할 경우에는 2[m] 이하로 한다.

정답 ②

핵심이론 04 배선설비 공사의 종류

① 시설장소 및 사용전압에 따른 분류

시설장소		사용전압 400[V] 이하	400[V] 초과
전개 장소	건조한 장소	애자공사, 합성수지몰드공사, 금속몰드공사, 금속덕트공사, 버스덕트공사 또는 라이팅덕트공사	애자공사, 금속덕트공사 또는 버스덕트공사
	기타 장소	애자공사, 버스덕트공사	애자공사
점검가능 은폐장소	건조한 장소	애자공사, 합성수지몰드공사, 금속몰드공사, 금속덕트공사, 버스덕트공사, 셀룰러덕트공사, 라이팅덕트공사	애자공사, 금속덕트공사, 버스덕트공사
	기타 장소	애자공사	애자공사
점검불가 은폐장소	건조한 장소	플로어덕트공사 또는 셀룰러덕트공사	

② 배선공사방법의 분류

종 류	공사방법
전선관시스템	합성수지관공사, 금속관공사, 가요전선관공사
케이블트렁킹시스템	합성수지몰드공사, 금속몰드공사, 금속트렁킹공사ⓐ
케이블덕팅시스템	플로어덕트공사, 셀룰러덕트공사, 금속덕트공사ⓑ
애자공사	애자공사
케이블트레이시스템 (래더, 브래킷 포함)	케이블트레이공사
케이블공사	고정하지 않는 방법, 직접 고정하는 방법, 지지선 방법

※ ⓐ 금속트렁킹공사 : 금속본체와 덮개가 별도로 구성되어 덮개를 개폐할 수 있는 금속덕트공사
　 ⓑ 금속덕트공사 : 본체와 덮개 구분 없이 하나로 구성된 금속덕트공사

10년간 자주 출제된 문제

전선관시스템의 공사방법이 아닌 것은?
① 애자공사
② 합성수지관공사
③ 금속관공사
④ 가요전선관공사

|해설|
전선관 배선공사의 종류는 합성수지관공사, 금속관공사, 가요전선관공사이다.

정답 ①

제5절 특수장소 및 전기응용시설공사

핵심이론 01 특별한 장소의 저압 옥내배선

① 특별한 장소별 공사

종 류	금속관공사	케이블공사	합성 수지관 공사	애자 공사
폭연성 먼지	○ • 박강전선관 • 패킹 사용 • 분진 방폭형 플렉시블 피팅(유연성 부속)	○ • 무기물 절연 케이블 • 이동용 전선(캡타이어케이블)	×	×
가연성 먼지	○	○	○	×
가연성 가스	○	○	×	×
위험물	○	○	○	×
폭연성, 가연성 이외의 먼지	○	○	○	○

② 특별한 장소별 공사방법

㉠ 방전등 공사
- 관등회로의 사용전압이 400[V] 초과인 방전등은 먼지 위험장소, 가연성 가스 등의 위험장소, 위험물 등이 존재하는 장소, 화약류 저장소 등의 위험장소에 시설해서는 안 된다.
- 관등회로의 사용전압이 1[kV]를 초과하는 방전등으로서 방전관에 네온 방전관 이외의 것을 사용한 것은 옥내에 시설해서는 안 된다.

㉡ 폭연성 먼지 위험장소
- 폭연성 먼지 : 마그네슘, 알루미늄, 타이타늄, 지르코늄 등의 먼지가 쌓여 있는 상태에서 불이 붙었을 때에 폭발할 우려가 있는 것을 말한다.
- 화약류의 가루가 전기설비가 발화원이 되어 폭발할 우려가 있는 곳
- 저압 옥내배선, 저압 관등회로 배선 및 소세력 회로의 전선 : 금속관공사 또는 케이블공사(캡타이어케이블공사 제외)에 의할 것

- 금속관공사에 의하는 때에는 다음에 의하여 시설할 것
  - 금속관은 박강전선관 또는 이와 동등 이상의 강도를 가지는 것일 것
  - 박스, 기타의 부속품 및 풀 박스는 쉽게 마모·부식, 기타의 손상을 일으킬 우려가 없는 패킹을 사용하여 먼지가 내부에 침입하지 아니하도록 시설할 것
  - 관 상호 간 및 관과 박스, 기타의 부속품·풀 박스 또는 전기기계기구와는 5산 이상 나사조임으로 접속하는 방법, 기타 이와 동등 이상의 효력이 있는 방법에 의하여 견고하게 접속하고 또한 내부에 먼지가 침입하지 아니하도록 접속할 것
  - 전동기에 접속하는 부분에서 가요성을 필요로 하는 부분의 배선에는 폭발방지형의 부속품 중 먼지 방폭형 유연성 부속을 사용할 것
- 케이블공사에 의하는 때에는 전선을 전기기계기구에 인입할 경우에는 인입구에서 먼지가 내부로 침입하지 아니하도록 하고, 또한 인입구에서 전선이 손상될 우려가 없도록 시설할 것
- 이동전선은 0.6/1[kV] EP 고무절연 클로로프렌 캡타이어케이블 또는 0.6/1[kV] 비닐절연 비닐 캡타이어케이블을 사용

㉢ 가연성 먼지 위험장소
- 가연성 먼지 : 소맥분, 전분, 유황, 기타 가연성의 먼지로 공중에 떠다니는 상태에서 착화하였을 때에 폭발할 우려가 있는 것을 말하며 폭연성 먼지를 제외한다.
- 저압 옥내배선 등은 합성수지관공사, 금속관공사 또는 케이블공사에 의할 것
- 합성수지관공사에 의하는 때에는 다음에 의하여 시설할 것

- 합성수지관 및 박스, 기타의 부속품은 손상을 받을 우려가 없도록 시설할 것
- 박스, 기타의 부속품 및 풀 박스는 쉽게 마모·부식, 기타의 손상이 생길 우려가 없는 패킹을 사용하는 방법, 틈새의 깊이를 길게 하는 방법, 기타 방법에 의하여 먼지가 내부에 침입하지 아니하도록 시설할 것
- 관과 전기기계기구는 관 상호 간 및 박스와는 관을 삽입하는 깊이를 관의 바깥지름의 1.2배(접착제를 사용하는 경우에는 0.8배) 이상으로 하고, 또한 꽂음 접속에 의하여 견고하게 접속할 것

㉣ 먼지가 많은 그 밖의 위험장소
- 저압 옥내배선 등은 애자공사, 합성수지관공사, 금속관공사, 유연성 전선관공사, 금속덕트공사, 버스덕트공사 또는 케이블공사에 의하여 시설할 것
- 전기기계기구로서 먼지가 부착함으로서 온도가 비정상적으로 상승하거나 절연성능 또는 개폐기구의 성능이 나빠질 우려가 있는 것에는 방진장치를 할 것
- 방진을 위한 전선, 절연물, 패킹 및 외함 상호의 접촉면에 들어가는 깊이

접촉면의 바깥둘레의 구분	접촉면에 들어가는 깊이
0.3[m] 이하	5[mm]
0.3[m] 초과 0.5[m] 이하	8[mm]
0.5[m]를 초과하는 것	10[mm]

㉤ 가연성 가스 등의 위험장소
- 가연성 가스 또는 인화성 물질의 증기가 누출되거나 체류하여 전기설비가 발화원이 되어 폭발할 우려가 있는 곳(프로판 가스 등의 가연성 액화가스를 다른 용기에 옮기거나 나누는 등의 작업을 하는 곳, 에탄올·메탄올 등의 인화성 액체를 옮기는 곳 등)
- 저압 옥내배선 등은 금속관공사, 케이블공사
- 이동전선은 접속점이 없는 0.6/1[kV] EP 고무절연 클로로프렌 캡타이어케이블을 사용

㉥ 화약류 저장소 등의 위험장소
- 화약류 저장소 안에는 전기설비를 시설해서는 안 된다.
- 조명기구에 전기를 공급하기 위한 전기설비(개폐기 및 과전류차단기)는 설치할 수 있다.
- 전로의 대지전압은 300[V] 이하일 것
- 전기기계기구는 전폐형의 것일 것
- 케이블을 전기기계기구에 인입할 때에는 인입구에서 케이블이 손상될 우려가 없도록 시설할 것
- 화약류 저장소 안의 전기설비에 전기를 공급하는 전로에는 화약류 저장소 이외의 곳에 전용 개폐기 및 과전류차단기를 각 극에 취급자 이외의 자가 쉽게 조작할 수 없도록 시설한다.
- 전로에 지락이 생겼을 때에 자동적으로 전로를 차단하거나 경보하는 장치를 시설하여야 한다.

㉦ 흥행장(전시회, 쇼 및 공연장)
- 무대, 오케스트라 박스, 영사실 등 사람의 접촉 : 400[V] 이하
- 무대마루 밑에 시설하는 전구선은 300/300[V] 편조 고무코드 또는 0.6/1[kV] EP 고무절연 클로로프렌 캡타이어케이블일 것
- 보더라이트에 부속된 이동전선은 0.6/1[kV] EP 고무절연 클로로프렌 캡타이어케이블일 것

㉧ 진열장
- 400[V] 이하
- 0.75[mm^2] 이상의 코드 또는 캡타이어케이블
- 붙임점 간 거리 1[m] 이하

10년간 자주 출제된 문제

1-1. 성냥을 제조하는 공장의 공사방법으로 틀린 것은?
① 금속관공사
② 케이블공사
③ 금속몰드공사
④ 합성수지관공사(두께 2[mm] 미만 및 난연성이 없는 것은 제외)

1-2. 화약류의 가루가 전기설비가 발화원이 되어 폭발할 우려가 있는 곳에 시설하는 저압 옥내배선의 공사방법으로 가장 알맞은 것은?
① 금속관공사
② 애자공사
③ 버스덕트공사
④ 합성수지몰드공사

1-3. 가연성 가스가 새거나 체류하여 전기설비가 발화원이 되어 폭발할 우려가 있는 곳에 있는 저압 옥내전기 설비의 시설방법으로 가장 적합한 것은?
① 애자공사
② 가요전선관공사
③ 셀룰러덕트공사
④ 금속관공사

1-4. 화약류 저장소에서 백열전등이나 형광등 또는 이들에 전기를 공급하기 위한 전기설비를 시설하는 경우 전로의 대지전압은?
① 100[V] 이하
② 150[V] 이하
③ 220[V] 이하
④ 300[V] 이하

1-5. 흥행장의 저압 옥내배선, 전구선 또는 이동전선의 사용전압은 최대 몇 [V] 이하인가?
① 400
② 440
③ 450
④ 750

해설

1-1

위험물 등이 존재하는 장소
셀룰로이드, 성냥, 석유류, 기타 타기 쉬운 위험한 물질을 제조하거나 저장하는 곳에 시설하는 저압 옥내 전기설비는 금속관공사, 케이블공사, 합성수지관공사(두께 2[mm] 미만의 합성수지전선관 및 난연성이 없는 콤바인덕트관을 사용하는 것을 제외)에 의할 것

1-2

폭연성 먼지(마그네슘, 알루미늄, 타이타늄, 지르코늄 등의 먼지가 쌓여 있는 상태에서 불이 붙었을 때에 폭발할 우려가 있는 것) 또는 화약류의 가루가 전기설비가 발화원이 되어 폭발할 우려가 있는 곳에 시설하는 저압 옥내전기설비는 금속관공사 또는 케이블공사(캡타이어케이블을 사용하는 것을 제외)에 의할 것

폭연성 먼지 또는 화약류의 가루	금속관공사, 케이블공사
가연성 먼지	금속관공사, 케이블공사, 합성수지관공사

1-3

가연성 가스 등이 있는 곳의 저압 시설
가연성 가스 또는 인화성 물질의 증기가 새거나 체류하여 전기설비가 발화원이 되어 폭발할 우려가 있는 곳에 시설하는 저압 옥내전기설비는 금속관공사 또는 케이블공사에 의한다.

1-4

화약류 저장소 : 전로의 대지전압 300[V] 이하일 것

1-5

전시회, 쇼 및 공연장의 전기설비
무대, 무대마루 밑, 오케스트라 박스, 영사실, 기타 사람이나 무대도구가 접촉할 우려가 있는 곳에 시설하는 저압 옥내배선, 전구선 또는 이동전선은 사용전압이 400[V] 이하이어야 한다.

정답 1-1 ③ 1-2 ① 1-3 ④ 1-4 ④ 1-5 ①

핵심이론 02 조명설비

① 조명설비의 개요

㉠ 조명의 용어

광속	광원으로부터 나오는 빛의 양	• 기호 : F(Luminous Flux) • 단위 : 루멘[lm]
광도	광원이 어떤 방향에 대하여 발생하는 빛의 세기	• 기호 : I (Luminous Intensity) • 단위 : 칸델라[cd]
조도	어떤 면에 광속이 도달하여 밝아졌을 때 그 면에서의 밝기	• 기호 : E (Intensity of Illumination) • 단위 : 럭스[lx]
휘도	눈부심 정도	• 기호 : B(Brightness) • 단위 : 스틸브[sb]
광속 발산도	발산 광속의 밀도	• 기호 : M (Luminous Emittance) • 단위 : 래드럭스[rlx]

㉡ 조명방식의 선정
- 조명기구 배치에 의한 분류
  - 전반조명방식 : 작업면 전반에 균등한 조도를 갖게 하는 방식
  - 국부조명방식 : 작업면의 필요한 개소만 고조도로 하는 방식
  - 국부적 전반조명방식 : 국부조명 + 전반조명
- 조명기구 배광에 의한 분류
  - 직접조명 : 설비비가 가장 적게 드나 조도가 고르지 못하다.
  - 간접조명 : 그림자가 없고 눈부심이 적으나 큰 조도에는 비경제적이다.
  - 전반확산조명 : 조명기구의 40~60[%] 정도의 빛이 위와 아래로 고르게 향하는 조명

㉢ 실내 평균조도계산 및 등기구 상호간격
- 계산방법 : 조명할 면적을 $A[m^2]$, 작업면에 필요한 평균조도를 $E[lx]$라 하면 광속법에 의한 평균조도는 다음 식으로 구할 수 있다.

  평균조도 $E = \dfrac{N \times F \times U}{A \times D}$

  $= \dfrac{N \times F \times U \times M}{A}[lx]$

  $D = \dfrac{1}{M}$

  여기서, E : 평균조도[lx]
  N : 램프의 개수
  F : 램프 1개당 광속[lm]
  U : 조명률
  A : 작업면의 면적[m^2]
  D : 감광보상률
  M : 유지율(보수율)

- 실지수는 방의 형상, 크기, 광원의 위치에 따라 결정되는 계수이다.

  실지수 $= \dfrac{XY}{H(X+Y)}$

  여기서, X : 방의 가로 길이(폭)
  Y : 방의 세로 길이
  H : 피조면에서 조명기구까지의 높이
  (일반 사무실에서는 바닥 위 0.85[m])

- 등기구 상호 간의 간격 : $L \leq 1.5H$ 범위 이내
- 등기구와 벽면의 간격 : $L_0 \leq \dfrac{H}{2}$, $L_0 \leq \dfrac{H}{3}$

  (벽 가까이에서 작업을 하는 경우)
- 1개의 스위치에 등기구수가 6개 이내가 되도록 한다.
- 스위치, 콘센트 등의 배치

구 분	높 이
스위치	바닥에서 1.2[m] 정도
콘센트	바닥에서 0.3[m] 정도, 단, 물에 접촉할 우려가 있는 경우에는 0.5~1.0[m] 정도

② 코드

㉠ 사용 : 조명용 전원코드 및 이동전선으로만 사용 (고정배선 불가)

㉡ 전압 : 400[V] 이하

㉢ 조명용 전원코드(이동전선)는 단면적 0.75[mm^2] 이상의 코드(캡타이어케이블)를 용도에 맞게 선정

ㄹ) 코드 또는 캡타이어케이블의 선정

종류	용도	옥내 조명용 전원코드	옥내 이동전선	옥외·옥측 조명용 전원코드	옥외·옥측 이동전선
코드	비닐	×	△○	×	×
	고무	○	○	×	×
	편조 고무			●	□
	금사	×	▲	×	×
	실내장식 전등 기구용		○	×	×
캡타이어 케이블	고무	◎	◎	◎	◎
	비닐	×	△◎	×	△◎

○, □, ● : 300/300[V] 이하에 사용
▲ : 소형 가정용 전기기구(25[m] 이내)
◎ : 0.6/1[kV] 이하에 사용
● : 사람의 접촉이 없는 경우 사용
× : 사용 불가
□ : 비에 젖지 않을 경우 사용
△ : 방전등, 라디오, 텔레비전, 선풍기, 전기이발기 등 전기를 열로 사용하지 않는 소형 기계기구에 사용할 경우 전기모포, 전기온수기 등 고온부가 노출되지 않은 것으로 이에 전선이 접촉될 우려가 없는 구조의 가열장치(접속부 온도가 80[℃] 이하이고 또한 전열기 외면의 온도가 100[℃]를 초과할 우려가 없는 것)에 사용할 경우

10년간 자주 출제된 문제

2-1. 실내 전체를 균일하게 조명하는 방식으로 광원을 일정한 간격으로 배치하며 공장, 학교, 사무실 등에서 채용되는 조명 방식은?

① 국부조명 ② 전반조명
③ 직접조명 ④ 간접조명

2-2. 옥내에 시설하는 사용전압이 400[V] 이하인 저압의 이동전선은 0.6/1[kV] EP 고무절연 클로로프렌 캡타이어케이블로서 단면적이 몇 [mm²] 이상이어야 하는가?

① 0.75 ② 2
③ 5.5 ④ 8

[해설]

2-1
전반조명
실내조명에서 광원을 배치하는 한 형식으로, 상당히 넓은 실내에 적당한 크기의 광원을 여러 개 규칙적으로 배치하여 조도 분포를 고르게 한다. 공장, 사무실, 백화점 등에 많이 쓰인다.

2-2
옥내 저압용 이동전선의 시설
전구선 또는 이동전선은 단면적 0.75[mm²] 이상의 코드(캡타이어 케이블)를 용도에 맞게 선정한다.

정답 2-1 ② 2-2 ①

PART 02

과년도+최근 기출복원문제

2017년	1, 2, 3, 4회
2018년	1, 2, 3, 4회
2019년	1, 2, 3, 4회
2020년	1, 2, 3회
2021년	1, 2, 3회
2022년	1, 2, 3회
2023년	1, 2, 3회
2024년	1, 2, 3회
2025년	1, 2, 3회

※ 출제 기준 및 법령 등의 변경에 따라 유효하지 않은 문제는 교체하거나 일부 표현(명칭, 범위, 숫자 등)을 변경하여 수록하였습니다. 2016년 제5회부터 CBT 형식으로 진행됨에 따라 수험자의 기억에 의해 문제를 복원하여 수록하였기 때문에 실제 시행 문제와 일부 상이할 수 있으며, 모든 회차를 복원하지 못한 점 양해바랍니다.

2017년 제1회 과년도 기출복원문제

01 다음 중 자기작용에 관한 설명으로 올바른 것은?

① 기자력의 단위는 [AT]를 사용한다.
② 자기회로에서 자속을 발생시키기 위한 힘을 기전력이라고 한다.
③ 자기회로의 자기저항이 작은 경우는 누설자속이 매우 크다.
④ 평행한 두 도체 사이에 전류가 반대 방향으로 흐르면 흡인력이 작용한다.

해설
② 자기회로에서 자속을 발생시키기 위한 힘을 기자력이라고 한다.
③ 자기회로의 자기저항이 작은 경우는 누설자속이 거의 발생하지 않는다.
④ 평행한 두 도체 사이에 전류가 같은 방향으로 흐르면 흡인력이 작용한다.

02 0.02[μF], 0.03[μF] 2개의 콘덴서를 직렬로 접속할 때의 합성용량은 몇 [μF]인가?

① 0.05
② 0.012
③ 0.06
④ 0.016

해설
콘덴서의 직렬접속 시 합성용량은 저항의 병렬접속 계산방법과 같다.

$\frac{1}{C} = \frac{1}{C_1} + \frac{1}{C_2}$ [1/F]

$C = \frac{1}{\frac{1}{C_1}+\frac{1}{C_2}} = \frac{C_1 \times C_2}{C_1+C_2} = \frac{0.02 \times 0.03}{0.02+0.03} = \frac{0.0006}{0.05}$

$= 0.012[\mu F]$

03 Y-Y 결선 회로에서 선간전압이 380[V]일 때 상전압은 약 몇 [V]인가?

① 190
② 219
③ 269
④ 380

해설
Y결선(성형 결선, Star 결선)
• 선전압(V_l)이 상전압(V_p)보다 $\sqrt{3}$ 배 크고 $\frac{\pi}{6}$[rad]만큼 위상이 앞선다.

$V_l = \sqrt{3}\, V_p \angle \frac{\pi}{6}$

• 상전류(I_p)는 선전류(I_l)와 동상이다.

∴ 위의 식을 참고하여 계산하면 $V_p = \frac{V_l}{\sqrt{3}} = \frac{380}{\sqrt{3}} \fallingdotseq 219[V]$

04 3[Ω]의 저항과, 4[Ω]의 유도성 리액턴스의 병렬회로가 있다. 이 병렬회로의 임피던스는 몇 [Ω]인가?

① 1.7
② 2.4
③ 3.2
④ 5

해설
RLC 병렬회로에서

$Y = \frac{1}{Z} = \sqrt{\left(\frac{1}{R}\right)^2 + \left(\frac{1}{X_L}-\frac{1}{X_C}\right)^2} = \sqrt{\left(\frac{1}{3}\right)^2 + \left(\frac{1}{4}\right)^2}$ [℧]

$Z = 2.4[\Omega]$
(Y : 어드미턴스, Z : 임피던스)

05 전류에 의해 만들어지는 자기장의 자기력선 방향을 간단하게 알아보는 법칙은?

① 앙페르의 오른나사 법칙
② 플레밍의 오른손 법칙
③ 플레밍의 왼손 법칙
④ 렌츠의 법칙

해설
- 플레밍의 오른손 법칙 : 자기장 속에서 도선을 움직일 때 유도기전력에 유도되는 전류의 방향 → 발전기
- 플레밍의 왼손 법칙 : 자기장 내의 전류가 흐르는 도선의 힘의 방향 → 전동기
- 렌츠의 법칙 : 전류의 변화를 방해하는 방향으로 발생되는 기전력

06 △-△ 평형회로에서 $E = 200[V]$, 임피던스 $Z = 3 + j4[\Omega]$일 때 상전류 $I_p[A]$는 얼마인가?

① 30
② 40
③ 50
④ 66.7

해설
상전류 $I_p = \dfrac{V}{Z} = \dfrac{200}{\sqrt{3^2 + 4^2}} = 40[A]$

07 다음 중 코일이 가지는 특성 및 기능으로 옳지 못한 것은?

① 전류의 변화를 안정시키려고 하는 특성
② 상호유도작용의 특성
③ 직류전류를 차단하고 교류전류를 통과시키려는 특성
④ 공진하는 특성

해설
코일의 특성 및 기능
- 전류의 변화를 안정시키려고 하는 특성이 있다.
- 상호유도작용(변압기)
- 전자석의 성질(릴레이, 스피커)
- 공진하는 특성
- 전원 노이즈 차단 기능

08 진공 속에서 1[m]의 거리를 두고 10^{-3}[Wb]와 10^{-5}[Wb]의 자극이 놓여 있다면 그 사이에 작용하는 힘[N]은?

① $4\pi \times 10^{-5}$
② $4\pi \times 10^{-4}$
③ 6.33×10^{-5}
④ 6.33×10^{-4}

해설
$F = \dfrac{1}{4\pi\mu_0} \cdot \dfrac{m_1 \cdot m_2}{r^2} = 6.33 \times 10^4 \times \dfrac{m_1 \cdot m_2}{r^2}$ 이므로
$= 6.33 \times 10^4 \times \dfrac{10^{-3} \times 10^{-5}}{1^2}$
$= 6.33 \times 10^{-4}[N]$

09 환상 솔레노이드 내부의 자기장의 세기에 관한 설명으로 옳은 것은?

① 자장의 세기는 권수에 반비례한다.
② 자장의 세기는 권수, 전류, 평균 반지름과는 관계가 없다.
③ 자장의 세기는 평균 반지름에 비례한다.
④ 자장의 세기는 전류에 비례한다.

해설
환상 솔레노이드 내부의 자기장
$H = \dfrac{NI}{2\pi r} = \dfrac{NI}{l}$
(H : 자기장의 세기, N : 코일의 권수, I : 전류, l : 자로의 길이)

10 공기 중에서 자속밀도 10[Wb/m²]의 평등자계 내에 5[A]의 전류가 흐르고 있는 길이 60[cm]의 직선 도체를 자계의 방향에 대하여 30°의 각을 이루도록 놓았을 때 이 도체에 작용하는 힘[N]은?

① 15
② $15\sqrt{3}$
③ 30
④ $30\sqrt{3}$

해설
$F = BIl\sin\theta = 10 \times 5 \times 0.6 \times \sin 30° = 15[N]$
(F : 도선이 받는 힘, B : 자속밀도(자기장의 세기), I : 전류의 양, l : 감은 코일의 길이)

11 비투자율이 1인 환상 철심 중의 자장의 세기가 H[AT/m]이었다. 이때 비투자율이 10인 물질로 바꾸면 철심의 자속밀도[Wb/m²]는?

① $\frac{1}{10}$로 줄어든다.
② 10배 커진다.
③ 50배 커진다.
④ 100배 커진다.

해설
자속밀도와 자기장의 세기의 관계식은 $B = \mu H$이므로 비투자율이 10인 물질로 바꾸면 투자율도 10배가 되므로 관계식에 의해 자속밀도도 10배가 커진다.
• 투자율 : 어떤 매질이 주어진 자기장에 대하여 얼마나 자화하는지를 나타내는 값
$\mu = \mu_0 \mu_r$ [H/m]
(진공에서의 투자율 $\mu_0 = 4\pi \times 10^{-7}$[H/m], 물질의 비투자율 μ_r (진공=1, 공기≒1))
• 비투자율 : 진공에서의 투자율을 기준으로 얼마나 자화하는지를 나타내는 비율

12 선간전압이 24,000[V], 선전류가 900[A], 역률 90[%] 부하의 소비전력은?

① 약 13,746[kW]
② 약 19,440[kW]
③ 약 27,492[kW]
④ 약 33,671[kW]

해설
소비전력 $P = \sqrt{3} \times V \times I \times \cos\theta$이므로
$P = \sqrt{3} \times 24,000 \times 900 \times 0.9$
$= 33,671,067[W] ≒ 33,671[kW]$

13 다음 중 저항값이 클수록 좋은 것은?

① 접지저항
② 절연저항
③ 도체저항
④ 접촉저항

해설
• 접지저항 : 감전 등의 전기사고 예방 목적으로 전기기기와 대지를 도선으로 연결하여 기기의 전위를 0으로 유지하는 것으로, 어스라고도 한다.
• 절연저항 : 직류전압을 인가했을 때 발생하는 전류에 대하여, 그 절연물에 의해서 주어지는 저항값이다.

14 금속 내부를 지나는 자속의 변화로 금속 내부에 생기는 맴돌이 전류를 작게 하려면 어떻게 하여야 하는가?

① 두꺼운 철판을 사용한다.
② 높은 전류를 가한다.
③ 얇은 철판을 성층하여 사용한다.
④ 철판 양면에 절연지를 부착한다.

해설
얇은 철판을 성층하여 맴돌이 전류를 줄인다.

10 ① 11 ② 12 ④ 13 ② 14 ③

15 전장 중에 단위정전하를 놓을 때 여기에 작용하는 힘과 같은 것은?

① 전 하 ② 전장의 세기
③ 전 위 ④ 전 속

해설
전계(전장)의 세기
전계 내의 임의의 한 점에 단위전하 1[C]을 놓았을 때, 이에 작용하는 힘(임의의 한 점에서의 전기력선 밀도와 같다)

16 220[V]용 24[W] 2개의 전구를 직렬과 병렬로 전원 220[V]에 연결하면?

① 직렬로 연결한 전등이 더 밝다.
② 병렬로 연결한 전등이 더 밝다.
③ 직렬로 연결한 경우와 병렬로 연결한 경우의 밝기가 같다.
④ 전구가 모두 안 켜진다.

해설
- 직렬연결에서는 각 전구에 저항은 일정하고 전압은 $\frac{1}{2}$만 걸리므로 소비전력은 $P = \frac{(0.5V)^2}{R} = 0.25 \cdot \frac{V^2}{R}$ 이므로 원래 전구의 소비전력의 $\frac{1}{4}$로 줄어들어 6[W]가 소비되고 전구가 2개 직렬로 총 12[W]가 소비된다.
- 병렬연결에서는 각 전구에 전압이 일정하게 걸리므로 각 24[W] 2개 총 48[W]의 전력을 소비된다.

17 1차 전지로 가장 많이 사용되는 것은?

① 니켈-카드뮴전지
② 연료전지
③ 망가니즈건전지
④ 납축전지

해설
- 1차 전지 : 화학에너지를 전기에너지로 변환시킬 수는 있으나, 역으로 전기에너지를 화학에너지로 변환시키지는 못한다. 즉, 재충전시킬 수 없다.
  예 수은전지, 망가니즈전지, 알칼라인전지, 리튬전지
- 2차 전지 : 충전과 방전을 교대로 반복할 수 있는 전지를 말한다.
  예 납축전지, 니켈-카드뮴(Ni-cd), 리튬 폴리머 등
- 연료전지 : 수소와 산소의 촉매제를 통해 화학반응을 일으켜 물이 되면서 전기가 발생하는 전지

18 그림과 같은 비사인파의 제3고조파 주파수는?(단, $V = 20$[V], $T = 10$[ms]이다)

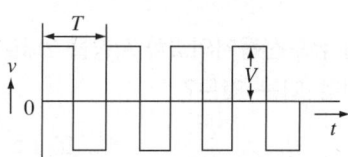

① 100[Hz] ② 200[Hz]
③ 300[Hz] ④ 400[Hz]

해설
3고조파의 주파수는 기본주파수의 3배이다.
기본주파수는 $f = \frac{1}{T} = \frac{1}{10 \times 10^{-3}} = 100$[Hz]이고, 3고조파의 주파수는 300[Hz]가 된다.

19
묽은 황산(H_2SO_4) 용액에 구리(Cu)와 아연(Zn)판을 넣었을 때 아연판은?

① 수소 기체를 발생한다.
② 음극이 된다.
③ 양극이 된다.
④ 황산아연으로 변한다.

해설
볼타전지는 아연판(음극), 구리판(양극), 묽은 황산(전해액)으로 구성된다. 음극인 아연판에서 아연이온이 전해액으로 녹아들어가고, 이때 남겨진 전자는 도선을 따라 구리판으로 이동한다. 양극인 구리판 표면에 있는 수소이온과 이동해 온 전자가 결합해 수소가 발생한다.

20
교류회로에서 유효전력의 단위는?

① [W]   ② [VA]
③ [Var]   ④ [Wh]

해설
전력의 단위는 피상전력[VA], 유효전력[W], 무효전력[Var], 전력량[Wh]이다.

21
3상 유도전동기의 2차 저항을 2배로 하면 그 값이 2배로 되는 것은?

① 슬 립   ② 토 크
③ 전 류   ④ 역 률

해설
비례추이
권선형 유도전동기의 회전자에 외부에서 저항을 접속한 후 변화시키면 토크는 그대로 유지하면서 저항에 비례하여 슬립(속도)이 이동하는데, 이를 비례추이라 한다. 외부저항을 2배, 3배로 증가시키면 기동토크는 증가하고 기동전류 및 속도는 감소하나 운전토크는 일정하다.

22
보호계전기 시험을 하기 위한 유의사항이 아닌 것은?

① 시험회로 결선 시 교류와 직류 확인
② 시험회로 결선 시 교류의 극성 확인
③ 계전기 시험 장비의 오차 확인
④ 영점의 정확성 확인

해설
보호계전기 시험
보호계전기의 정상적인 작동 여부의 확인과 각 계전기의 작동특성을 시험하는 것으로 직/교류 확인, 영점 확인 및 측정장비의 오차를 확인한다. 교류 특성상 극성을 확인하지 않는다.

23
다중 중권의 극수 p인 직류기에서 전기자 병렬회로수 a는 어떻게 되는가?

① $a = p$ ② $a = 2$
③ $a = 2p$ ④ $a = 3p$

해설
중권과 파권의 비교
- 중권 : 병렬회로수($a=p$), 브러시수($b=$극수$-a$), 균압환 필요(4극 이상), 저압 대전류용(병렬권)
- 파권 : 병렬회로수($a=2$), 브러시수($b=2$ 또는 $b=p$), 균압환 불필요, 고압 소전류용(직렬권)

정답: 19 ② 20 ① 21 ① 22 ② 23 ①

24 직류발전기에서 브러시와 접촉하여 전기자권선에 유도되는 교류기전력을 정류해서 직류로 만드는 부분은?

① 계 자   ② 정류자
③ 슬립링   ④ 전기자

해설
직류발전기의 구조(직류기의 3요소)
- 계자(계자철심+계자권선) : 자속 ϕ을 발생
- 전기자(전기자철심+전기자권선) : 자속 ϕ을 끊어 기전력 발생
- 정류자 : 교류를 직류로 변환

25 동기전동기에서 난조를 방지하기 위하여 자극면에 설치하는 권선을 무엇이라 하는가?

① 제동권선   ② 계자권선
③ 전기자권선 ④ 보상권선

해설
난조(Hunting) : 부하가 급변하는 경우 회전속도가 동기속도를 중심으로 빨라지고 늦어지고 하는 감쇠 주기적인 진동을 난조라고 하고, 난조가 심하면 동기를 이탈하게 된다.
- 원 인
  - 조속기의 감도가 예민한 경우
  - 전기자저항 등 계통 저항이 커서 동기화력을 줄이거나 고주파가 계통에 포함될 때
  - 각속도가 일정하지 않는 경우
- 대 책
  - 제동권선을 설치한다.
  - 관성효과를 증대시킨다.
  - 리액턴스 성분을 증가시킨다.

26 전기기기의 철심재료로 규소강판을 많이 사용하는 이유로 가장 적당한 것은?

① 와류손을 줄이기 위해
② 맴돌이 전류를 없애기 위해
③ 히스테리시스손을 줄이기 위해
④ 구리손을 줄이기 위해

해설
철심(Core)의 재료
- 규소강판(규소함유 4~4.5[%]) 사용(히스테리시스손의 감소를 위함)
- 두께 0.3~0.5[mm]으로 성층(와류손을 감소시키기 위함)

27 동기발전기를 회전계자형으로 하는 이유가 아닌 것은?

① 고전압에 견딜 수 있게 전기자권선을 절연하기가 쉽다.
② 전기자 단자에 발생한 고전압을 슬립 링 없이 간단하게 외부회로에 인가할 수 있다.
③ 기계적으로 튼튼하게 만드는 데 용이하다.
④ 전기자가 고정되어 있지 않아 제작비용이 저렴하다.

해설
회전계자형을 사용하는 이유
- 기계적인 측면
  - 계자의 철분포가 전기자에 비하여 크므로 회전 시 계자가 더 튼튼하다.
  - 원동기 측에서 구조가 간단한 계자를 회전시키는 것이 더 유리하다.
- 전기적인 측면
  - 교류 고압인 전기자보다 직류 저압인 계자를 회전시키는 것이 위험성이 작다.
  - 교류 고압인 전기자가 고정되어 있으므로 절연이 용이하다.

28 직류발전기가 있다. 자극수는 6, 전기자 총도체수 400, 매극당 자속 0.01[Wb], 회전수는 600[rpm]일 때 전기자에 유기되는 기전력은 몇 [V]인가? (단, 전기자권선은 파권이다)

① 40 ② 120
③ 160 ④ 180

해설
직류발전기의 유도기전력
파권에서의 병렬회로수는 극수와 같으므로
$E = \frac{p}{a} z \phi \frac{N}{60} = \frac{6}{2} \times 400 \times 0.01 \times \frac{600}{60} = 120[V]$
(p : 자극수, a : 병렬회로수(파권 $a=2$, 중권 $a=p$), z : 도체수, ϕ : 자극당 자속의 크기, N : 회전수[rpm])

29 부흐홀츠계전기로 보호되는 기기는?

① 변압기 ② 유도전동기
③ 직류발전기 ④ 교류발전기

해설
부흐홀츠계전기(Buchholtz's Relay)
유입형 변압기의 탱크 속에 발생한 가스의 양 및 유동에 의해서 작동하는 계전기로, 변압기 본체와 콘서베이터 사이에 위치하여 권선 단락, 철심 고정 볼트의 절연 열화, 탭 전환기의 고장 등을 검출하는 데 쓰인다.

30 일종의 전류계전기로 보호대상설비에 유입되는 전류와 유출되는 전류의 차에 의해 동작하는 계전기는?

① 차동계전기 ② 전류계전기
③ 주파수계전기 ④ 재폐로계전기

해설
차동계전기(DCR ; Differential Current Relay)
보호대상설비에 유입되는 전류와 유출되는 전류의 차이에 의해서 동작함으로써 기기의 내부고장 보호에 사용된다.
보호계전기의 용도별 분류

구 분		내 용
분 류	종 류	
계전기 용도별	전류계전기	OCR, UCR 등
	전압계전기	OVR, UVR, 결상계전기, 역상계전기 등
	전력계전기	유효, 무효, 과전력, 부족전력계전기 등
	방향계전기	단락방향, 지락방향, 전력방향계전기 등
	차동계전기	차동계전기, 비율차동계전기
	기타 계전기	거리, 주파수, 온도, 속도, 압력계전기, 탈조보호계전기, 온도계전기, 선택계전기 등

31 60[Hz], 20극, 11,400[W]의 3상 유도전동기가 슬립 5[%]로 운전될 때 2차 동손이 600[W]이다. 이 전동기의 전부하 시 토크는 약 몇 [kg·m]인가?

① 32.5 ② 28.5
③ 24.5 ④ 20.5

해설
- 토크 $T = \frac{P_o}{\omega} = 9.55 \frac{P_2}{N_s}[N \cdot m] = 0.975 \frac{P_2}{N_s}[kg \cdot m]$
- $P_2 : P_{c2} : P_o = 1 : s : (1-s)$
- 2차 출력 $P_o = P_2 - P_{c2} = (1-s)P_2[W]$
  (P_{c2} : 2차 구리손, $P_2[W]$: 2차 입력)

∴ $N_s = \frac{120f}{p} = \frac{120 \times 60}{20} = 360[rpm]$ 이고,

$P_2 : P_{c2} = 1 : s$ 이므로 $P_2 = \frac{P_{c2}}{s} = \frac{600[W]}{0.05} = 12,000[W]$

따라서 전부하 시 토크
$T = 0.975 \frac{P_2}{N_s} = 0.975 \times \frac{12,000}{360} = 32.5[kg \cdot m]$

32 동기발전기의 무부하 포화곡선을 나타낸 것이다. 포화계수에 해당하는 것은?

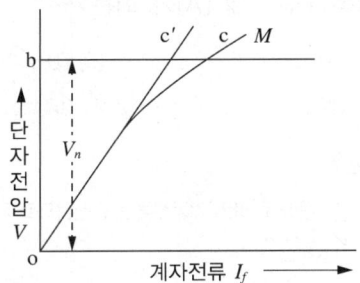

① $\dfrac{ob}{oc}$
② $\dfrac{bc'}{bc}$
③ $\dfrac{cc'}{bc'}$
④ $\dfrac{cc'}{bc}$

해설
- 무부하 포화곡선 : 무부하 시험을 통해 계자전류 I_f를 점차 증가시키면서 I_f와 단자전압 V의 관계를 나타낸 곡선
- 무부하 시험 : 무부하 상태에서 계자회로의 가변저항 R_f를 최대로 놓고 원동기의 속도를 동기발전기의 정격 회전속도로 회전시킨 다음, 직류전원의 스위치를 닫고 계자전류 I_f를 점차 증가시키면서 I_f와 단자전압 V를 측정한다.

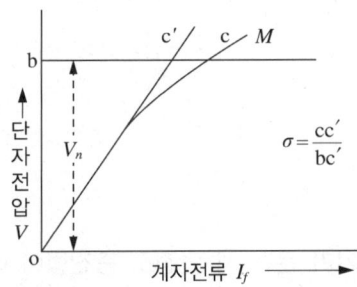

따라서 위 무부하 포화곡선에서 포화율 $\sigma = \dfrac{cc'}{bc'}$ 이다.

33 60[Hz] 3상 반파 정류회로의 맥동주파수[Hz]는?

① 60
② 120
③ 180
④ 360

해설
맥동주파수 = 기본파 × 상수 × k
- 반파 정류 : $k = 1$
- 전파 정류 : $k = 2$
∴ 맥동주파수 = 60 × 3 × 1 = 180[Hz]

34 직류전동기의 출력이 50[kW], 회전수가 1,800[rpm]일 때 토크는 약 몇 [kg·m]인가?

① 12
② 23
③ 27
④ 31

해설
$T = \dfrac{P}{\omega} = 0.975 \dfrac{P}{N} = 0.975 \times \dfrac{50 \times 10^3}{1,800} \fallingdotseq 27[\text{kg} \cdot \text{m}]$

35 3상 동기발전기의 병렬운전조건이 아닌 것은?

① 전압의 크기가 같을 것
② 회전수가 같을 것
③ 주파수가 같을 것
④ 전압 위상이 같을 것

해설
동기발전기의 병렬운전조건
- 유기기전력의 주파수가 서로 같아야 함
- 유기기전력의 크기가 같아야 함
- 유기기전력의 위상이 같을 것
- 유기기전력의 파형이 같을 것

36 3상 동기전동기의 단자전압과 부하를 일정하게 유지하고, 회전자 여자전류의 크기를 변화시킬 때 옳은 것은?

① 전기자전류의 크기와 위상이 바뀐다.
② 전기자권선의 역기전력은 변하지 않는다.
③ 동기전동기의 기계적 출력은 일정하다.
④ 회전속도가 바뀐다.

해설
3상 동기전동기의 단자전압과 부하를 일정하게 유지하고, 회전자 여자전류의 크기를 변화시킬 때 전기자전류의 크기와 위상은 변화한다.

정답 32 ③ 33 ③ 34 ③ 35 ② 36 ①

37 전부하에서 2차 전압이 120[V]이고 전압변동률이 2[%]인 단상 변압기가 있다. 1차 전압은 몇 [V]인가? (단, 1차 권선과 2차 권선의 권수비는 20 : 1이다)

① 1,224
② 2,448
③ 2,888
④ 3,142

해설
변압기의 전압변동률
전압변동률 $\varepsilon = \dfrac{V_{20} - V_{2n}}{V_{2n}} \times 100 [\%]$
(V_{2n} : 2차 쪽 정격전압, V_{20} : 2차 쪽 무부하전압)
$0.02 = \dfrac{V_{20} - 120}{120}$ 이므로 무부하전압 $V_{20} = 122.4[V]$이다.
권수비 $a = \dfrac{V_{1n}}{V_{2n}}$ 이므로
1차 측 단자전압 $V_{1n} = 20 \times 122.4 = 2,448[V]$이다.

38 3상 유도전동기 슬립의 범위는?

① $0 < s < 1$
② $-1 < s < 0$
③ $1 < s < 2$
④ $0 < s < 2$

해설
3상 유도전동기의 슬립 범위
$s = \dfrac{N_s - N}{N_s}$ 이므로 $s = 1$은 정지상태($N=0$), $s=0$은 무부하 상태($N=N_s$, 동기속도)를 말한다. 부하 시 유도전동기의 슬립 범위는 $0 < s < 1$이며, 발전기인 경우 $s < 0$이다. 특히 역상제동의 경우 역회전 속도가 발생하므로, 슬립은 1보다 커지며, 이때 슬립의 범위는 $s > 1 \sim 2$가 된다.

39 5.5[kW], 200[V] 유도전동기의 전전압 기동 시의 기동전류가 150[A]이었다. 여기에 Y-△ 기동 시 기동전류는 몇 [A]가 되는가?

① 50
② 70
③ 87
④ 95

해설
Y-△ 기동으로 하면 기동전류는 전전압으로 기동할 때보다 $\dfrac{1}{3}$으로 감소한다.
∴ $150 \times \dfrac{1}{3} = 50[A]$

40 동기기 운전 시 안정도 증진법이 아닌 것은?

① 단락비를 크게 한다.
② 회전부의 관성을 크게 한다.
③ 속응여자방식을 채용한다.
④ 역상 및 영상임피던스를 작게 한다.

해설
동기기의 안정도 증진법
• 정상 및 과도리액턴스를 작게 하고, 단락비를 크게 한다.
• 영상임피던스와 역상임피던스를 크게 하고, 동기임피던스는 작게 한다.
• 전기자저항을 감소시킨다.
• 회전자의 관성을 크게 한다.
• 속응여자방식을 채용한다(AVR의 속응도를 크게 함).

41 주로 저압 가공전선로 또는 인입선에 사용되는 애자로서 주로 앵글베이스 스트랩과 스트랩볼트 인류바인드선(비닐절연 바인드선)과 함께 사용하는 애자는?

① 고압 핀 애자
② 저압 인류 애자
③ 저압 핀 애자
④ 라인포스트 애자

해설
- 인류 애자 : 송・배전선에서 전선을 무게에 의해 처지는 것을 방지하기 위해 전선을 당겨서 처지는 것을 방지하는 애자로, 가공배전선로 또는 인입선에 사용된다.
  ※ 인류는 종단(끝나는 부분)을 의미한다.
- 핀 애자 : 철강재 핀이 달린 애자로 배전전선로나 전기기기의 나선 부분을 절연하고 동시에 기계적으로 유지 또는 지지하기 위하여 사용된다.
- 라인포스트 애자 : 저전압 송전선로에서 핀 애자 대용으로 사용된다.

42 저압 이웃 연결 인입선의 시설과 관련된 설명으로 알맞은 것은?

① 옥내를 통과하지 아니할 것
② 전선의 굵기는 1.5[mm^2] 이하일 것
③ 폭 6[m]를 넘는 도로를 횡단하지 아니할 것
④ 인입선에서 분기하는 점으로부터 150[m]를 넘는 지역에 미치지 아니할 것

해설
이웃 연결 인입선의 시설
저압 이웃 연결 인입선은 저압 인입선의 시설의 규정에 준하여 시설하는 이외에 다음에 따라 시설하여야 한다.
- 인입선에서 분기하는 점으로부터 100[m]를 초과하는 지역에 미치지 아니할 것
- 폭 5[m]를 초과하는 도로를 횡단하지 아니할 것
- 옥내를 통과하지 아니할 것

43 셀룰로이드, 성냥, 석유류 등 기타 가연성 위험물질을 제조 또는 저장하는 장소의 공사방법이 아닌 것은?

① 배선은 금속관공사, 합성수지관공사 또는 케이블공사에 의할 것
② 금속관은 박강전선관 또는 이와 동등 이상의 강도가 있는 것을 사용할 것
③ 두께가 2[mm] 미만의 합성수지제 전선관을 사용할 것
④ 합성수지관공사에 사용하는 합성수지관 및 박스 기타 부속품은 손상될 우려가 없도록 시설할 것

해설
가연성 먼지 위험장소
- 가연성 먼지는 소맥분, 전분, 유황, 기타 가연성의 먼지로 공중에 떠다니는 상태에서 착화하였을 때에 폭발할 우려가 있는 것을 말한다.
- 저압 옥내배선 등은 합성수지관공사(두께 2[mm] 미만의 합성수지 전선관 및 난연성이 없는 콤바인덕트관을 사용하는 것을 제외), 금속관공사 또는 케이블공사에 의할 것
- 합성수지관 및 박스, 기타의 부속품은 손상을 받을 우려가 없도록 시설할 것
- 금속관공사에 의하는 때에 금속관은 박강전선관 또는 이와 동등 이상의 강도를 가지는 것일 것

44 접지를 하는 목적이 아닌 것은?

① 이상전압의 발생
② 전로의 대지전압의 저하
③ 보호계전기의 동작 확보
④ 감전의 방지

해설
접지의 목적(배전 지락 보호)
- 배전변전소 운전원의 감전사고 및 설비의 화재사고를 방지
- 지락 및 단락전류 등 고장 전류로부터 기기보호
- 보호계전기의 확실한 동작 확보 및 전위 상승 억제

정답 41 ② 42 ① 43 ③ 44 ①

45 실링·직접부착등을 시설하고자 한다. 배선도에 표기할 그림 기호로 옳은 것은?

① ─(N) ② ⌀
③ (CL) ④ (R)

해설
실링라이트(Ceiling Light)
천장에 부착하는 기구와 천장 속에 설치하는 기구를 말하며, 배선용 기호는 (CL)을 사용한다.

46 합성수지관공사에서 지지점 간의 거리는 몇 [m] 이하로 하여야 하는가?

① 0.6 ② 1.0
③ 1.2 ④ 1.5

해설
합성수지관 및 부속품의 시설
- 관 상호 간 및 박스와 관을 삽입하는 깊이 : 관의 바깥지름의 1.2배(접착제를 사용하는 경우에는 0.8배) 이상
- 관의 지지점 간의 거리 : 1.5[m] 이하

47 전력케이블로 많이 사용되는 CV 케이블의 정확한 명칭은?

① 비닐절연 비닐시스 케이블
② 가교 폴리에틸렌 절연비닐시스 케이블
③ 폴리에틸렌 절연비닐시스 케이블
④ 고무절연 클로로프렌시스 케이블

해설

약 칭	명 칭	주요용도
EV	폴리에틸렌 절연비닐시스(외장) 케이블	• 전기 특성이 우수 • 내약품성이 우수
VV	비닐절연 비닐시스(외장) 케이블	600[V] 이하인 저압회로에 사용
BN	뷰틸고무절연 클로로프렌시스(외장) 케이블	• 내열성이 우수 • 안정된 성능 • 광범위한 사용
PN	고무절연 클로로프렌시스(외장) 케이블	• 내후성 및 기계적 특성이 우수 • 사용조건이 가혹한 곳도 견딤
CV	가교 폴리에틸렌 절연비닐시스(외장) 케이블	• 전력 케이블의 대표격 • 가장 널리 사용
CV-EV	콘크리트 직매용 폴리에틸렌 절연비닐시스(외장) 케이블	600[V] 이하의 일반 상업용 또는 주거용으로 사용되는 배전용 전선 또는 조명용으로 사용
MI	무기물 절연 케이블	중량물의 압력이나 기계적 충격을 받는 장소
TFR-CV	난연 케이블	트레이 배선으로 사용하며 석유화학 단지, 지하 전력구 덕트나 일반 노출 배선으로 사용

48 다음 중 전선의 굵기를 측정하는 것은?

① 프레셔 툴
② 스패너
③ 파이어 포트
④ 와이어 게이지

해설
- 프레셔 툴 : 압착용
- 스패너 : 볼트나 너트를 죄거나 푸는 데 사용하는 공구
- 파이어 포트 : 납땜인두나 납땜 냄비를 올려 납물을 만드는 데 사용

49 전선을 접속할 때 전기저항은 증가되지 않아야 하고 전선의 세기를 몇 [%] 이상 감소시키지 않아야 하는가?

① 10
② 15
③ 20
④ 25

해설
전선의 접속
전선을 접속하는 경우에는 전선의 전기저항을 증가시키지 아니하도록 접속하여야 하며, 나전선 상호 또는 나전선과 절연전선 또는 캡타이어 케이블과 접속하는 경우에는 전선의 세기를 20[%] 이상 감소시키지 아니할 것

50 저압 가공전선과 건조물의 조영재가 접근상태로 시설되는 경우 조영재 위쪽과의 최소 간격은?

① 0.6[m]
② 0.8[m]
③ 1.2[m]
④ 2[m]

해설
저압 가공전선과 다른 시설물의 접근 또는 교차

다른 시설물의 구분		간 격
조영물의 상부 조영재	위 쪽	2[m] (전선이 고압 절연전선, 특고압 절연전선 또는 케이블인 경우는 1.0[m])
	옆쪽 또는 아래쪽	0.6[m] (전선이 고압 절연전선, 특고압 절연전선 또는 케이블인 경우는 0.3[m])
조영물의 상부 조영재 이외의 부분 또는 조영물 이외의 시설물		0.6[m] (전선이 고압 절연전선, 특고압 절연전선 또는 케이블인 경우는 0.3[m])

51 셀룰러덕트의 최대 폭이 180[mm]일 때 덕트의 판 두께는?

① 1.0[mm] 이상
② 1.2[mm] 이상
③ 1.4[mm] 이상
④ 1.6[mm] 이상

해설
셀룰러덕트 및 부속품의 선정
• 강판으로 제작한 것일 것
• 덕트 끝과 안쪽 면은 전선의 피복이 손상하지 아니하도록 매끈한 것일 것
• 덕트의 안쪽 면 및 외면은 녹방지를 위하여 도금 또는 도장을 한 것일 것
• 셀룰러덕트의 판 두께는 다음 표에서 정한 값 이상일 것

덕트의 최대 폭	덕트의 판 두께
150[mm] 이하	1.2[mm]
150[mm] 초과 200[mm] 이하	1.4[mm]
200[mm] 초과하는 것	1.6[mm]

52 합성수지관의 표준 규격품 1본의 길이는 몇 [m]인가?

① 3.0
② 3.6
③ 4.0
④ 4.5

해설
• 합성수지관 1본 길이 : 4[m]
• 금속관 1본 길이 : 3.6[m]

53 후강전선관의 관 호칭은 (㉠) 크기로 정하여 (㉡)로 표시하는데, ㉠과 ㉡에 들어갈 내용으로 옳은 것은?

① ㉠ 안지름 ㉡ 홀수
② ㉠ 안지름 ㉡ 짝수
③ ㉠ 바깥지름 ㉡ 홀수
④ ㉠ 바깥지름 ㉡ 짝수

해설
- 후강전선관 : 안지름 근접 짝수(호칭), 16~104[mm] 10종, 길이 3.6[m]
- 박강전선관 : 바깥지름 근접 홀수(호칭), 19~75[mm] 7종, 길이 3.6[m]

54 화약고에 시설하는 전기설비에서 전로의 대지전압은 몇 [V] 이하로 하여야 하는가?

① 100 ② 150
③ 300 ④ 400

해설
화약류 저장소에서 전기설비의 시설
화약류 저장소 안에는 전기설비를 시설해서는 안 된다. 다만, 조명기구에 전기를 공급하기 위한 전기설비(개폐기 및 과전류차단기를 제외)는 규정에 의해 시설하는 이외에 다음에 따라 시설하는 경우에는 그러하지 아니하다.
- 전로의 대지전압은 300[V] 이하일 것
- 전기기계기구는 전폐형의 것일 것
- 케이블을 전기기계기구에 인입할 때에는 인입구에서 케이블이 손상될 우려가 없도록 시설할 것

55 일반적으로 저압 가공인입선이 도로횡단(기술상 부득이한 경우로 교통에 지장 없을 때)하는 경우 노면상 높이는?

① 3[m] ② 4[m]
③ 5[m] ④ 6[m]

해설
저압 인입선의 시설
전선의 높이는 다음에 의할 것
- 도로(차도와 보도의 구별이 있는 도로인 경우에는 차도)를 횡단하는 경우에는 노면상 5[m](기술상 부득이한 경우에 교통에 지장이 없을 때에는 3[m]) 이상
- 철도 또는 궤도를 횡단하는 경우에는 레일면상 6.5[m] 이상
- 횡단보도교의 위에 시설하는 경우에는 노면상 3[m] 이상
- 이외의 경우에는 지표상 4[m](기술상 부득이한 경우에 교통에 지장이 없을 때에는 2.5[m]) 이상

56 저압 옥내 분기회로에 보호장치인 개폐기 및 과전류차단기를 시설하는 경우 원칙적으로 분기점에서 몇 [m] 이하에 시설하여야 하는가?

① 3 ② 5
③ 8 ④ 12

해설
분기회로의 보호장치는 전원 측에서 분기점 사이에 다른 분기회로 또는 콘센트의 접속이 없고, 단락의 위험과 화재 및 인체에 대한 위험성이 최소화되도록 시설된 경우 분기회로의 보호장치는 분기회로의 분기점으로부터 3[m]까지 이동하여 설치 가능

57 라이팅덕트공사에 의한 저압 옥내배선 시 덕트의 지지점 간의 거리는 몇 [m] 이하로 해야 하는가?

① 1.0 ② 1.2
③ 2.0 ④ 3.0

해설
라이팅덕트공사
- 덕트는 조영재에 견고하게 붙일 것
- 덕트의 지지점 간의 거리는 2[m] 이하로 할 것
- 덕트의 끝부분은 막을 것
- 덕트의 개구부는 아래로 향하여 시설할 것
- 덕트는 조영재를 관통하여 시설하지 아니할 것

정답 53 ② 54 ③ 55 ① 56 ① 57 ③

58 과전류차단기로 저압 전로에 사용하는 산업용 배선차단기는 정격전류 50[A]일 때 정격전류의 1.3배 전류를 통한 경우 몇 분 안에 자동으로 동작되어야 하는가?

① 2
② 10
③ 60
④ 120

해설
보호장치의 특성
과전류차단기로 저압 전로에 사용하는 산업용 배선차단기는 [표1]에, 주택용 배선차단기는 [표2]와 [표3]에 적합한 것이어야 한다. 다만, 일반인이 접촉할 우려가 있는 장소(세대 내 분전반 및 이와 유사한 장소)에는 주택용 배선차단기를 시설하여야 한다.

• [표1] 과전류트립 동작시간 및 특성(산업용 배선차단기)

정격전류의 구분	시간	정격전류의 배수(모든 극에 통전)	
		부동작전류	동작전류
63[A] 이하	60분	1.05배	1.3배
63[A] 초과	120분	1.05배	1.3배

• [표2] 순시트립에 따른 구분(주택용 배선차단기)

형	순시트립 범위
B	$3I_n$ 초과 ~ $5I_n$ 이하
C	$5I_n$ 초과 ~ $10I_n$ 이하
D	$10I_n$ 초과 ~ $20I_n$ 이하

비고 1. B, C, D : 순시트립전류에 따른 차단기 분류
 2. I_n : 차단기 정격전류

• [표3] 과전류트립 동작시간 및 특성(주택용 배선차단기)

정격전류의 구분	시간	정격전류의 배수(모든 극에 통전)	
		부동작전류	동작전류
63[A] 이하	60분	1.13배	1.45배
63[A] 초과	120분	1.13배	1.45배

59 접지도체에 피뢰시스템이 접속되는 경우, 접지도체의 단면적은 구리 몇 [mm²] 이상으로 해야 하는가?

① 2.5
② 6
③ 10
④ 16

해설
접지도체의 선정
• 큰 고장전류가 접지도체를 통하여 흐르지 않을 경우 접지도체의 최소 단면적 : 구리 6[mm²] 이상, 철제 50[mm²] 이상
• 접지도체에 피뢰시스템이 접속되는 경우 접지도체의 단면적 : 구리 16[mm²] 또는 철 50[mm²] 이상

60 기구 단자에 전선 접속 시 진동 등으로 헐거워지는 염려가 있는 곳에 사용되는 것은?

① 스프링 와셔
② 2중 볼트
③ 삼각 볼트
④ 접속기

해설
스프링 와셔는 스프링작용으로 진동에 대해 강하다.

2017년 제2회 과년도 기출복원문제

01 100[μF]의 콘덴서에 1,000[V]의 전압을 가하여 충전한 뒤 저항을 통하여 방전시키면 저항에 발생하는 열량은 몇 [cal]인가?

① 3
② 5
③ 12
④ 43

해설
$W = \frac{1}{2}CV^2 = \frac{1}{2} \times 100 \times 10^{-6} \times (1{,}000)^2 = 50[\text{J}]$
1[J] = 0.24[cal] 이므로
$H = 0.24 \times 50 = 12[\text{cal}]$

02 납축전지의 전해액은?

① 염화암모늄 용액
② 묽은 황산
③ 수산화칼륨
④ 염화나트륨

해설
- 납축전지(Lead Storage Battery)의 화학반응식

양극	전해액	음극	방전⇌충전	양극	전해액	음극
PbO$_2$	+ 2H$_2$SO$_4$	+ Pb		PbSO$_4$	+ 2H$_2$O	+ PbSO$_4$

- 납축전지의 전해액은 묽은 황산(2H$_2$SO$_4$)이다.

03 다음 중 반자성체는?

① 안티모니
② 알루미늄
③ 코발트
④ 니 켈

해설
- 강자성체 : 상자성체 중 자화강도가 큰 금속
  예 니켈(Ni), 코발트(Co), 망가니즈(Mn)
- 상자성체 : 자석에 접근시킬 때 반대의 극이 생겨 서로 당기는 금속
  예 알루미늄(Al), 백금(Pt), 주석(Sn), 이리듐(Ir), 산소(O)
- 반자성체 : 자석에 접근시킬 때 같은 극이 생겨 서로 반발하는 금속
  예 비스무트(Bi), 탄소(C), 인(P), 금(Au), 은(Ag), 구리(Cu), 안티모니(Sb), 아연(Zn), 납(Pb), 수은(Hg)

04 서로 가까이 나란히 있는 두 도체에 전류가 같은 방향으로 흐를 때 각 도체 간에 작용하는 힘은?

① 흡인한다.
② 반발한다.
③ 흡인과 반발을 되풀이한다.
④ 처음에는 흡인하다가 나중에는 반발한다.

해설
두 도체의 전류의 방향이 동일 방향일 때 흡인력이 작용하고, 반대 방향일 때 반발력이 작용한다.

05 다음은 전기력선의 성질이다. 틀린 것은?

① 전기력선은 서로 교차하지 않는다.
② 전기력선은 도체의 표면에 수직이다.
③ 전기력선의 밀도는 전기장의 크기를 나타낸다.
④ 같은 전기력선은 서로 끌어당긴다.

해설
같은 전기력선은 서로 반발한다.

06 다음은 어떤 법칙을 설명한 것인가?

> 전류가 흐르려고 하면 코일은 전류의 흐름을 방해한다. 또, 전류가 감소하면 이를 계속 유지하려고 하는 성질이 있다.

① 쿨롱의 법칙
② 렌츠의 법칙
③ 패러데이의 법칙
④ 플레밍의 왼손 법칙

해설
- 렌츠의 법칙 : 전자기유도의 방향에 관한 법칙으로 전자유도작용에 의해 회로에 발생하는 유도전류는 항상 자속의 변화를 방해하는 방향으로 흐른다는 것이다.
- 패러데이의 전자유도 법칙 : 코일을 관통하는 자속을 변화시킬 때 코일에 유도기전력이 발생하는 현상
- 플레밍의 왼손 법칙 : 도체가 자기장에서 받고 있는 힘의 방향을 알 수 있으며 전동기 회전의 원리가 된다.
- ※ 플레밍의 오른손 법칙 : 자기장 속에서 도선(導線)을 움직일 때 유도기전력에 유도되는 전류의 방향

07 파형률은 어느 것인가?

① $\dfrac{평균값}{실횻값}$
② $\dfrac{실횻값}{최댓값}$
③ $\dfrac{실횻값}{평균값}$
④ $\dfrac{최댓값}{실횻값}$

해설
- 파고율 $\left(=\dfrac{최댓값}{실횻값}\right)$: 파형에서 파두(Wave Front)의 날카로운 정도
- 파형률 $\left(=\dfrac{실횻값}{평균값}\right)$: 파형의 기울기의 정도

08 1[J]은 약 몇 [cal]인가?

① 0.24
② 0.35
③ 0.46
④ 0.57

해설
- 1[J]≒0.24[cal]
- 1[cal]≒4.2[J]

09 2[A], 500[V]의 회로에서 역률 80[%]일 때 유효전력은 몇 [W]인가?

① 600
② 800
③ 1,000
④ 1,200

해설
유효전력 $P = I^2 R = VI\cos\theta$ 에서
$P = 500 \times 2 \times 0.8 = 800[\mathrm{W}]$

10 교류전류는 시간이 변함에 따라 크기와 방향이 주기적으로 변한다. 일반적으로 교류전류의 크기를 표시하는 값은 무엇인가?

① 실횻값
② 순시값
③ 최댓값
④ 평균값

해설
- 순시값 : 전류, 전압 파형에서 어떤 임의의 순간에서 전류, 전압의 크기
- 실횻값 : 직류와 동일한 일을 하는 크기의 교류값(일반적으로 교류의 전압·전류는 실횻값으로 표시)
- 평균값 : 한 주기 동안 면적의 산술적인 평균값

정답 6 ② 7 ③ 8 ① 9 ② 10 ①

11 10[Ω]의 저항 5개를 가지고 얻을 수 있는 가장 작은 합성저항값은?

① 1　　② 2
③ 3　　④ 4

해설
합성저항이 직렬일 때는 $5 \times 10 = 50[\Omega]$이고,
병렬일 때는 $\frac{10}{5} = 2[\Omega]$이므로 가장 작은 합성저항은 $2[\Omega]$이다.

12 다음 중 자체인덕턴스의 크기를 변화시킬 수 있는 것은?

① 투자율　　② 유전율
③ 전도율　　④ 파고율

해설
자체인덕턴스
$L = \frac{N^2 \cdot S \cdot \mu}{l}$
(여기서, N : 감은 횟수, S : 단면적, μ : 투자율, l : 길이)

13 다음 회로에서 합성임피던스의 값을 구하면?

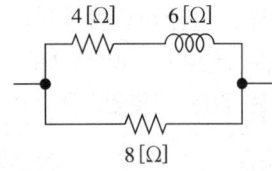

① 3.0　　② 3.2
③ 3.8　　④ 4.2

해설
윗부분 합성저항 $Z_t = \sqrt{R_4^2 + X^2} = \sqrt{4^2 + 6^2} = 2\sqrt{13}$
전체 합성저항 $Z_{th} = Z_t // Z_8 = \frac{2\sqrt{13} \times 8}{2\sqrt{13} + 8} \fallingdotseq 3.79$

14 2[Ω], 4[Ω], 6[Ω]의 저항 3개가 있다. 이 저항들을 병렬연결했을 때 회로의 전전류가 10[A]였다면 2[Ω]에 흐르는 전류값은 몇 [A]인가?

① $\frac{60}{11}$　　② $\frac{70}{11}$
③ $\frac{80}{11}$　　④ $\frac{90}{11}$

해설
저항의 병렬연결 $R_{th} = \frac{1}{\frac{1}{2} + \frac{1}{4} + \frac{1}{6}} = \frac{12}{11}[\Omega]$

이때 전류가 10[A]이므로
$V = IR = 10 \times \frac{12}{11} = \frac{120}{11}[V]$

$\therefore I_2 = \frac{V}{R} = \frac{\frac{120}{11}}{2} = \frac{120}{22} = \frac{60}{11}[A]$

15 공기 중의 평등자계 내에 5[A]의 전류가 흐르고 있는 길이 60[cm]의 직선 도체를 자계의 방향에 대하여 60°의 각을 이루도록 놓았을 때 이 도체에 작용하는 힘이 5.2[N]이라면 자속밀도의 값은 얼마인가?

① 약 1[Wb/m²]
② 약 2[Wb/m²]
③ 약 3[Wb/m²]
④ 약 4[Wb/m²]

해설
$F = BIl\sin\theta$에서
$B = \frac{F}{Il\sin\theta} = \frac{5.2}{5 \times 0.6 \times \sin 60°} \fallingdotseq 2[Wb/m^2]$

16 반지름 25[cm], 권수 10의 원형 코일에 10[A]의 전류를 흘릴 때 코일 중심의 자장의 세기는 몇 [AT/m]인가?

① 32　　② 65
③ 100　　④ 200

해설
원형 코일 중심에서 자장의 세기
$H = \dfrac{NI}{2r} = \dfrac{10 \times 10}{2 \times 0.25} = 200[\text{AT/m}]$

17 다음 회로에서 전류 I의 값은?

① 0.5　　② 1
③ 1.5　　④ 2

해설
$I = \dfrac{15-5}{1+2+3+4} = \dfrac{10}{10} = 1[\text{A}]$

18 30[μF]과 40[μF]의 콘덴서를 병렬로 접속한 다음 100[V] 전압을 가했을 때 전전하량은 몇 [C]인가?

① 17×10^{-4}　　② 34×10^{-4}
③ 56×10^{-4}　　④ 70×10^{-4}

해설
병렬접속 시 합성정전용량 $= 30 + 40 = 70[\mu\text{F}]$
전전하량 $Q = CV = 70 \times 10^{-6} \times 100 = 70 \times 10^{-4}[\text{C}]$

19 $i(t) = 3\sin\omega t + 4\sin(3\omega t - \theta)[\text{A}]$로 표시되는 전류의 등가 사인파 최댓값은?

① 2[A]　　② 3[A]
③ 4[A]　　④ 5[A]

해설
$i = \sqrt{3^2 + 4^2} = 5[\text{A}]$

20 정전기 발생 방지책으로 틀린 것은?

① 대전 방지제의 사용
② 접지 및 보호구의 착용
③ 배관 내 액체의 흐름 속도 제한
④ 대기의 습도를 30[%] 이하로 하여 건조함을 유지

해설
대기의 습도가 높을 때 정전기가 발생하지 않는다.

21 유도전동기에서 슬립이 0이란 것은 어느 것과 같은가?

① 유도전동기가 동기속도로 회전한다.
② 유도전동기가 정지상태이다.
③ 유도전동기가 전부하 운전상태이다.
④ 유도제동기의 역할을 한다.

해설
동기속도와 회전자속도가 같을 때 슬립은 "0"이다.

22 동기발전기의 돌발 단락전류를 주로 제한하는 것은?

① 권선저항
② 동기리액턴스
③ 누설리액턴스
④ 역상리액턴스

해설
동기발전기에서 권선저항은 누설리액턴스보다 작고, 전기자 반작용은 단락전류가 흐른 뒤에 작용하므로 시간적으로나 크기로 볼 때 돌발 단락전류를 제한하는 것은 권선저항이 아닌 누설리액턴스이다.

23 일정 전압 및 일정 파형에서 주파수가 상승하면 변압기 철손은 어떻게 변하는가?

① 증가한다.
② 감소한다.
③ 불변이다.
④ 어떤 기간 동안 증가한다.

해설
주파수가 상승하면 무부하전류가 감소하여 무부하손인 철손이 감소한다.

24 변압기에서 퍼센트 저항강하 3[%], 리액턴스강하 4[%]일 때 역률 0.8(지상)에서의 전압변동률은?

① 2.4[%]
② 3.6[%]
③ 4.8[%]
④ 6.0[%]

해설
전압변동률
$\varepsilon = p\cos\theta - q\sin\theta[\%]$ (진상 -), $\varepsilon = p\cos\theta + q\sin\theta[\%]$ (지상 +)
(p : 저항강하[%], q : 리액턴스강하[%])
$\varepsilon = 3 \times 0.8 + 4 \times 0.6 = 4.8[\%]$

25 동기전동기의 자기 기동에서 계자권선을 단락하는 이유는?

① 기동이 쉬우므로
② 기동권선으로 이용하기 위해
③ 고전압이 유도되므로
④ 전기자 반작용을 방지하기 위해

해설
계자회로를 단락한 채로 고정자에 전압을 가하면 감김수가 많은 계자권선이 고정자 회전자속을 끊으므로, 계자회로에 매우 높은 전압이 유도될 염려가 있으므로 단락시켜 놓고 가동시킨다.

정답 21 ① 22 ③ 23 ② 24 ③ 25 ③

26 2대의 동기발전기의 병렬운전조건으로 같지 않아도 되는 것은?

① 기전력의 위상
② 기전력의 주파수
③ 기전력의 임피던스
④ 기전력의 크기

해설
동기발전기의 병렬운전조건
- 기전력의 크기가 같을 것
- 기전력의 위상이 같을 것
- 기전력의 주파수가 같을 것
- 기전력의 파형이 같을 것
- 기전력의 상회전 방향이 같을 것

27 전기 용접기용 발전기로 가장 적합한 것은?

① 직류 분권형 발전기
② 차동 복권형 발전기
③ 가동 복권형 발전기
④ 직류 타여자식 발전기

해설
단자전압은 부하의 증가에 따라 현저하게 강하한다. 부하의 저항을 어느 정도 감소시켜도 전류는 일정하게 되는 특성을 수하특성이라 하며, 정전류를 만드는 데에 이용하고 있다. 차동복권기는 수하특성이 필요한 아크용접 등에 사용되고 있다.

28 직류전동기의 전기적 제동법이 아닌 것은?

① 발전제동
② 회생제동
③ 역전제동
④ 저항제동

해설
제동방법
- 단상제동 : 권선형 유도전동기의 1차 쪽을 단상교류로 여자하고, 2차 쪽에 적당한 크기의 저항을 넣어 기회전 방향과 반대방향으로 토크가 발생하므로 제동이 된다.
- 회생제동 : 유도전동기를 동기속도보다 큰 속도로 회전시켜 유도발전기가 되게 함으로써 발전력을 전원에 반환하며 제동시킨다 (케이블카, 권상기, 기중기 등에 사용).
- 발전제동 : 여자용 직류전원이 필요하다(대형 천장 기중기, 케이블카 등에 사용).
- 역상제동 : 전동기가 회전하고 있을 때 전원에 접속된 3선 중 2선을 빨리 바꾸어 접속하면, 회전자장의 방향이 반대로 되어 회전자에 작용하는 토크의 방향이 반대가 되므로 전동기는 빨리 정지한다(제강공장의 압연기용 전동기 등에 사용).

29 직류발전기에서 전압정류의 역할을 하는 것은?

① 보 극
② 탄소 브러시
③ 전기자
④ 리액턴스 코일

해설
보극은 전기자 반작용을 약화시키고 정류작용을 돕는 역할을 한다.

30 3상 변압기의 병렬운전이 불가능한 결선방식으로 짝지은 것은?

① △-△와 Y-Y
② △-Y와 △-Y
③ Y-Y와 Y-Y
④ △-△와 △-Y

해설
3상 변압기의 병렬운전이 가능한 조합은 △-△와 △-△, △-△와 Y-Y, Y-Y와 Y-Y, △-Y와 △-Y, Y-△와 Y-△이고, 병렬운전이 불가능한 조합은 △-△와 △-Y, △-Y와 Y-Y이다.

정답 26 ③ 27 ② 28 ④ 29 ① 30 ④

31 슬립이 4[%]인 유도전동기에서 동기속도가 1,200 [rpm]일 때 전동기의 회전속도[rpm]는?

① 697   ② 1,051
③ 1,152 ④ 1,321

해설
슬 립
$$s = \frac{N_s - N}{N_s} \times 100[\%] = \frac{1,200 - N}{1,200} \times 100[\%] = 4[\%]$$
∴ $N = 1,200 - 48 = 1,152[rpm]$

32 그림은 전력제어 소자를 이용한 위상제어 회로이다. 전동기의 속도를 제어하기 위해서 '가' 부분에 사용되는 소자는?

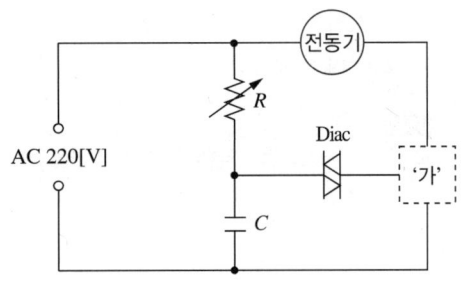

① 전력용 트랜지스터
② 제너 다이오드
③ 트라이액
④ 레귤레이터 78XX 시리즈

해설
전원이 사인파 교류입력이므로 쌍방향성 3단자 사이리스터(Thyristor)인 TRIode AC switch, 즉 TRIAC을 사용한다.

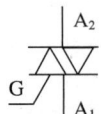

33 전력용 변압기의 내부고장 보호용 계전방식은?

① 역상계전기 ② 차동계전기
③ 접지계전기 ④ 과전류계전기

해설
변압기의 내부고장을 보호하기 위한 계전기에는 부흐홀츠계전기, 비율차동계전기, 차동계전기 등이 있다.

34 평형 3상 회로에 대한 설명으로 옳지 않은 것은?

① 전압의 크기와 주파수가 같고 서로 120°씩 위상차가 있는 3상 교류를 말한다.
② 성형결선에서 선간전압이 상전압보다 $\sqrt{3}$ 배 크고, 위상은 30° 앞선다.
③ 부하에 공급되는 유효전력 $P = \sqrt{3} \times$ 선간전압 $\times$ 선전류 $\times$ 역률이다.
④ 델타결선의 경우 상전류는 선전류보다 $\sqrt{3}$ 배 크고, 위상은 30° 앞선다.

해설
• 성형(Y)결선 $V_l = \sqrt{3} V_p \angle 30°$, $I_l = I_p$
• 델타(△)결선 $V_l = V_p$, $I_l = \sqrt{3} I_p \angle -30°$

35 농형 유도전동기를 많이 사용하는 이유가 아닌 것은?

① 구조가 간단하다.
② 보수가 용이하다.
③ 효율이 좋다.
④ 속도 조정이 쉽다.

해설
농형 유도전동기
• 구조가 간단하다.
• 보수가 용이하다.
• 효율이 좋다.
• 속도 조정이 곤란하다.
• 기동토크가 작다(대형운전이 곤란).

36 직류발전기에서 전기자 반작용을 없애는 방법으로 옳은 것은?

① 브러시 위치를 전기적 중성점이 아닌 곳으로 이동시킨다.
② 보극과 보상권선을 설치한다.
③ 브러시의 압력을 조정한다.
④ 보극은 설치하되 보상권선은 설치하지 않는다.

해설
전기자 반작용
전기자 전류에 의한 기자력이 주자속의 분포에 영향을 미치는 작용으로, 이를 없애기 위해서 브러시 위치를 전기적 중성점으로 이동하거나 보극 또는 보상권선을 설치한다.

37 3상 동기전동기 자기동법에 관한 사항 중 틀린 것은?

① 기동토크를 적당한 값으로 유지하기 위하여 변압기 탭에 의해 정격전압의 80[%] 정도로 저압을 가해 기동을 한다.
② 기동토크는 일반적으로 적고 전부하 토크의 40~60[%] 정도이다.
③ 제동권선에 의한 기동토크를 이용하는 것으로 제동권선은 2차 권선으로서 기동토크를 발생한다.
④ 기동할 때에는 회전자속에 의하여 계자권선 안에는 고압이 유도되어 절연을 파괴할 우려가 있다.

해설
동기전동기의 자기동법은 제동권선에 의한 기동토크를 이용하는 것으로서 기동토크를 적당한 값으로 유지하고, 전류를 억제하기 위해 변압기 탭에 의하여 정격전압의 30~50[%] 정도의 저압을 가해 기동을 한다.

38 직류전동기에 있어 무부하일 때의 회전수 n_0은 1,200[rpm], 정격부하일 때의 회전수 n_n은 1,150[rpm]이라 한다. 속도변동률은?

① 약 3.45[%]   ② 약 4.16[%]
③ 약 4.35[%]   ④ 약 5.0[%]

해설
$$속도변동률 = \frac{N_0 - N_n}{N_n} \times 100[\%]$$
$$= \frac{1,200 - 1,150}{1,150} \times 100[\%] ≒ 4.35[\%]$$

39 2극 3,600[rpm]인 동기발전기와 병렬운전하려는 12극 발전기의 회전수는?

① 600[rpm]   ② 3,600[rpm]
③ 7,200[rpm]   ④ 21,600[rpm]

해설
동기발전기의 병렬운전
주파수, 기전력의 크기, 위상, 파형, 상회전방향이 일치해야 병렬운전이 가능하므로
$N_1 = \frac{120f}{p}$ 에서 $f = \frac{N_1 p}{120} = \frac{3,600 \times 2}{120} = 60[Hz]$
$N_2 = \frac{120 \times 60}{12} = 600[rpm]$

40 주상변압기에 일반적으로 쓰이는 냉각방식은 무엇인가?

① 건식풍랭식   ② 유입자랭식
③ 유입풍랭식   ④ 유입송유식

해설
냉각방식에 따라 건식(자랭식, 풍랭식), 유입(자랭식-주상용, 풍랭식, 수랭식, 송유식)으로 나뉜다.

정답 36 ② 37 ① 38 ③ 39 ① 40 ②

41 다음 중 전선의 굵기를 측정하는 것은?

① 프레셔 툴
② 스패너
③ 파이어 포트
④ 와이어 게이지

해설
- 프레셔 툴 : 압착용
- 스패너 : 볼트나 너트를 죄거나 푸는 데 사용하는 공구
- 파이어 포트 : 납땜 인두나 납땜 냄비를 올려 납물을 만드는 데 사용

42 접지공사의 접지선은 특별한 경우를 제외하고는 어떤 색으로 표시하여야 하는가?

① 갈 색
② 검은색
③ 녹색-노란색
④ 회 색

해설
전선의 식별

상(문자)	색 상
L1	갈 색
L2	검은색
L3	회 색
N	파란색
보호도체	녹색-노란색

43 금속덕트공사에 관한 사항이다. 다음 중 금속덕트의 시설로서 옳지 않은 것은?

① 덕트의 끝부분은 열어 놓을 것
② 덕트를 조영재에 붙이는 경우에는 덕트의 지지점 간의 거리를 3[m] 이하로 하고 견고하게 붙일 것
③ 덕트의 뚜껑은 쉽게 열리지 않도록 시설할 것
④ 덕트 상호 간은 견고하고 또한 전기적으로 완전하게 접속할 것

해설
금속덕트공사
- 금속덕트의 시설
  - 덕트 상호 간은 견고하고 또한 전기적으로 완전하게 접속할 것
  - 덕트를 조영재에 붙이는 경우에는 덕트의 지지점 간의 거리를 3[m](취급자 이외의 자가 출입할 수 없도록 설비한 곳에서 수직으로 붙이는 경우에는 6[m]) 이하로 하고 또한 견고하게 붙일 것
  - 덕트의 본체와 구분하여 뚜껑을 설치하는 경우에는 쉽게 열리지 아니하도록 시설할 것
  - 덕트의 끝부분은 막을 것
  - 덕트 안에 먼지가 침입하지 아니하도록 할 것
  - 덕트는 물이 고이는 낮은 부분을 만들지 않도록 시설할 것
- 금속덕트의 선정
  - 폭이 40[mm] 이상, 두께가 1.2[mm] 이상인 철판 또는 동등 이상의 기계적 강도를 가지는 금속제의 것으로 견고하게 제작한 것일 것
  - 안쪽 면은 전선의 피복을 손상시키는 돌기가 없는 것일 것
  - 안쪽 면 및 바깥 면에는 산화 방지를 위하여 아연도금 또는 이와 동등 이상의 효과를 가지는 도장을 한 것일 것

44 화약고에 시설하는 전기설비에서 전로의 대지전압은 몇 [V] 이하로 하여야 하는가?

① 100   ② 150
③ 300   ④ 400

해설
화약류 저장소에서 전기설비의 시설
- 전로의 대지전압은 300[V] 이하일 것
- 전기기계기구는 전폐형일 것
- 케이블을 전기기계기구에 인입할 때 손상될 우려가 없도록 할 것
- 전용 개폐기 및 과전류차단기를 취급자 이외의 자가 쉽게 조작할 수 없도록 시설할 것
- 지락 시 자동 전로차단장치 및 경보장치를 시설할 것

45 다음 중 과전류차단기를 설치하는 곳은?

① 간선의 전원 측 전선
② 접지공사의 접지도체(접지선)
③ 다선식 전로의 중성선
④ 접지공사를 한 저압 가공전선의 접지 측 전선

해설
과전류차단기의 시설 제한
- 접지공사의 접지도체
- 다선식 전로의 중성선
- 전로의 일부에 접지공사를 한 저압 가공전선로의 접지 측 전선

46 전등 한 개를 2개소에서 점멸하고자 할 때 옳은 배선은?

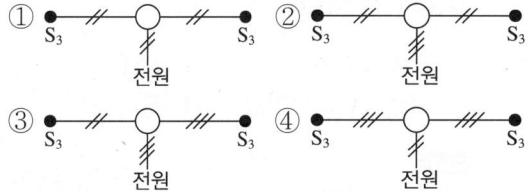

해설
빗금선 3개는 선 3줄 표시이며 S_3는 3로 스위치, 빗금선 2개는 전원에 선 2줄이 간다는 뜻으로 3로 스위치 및 4로 스위치를 사용하여 2개소 이상의 장소에서 전등을 점멸할 경우 스위치는 전압 측 전선(전원선)에 각각의 스위치를 설치하는 것을 원칙으로 한다. 다음은 2개소 점멸의 기본회로이다.

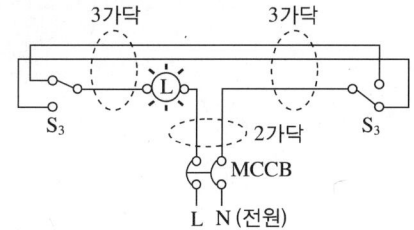

47 다음 중 금속관공사의 설명으로 잘못된 것은?

① 교류회로는 1회로의 전선 전부를 동일 관 내에 넣는 것을 원칙으로 한다.
② 교류회로에서 전선을 병렬로 사용하는 경우에는 관 내에 전자적 불평형이 생기지 않도록 시설한다.
③ 금속관 내에서는 절대로 전선접속점을 만들지 않아야 한다.
④ 관의 두께는 콘크리트에 매설하는 경우 1[mm] 이상이어야 한다.

해설
금속관공사
- 전선은 절연전선(옥외용 비닐절연전선을 제외)일 것
- 콘크리트에 매설하는 경우 : 1.2[mm] 이상(기타의 경우 : 1[mm] 이상)
- 전선은 연선일 것. 다만, 다음의 것은 적용하지 않는다.
  – 짧고 가는 금속관에 넣은 것
  – 단면적 10[mm^2](알루미늄선은 단면적 16[mm^2]) 이하의 것
- 전선은 금속관 안에서 접속점이 없도록 할 것

48 한 수용장소의 인입선에서 분기하여 지지물을 거치지 아니하고 다른 수용장소의 인입구에 이르는 부분의 전선은?

① 가공인입선 ② 구내인입선
③ 이웃 연결 인입선 ④ 옥측배선

해설
이웃 연결 인입선
한 수용장소의 인입선에서 분기하여 지지물을 거치지 아니하고 다른 수용장소의 인입구에 이르는 부분의 전선

49 합성수지몰드공사에 의한 저압 옥내배선의 시설 방법으로 옳은 것은?

① 합성수지몰드는 홈의 폭 및 깊이가 2.5[mm] 이하의 것이어야 한다.
② 전선은 옥내용 비닐절연전선을 제외한 절연전선이어야 한다.
③ 합성수지몰드 상호 간 및 합성수지몰드와 박스, 기타의 부속품과는 전선이 노출되지 아니하도록 접속할 것
④ 합성수지몰드 안에는 접속점을 1개소까지 허용한다.

해설
합성수지몰드공사
- 합성수지몰드는 홈의 폭 및 깊이가 35[mm] 이하, 두께는 2[mm] 이상의 것일 것
- 사람이 쉽게 접촉할 우려가 없도록 시설하는 경우에는 폭이 50[mm] 이하, 두께 1[mm] 이상의 것을 사용할 것
- 전선은 절연전선(옥외용 비닐절연전선을 제외)일 것
- 합성수지몰드 안에는 전선에 접속점이 없도록 할 것
- 합성수지몰드 상호 간 및 합성수지몰드와 박스, 기타의 부속품과는 전선이 노출되지 아니하도록 접속할 것

50 단선의 굵기가 6[mm²] 이하인 전선을 직선접속할 때 주로 사용하는 접속법은?

① 트위스트 접속
② 브리타니아 접속
③ 쥐꼬리 접속
④ T형 커넥터 접속

해설
- 트위스트 접속 : 6[mm²] 이하의 단선에 적용한다.
- 브리타니아 접속 : 10[mm²] 이상의 단선에 적용한다.

51 폭연성 먼지가 존재하는 곳의 저압 옥내배선 공사 시 공사 방법으로 짝지어진 것은?

① 금속관공사, 무기물 절연 케이블공사, 개장된 케이블공사
② CD 케이블공사, 무기물 절연 케이블공사, 금속관공사
③ CD 케이블공사, 무기물 절연 케이블공사, 제1종 캡타이어 케이블공사
④ 개장된 케이블공사, CD 케이블공사, 제1종 캡타이어케이블공사

해설
폭연성 먼지 위험장소(폭연성 먼지가 있을 경우)
- 금속관공사
- 케이블공사

종 류	금속관공사	케이블공사	합성수지관공사	애자공사
폭연성 먼지	○ • 박강전선관 이상 • 패킹사용 • 분진방폭형 플렉시블 피팅	○ • 무기물 절연 케이블 • 이동용 전선 (캡타이어 케이블)	×	×
가연성 먼지	○	○	○	×
가연성 가스	○	○	×	×
위험물	○	○	○	×
폭연성, 가연성 이외의 먼지	○	○	○	○

정답 48 ③ 49 ③ 50 ① 51 ①

52 가공전선로 지지물의 승탑 및 승주방지에서 가공전선로의 지지물에 취급자가 오르고 내리는 데 사용하는 발판 볼트 등은 지표상 몇 [m] 미만에 시설하여서는 아니 되는가?

① 1.2
② 1.8
③ 2.4
④ 3.0

해설
가공전선로 지지물의 철탑오름 및 전주오름 방지
가공전선로의 지지물에 취급자가 오르고 내리는 데 사용하는 발판 볼트 등을 지표상 1.8[m] 미만에 시설하여서는 아니 된다.

53 직류전압의 구분 중 고압은 어느 것을 말하는가?

① 750[V] 초과 7[kV] 이하
② 1.5[kV] 초과 7[kV] 이하
③ 1[kV] 이하
④ 1.5[kV] 이하

해설
전압의 종류
• 저압 : 직류 1.5[kV] 이하, 교류 1[kV] 이하
• 고압 : 직류 1.5[kV] 초과 7[kV] 이하
    교류 1[kV] 초과 7[kV] 이하
• 특고압 : 7[kV] 초과

54 금속제 가요전선관공사 방법의 설명으로 옳은 것은?

① 가요전선관과 박스와의 직각 부분에 연결하는 부속품은 앵글 박스 커넥터이다.
② 가요전선관과 금속관의 접속에 사용하는 부속품은 스트레이트 박스 커넥터이다.
③ 가요전선관 상호접속에 사용하는 부속품은 콤비네이션 커플링이다.
④ 스위치 박스에는 콤비네이션 커플링을 사용하여 가요전선관과 접속한다.

해설
• 앵글 박스 커넥터 : 가요전선관을 직각으로 꺾어 박스에 연결 시 사용
• 콤비네이션 커플링 : 가요전선관과 금속관의 접속 시 사용
• 스플릿 커플링 : 가요전선과 상호 접속 시 사용
• 스트레이트 박스 커넥터 : 가요전선관이 박스에서 일자로 나올 때 사용

55 저압 가공전선과 고압 가공전선을 동일 지지물에 시설하는 경우 상호 간격은 몇 [m] 이상이어야 하는가?

① 0.3
② 0.4
③ 0.45
④ 0.5

해설
고압 가공전선 등의 병행설치
저압 가공전선(다중접지된 중성선은 제외)과 고압 가공전선을 동일 지지물에 시설하는 경우에는 다음에 따라야 한다.
• 저압 가공전선을 고압 가공전선의 아래로 하고 별개의 완금류에 시설할 것
• 저압 가공전선과 고압 가공전선 사이의 간격은 0.5[m] 이상일 것

정답 52 ② 53 ② 54 ① 55 ④

56 수용가 인입구 부근에서 건물의 철골을 접지극으로 사용하여 접지공사를 할 때 대지 사이의 전기저항값은?

① 3[Ω] ② 5[Ω]
③ 10[Ω] ④ 100[Ω]

해설
저압수용가 인입구 접지
- 수용장소 인입구 부근에서 다음의 것을 접지극으로 사용하여 변압기 중성점 접지를 한 저압 전선로의 중성선 또는 접지 측 전선에 추가로 접지공사를 할 수 있다.
  - 지중에 매설되어 있고 대지와의 전기저항값이 3[Ω] 이하의 값을 유지하고 있는 금속제 수도관로
  - 대지 사이의 전기저항값이 3[Ω] 이하인 값을 유지하는 건물의 철골
- 접지도체는 공칭단면적 6[mm²] 이상의 연동선

57 옥내에 시설하는 저압의 이동전선에서 사용하는 캡타이어케이블의 최소 단면적으로 옳은 것은?

① 0.75[mm²] ② 1[mm²]
③ 1.5[mm²] ④ 2.5[mm²]

해설
코드 및 이동전선
조명용 전원코드 또는 이동전선은 단면적 0.75[mm²] 이상의 코드 또는 캡타이어케이블을 용도에 적합하게 선정하여야 한다.

58 합성수지관공사에 대한 설명 중 옳지 않은 것은?

① 습기가 많은 장소 또는 물기가 있는 장소에 시설하는 경우에는 방습장치를 한다.
② 관 상호 간 및 박스와는 관을 삽입하는 깊이를 관의 바깥지름의 1.2배 이상으로 한다.
③ 관의 지지점 간의 거리는 3[m] 이상으로 한다.
④ 합성수지관 안에는 전선의 접속점이 없도록 한다.

해설
합성수지관 및 부속품의 시설
- 관의 지지점 간의 거리는 1.5[m] 이하로 하고, 또한 그 지지점은 관의 끝부분과 박스의 접속점 및 관 상호 간의 접속점 등에 가까운 곳에 시설할 것
- 관 상호 간 및 박스와는 관을 삽입하는 깊이를 관의 바깥지름의 1.2배(접착제를 사용하는 경우에는 0.8배) 이상으로 하고 또한 꽂음 접속에 의하여 견고하게 접속할 것

59 분전반 및 배전반은 어떤 장소에 설치하는 것이 바람직한가?

① 전기회로를 쉽게 조작할 수 있는 장소
② 개폐기를 쉽게 개폐할 수 없는 장소
③ 은폐된 장소
④ 이동이 심한 장소

해설
배전반 및 분전반의 설치장소
- 전기회로를 쉽게 조작할 수 있는 장소
- 개폐기를 쉽게 조작할 수 있는 장소
- 안정된 장소
- 조작 및 점검, 관리가 용이한 장소

60 다음 중 애자공사에 사용되는 애자의 구비조건과 거리가 먼 것은?

① 광택성 ② 절연성
③ 난연성 ④ 내수성

해설
애자의 선정
사용하는 애자는 절연성·난연성 및 내수성의 것이어야 한다.

2017년 제3회 과년도 기출복원문제

01 기전력 4[V], 내부저항 0.2[Ω]의 전지 10개를 직렬로 접속하고 두 극 사이에 부하저항을 접속하였더니 4[A]의 전류가 흘렀다. 이때 외부저항은 몇 [Ω]이 되겠는가?

① 6　　② 7
③ 8　　④ 9

해설

기전력 4[V]가 10개이므로 40[V], 내부저항 0.2[Ω]이 10개이므로 2[Ω]이 된다. 회로에 4[A] 흐르려면 옴의 법칙 $I = \dfrac{V}{R}$에서 $4 = \dfrac{40}{R}$, 저항 R이 10[Ω]이 되어야 하는데, 전지의 내부저항이 2[Ω]이므로 외부에 연결할 저항은 8[Ω]이다.

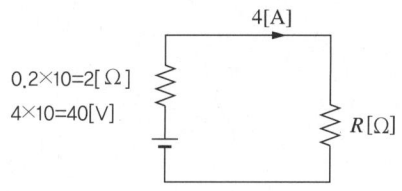

02 5[Ah]는 몇 [C]인가?

① 300　　② 3,600
③ 18,000　　④ 36,000

해설

$Q = I \times t = 5[A] \times 3{,}600[s] = 18{,}000[C]$

03 30[μF]과 40[μF]의 콘덴서를 병렬로 접속한 다음 100[V] 전압을 가했을 때 전전하량은 몇 [C]인가?

① 17×10^{-4}　　② 34×10^{-4}
③ 56×10^{-4}　　④ 70×10^{-4}

해설

병렬접속 시 합성정전용량 = 30 + 40 = 70[μF]
전 전하량 $Q = CV = 70 \times 10^{-6} \times 100 = 70 \times 10^{-4}[C]$

04 자석에 접근시킬 때 반대극이 생겨 서로 당기는 물체를 무엇이라 하는가?

① 비자성체　　② 상자성체
③ 반자성체　　④ 가역성체

해설

물체의 자화 정도에 따른 분류
- 강자성체 : 상자성체 중 자화강도가 큰 금속
  예 니켈(Ni), 코발트(Co), 망가니즈(Mn)
- 상자성체 : 자석에 접근시킬 때 반대의 극이 생겨 서로 당기는 금속
  예 알루미늄(Al), 백금(Pt), 주석(Sn), 이리듐(Ir), 산소(O)
- 반자성체 : 자석에 접근시킬 때 같은 극이 생겨 서로 반발하는 금속
  예 비스무트(Bi), 탄소(C), 인(P), 금(Au), 은(Ag), 구리(Cu), 안티모니(Sb), 아연(Zn), 납(Pb), 수은(Hg)

정답　1 ③　2 ③　3 ④　4 ②

05
반지름 50[cm], 권수 30의 원형 코일에 10[A]의 전류를 흘릴 때 코일 중심의 자장의 세기는 몇 [AT/m]인가?

① 30
② 150
③ 300
④ 600

해설

원형 코일 중심에서 자장의 세기
$$H = \frac{NI}{2r} = \frac{30 \times 10}{2 \times 0.5} = 300[AT/m]$$

- 직선전류에 의한 자기장 : $H = \frac{I}{2\pi r}[AT/m]$
- 환상 솔레노이드 내부의 자기장 : $H = \frac{NI}{l} = \frac{NI}{2\pi r}[AT/m]$
- 무한장 솔레노이드 내부의 자기장 : $H = NI[AT/m]$

06
4[Ω], 6[Ω], 8[Ω]의 3개 저항을 병렬접속할 때 합성저항은 약 몇 [Ω]인가?

① 1.8
② 2.5
③ 3.6
④ 4.5

해설

저항의 병렬접속 시 합성저항
$$R = \frac{1}{\frac{1}{4} + \frac{1}{6} + \frac{1}{8}} \fallingdotseq 1.8[\Omega]$$

07
비사인파의 일반적인 구성은?

① 직류분+기본파+고조파
② 직류분+고조파+삼각파
③ 직류분+기본파+삼각파
④ 직류분+고조파+구형파

해설

비사인파의 구성
- 기본파 : 비사인파에서 기본 사인파의 주파수
- 고조파 : 주파수가 기본파의 2배, 3배, 4배, …가 되는 파
- 직류분

08
(㉠), (㉡)에 들어갈 내용으로 알맞은 것은?

"2차 전지의 대표적인 것으로 납축전지가 있다. 전해액으로 비중 약 (㉠) 정도의 (㉡)을 사용한다."

① ㉠ 1.15~1.21 ㉡ 묽은 황산
② ㉠ 1.25~1.36 ㉡ 질산
③ ㉠ 1.01~1.15 ㉡ 질산
④ ㉠ 1.23~1.26 ㉡ 묽은 황산

해설

- 납축전지(Lead Storage Battery)의 화학반응식

양극	전해액	음극	방전⇌충전	양극	전해액	음극
PbO_2	$+ 2H_2SO_4$	$+ Pb$	⇌	$PbSO_4$	$+ 2H_2O$	$+ PbSO_4$

- 보통 전해액(묽은 황산)의 비중은 1.2~1.3 정도로 한다.

09
"회로의 접속점에서 볼 때, 접속점에 흘러들어오는 전류의 합은 흘러나가는 전류의 합과 같다"라고 정의되는 법칙은?

① 키르히호프의 제1법칙
② 키르히호프의 제2법칙
③ 플레밍의 오른손 법칙
④ 앙페르의 오른나사 법칙

해설

- 키르히호프의 제1법칙(KCL) : 전류법칙
- 키르히호프의 제2법칙(KVL) : 전압법칙

10 자석의 성질로 옳은 것은?

① 자석은 고온이 되면 자력이 증가한다.
② 자기력선에는 고무줄과 같은 장력이 존재한다.
③ 자력선은 자석 내부에서도 N극에서 S극으로 이동한다.
④ 자력선은 자성체는 투과하고, 비자성체는 투과하지 못한다.

해설
자석의 성질
- 자석에는 N극과 S극이 있다.
- 자석의 같은 극끼리는 서로 반발하고 다른 극끼리는 끌어당긴다.
- 자극으로부터 자력선이 나온다.
- 자력선은 N극에서 나와 S극으로 향한다.
- 자력이 강할수록 자기력선의 수가 많다.
- 발생되는 자기력선은 아무리 사용해도 기본적으로 감소하지 않는다.
- 자기력선은 비자성체를 투과한다.
- 자기력선에는 고무줄과 같은 장력이 존재한다.
- 자석은 고온이 되면 자력이 감소되고 저온이 되면 자력이 증가된다.
- 자석은 임계온도 이상으로 가열하면 자석의 성질이 없어진다.

11 어떤 전압계의 측정 범위를 10배로 하자면 배율기의 저항을 전압계 내부저항의 몇 배로 하여야 하는가?

① 10　　② $\dfrac{1}{10}$
③ 9　　④ $\dfrac{1}{9}$

해설
n배로 전압계의 측정 범위를 늘리려면 배율기의 저항을 $(n-1)$배로 한다.
- 배율기 : 전압계의 측정 범위를 넓히기 위해서는 전압계와 직렬로 저항을 접속한다.
- 분류기 : 전류계의 측정 범위를 넓히기 위해서는 전류계와 병렬로 저항을 접속한다.

12 기전력 E, 내부저항 r인 전지 n개를 직렬로 연결하여 이것에 외부저항 R을 직렬연결하였을 때 흐르는 전류 I[A]는?

① $I = \dfrac{E}{nr+R}$ [A]　　② $I = \dfrac{nE}{r+R}$ [A]
③ $I = \dfrac{nE}{r+nR}$ [A]　　④ $I = \dfrac{nE}{nr+R}$ [A]

해설
합성기전력 $= nE$이고, 합성저항 $= nr+R$이므로,
$I = \dfrac{\text{합성기전력}}{\text{합성저항}} = \dfrac{nE}{nr+R}$ [A]

13 일반적으로 절연체를 서로 마찰시키면 이들 물체는 전기를 띠게 된다. 이와 같은 현상은?

① 분극(Polarization)
② 대전(Electrification)
③ 정전(Electrostatic)
④ 코로나(Corona)

해설
전자를 이동시키거나 재배치시켜 물체가 전하를 띠게 하는 것을 대전이라고 한다.

14 길이 10[m]인 도선의 저항값이 100[Ω]이었다. 이 도선을 고르게 20[m]로 늘였을 때 저항값은?

① 50[Ω]   ② 100[Ω]
③ 200[Ω] ④ 400[Ω]

해설
부피가 일정할 경우 길이를 n배로 하면 저항은 n^2배 증가한다. 길이가 2배 증가하였으므로 저항은 2²=4배가 된다. 따라서 100[Ω]의 4배인 400[Ω]이 된다.

15 대칭 3상 교류의 조건에 해당하지 않는 것은?

① 기전력의 크기가 같다.
② 주파수가 같다.
③ 위상차는 각각 60°씩 생긴다.
④ 파형이 같다.

해설
대칭 3상 교류는 위상차가 $120°\left(=\frac{2}{3}\pi\right)$이고, 기전력의 크기, 주파수, 파형이 같아야 한다.

16 $R=6[\Omega]$, $X_L=8[\Omega]$, $X_C=16[\Omega]$가 직렬로 연결된 회로에 100[V]의 교류를 가했을 때 흐르는 전류와 임피던스는?

① 7.14[A], 용량성
② 7.14[A], 유도성
③ 10[A], 용량성
④ 10[A], 유도성

해설
RLC 직렬연결
$$I=\frac{V}{Z}=\frac{V}{\sqrt{R^2+(X_L-X_C)^2}}=\frac{100}{\sqrt{6^2+(8-16)^2}}=10[A]$$
용량성 리액턴스 X_C값이 유도성 리액턴스 X_L값보다 크므로 용량성 임피던스 특성을 나타낸다.

17 비유전율 5의 유전체 내부의 전속밀도가 5×10^{-6}[C/m²] 되는 점의 전기장의 세기는?

① 0.79×10^5[V/m]
② 1.11×10^5[V/m]
③ 1.13×10^5[V/m]
④ 1.58×10^5[V/m]

해설
전속밀도(D)=유전율(ε)×전기장의 세기(E)
전기장의 세기(E)=$\dfrac{D}{\varepsilon_0\varepsilon_r}$
$$=\frac{5\times10^{-6}}{8.854\times10^{-12}\times5}\fallingdotseq1.13\times10^5[V/m]$$
(진공의 유전율 $\varepsilon_0=8.854\times10^{-12}$[F/m])

18 전위차계로 전위를 측정하였다. B점의 전위가 100[V]이고 D점의 전위가 60[V]일 때 4[Ω]에 흐르는 전류는?

① 5[A]   ② $\dfrac{15}{7}$[A]
③ $\dfrac{20}{7}$[A] ④ 20[A]

해설
B점과 D점 사이의 전위차가 40[V]이므로 점 B와 D에 사이에 흐르는 전류는 $I=\dfrac{V}{R}=\dfrac{40}{8}=5[A]$이다.
저항 4[Ω]에 흐르는 전류는 5[A]를 저항에 반비례하게 분배되어 흐르므로 $I_{4[\Omega]}=\dfrac{3}{3+4}\times5=\dfrac{15}{7}$[A]

19 전류의 발열작용에 관한 법칙으로 가장 알맞은 것은?

① 옴의 법칙
② 패러데이의 법칙
③ 줄의 법칙
④ 키르히호프의 법칙

해설
줄의 법칙
저항을 통과하는 전류가 발생시킨 열은 흘려준 전류의 제곱에 비례한다는 법칙
$Q = I^2Rt[J] = 0.24I^2Rt[cal]$
$1[cal] = 4.186[J] ≒ 4.2[J]$, $1[J] ≒ 0.24[cal]$

20 임피던스 $\dot{Z} = 6 + j8[\Omega]$에서 컨덕턴스는?

① 0.06[℧]
② 0.08[℧]
③ 0.1[℧]
④ 1.0[℧]

해설
어드미턴스(Y) = 컨덕턴스(G) + 서셉턴스(B)
$\dot{Y} = \dfrac{1}{Z} = \dfrac{6-j8}{(6+j8)(6-j8)} = \dfrac{6-j8}{36+64}$
$= 0.06 - j0.08[℧]$

21 동기전동기를 송전선의 전압조정 및 역률개선에 사용한 것을 무엇이라 하는가?

① 동기 이탈
② 동기조상기
③ 댐퍼
④ 제동권선

해설
동기조상기
무부하 운전 중 과여자일 때는 진상작용을 하는 콘덴서로 동작을 하며, 부족여자일 때는 지상작용을 하는 리액터로 작용한다.

22 다음 중 기동토크가 가장 큰 전동기는?

① 분상 기동형
② 콘덴서 모터형
③ 셰이딩 코일형
④ 반발 기동형

해설
기동토크의 크기
반발 기동형 > 반발 유도형 > 콘덴서 기동형 > 분상 기동형 > 셰이딩 코일형

23 직류발전기에서 급전선의 전압강하 보상용으로 사용되는 것은?

① 분권기
② 직권기
③ 과복권기
④ 차동복권기

해설
과복권발전기(Over-compound Generator)
직류 복권발전기의 일종으로, 전부하에서의 단자전압이 무부하전압보다도 높아지는 특성을 가지고 있다.

정답 19 ③ 20 ① 21 ② 22 ④ 23 ③

24 병렬운전 중인 동기임피던스 5[Ω]인 2대의 3상 동기발전기의 유도기전력에 200[V]의 전압 차이가 있다면 무효순환전류[A]는?

① 5   ② 10
③ 20   ④ 40

해설
$$I = \frac{V_1 - V_2}{Z} = \frac{200}{10} = 20[A]$$

25 무부하전압과 전부하전압이 같은 값을 가지는 특성의 발전기는?

① 직권발전기
② 차동 복권발전기
③ 평복권발전기
④ 과복권발전기

해설
직류발전기의 특징
- 과복권발전기 : 전부하전압 > 무부하전압
- 평복권발전기 : 전부하전압 = 무부하전압
- 부족복권발전기 : 전부하전압 < 무부하전압

26 3상 유도전동기의 1차 입력 60[kW], 1차 손실 1[kW], 슬립 3[%]일 때 기계적 출력[kW]은?

① 62   ② 60
③ 59   ④ 57

해설
유도전동기의 출력
2차 입력 = 1차 입력 - 1차 손실 = 60 - 1 = 59[kW]
기계적 출력 = 2차 입력 × 효율 = 2차 입력 × (1 - 슬립)
= 59 × (1 - 0.03) = 57[kW]

27 다음 회로도에 대한 설명으로 옳지 않은 것은?

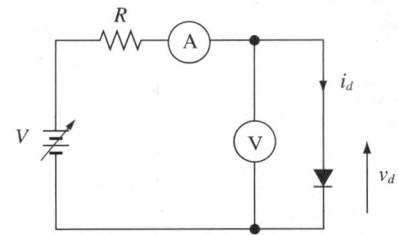

① 다이오드의 양극의 전압이 음극에 비하여 높을 때를 순방향 도통상태라 한다.
② 다이오드의 양극의 전압이 음극에 비하여 낮을 때를 역방향 저지상태라 한다.
③ 실제의 다이오드는 순방향 도통 시 양 단자 간의 전압강하가 발생하지 않는다.
④ 역방향 저지 상태에서는 역방향으로(음극에서 양극으로) 약간의 전류가 흐르는데 이를 누설 전류라고 한다.

해설
실제의 다이오드는 순방향 도통 시 양 단자 간의 전압강하(Si 0.7[V], Ge 0.3[V])가 발생한다.

28 다음 중 턴오프(소호)가 가능한 소자는?

① GTO ② TRIAC
③ SCR ④ LASCR

해설
GTO(Gate Turn-Off Thyristor)
- 전력용 반도체 소자(사이리스터)의 일종으로, 게이트 신호로 전원 On/Off 제어(자기소호 가능)
- 게이트에 역방향의 전류를 흐르게 하는 것으로, 턴오프할 수 있는 기능을 가진 사이리스터
- 유도전동기 구동용 PWM 제어 VVVF 인버터, 차량의 보조 전원, 차단기 등에 사용

29 동기발전기의 병렬운전 중에 기전력의 위상차가 생기면?

① 위상이 일치하는 경우보다 출력이 감소한다.
② 부하 분담이 변한다.
③ 무효순환전류가 흘러 전기자권선이 과열된다.
④ 동기화력이 생겨 두 기전력의 위상이 동상이 되도록 작용한다.

해설
동기발전기의 병렬운전 중 기전력의 위상차가 생기면 동기화 전류(유효횡류)가 흐르고, 주고받는 전력, 즉 수수전력이 발생하며 서로 같아지려고 하는 동기화력이 생긴다.

30 변압기 내부고장 보호에 쓰이는 계전기로서 가장 알맞은 것은?

① 차동계전기 ② 접지계전기
③ 과전류계전기 ④ 역상계전기

해설
- 차동계전기 : 같은 회로의 두 점에서 전류가 같을 때에는 동작하지 않으나 고장 시에 전류의 차가 생기면 동작하는 계전기
- 접지계전기 : 배전 선로에서 접지 고장에 대한 보호
- 과전류계전기 : 과부하전류 시 변압기 보호
- 역상계전기 : 역상이 걸리면 차단하여 보호

31 변압기 절연물의 열화 정도를 파악하는 방법으로서 적절하지 않은 것은?

① 유전정접
② 유중가스분석
③ 접지저항측정
④ 흡수전류나 잔류전류측정

해설
- 유전정접(Dissipation Factor)은 진동으로 인한 힘의 손실 비율을 측정하는 단위로 변압기의 진동에 따른 절연체의 열화를 파악하는 데 활용한다.
- 유중가스분석은 변압기와 같은 유입기기의 내부에 이상현상(즉 절연파괴현상, 국부과열 등)이 생기면 반드시 열 발생을 수반하며, 이 발열원에 접촉한 절연유, 절연지, 프레스 보드 등의 절연재료가 열의 영향을 받아 분해하여 가스들이 발생하는데, 이를 분석하여 열화를 파악한다.

32 변압기의 퍼센트 저항강하가 3[%], 퍼센트 리액턴스강하가 4[%]이고, 역률이 80[%] 지상이다. 이 변압기의 전압변동률[%]은?

① 3.2 ② 4.8
③ 5.0 ④ 5.6

해설
p : 퍼센트 저항강하, q : 퍼센트 리액턴스강하일 때
$\varepsilon = p\cos\theta - q\sin\theta$ (진상 $-$)이고
$\varepsilon = p\cos\theta + q\sin\theta$ (지상 $+$)이므로
전압변동률 $\varepsilon = 3 \times 0.8 + 4 \times 0.6 = 4.8[\%]$

정답 28 ① 29 ④ 30 ① 31 ③ 32 ②

33 입력이 12.5[kW], 출력 10[kW]일 때 기기의 손실은 몇 [kW]인가?

① 2.5 ② 3
③ 4   ④ 5.5

해설
손실 = 입력 - 출력 = 12.5 - 10 = 2.5[kW]

34 회전자 입력 10[kW], 슬립 4[%]인 3상 유도전동기의 2차 동손은 몇 [kW]인가?

① 0.4 ② 1.8
③ 4.0 ④ 9.6

해설
2차 동손 $P_{c_2} = s \cdot P_2 = 0.04 \times 10[\text{kW}] = 0.4[\text{kW}]$

35 복권발전기의 병렬운전을 안전하게 하기 위해서 두 발전기의 전기자와 직권 권선의 접촉점에 연결하여야 하는 것은?

① 집전환   ② 균압선
③ 안정저항 ④ 브러시

해설
직류발전기의 병렬운전에 있어서 운전을 안전하게 하기 위해 균압선을 설치한다.

36 보호계전기 시험을 하기 위한 유의사항이 아닌 것은?

① 시험회로 결선 시 교류와 직류 확인
② 시험회로 결선 시 교류의 극성 확인
③ 계전기 시험 장비의 오차 확인
④ 영점의 정확성 확인

해설
보호계전기 시험
보호계전기의 정상적인 작동 여부의 확인과 각 계전기의 작동특성을 시험하는 것으로 직/교류확인, 영점확인 및 측정장비의 오차를 확인한다. 교류 특성상 극성을 확인하지 않는다.

37 단자 전압 210[V], 부하전류 95[A], 계자전류 5[A], 전기자저항이 0.3[Ω]인 직류 분권발전기의 유도 기전력[V]은 얼마인가?

① 240 ② 260
③ 280 ④ 300

해설
$I_a = I + I_f$에서 $I_a = 95 + 5 = 100$이므로
$E = V + I_a R_a = 210 + 0.3 \times 100 = 240[\text{V}]$

38 2극 3,600[rpm]인 동기발전기와 병렬운전하려는 12극 발전기의 회전수는?

① 600[rpm]   ② 3,600[rpm]
③ 7,200[rpm]   ④ 21,600[rpm]

해설
동기발전기의 병렬운전
주파수, 기전력의 크기, 위상, 파형, 상회전방향이 일치해야 병렬운전이 가능하므로 $N_1 = \dfrac{120f}{p}$ 에서

$f = \dfrac{Np}{120} = \dfrac{3,600 \times 2}{120} = 60[\text{Hz}]$

$\therefore N_2 = \dfrac{120 \times 60}{12} = 600[\text{rpm}]$

39 단락비가 큰 동기기에 대한 설명으로 옳은 것은?

① 기계가 소형이다.
② 안정도가 높다.
③ 전압 변동률이 크다.
④ 전기자 반작용이 크다.

해설
단락비가 큰 동기기 특성
• 안정도가 높다.
• 중량이 무겁고 가격이 비싸다.
• 전압 변동률이 작다.
• 전기자 반작용이 작다.
• 공극과 계자기자력이 크다.
• 효율이 나쁘다.

40 다음 중 유도전동기의 속도제어에 사용되는 인버터 장치의 약호는?

① CVCF   ② VVVF
③ CVVF   ④ VVCF

해설
유도전동기 속도제어용 인버터
• CVCF : 정전압 정주파수 제어
• CVVF : 정전압 가변주파수 제어
• VVCF : 가변전압 정주파수 제어

41 정크션 박스 내에서 절연전선을 쥐꼬리 접속한 후 접속과 절연을 위해 사용되는 재료는?

① 링형 슬리브
② S형 슬리브
③ 와이어 커넥터
④ 터미널 러그

해설
쥐꼬리 접속한 후 접속과 절연을 위해 와이어 커넥터를 사용한다.

42 가공전선로의 지지선에 사용되는 애자는?

① 노브 애자
② 인류 애자
③ 현수 애자
④ 구형 애자

해설
애 자
• 가지 애자 : 전선을 다른 방향으로 돌리는 부분
• 곡핀 애자 : 인입선을 사용하는 애자
• 구형 애자(지선 애자, 옥 애자) : 지지선의 중간 부분
• 현수 애자 : 특고압 배선선로에 사용하는 현수 애자는 선로의 종단, 선로의 분기, 수평각 30° 이상인 인류개소, 전선의 굵기가 변경되는 지점, 개폐기 설치 전주 등의 내장장소에 사용
• 다구 애자 : 동력용 저압 인입선공사 시 건물 벽면에 시설할 때 사용
• 노브 애자 : 옥내배선에 사용
• 인류 애자 : 가공배전선로 또는 인입선에 사용

정답   38 ①   39 ②   40 ②   41 ③   42 ④

43 폭연성 먼지가 있는 위험장소의 금속관공사에 있어서 관 상호 및 관과 박스 기타의 부속품이나 풀 박스 또는 전기기계기구는 몇 산 이상의 나사 조임으로 시공하여야 하는가?

① 2
② 3
③ 4
④ 5

해설
폭연성 먼지 위험장소
금속관공사에 의하는 때에는 다음에 의하여 시설할 것
- 금속관은 박강전선관 또는 이와 동등 이상의 강도를 가지는 것일 것
- 박스, 기타의 부속품 및 풀 박스는 쉽게 마모, 부식, 기타의 손상을 일으킬 우려가 없는 패킹을 사용하여 먼지가 내부에 침입하지 아니하도록 시설할 것
- 관 상호 간 및 관과 박스, 기타의 부속품, 풀 박스 또는 전기기계기구와는 5산 이상 나사조임으로 접속하는 방법, 기타 이와 동등 이상의 효력이 있는 방법에 의하여 견고하게 접속하고 또한 내부에 먼지가 침입하지 아니하도록 접속할 것
- 전동기에 접속하는 부분에서 가요성을 필요로 하는 부분의 배선에는 폭발방지형의 부속품 중 분진 방폭형 유연성 부속을 사용할 것

44 셀룰로이드, 성냥, 석유류 등 기타 가연성 위험물질을 제조 또는 저장하는 장소의 시설 공사로 잘못된 것은?

① 금속관공사
② 합성수지관공사
③ 플로어덕트공사
④ 케이블공사

해설
위험물 등이 존재하는 장소
케이블공사, 합성수지관공사, 금속관공사

45 가공전선로의 지지물이 아닌 것은?

① 목 주
② 지지선
③ 철근 콘크리트주
④ 철 탑

해설
지지물
전선을 가설하기 위한 시설물로서 목주, 철주, 철근 콘크리트주, 철탑, 기타 이와 유사한 시설물이 있다.

46 동전선의 접속방법에서 종단접속방법이 아닌 것은?

① 비틀어 꽂는 형의 전선접속기에 의한 접속
② 종단겹침용 슬리브(E형)에 의한 접속
③ 직선 맞대기용 슬리브(B형)에 의한 압착접속
④ 직선 겹침용 슬리브(P형)에 의한 접속

해설
③은 종단접속방법에 해당하지 않는다.
동전선의 접속방법의 종단접속방법
- 비틀어 꽂는 형의 전선접속기 접속
- 종단 겹침용 슬리브(E형) 접속
- 직선 겹침용 슬리브(P형) 접속

47 굵은 전선을 절단할 때 사용하는 전기공사용 공구는?

① 프레셔 툴
② 녹아웃 펀치
③ 파이프 커터
④ 클리퍼

해설
전기공사용 공구
- 클리퍼(케이블 커터) : 펜치로 절단하기 힘든 굵은 전선을 절단할 때 사용하는 가위
- 프레셔 툴 : 전선에 압착단자 접속 시 사용되는 공구
- 녹아웃 펀치 : 배전반, 분전반 등의 배관변경이나 캐비닛에 구멍을 뚫을 때 사용

48 다음 중 접지시스템의 시설 종류가 아닌 것은?

① 단독접지　② 공통접지
③ 근접접지　④ 통합접지

해설
접지시스템의 구분 및 종류
- 접지시스템은 계통접지, 보호접지, 피뢰시스템 접지 등으로 구분한다.
- 접지시스템의 시설 종류에는 단독접지, 공통접지, 통합접지가 있다.

49 다음 중 옥내에 시설하는 저압 전로와 대지 사이의 절연저항 측정에 사용되는 계기는?

① 멀티 테스터　② 메 거
③ 어스 테스터　④ 훅 온 미터

해설
절연저항의 측정
전기가 통하지 않게 하는 절연물의 저항을 말하는 것으로 매우 큰 값의 저항값인 [MΩ]의 단위를 사용하며, 절연저항의 측정기는 절연저항계 또는 메거(Megger)를 사용한다.

50 저압 가공전선과 고압 가공전선을 동일 지지물에 시설하는 경우 상호 간격은 몇 [m] 이상이어야 하는가?

① 0.2　② 0.3
③ 0.4　④ 0.5

해설
고압 가공전선 등의 병행설치
저압 가공전선(다중접지된 중성선은 제외)과 고압 가공전선을 동일 지지물에 시설하는 경우에는 다음에 따라야 한다.
- 저압 가공전선을 고압 가공전선의 아래로 하고 별개의 완금류에 시설할 것
- 저압 가공전선과 고압 가공전선 사이의 간격은 0.5[m] 이상일 것

51 가공전선 지지물의 기초 강도는 주체(主體)에 가하여지는 곡하중(曲荷重)에 대하여 안전율은 얼마 이상으로 하여야 하는가?

① 1.0　② 1.5
③ 1.8　④ 2.0

해설
가공전선로 지지물의 기초의 안전율
가공전선로(Overhead Line)의 지지물에 하중이 가하여지는 경우에 그 하중을 받는 지지물의 기초의 안전율은 2 이상이어야 한다(철탑은 1.33).

52 변압기의 보호 및 개폐를 위해 사용되는 특고압 컷 아웃 스위치는 변압기 용량의 몇 [kVA] 이하에 사용되는가?

① 100　② 200
③ 300　④ 400

해설
특고압 컷아웃 스위치(COS ; Cut Out Switch)
변압기 용량 300[kVA] 이하에서 사용한다.

53 가연성 가스가 존재하는 저압 옥내전기설비 공사방법으로 옳은 것은?

① 가요전선관공사　② 애자공사
③ 금속관공사　　　④ 금속몰드공사

해설
가연성 가스 등의 위험장소
가연성 가스 또는 인화성 물질의 증기가 새거나 체류하여 전기설비가 발화원이 되어 폭발할 우려가 있는 곳에 있는 저압 옥내전기설비는 금속관공사 또는 케이블공사에 의한다.

54 금속제 가요전선관공사에 다음의 전선을 사용하였다. 맞게 사용한 것은?

① 알루미늄 35[mm^2]의 단선
② 절연전선 16[mm^2]의 단선
③ 절연전선 10[mm^2]의 단선
④ 알루미늄 25[mm^2]의 단선

해설
금속제 가요전선관공사
전선은 연선일 것. 다만, 단면적 10[mm^2](알루미늄선은 단면적 16[mm^2]) 이하인 것은 그러하지 아니하다.

55 전선 약호가 VV인 케이블의 종류로 옳은 것은?

① 0.6/1[kV] 비닐절연 비닐시스 케이블
② 0.6/1[kV] EP 고무절연 클로로프렌시스 케이블
③ 0.6/1[kV] EP 고무절연 비닐시스 케이블
④ 0.6/1[kV] 비닐절연 비닐캡타이어 케이블

해설
전선 약호
• I(Insulation) : 절연
• V(Vinyl) : 비닐
• R(Rubber) : 고무
• E(polyEthylene) : 폴리에틸렌
• C(Chloroprene) : 클로로프렌

56 케이블공사의 시설조건에 대한 설명이다. 틀린 것은?

① 전선은 케이블 및 캡타이어케이블이다.
② 중량물의 압력 또는 현저한 기계적 충격을 받을 우려가 있는 곳에 포설하는 케이블에는 방호장치를 한다.
③ 전선을 조영재의 아랫면 또는 옆면에 따라 붙이는 경우에는 전선의 지지점 간의 거리를 케이블은 2[m] 이하로 한다.
④ 사용전압이 400[V] 이하이고 방호장치의 금속제 부분의 길이가 8[m] 이하인 것을 건조한 곳에 시설하는 경우 접지공사를 아니 할 수 있다.

해설
케이블공사
• 전선을 조영재의 아랫면 또는 옆면에 따라 붙이는 경우에는 전선의 지지점 간의 거리를 케이블은 2[m](사람이 접촉할 우려가 없는 곳에서 수직으로 붙이는 경우에는 6[m]) 이하, 캡타이어케이블은 1[m] 이하로 하고 또한 그 피복을 손상하지 아니하도록 붙일 것
• 사용전압이 400[V] 이하로서 다음 중 하나에 해당할 경우에는 관, 기타의 전선을 넣는 방호장치의 금속제 부분에 대하여는 접지공사를 아니한다.
  – 방호장치의 금속제 부분의 길이가 4[m] 이하, 건조한 곳
  – 옥내배선의 사용전압이 직류 300[V] 또는 교류 대지전압이 150[V] 이하로서 방호장치의 금속제 부분의 길이가 8[m] 이하인 것을 사람이 쉽게 접촉할 우려가 없도록 시설하는 경우 또는 건조한 것에 시설하는 경우

정답 53 ③　54 ③　55 ①　56 ④

57 고압 가공전선이 도로를 횡단하는 경우 전선의 지표상 최소 높이는?

① 2[m]   ② 3[m]
③ 5[m]   ④ 6[m]

해설
고압 가공전선의 높이
- 도로[농로 기타 교통이 번잡하지 않은 도로 및 횡단보도교(도로·철도·궤도 등의 위를 횡단하여 시설하는 다리 모양의 시설물로서 보행용으로만 사용되는 것)를 제외한다]를 횡단하는 경우에는 지표상 6[m] 이상
- 철도 또는 궤도를 횡단하는 경우에는 레일면상 6.5[m] 이상
- 횡단보도교의 위에 시설하는 경우에는 그 노면상 3.5[m] 이상
- 이외의 경우에는 지표상 5[m] 이상

58 한 수용장소의 인입선에서 분기하여 지지물을 거치지 아니하고 다른 수용장소의 인입구에 이르는 부분의 전선을 무엇이라 하는가?

① 이웃 연결 인입선   ② 본딩선
③ 이동전선   ④ 지중인입선

해설
이웃 연결 인입선
한 수용장소의 인입선에서 분기하여 지지물을 거치지 아니하고 다른 수용장소의 인입구에 이르는 부분의 전선

59 배전반 및 분전반을 넣은 강판제로 만든 함의 최소 두께는?

① 1.2[mm] 이상   ② 1.5[mm] 이상
③ 2.0[mm] 이상   ④ 2.5[mm] 이상

해설
배전반 및 분기반을 넣은 함의 규격
- 강판제 : 두께 1.2[mm] 이상(단, 가로, 세로 길이가 30[cm] 이하인 것은 두께 1.0[mm] 이상)
- 난연성 합성수지제 : 두께 1.5[mm] 이상, 내아크성
- 배전반의 뒷면에 배선 및 기구설치 불가

60 폭연성 먼지 또는 화약류의 가루가 전기설비가 점화원이 되어 폭발할 우려가 있는 곳의 저압 옥내 전기설비는 어느 공사에 의하는가?

① 애자공사
② 캡타이어케이블공사
③ 합성수지관공사
④ 금속관공사

해설
폭연성 먼지 위험장소
폭연성 먼지(마그네슘·알루미늄·타이타늄·지르코늄 등의 먼지가 쌓여 있는 상태에서 불이 붙었을 때에 폭발할 우려가 있는 것) 또는 화약류의 가루가 전기설비가 발화원이 되어 폭발할 우려가 있는 곳에 시설하는 저압 옥내전기설비는 금속관공사 또는 케이블공사(캡타이어케이블을 사용하는 것을 제외)에 의할 것

폭연성 먼지 또는 화약류의 가루	금속관공사, 케이블공사
가연성 먼지	금속관공사, 케이블공사, 합성수지관공사

정답 57 ④ 58 ① 59 ① 60 ④

2017년 제4회 과년도 기출복원문제

01 비사인파의 일반적인 구성이 아닌 것은?

① 삼각파
② 고조파
③ 기본파
④ 직류분

해설
비사인파교류 = 기본파 + 고조파 + 직류분

02 다음 중 저저항 측정에 사용되는 브리지는?

① 휘트스톤 브리지
② 빈 브리지
③ 맥스웰 브리지
④ 켈빈 더블 브리지

해설
- 휘트스톤 브리지 : 중저항 측정
- 맥스웰 브리지 : 브리지에 인덕턴스를 포함한 것으로, 교류를 가하여 미지의 인덕턴스를 측정하는 브리지
- 콜라우슈 브리지 : 전해액의 저항측정, 접지저항 측정

03 일반적으로 절연체를 서로 마찰시키면 이들 물체는 전기를 띠게 된다. 이와 같은 현상은?

① 분극(Polarization)
② 대전(Electrification)
③ 정전(Electrostatic)
④ 코로나(Corona)

해설
전자를 이동시키거나 재배치시켜 물체가 전하를 띠게 하는 것을 대전이라고 한다.

04 기전력 50[V], 내부저항 5[Ω]인 전원이 있다. 이 전원에 부하를 연결하여 얻을 수 있는 최대전력은?

① 125[W]
② 250[W]
③ 500[W]
④ 1,000[W]

해설
내부저항과 부하저항이 같을 때($r = R$) 최대전력이 공급되므로 부하저항은 5[Ω]이 된다.
$I = \dfrac{V}{r+R} = \dfrac{50}{5+5} = 5[A]$
$P = I^2 R = 5^2 \times 5 = 125[W]$

05 $Z_1 = 2 + j11[\Omega]$, $Z_2 = 4 - j3[\Omega]$의 직렬회로에 교류전압 100[V]를 가할 때 합성임피던스는?

① 6[Ω]
② 8[Ω]
③ 10[Ω]
④ 14[Ω]

해설
RLC 직렬회로의 합성임피던스
$Z_1 + Z_2 = (2+4) + j(11-3) = 6 + j8$
합성임피던스
$|Z| = R + jX = \sqrt{R^2 + X^2}$
$= \sqrt{6^2 + 8^2} = 10[\Omega]$

정답 1 ① 2 ④ 3 ② 4 ① 5 ③

06 그림과 같은 평형 3상 △ 회로를 등가 Y결선으로 환산하면 각 상의 임피던스는 몇 [Ω]이 되는가? (단, $Z=12[\Omega]$이다)

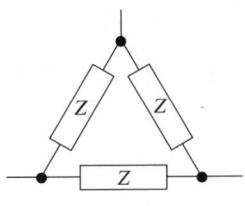

① 48　　　　② 36
③ 4　　　　　④ 3

해설
Y회로에서 △회로로 등가변환하기 위해서는 각 상의 임피던스를 3배로 하고 △회로에서 Y회로로 등가변환할 때는 각 상의 임피던스를 $\frac{1}{3}$배로 한다. 따라서 12[Ω]를 $\frac{1}{3}$배하면 4[Ω]이다.

07 100[V]의 전위차로 가속된 전자의 운동에너지는 몇 [J]인가?

① 1.6×10^{-20}
② 1.6×10^{-19}
③ 1.6×10^{-18}
④ 1.6×10^{-17}

해설
1[V]는 1.6×10^{-19}[J]의 운동에너지를 갖는다.

08 변압기 2대를 V결선했을 때의 이용률은 몇 [%]인가?

① 57.7　　　　② 70.7
③ 86.6　　　　④ 100

해설
V결선은 단상 변압기 2대로 3상 전력을 공급할 때 이용되는 방식이다.

이용률 $U = \dfrac{\text{V결선으로서의 출력}}{\text{변압기 2대의 허용용량}}$
$= \dfrac{\sqrt{3}\,V_p I_p}{2V_p I_p} = \dfrac{\sqrt{3}}{2} \fallingdotseq 0.866 \fallingdotseq 86.6[\%]$

09 평형 3상 성형결선에 있어서 선간전압(V_l)과 상전압(V_p)의 관계는?

① $V_l = V_p$　　　　② $V_l = \dfrac{1}{\sqrt{3}} V_p$
③ $V_l = \sqrt{2}\, V_p$　　④ $V_l = \sqrt{3}\, V_p$

해설
성형결선이라는 말은 Y결선과 같다.
선간전압(V_l) = $\sqrt{3}$ × 상전압(V_p)

10 자체인덕턴스가 20[mH]인 코일에 30[A]의 전류를 흘릴 때 축적되는 에너지는?

① 1.5[J]　　　② 3[J]
③ 9[J]　　　　④ 18[J]

해설
$W = \dfrac{1}{2}LI^2 = \dfrac{1}{2} \times 20 \times 10^{-3} \times 30^2 = 9[J]$

11 2분 동안에 전류를 흘려 72,000[C]의 전하가 이동했을 때 이 도선의 전류는?

① 10[A] ② 20[A]
③ 600[A] ④ 1,200[A]

해설
전류 : 어떤 도체의 단면을 단위시간 1[s]에 이동하는 전하(Q)의 양
$I = \dfrac{Q}{t} = \dfrac{72,000}{60 \times 2} = 600[A], [C/s]$

12 주파수 10[Hz]일 때 주기는?

① 0.1[s] ② 0.6[s]
③ 1[s] ④ 6[s]

해설
주파수와 주기는 역수의 관계이다.
$T = \dfrac{1}{f} = \dfrac{1}{10} = 0.1[s]$

13 괄호 안에 알맞은 내용을 바르게 나열한 것은?

"회로에 흐르는 전류의 크기는 저항에 (㉠)하고, 가해진 전압에 (㉡)한다."

① ㉠ 비례   ㉡ 비례
② ㉠ 비례   ㉡ 반비례
③ ㉠ 반비례 ㉡ 비례
④ ㉠ 반비례 ㉡ 반비례

해설
옴의 법칙 : 전류의 크기는 전압에 비례하고 도체의 저항에 반비례한다.

14 RL 직렬회로에서 교류전압 $v = V_m \sin\theta [V]$를 가했을 때 회로의 위상각 θ를 나타낸 것은?

① $\theta = \tan^{-1} \dfrac{R}{\omega L}$

② $\theta = \tan^{-1} \dfrac{\omega L}{R}$

③ $\theta = \tan^{-1} \dfrac{1}{R\omega L}$

④ $\theta = \tan^{-1} \dfrac{R}{\sqrt{R^2 + (\omega L)^2}}$

해설
$R-L$ 직렬회로

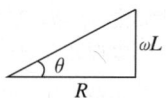

$\tan\theta = \dfrac{\omega L}{R}$, $\theta = \tan^{-1} \dfrac{\omega L}{R}$

15 단위길이당 권수 100회인 무한장 솔레노이드에 10[A]의 전류가 흐를 때 솔레노이드 외부의 자장의 세기[AT/m]는?

① 0   ② 10
③ 100   ④ 1,000

해설
무한장 솔레노이드
• 내부자장의 세기 $H = NI = 100 \times 10 = 1,000[AT/m]$
• 외부자장의 세기 $H = 0$

11 ③ 12 ① 13 ③ 14 ② 15 ①

16 자속밀도가 B인 평등한 자기장에 길이가 l인 도선이 있다. 도선이 자속과 수직방향으로 v 속도로 이동했다면 이때 유도되는 기전력은?

① Blv
② $\dfrac{Bl}{v}$
③ $\dfrac{Bv}{l}$
④ $\dfrac{lv}{B}$

해설
플레밍의 오른손 법칙
유도기전력 $e = Blv\sin\theta$
(자속과 수직, 즉 $\sin 90° = 1$)

17 전류 50[A]로 2시간 동안 흘렀다면 전기량[Ah]은?

① 25
② 50
③ 100
④ 200

해설
전기량 $= 50[A] \times 2[h] = 100[Ah]$

18 RC 직렬회로에서의 시정수 RC와 과도현상과의 관계로 옳은 것은?

① 시정수 RC의 값이 클수록 과도현상은 빨리 사라진다.
② 시정수 RC의 값이 클수록 과도현상은 오랫동안 지속된다.
③ 시정수 RC의 값이 작을수록 과도현상은 천천히 사라진다.
④ 시정수 RC의 값은 과도현상의 지속시간과 관계가 없다.

해설
시정수 : 과도상태에서 정상상태로 되는 데 걸리는 시간
시정수가 크면 과도현상이 오래 지속되고, 작으면 짧아진다.

19 비유전율이 큰 산화타이타늄 등을 유전체로 사용한 것으로 극성이 없으며 가격에 비해 성능이 우수하며 널리 사용되고 있는 콘덴서의 종류는?

① 전해 콘덴서
② 세라믹 콘덴서
③ 마일러 콘덴서
④ 마이카 콘덴서

해설
- 세라믹 콘덴서 : 전극 간의 유전체로 타이타늄산바륨과 같은 유전율이 큰 재료가 사용된다. 크기가 작고 가격도 저렴한 콘덴서로 극성이 없다.
- 전해 콘덴서 : 소형이며 큰 정전용량을 얻을 수 있으나 내압이 낮으며 저주파의 필터나 바이패스용으로 널리 사용된다. 극성이 있다.
- 마일러 콘덴서 : 폴리에스터 콘덴서라고도 하며, 얇은 폴리에스터 필름을 양측에서 금속으로 삽입하여, 원통형으로 감은 것이다. 저가격으로 사용하기 쉽지만, 높은 정밀도는 기대할 수 없다.
- 마이카 콘덴서 : 운모(마이카) 박판을 유전체에 사용한 콘덴서로 다른 콘덴서에 비해 온도에 따른 용량변화가 적으며 절연저항이 높고 고주파까지 사용되는 등의 장점을 가져 소용량 콘덴서로 흔히 사용된다.

20 영구자석의 재료로서 적당한 것은?

① 잔류자기가 적고 보자력이 큰 것
② 잔류자기와 보자력이 모두 큰 것
③ 잔류자기와 보자력이 모두 작은 것
④ 잔류자기가 크고 보자력이 작은 것

해설
- 영구자석 재료의 조건 : 보자력(H_c), 잔류자기(B_r)가 클 것
- 전자석 재료의 조건 : 보자력(H_c)은 작고 잔류자기(B_r)는 클 것

정답 16 ① 17 ③ 18 ② 19 ② 20 ②

21 유도전동기에서 슬립이 0이란 것은 어느 것과 같은가?

① 유도전동기가 동기속도로 회전한다.
② 유도전동기가 정지상태이다.
③ 유도전동기가 전부하 운전상태이다.
④ 유도제동기의 역할을 한다.

해설
동기속도와 회전자속도가 같을 때 슬립은 "0"이다.

22 전기자저항 0.1[Ω], 전기자전류 104[A], 유도기전력 110.4[V]인 직류 분권발전기의 단자전압은 몇 [V]인가?

① 98 ② 100
③ 102 ④ 105

해설
직류 분권발전기의 단자전압
$V = E - I_a R_a = 110.4 - 104 \times 0.1 = 100[V]$

23 직류발전기가 있다. 자극수는 6, 전기자 총도체수 400, 매극당 자속 0.01[Wb], 회전수는 600[rpm]일 때 전기자에 유기되는 기전력은 몇 [V]인가? (단, 전기자권선은 파권이다)

① 40 ② 120
③ 160 ④ 180

해설
$E = p\phi \dfrac{N}{60} \cdot \dfrac{z}{a}$
$= 6 \times 0.01 \times \dfrac{600}{60} \times \dfrac{400}{2} = 120[V]$

24 SCR 2개를 역병렬로 접속한 그림과 같은 기호의 명칭은?

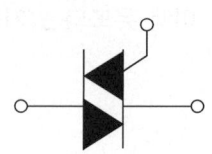

① SCR ② TRIAC
③ GTO ④ UJT

해설
· SCR :
· GTO :
· UJT :

25 변압기 내부고장 보호에 쓰이는 계전기로서 가장 알맞은 것은?

① 차동계전기
② 접지계전기
③ 과전류계전기
④ 역상계전기

해설
· 차동계전기 : 같은 회로의 두 점에서 전류가 같을 때에는 동작하지 않으나 고장 시에 전류의 차가 생기면 동작하는 계전기
· 접지계전기 : 배전 선로에서 접지 고장에 대한 보호
· 과전류계전기 : 과부하전류 시 변압기 보호
· 역상계전기 : 역상이 걸리면 차단하여 보호

26 출력 10[kW], 효율 80[%]인 기기의 손실은 약 몇 [kW]인가?

① 0.6 ② 1.1
③ 2.0 ④ 2.5

해설
발전기 효율 $\eta = \dfrac{출력}{출력+손실} \times 100[\%]$

$80[\%] = \dfrac{10[kW]}{10[kW]+P_{손실}}$

$0.8 = \dfrac{10}{10+P_{손실}}$

$P_{손실} = \dfrac{10}{0.8} - 10 = 2.5[kW]$

27 단상 유도전동기의 기동방법 중 기동토크가 가장 큰 것은?

① 분상 기동형
② 반발 유도형
③ 콘덴서 기동형
④ 반발 기동형

해설
기동토크의 크기
반발 기동형 > 반발 유도형 > 콘덴서 기동형 > 분상 기동형 > 셰이딩 코일형

28 유도전동기에서 원선도 작성 시 필요하지 않은 시험은?

① 무부하 시험 ② 구속 시험
③ 저항 측정   ④ 슬립 측정

해설
원선도 작성 시 필요한 시험 : 무부하 시험, 구속 시험, 저항 측정

29 전기기계의 효율 중 발전기의 규약효율 η_G는?(단, 입력 P, 출력 Q, 손실 L로 표현한다)

① $\eta_G = \dfrac{P-L}{P} \times 100[\%]$

② $\eta_G = \dfrac{P-L}{P+L} \times 100[\%]$

③ $\eta_G = \dfrac{Q}{P} \times 100[\%]$

④ $\eta_G = \dfrac{Q}{Q+L} \times 100[\%]$

해설
- 실측효율 : $\eta = \dfrac{출력}{입력} \times 100[\%]$
- 발전기 규약효율 : $\eta = \dfrac{출력}{입력} = \dfrac{출력}{출력+손실} \times 100[\%]$
- 전동기 규약효율 : $\eta = \dfrac{출력}{입력} = \dfrac{입력-손실}{입력} \times 100[\%]$

30 동기발전기의 병렬운전조건이 아닌 것은?

① 기전력의 크기가 같을 것
② 기전력의 위상이 같을 것
③ 기전력의 주파수가 같을 것
④ 기전력의 용량이 같을 것

해설
동기발전기의 병렬운전조건
- 기전력의 크기가 같을 것
- 기전력의 위상이 같을 것
- 기전력의 주파수가 같을 것
- 기전력의 파형이 같을 것
- 기전력의 상회전 방향이 같을 것

※ 동기발전기의 병렬운전에서 한쪽의 계자전류를 증대시켜 유기기전력을 크게 하면 무효순환전류가 흐른다.

정답 26 ④ 27 ④ 28 ④ 29 ④ 30 ④

31 무부하에서 119[V] 되는 분권발전기의 전압변동률이 6[%]이다. 정격 전부하전압은 약 몇 [V]인가?

① 110.2
② 112.3
③ 122.5
④ 125.3

해설

전압변동률 $\varepsilon = \dfrac{V_{20} - V_{2n}}{V_{2n}} \times 100[\%]$

따라서 $6[\%] = \dfrac{119 - V_{2n}}{V_{2n}} \times 100$에서 $0.06 = \dfrac{119 - V_n}{V_n}$

∴ 정격 전부하전압 $V_{2n} = \dfrac{119}{1.06} \fallingdotseq 112.3[\mathrm{V}]$

32 병렬운전 중인 동기발전기의 난조를 방지하기 위하여 자극 면에 유도전동기의 농형권선과 같은 권선을 설치하는데 이 권선의 명칭은?

① 계자권선
② 제동권선
③ 전기자권선
④ 보상권선

해설

3상 동기기에 제동권선은 기동작용 및 난조방지를 위해 설치한다.

33 변압기의 자속에 관한 설명으로 옳은 것은?

① 전압과 주파수에 반비례한다.
② 전압과 주파수에 비례한다.
③ 전압에 반비례하고 주파수에 비례한다.
④ 전압에 비례하고 주파수에 반비례한다.

해설

자속밀도 $\phi = \dfrac{V}{4.44 fNA}[\mathrm{Wb/m^2}]$

여기서, V : 1차 또는 2차 전압[V]
f : 주파수[Hz]
N : 1차 또는 2차 권선횟수
A : 철심의 단면적[m²]

34 변압기유가 구비해야 할 조건으로 틀린 것은?

① 점도가 낮을 것
② 인화점이 높을 것
③ 응고점이 높을 것
④ 절연내력이 클 것

해설

응고점이 낮아야 낮은 온도에서도 쉽게 응고되지 않는다.
변압기유의 구비조건
• 절연내력이 클 것
• 점도가 낮고 냉각 효과가 클 것
• 인화점이 높고 응고점이 낮을 것
• 고온에서 산화하지 않고, 석출물이 생기지 않을 것

35 다음 중 유도전동기에서 비례추이를 할 수 있는 것은?

① 출력
② 2차 동손
③ 효율
④ 역률

해설

유도전동기에 있어서 전압이 일정하면 전류나 회전력이 2차 저항(회전자저항)에 비례하여 변화하는 현상으로, 이 현상을 이용하여 회전자회로에 저항을 넣어 기동회전력을 크게 하거나 속도를 제어할 수 있다. 슬립-토크 특성이 주어졌을 때 2차 회로의 저항이 r_2라면 2차 저항을 p배하였을 때 얻어지는 특성은 토크에 대응하는 슬립값을 p배하여 구한다는 것이다. 이러한 관계는 토크 이외에 전류, 역률 등에 대하여서도 존재한다.

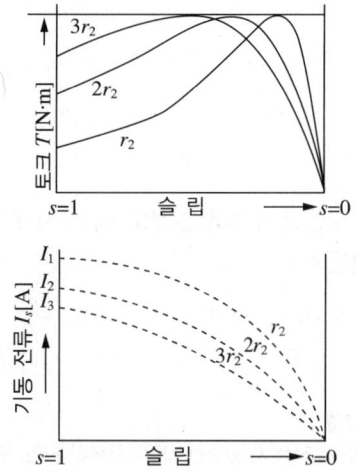

36 전기기기의 철심재료로 규소강판을 많이 사용하는 이유로 가장 적당한 것은?

① 와류손을 줄이기 위해
② 구리손을 줄이기 위해
③ 맴돌이전류를 없애기 위해
④ 히스테리시스손을 줄이기 위해

해설
- 히스테리시스손의 감소 : 두께 0.3~0.5[mm]의 규소강판(규소 함유 4~4.5[%]) 사용
- 와류손을 감소 : 얇은 철판을 여러 겹 겹쳐서 성층

37 동기기 손실 중 무부하손(No Load Loss)이 아닌 것은?

① 풍손
② 와류손
③ 전기자 동손
④ 베어링 마찰손

해설
동기기의 전기자 동손은 부하손에 속한다.

무부하손	철손	히스테리시스손	철심에서 자속이 변할 때의 손실
		와류손	철심에서 발생하는 와전류 손실
	유전체손		절연물에서 발생하는 손실
부하손	동손(구리손)	저항손	권선저항에 의한 손실
		와류손	권선 내의 와전류에 의한 손실
	표유부하손		누설자속에 의해 발생하는 손실

38 직류발전기 전기자의 구성으로 옳은 것은?

① 전기자철심, 정류자
② 전기자권선, 전기자철심
③ 전기자권선, 계자
④ 전기자철심, 브러시

해설
- 전기자(전기자철심+전기자권선) : 자속을 끊어 기전력 발생
- 0.35~0.5[mm] 규소강판 성층 사용(전기자철심) : 히스테리시스손 및 와류손 감소

39 길이 10[cm], 넓이 10[cm²]인 도선으로 감싼 변압기에서 1차 측에 감은 횟수가 100회일 때 전압이 120[V], 2차 측 전압이 12[V]였다면 2차 측의 감은 횟수는 얼마인가?

① 10   ② 100
③ 1,000   ④ 10,000

해설
권수비 $a = \dfrac{V_1}{V_2} = \dfrac{N_1}{N_2} = \dfrac{I_2}{I_1}$

∴ $\dfrac{120}{12} = \dfrac{100}{N_2}$, $N_2 = 10$회

정답 36 ④ 37 ③ 38 ② 39 ①

40 PN 접합 정류소자의 설명 중 틀린 것은?(단, 실리콘 정류소자인 경우이다)

① 온도가 높아지면 순방향 및 역방향 전류가 모두 감소한다.
② 순방향 전압은 P형에 (+), N형에 (−) 전압을 가함을 말한다.
③ 정류비가 클수록 정류특성은 좋다.
④ 역방향 전압에서는 극히 작은 전류만이 흐른다.

해설
PN 접합 정류소자(다이오드)의 특징
- 순방향 저항은 작고, 역방향 저항은 매우 커서 한쪽 방향으로는 쉽게 전자를 통과시키지만 다른 방향으로는 통과시키지 않는 정류 작용을 가지고 있다.
- 순방향 바이어스된 다이오드의 경우, 온도가 증가하면 동일한 순방향 전압을 기준으로 순방향 전류는 증가하는 반면에 동일한 순방향 전류를 기준으로 하면 순방향 전압은 감소한다(온도가 1[℃] 증가할수록 장벽전위는 2[mV] 감소한다). 역방향 바이어스된 다이오드의 경우, 온도가 상승하면 역방향 전류는 증가한다.

41 박스 내에서 가는 전선을 접속할 때의 접속방법으로 가장 적합한 것은?

① 트위스트 접속
② 쥐꼬리 접속
③ 브리타니아 접속
④ 슬리브 접속

해설
- 쥐꼬리 접속 : 박스 내
- 트위스트 : 6[mm²] 이하 단선접속
- 브리타니아 접속 : 10[mm²] 이상 단선접속

42 기구 단자에 전선접속 시 진동 등으로 헐거워지는 염려가 있는 곳에 사용되는 것은?

① 스프링 와셔
② 2중 볼트
③ 삼각 볼트
④ 접속기

해설
스프링 와셔는 스프링작용으로 진동에 대해 강하다.

43 일반적으로 가공전선로의 지지물에 취급자가 오르고 내리는 데 사용하는 발판 볼트 등은 지표상 몇 [m] 미만에 시설하여서는 아니 되는가?

① 0.75
② 1.2
③ 1.8
④ 2.0

해설
가공전선로 지지물의 철탑오름 및 전주오름 방지
가공전선로의 지지물에 취급자가 오르고 내리는 데 사용하는 발판 볼트 등을 지표상 1.8[m] 미만에 시설하여서는 아니 된다.

44 화약류 저장소에서 백열전등이나 형광등 또는 이들에 전기를 공급하기 위한 전기설비를 시설하는 경우 전로의 대지전압은?

① 100[V] 이하
② 150[V] 이하
③ 220[V] 이하
④ 300[V] 이하

해설
화약류 저장소에서 전기설비의 시설
- 전로의 대지전압은 300[V] 이하일 것
- 전기기계기구는 전폐형일 것
- 케이블을 전기기계기구에 인입할 때 손상될 우려가 없도록 할 것
- 전용 개폐기 및 과전류차단기를 취급자 이외의 자가 쉽게 조작할 수 없도록 시설할 것
- 지락 시 자동 전로차단장치 및 경보장치를 시설할 것

45 설계하중 6.8[kN] 이하인 철근 콘크리트 전주의 길이가 7[m]인 지지물을 건주하는 경우 땅에 묻히는 깊이로 가장 옳은 것은?

① 1.2[m]   ② 1.0[m]
③ 0.8[m]   ④ 0.6[m]

해설
매설 깊이 $= 7 \times \dfrac{1}{6} \fallingdotseq 1.2[m]$

가공전선로 지지물의 기초의 안전율
강관을 주체로 하는 철주(강관주) 또는 철근 콘크리트주로서 그 전체 길이가 16[m] 이하, 설계하중이 6.8[kN] 이하인 것 또는 목주를 다음에 의하여 시설하는 경우
- 전체의 길이가 15[m] 이하인 경우는 땅에 묻히는 깊이를 전체 길이의 6분의 1 이상으로 할 것
- 전체의 길이가 15[m]를 초과하는 경우는 땅에 묻히는 깊이를 2.5[m] 이상으로 할 것

46 금속전선관공사에서 사용되는 후강전선관의 규격이 아닌 것은?

① 16   ② 28
③ 36   ④ 50

해설
- 후강전선관 : 안지름 근접 짝수(호칭), 16, 22, 28, 36, 42, 54, 70, 82, 92, 104[mm]
- 박강전선관 : 바깥지름 근접 홀수(호칭), 19, 25, 31, 39, 51, 63, 75[mm]

47 한 개의 전등을 두 곳에서 점멸할 수 있는 배선으로 옳은 것은?

①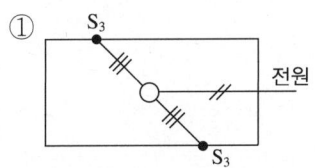

②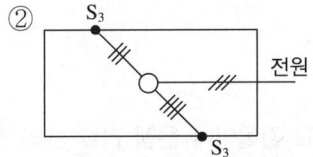

③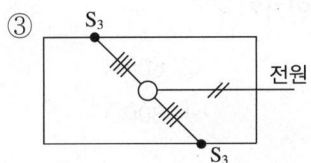

④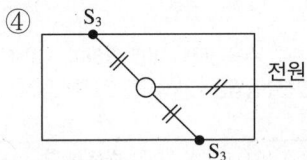

해설
빗금선 3개는 선 3줄 표시이며, S_3은 3로 스위치, 빗금선 2개는 전원에선 2줄이 간다는 뜻으로 3로 스위치 및 4로 스위치를 사용하여 2개소 이상의 장소에서 전등을 점멸할 경우 스위치는 전압측 전선(전원선)에 각각의 스위치를 설치하는 것을 원칙으로 한다.

48 코드 상호 간 또는 캡타이어케이블 상호 간을 접속하는 경우 가장 많이 사용되는 기구는?

① T형 접속기 ② 코드 접속기
③ 와이어 커넥터 ④ 박스용 커넥터

해설
전선의 접속
- 전선의 세기를 20[%] 이상 감소시키지 않아야 한다.
- 전기저항이 증가되지 않아야 한다.
- 접속 부분은 접속관, 슬리브, 와이어커넥터 등의 접속기구를 사용하거나 납땜해야 한다.
- 코드 상호, 캡타이어케이블 또는 케이블 상호 간에 접속하는 경우 코드 접속기, 접속함, 기타의 기구를 사용한다.
- 알루미늄–동(동합금) 등의 전기화학적 성질이 다른 도체를 접속하는 경우 접속 부분에 전기적 부식이 생기지 않도록 해야 한다.
- 알루미늄을 사용하여 절연전선(케이블)을 접속할 경우 규격에 맞는 접속기를 사용한다.
- 두 개 이상의 전선을 병렬로 사용하는 경우, 각 전선의 굵기는 구리선 50[mm²] 이상 또는 알루미늄 70[mm²] 이상으로 하고, 전선은 같은 도체, 같은 재료, 같은 길이 및 같은 굵기의 것을 사용해야 한다.

49 일반적으로 학교 건물이나 은행 건물 등의 간선의 수용률은 얼마인가?

① 50[%] ② 60[%]
③ 70[%] ④ 80[%]

해설
수용률
총설치한 용량에서 최대 수용전력의 비를 말하며, 일반적으로 사무실, 은행, 학교의 간선수용률은 10[kVA]를 초과할 경우로 70[%]를 산정한다.

건물 종류	수용률	
	10[kVA]	10[kVA] 초과한 양
주택, 아파트, 기숙사, 여관, 호텔, 병원, 창고	100	50
사무실, 은행, 학교	100	70
기 타	100	

50 다음 중 금속덕트공사의 시설방법 중 틀린 것은?

① 덕트 상호 간은 견고하고 또한 전기적으로 완전하게 접속할 것
② 덕트 지지점 간의 거리는 3[m] 이하로 할 것
③ 덕트의 끝부분은 열어 둘 것
④ 덕트는 물이 고이는 낮은 부분을 만들지 않도록 시설할 것

해설
금속덕트공사
- 금속덕트의 시설
  - 덕트 상호 간은 견고하고 또한 전기적으로 완전하게 접속할 것
  - 덕트를 조영재에 붙이는 경우에는 덕트의 지지점 간의 거리를 3[m](취급자 이외의 자가 출입할 수 없도록 설비한 곳에서 수직으로 붙이는 경우에는 6[m]) 이하로 하고 또한 견고하게 붙일 것
  - 덕트의 본체와 구분하여 뚜껑을 설치하는 경우에는 쉽게 열리지 아니하도록 시설할 것
  - 덕트의 끝부분은 막을 것
  - 덕트 안에 먼지가 침입하지 아니하도록 할 것
  - 덕트는 물이 고이는 낮은 부분을 만들지 않도록 시설할 것
- 금속덕트의 선정
  - 폭이 40[mm] 이상, 두께가 1.2[mm] 이상인 철판 또는 동등 이상의 기계적 강도를 가지는 금속제의 것으로 견고하게 제작한 것일 것
  - 안쪽 면은 전선의 피복을 손상시키는 돌기가 없는 것일 것
  - 안쪽 면 및 바깥 면에는 산화 방지를 위하여 아연도금 또는 이와 동등 이상의 효과를 가지는 도장을 한 것일 것

51 고압전로에 지락사고가 생겼을 때, 지락전류를 검출하는 데 사용하는 것은?

① CT ② ZCT
③ MOF ④ PT

해설
영상변류기(ZCT ; Zero-phase-sequence Current Transformer)
전로나 기기에 지락(접지를 한 부분에서 흐르는 접촉)사고가 났을 경우 전선 속에 포함되는 영상전류를 검출하는 기기를 말한다. 영상변류기 그 자체만으로는 검출기능밖에 없지만, 지락계전기와 조합하여 사용하면 지락사고 시 회로를 차단할 수 있다.

52 박스에 금속관을 고정할 때 사용하는 것은?

① 유니언 커플링
② 로크너트
③ 부 싱
④ C형 엘보

[해설]
- 유니언 커플링 : 금속관 상호 접속용으로 관이 조정되어 있을 때 또는 관 자체를 돌릴 수 없을 때에 사용
- 부싱 : 금속관 부속품의 일종으로, 관 끝에 두어 전선의 인입, 인출을 하는 경우 전선의 절연물을 다치지 않게 하기 위하여 사용하는 것
- C형 엘보 : 노출배관 공사에서 관을 직각으로 굽히는 곳에 사용

53 옥내배선공사에서 절연전선의 피복을 벗길 때 사용하면 편리한 공구는?

① 드라이버
② 플라이어
③ 압착 펀치
④ 와이어 스트리퍼

[해설]

와이어 스트리퍼(Wire Stripper)	플라이어(Pliers)
압착 펀치(Compression Punch)	

54 저압 옥내배선에서 합성수지관공사에 대한 설명 중 잘못된 것은?

① 합성수지관 안에는 전선에 접속점이 없도록 한다.
② 합성수지관을 새들 등으로 지지하는 경우는 그 지지점 간의 거리를 3[m] 이상으로 한다.
③ 합성수지관 상호, 관과 박스는 접속 시 삽입 깊이를 관 바깥지름의 1.2배 이상으로 한다.
④ 관 상호의 접속은 박스 또는 커플링(Coupling) 등을 사용하고 직접 접속하지 않는다.

[해설]
합성수지관 및 부속품의 시설
- 관의 지지점 간의 거리는 1.5[m] 이하로 하고, 또한 그 지지점은 관의 끝관과 박스의 접속점 및 관 상호 간의 접속점 등에 가까운 곳에 시설할 것
- 관 상호 간 및 박스와는 관을 삽입하는 깊이를 관의 바깥지름의 1.2배(접착제를 사용하는 경우에는 0.8배) 이상으로 하고 또한 꽂음 접속에 의하여 견고하게 접속할 것

55 다음 (EQ) 기호가 뜻하는 것은?

① 접지단자
② 누전차단기
③ 누전경보기
④ 지진감지기

[해설]
- 접지단자기호 : ⏚
- 누전차단기 : [E]
- 누전경보기 : Ⓖ

[정답] 52 ② 53 ④ 54 ② 55 ④

56 가요전선관과 금속관의 상호 접속에 쓰이는 재료는?

① 스플릿 커플링
② 콤비네이션 커플링
③ 스트레이트 박스 커넥터
④ 앵글 박스 커넥터

[해설]
- 가요전선관 상호접속 : 스플릿 커플링
- 가요전선관과 금속관 상호접속 : 콤비네이션 커플링

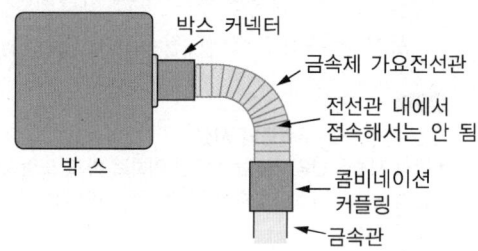

57 전류차단과 개폐기 두 가지 기능을 하는 기구는?

① 단로기   ② 피뢰기
③ 차단기   ④ 전력퓨즈

[해설]
- DS(단로기) : 부하전류를 제거한 후 회로를 격리하도록 하기 위한 장치
- LA(피뢰기) : 이상전압 침입 시 전기를 대지로 방전시키고 속류를 차단
- PF(전력퓨즈) : 고장전류를 차단하여 계통으로 파급되는 것을 방지

58 조명공학에서 사용되는 칸델라[cd]는 무엇의 단위인가?

① 광 도   ② 조 도
③ 광 속   ④ 휘 도

[해설]
광도 : 광원이 어떤 방향에 대하여 발생하는 빛의 세기
- 기호 : I(Luminous Intensity)
- 단위 : 칸델라[cd]

59 사람이 상시 통행하는 터널 내 배선의 사용전압이 저압일 때 시설 공사로 틀린 것은?

① 금속관공사
② 금속덕트공사
③ 합성수지관공사
④ 금속제 가요전선관공사

[해설]
터널 안 전선로의 시설
사람이 상시 통행하는 터널 안의 전선로 사용전압은 저압 또는 고압에 한하며, 저압전선의 경우 다음에 따라 시설하여야 한다.
- 인장강도 2.30[kN] 이상의 절연전선 또는 지름 2.6[mm] 이상의 경동선의 절연전선을 사용하여 애자공사 규정에 준하는 애자사용배선에 의하여 시설하고 또한 노면상 2.5[m] 이상의 높이로 유지할 것
- 합성수지관공사, 금속관공사, 금속제 가요전선관공사 및 케이블공사 규정에 준하는 케이블공사에 의하여 시설할 것

60 다음 중 450/750[V] 일반용 단심 비닐절연전선을 나타내는 약호는?

① FL   ② NV
③ NF   ④ NR

[해설]
배선용 비닐절연전선 약호
- 450/750[V] 일반용 단심 비닐절연전선 : NR
- 450/750[V] 일반용 유연성 단심 비닐절연전선 : NF
- 형광방전등용 비닐전선 : FL
- 비닐절연 네온전선 : NV

56 ② 57 ③ 58 ① 59 ② 60 ④ [정답]

2018년 제1회 과년도 기출복원문제

01 자기회로의 길이 $l[\mathrm{m}]$, 단면적 $A[\mathrm{m}^2]$, 투자율 $\mu[\mathrm{H/m}]$일 때 자기저항 $R[\mathrm{AT/Wb}]$을 나타낸 것은?

① $R = \dfrac{\mu l}{A}$

② $R = \dfrac{A}{\mu l}$

③ $R = \dfrac{\mu A}{l}$

④ $R = \dfrac{l}{\mu A}$

해설
자기회로에 기자력 $NI[\mathrm{A}]$가 작용했을 때 생기는 자속을 $\phi[\mathrm{Wb}]$라 할 때 NI와 ϕ의 비를 자기저항이라 한다.
$R_m = \dfrac{NI}{\phi} = \dfrac{l}{\mu A}$

02 그림과 같은 회로를 고주파 브리지로 인덕턴스를 측정하였더니 그림 (a)는 60[mH], 그림 (b)는 40[mH]이었다. 이 회로의 상호인덕턴스 M은?

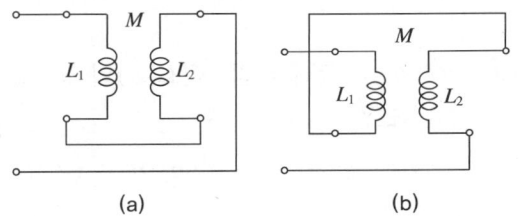

(a)   (b)

① 2[mH]
② 3[mH]
③ 4[mH]
④ 5[mH]

해설
합성인덕턴스
$L = L_1 + L_2 \pm 2M$
- 가동접속(같은 방향)
  $L = L_1 + L_2 + 2M$
  $60 = L_1 + L_2 + 2M$
  → $L_1 + L_2 = 60 - 2M$이고 … ㉠
- 차동접속(다른 방향)
  $L = L_1 + L_2 - 2M$
  $40 = L_1 + L_2 - 2M$
  → $L_1 + L_2 = 40 + 2M$이다. … ㉡
식 ㉠과 ㉡은 $60 - 2M = 40 + 2M$
∴ $M = \dfrac{60-40}{4} = 5[\mathrm{mH}]$

03 저항의 병렬접속에서 합성저항을 구하는 설명으로 옳은 것은?

① 연결된 저항을 모두 합하면 된다.
② 각 저항값의 역수에 대한 합을 구하면 된다.
③ 저항값의 역수에 대한 합을 구하고 다시 그 역수를 취하면 된다.
④ 각 저항값을 모두 합하고 저항 숫자로 나누면 된다.

해설
저항의 병렬접속 시 합성저항은
$\dfrac{1}{R} = \dfrac{1}{R_1} + \dfrac{1}{R_2}$
$R = \dfrac{R_1 \times R_2}{R_1 + R_2}[\Omega]$이다.

정답 1 ④ 2 ④ 3 ③

04 저항 5[Ω], 유도리액턴스 30[Ω], 용량리액턴스 18[Ω]인 RLC 직렬회로에 130[V]의 교류를 가할 때 흐르는 전류[A]는?

① 10[A], 유도성
② 10[A], 용량성
③ 5.9[A], 유도성
④ 5.9[A], 용량성

해설

RLC 직렬회로
- 전체 임피던스 $Z = \sqrt{R^2 + (X_L - X_C)^2}$
  $Z = \sqrt{5^2 + (30-18)^2} = 13[\Omega]$
- 전류 $I = \dfrac{V}{Z} = \dfrac{130}{13} = 10[A]$
- 유도성 리액턴스($X_L = 30[\Omega]$)가 용량성 리액턴스($X_C = 18[\Omega]$)보다 크므로 유도성이다.

05 전기력선의 성질 중 옳지 않은 것은?

① 음전하에서 출발하여 양전하에서 끝나는 선을 전기력선이라 한다.
② 전기력선의 접선 방향은 그 접점에서의 전기장의 방향이다.
③ 전기력선의 밀도는 전기장의 크기를 나타낸다.
④ 전기력선은 서로 교차하지 않는다.

해설

전기력선은 양전하에서 시작하여 음전하에서 끝난다.

06 무한히 긴 평행 2직선이 있다. 이들 도선에 같은 방향으로 일정한 전류가 흐를 때 상호 간에 작용하는 힘은?(단, r은 두 도선 간의 거리이다)

① 흡인력이며 r이 클수록 작아진다.
② 반발력이며 r이 클수록 작아진다.
③ 흡인력이며 r이 클수록 커진다.
④ 반발력이며 r이 클수록 커진다.

해설

평행도선 간에 작용하는 힘 $F = \dfrac{2I_2 I_1}{r} \times 10^{-7} [N/m]$

도선의 전류가 같은 방향으로 흐르면 흡인력(인력), 다르면 반발력(척력)이 작용한다.

07 RL 직렬회로에서 임피던스(Z)의 크기를 나타내는 식은?

① $R^2 + X_L^2$
② $R^2 - X_L^2$
③ $\sqrt{R^2 + X_L^2}$
④ $\sqrt{R^2 - X_L^2}$

해설

RLC 직렬회로에서의 임피던스 값은 $Z = \sqrt{R^2 + (X_L - X_C)^2}$이므로
RL 직렬회로에서는 $Z = \sqrt{R^2 + X_L^2}$이 된다.

08 최댓값이 $V_m[\text{V}]$인 사인파 교류에서 평균값 $V_e[\text{V}]$의 값은?

① $0.577\,V_m$ ② $0.637\,V_m$
③ $0.707\,V_m$ ④ $0.866\,V_m$

해설

$V_e = \dfrac{2}{\pi} V_m = 0.637\,V_m$

파형에 따른 실횻값과 평균값

파 형	정현파	정현반파	삼각파	구형반파	구형파
실횻값	$\dfrac{E_m}{\sqrt{2}}$	$\dfrac{E_m}{2}$	$\dfrac{E_m}{\sqrt{3}}$	$\dfrac{E_m}{\sqrt{2}}$	E_m
평균값	$\dfrac{2E_m}{\pi}$	$\dfrac{E_m}{\pi}$	$\dfrac{E_m}{2}$	$\dfrac{E_m}{2}$	E_m

09 전기저항 $25[\Omega]$에 $50[\text{V}]$의 사인파 전압을 가할 때 전류의 순시값은?(단, 각속도 $\omega = 377[\text{rad/s}]$이다)

① $2\sin 377t[\text{A}]$ ② $2\sqrt{2}\sin 377t[\text{A}]$
③ $4\sin 377t[\text{A}]$ ④ $4\sqrt{2}\sin 377t[\text{A}]$

해설

순시값 $i = I_m \sin\omega t$

$I_m = I \times \sqrt{2} = \dfrac{50}{25}\sqrt{2} = 2\sqrt{2}$

$\therefore i = 2\sqrt{2}\sin 377t[\text{A}]$

10 공기 중에서 자속밀도 $3[\text{Wb/m}^2]$의 평등자장 속에 길이 $10[\text{cm}]$의 직선 도선을 자장의 방향과 직각으로 놓고 여기에 $4[\text{A}]$의 전류를 흐르게 하면 이 도선이 받는 힘은 몇 [N]인가?

① 0.5 ② 1.2
③ 2.8 ④ 4.2

해설

- 플레밍의 왼손 법칙에서 중지는 전류(I), 검지는 자기장(B) 방향, 엄지는 힘(F)의 방향을 나타낸다.
- 선전류(자계 중 전류)에 작용하는 힘

$F = BIl\sin\theta[\text{N}]$

여기서, F : 도선이 받는 힘
  B : 자속밀도(자기장의 세기)
  I : 전류
  l : 코일의 길이

$F = 3 \times 4 \times 0.1 \times \sin 90° = 1.2 \times \sin 90° = 1.2[\text{N}]$

11 다음 회로에서 $10[\Omega]$에 걸리는 전압은 몇 [V]인가?

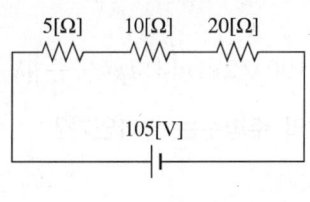

① 2 ② 10
③ 20 ④ 30

해설

합성저항 $R = 5 + 10 + 20 = 35[\Omega]$

$I = \dfrac{V}{R} = \dfrac{105}{35} = 3[\text{A}]$

$\therefore 10[\Omega]$에 걸리는 전압 $V = IR = 3 \times 10 = 30[\text{V}]$

정답 8 ② 9 ② 10 ② 11 ④

12 A-B 사이 콘덴서의 합성정전용량은 얼마인가?

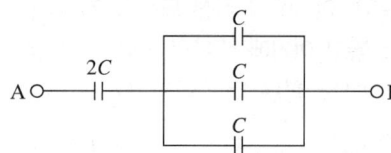

① $1C$
② $1.2C$
③ $2C$
④ $2.4C$

해설
콘덴서의 병렬접속은 세 콘덴서 정전용량의 합이므로 $3C$이고, $2C$와 직렬접속을 계산하면 $C_{AB}=\dfrac{2C\times 3C}{2C+3C}=1.2C$

13 $e=100\sqrt{2}\sin\left(314\pi t-\dfrac{\pi}{3}\right)[\text{V}]$인 정현파 교류 전압의 주파수는 얼마인가?

① 50[Hz]
② 60[Hz]
③ 157[Hz]
④ 314[Hz]

해설
정현파 교류전압 $e=V_m\sin(\omega t-\theta)[\text{V}]$
여기서, V_m : 최댓값, ω : 각속도, θ : 위상차
각속도 $\omega=2\pi f$이므로
$f=\dfrac{\omega}{2\pi}=\dfrac{314\pi}{2\pi}=157[\text{Hz}]$이다.

14 종류가 다른 두 금속을 접합하여 폐회로를 만들고 두 접합점의 온도를 다르게 하면 이 폐회로에 기전력이 발생하여 전류가 흐르게 되는 현상을 지칭하는 것은?

① 줄의 법칙(Joule's Law)
② 톰슨 효과(Thomson Effect)
③ 펠티에 효과(Peltier Effect)
④ 제베크 효과(Seebeck Effect)

해설
• 줄의 법칙 : 저항체에 흐르는 전류의 크기와 이 저항체에서 단위 시간당 발생하는 열량과의 관계를 나타낸 법칙
• 톰슨 효과 : 균질한 도체에 온도 기울기(차이)가 있을 때 거기에 전류를 흘리면 발열이나 흡열이 일어나는 현상
• 펠티에 효과(Peltier Effect) : 서로 다른 종류의 안티모니와 비스무트의 두 금속을 접합하여 여기에 전류를 통하면, 줄열 외에 그 접점에서 열의 발생 또는 흡수가 일어나는 현상

15 200[V], 2[kW]의 전열선 2개를 같은 전압에서 직렬로 접속한 경우의 전력은 병렬로 접속한 경우의 전력보다 어떻게 되는가?

① $\dfrac{1}{2}$로 줄어든다.
② $\dfrac{1}{4}$로 줄어든다.
③ 2배로 증가된다.
④ 4배로 증가된다.

해설
전압이 200[V], 2[kW]인 전열선의 우선 저항을 구하면
$P=\dfrac{V^2}{R}=\dfrac{200^2}{R}$에서 $R=\dfrac{40,000}{2,000}=20[\Omega]$
직렬연결 $P_{직렬}=\dfrac{V^2}{R}=\dfrac{200^2}{20+20}=\dfrac{40,000}{40}=1,000[\text{W}]$
병렬연결 $P_{병렬}=\dfrac{V^2}{R}=\dfrac{200^2}{20//20}=\dfrac{40,000}{10}=4,000[\text{W}]$
∴ 전열선의 소비전력은 직렬연결한 경우가 병렬연결한 경우보다 $\dfrac{1}{4}$로 작아진다.

16 비정현파를 여러 개의 정현파의 합으로 표시하는 방법은?

① 키르히호프 법칙　② 뉴턴의 법칙
③ 푸리에 분석　　　④ 테일러의 분석

해설
- 푸리에 급수를 이용한 분석 : 비정현파 = 직류분 + 기본파 + 고조파
- 뉴턴의 법칙 : 전기 회로에서 두 개의 단자를 지닌 전압원, 전류원, 저항의 어떠한 조합이라도 이상적인 전류원(I)과 병렬저항(R)로 변환을 말한다.
- 키르히호프의 법칙 : 균일한 전류가 흐르는 저항, 전지가 직렬·병렬로 연결된 회로에서 각 저항에 흐르는 전류를 구하는 규칙을 말한다.
  - 제1법칙(전류법칙)은 회로상의 한 교차점으로 들어오는 전류의 합은 나가는 전류의 합과 같다.
  - 제2법칙(전압법칙)은 회로상의 어떤 폐곡선을 선택하여도 기전력의 총합은 전압강하(IR)의 총합과 같다.

17 절연체 중에서 플라스틱, 고무, 종이, 운모 등과 같이 전기적으로 분극 현상이 일어나는 물체를 특히 무엇이라 하는가?

① 도체　　② 유전체
③ 도전체　④ 반도체

해설
분극 현상
유전체 내부에서 외부의 전기장에 의해서 유도되어 양전하와 음전하가 서로 상대적으로 이동하는 현상

18 자체인덕턴스 5[H]의 코일에 40[J]의 에너지가 저장되어 있다. 이때 코일에 흐르는 전류는 몇 [A]인가?

① 2　② 3
③ 4　④ 5

해설
$W = \frac{1}{2}LI^2[J]$

$I = \sqrt{\frac{2W}{L}} = \sqrt{\frac{2 \times 40}{5}} = \sqrt{16} = 4[A]$

19 다음 중 자기장 내에서 같은 크기 $M[\text{Wb}]$의 자극이 존재할 때 자기장의 세기가 가장 큰 물질은?

① 초합금　② 페라이트
③ 구리　　④ 니켈

해설
물체의 자화 정도에 따른 분류
- 강자성체 : 상자성체 중 자화강도가 큰 금속(철, 니켈, 코발트)
- 상자성체 : 자석에 접근시킬 때 반대의 극이 생겨 서로 당기는 금속(알루미늄, 망가니즈, 텅스텐)
- 반자성체 : 자석에 접근시킬 때 같은 극이 생겨 서로 반발하는 금속(금, 은, 구리, 비스무트, 안티모니)

20 환상 솔레노이드에 감겨진 코일에 감는 횟수를 3배로 늘리면 자체인덕턴스는 몇 배로 되는가?

① 3　　　② 9
③ $\frac{1}{3}$　④ $\frac{1}{9}$

해설
자체인덕턴스(L)는 코일 권수의 제곱에 비례하므로 9배가 된다.
$L = \frac{N \cdot \phi}{I} = \frac{\mu \cdot N^2 \cdot A}{l}[H]$

여기서, N : 권선수, ϕ : 자속, I : 도선에 흐르는 전류, μ : 투자율, l : 코일의 길이, A : 철심의 단면적

21 직류발전기 전기자의 주된 역할은?

① 기전력을 유도한다.
② 자속을 만든다.
③ 정류작용을 한다.
④ 회전자와 외부회로를 접속한다.

해설
전기자철심, 전기자권선, 정류자 및 회전축으로 되어 있으며 전기자철심은 회전 부분으로 고정자의 자극, 자극편, 공극, 계철 등과 함께 자기회로를 만든다(맴돌이전류와 히스테리시스 현상에 의한 철손을 적게 하기 위하여 0.35~0.5[mm] 규소강판을 성층하여 만듦).

22 직류발전기의 극수가 10극이고, 전기자 도체수가 500, 단중 파권일 때 매극의 자속수가 0.01[Wb]이면 600[rpm]의 속도로 회전할 때 기전력은 몇 [V]인가?

① 200   ② 250
③ 300   ④ 350

해설
직류발전기 - 유도기전력
유도기전력의 크기(E)
$E = \dfrac{pz}{60a}\phi N = K_e \phi N [V]$
(z : 전기자 도체의 수, a : 병렬회로의 수, p : 극수, ϕ : 매극당 자속[Wb], N : 회전수[rpm], 유도기전력 상수 $K_e = \dfrac{pz}{60a}$)
파권이므로, 병렬회로수 $a = 2$이므로
$E = \dfrac{10 \times 500}{60 \times 2} \times 0.01[\text{Wb}] \times 600[\text{rpm}] = 250[V]$

23 직류발전기에서 전기자 반작용을 없애는 방법으로 옳은 것은?

① 브러시 위치를 전기적 중성점이 아닌 곳으로 이동시킨다.
② 보극과 보상권선을 설치한다.
③ 브러시의 압력을 조정한다.
④ 보극은 설치하되 보상권선은 설치하지 않는다.

해설
전기자 반작용
전기자 전류에 의한 기자력이 주자속의 분포에 영향을 미치는 작용으로 이를 없애기 위해서 브러시 위치를 전기적 중성점으로 이동하거나 보극 또는 보상권선을 설치한다.

24 정격전압이 200[V], 정격출력 50[kW]인 직류 분권 발전기의 계자저항이 20[Ω]일 때 전기자전류는 몇 [A]인가?

① 10   ② 20
③ 130   ④ 260

해설
직류 분권발전기

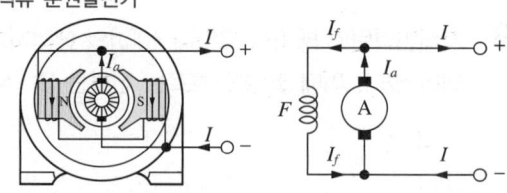

$E = V + R_a I_a$, $I_a = I + I_f$, $I_f = \dfrac{V}{R_f}$

∴ 전기자전류 $I_a = I + I_f = \dfrac{P}{V} + \dfrac{V}{R_f}$
$= \dfrac{50,000}{200} + \dfrac{200}{20} = 250 + 10 = 260[A]$

25 직류전동기에서 무부하가 되면 속도가 대단히 높아져서 위험하기 때문에 무부하운전이나 벨트를 연결한 운전을 해서는 안 되는 전동기는?

① 직권전동기　　② 복권전동기
③ 타여자전동기　④ 분권전동기

해설
직권전동기는 $N = K\dfrac{V - I_a(R_a + R_s)}{\phi}$ [rpm]에서 벨트가 벗겨지면 무부하상태가 되어 자속(ϕ)값이 0에 가까워지고, 이에 따라 속도 N값은 무한대 값으로 향하여 갑자기 고속이 된다.

26 극수가 10, 주파수가 50[Hz]인 동기기의 매분 회전수는?

① 300[rpm]　　② 400[rpm]
③ 500[rpm]　　④ 600[rpm]

해설
동기속도
$N_s = \dfrac{120f}{p} = \dfrac{120 \times 50}{10} = 600$[rpm]

27 동기발전기의 전기자 반작용에 대한 설명으로 틀린 사항은?

① 전기자 반작용은 부하 역률에 따라 크게 변화된다.
② 전기자전류에 의한 자속의 영향으로 강자 및 자화현상과 편자현상이 발생된다.
③ 전기자 반작용의 결과 감자현상이 발생될 때 반작용 리액턴스의 값은 감소된다.
④ 계자 자극의 중심축과 전기자전류에 의한 자속이 전기적으로 90°를 이룰 때 편자현상이 발생된다.

해설
동기발전기의 전기자 반작용 : 전기자전류에 의한 회전자기장이 회전자극의 주자속에 대하여 일정한 크기의 영향을 주는 작용
• 직축 반작용(발전기 : 전동기는 반대) : 자극축의 방향으로 자계가 형성
　- 감자작용 : L부하, 지상전류, 전기자전류가 유기기전력보다 위상이 90° 뒤질 때
　- 증자작용 : C부하, 진상전류, 전기자전류가 유기기전력보다 위상이 90° 앞설 때
• 횡축 반작용(교차자화작용) : R부하, 전기자전류가 유기기전력과 동위상, 일종의 감자작용

정답 25 ① 26 ④ 27 ③

28 비돌극형 동기발전기의 단자전압(1상)을 V, 유도기전력(1상)을 E, 동기리액턴스는 x_s, 부하각을 δ라고 하면, 1상의 출력[W]은?(단, 전기자저항 등은 무시한다)

① $\dfrac{EV}{x_s}\sin\delta$ ② $\dfrac{E^2}{2x_s}\cos\delta$

③ $\dfrac{EV}{x_s}\cos\delta$ ④ $\dfrac{E^2}{2x_s}\sin\delta$

해설

동기발전기(돌극기)의 출력

- 단상 발전기 : $P_s = VI\cos\theta = \dfrac{EV}{X_s}\sin\delta[W]$
  (δ : 부하각, E : 유도기전력, V : 단자전압)
- 3상 발전기 : $P_{s3} = \dfrac{3EV}{x_s}\sin\delta = \dfrac{E_l V_l}{x_s}\sin\delta[W]$
  (E_l : 선간기전력, V_l : 선간전압)
- 최대출력 : 부하각 $\delta = 90°$에서 최대

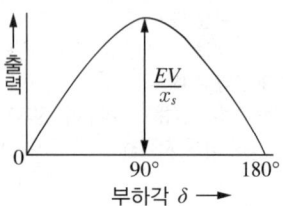

(E : 유기기전력, V : 단자전압, δ : 부하각)

29 동기조상기를 부족여자로 운전하면?

① 콘덴서로 작용 ② 뒤진 역률 보상
③ 리액터로 작용 ④ 저항손의 보상

해설

동기조상기(무부하 운전 중) : 과여자로 운전하면 콘덴서 작용하고, 부족여자로 운전하면 리액터로 작용한다.

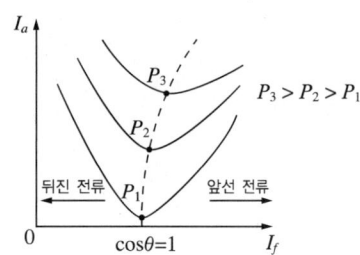

30 다음 중 변압기의 원리와 관계있는 것은?

① 전기자 반작용
② 전자 유도작용
③ 플레밍의 오른손 법칙
④ 플레밍의 왼손 법칙

해설

변압기는 하나의 코일이 다른 코일에 전류를 유도할 수 있도록 해주는 마이클 패러데이의 상호인덕턴스 원리(전자유도현상)를 이용한다.

31 권수비 2, 2차 전압 100[V], 2차 전류 5[A], 2차 임피던스 20[Ω]인 변압기의 ㉠ 1차 환산 전압 및 ㉡ 1차 환산 임피던스는?

① ㉠ 200[V] ㉡ 80[Ω]
② ㉠ 200[V] ㉡ 40[Ω]
③ ㉠ 50[V]   ㉡ 10[Ω]
④ ㉠ 50[V]   ㉡ 5[Ω]

해설

$a = \dfrac{V_1}{V_2} = \sqrt{\dfrac{R_1}{R_2}}$

㉠ : $V_1 = aV_2 = 2 \times 100 = 200[V]$

㉡ : $a^2 = \dfrac{R_1}{R_2}$

$R_1 = a^2 R_2 = 2^2 \times 20 = 80[\Omega]$

32 변압기의 무부하시험, 단락시험에서 구할 수 없는 것은?

① 동 손
② 철 손
③ 절연내력
④ 전압변동률

> 해설
> - 무부하손 측정(무부하시험) : 고압 측을 개방하고 저압 측에 정격 주파수의 정격전압을 가하여 철손(P_i)과 여자전류(I_0)를 측정하여 여자어드미턴스(Y_0)를 구한다.
> - 부하손 측정(단락시험, 부하시험) : 저압 측을 단락하고 고압 측에 임피던스전압(V_{1s})을 가하여, 흐르는 정격전류(I_{1n})에 대한 부하손(P_s)을 측정하고, 임피던스(Z_1, Z_2) 및 전압변동률(ε)을 구할 수 있다.

33 변압기의 백분율 저항강하가 2[%], 백분율 리액턴스강하가 3[%]일 때 부하역률이 80[%]인 변압기의 전압변동률[%]은?

① 1.2
② 2.4
③ 3.4
④ 3.6

> 해설
> 변압기의 전압변동률 $e = p\cos\theta + q\sin\theta$ [%] 에서
> 전압변동률 ε[%] $= 2 \times 0.8 + 3 \times 0.6 = 1.6 + 1.8 = 3.4$
> (p : 퍼센트 저항강하, q : 퍼센트 리액턴스강하, θ : 2차 정격전압과 2차 정격전류의 위상각)

34 3상 변압기의 병렬운전이 불가능한 결선방식으로 짝지은 것은?

① △-△와 Y-Y
② △-Y와 △-Y
③ Y-Y와 Y-Y
④ △-△와 △-Y

> 해설
> 3상 변압기의 병렬운전이 가능한 조합은 △-△와 △-△, △-△와 Y-Y, Y-Y와 Y-Y, △-Y와 △-Y, Y-△와 Y-△이고, 병렬운전이 불가능한 조합은 △-△와 △-Y, △-Y와 Y-Y이다.

35 유도전동기에서 회전자장의 속도가 1,200[rpm]이고, 전동기의 회전수가 1,176[rpm]일 때 슬립[%]은 얼마인가?

① 2
② 4
③ 4.5
④ 5

> 해설
> 슬립 $S = \dfrac{N_s - N}{N_s} = \dfrac{1,200 - 1,176}{1,200} \times 100 = 2$[%]

36 3상 유도전동기가 입력 50[kW], 고정자 철손 2[kW]일 때 슬립 5[%]로 회전하고 있다면 기계적 출력은 몇 [kW]인가?

① 45.6
② 47.8
③ 49.2
④ 51.4

> 해설
> 유도전동기의 기계적 출력
>
>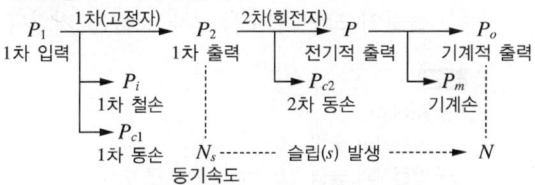
>
> 2차 입력 P_2 = 1차 입력(P_1) − 철손(P_i)이므로,
> 기계적 출력 $P_o = (1-s)P_2$ 에서
> $= (1-s)(P_1 - P_i)$
> $= (1-0.05)(50-2)$
> $= 0.95 \times 48$
> $= 45.6$[kW]

37 2차 전압 200[V], 2차 권선저항 0.03[Ω], 2차 리액턴스 0.04[Ω]인 유도전동기가 3[%]인 슬립으로 운전 중이라면 2차 전류[A]는?

① 20　　② 100
③ 200　　④ 254

해설

$I_2 = \dfrac{s \cdot E_2}{\sqrt{r_2^2 + (s \cdot X_2)^2}}$ 에서

$I_2 = \dfrac{0.03 \cdot 200}{\sqrt{0.03^2 + (0.03 \cdot 0.04^2)^2}} \fallingdotseq \dfrac{6}{\sqrt{0.0009}} = \dfrac{6}{0.03} = 200[\text{A}]$

38 유도전동기에 대한 설명 중 옳은 것은?

① 유도발전기일 때의 슬립은 1보다 크다.
② 유도전동기의 회전자회로의 주파수는 슬립에 반비례한다.
③ 전동기 슬립은 2차 동손을 2차 입력으로 나눈 것과 같다.
④ 슬립이 크면 클수록 2차 효율은 커진다.

해설

- 슬립(Slip)
  - 전동기의 슬립 : $0 < s < 1$
  - 발전기의 슬립 : $0 > s$
  - 제동기의 슬립 : $1 < s < 2$
- 주파수는 슬립에 비례한다($f_s = sf_1[\text{Hz}]$).
- $P_{c2} = s \times P_2$ 이므로, $s = \dfrac{P_{c2}}{P_2}$
- 슬립이 클수록 2차 효율은 작아진다($\eta_2 = \dfrac{P_o}{P_2} = 1 - s$).

39 그림과 같이 3상 유도전동기를 접속하고 3상 대칭 전압을 공급할 때 각 계기의 지시가 $W_1 = 2.6[\text{kW}]$, $W_2 = 6.4[\text{kW}]$, $V = 200[\text{V}]$, $A = 32.19[\text{A}]$이었다면 부하의 역률은?

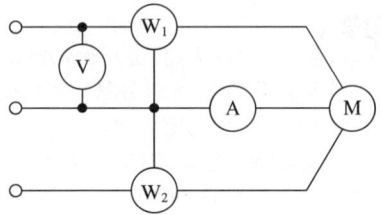

① 0.577　　② 0.807
③ 0.867　　④ 0.926

해설

3상 전력 측정 - 2전력계법
- 유효전력 $P = P_1 + P_2 = \sqrt{3}\,VI\cos\theta[\text{W}]$
- 무효전력 $P_r = \sqrt{3}\,(P_1 - P_2)[\text{Var}]$
- 피상전력 $P_a = \sqrt{P^2 + P_r^2} = 2\sqrt{(P_1^2 + P_2^2 - P_1 P_2)}\,[\text{VA}]$
- 역률 $\cos\theta = \dfrac{P}{P_a} = \dfrac{P_1 + P_2}{2\sqrt{(P_1^2 + P_2^2 - P_1 P_2)}}$ 이므로,

$\cos\theta = \dfrac{P}{P_a} = \dfrac{2.6[\text{kW}] + 6.4[\text{kW}]}{2\sqrt{(2.6^2[\text{kW}] + 6.4^2[\text{kW}] - 2.6[\text{kW}] \times 6.4[\text{kW}])}}$

$\fallingdotseq 0.807$

40 변압기 내부고장에 대한 보호용으로 가장 많이 사용되는 것은?

① 과전류계전기　　② 차동임피던스
③ 비율차동계전기　　④ 임피던스계전기

해설

계전기의 종류
- 비율차동계전기 : 내부고장 발생 시 고저압 측에 설치한 CT 2차 측의 억제 코일에 흐르는 전류차가 일정비율 이상이 되었을 때 계전기가 동작하는 방식으로, 주로 변압기 및 발전기 내부고장 보호용으로 적용되는 계전기이다.
- 차동계전기 : 내부고장 발생 시 고저압 측에 설치한 CT 2차 전류의 차에 의하여 계전기를 동작시키는 방식이다.
- 부흐홀츠계전기 : 변압기 내부고장으로 인한 절연유의 온도 상승 시 발생하는 유증기를 검출하여 경보 및 차단을 하기 위한 계전기이다.

41 전압의 구분에서 고압에 대한 설명으로 가장 옳은 것은?

① 직류는 750[V]를, 교류는 600[V] 이하인 것
② 직류는 1,500[V]를, 교류는 1,000[V] 이하인 것
③ 직류는 1,500[V]를, 교류는 1,000[V]를 초과하고, 7[kV] 이하인 것
④ 7[kV]를 초과하는 것

해설
전압의 종류
- 저압 : 직류 1.5[kV] 이하, 교류 1[kV] 이하
- 고압 : 직류 1.5[kV] 초과 7[kV] 이하
　　　　교류 1[kV] 초과 7[kV] 이하
- 특고압 : 7[kV] 초과

42 사용전압이 700[V]인 경우 저압 전로의 절연저항 하한값은?

① 0.3[MΩ]　　② 0.4[MΩ]
③ 0.5[MΩ]　　④ 1.0[MΩ]

해설
저압 전로의 절연성능

전로의 사용전압[V]	DC시험전압[V]	절연저항[MΩ]
SELV 및 PELV	250	0.5
FELV를 포함한 500[V] 이하	500	1.0
500[V] 초과	1,000	1.0

43 옥외용 비닐절연전선의 약호는?

① OW　　② DV
③ NR　　④ FTC

해설
- OW : 옥외용 비닐절연전선(저압 가공배선), 단심의 경동선(경동연선) 위에 내구성 좋은 비닐을 피복한 것
- DV : 인입용 비닐절연전선(저압 가공인입선), 경동선(경동연선)에 비닐을 피복한 다심전선
- NR : 450/750[V] 일반용 단심 비닐절연전선
- FTC : 300/300[V] 평형 금사 코드

44 전선의 공칭단면적에 대한 설명으로 옳지 않은 것은?

① 소선 수와 소선의 지름으로 나타낸다.
② 단위는 [mm^2]로 표시한다.
③ 전선의 실제단면적과 같다.
④ 연선의 굵기를 나타내는 것이다.

해설
단선과 연선 모두 전선의 굵기를 공칭단면적으로 나타내며 단위는 [mm^2]로 표시한다. 그리고 전선의 공칭단면적은 전선의 실제단면적과 같지 않고 근삿값이다.

정답　41 ③　42 ④　43 ①　44 ③

45 굵은 전선을 절단할 때 사용하는 전기공사용 공구는?

① 프레셔 툴
② 녹아웃 펀치
③ 파이프 커터
④ 클리퍼

해설
전기공사용 공구
- 클리퍼(케이블 커터) : 펜치로 절단하기 힘든 굵은 전선을 절단할 때 사용하는 가위
- 프레셔 툴 : 전선에 압착단자 접속 시 사용되는 공구
- 녹아웃 펀치 : 배전반, 분전반 등의 배관변경이나 캐비닛에 구멍을 뚫을 때 사용

46 전선을 접속하는 경우 전선의 강도는 몇 [%] 이상 감소시키지 않아야 하는가?

① 10　　② 20
③ 40　　④ 80

해설
전선의 접속법
전선의 강도를 20[%] 이상 감소시키지 아니하여야 한다. 전기저항이 증가되지 않아야 한다.

47 옥내배선에서 주로 사용하는 직선접속 및 분기접속방법은 어떤 것을 사용하여 접속하는가?

① 동선압착단자
② 슬리브
③ 와이어 커넥터
④ 꽂음형 커넥터

해설
슬리브 접속
전선 상호를 접속할 때 슬리브를 압축하여 직선접속과 분기접속을 한다.

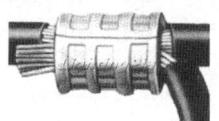

48 사용전압 400[V] 초과, 건조한 장소로 점검할 수 있는 은폐된 곳에 저압 옥내배선 시 공사할 수 있는 방법은?

① 합성수지몰드공사
② 금속몰드공사
③ 버스덕트공사
④ 라이팅덕트공사

해설
저압 옥내배선의 시설장소별 공사의 종류

시설장소	사용전압	400[V] 이하	400[V] 초과
점검할 수 있는 은폐된 장소	건조한 장소	애자공사・합성수지몰드공사・금속몰드공사・금속덕트공사・버스덕트공사・셀룰러덕트공사 또는 라이팅덕트공사	애자공사・금속덕트공사 또는 버스덕트공사
	기타 장소	애자공사	애자공사

49 저압 옥내배선에서 애자공사를 할 때 올바른 것은?

① 전선 상호 간의 간격은 6[cm] 이상
② 400[V] 초과하는 경우 전선과 조영재 사이의 간격은 2.5[cm] 미만
③ 전선의 지지점 간의 거리는 조영재의 윗면 또는 옆면에 따라 붙일 경우에는 3[m] 이상
④ 애자공사에 사용되는 애자는 절연성·난연성 및 내수성과 무관

해설
애자공사
- 전선은 절연전선(옥외용 비닐절연전선 및 인입용 비닐절연전선 제외)일 것
- 전선 상호 간의 간격은 0.06[m] 이상일 것
- 전선과 조영재 사이의 간격은 사용전압이 400[V] 이하인 경우에는 25[mm] 이상, 400[V] 초과인 경우에는 45[mm](건조한 장소에 시설하는 경우에는 25[mm]) 이상일 것

50 합성수지몰드공사에서 틀린 것은?

① 전선은 절연전선일 것
② 합성수지몰드 안에는 접속점이 없도록 할 것
③ 합성수지몰드는 홈의 폭 및 깊이가 6.5[cm] 이하일 것
④ 합성수지몰드와 박스, 기타의 부속품과는 전선이 노출되지 않도록 할 것

해설
합성수지몰드공사
- 합성수지몰드는 홈의 폭 및 깊이가 35[mm] 이하, 두께는 2[mm] 이상의 것일 것
- 사람이 쉽게 접촉할 우려가 없도록 시설하는 경우에는 폭이 50[mm] 이하, 두께 1[mm] 이상의 것을 사용할 것
- 전선은 절연전선(옥외용 비닐절연전선을 제외)일 것
- 합성수지몰드 안에는 전선에 접속점이 없도록 할 것
- 합성수지몰드 상호 간 및 합성수지몰드와 박스, 기타의 부속품과는 전선이 노출되지 아니하도록 접속할 것

51 다음 중 금속덕트공사의 시설방법 중 틀린 것은?

① 덕트 상호 간은 견고하고 또한 전기적으로 완전하게 접속할 것
② 덕트 지지점 간의 거리는 3[m] 이하로 할 것
③ 덕트의 끝부분은 열어 둘 것
④ 덕트는 물이 고이는 낮은 부분을 만들지 않도록 시설할 것

해설
금속덕트공사
- 덕트 상호 간은 견고하고 또한 전기적으로 완전하게 접속할 것
- 덕트를 조영재에 붙이는 경우에는 덕트의 지지점 간의 거리를 3[m](취급자 이외의 자가 출입 할 수 없도록 설비한 곳에서 수직으로 붙이는 경우에는 6[m]) 이하로 하고 또한 견고하게 붙일 것
- 덕트의 뚜껑은 쉽게 열리지 아니하도록 시설할 것
- 덕트의 끝부분은 막을 것
- 덕트의 내부에 먼지가 침입하지 아니하도록 할 것
- 덕트는 물이 고이는 낮은 부분을 만들지 않도록 시설할 것

52 가요전선관의 상호접속은 무엇을 사용하는가?

① 콤비네이션 커플링
② 스플릿 커플링
③ 더블 커넥터
④ 앵글 커넥터

해설
가요전선관의 접속
- 스플릿 커플링 : 가요전선관과 가요전선관의 상호접속

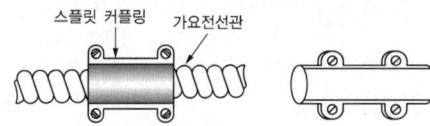

- 콤비네이션 커플링 : 금속제 가요전선관과 금속전선관의 상호접속

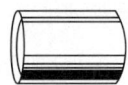

53 일반적으로 분기회로의 개폐기 및 과부하 보호장치는 저압 옥내간선과의 분기점에서 전선의 길이가 몇 [m] 이하의 곳에 시설하여야 하는가?

① 3
② 4
③ 5
④ 8

해설
과부하 보호장치의 설치위치
분기회로의 보호장치는 전원 측에서 분기점 사이에 다른 분기회로 또는 콘센트의 접속이 없고, 단락의 위험과 화재 및 인체에 대한 위험성이 최소화되도록 시설된 경우 분기회로의 보호장치는 분기회로의 분기점으로부터 3[m]까지 이동하여 설치 가능

54 저압 옥내간선은 특별한 경우를 제외하고 다음 중 어느 것에 의하여 그 굵기가 결정되는가?

① 변압기의 용량
② 전기방식
③ 부하의 종류
④ 허용전류

해설
전선의 굵기 결정 시 고려사항
• 허용전류
• 기계적 강도
• 전압강하

55 피뢰기의 특성이 아닌 것은?

① 이상전압의 침입에 대하여 신속하게 방전 특성을 가질 것
② 방전 후 이상 전류 통전 시의 단자전압을 일정 전압 이하로 억제할 것
③ 이상전압 처리 후 속류를 차단하여 자동화 회복하는 능력을 가질 것
④ 반복 동작에 대하여 특성이 변화하여야 할 것

해설
피뢰기에 요구되는 성능
• 제한 전압 또는 충격 방전 개시 전압이 낮고 보호 능력이 있을 것
• 속류 차단이 완전히 행해져 동작 책무 특성이 충분할 것
• 대전류의 방전, 속류 차단의 반복 동작에 대하여 장시간 사용에도 견딜 것
• 상용 주파 방전 개시 전압은 회로 전압보다 충분히 높아서 사용 주파 방전을 하지 않을 것
• 방전 내량이 크면서 제한 전압은 낮을 것

56 저압 이웃 연결 인입선의 시설과 관련된 설명으로 잘못된 것은?

① 옥내를 통과하지 아니할 것
② 전선의 굵기는 1.5[mm^2] 이하일 것
③ 너비 5[m]를 넘는 도로를 횡단하지 아니할 것
④ 인입선에서 분기하는 점으로부터 100[m]를 넘는 지역에 미치지 아니할 것

해설
이웃 연결 인입선의 시설
한 수용장소의 인입선에서 분기하여 지지물을 거치지 아니하고 다른 수용장소 인입구에 이르는 부분의 전선
• 인입선에서 분기하는 점에서 100[m]를 넘지 않아야 한다.
• 너비 5[m]를 넘는 도로는 횡단하지 말아야 한다.
• 이웃 연결 인입선은 옥내를 통과하면 안 된다.
• 지름 2[mm] 이상의 인입용 비닐절연전선

57 전주의 길이가 16[m]인 지지물을 건주하는 경우에 땅에 묻히는 최소 깊이는 몇 [m]인가?(단, 설계하중이 6.8[kN] 이하이다)

① 1.5 ② 2
③ 2.5 ④ 3

[해설]
가공전선로 지지물의 기초 안전율
- 15[m] 이하인 경우 : 전장의 1/6 이상
- 15[m] 초과인 경우 : 2.5[m] 이상

58 수변전설비 구성기기의 계기용 변압기(PT) 설명으로 틀린 것은?

① 높은 전압을 낮은 전압으로 변성하는 기기이다.
② 높은 전류를 낮은 전류로 변성하는 기기이다.
③ 회로에 병렬로 접속하여 사용하는 기기이다.
④ 부족전압 트립코일의 전원으로 사용된다.

[해설]
계기용 변압기(PT ; Potential Transformer)

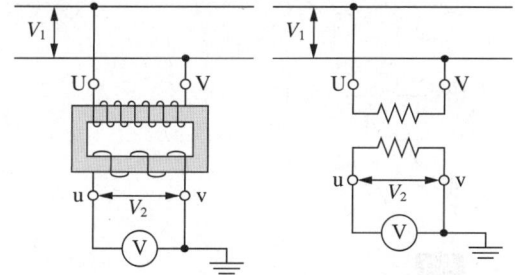

계기용 변압기는 고전압을 저전압으로 변성하는 계기용 변성기의 일종으로 2차 측에는 전압계, 전력계, 주파수계, 역률계, 표시등, 부족전압 트립코일 등이 접속된다. 고전압을 저전압으로 변성하여 과전압계전기(OVR)나 부족전압계전기(UVR) 또는 측정용계에 공급하기 위한 전압변성기로 회로에 병렬로 연결한다.

59 저압 전로에 사용하는 과전류차단기용 퓨즈의 정격전류가 10[A]라고 하면 정격전류의 몇 배가 되었을 경우 용단되어야 하는가?

① 1.2 ② 1.25
③ 1.5 ④ 1.9

[해설]
저압 퓨즈의 용단특성

정격전류의 구분	시간	정격전류의 배수	
		불용단전류	용단전류
4[A] 이하	60분	1.5배	2.1배
4[A] 초과 16[A] 미만	60분	1.5배	1.9배
16[A] 이상 63[A] 이하	60분	1.25배	1.6배
63[A] 초과 160[A] 이하	120분	1.25배	1.6배

60 무대, 무대 밑, 오케스트라 박스, 영사실, 기타 사람이나 무대 도구가 접촉할 우려가 있는 장소에 시설하는 저압 옥내배선, 전구선 또는 이동전선은 사용전압이 몇 [V] 이하이어야 하는가?

① 60 ② 110
③ 220 ④ 400

[해설]
전시회, 쇼 및 공연장의 전기설비
- 무대, 무대마루 밑, 오케스트라 박스, 영사실, 기타 사람이나 무대 도구가 접촉할 우려가 있는 곳에 시설하는 저압 옥내배선·전구선 또는 이동전선은 사용전압이 400[V] 이하일 것
- 배선용 케이블은 구리 도체로, 최소 단면적이 1.5[mm²]
- 무대마루 밑에 시설하는 전구선은 300/300[V] 편조 고무코드 또는 0.6/1[kV] EP 고무절연 클로로프렌 캡타이어케이블

2018년 제2회 과년도 기출복원문제

01 출력 P[kVA]의 단상 변압기 전원 2대를 V결선할 때의 3상 출력 [kVA]은?

① P
② $\sqrt{3}\,P$
③ $2P$
④ $3P$

해설
V결선의 3상 출력
$P_V = \sqrt{3}\,P$

02 어떤 정현파 교류의 평균값이 242[V]인 전압의 최댓값은 약 몇 [V]인가?

① 220
② 276
③ 342
④ 380

해설
- 정현파의 평균값 $V_a = \dfrac{2}{\pi} V_m \fallingdotseq 0.637 V_m$

  $V_m = \dfrac{V_a}{0.637} = \dfrac{242}{0.637} \fallingdotseq 379.90$ (V_a : 평균값, V_m 최댓값)

- 정현파의 실횻값 $V_{rms} = \dfrac{V_m}{\sqrt{2}} \fallingdotseq 0.707 V_m$

03 200[μF]의 콘덴서를 충전하는 데 9[J]의 일이 필요하였다. 충전 전압은 몇 [V]인가?

① 200
② 300
③ 450
④ 900

해설
$W = \dfrac{1}{2} CV^2$ 이므로

$V = \sqrt{\dfrac{2W}{C}} = \sqrt{\dfrac{2 \times 9}{200 \times 10^{-6}}} = 300[\text{V}]$

04 공기 중 자장의 세기 40[AT/m]인 곳에 8×10^{-3}[Wb]의 자극을 놓으면 작용하는 힘[N]은?

① 0.16
② 0.20
③ 0.32
④ 0.40

해설
$F = mH = 8 \times 10^{-3} \times 40 = 0.32[\text{N}]$

05 두 콘덴서 C_1, C_2를 직렬연결하고 그 양끝에 전압을 가한 경우 C_1에 걸리는 전압[V]은?

① $\dfrac{C_1}{C_1 + C_2} \times V$

② $\dfrac{C_2}{C_1 + C_2} \times V$

③ $\dfrac{C_1 + C_2}{C_1} \times V$

④ $\dfrac{C_1 + C_2}{C_2} \times V$

해설
리액턴스 $X_C = \dfrac{1}{\omega C}[\Omega]$ 이므로 콘덴서의 리액턴스값은 콘덴서의 크기에 반비례한다.

그러므로 $V_{C_1} = \dfrac{C_2}{C_1 + C_2} \times V$ 이다.

06 그림에서 1차 코일의 자기인덕턴스 L_1, 2차 코일의 자기인덕턴스 L_2, 상호인덕턴스를 M이라 할 때 L_A의 값으로 옳은 것은?(단, L_1, L_2 코일은 같은 방향으로 감겨 있다)

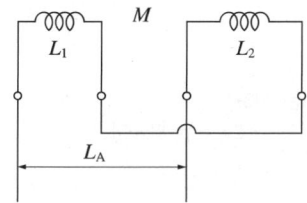

① $L_1 + L_2 + 2M$
② $L_1 - L_2 + 2M$
③ $L_1 + L_2 - 2M$
④ $L_1 - L_2 - 2M$

해설
앙페르의 오른나사 법칙에 따라서

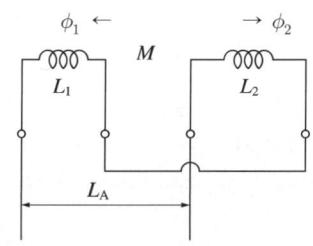

자속 ϕ_1과 ϕ_2이 반대방향으로 발생하므로 차동접속이다.
- 합성인덕턴스 $L = L_1 + L_2 \pm 2M$(+ : 가동접속, - : 차동접속)
- 상호인덕턴스 $M = k\sqrt{L_1 L_2}$ (k : 결합계수, 누설자속이 없는 경우 $k = 1$)

07 2[C]의 전기량이 두 점 사이를 이동하여 48[J]의 일을 하였다면 이 두 점 사이의 전위차는 몇 [V]인가?

① 12   ② 24
③ 48   ④ 96

해설
$V = \dfrac{W}{Q} = \dfrac{48}{2} = 24[\text{V}]$

08 전하의 성질을 잘못 설명한 것은?

① 같은 종류의 전하는 흡인하고 다른 종류의 전하끼리는 반발한다.
② 대전체에 들어 있는 전하를 없애려면 접지시킨다.
③ 대전체의 영향으로 비대전체에 전기가 유도된다.
④ 전하는 가장 안정한 상태를 유지하려는 성질이 있다.

해설
전하는 같은 종류끼리는 떨어지려고 하고(반발력), 다른 종류의 전하끼리는 잡아당기는(흡인력) 성질이 있다.

09 $R = 4[\Omega]$, $L = 3[\Omega]$의 직렬회로에 $V = 100\sqrt{2}\sin\omega t[\text{V}]$의 전압을 가할 때 전력은 약 몇 [W]인가?

① 1,200   ② 1,600
③ 2,000   ④ 2,400

해설
RL 직렬회로에서 전력 $P = I^2 R$을 구하기 위해 먼저 I를 구하면
$I = \dfrac{V}{Z} = \dfrac{100}{\sqrt{4^2 + 3^2}} = 20[\text{A}]$
$P = I^2 R = 20^2 \times 4 = 1,600[\text{W}]$

10 그림의 휘트스톤 브리지의 평형조건은?

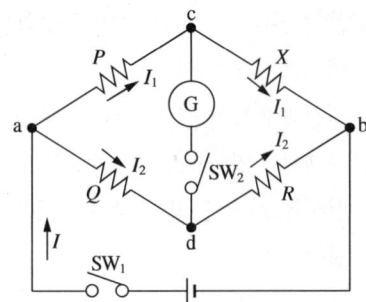

① $X = \dfrac{Q}{P}R$ ② $X = \dfrac{P}{Q}R$

③ $X = \dfrac{Q}{R}P$ ④ $X = \dfrac{P^2}{R}Q$

해설
휘트스톤 브리지의 평형조건은 $PR = QX$이므로, $X = \dfrac{P}{Q}R$이다.

11 △ 결선인 3상 유도전동기의 상전압과 상전류를 측정하였더니 각각 200[V], 30[A]이었다. 이 3상 유도전동기의 선간전압(V_l)과 선전류(I_l)의 크기는 각각 얼마인가?

① $V_l = 200[V],\ I_l = 30[A]$
② $V_l = 200\sqrt{3}[V],\ I_l = 30[A]$
③ $V_l = 200\sqrt{3}[V],\ I_l = 30\sqrt{3}[A]$
④ $V_l = 200[V],\ I_l = 30\sqrt{3}[A]$

해설
• △결선의 선간전류
 $I_l = \sqrt{3}\,I_p = 30\sqrt{3}[A]$
• △결선의 선간전압
 $V_l = V_p = 200[V]$
※ Y결선의 경우
 $I_{l(선전류)} = I_{p(상전류)},\ V_{l(선간전압)} = \sqrt{3}\,V_{p(상전압)}$

12 0.2[μF] 콘덴서와 0.1[μF] 콘덴서를 병렬연결하여 40[V]의 전압을 가할 때 0.2[μF]에 축적되는 전하[μC]의 값은?

① 2 ② 4
③ 8 ④ 12

해설
축적되는 전하
$Q = CV = 0.2 \times 40 = 8[\mu C]$

13 자체인덕턴스가 각각 L_1, L_2[H]인 두 원통 코일이 서로 직교하고 있다. 두 코일 사이의 상호인덕턴스[H]는?

① $L_1 + L_2$ ② $L_1 L_2$
③ 0 ④ $\sqrt{L_1 L_2}$

해설
$M = k\sqrt{L_1 L_2}$ (k : 결합계수, $0 < k < 1$)
• 직교 교차 시 : $k = 0 \rightarrow M = 0\sqrt{L_1 L_2} = 0[H]$
• 누설자속이 없는 경우 : $k = 1 \rightarrow M = \sqrt{L_1 L_2}$

14 그림과 같은 회로에 흐르는 유효분전류[A]는?

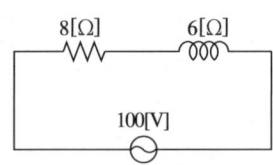

① 4 ② 6
③ 8 ④ 10

해설
• $Z = \sqrt{R^2 + X^2} = \sqrt{8^2 + 6^2} = 10[\Omega]$
• 역률 $\cos\theta = \dfrac{R}{\sqrt{R^2 + X^2}} = \dfrac{8}{\sqrt{8^2 + 6^2}} = 0.8$
∴ 유효분전류 $I = \dfrac{V}{Z}\cos\theta = \dfrac{100}{10} \times 0.8 = 8[A]$

15 $R-L$ 병렬회로에서의 합성임피던스값은?

① $\dfrac{R \cdot X_L}{R + X_L}$ ② $\sqrt{R^2 + X_L^2}$

③ $\dfrac{R \cdot X_L}{\sqrt{R^2 + X_L^2}}$ ④ $\dfrac{\sqrt{R^2 + X_L^2}}{R \cdot X_L}$

해설
- $R-L$ 직렬회로의 합성임피던스 : $\sqrt{R^2 + X_L^2}$
- $R-L$ 병렬회로의 합성임피던스 : $\dfrac{R \cdot X_L}{\sqrt{R^2 + X_L^2}}$
- $R-C$ 병렬회로의 합성임피던스 : $\dfrac{R}{\sqrt{1 + (\omega CR)^2}}$

16 RLC 직렬공진 회로에서 최소가 되는 것은?

① 저항값
② 임피던스값
③ 전류값
④ 전압값

해설
전압과 전류가 동상인 직렬공진 회로에서 임피던스(Z) 값은 $Z = R$이 되어 최소가 되고, $I = \dfrac{R}{Z}$가 되어 전류값은 최대가 된다.

17 200[V], 500[W]의 전열기를 100[V] 전원에 사용하였다면 이때의 전력은?

① 125[W]   ② 250[W]
③ 375[W]   ④ 500[W]

해설
전열기의 저항은 일정하므로 $P = I^2 R = \dfrac{V^2}{R}$ 이다.

$R = \dfrac{V^2}{P} = \dfrac{200^2}{500} = 80[\Omega]$

전열기의 내부저항은 80[Ω]이므로

$P_{100} = \dfrac{V^2}{R} = \dfrac{100^2}{80} = \dfrac{10,000}{80} = 125[W]$

18 전지(Battery)에 관한 사항이다. 감극제(Depolarizer)는 어떤 작용을 막기 위해 사용하는가?

① 분극작용
② 방전
③ 순환전류
④ 전기분해

해설
전지에 전류가 흘러 수소가스가 생김으로 기전력이 감소하는 현상(분극작용)을 방지하기 위해 감극제를 사용한다.

19 유도기전력은 자신의 발생 원인이 되는 자속의 변화를 방해하려는 방향으로 발생한다. 이것을 유도기전력에 관한 무슨 법칙이라 하는가?

① 옴(Ohm)의 법칙
② 렌츠(Lenz)의 법칙
③ 쿨롱(Coulomb)의 법칙
④ 앙페르(Ampere)의 법칙

해설
- 옴의 법칙 : 전류(I)는 전압(V)에 직접 비례하고 저항(R)에 반비례한다.
- 쿨롱의 법칙 : 전하(Q)를 가진 두 물체 사이에 작용하는 힘의 크기(F)는 두 전하(Q_1, Q_2)의 곱에 비례하고 거리의 제곱에 반비례한다.

$F = \dfrac{1}{4\pi\varepsilon} \cdot \dfrac{Q_1 Q_2}{r^2}[N]$

- 앙페르의 법칙 : 전류에 의해 형성된 자기장에서 단위자극이 움직일 때 필요한 일의 양은 단위자극의 경로를 통과하는 전류의 총합에 비례한다. 이때 자기장의 방향은 오른나사 법칙을 통해 쉽게 구할 수 있다.

정답 15 ③ 16 ② 17 ① 18 ① 19 ②

20 3상 기전력을 2개의 전력계 W_1, W_2로 측정해서 W_1의 지시값이 P_1, W_2의 지시값이 P_2라고 하면 3상 전력은 어떻게 표현되는가?

① $P_1 - P_2$
② $3(P_1 - P_2)$
③ $P_1 + P_2$
④ $3(P_1 + P_2)$

해설
- 1전력계법 : $W = 3W_1$ [W]
- 2전력계법 : $W = W_1 + W_2$ [W]
- 3전력계법 : $W = W_1 + W_2 + W_3$ [W]

21 직류발전기의 철심을 규소강판으로 성층하여 사용하는 주된 이유는?

① 브러시에서의 불꽃방지 및 정류개선
② 맴돌이전류손과 히스테리시스손의 감소
③ 전기자 반작용의 감소
④ 기계적 강도 개선

해설
직류발전기의 철심은 맴돌이전류와 히스테리시스 현상에 의한 철손을 적게 하기 위하여 0.35~0.5[mm] 규소강판을 성층하여 만든다.
- 규소강판 : 와류손↓ 히스테리시스손↓ 투자율↓ 기계적 강도↓
- 성층 : 와류손↓

22 전기 용접기용 발전기로 가장 적합한 것은?

① 직류 분권형발전기
② 차동 복권형발전기
③ 가동 복권형발전기
④ 직류 타여자식발전기

해설
단자전압은 부하의 증가에 따라 현저하게 강하한다. 부하의 저항을 어느 정도 감소시켜도 전류는 일정하게 되는 특성을 수하특성이라 하며, 정전류를 만드는 데에 이용하고 있다. 차동복권기는 수하특성이 필요한 아크용접 등에 사용되고 있다.

23 직류 분권발전기의 병렬운전조건에 해당하지 않는 것은?

① 극성이 같을 것
② 단자전압이 같을 것
③ 외부 특성곡선이 수하특성일 것
④ 균압모선을 접속할 것

해설
직류 직권발전기와 과복권발전기에서는 균압선을 필요로 한다.
직류발전기의 병렬운전조건
- 외부특성이 수하특성일 것
- 극성이 같을 것
- 단자전압이 같을 것
- 용량은 임의의 값이고 %부하전류가 일치할 것

24 직류 분권전동기가 있다. 단자전압이 215[V], 전기자전류가 60[A], 전기자저항이 0.1[Ω], 회전속도 1,500[rpm]일 때 발생하는 토크는 약 몇 [kg·m]인가?

① 6.58
② 7.92
③ 8.15
④ 8.64

해설
직류 분권전동기의 회전토크

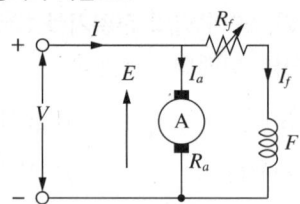

$E = V - I_a R_a = 215 - 60 \times 0.1 = 209$ [V]
$2\pi n T = E I_a$ 이므로,
$T = \dfrac{E I_a}{2\pi n} = \dfrac{209 \times 60}{2 \times 3.14 \times 1,500 \times \dfrac{1}{60}} = \dfrac{12,540}{157}$
$\fallingdotseq 79.872$ [N·m]

[kg·m]로 환산하면, 79.872[N·m] $\times \dfrac{1}{9.8} \fallingdotseq 8.15$ [kg·m]

25 무부하에서 119[V] 되는 분권발전기의 전압변동률이 6[%]이다. 정격전부하전압은 약 몇 [V]인가?

① 110.2 ② 112.3
③ 122.5 ④ 125.3

해설

전압변동률 $\varepsilon = \dfrac{V_{20} - V_{2n}}{V_{2n}} \times 100[\%]$

$6 = \dfrac{119 - V_{2n}}{V_{2n}} \times 100[\%]$

∴ 정격전부하전압 $V_{2n} ≒ 112.3[\text{V}]$

26 3상 교류발전기의 기전력에 대하여 90° 늦은 전류가 통할 때 반작용 기자력은?

① 자극축과 일치하고 감자작용
② 자극축보다 90° 빠른 증자작용
③ 자극축보다 90° 늦은 감자작용
④ 자극축과 직교하는 교차자화작용

해설

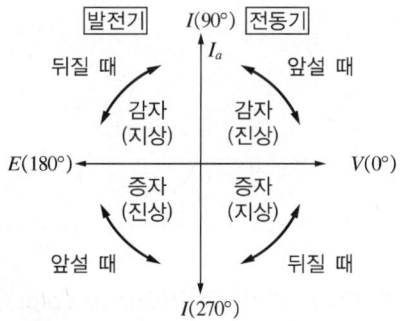

- 교차자화작용
  - 역률 1일 때의 반작용, 횡축 반작용이라고 함
  - 공극에서 자속분포가 일그러지는 편자현상이 발생
- 직축 반작용
  - 역률 0일 때의 반작용, 전압이 0일 때 전류가 최대
  - 도체 사이에 자극이 있는 순간으로 회전자장의 축과 자극축이 일치
  - 감자작용 : 역률이 0인 L부하, 역률각이 90° 뒤지면 회전자속이 역방향이 되어 발생
  - 증자작용 : 역률이 0인 C부하, 역률각이 90° 앞서면 회전자속과 자극축이 일치하여 발생

27 단락비가 1.2인 동기발전기의 %동기임피던스는 약 몇 [%]인가?

① 68   ② 83
③ 100 ④ 120

해설

$\%Z = \dfrac{1}{\text{단락비}} \times 100 = \dfrac{1}{1.2} \times 100 ≒ 83.33[\%]$

28 8극 900[rpm]의 교류발전기로 병렬운전하는 극수 6의 동기발전기의 회전수는?

① 675[rpm]   ② 900[rpm]
③ 1,200[rpm] ④ 1,800[rpm]

해설

회전수 $N = \dfrac{120 \times f}{p}$ (f : 주파수, p : 극수)에서

$900[\text{rpm}] = \dfrac{120 \times f}{8}$ 이므로 $f = 60[\text{Hz}]$

따라서 극수 6극의 동기발전기 회전수는

$N = \dfrac{120 \times 60}{6} = 1,200[\text{rpm}]$

정답 25 ② 26 ① 27 ② 28 ③

29 부하를 일정하게 유지하고 역률 1로 운전 중인 동기전동기의 계자전류를 감소시키면?

① 아무 변동이 없다.
② 콘덴서로 작용한다.
③ 뒤진 역률의 전기자전류가 증가한다.
④ 앞선 역률의 전기자전류가 증가한다.

해설
동기전동기 - 위상 특성곡선
단자전압과 부하를 일정하게 유지하고 계자전류(I_f)를 조절하여 전기자전류(I_a)와 역률을 변화시키는 것

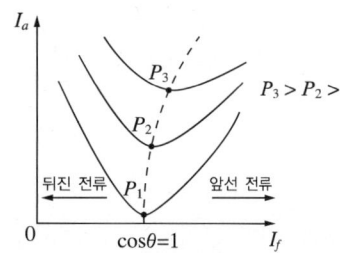

부족여자	성 질	과여자
L	작 용	C
뒤진(지상) 전류	작 용	앞선(진상) 전류
감 소	I_f	증 가
증 가	I_a	증 가
지상(뒤짐)	역 률	진상(앞섬)
(−)	전압변동률	(+)

따라서 부하를 일정하게 유지하고 역률 1로 운전 중일 때 계자전류를 감소시키면 뒤진 역률의 전기자전류가 증가한다.

30 변압기의 무부하인 경우에 1차 권선에 흐르는 전류는?

① 정격전류   ② 단락전류
③ 부하전류   ④ 여자전류

해설
변압기 1차 권선에서 흐르는 전류는 자계를 발생시키기 위한 전류로 보통 철심에 감은 코일에서 발생하며, 철손전류를 포함한다.

31 정격출력 20[kVA], 정격전압에서의 철손 150[W], 정격전류에서 동손 200[W]의 단상 변압기에 뒤진 역률 0.8인 어느 부하를 걸었을 경우 효율이 최대라 한다. 이때 부하율은 약 몇 [%]인가?

① 75   ② 87
③ 90   ④ 97

해설
변압기 $\dfrac{1}{m}$ 부하에서의 최대효율

변압기의 규약효율 $\eta = \dfrac{출력}{출력+손실} \times 100$

$= \dfrac{V_{2n}I_{2n}\cos\theta}{V_{2n}I_{2n}\cos\theta + P_i + r_{21}I_{2n}^2} \times 100[\%]$ 이다.

특히, $\dfrac{1}{m}$ 부하에서, 전손실 $P_l = P_i + \left(\dfrac{1}{m}\right)^2 P_2$[W] 이고,

최대효율은 $P_i = \left(\dfrac{1}{m}\right)^2 P_2$[W], 즉 철손($P_i$) = 동손($P_c$)일 때 이루어진다.

따라서 $\dfrac{1}{m} = \sqrt{\dfrac{P_i}{P_c}} = \sqrt{\dfrac{150}{200}} = \sqrt{0.75} ≒ 0.866$ 이고, 부하율은 약 86.6[%] 이다.

32 변압기에 콘서베이터(Conservator)를 설치하는 목적은?

① 열화 방지   ② 코로나 방지
③ 강제 순환   ④ 통풍 장치

해설
콘서베이터
유입 변압기에서는 기름이 공기에 접촉하면 열화하므로 이것을 막기 위하여 외함 상부에 콘서베이터라고 하는 작은 용적의 원통형 용기를 두고 이것을 외함에 연결하여 외함 내에 공기가 남지 않게 한다.

33 변압기유가 구비해야 할 조건 중 맞는 것은?

① 절연내력이 작고 산화하지 않을 것
② 비열이 작아서 냉각 효과가 클 것
③ 인화점이 높고 응고점이 낮을 것
④ 절연재료나 금속에 접촉할 때 화학작용을 일으킬 것

해설
변압기 기름의 구비조건
- 절연내력이 클 것 : 변압기유 12[kV/mm]
- 비열이 커서 냉각 효과가 클 것
- 인화점이 높을 것
- 응고점이 낮을 것
- 절연재료 및 금속에 접촉하여도 화학작용을 일으키지 않을 것
- 고온에서 석출물이 생기거나 산화하지 않을 것

34 변압기 내부고장 시 급격한 유류 또는 Gas의 이동이 생기면 동작하는 부흐홀츠계전기의 설치위치는?

① 변압기 본체
② 변압기의 고압 측 부싱
③ 콘서베이터 내부
④ 변압기 본체와 콘서베이터를 연결하는 파이프

해설
부흐홀츠계전기(Buchholtz's Relay)
유입형(油入形) 변압기의 탱크 속에 발생한 가스의 양 및 유동에 의해서 작동하는 계전기로, 변압기 본체와 콘서베이터 사이에 위치하여 권선 단락, 철심 고정 볼트의 절연 열화, 탭 전환기의 고장 등을 검출하는 데 쓰인다.

35 50[Hz], 슬립 0.2인 경우의 회전자 속도가 600[rpm]이 되는 유도전동기의 극수는?

① 16 ② 12
③ 8   ④ 4

해설
$N = (1-s)N_s$ 에서, $N_s = \dfrac{N}{1-s} = \dfrac{600}{1-0.2} = 750[\text{rpm}]$

$\therefore p = \dfrac{120f}{N_s} = \dfrac{120 \times 50}{750} = 8$극

36 10[kW]의 농형 유도전동기의 기동방법으로 가장 적당한 것은?

① 전전압 기동법   ② Y-△ 기동법
③ 기동 보상기법   ④ 2차 저항 기동법

해설
농형 유도전동기의 기동법
유도전동기는 기동할 때에 정상운전 시보다 약 5~6배 많은 기동전류가 흐르게 되어 전동기에 무리가 가게 된다. 이를 방지하고 기동 시 흐르는 많은 전류를 줄이기 위하여 다음과 같은 기동방식을 채택하고 있다.

구 분	개 요	특 징	응 용
전전압 (직입)	전동기에 처음부터 전전압을 인가하여 기동함	전원 용량이 허용되는 범위 내에서는 가장 일반적인 기동방법	5[kW] 이하
Y-△	• △결선 운전, Y결선 기동방식 • 전전압 기동 시에 비교하여, 기동전류 $\dfrac{1}{3}$, 기동전압 $\dfrac{1}{\sqrt{3}}$로 낮춤	무부하 또는 경부하로 기동되는 75[kW] 이하의 전동기에 사용함	5~15[kW]
리액터	전동기의 1차 측에 리액터를 넣어 기동 시에 전동기의 전압을 리액터의 전압강하분 만큼 낮추어서 기동함	기동전류에 비하여 기동토크의 감소가 큼	팬, 송풍기, 펌프
1차 저항	리액터 기동의 리액터 대신 저항기를 넣은 것임	리액터 기동용 부하와 동일하게 적용	소용량 (7.5[kW] 이하)

37 3상 농형 유도전동기의 Y-△ 기동 시의 기동전류를 전전압 기동 시와 비교하면?

① 전전압 기동전류의 $\frac{1}{3}$로 된다.
② 전전압 기동전류의 $\sqrt{3}$배로 된다.
③ 전전압 기동전류의 3배로 된다.
④ 전전압 기동전류의 9배로 된다.

해설
Y-△ 기동으로 하면 기동전류는 전전압으로 기동할 때보다 $\frac{1}{3}$로 감소한다.
- 전전압 기동법 : 정격전압을 직접 가하여 기동하는 방법(5[kW] 정도까지의 소형 전동기)
- Y-△ 기동법 : 기동할 때는 Y결선으로 하고, 정격속도에 이르면 △결선으로 바꾸는 기동법(5~15[kW] 전동기에 주로 사용)

38 단상 유도전동기의 정회전 슬립이 s이면 역회전 슬립은 어떻게 되는가?

① $1-s$ ② $2-s$
③ $1+s$ ④ $2+s$

해설
모터 정회전 $s = \frac{N_s - N}{N_s} (0 < s < 1) \rightarrow N_s - N = s \cdot N_s$

역회전 시 $N < 0$ (반대로 회전하기 때문)

$s' = \frac{N_s - (-N)}{N_s} = \frac{N_s + N}{N_s}$

$\rightarrow \frac{(2N_s - N_s) + N}{N_s} = \frac{2N_s}{N_s} - \left(\frac{N_s - N}{N_s}\right)$

$\therefore s' = 2 - s$

슬립(Slip)
- 전동기의 슬립 : $0 < s < 1$
- 발전기의 슬립 : $0 > s$
- 제동기의 슬립 : $1 < s < 2$

39 역률과 효율이 좋아서 가정용 선풍기, 전기세탁기, 냉장고 등에 주로 사용되는 것은?

① 분상 기동형 전동기
② 반발 기동형 전동기
③ 콘덴서 기동형 전동기
④ 셰이딩 코일형 전동기

해설
콘덴서 기동형 단상 유도전동기는 분상 기동형 유도전동기에 비해 기동전류는 작고, 기동토크는 크기 때문에 기동특성이 매우 좋으며 콘덴서를 사용하여 역률이 좋아 200[W] 이상의 가정용 펌프, 송풍기 또는 소형의 공작기계에 많이 사용되고 있다.

40 사용 중인 변류기의 2차를 개방하면?

① 1차 전류가 감소한다.
② 2차 권선에 110[V]가 걸린다.
③ 개방단의 전압은 불변하고 안전하다.
④ 2차 권선에 고압이 유도된다.

해설
변류기 1차 측의 전류에 비례해 2차 측에 전류가 흐르게 되는데, 2차 측이 개방되어 있으면 단자 간에 큰 전압이 유기되어 절연파괴에 의해 CT 손상이 생기게 된다. 따라서 2차 측의 절연보호를 위해 2차 측을 단락해야 한다(사용 중인 변류기(CT)의 2차 측을 개방할 경우 2차 측에 고압이 걸린다).

41 다음 중 전선이 구비해야 될 조건으로 틀린 것은?

① 도전율이 클 것
② 기계적인 강도가 강할 것
③ 비중이 클 것
④ 내구성이 있을 것

해설
전선의 재료로서 구비해야 할 조건
- 도전율이 크고(고유저항이 작고), 비중이 작을 것(가벼울 것)
- 기계적 강도가 크고, 내구성이 있을 것
- 저렴하고, 쉽게 구할 수 있을 것

정답 37 ① 38 ② 39 ③ 40 ④ 41 ③

42 사용전압 415[V]의 3상 3선식 전선로의 1선과 대지 간에 필요한 저항값의 최솟값은?(단, 최대공급전류는 500[A]이다)

① 2,560[Ω] ② 1,660[Ω]
③ 3,210[Ω] ④ 4,512[Ω]

해설
전선로와 대지 사이의 절연저항은 사용전압에 대한 누설전류가 최대공급전류 $\frac{1}{2,000}$을 넘지 않도록 유지해야 한다.

절연저항의 최솟값 = $\frac{\text{사용전압} \times 2,000}{\text{최대공급전류}}$
$= \frac{415 \times 2,000}{500} = 1,660[\Omega]$

43 전선 약호가 CN-CV-W인 케이블의 품명은?

① 동심중성선 수밀형 전력케이블
② 동심중성선 차수형 전력케이블
③ 동심중성선 수밀형 저독성 난연 전력케이블
④ 동심중성선 차수형 저독성 난연 전력케이블

해설
① CN-CV-W   ② CN-CV
③ FR-CNCO-W ④ FR-CNCO

44 접지저항 측정방법으로 가장 적당한 것은?

① 절연저항계
② 전력계
③ 교류의 전압, 전류계
④ 콜라우슈 브리지

해설
접지저항시험(Test of Ground Resistance)
• 접지저항계를 사용하여 접지저항을 측정하는 시험
• 피측정 접지체에서 약 10[m]의 간격으로 거의 일직선상이 되도록 보조 전극을 매입하고 다이얼을 조정해서 검류계의 지시가 0에 위치할 때의 지시값을 접지 저항값이라고 한다. 전지식, 수동발전기식, 콜라우슈 브리지(Kohlraush Bridge)식 등이 있다.

45 옥내배선공사 중 금속관공사에 사용되는 공구의 설명 중 잘못된 것은?

① 전선관의 굽힘 작업에 사용하는 공구는 토치램프나 스프링 벤더를 사용한다.
② 전선관의 나사를 내는 작업에 오스터를 사용한다.
③ 전선관을 절단하는 공구에는 쇠톱 또는 파이프 커터를 사용한다.
④ 아웃렛 박스의 천공작업에 사용되는 공구는 녹아웃 펀치를 사용한다.

해설
금속관의 굽힘 작업에 사용하는 공구는 히키나 벤더를 사용한다.

46 금속전선관을 구부릴 때 금속관의 단면이 심하게 변형되지 않도록 구부려야 하며 일반적으로 그 안측의 반지름은 관 안지름의 몇 배 이상이 되어야 하는가?

① 2   ② 4
③ 6   ④ 8

해설
관의 부설
• 1종 금속제 가요전선관을 구부릴 경우의 곡률 반지름은 관 안지름의 6배 이상으로 하여야 한다.
• 2종 금속제 가요전선관을 구부릴 경우의 시설은 다음에 의한다.
  – 노출장소 또는 점검 가능한 은폐장소에서 관을 시설하고 제거하는 것이 자유로운 경우에는 곡률 반지름을 2종 금속제 가요전선관 안지름의 3배 이상으로 하여야 한다.
  – 노출장소 또는 점검 가능한 은폐장소에서 관을 시설하고 제거하는 것이 부자유하거나 또는 점검이 불가능할 경우에는 곡률 반지름을 2종 금속제 가요전선관 안지름의 6배 이상으로 하여야 한다. 1종 금속제 가요전선관을 구부릴 경우의 곡률 반지름은 관 안지름의 6배 이상으로 하여야 한다.

정답 42 ② 43 ① 44 ④ 45 ① 46 ③

47 정크션 박스 내에서 절연전선을 쥐꼬리 접속한 후 접속과 절연을 위해 사용되는 재료는?

① 링형 슬리브
② S형 슬리브
③ 와이어 커넥터
④ 터미널 러그

해설
쥐꼬리 접속한 후 접속과 절연을 위해 와이어 커넥터(너트)를 사용한다.

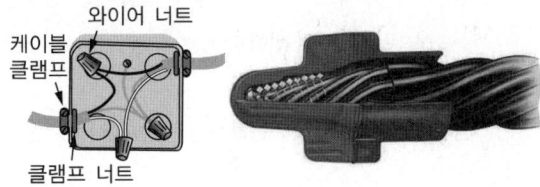

48 옥내배선공사할 때 연동선을 사용할 경우 전선의 최소 굵기[mm²]는?

① 1.5   ② 2.5
③ 4   ④ 6

해설
저압 옥내배선의 사용전선
옥내배선공사에 사용하는 연동선은 최소 2.5[mm²] 이상의 것을 사용하고 제어회로의 경우에는 1.5[mm²] 이상의 연동선을 사용한다.

49 애자공사에서 전선의 지지점 간의 거리는 전선을 조영재의 윗면 또는 옆면에 따라 붙이는 경우에는 몇 [m] 이하인가?

① 1   ② 2
③ 2.5   ④ 3

해설
애자공사
애자공사에서 전선의 지지점 간 거리는 조영재 윗면, 옆면을 따라 시설할 경우 지지점은 2[m] 이하로 한다.

50 금속몰드배선의 사용전압은 몇 [V] 이하이어야 하는가?

① 150   ② 220
③ 400   ④ 600

해설
금속몰드공사
• 옥내의 외상을 받을 우려가 없는 건조한 노출장소 또는 점검할 수 있는 은폐장소에 설치
• 사용전압은 400[V] 이하, 전선은 절연전선을 사용하고 몰드 내 접속점은 만들 수 없다.

51 합성수지제 가요전선관(PF관 및 CD관)의 호칭에 포함되지 않는 것은?

① 16   ② 28
③ 38   ④ 42

해설
관의 호칭[mm] : 14, 16, 22, 28, 36, 42, 54, 70, 82

52 연피케이블이 구부러지는 곳은 케이블 바깥지름의 최소 몇 배 이상의 반지름으로 구부려야 하는가?

① 8   ② 12
③ 15   ④ 20

해설
연피케이블이 구부러지는 곳은 케이블 바깥지름의 12배 이상의 반지름으로 구부리고, 금속관에 넣는 경우에는 15배 이상으로 해야 한다.

53 과전류차단기로 저압 전로에 사용하는 산업용 배선차단기는 정격전류 50[A]일 때 정격전류의 1.3배 전류를 통한 경우 몇 분 안에 자동으로 동작되어야 하는가?

① 2　　　　　② 10
③ 60　　　　 ④ 120

해설
보호장치의 특성
과전류차단기로 저압 전로에 사용하는 산업용 배선차단기는 [표1]에, 주택용 배선차단기는 [표2]와 [표3]에 적합한 것이어야 한다. 다만, 일반인이 접촉할 우려가 있는 장소(세대 내 분전반 및 이와 유사한 장소)에는 주택용 배선차단기를 시설하여야 한다.

• [표1] 과전류트립 동작시간 및 특성(산업용 배선차단기)

정격전류의 구분	시간	정격전류의 배수(모든 극에 통전)	
		부동작전류	동작전류
63[A] 이하	60분	1.05배	1.3배
63[A] 초과	120분	1.05배	1.3배

• [표2] 순시트립에 따른 구분(주택용 배선차단기)

형	순시트립 범위
B	$3I_n$ 초과 ~ $5I_n$ 이하
C	$5I_n$ 초과 ~ $10I_n$ 이하
D	$10I_n$ 초과 ~ $20I_n$ 이하

비고 1. B, C, D : 순시트립전류에 따른 차단기 분류
　　 2. I_n : 차단기 정격전류

• [표3] 과전류트립 동작시간 및 특성(주택용 배선차단기)

정격전류의 구분	시간	정격전류의 배수(모든 극에 통전)	
		부동작전류	동작전류
63[A] 이하	60분	1.13배	1.45배
63[A] 초과	120분	1.13배	1.45배

54 금속전선관공사에서 금속관과 접속함을 접속하는 경우 녹아웃 구멍이 금속관보다 클 때 사용하는 부품은?

① 로크너트　　② 부 싱
③ 새 들　　　 ④ 링 리듀서

해설
링 리듀서
아웃렛 박스 등의 녹아웃의 지름이 관의 지름보다 클 때에 관을 박스에 고정시키기 위해 쓰는 재료

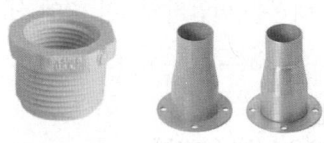

55 접지저항 저감 대책이 아닌 것은?

① 접지봉의 연결 개수를 증가시킨다.
② 접지판의 면적을 감소시킨다.
③ 접지극을 깊게 매설한다.
④ 토양의 고유저항을 화학적으로 저감시킨다.

해설
접지극의 접지저항을 감소시키는 방법
• 접지극의 길이를 같게 한다.
• 접지극을 병렬접속한다.
• 매설 깊이를 깊게 한다.
• 심타공법 : 접지봉을 지표에서 타입하는 방법으로 접지봉을 직렬접속한다.

56 일반적으로 가공전선로의 지지물에 취급자가 오르고 내리는 데 사용하는 발판 볼트 등은 지표상 몇 [m] 미만에 시설하여서는 아니 되는가?

① 0.75　　　　② 1.2
③ 1.8　　　　 ④ 2.0

해설
가공전선로 지지물의 철탑오름 및 전주오름 방지
가공전선로의 지지물에 취급자가 오르고 내리는 데 사용하는 발판 볼트 등을 지표상 1.8[m] 미만에 시설하여서는 아니 된다.

정답　53 ③　54 ④　55 ②　56 ③

57 배전용 기구인 COS(컷아웃 스위치)의 용도로 알맞은 것은?

① 배전용 변압기의 1차 측에 시설하여 변압기의 단락보호용으로 쓰인다.
② 배전용 변압기의 2차 측에 시설하여 변압기의 단락보호용으로 쓰인다.
③ 배전용 변압기의 1차 측에 시설하여 배전 구역 전환용으로 쓰인다.
④ 배전용 변압기의 2차 측에 시설하여 배전 구역 전환용으로 쓰인다.

해설
COS(Cut Out Switch)
주로 변압기 1차 측에 설치하여 변압기의 보호와 단로를 위한 목적으로 사용된다.

58 옥내에 시설하는 저압의 이동전선에서 사용하는 캡타이어케이블의 최소 단면적으로 옳은 것은?

① $0.75[mm^2]$
② $1[mm^2]$
③ $1.5[mm^2]$
④ $2.5[mm^2]$

해설
코드 및 이동전선
옥내에서 전구선 또는 이동전선을 습기가 많은 장소 또는 수분이 있는 장소에 시설할 경우에는 고무코드(사용전압이 400[V] 이하인 경우에 한함) 또는 0.6/1[kV] EP 고무절연 클로로프렌 캡타이어케이블로서 단면적이 $0.75[mm^2]$ 이상인 것이어야 한다.

59 애자공사에 의한 저압 옥측전선로 시설 방법으로 적합하지 않은 것은?

① 사람이 쉽게 접촉될 우려가 없도록 시설한다.
② 전선은 공칭단면적 $4[mm^2]$ 이상의 연동 절연전선을 사용한다.
③ 전선의 지지점 간의 거리는 2.5[m] 이하로 한다.
④ 애자는 절연성·난연성 및 내수성이 있는 것을 사용한다.

해설
애자공사에 의한 저압 옥측전선로 시설
- 사람이 쉽게 접촉될 우려가 없도록 시설할 것
- 전선은 공칭단면적 $4[mm^2]$ 이상의 연동 절연전선(옥외용 비닐 절연전선 및 인입용 절연전선은 제외)일 것
- 전선의 지지점 간의 거리는 2[m] 이하일 것
- 애자는 절연성·난연성 및 내수성이 있는 것일 것

60 각 수용가의 최대수용전력이 각각 5[kW], 10[kW], 15[kW], 22[kW]이고, 합성최대수용전력이 50[kW]이다. 수용가 상호 간의 부등률은 얼마인가?

① 1.04   ② 2.34
③ 4.25   ④ 6.94

해설
$$부등률 = \frac{개개의\ 최대수용전력의\ 합[kW]}{합성최대수용전력[kW]}$$
$$= \left(\frac{5+10+15+22}{50}\right) = 1.04$$

11 전기장 중에 단위 전하를 놓았을 때, 그것에 작용하는 힘을 나타내는 단위는?

① [H/m] ② [F/m]
③ [AT/m] ④ [V/m]

해설
④ 전기장(E)의 세기 단위
① 투자율(μ) 단위
② 유전율(ε) 단위
③ 자기장(H)의 단위

12 대칭 3상 Y결선에서 선전압과 상전압과의 위상 관계는?

① 선전압이 $\frac{\pi}{3}$[rad] 앞선다.
② 선전압이 $\frac{\pi}{3}$[rad] 뒤진다.
③ 선전압이 $\frac{\pi}{6}$[rad] 앞선다.
④ 선전압이 $\frac{\pi}{6}$[rad] 뒤진다.

해설
Y결선(성형 결선, Star 결선)
- 선전압(V_l)이 상전압(V_p)보다 $\sqrt{3}$ 배 크고 $\frac{\pi}{6}$[rad]만큼 위상이 앞선다.
  $V_l = \sqrt{3}\,V_p \angle \frac{\pi}{6}$
- 상전류(I_p)는 선전류(I_l)와 동상이다.

13 200[V], 50[W]의 LED등에 정격전압이 가해졌을 때 LED등 회로에 흐르는 전류는 0.3[A]이다. 이 LED등의 역률[%]은?

① 79.8 ② 83.3
③ 89.6 ④ 93.6

해설
역률 $\cos\theta = \frac{\text{소비전력(유효)}}{\text{피상전력}} = \frac{W}{VI} = \frac{50}{200 \times 0.3} \times 100$
$\fallingdotseq 83.3[\%]$

14 부하의 결선방식에서 △결선에서 Y결선으로 변환하였을 때의 임피던스는?

① $Z_Y = \sqrt{3}\,Z_\Delta$ ② $Z_Y = \frac{1}{\sqrt{3}}Z_\Delta$
③ $Z_Y = 3Z_\Delta$ ④ $Z_Y = \frac{1}{3}Z_\Delta$

해설
- △결선에서 Y결선으로 변환하면 각 상의 임피던스는 $\frac{1}{3}$ 배가 된다.
- Y결선에서 △결선으로 변환하면 각 상의 임피던스는 3배가 된다.

15 공기 중에서 10[cm] 간격을 유지하고 있는 2개의 평행도선에 각각 5[A]의 전류가 동일한 방향으로 흐를 때, 도선 1[m]당 발생하는 힘의 크기[N]는?

① 2×10^{-4} ② 2×10^{-5}
③ 5×10^{-4} ④ 5×10^{-5}

해설
평행도선 간에 작용하는 힘
$F = \frac{\mu_0 I_1 I_2}{2\pi r} = \frac{2I_1 I_2}{r} \times 10^{-7} = \frac{2 \times 5 \times 5}{10 \times 10^{-2}} \times 10^{-7}$
$= 5 \times 10^{-5}[\text{N/m}]$
※ 도선의 전류가 같은 방향으로 흐르면 흡인(인력), 다르면 반발(척력)

정답 11 ④ 12 ③ 13 ② 14 ④ 15 ④

16 비사인파 교류회로의 전력성분과 거리가 먼 것은?

① 맥류성분과 사인파와의 곱
② 직류성분과 사인파와의 곱
③ 직류성분
④ 주파수가 같은 두 사인파의 곱

해설
비사인파 교류
부하의 성질에 따라 파형이 일그러져 비사인파형으로 되는 교류로, 기본파 + 고조파 + 직류분으로 구성된다.
• 기본파 : 비사인파형에서 기본이 되는 파형
• 고조파 : 기본파보다 높은 주파수

17 다음 중 자기장 내에서 같은 크기 $M[\text{Wb}]$의 자극이 존재할 때 자기장의 세기가 가장 큰 물질은?

① 텅스텐　　② 알루미늄
③ 철　　　　④ 구 리

해설
물체의 자화 정도에 따른 분류
• 강자성체 : 상자성체 중 자화강도가 큰 금속(철, 니켈, 코발트)
• 상자성체 : 자석에 접근시킬 때 반대의 극이 생겨 서로 당기는 금속(알루미늄, 망가니즈, 텅스텐)
• 반자성체 : 자석에 접근시킬 때 같은 극이 생겨 서로 반발하는 금속(금, 은, 구리, 비스무트, 안티모니)

18 자석에 대한 성질을 설명한 것으로 옳지 못한 것은?

① 자석은 임계온도 이상으로 가열하면 자석의 성질이 없어진다.
② 발생되는 자기력선은 아무리 사용해도 기본적으로 감소하지 않는다.
③ 자석은 고온이 되면 자력이 감소되고 저온이 되면 자력이 증가된다.
④ 같은 극성의 자석은 서로 흡인하고, 다른 극성은 서로 반발한다.

해설
자석의 같은 극끼리는 서로 반발하고, 다른 극끼리는 끌어당긴다.
자석의 성질
• 자석에는 N극과 S극이 있다.
• 자극으로부터 자력선이 나온다.
• 자력선은 N극에서 나와 S극으로 향한다.
• 자력이 강할수록 자기력선의 수가 많다.
• 발생되는 자기력선은 아무리 사용해도 기본적으로 감소하지 않는다.
• 자기력선은 비자성체를 투과한다.
• 자기력선에는 고무줄과 같은 장력이 존재한다.
• 자석은 고온이 되면 자력이 감소되고 저온이 되면 자력이 증가된다.
• 자석은 임계온도 이상으로 가열하면 자석의 성질이 없어진다.

19 임피던스 $Z_1 = 12 + j16[\Omega]$과 $Z_2 = 18 + j24[\Omega]$이 직렬로 접속된 회로에 전압 $V = 200[\text{V}]$를 가할 때 이 회로에 흐르는 전류[A]는?

① 2　　② 4
③ 5　　④ 8

해설
$Z_1 + Z_2 = 12 + j16 + 18 + j24$
$\quad\quad\quad = 30 + j40[\Omega]$
$I = \dfrac{V}{|Z|} = \dfrac{200}{\sqrt{30^2 + 40^2}} = 4[\text{A}]$

정답　16 ①　17 ③　18 ④　19 ②

20 어떤 회로의 소자에 일정한 크기의 전압으로 주파수를 2배로 증가시켰더니 흐르는 전류의 크기가 2배로 되었다. 이 소자의 종류는?

① 저 항
② 코 일
③ 콘덴서
④ 다이오드

해설

콘덴서는 용량성 리액턴스로 $X_C = \dfrac{1}{\omega C} = \dfrac{1}{2\pi fC}[\Omega]$이다.

그러므로 주파수를 2배로 하면 리액턴스(X_C)값이 $\dfrac{1}{2}$로 작아져 이 회로에 흐르는 전류는 2배 더 잘 흐르게 된다.

21 자속밀도 1[Wb/m²]인 평등자계의 방향과 수직으로 놓인 50[cm]의 도선을 자계와 30°방향으로 40[m/s]의 속도로 움직일 때 도선에 유기되는 기전력은 몇 [V]인가?

① 5
② 10
③ 20
④ 40

해설

유기기전력

$e = vBl\sin\theta = 40[\text{m/s}] \times 1[\text{Wb/m}^2] \times 0.5[\text{m}] \times \sin 30°$
$= 10[\text{V}]$

($v[\text{m/s}]$: 도선의 주변속도, $B[\text{Wb/m}^2]$: 자속밀도,
$l[\text{m}]$: 도선의 길이, $\sin\theta$ = 도선과 자계방향과의 사이각)

22 직류발전기의 전기자 반작용의 영향이 아닌 것은?

① 절연내력의 저하
② 유도기전력의 저하
③ 중성축의 이동
④ 자속의 감소

해설

직류발전기의 전기자 반작용
- 감자작용으로 자속이 감소되므로 유도기전력이 감소한다.
- 계자자속과 전기자에서 나온 자속이 서로 반발하여 불꽃과 중성축의 이동을 유발한다.
- 정류자편 사이에 전압이 불균등하여 국부적으로 전압이 높아져서 섬락을 발생한다.

23 직류발전기 중 무부하전압과 전부하전압이 같도록 설계된 직류발전기는?

① 분권발전기
② 직권발전기
③ 평복권발전기
④ 차동 복권발전기

해설

발전기 특성별 분류
- 과복권발전기 : 전부하전압 > 무부하전압
- 평복권발전기 : 전부하전압 = 무부하전압
- 부족복권발전기 : 전부하전압 < 무부하전압

24 다음 그림에서 직류 분권전동기의 속도 특성곡선은?

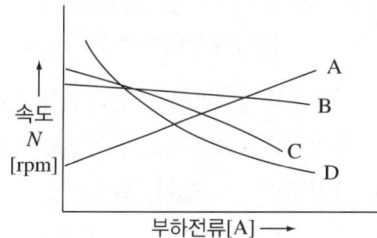

① A
② B
③ C
④ D

해설

직류전동기는 구조상으로 직권, 분권, 복권의 세 가지로 구분이 된다.
- 분권 발전기는 타여자 발전기와 거의 비슷한 특성을 갖는데 속도는(유기전압-전기자 전압강하)에 비례하고 자속의 세기에 반비례한다. 분권은 자속의 세기가 일정하므로, 부하에 따른 속도 감소 특성이 특성곡선에 주로 영향을 미친다.
- 직권의 경우는 자속이 부하전류에 비례하므로 전체적으로는 반비례하는 관계가 성립된다.
- 복권은 직권과 분권 성질의 중간 형태를 갖게 된다.

25 직류전동기의 규약효율을 표시하는 식은?

① $\dfrac{출력}{출력+손실} \times 100[\%]$

② $\dfrac{출력}{입력} \times 100[\%]$

③ $\dfrac{입력-손실}{입력} \times 100[\%]$

④ $\dfrac{입력}{출력+손실} \times 100[\%]$

해설
직류기의 효율
- 실측효율 : $\dfrac{출력}{입력} \times 100[\%]$
- 규약효율
  - 발전기 : $\dfrac{출력}{입력} \times 100[\%] = \dfrac{출력}{출력+손실} \times 100[\%]$
  - 전동기 : $\dfrac{출력}{입력} \times 100[\%] = \dfrac{입력-손실}{입력} \times 100[\%]$

26 4극 직류 분권전동기의 전기자에 단중 파권 권선으로 된 420개의 도체가 있다. 1극당 0.025[Wb]의 자속을 가지고 1,400[rpm]으로 회전시킬 때 발생되는 역기전력과 단자전압은?(단, 전기자저항 0.2[Ω], 전기자전류는 50[A]이다)

① 역기전력 : 490[V], 단자전압 : 500[V]
② 역기전력 : 490[V], 단자전압 : 480[V]
③ 역기전력 : 245[V], 단자전압 : 500[V]
④ 역기전력 : 245[V], 단자전압 : 480[V]

해설
분권전동기 – 역기전력
유도기전력(전동기의 경우 역기전력)의 크기(E)는
$E = \dfrac{pz}{60a}\phi N = K_e \phi N [\text{V}]$
(z : 전기자 도체의 수, a : 병렬회로의 수, p : 극수, ϕ : 매극당 자속[Wb], N : 회전수[rpm], 유도기전력 상수 $K_e = \dfrac{pz}{60a}$)
중권이므로, 병렬회로수 $a=2$이다.
따라서 $E = \dfrac{4 \times 420}{60 \times 2} \times 0.025[\text{Wb}] \times 1,400[\text{rpm}] = 490[\text{V}]$
∴ 분권전동기의 단자전압 $V = I_a R_a + E$이므로,
$V = 50 \times 0.2 + 490 = 500[\text{V}]$

27 동기발전기에서 전기자전류가 무부하 유도기전력보다 $\dfrac{\pi}{2}[\text{rad}]$ 앞서 있는 경우에 나타나는 전기자 반작용은?

① 증자작용 ② 감자작용
③ 교차자화작용 ④ 직축반작용

해설

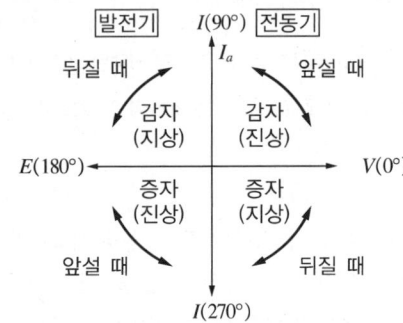

- 교차자화작용
  - 역률 1일 때의 반작용, 횡축 반작용이라고 함
  - 공극에서 자속분포가 일그러지는 편자현상이 발생
- 직축 반작용
  - 역률 0일 때의 반작용, 전압이 0일 때 전류가 최대
  - 도체 사이에 자극이 있는 순간으로 회전자장의 축과 자극축이 일치
  - 감자작용 : 역률이 0인 L부하, 역률각이 90° 뒤지면 회전자속이 역방향이 되어 발생
  - 증자작용 : 역률이 0인 C부하, 역률각이 90° 앞서면 회전자속과 자극축이 일치하여 발생

28 동기발전기의 공극이 넓을 때의 설명으로 잘못된 것은?

① 안정도가 증대된다.
② 단락비가 크다.
③ 여자전류가 크다.
④ 전압변동이 크다.

해설
공극이 넓은 동기발전기는 전압변동률은 작아지고(↓) 단락비는 커지며(↑), 동기리액턴스는 작아(↓) 전기자 반작용이 작고(↓) 비싸며 안정된 기기의 특징을 가진다.

29 3상 동기발전기의 병렬운전조건이 아닌 것은?

① 전압의 크기가 같을 것
② 회전수가 같을 것
③ 주파수가 같을 것
④ 전압 위상이 같을 것

해설
동기발전기의 병렬운전조건
• 유기기전력의 주파수가 서로 같아야 함
• 유기기전력의 크기가 같아야 함
• 유기기전력의 위상이 같을 것
• 유기기전력의 파형이 같을 것

30 변압기의 자속에 관한 설명으로 옳은 것은?

① 전압과 주파수에 반비례한다.
② 전압과 주파수에 비례한다.
③ 전압에 반비례하고 주파수에 비례한다.
④ 전압에 비례하고 주파수에 반비례한다.

해설
자속밀도 $\phi = \dfrac{V}{4.44fNA}[\text{Wb/m}^2]$
(V : 1차 또는 2차 전압[V], f : 주파수[Hz], N : 1차 또는 2차 권선횟수, A : 철심의 단면적[m²])

31 1차 전압 13,200[V], 무부하전류 0.2[A], 철손 100[W]일 때 여자 어드미턴스는 약 몇 [℧]인가?

① 1.5×10^{-5}
② 3×10^{-5}
③ 1.5×10^{-3}
④ 3×10^{-3}

해설
$Y_0 = \dfrac{I_0}{V_1} = \dfrac{0.2}{13,200} \fallingdotseq 1.5 \times 10^{-5}[\text{℧}]$

32 변압기에서 철손은 부하전류와 어떤 관계인가?

① 부하전류에 비례한다.
② 부하전류의 제곱에 비례한다.
③ 부하전류에 반비례한다.
④ 부하전류와 관계없다.

해설
변압기의 1차 측 전류는 여자전류와 1차 측 부하전류로 나뉘며, 여자전류는 철손전류와 자화전류의 합으로 표현된다. 철손전류는 부하전류와는 무관하다.

33 변압기의 퍼센트 저항강하가 3[%], 퍼센트 리액턴스강하가 4[%]이고, 역률이 80[%] 지상이다. 이 변압기의 전압변동률[%]은?

① 3.2
② 4.8
③ 5.0
④ 5.6

해설
$e = p\cos\theta - q\sin\theta[\%]$ (진상−), $e = p\cos\theta + q\sin\theta[\%]$ (지상+)
p : 저항강하[%], q : 리액턴스강하[%]이므로
전압변동률 $e = 3 \times 0.8 + 4 \times 0.6 = 4.8[\%]$

34 변압기 V결선의 특징으로 틀린 것은?

① 고장 시 응급처치방법으로도 쓰인다.
② 단상 변압기 2대로 3상 전력을 공급한다.
③ 부하증가가 예상되는 지역에 시설한다.
④ V결선 시 출력은 △결선 시 출력과 그 크기가 같다.

해설
V−V결선(V−V Connection)은 △−△결선방식에 의하여 3상 변압을 하는 경우에 한 대의 변압기가 고장이 나면 고장난 변압기를 제거하고, 남은 두 대의 변압기를 이용하여 3상 전력을 변압하여 3상 부하에 전력을 계속 공급할 수 있는 결선방식이다. V−V결선에서 출력 P_V는 △−△결선의 출력 $P_\triangle$에 비하여 $\dfrac{1}{\sqrt{3}}$로 작아져 부하 용량이 57.7[%]로 줄어들고, 변압기의 이용률도 86.6[%]로 줄어든다.

35 출력 10[kW], 슬립 4[%]로 운전되고 있는 3상 유도전동기의 2차 동손은 약 몇 [W]인가?

① 250　　② 315
③ 417　　④ 620

해설

$P_o = (1-s)P_2$ 에서

2차 입력 $P_2 = \dfrac{P_o}{1-s} = \dfrac{10}{1-0.04} ≒ 10.4\text{[kW]}$

따라서 2차 동손 $P_{c2} = sP_2 ≒ 0.04 \times 10.4 \times 10^3 ≒ 417\text{[W]}$

36 슬립이 일정한 경우 유도전동기의 공급전압이 $\dfrac{1}{2}$로 감소되면 토크는 처음에 비해 어떻게 되는가?

① 2배가 된다.
② 1배가 된다.
③ 1/2로 줄어든다.
④ 1/4로 줄어든다.

해설

유도전동기의 등가회로를 구성한 관계식

$T = \dfrac{PV_1^2}{4\pi f} \cdot \dfrac{\dfrac{r_2'}{s}}{\left(r_1 + \dfrac{r_2'}{s}\right)^2 + (x_1 + x_2')^2} \text{[N·m]}$ 에서

슬립 s가 일정하면 토크는 공급전압 V_1의 제곱에 비례한다.

따라서 공급전압이 $\dfrac{1}{2}$로 감소되면 토크는 $\dfrac{1}{4}$로 줄어든다.

37 60[Hz], 4극, 3상 유도전동기의 슬립이 4[%]라면 회전수는 몇 [rpm]인가?

① 1,690　　② 1,728
③ 1,764　　④ 1,800

해설

유도전동기 - 회전수

슬립 $s = \dfrac{N_s - N}{N_s}$ 에서 $sN_s = N_s - N$ 이므로,

회전수 $N = (1-s)N_s$

동기속도 $N_s = \dfrac{120f}{p}$ 이므로,

$N_s = \dfrac{120 \times 60}{4} = 1,800\text{[rpm]}$

따라서 슬립이 4[%]일 때 3상 유도전동기의 회전수
$N = (1-s)N_s = (1-0.04) \times 1,800 = 1,728\text{[rpm]}$ 이다.

38 3상 유도전동기의 정격전압을 V_n[V], 출력을 P[kW], 1차 전류를 I_1[A], 역률을 $\cos\theta$라 하면 효율을 나타내는 식은?

① $\dfrac{P \times 10^3}{3V_n I_1 \cos\theta} \times 100\text{[\%]}$

② $\dfrac{3V_n I_1 \cos\theta}{P \times 10^3} \times 100\text{[\%]}$

③ $\dfrac{P \times 10^3}{\sqrt{3}\, V_n I_1 \cos\theta} \times 100\text{[\%]}$

④ $\dfrac{\sqrt{3}\, V_n I_1 \cos\theta}{P \times 10^3} \times 100\text{[\%]}$

해설

3상 유도전동기의 효율

$\eta = \dfrac{\text{출력}}{\text{입력}} \times 100\text{[\%]} = \dfrac{\text{입력} - \text{손실}}{\text{입력}} \times 100\text{[\%]}$

$= \dfrac{P}{\sqrt{3}\, V_1 I_1 \cos\theta_1} \times 100\text{[\%]}$ 이므로,

정격전압이 V_n, 출력이 P[kW], 1차 전류 I_1, 역률이 $\cos\theta$일 때,

효율 $\eta = \dfrac{P \times 10^3}{\sqrt{3}\, V_n I_1 \cos\theta} \times 100\text{[\%]}$ 이다.

39 셰이딩 코일형 유도전동기의 특징을 나타낸 것으로 틀린 것은?

① 역률과 효율이 좋고 구조가 간단하여 세탁기 등 가정용 기기에 많이 쓰인다.
② 회전자는 농형이고 고정자의 성층철심은 몇 개의 돌극으로 되어 있다.
③ 기동토크가 작고 출력이 수 10[W] 이하의 소형 전동기에 주로 사용한다.
④ 운전 중에도 셰이딩 코일에 전류가 흐르고 속도 변동률이 크다.

해설
셰이딩 코일형 단상 유도전동기
- 이동 자기장을 이용한 것으로 회전방향을 바꿀 수 없고 항상 주자극에서 셰이딩 자극 쪽으로만 이동
- 구조가 극히 단순하며 기동토크가 작고, 효율과 역률이 좋지 않음
- 소형 선풍기 등 100[W] 이하에 사용

40 3상 유도전동기의 속도제어방법 중 인버터(Inverter)를 이용한 속도제어법은?

① 극수변환법   ② 전압제어법
③ 초퍼제어법   ④ 주파수제어법

해설
- 유도전동기의 회전속도는 주파수와 극수에 의해 결정된다.
  $N[\text{rpm}] = \dfrac{120f}{p}$
- 이전의 유도전동기 속도제어방법은 극수변환 전동기의 사용, 전압 변경 혹은 권선형의 2차 저항을 변경시켜 Slip을 높이는 방법 등이 있었다. 극수 변환 전동기는 2가지 혹은 3가지의 속도로 밖에 변환할 수 없었으며, 전압변경방식은 효율이 아주 낮았고 속도변동범위가 한정되어 있어 수요가 한정되었으며 정밀한 속도변환을 위해서는 직류전동기가 많이 사용되었다.
- 인버터의 원리는 전력용 반도체(Diode, Thyristor, Transistor, IGBT, GTO 등)를 사용하여 상용 교류전원을 직류전원으로 변환시킨 후, 다시 임의의 주파수와 전압의 교류로 변환시켜 유도전동기의 회전속도를 제어하는 것이다(유도전동기의 자속밀도를 일정하게 유지시켜 효율변화를 막기 위하여 주파수와 함께 전압도 동시 변화시켜야 함 – VVVF제어).

41 전기공사에 사용하는 공구와 작업내용이 잘못된 것은?

① 토치램프 – 합성수지관 가공하기
② 홀소 – 분전반 구멍 뚫기
③ 와이어 스트리퍼 – 전선 피복 벗기기
④ 피시 테이프 – 전선관 보호

해설
피시 테이프 : 전선관에 전선을 넣을 때 사용

42 금속관을 가공할 때 절단된 내부를 매끈하게 하기 위하여 사용하는 공구의 명칭은?

① 리 머   ② 프레셔 툴
③ 오스터   ④ 녹아웃 펀치

해설
- 리머 : 금속관 끝에 화살촉 모양으로 된 쇠를 넣어 돌려 다듬는 기구
- 프레셔 툴 : 솔더리스 커넥터 또는 솔더리스 터미널을 압착하는 데 쓰인다.
- 오스터 : 금속관에 나사산을 내는 공구
- 녹아웃 펀치 : 구멍을 뚫는 공구

43 과전류차단기로 저압전로에 사용하는 주택용 배선차단기 중 순시트립 범위가 $5I_n$ 초과 ~ $10I_n$ 이하인 배선차단기의 형은 무엇인가?(단, I_n : 차단기 정격전류)

① A   ② B
③ C   ④ D

해설
순시트립에 따른 구분(주택용 배선차단기)

형	순시트립 범위
B	$3I_n$ 초과 ~ $5I_n$ 이하
C	$5I_n$ 초과 ~ $10I_n$ 이하
D	$10I_n$ 초과 ~ $20I_n$ 이하

비고 1. B, C, D : 순시트립전류에 따른 차단기 분류
2. I_n : 차단기 정격전류

44 합성수지관공사에 대한 설명으로 틀린 것은?

① 전선은 절연전선을 사용하여야 한다.
② 합성수지관 안에서 전선에 접속점을 만들어서는 안 된다.
③ 중량물의 압력 또는 현저한 기계적 충격을 받는 장소에 시설하여서는 안 된다.
④ 합성수지제의 전선관 및 박스, 기타 부속품은 온도변화에 의한 신축을 고려할 필요가 없다.

해설
합성수지관의 특징
• 누전의 염려가 없다.
• 내식성이 좋다.
• 접지가 필요 없다.
• 외상을 받을 우려가 있다.
• 비자성체이다(전자유도현상이 없어, 왕복선을 같이 넣지 않아도 된다).
• 열에 약하다.
• 중량이 가볍고, 시공이 쉽다.
• 기계적으로 약하다.
• 피뢰기, 피뢰침의 접지선 보호에 적당하다.
• 플라스틱이므로 여름과 겨울에 온도의 영향을 받아 신축되는 양을 고려하여야 한다.

45 옥내배선에서 주로 사용하는 직선접속 및 분기접속방법은 어떤 것을 사용하여 접속하는가?

① 동선압착단자
② 슬리브
③ 와이어 커넥터
④ 꽂음형 커넥터

해설
• 슬리브 접속 : 전선 상호를 접속할 때 슬리브를 압축하여 직선접속과 분기접속을 할 수 있다.
• 와이어 커넥터 접속 : 심선가닥을 모아 소형 와이어 커넥터를 끼워 조인다.

46 다음 중 특별저압의 종류가 아닌 것은?

① ELB
② SELV
③ PELV
④ FELV

해설
특별저압이란, ELV(Extra Low Voltage)로서 인체에 위험을 초래하지 않을 정도의 저압을 의미하며, 이러한 특별저압은 SELV(Safety Extra Low Voltage), PELV(Protective Extra Low Voltage), FELV(Functional Extra Low Voltage)로 나뉜다.

47 한 분전반에 사용전압이 각각 다른 분기회로가 있을 때 분기회로를 쉽게 식별하기 위한 방법으로 가장 적합한 것은?

① 차단기별로 분리해 놓는다.
② 차단기나 차단기 가까운 곳에 각각 전압을 표시하는 명판을 붙여놓는다.
③ 왼쪽은 고압 측 오른쪽은 저압 측으로 분류해 놓고 전압표시는 하지 않는다.
④ 분전반을 철거하고 다른 분전반을 새로 설치한다.

해설
옥내에 시설하는 저압용 배분전반 등의 시설
옥내에 시설하는 저압용 배·분전반의 기구 및 전선은 쉽게 점검할 수 있도록 한다.
• 노출된 충전부가 있는 배전반 및 분전반은 취급자 이외의 사람이 쉽게 출입할 수 없도록 설치하여야 한다.
• 한 개의 분전반에는 한 가지 전원(1회선 간선)만 공급하여야 한다. 다만, 안전 확보가 충분하도록 격벽을 설치하고 사용전압을 쉽게 식별할 수 있도록 그 회로의 과전류차단기 가까운 곳에 그 사용전압을 표시하는 경우에는 그러하지 아니하다.

44 ④ 45 ② 46 ① 47 ② 정답

48 다음 중 굵은 Al선을 박스 안에서 접속하는 방법으로 적합한 것은?

① 링 슬리브에 의한 접속
② 비틀어 꽂는 형의 전선접속기에 의한 방법
③ C형 접속기에 의한 접속
④ 맞대기용 슬리브에 의한 압착접속

해설
알루미늄전선의 직선·분기접속은 C, E, H형인 접속기를 사용해야 한다.

49 사용전압 400[V] 초과, 건조한 장소로 점검할 수 있는 은폐된 곳에 저압 옥내배선 시 공사할 수 없는 공사방법은?

① 금속몰드공사   ② 금속덕트공사
③ 버스덕트공사   ④ 애자공사

해설

시설장소	사용전압	400[V] 이하	400[V] 초과
전개된 장소	건조한 장소	애자공사·합성수지몰드공사·금속몰드공사·금속덕트공사·버스덕트공사 또는 라이팅덕트공사	애자공사·금속덕트공사 또는 버스덕트공사
	기타 장소	애자공사·버스덕트공사	애자공사
점검할 수 있는 은폐된 장소	건조한 장소	애자공사·합성수지몰드공사·금속몰드공사·금속덕트공사·버스덕트공사·셀룰러덕트공사 또는 라이팅덕트공사	애자공사·금속덕트공사 또는 버스덕트공사
	기타 장소	애자공사	애자공사
점검할 수 없는 은폐된 장소	건조한 장소	플로어덕트공사 또는 셀룰러덕트공사	–

50 합성수지관 상호 접속 시에 관을 삽입하는 깊이는 관 바깥지름의 몇 배 이상으로 하여야 하는가?(단, 접착제를 사용한 경우이다)

① 0.6   ② 0.8
③ 1.0   ④ 1.2

해설
합성수지관공사
관 상호 간 및 박스와는 관을 삽입하는 깊이를 관의 바깥지름의 1.2배(접착제를 사용하는 경우에는 0.8배) 이상으로 하고 또한 꽂음 접속에 의하여 견고하게 접속할 것

51 저압 이웃 연결 인입선의 시설규정으로 적합한 것은?

① 분기점으로부터 110[m] 지점에 시설
② 5[m] 도로를 횡단하여 시설
③ 수용가 옥내를 관통하여 시설
④ 지름 1.0[mm] 인입용 비닐절연전선을 사용

해설
저압 이웃 연결 인입선
한 수용장소의 인입선에서 분기하여 지지물을 거치지 아니하고 다른 수용장소 인입구에 이르는 부분의 전선
• 인입선에서 분기하는 점에서 100[m]를 넘지 않아야 한다.
• 너비 5[m]를 넘는(초과) 도로는 횡단하지 말아야 한다.
• 이웃 연결 인입선은 옥내를 통과하면 안 된다.
옥측전선로
전선은 공칭단면적 4[mm^2] 이상의 연동 절연전선 또는 지름 2[mm] 이상의 인입용 비닐절연전선일 것

정답 48 ③ 49 ① 50 ② 51 ②

52 애자공사를 건조한 장소에 시설하고자 한다. 사용전압이 400[V] 이하인 경우 전선과 조영재 사이의 간격은 최소 몇 [mm] 이상이어야 하는가?

① 25　　　② 45
③ 60　　　④ 120

해설
애자공사(전선의 지지점 간 거리)

거리 \ 사용전압	400[V] 이하	400[V] 초과
전선 상호 간의 거리	0.06[m] 이상	
전선과 조영재 간의 거리	25[mm] 이상	45[mm] 이상 (건조 시 25[mm] 이상)
전선 지지점 간 거리 - 조영재의 윗면 또는 옆면	2[m] 이하	
전선 지지점 간 거리 - 조영재에 따라 시설하지 않는 경우	–	6[m] 이하

53 화약고 등의 위험장소에서 전기설비 시설에 관한 내용으로 틀린 것은?

① 전로의 대지전압은 300[V] 이하일 것
② 전기기계기구는 전폐형을 사용할 것
③ 화약류 저장소 안의 전기설비에 전기를 공급하는 전로에는 화약류 저장소 안에 전용 개폐기 및 과전류차단기를 설치할 것
④ 케이블을 전기기계기구에 인입할 때에는 인입구에서 케이블이 손상될 우려가 없도록 시설할 것

해설
화약류 저장소에서 전기설비의 시설
- 전로의 대지전압은 300[V] 이하일 것
- 전기기계기구는 전폐형일 것
- 케이블을 전기기계기구에 인입할 때 손상될 우려가 없도록 할 것
- 전용 개폐기 및 과전류차단기를 취급자 이외의 자가 쉽게 조작할 수 없도록 시설할 것
- 지락 시 자동 전로차단장치 및 경보장치를 시설할 것

54 수·변전설비의 고압회로에 걸리는 전압을 표시하기 위해 전압계를 시설할 때 고압회로와 전압계 사이에 시설하는 것은?

① 수전용 변압기　　② 계기용 변류기
③ 계기용 변압기　　④ 권선형 변류기

해설
계기용 변압기는 교류전압의 측정에 사용하며, 정격 2차 표준전압은 110[V]이다.

55 연선 결정에 있어서 중심 소선을 뺀 층수가 5층이다. 전체 소선수는?

① 13　　　② 37
③ 91　　　④ 151

해설
연선의 총소선수
$N = 3n(n+1) + 1$ (여기서, n : 중심 소선을 뺀 층수)
∴ $N = 3 \times 5 \times (5+1) + 1 = 91$가닥

56 수전 전력 500[kW] 이상인 고압 수전설비의 인입구에 낙뢰나 혼촉 사고에 의한 이상전압으로부터 선로와 기기를 보호할 목적으로 시설하는 것은?

① 단로기(DS)
② 배선용 차단기(MCCB)
③ 피뢰기(LA)
④ 누전차단기(ELB)

해설
피뢰기 기능
- 전력설비기기를 이상전압인 뇌서지 및 개폐서지로부터 보호
- 단자전압이 이상전압 침입으로 일정전압 이상으로 올라갔을 때 재빨리 동작하여 보호레벨 이하로 이상전압 억제·이상전압을 처리한 후 원상태로 자동으로 회복(속류차단)시키는 기능

57 다음 중 과전류차단기를 설치하는 곳은?

① 간선의 전원 측 전선
② 접지공사의 접지선
③ 다선식 전로의 중성선
④ 접지공사를 한 저압 가공전선의 접지 측 전선

> **해설**
> 과전류차단기 시설장소
> • 전선 및 기계기구를 보호하기 위한 인입구
> • 전선의 전원 측
> • 분기점 등 보호상 또는 보안상 필요한 곳
> • 발전기, 변압기, 전동기, 정류기 등의 기계기구를 보호하는 곳

58 마그네슘, 알루미늄, 타이타늄 등의 먼지가 많거나 또는 화약류의 가루가 전기설비가 발화원이 되어 폭발할 우려가 있는 곳에 시설하는 저압 옥내 전기설비의 시설방법으로 틀린 것은?

① 사용전압이 400[V] 초과인 방전등을 제외한다.
② 저압 관등회로의 전선은 금속관공사 또는 케이블 공사에 의한다.
③ 금속관 상호 간 및 관과 박스, 관과 전기기계기구와는 5산 이상 나사조임으로 접속한다.
④ 캡타이어케이블을 사용할 수 있다.

> **해설**
> 폭연성 먼지 위험장소
> 저압 관등회로의 전선은 금속관공사 또는 케이블공사(캡타이어 케이블을 사용하는 것을 제외)에 의할 것

59 일반적으로 큐비클형(Cubicle Type)이라 하며, 점유 면적이 좁고 운전, 보수에 안전하므로 공장, 빌딩 등의 전기실에 많이 사용되며 조립형, 장갑형이 있는 배전반은?

① 라이브 프런트식 배전반
② 폐쇄식 배전반
③ 포스트형 배전반
④ 데드 프런트식 배전반

> **해설**
> 큐비클은 배전반, 보안개폐장치 등을 집합체로 조합하여 금속제의 함 내에 넣은 단위폐쇄형의 수전장치를 말한다.

60 옥내 저압 이동전선으로 사용하는 캡타이어케이블에는 단심, 2심, 3심, 4~5심이 있다. 이때 도체 공칭단면적의 최솟값은 몇 [mm²]인가?

① 0.75
② 2
③ 5.5
④ 8

> **해설**
> • 캡타이어케이블은 전기적 성질보다 기계적 성질에 중점을 둔 케이블로, 주로 이동용으로 사용
> • 용도 : 광산, 공장, 의료, 수중, 무대 등에 사용
> • 공칭단면적 : 최소 0.75[mm²], 최대 100[mm²]

정답 57 ① 58 ④ 59 ② 60 ①

2018년 제4회 과년도 기출복원문제

01 기전력 220[V], 내부저항(r) 25[Ω]인 전원이 있다. 여기에 부하저항(R)을 연결하여 얻을 수 있는 최대전력[W]은?(단, 최대전력 전달조건은 $r = R$이다)

① 242
② 484
③ 968
④ 1,936

해설
최대전력 전달조건 $r = R$에서 먼저 전체 전류 I를 구하면
$I = \dfrac{V}{R_{(r+R)}} = \dfrac{220}{25+25} = 4.4[A]$가 흐르고
이 전원에 저항 R을 연결하여 얻을 수 있는 최대전력은
$P = I^2 R = 4.4^2 \times 25 = 484[W]$이다.

02 전계의 세기 60[V/m], 전속밀도 100[C/m²]인 유전체의 단위체적에 축적되는 에너지는?

① 1,000[J/m³]
② 3,000[J/m³]
③ 6,000[J/m³]
④ 12,000[J/m³]

해설
콘덴서에 전압을 가하여 충전되는 에너지
$W = \dfrac{1}{2}QV = \dfrac{1}{2}CV^2$[J]
단위체적(1[m³])에 축적되는 정전에너지
$W = \dfrac{1}{2}ED$[J/m³] (E : 전계의 세기, D : 전속밀도)
$\therefore W = \dfrac{1}{2} \times 60 \times 100 = 3,000$[J/m³]

03 권수 400회의 코일에 5[A]의 전류가 흘러서 0.04[Wb]의 자속이 코일을 지난다고 하면, 이 코일의 자체인덕턴스는 몇 [H]인가?

① 0.25
② 0.32
③ 2.5
④ 3.2

해설
자체인덕턴스의 관계식 $LI = N\phi$에서
$L = \dfrac{N\phi}{I} = \dfrac{400 \times 0.04}{5} = 3.2$[H]가 된다.

04 RL 직렬회로에서 컨덕턴스는?

① $\dfrac{R}{R^2 + X_L^2}$
② $\dfrac{X_L}{R^2 + X_L^2}$
③ $\dfrac{-R}{R^2 + X_L^2}$
④ $\dfrac{-X_L}{R^2 + X_L^2}$

해설
RL 직렬회로의 서셉턴스는 어드미턴스(Y)의 허수부를 말한다.
즉, $Y = G + jB$ (G : 컨덕턴스, B : 서셉턴스)
$G = \dfrac{R}{R^2 + X_L^2}$, $B = \dfrac{-X_L}{R^2 + X_L^2}$ 로 나타낸다.

05 어느 자기장에 의하여 생기는 자기장의 세기를 2배로 하려면 자극으로부터의 거리를 몇 배로 하여야 하는가?

① $\sqrt{2}$
② $\dfrac{1}{\sqrt{2}}$
③ 2
④ $\dfrac{1}{2}$

해설
자기장의 세기 $H = \dfrac{1}{4\pi\mu_0\mu_r} \cdot \dfrac{m_1}{r^2}$[AT/m]에서 H는 거리의 제곱에 반비례하므로, 자기장의 세기를 2배로 하려면 거리를 $\dfrac{1}{\sqrt{2}}$ 배로 하여야 한다.

1 ② 2 ② 3 ④ 4 ① 5 ②

06 다음 설명 중에서 틀린 것은?

① 코일은 직렬로 연결할수록 인덕턴스가 커진다.
② 콘덴서는 직렬로 연결할수록 용량이 커진다.
③ 저항은 병렬로 연결할수록 저항치가 작아진다.
④ 리액턴스는 주파수의 함수이다.

해설
콘덴서를 직렬로 연결하면 용량은 작아지고, 병렬로 연결하면 용량이 커진다.

07 같은 저항 4개를 그림과 같이 연결하여 a-b 간에 일정전압을 가했을 때 소비전력이 가장 큰 것은 어느 것인가?

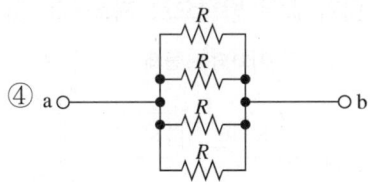

해설
소비전력을 구하는 공식은 $P=I^2R$이다. 여기서 전압이 일정하고 전류가 저항에 반비례할 때는 전류가 큰 회로가 소비전력이 크다.

① $I=\dfrac{V}{4R}$
② $I=\dfrac{V}{2.5R}$
③ $I=\dfrac{V}{R}$
④ $I=\dfrac{V}{\dfrac{R}{4}}=\dfrac{4V}{R}$

08 다음에서 나타내는 법칙은?

"같은 전기량에 의해서 여러 가지 화합물이 전해될 때 석출되는 물질의 양은 그 물질의 화학당량에 비례한다."

① 렌츠의 법칙
② 패러데이의 법칙
③ 앙페르의 법칙
④ 줄의 법칙

해설
• 렌츠의 법칙 : 유도기전력은 자신이 발생 원인이 되는 자속의 변화를 방해하려는 방향으로 발생한다는 것을 나타내는 법칙
• 앙페르의 법칙 : 전류에 의한 자기장의 방향을 결정하는 법칙
• 줄의 법칙 : 전류에 의해서 매초 발생하는 열량은 전류의 제곱과 저항의 곱에 비례

09 유전율 ε의 유전체 내에 있는 전하 $Q[\mathrm{C}]$에서 나오는 전기력선 수는?

① Q
② $\dfrac{Q}{\varepsilon_0}$
③ $\dfrac{Q}{\varepsilon}$
④ $\dfrac{Q}{\varepsilon_s}$

해설
진공상태의 단위정전하에서는 $\dfrac{1}{\varepsilon_0}$ 개의 전기력이 출입하므로 진공상태의 Q에서는 $\dfrac{Q}{\varepsilon_0}$ 개, 유전체 내에 있는 Q에서는 $\dfrac{Q}{\varepsilon_0\varepsilon_s}=\dfrac{Q}{\varepsilon}$ 개가 된다.

10 단상 전압 220[V]에 소형 전동기를 접속하였더니 3.5[A]의 전류가 흘렀다. 이때의 역률이 80[%]이었다. 이 전동기의 소비전력[W]은?

① 336
② 425
③ 616
④ 715

해설
소비전력[W] = 전압 × 전류 × 역률
= 220[V] × 3.5[A] × 0.8 = 616[W]

정답 6 ② 7 ④ 8 ② 9 ③ 10 ③

11 알칼리 축전지의 대표적인 축전지로 널리 사용되고 있는 2차 전지는?

① 납축전지
② 산화은전지
③ 리튬이온전지
④ 니켈-카드뮴전지

해설
- 2차 전지는 납축전지, 니켈-카드뮴, 니켈수소축전지, 리튬이온전지, 리튬이온폴리머전지가 있다.
- 2차 전지를 물질에 따라 구분하면
  - 산성계 : 납축전지
  - 알칼리계 : 니켈-카드뮴, 니켈-아연, 니켈수소
  - 리튬계 : 리튬이온/폴리머

12 파고율, 파형률이 가장 큰 파형은?

① 사인파
② 고조파
③ 구형파
④ 삼각파

해설
- 파형률 : 파의 기울기 정도 $\left(=\dfrac{실횻값}{평균값}\right)$
- 파고율 : 파두의 날카로운 정도 $\left(=\dfrac{최댓값}{실횻값}\right)$

파 형	최댓값	실횻값	평균값	파형률	파고율
구형파 (직사각형파)	V	V	V	1	1
사인파 (정현파)	V	$\dfrac{V}{\sqrt{2}}$	$\dfrac{2V}{\pi}$	1.11	1.414
삼각파	V	$\dfrac{V}{\sqrt{3}}$	$\dfrac{V}{2}$	1.155	1.732

13 황산구리($CuSO_4$)의 전해액에 2개의 동일한 구리판을 넣고 전원을 연결하였을 때 양극에서 나타나는 변화를 옳게 설명한 것은?

① 변화가 없다.
② 구리판이 두꺼워진다.
③ 구리판이 얇아진다.
④ 수소 가스가 발생한다.

해설
- 양극 : 산화반응 → 구리판이 얇아지고, 산소발생
- 음극 : 환원반응 → 구리판이 두꺼워지고, pH 감소

14 다음이 설명하는 것은?

"금속 A와 B로 만든 열전쌍과 접점 사이에 임의의 금속 C를 연결해도 C의 양끝의 접점의 온도를 똑같이 유지하면 회로의 열기전력은 변화하지 않는다."

① 제베크 효과
② 톰슨 효과
③ 제3금속의 법칙
④ 펠티에 법칙

해설
두 개의 서로 다른 금속의 양단을 접합하고 한쪽의 온도를 일정하게 유지하면서 다른 쪽 온도를 변화시키면 접점의 온도차에 비례하는 기전력이 발생한다. 이러한 현상을 제베크 효과 또는 열전 효과(Thermo-couple)라 한다. 그리고 접합점의 온도를 각각 일정하게 유지하면서 회로의 중간을 잘라 제3의 금속을 이어도 양쪽 이음점의 온도를 같게 하면 열기전력은 변하지 않는데, 이것을 제3금속 삽입 법칙이라고 한다.

15 자극 가까이에 물체를 두었을 때 자화되는 물체와 자석이 그림과 같은 방향으로 자화되는 금속은?

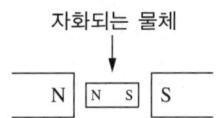

① 구 리
② 철
③ 알루미늄
④ 백 금

해설
- 반자성체 : 자석에 접근시킬 때 같은 극이 생겨 서로 반발하는 금속
  예 비스무트(Bi), 탄소(C), 인(P), 금(Au), 은(Ag), 구리(Cu), 안티모니(Sb)
- 상자성체 : 자석에 접근시킬 때 반대의 극이 생겨 서로 당기는 금속
  예 알루미늄(Al), 백금(Pt), 주석(Sn), 이리듐(Ir), 산소(O)
- 강자성체 : 상자성체 중 자화강도가 큰 금속
  예 철(Fe), 니켈(Ni), 코발트(Co), 망가니즈(Mn)

16 진공 중의 두 점전하 $Q_1[C]$, $Q_2[C]$가 거리 $r[m]$ 사이에서 작용하는 정전력[N]의 크기를 옳게 나타낸 것은?

① $9 \times 10^9 \times \dfrac{Q_1 Q_2}{r^2}$

② $6.33 \times 10^4 \times \dfrac{Q_1 Q_2}{r^2}$

③ $9 \times 10^9 \times \dfrac{Q_1 Q_2}{r}$

④ $6.33 \times 10^4 \times \dfrac{Q_1 Q_2}{r}$

해설
쿨롱의 법칙을 적용
- 전기장 : $F = k\dfrac{Q_1 Q_2}{r^2} = 9 \times 10^9 \times \dfrac{Q_1 Q_2}{r^2}[N]\ (k = 9 \times 10^9)$
- 자기장 : $F = 6.33 \times 10^4 \times \dfrac{m_1 m_2}{r^2}[N]$

17 "임의의 폐회로에서의 기전력 총합은 회로소자에서 발생하는 전압강하의 총합과 같다"라고 정의되는 법칙은?

① 키르히호프의 제1법칙
② 키르히호프의 제2법칙
③ 플레밍의 오른손 법칙
④ 앙페르의 오른나사 법칙

해설
- 키르히호프의 제2법칙(전압) : 임의의 폐회로에서의 기전력의 총합은 회로소자에서 발생하는 전압강하의 총합과 같다(Σ기전력 = Σ전압강하).
- 키르히호프의 제1법칙(전류) : 회로의 한 점에서 볼 때 Σ유입전류 = Σ유출전류
- 플레밍의 오른손 법칙 : 자기장 속에서 도선을 움직일 때 유도기전력에 유도되는 전류의 방향(발전기의 원리)
- 앙페르(Ampere)의 오른나사 법칙 : 전류가 흐르는 방향(+ → −)으로 오른손 엄지손가락을 향하면, 나머지 손가락은 자기장의 방향이 된다.

18 $R_1 = 3[\Omega]$, $R_2 = 5[\Omega]$, $R_3 = 6[\Omega]$의 저항 3개를 그림과 같이 병렬로 접속한 회로에 30[V]의 전압을 가하였다면, 이때 R_1 저항에 흐르는 전류[A]는 얼마인가?

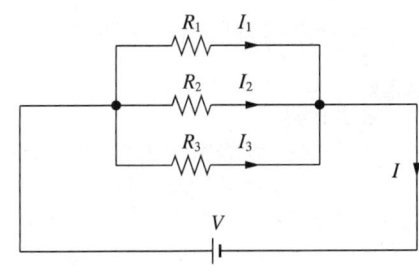

① 6
② 10
③ 15
④ 20

해설
병렬회로의 전압은 일정하므로 R_1에 전압 30[V]가 걸리고, R_1에 흐르는 전류는 옴의 법칙에 따라 $I = \dfrac{V}{R_1} = \dfrac{30}{3} = 10[A]$

19 단위길이당 권수 1,000회인 무한장 솔레노이드에 10[A]의 전류가 흐를 때 솔레노이드 외부의 자장[AT/m]은?

① 0
② 100
③ 1,000
④ 10,000

해설
무한장 솔레노이드의 내부자장의 세기는 $H = NI = 1,000 \times 10 = 10,000[AT/m]$이고, 솔레노이드 외부자장의 세기는 $H = 0$이다.

20 도체가 자기장에서 받는 힘의 관계 중 틀린 것은?

① 자기력선속 밀도에 비례
② 도체의 길이에 반비례
③ 흐르는 전류에 비례
④ 도체가 자기장과 이루는 각도에 비례(0°~90°)

해설
플레밍의 왼손 법칙
$F = BIl\sin\theta[N]$

정답 16 ① 17 ② 18 ② 19 ① 20 ②

21 직류발전기의 무부하 특성곡선은?

① 부하전류와 무부하 단자전압과의 관계이다.
② 계자전류와 부하전류와의 관계이다.
③ 계자전류와 무부하 단자전압과의 관계이다.
④ 계자전류와 회전력과의 관계이다.

해설
무부하 특성곡선
직류발전기 또는 동기발전기의 기본적 특성의 하나로, 무부하 상태에 있어서 정격속도로 운전한 경우의 계자전류와 단자전압과의 관계를 나타내는 곡선을 말한다. 무부하 포화곡선이라고도 한다.

22 전기자 도체의 총수 500, 10극, 단중 파권으로 매극의 자속수가 0.2[Wb]인 직류발전기가 600[rpm]으로 회전할 때 유도기전력은 몇 [V]인가?

① 2,500 ② 5,000
③ 10,000 ④ 15,000

해설
직류발전기 – 유도기전력
$E = \dfrac{p}{a} z\phi \cdot \dfrac{N}{60} = K_1 \phi N [\text{V}]$
(p : 자극수, a : 병렬회로수(파권 $a=2$, 중권 $a=p$), z : 도체수, ϕ : 자극당 자속의 크기, N : 회전수[rpm])
∴ $E = \dfrac{10}{2} \times 500 \times 0.2 \times \dfrac{600}{60} = 5,000[\text{V}]$

23 직류 직권전동기의 회전수(N)와 토크(T)의 관계는?

① $T \propto \dfrac{1}{N}$ ② $T \propto \dfrac{1}{N^2}$
③ $T \propto N$ ④ $T \propto N^{\frac{3}{2}}$

해설
- $T = K\phi I_a = KI_a^2 [\text{N} \cdot \text{m}]$
- $N = K\dfrac{V}{I_a}[\text{rpm}]$
- $T \propto \dfrac{1}{N^2}$

24 직류 직권전동기의 벨트운전을 금지하는 이유는?

① 벨트가 벗겨지면 위험속도에 도달한다.
② 손실이 많아진다.
③ 벨트가 마모하여 보수가 곤란하다.
④ 직결하지 않으면 속도제어가 곤란하다.

해설
$E = K\phi N$에서 벨트가 풀어지면 순간 회전저항이 줄어들어 N값이 오르면서 E값이 오르게 된다. 직권전동기 식 $E = V - I(R_a + R_s)$에서 E값이 커지면 전류 I값이 작아지게 되어 ϕ값을 떨어트리고 다시 $N = K\dfrac{V - I_a(R_a + R_s)}{\phi}[\text{rpm}]$에서 분자값은 커지고 분모값은 작아지면서 속도 N을 높이는 과정을 되풀이하며 위험속도에 도달하게 된다.

25 직류전동기에서 전기자에 가해 주는 전원전압을 낮추어서 전동기의 유도기전력을 전원전압보다 높게 하여 제동하는 방법은?

① 맴돌이전류제동 ② 발전제동
③ 역전제동 ④ 회생제동

해설
직류전동기의 제동
- 발전제동(Dynamic Braking) : 전동기 전기자 회로를 전원에서 차단하는 동시에 계속 회전하고 있는 전동기를 발전기로 동작시켜 이때 발생하는 전기자의 역기전력을 전기자에 병렬접속된 외부저항에서 열로 소비하여 제동하는 방식
- 회생제동(Regenerative Braking) : 전동기의 전원을 접속한 상태에서 전동기에 유기되는 역기전력을 전원전압보다 크게 하여 이때 발생하는 전력을 전원 속에 반환하여 제동하는 방식
- 역전제동(Plugging Braking) : 전동기를 전원에 접속한 채로 전기자의 접속을 반대로 바꾸어 회전방향과 반대의 토크를 발생시켜, 급정지시키는 방법
- 맴돌이전류제동(Eddy Current Braking) : 자장이 있는 곳에 도체가 움직이게 되면 자속의 변화량에 따라 도체 속에 소용돌이 전류가 발생하며, 이 전류에 의한 자기장이 외부 자기장의 방향과 반대방향으로 생겨 도체의 운동을 방해하는 제동력을 일으키는 현상을 이용한 제동

26 동기발전기의 병렬운전 중에 기전력의 위상차가 생기면?

① 위상이 일치하는 경우보다 출력이 감소한다.
② 부하 분담이 변한다.
③ 무효순환전류가 흘러 전기자권선이 과열된다.
④ 동기화력이 생겨 두 기전력의 위상이 동상이 되도록 작용한다.

해설
동기발전기의 병렬운전 중 기전력의 위상차가 생기면 동기화 전류(유효횡류)가 흐르고, 주고받는 전력, 즉 수수전력이 발생하며 서로 같아지려고 하는 동기화력이 생긴다(단, 발전기 간에 기전력이 다를 경우 병렬운전 시 무효순환전류가 흐른다).

27 동기전동기에서 난조를 방지하기 위하여 자극면에 설치하는 권선을 무엇이라 하는가?

① 제동권선 ② 계자권선
③ 전기자권선 ④ 보상권선

해설
난조(Hunting)
• 부하가 급변하는 경우 회전속도가 동기속도를 중심으로 빨라지고 늦어지고 하는 감쇠가 주기적인 진동을 난조라 하고, 난조가 심하면 동기를 이탈하게 된다.
• 원 인
 – 조속기의 감도가 예민한 경우
 – 전기자저항 등 계통저항이 커서 동기화력을 줄이거나 고주파가 계통에 포함될 때
 – 각속도가 일정하지 않는 경우
• 대 책
 – 제동권선을 설치한다.
 – 관성효과를 증대시킨다.
 – 리액턴스 성분을 증가시킨다.

28 동기전동기에 대한 설명으로 옳지 않은 것은?

① 정속도 전동기로 비교적 회전수가 낮고 큰 출력이 요구되는 부하에 이용된다.
② 난조가 발생하기 쉽고 속도제어가 간단하다.
③ 전력계통의 전류세기, 역률 등을 조정할 수 있는 동기조상기로 사용된다.
④ 가변주파수에 의해 정밀속도제어 전동기로 사용된다.

해설
동기전동기는 난조가 발생하기 쉽고, 속도제어가 힘들다.
동기전동기의 장단점
• 장 점
 – 부하의 변화로 속도가 변하지 않음
 – 계자권선의 직류 여자전류를 조정하여 역률을 조정할 수 있음
 – 공극이 넓으므로 기계적으로 견고함
 – 공급전압의 변화에 대한 토크의 변화가 적음
 – 전부하 효율이 양호함
• 단 점
 – 여자를 필요로 하므로 직류전원장치, 동기화 장치가 필요하며 가격도 고가임
 – 속도제어가 힘듦
 – 난조가 발생하기 쉬움

29 3상 동기전동기의 출력(P)을 부하각으로 나타낸 것은?(단, V는 1상의 단자전압, E는 역기전력, x_s는 동기리액턴스, δ는 부하각이다)

① $P = 3VE\sin\delta$ [W]
② $P = \dfrac{3VE\sin\delta}{x_s}$ [W]
③ $P = \dfrac{3VE\cos\delta}{x_s}$ [W]
④ $P = 3VE\cos\delta$ [W]

해설
• 단상 동기전동기의 출력식
$P_s = \dfrac{VE\sin\delta}{x_s}$ [W]
(δ : 공급전압 V와 역기전력 E가 이루는 위상각)
• 3상 동기전동기의 출력식
$P_{s3} = 3P_s = \dfrac{3VE\sin\delta}{x_s}$ [W]

30 변압기의 정격출력으로 맞는 것은?

① 정격 1차 전압 × 정격 1차 전류
② 정격 1차 전압 × 정격 2차 전류
③ 정격 2차 전압 × 정격 1차 전류
④ 정격 2차 전압 × 정격 2차 전류

해설
변압기의 정격출력
정격용량[VA] = 정격 2차 전압 V_{2n}[V] × 정격 2차 전류 I_{2n}[A]

31 변압기유가 구비해야 할 조건으로 틀린 것은?

① 점도가 낮을 것
② 인화점이 높을 것
③ 응고점이 높을 것
④ 절연내력이 클 것

해설
응고점이 낮아야 낮은 온도에서도 쉽게 응고되지 않는다.
변압기유의 구비조건
• 절연내력이 클 것
• 점도가 낮고 냉각 효과가 클 것
• 인화점이 높고 응고점이 낮을 것
• 고온에서 산화하지 않고, 석출물이 생기지 않을 것

32 1차 전압이 380[V], 2차 전압이 220[V]인 단상 변압기에서 2차 권횟수가 44회일 때 1차 권횟수는 몇 회인가?

① 26   ② 76
③ 86   ④ 146

해설
변압기 – 권수비(Turn Ratio)
변압기의 1차 권선과 2차 권선에 유도되는 기전력의 크기는 그 권수에 따라 비례하며, 이때 $\frac{N_1}{N_2}$를 권수비(a)라고 한다.
$a = \frac{E_1}{E_2} = \frac{N_1}{N_2} = \frac{V_1}{V_2} = \frac{I_2}{I_1} = \sqrt{\frac{Z_1}{Z_2}}$ 이므로
$\frac{N_1}{44} = \frac{380}{220}$에서 $N_1 = \frac{380}{220} \times 44 = 76$

33 500[kVA]의 단상 변압기 4대를 사용하여 과부하가 되지 않게 사용할 수 있는 3상 전력의 최댓값은 약 몇 [kVA]인가?

① $500\sqrt{3}$ ② 1,500
③ $1,000\sqrt{3}$ ④ 2,000

해설
변압기 – V결선
V결선은 △결선방식에 의하여 3상 변압을 하다가 한 대의 변압기가 고장이 나면 고장 난 변압기를 제거하고, 남은 두 대의 변압기를 이용하여 3상 전력을 변압하여 3상 부하에 전력을 계속 공급할 수 있는 결선방식으로, △결선보다 출력이 $\frac{1}{\sqrt{3}}$로 작아지고, 부하용량은 57.7[%], 이용률은 86.6[%]로 줄어든다.
따라서 단상 변압기 4대를 조합하여 3상 전력을 출력할 때, 단상 변압기 2대로 3상 전력을 출력하는 V결선 2세트를 조합할 수 있다.
$P_V = \sqrt{3} V_{2n} I_{2n}$[VA] = $\sqrt{3} P_1$ (P_1: 변압기 한 대의 용량)이므로,
구하고자 하는 최대전력 $P = 2P_V = 2\sqrt{3} P_1 = 2 \times \sqrt{3} \times 500 = 1,000\sqrt{3}$[kVA]

34 부흐홀츠계전기의 설치위치는?

① 콘서베이터 내부
② 변압기 주탱크 내부
③ 변압기의 고압 측 부싱
④ 변압기 본체와 콘서베이터 사이

해설
• 부흐홀츠계전기 : 변압기 내부고장으로 인한 절연유의 온도 상승 시 발생하는 유증기를 검출하여 경보 및 차단을 하기 위한 계전기
• 부흐홀츠계전기로 보호되는 기기 : 변압기
• 설치위치로 가장 적당한 곳 : 변압기 주탱크와 콘서베이터 사이

35 3상 유도전동기의 회전원리를 설명한 것 중 틀린 것은?

① 회전자의 회전속도가 증가하면 도체를 관통하는 자속수는 감소한다.
② 회전자의 회전속도가 증가하면 슬립도 증가한다.
③ 부하를 회전시키기 위해서는 회전자의 속도는 동기속도 이하로 운전되어야 한다.
④ 3상 교류전압을 고정자에 공급하면 고정자 내부에서 회전 자기장이 발생된다.

해설
3상 코일을 한 고정자 안쪽에 회전자를 둔 다음 전기를 보내주면 고정자에 회전 자기장이 발생하고 회전자는 고정자의 회전 자기장 속도로 시계 방향으로 회전하게 되는데, 이를 3상 유도전동기라고 하며 그 특성은 아래의 식과 같다.

동기속도 $N_s = \dfrac{120f}{p}[\text{rpm}]$,

슬립 $s = \dfrac{\text{동기속도} - \text{회전자속도}}{\text{동기속도}} = \dfrac{N_s - N}{N_s} \times 100[\%]$

따라서 회전자의 회전속도가 증가하면 슬립은 감소한다.

36 4극의 3상 유도전동기가 60[Hz]의 전원에 접속되어 4[%]의 슬립으로 회전할 때 회전수[rpm]는?

① 1,900 ② 1,828
③ 1,800 ④ 1,728

해설
동기속도 $N_s = \dfrac{120f}{p} = \dfrac{120 \times 60}{4} = 1,800[\text{rpm}]$
$N = (1-s)N_s = (1-0.04) \times 1,800 = 1,728[\text{rpm}]$

37 3상 유도전동기의 2차 입력이 P_2, 슬립이 s라면 2차 저항손은 어떻게 표현되는가?

① sP_2 ② $\dfrac{P_2}{s}$
③ $\dfrac{1-s}{P_2}$ ④ $\dfrac{P_2}{1-s}$

해설
유도전동기 전력변환식(등가변환)
$P_2 : P_{c2} : P_o = 1 : s : (1-s)$ (P_{c2} : 2차 구리(저항)손, P_2 : 2차 입력)에서 슬립 $s = \dfrac{P_{c2}}{P_2}$ 이므로, 2차 저항손 $P_{c2} = sP_2$ 이다.

38 유도전동기에 기계적 부하를 걸었을 때 출력에 따라 속도, 토크, 효율, 슬립 등이 변화를 나타낸 출력 특성곡선에서 슬립을 나타내는 곡선은?

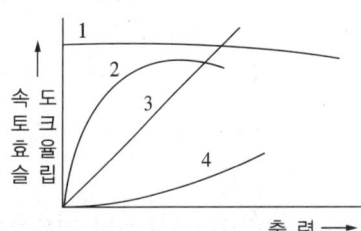

① 1 ② 2
③ 3 ④ 4

해설
① 속 도 ② 효 율
③ 토 크 ④ 슬 립
유도전동기에서 부하 측 출력이 커지면 슬립이 커지는 이유는 전동기의 출력이 커지기 위해서는 회전자에서 발생하는 회전력이 커져야 한다. 회전력이 커지려면 회전자의 유기전압이 커져야 하고, 유기전압이 커지기 위해서는 회전자계와 회전자의 속도차(자속의 변화량)가 커져야 하기 때문에 슬립이 클수록 회전자에 높은 전압이 유기되어 전동기의 출력이 커지게 되며, 곡선의 기울기는 4번처럼 완만히 증가하는 모습을 띠게 된다.

39 다음 단상 유도전동기 중 기동토크가 큰 것부터 옳게 나열한 것은?

> ㉠ 반발 기동형
> ㉡ 콘덴서 기동형
> ㉢ 분상 기동형
> ㉣ 셰이딩 코일형

① ㉠ > ㉡ > ㉢ > ㉣
② ㉠ > ㉣ > ㉡ > ㉢
③ ㉠ > ㉢ > ㉣ > ㉡
④ ㉠ > ㉡ > ㉣ > ㉢

해설
단상 유도전동기의 기동토크 크기
반발 기동형 > 반발 유도형 > 콘덴서 기동형 > 분상 기동형 > 셰이딩 코일형

40 상전압 300[V]의 3상 반파 정류회로의 직류전압은 약 몇 [V]인가?

① 520
② 350
③ 260
④ 50

해설
3상 반파의 출력전압
$V_o = 1.17 V_i = 1.17 \times 300 ≒ 350[V]$
전원에 따른 정류전압
- 단상 반파의 출력전압 : $V_o = 0.45 V_i$
- 단상 전파의 출력전압 : $V_o = 0.9 V_i$
- 3상 반파의 출력전압 : $V_o = 1.17 V_i$
- 3상 전파의 출력전압 : $V_o = 1.35 V_i$

41 플로어덕트공사의 설명 중 옳은 것은?

① 전선은 옥외용 비닐절연전선이어야 한다.
② 전선은 연선이어야 한다. 다만, 단면적 20[mm²] 이하인 것은 그러하지 아니하다.
③ 플로어덕트 안에서 접속점을 쉽게 점검할 수 있을 때에는 전선을 분기할 수 있다.
④ 덕트의 끝부분은 환기를 위해 개방한다.

해설
플로어덕트공사
- 전선은 절연전선(옥외용 비닐절연전선을 제외)일 것
- 전선은 연선일 것. 다만, 단면적 10[mm²](알루미늄선은 단면적 16[mm²]) 이하인 것은 그러하지 아니하다.
- 플로어덕트 안에는 전선에 접속점이 없도록 할 것. 다만, 전선을 분기하는 경우에 접속점을 쉽게 점검할 수 있을 때에는 그러하지 아니하다.
- 덕트의 끝부분은 막을 것

42 수전설비의 특고압 배전반은 배전반 앞에서 계측기를 판독하기 위하여 앞면과 최소 몇 [m] 이상 유지하는 것을 원칙으로 하고 있는가?

① 0.6
② 1.2
③ 1.5
④ 1.7

해설
수전설비의 배전반 등의 최소 보유거리(단위 : [m])

부위별 기기별	앞면 또는 조작 계측면	뒷면 또는 점검면	열 상호 간 (점검하는 면)	기타의 면
특고압반	1.7	0.8	1.4	–
고압 배전반	1.5	0.6	1.2	–
저압 배전반	1.5	0.6	1.2	–
변압기 등	0.6	0.6	1.2	0.3

정답 39 ① 40 ② 41 ③ 42 ④

43 비교적 장력이 적고 다른 종류의 지지선을 시설할 수 없는 경우에 적용하며, 지선용 근가를 지지물 근원 가까이 매설하여 시설하는 지지선은?

① 수평지선 ② 공동지선
③ 궁지선   ④ Y지선

해설
지지선의 종류
- Y지선(H주) : 다단의 완금이 설치되고 또한 장력이 클 때, H주일 때
- 보통지선 : 전주 근원으로부터 전주 길이의 약 $\frac{1}{2}$ 거리에 지선용 근가를 매설하여 설치하는 지지선
- 공동지선 : 지지물 상호 거리가 비교적 접근해 있을 경우에 시설하는 것
- 수평지선 : 토지의 상황이나 그 외 사유로 인하여 보통지선을 시설할 수 없을 때
- 궁지선 : 비교적 장력이 적고 타 종류의 지지선을 시설할 수 없는 경우

44 교통에 지장이 없는 도로를 횡단하는 지지선의 높이는 지표상 몇 [m] 이상이어야 하는가?

① 4   ② 4.5
③ 5   ④ 6

해설
지지선의 높이
- 도로횡단 5[m]
- 교통에 지장이 없는 도로 4.5[m]
- 보도 2.5[m]

45 금속덕트에 전선을 넣을 경우 전선의 피복절연물을 포함한 단면적의 총합계가 금속덕트 내 단면적의 몇 [%] 이하가 되도록 선정하여야 하는가?

① 20   ② 30
③ 40   ④ 50

해설
금속덕트공사
금속덕트에 넣은 전선의 단면적(절연피복의 단면적을 포함한다)의 합계는 덕트의 내부 단면적의 20[%](전광표시장치, 기타 이와 유사한 장치 또는 제어회로 등의 배선만을 넣는 경우에는 50[%]) 이하일 것

46 터널, 갱도, 기타 이와 유사한 장소에서 사람이 상시 통행하는 터널 내의 공사방법으로 적절하지 않은 것은?(단, 사용전압은 저압이다)

① 애자공사
② 금속관공사
③ 합성수지관공사
④ 금속덕트공사

해설
사람이 상시 통행하는 터널 안의 전선로(사용전압은 저압)
- 인장강도 2.30[kN] 이상의 절연전선 또는 지름 2.6[mm] 이상의 경동선의 절연전선을 사용한다.
- 애자공사(노면상 2.5[m] 이상의 높이), 금속관공사, 합성수지관공사, 금속제 가요전선관공사, 케이블공사

정답 43 ③ 44 ② 45 ① 46 ④

47 다음과 같이 금속관을 구부릴 때 일반적으로 A와 B의 관계식은?

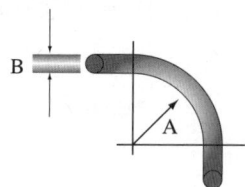

A : 구부러지는 금속관 안쪽의 반지름
B : 금속관 안지름

① A = 2B
② A ≥ B
③ A = 5B
④ A ≥ 6B

[해설]

재료	굽은 부분 반지름
금속관	6배

48 수영장, 기타 이와 유사한 장소에 사용하는 수중조명등에 전기를 공급하기 위해서는 절연변압기의 2차 측 전로의 사용전압은?

① 50[V] 이하
② 150[V] 이하
③ 220[V] 이하
④ 400[V] 이하

[해설]
수중조명등의 사용전압
• 절연변압기의 1차 측 전로의 사용전압은 400[V] 이하일 것
• 절연변압기의 2차 측 전로의 사용전압은 150[V] 이하일 것

49 특별안전저압이라고도 하며, 2차 측이 접지되지 않은 변압기를 통해 공급되는 안전한 전압은?

① XELV
② FELV
③ PELV
④ SELV

[해설]
SELV(Safety Extra Low Voltage)
안전하게 전기적으로 분리된 특별저압 SELV는 비접지방식의 특별저압으로, 중성선이 없는 전원 공급 방식

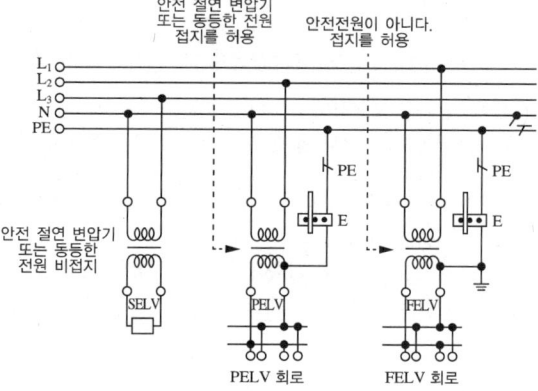

50 고압 가공인입선이 도로를 횡단하는 경우 노면상 설치 높이는 몇 [m] 이상이어야 하는가?

① 3
② 5
③ 6
④ 6.5

[해설]
가공인입선의 지표상 높이

구 분		저압 인입선 [m]	고압 인입선 [m]	특고압 인입선 (3.5[kV] 이하) [m]
도로 횡단	일반적인 경우	5	6	6
	기술상 부득이한 경우로 교통에 지장이 없을 때	3	3.5	4
철도, 궤도 횡단		6.5	6.5	6.5
횡단보도교 위		3	3.5	5(케이블은 4)

47 ④ 48 ② 49 ④ 50 ③

51 진동이 심한 전기기계·기구에 전선을 접속할 때 사용되는 것은?

① 스프링 와셔   ② 커플링
③ 압착단자   ④ 링 슬리브

해설
진동기계·기구에 접속할 때에는 2중 너트 또는 스프링 와셔를 사용한다.

52 물체가 외력으로 변형될 때 그 변형을 측정하는 기구로 물체에 부착시켜 측정한다. 이 기구는?

① 버니어 캘리퍼스
② 채널 지그
③ 스트레인 게이지
④ 스테핑 머신

해설
• 버니어 캘리퍼스 : 어미자와 아들자의 눈금을 이용하여 두께, 깊이, 안지름 및 바깥지름 측정
• 채널 지그 : 가공물의 두 면에 지그를 설치하여 단순한 가공을 할 때 사용된다.

53 주상변압기의 1차 측 보호장치로 사용하는 것은?

① 컷아웃 스위치
② 유입 개폐기
③ 캐치홀더
④ 리클로저

해설
컷아웃 스위치(COS)는 주로 변압기 1차 측에 설치하여 변압기의 보호와 단로를 위한 목적으로 사용된다.

54 금속제 가요전선관 상호 및 금속제 가요전선관과 박스기구와 접속한 곳을 새들 등으로 지지하는 경우 지지점 간의 거리는 얼마 이하이어야 하는가?

① 0.3[m] 이하   ② 0.5[m] 이하
③ 1[m] 이하   ④ 1.5[m] 이하

해설
가요전선관의 지지점 간 거리

시설의 종류	지지점 간 거리
조영재의 측면, 하면은 수평방향으로 시설	1[m] 이하
사람의 접촉이 우려되는 곳	1[m] 이하
가요전선관 상호 및 금속제 가요전선관과 박스기구와 접속한 곳	접속한 곳에서 0.3[m] 이하
기 타	2[m] 이하

55 건물의 모서리(직각)에서 가요전선관을 박스에 연결할 때 필요한 접속기는?

① 스트레이트 박스 커넥터
② 앵글 박스 커넥터
③ 플렉시블 커플링
④ 콤비네이션 커플링

해설
• 금속제 가요전선관-금속제 가요전선관 : 스플릿 커플링
• 금속제 가요전선관-금속전선관 : 콤비네이션 커플링
• 박스와 접속 시 : 스트레이트 커넥터, 앵글 커넥터, 더블 커넥터

정답 51 ① 52 ③ 53 ① 54 ① 55 ②

56 학교, 음식점, 다방, 대중목욕탕, 기숙사, 여관 등 숙박시설에서 사용하는 표준부하[VA/m²]는?

① 5
② 10
③ 20
④ 30

해설

건축물의 종류	표준부하[VA/m²]
공장, 공회당, 사원, 교회, 극장, 영화관, 연회장 등	10
기숙사, 여관, 호텔, 병원, 학교, 음식점, 다방, 대중목욕탕	20
사무실, 은행, 상점, 이발소, 미용원	30
주택, 아파트	40

57 수변전설비에서 차단기의 종류 중 가스차단기에 들어가는 가스의 종류는?

① CO_2
② LPG
③ SF_6
④ LNG

해설

SF_6(불화유황가스)
불활성 가스로 인화되지 않고 화학적으로 안정된 가스이다.

58 경질비닐전선관의 설명으로 틀린 것은?

① 1본의 길이는 4[m]가 표준이다.
② 굵기는 관 바깥지름에 가까운 홀수 [mm]로 나타낸다.
③ 금속관에 비해 절연성이 우수하다.
④ 금속관에 비해 내식성이 우수하다.

해설
- 경질비닐전선관 1본 길이 : 4[m], 굵기는 관 안지름에 가까운 짝수[mm]로 표기
- 금속관 1본 길이 : 3.6[m]

59 접착력은 떨어지나 절연성, 내온성, 내유성이 좋아 연피케이블의 접속에 사용되는 테이프는?

① 고무 테이프
② 리노 테이프
③ 비닐 테이프
④ 자기융착 테이프

해설
- 리노 테이프
  – 바이어스 테이프에 절연성 바니시를 바르고 건조시킨 것
  – 종류 : 노랑 반투명, 검은색
  – 규격 : 두께 0.18, 0.25[mm], 너비 13, 19, 25[mm], 길이 6[m] 이상이다.
  – 특성 : 점착성이 없으나 절연성, 내온성, 내유성이 있어 연피케이블접속 시 반드시 이용한다.
- 자기융착 테이프
  – 2배 정도로 늘려 감으면 서로 붙어 벗겨지지 않는다.
  – 규격 : 두께 0.5~1.0[mm], 너비 19[mm], 길이 5~10[m]이다.
  – 내오존성, 내수성, 내약품성, 내열성이 우수해서 오래도록 열화되지 않기 때문에 비닐외장케이블, 클로로프렌 외장케이블의 접속에 사용된다.

60 선행동작 우선회로 또는 상대동작 금지회로로 불리는 동력배선의 제어회로는?

① 자기유지회로
② 인터로크회로
③ 동작지연회로
④ 타이머회로

해설
- 인터로크회로 : 2개 이상의 회로에서 한 개 회로만 동작을 시키고 나머지 회로는 동작이 될 수 없도록 해주는 회로
- 자기유지회로 : 푸시버튼 등의 순간동작으로 만들어진 입력신호가 계전기에 가해지면 입력신호가 제거되어도 계전기의 동작을 계속적으로 지켜주는 회로
- 동작지연회로 : 타이머에 의해 설정된 시간만큼 늦게 동작하는 회로

2019년 제1회 과년도 기출복원문제

01 원자핵의 구속력을 벗어나서 물질 내에서 자유로이 이동할 수 있는 것은?

① 중성자 ② 양 자
③ 분 자 ④ 자유전자

해설
- 원자 : 원소의 화학적 상태를 특징짓는 최소 기본 단위
- 분자 : 물질의 성질을 가진 최소 단위
- 자유전자 : 원자핵의 구속에서 이탈하여 자유로이 이동할 수 있는 전자
  - 원자 내의 양성자수와 전자수가 같다.
  - 양성자와 전자의 전기량 $\pm e = 1.60219 \times 10^{-19}$[C]
  - 양성자 또는 중성자의 질량은 전자의 1,840배이다.

02 그림에서 절점 B의 전위[V]는?

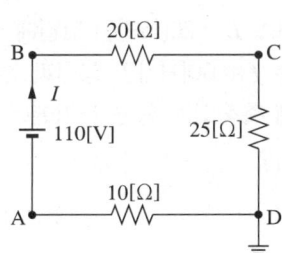

① 130 ② 110
③ 100 ④ 90

해설
전류 $I = \dfrac{110}{20+25+10} = 2$[A], 접지 = 0[V]이므로
$V_B = 110 - 10 \times 2 = 90$[V]
여기서, $V_A = -20$[V], $V_C = 50$[V], $V_D = 0$[V]

03 반지름이 5[mm]인 구리선에 10[A]의 전류가 흐르고 있을 때 단위시간당 구리선의 단면을 통과하는 전자의 개수는?(단, 전자의 전하량 $e = 1.602 \times 10^{-19}$[C]이다)

① 6.24×10^{17} ② 6.24×10^{19}
③ 1.28×10^{21} ④ 1.28×10^{23}

해설
전하 $Q = It = ne$에서 $e = 1.602 \times 10^{-19}$[C]을 대입하면
전자의 개수 $n = \dfrac{t}{e} \times I = \dfrac{1}{1.602 \times 10^{-19}} \times 10 \fallingdotseq 6.24 \times 10^{19}$ 개

04 비유전율 9인 유전체 중에 1[cm]의 거리를 두고 1[μC]과 2[μC]의 두 점전하가 있을 때 서로 작용하는 힘[N]은?

① 18 ② 20
③ 180 ④ 200

해설
$F = \dfrac{Q_1 Q_2}{4\pi\varepsilon_0 \varepsilon_s r^2}$
$= 9 \times 10^9 \times \dfrac{Q_1 Q_2}{\varepsilon_s r^2} = 9 \times 10^9 \times \dfrac{1 \times 10^{-6} \times 2 \times 10^{-6}}{9 \times (1 \times 10^{-2})^2}$
$= 20$[N]

05 등전위면을 따라 전하 Q[C]을 운반하는 데 필요한 일은?

① 전하의 크기에 따라 변한다.
② 전위의 크기에 따라 변한다.
③ 등전위면과 전기력선에 의하여 결정된다.
④ 항상 0이다.

해설
등전위면에서 하는 일은 항상 0이다. 또한 정전계에서 전위는 위치만 결정되므로 전계 내에서 폐회로를 따라 전하를 일주시킬 때 하는 일은 항상 0이 된다.

정답 1 ④ 2 ④ 3 ② 4 ② 5 ④

06 $C=5[\mu F]$인 평행판 콘덴서에 5[V]인 전압을 걸어 줄 때, 콘덴서에 축적되는 에너지는 몇 [J]인가?

① 6.25×10^{-5}
② 6.25×10^{-3}
③ 1.25×10^{-5}
④ 1.25×10^{-3}

해설
콘덴서에 축적되는 에너지
$W = \frac{1}{2}CV^2 = \frac{1}{2} \times 5 \times 10^{-6} \times 5^2 = 6.25 \times 10^{-5}[J]$

07 다음 설명 중 옳지 않은 것은?

① 전류가 흐르고 있는 금속선에 있어서 임의 두 점 간의 전위차는 전류에 비례한다.
② 저항의 단위는 옴[Ω]을 사용한다.
③ 금속선의 저항 R은 길이 l에 반비례한다.
④ 저항률(ρ)의 역수를 도전율이라고 한다.

해설
• $V = I \cdot R$
• $R = \rho\frac{l}{S} = \frac{l}{\sigma S}[\Omega]$ (ρ : 저항률, σ : 도전율)
저항은 금속선의 길이에 비례한다.

08 200[V], 30[W]인 백열전구와 200[V], 60[W]인 백열전구를 직렬로 접속하고 200[V]의 전압을 인가하였을 때 어느 전구가 더 어두운가?(단, 전구의 밝기는 소비전력에 비례한다)

① 둘 다 같다.
② 30[W] 전구가 60[W] 전구보다 더 어둡다.
③ 60[W] 전구가 30[W] 전구보다 더 어둡다.
④ 비교할 수 없다.

해설
• 30[W] 전구의 저항 $R_{30} = \frac{V^2}{P_{30}} = \frac{200^2}{30} \fallingdotseq 1,333[\Omega]$
• 60[W] 전구의 저항 $R_{60} = \frac{V^2}{P_{60}} = \frac{200^2}{60} \fallingdotseq 666[\Omega]$
• 직렬회로의 전류 $I = \frac{V}{R_{30}+R_{60}} = \frac{200}{1,333+666} \fallingdotseq 0.1[A]$
• $P_{30} = R_{30}I^2 = 1,333 \times 0.1^2 = 13.33[W]$
• $P_{60} = R_{60}I^2 = 666 \times 0.1^2 = 6.66[W]$
∴ 60[W] 전구가 30[W] 전구보다 더 어둡다.

09 인덕턴스 $L=20[mH]$인 코일에 실횻값 $V=50[V]$, 주파수 $f=60[Hz]$인 정현파 전압을 인가했을 때 코일에 축적되는 평균 자기에너지 $W_L[J]$은 약 얼마인가?

① 6.3   ② 4.4
③ 0.63   ④ 0.44

해설
코일에 축적되는 자기에너지는 $W = \frac{1}{2}LI^2[J]$로 구할 수 있다.
먼저 전류(I)를 구하면
$I = \frac{V}{X_L} = \frac{50}{2\pi fL} = \frac{50}{2 \times \pi \times 60 \times 0.02} \fallingdotseq \frac{50}{7.5} \fallingdotseq 6.67[A]$
∴ $W = \frac{1}{2}LI^2 = \frac{1}{2} \times 0.02 \times 6.67^2 \fallingdotseq 0.44[J]$

10 회로에서 단자 AB 간의 합성저항은 몇 [Ω]인가?

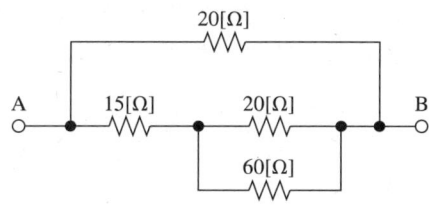

① 10 ② 12
③ 15 ④ 30

해설
저항 20[Ω], 60[Ω]의 병렬 합성저항 $R_1 = \dfrac{20 \times 60}{20+60} = 15[\Omega]$

∴ 전체 합성저항 $R_{th} = \dfrac{20 \times (15+15)}{20+(15+15)} = 12[\Omega]$

11 전기회로에 100[V]라는 표시가 있다. 여기서 100[V]는 무엇을 나타내는가?

① 최댓값 ② 실횻값
③ 평균값 ④ 파고율

해설
정현파 교류의 실횻값
- 정현파 실효전압 = 동등 전력의 직류전원 전압
- 일반적으로 110[V] 또는 220[V]라는 크기는 그 회로에 직류 110[V] 또는 220[V]의 전압을 인가할 때 발생하는 것과 같은 크기의 열이 발생하도록 만드는 교류전압을 의미한다.

12 1전자볼트[eV]는 약 몇 [J]인가?

① 1.60×10^{-19}
② 1.67×10^{-21}
③ 1.72×10^{-24}
④ 1.76×10^{9}

해설
1[eV] : 전위차가 1[V]인 두 점 사이에서 하나의 전자를 옮기는 데 필요한 일의 양
$1[eV] = 1.602 \times 10^{-19}[J]$

13 전류의 열작용과 관계가 있는 법칙은 어느 것인가?

① 옴의 법칙
② 키르히호프의 법칙
③ 줄의 법칙
④ 플레밍의 오른손 법칙

해설
전류의 발열작용과 관계가 있는 것은 줄의 법칙이다.
줄의 법칙 : 전류에 의해서 매초 발생하는 열량은 전류의 제곱과 저항의 곱에 비례한다.
$H = 0.24 I^2 Rt [cal]$

14 단면적 $S[m^2]$, 길이 $l[m]$, 투자율 $\mu[H/m]$의 자기회로에 N회의 코일을 감고 $I[A]$의 전류를 흘릴 때 발생하는 자속[Wb]을 구하는 식은?

① $\mu l NIS$ ② $\dfrac{\mu l S}{NI}$
③ $\dfrac{\mu SNI}{l}$ ④ $\dfrac{\mu l SN}{I}$

해설
- 전자석의 기자력 $F = N \times I [AT]$
- 자계의 세기 $H = \dfrac{NI}{l}[AT/m]$
- 자속밀도 $B = \mu H = \dfrac{\mu NI}{l}[T, Wb/m^2]$
- 자속 $\phi = BS = \dfrac{\mu NI}{l}S[Wb]$

15 유효전력 15[kW], 무효전력 12.5[kVar]를 소비하는 3상 평형부하에 3.5[kVA]의 전력용 콘덴서를 접속하면 접속 후의 피상전력은?

① 약 9.7[kVA] ② 약 12.6[kVA]
③ 약 17.5[kVA] ④ 약 27.1[kVA]

해설
전력용 콘덴서에 의해 무효전력 $P_r = 12.5 - 3.5 = 9[kVA]$
피상전력은 $P_a = \sqrt{유효전력^2 + 무효전력^2}$
$= \sqrt{15^2 + 9^2} ≒ 17.5[kVA]$

16 코일의 성질에 대한 설명으로 틀린 것은?

① 공진하는 성질이 있다.
② 상호유도작용이 있다.
③ 전원 노이즈 차단기능이 있다.
④ 전류의 변화를 확대시키려는 성질이 있다.

해설
코일은 전류의 변화를 안정시키려고 하는 성질이 있다. 전류가 흐르려고 하면 코일은 전류를 흘리지 않으려고 하며, 전류가 감소하면 계속 흘리려고 하는 성질이 있다. 이것을 "렌츠의 법칙"이라 한다.

17 정전용량 $C[\mu F]$의 콘덴서에 충전된 전하가 $q = \sqrt{2}\,Q\sin\omega t[C]$와 같이 변화하도록 하였다면 이 때 콘덴서에 흘러들어가는 전류의 값은?

① $i = \sqrt{2}\,\omega Q\sin\omega t$
② $i = \sqrt{2}\,\omega Q\cos\omega t$
③ $i = \sqrt{2}\,\omega Q\sin(\omega t - 60°)$
④ $i = \sqrt{2}\,\omega Q\cos(\omega t - 60°)$

해설
정전용량 C는 $Q = CV$에서 콘덴서에 일정한 전위 V를 주었을 때 전하 Q를 저축하는 능력을 표시하고 Q는 V에 비례한다. 콘덴서에서 전하가 $q = \sqrt{2}\,Q\sin\omega t$와 같이 변하도록 하였다면 q값은 콘덴서의 전압과 비례하므로 전압으로 보고 흐르는 전류를 구하면 된다. 그러므로 콘덴서에 흘러들어가는 전류가 전압보다 90° 위상이 앞서므로 $i = \sqrt{2}\,\omega Q\cos\omega t$로 표현할 수 있다.

18 전원과 부하가 다같이 △결선된 3상 평형회로가 있다. 상전압이 200[V], 부하임피던스가 $Z = 6 + j8[\Omega]$인 경우 선전류는 몇 [A]인가?

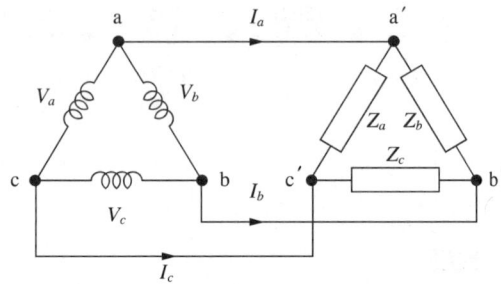

① 20
② $\dfrac{20}{\sqrt{3}}$
③ $20\sqrt{3}$
④ $10\sqrt{3}$

해설
먼저 상전류값을 구하면

상전류 $= \dfrac{V_p}{Z} = \dfrac{200}{6+j8} = \dfrac{200}{\sqrt{6^2+8^2}} = \dfrac{200}{10} = 20[A]$

△-△결선에서 선전류는 상전류보다 $\sqrt{3}$ 배 크므로
$I_l = \sqrt{3}\,I_p = 20\sqrt{3}\,[A]$

3상 교류의 결선법
• Y결선
 – 선전압(V_l)은 상전압(V_p)보다 $\sqrt{3}$ 배 크고 $\dfrac{\pi}{6}$[rad]만큼 위상이 앞선다.
 – 상전류(I_p)는 선전류(I_l)와 크기는 같고 위상은 동상이다.
• △결선
 – 선전압(V_l)은 상전압(V_p)과 크기는 같고 위상은 동상이다.
 – 선전류(I_l)는 상전류(I_p)보다 $\sqrt{3}$ 배 크고 $\dfrac{\pi}{6}$[rad]만큼 위상이 뒤진다.

19 전류에 의해 만들어지는 자기장의 자기력선 방향을 간단하게 알아내는 방법은?

① 플레밍의 왼손 법칙
② 렌츠의 자기유도 법칙
③ 앙페르의 오른나사 법칙
④ 패러데이의 전자유도 법칙

해설
- 앙페르(Ampere)의 오른나사 법칙 : 전류가 흐르는 방향(+ → -)으로 오른손 엄지손가락을 향하면, 나머지 손가락은 자기장의 방향이 된다.
- 플레밍의 왼손 법칙 : 도체가 자기장에서 받고 있는 힘의 방향을 알 수 있으며 전동기 회전의 원리가 된다.
- 렌츠의 자기유도 법칙 : 전자기유도의 방향에 관한 법칙, 즉 자기유도로 생기는 전류는 그것이 만드는 자기장이 전류를 유도한 자기장의 변화를 줄이는 방향으로 흐른다.
- 패러데이의 전자유도 법칙 : 코일을 관통하는 자속을 변화시킬 때 코일에 유도기전력이 발생하는 현상이다.

20 $R = 5[\Omega]$, $L = 30[mH]$의 RL 직렬회로에 $V = 200[V]$, $f = 60[Hz]$의 교류전압을 가할 때 전류의 크기는 약 몇 [A]인가?

① 8.67
② 11.42
③ 16.17
④ 21.25

해설
$X_L = \omega L = 2\pi f L[\Omega] = 2\pi \times 60 \times 0.03 ≒ 11.31[\Omega]$
$i = \dfrac{V}{Z} = \dfrac{200}{5+j11.31} = \dfrac{200}{\sqrt{5^2 + 11.31^2}} ≒ 16.17[A]$

21 전동기의 제동에서 전동기가 가지는 운동에너지를 전기에너지로 변화시키고 이것을 전원에 환원시켜 전력을 회생시킴과 동시에 제동하는 방법은?

① 발전제동(Dynamic Braking)
② 역전제동(Plugging Braking)
③ 맴돌이전류제동(Eddy Current Braking)
④ 회생제동(Regenerative Braking)

해설
전동기의 제동방법
- 발전제동 : 운전 중인 전동기를 전원에서 분리한 후에 발전기로 작용시켜 회전체의 운동에너지를 전기에너지로 변환하고, 저항 안에서 줄열로 소비시켜 제동하는 방법이다.
- 회생제동 : 전동기를 발전기처럼 사용하여 발생되는 전력을 전원에 반환하여 제동하는 방법이다. 엘리베이터의 하강과 전기차가 언덕을 내려가는 경우에 사용한다.
- 역전제동 : 전동기를 전원에 접속시킨 상태에서 전동기의 전기자 접속을 반대로 바꾸어 원래 회전하던 방향과 반대인 토크를 발생시켜 전동기를 급속히 정지시키는 방법이다.

22 직류 분권전동기를 운전 중 계자저항을 증가시켰을 때의 회전속도는?

① 증가한다.
② 감소한다.
③ 변함없다.
④ 정지한다.

해설
직류 분권전동기의 속도제어
직류 분권전동기에서 계자저항(R_f)이 증가하면, 계자저항이 흐르는 계자전류(I_f)가 감소하게 되고, 계자에서 발생하는 자속(ϕ)이 감소함에 따라 직류전동기 속도 $N \propto \dfrac{1}{\phi}$에서 속도($N$)는 증가한다.

23 직류발전기의 정격전압 100[V], 무부하 전압 109[V]이다. 이 발전기의 전압변동률[%]은?

① 1 ② 3
③ 6 ④ 9

해설
전압변동률(ε)
$= \dfrac{\text{무부하 시 전압}(V_0) - \text{정격전압}(V_n)}{\text{정격전압}(V_n)} \times 100[\%]$
$= \dfrac{109-100}{100} \times 100[\%] = 9[\%]$

24 직류전동기에 대한 설명으로 옳지 않은 것은?

① 분권 직류전동기는 단자전압 및 계자전류가 일정하고 전기자 반작용을 무시할 때, 속도-토크 특성이 선형적으로 변한다.
② 타여자 직류전동기의 속도는 계자전류, 전기자전압, 전기자저항을 변화시킴으로써 조절할 수 있다.
③ 직권 직류전동기는 직류전동기 중에서 가장 작은 기동토크를 가진다.
④ 가동 복권 직류전동기는 직권과 분권의 결합 형태로서 각각의 장점들을 포함하고 있다.

해설
직류전동기의 특징
직류 직권전동기는 속도를 조절할 수 있는 전동기로서 기동토크가 크기 때문에 전동차, 권상기, 크레인 등과 같이 기동이 빈번하고 토크의 변동이 심한 부하에 많이 사용한다(저속에서 큰 토크를 발생함).
※ 토크 : $T = K\phi I = K\phi I_a = KI_a I_a = KI_a^2 [\text{N}\cdot\text{m}]$ ($I=I_a$)

25 3상 동기전동기의 특징이 아닌 것은?

① 부하의 변화로 속도가 변하지 않는다.
② 부하의 역률을 개선할 수 있다.
③ 전부하 효율이 양호하다.
④ 공극이 좁으므로 기계적으로 견고하다.

해설
공극이 넓으므로 기계적으로 안정하고 보수가 용이하다.

26 3상 동기기의 제동권선의 역할은?

① 난조방지 ② 효율증가
③ 출력증가 ④ 역률개선

해설
제동권선의 역할
• 제동권선 : 난조방지
• 보상권선 : 전기자 반작용 방지

27 2대의 동기발전기가 병렬운전하고 있다. 한쪽 발전기의 계자전류가 증가했을 때 두 발전기 사이에 일어나는 현상으로 옳은 것은?

① 무효순환전류가 흐른다.
② 기전력의 위상이 변한다.
③ 동기화 전류가 흐른다.
④ 속도조정률이 변한다.

해설
동기발전기의 병렬운전
한쪽 발전기의 계자를 변화시키면 전압이 변하여 두 발전기 사이의 기전력이 달라지며, 이로 인해 무효순환전류가 흘러 권선이 과열된다. 또한 전압이 높은 쪽은 무효전류에 의한 감자작용이 일어난다.

28 3상 동기발전기에 무부하 전압보다 90° 뒤진 전기자 전류가 흐를 때, 전기자 반작용으로 가장 옳은 것은?

① 감자작용을 받는다.
② 증자작용을 받는다.
③ 교차자화작용을 받는다.
④ 자기여자작용을 받는다.

해설
동기기의 전기자 반작용
동기발전기의 부하를 $Z_L = \omega L$의 인덕턴스 부하로 접속하였을 경우, 전기자전류는 유도기전력(E)에 대하여 90° 지상이므로 감자작용을 한다.

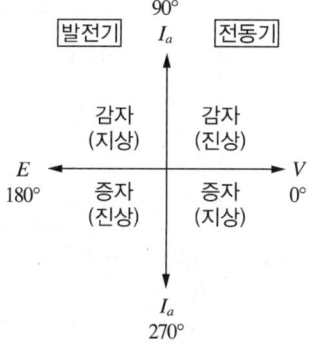

구 분	동기발전기	동기모터
R(동상)	교차자화	교차자화
L(지상)	감자작용	증자작용
C(진상)	증자작용	감자작용

29 변압기 1차 측에 3.3[kV]를 연결하고, 2차 측에 소비전력 16.5[kW]의 저항부하를 연결하였다. 이때 변압기 2차 측 전류가 250[A]일 때 권수비는?(단, 변압기 손실은 무시한다)

① 20 ② 30
③ 40 ④ 50

해설
변압기의 권수비

권수비 $a = \dfrac{E_1}{E_2} = \dfrac{V_1}{V_2} = \dfrac{I_2}{I_1} = \dfrac{N_1}{N_2} = \sqrt{\dfrac{Z_1}{Z_2}} = \sqrt{\dfrac{R_1}{R_2}}$ 에서

1차 측 $E_1 = 3.3[\text{kV}]$ 이고,

2차 측 $E_2 = \dfrac{P_2}{I_2} = \dfrac{16.5 \times 10^3}{250} = 66[\text{V}]$ 이므로,

$a = \dfrac{E_1}{E_2} = \dfrac{3,300}{66} = 50$ 이다.

30 변압기유의 구비조건으로 옳은 것은?

① 절연내력이 클 것
② 인화점이 낮을 것
③ 응고점이 높을 것
④ 비열이 작을 것

해설
변압기유의 구비조건
- 절연내력이 클 것
- 비열이 커서 냉각 효과가 클 것
- 인화점이 높을 것
- 응고점이 낮을 것
- 절연재료 및 금속에 접촉하여 화학작용을 일으키지 않을 것
- 고온에서 석출물이 생기거나 산화하지 않을 것

정답 28 ① 29 ④ 30 ①

31 △ 결선 변압기 중 단상 변압기 1개가 고장나 V결선으로 운전되고 있다. 이때 V결선된 변압기의 이용률과 △ 결선 변압기에 대한 V결선 변압기의 2차 출력비는?(단, 부하에 의한 역률은 1이다)

	변압기 이용률	2차 출력비
①	$\dfrac{\sqrt{3}}{2}$	$\dfrac{1}{\sqrt{3}}$
②	$\dfrac{1}{\sqrt{3}}$	$\dfrac{\sqrt{3}}{2}$
③	$\sqrt{\dfrac{2}{3}}$	$\dfrac{1}{\sqrt{3}}$
④	$\dfrac{\sqrt{3}}{2}$	$\sqrt{\dfrac{2}{3}}$

해설

V결선 변압기의 출력
- V결선한 변압기의 출력 $P_V = \sqrt{3}\, V_{2n} I_{2n}$ [VA]
- 2차 출력비 : $\dfrac{P_V}{3P_1} = \dfrac{\sqrt{3}\, V_{2n} I_{2n}}{3 V_{2n} I_{2n}} = \dfrac{\sqrt{3}}{3} = \dfrac{1}{\sqrt{3}} \fallingdotseq 0.577$

  (P_1는 변압기 한 대의 용량)

- 변압기 이용률 : $A = \dfrac{P_V}{2P_1} = \dfrac{\sqrt{3}\, V_{2n} I_{2n}}{2 V_{2n} I_{2n}} = \dfrac{\sqrt{3}}{2} \fallingdotseq 0.866$

  (P_1는 변압기 한 대의 용량)

∴ 출력 P_V는 △ − △ 결선의 출력 $P_\triangle$에 비하여 $\dfrac{1}{\sqrt{3}}$로 작아져 부하용량이 57.7[%]로 줄어들고, 변압기의 이용률도 $\dfrac{\sqrt{3}}{2}$으로 작아져 86.6[%]로 줄어든다.

32 이상적인 단상 변압기의 1차 측 권선수는 200, 2차 측 권선수는 400이다. 1차 측 권선은 220[V], 50[Hz] 전원에, 2차 측 권선은 2[A], 지상역률 0.8의 부하에 연결될 때, 부하에서 소비되는 전력[W]은?

① 600 ② 654
③ 704 ④ 734

해설

변압기의 전원 특성

변압기의 권수비 $a = \dfrac{V_1}{V_2} = \dfrac{I_2}{I_1} = \dfrac{N_1}{N_2}$ 에서

$\dfrac{N_1}{N_2} = \dfrac{V_1}{V_2} \rightarrow \dfrac{200}{400} = \dfrac{220}{V_2}$ 이므로 $V_2 = 440$[V]

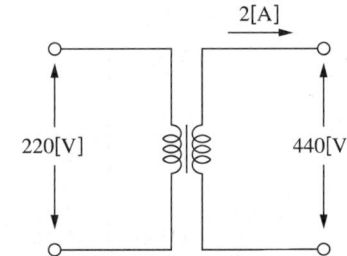

따라서 부하에서 소비되는 전력
$P = VI\cos\theta = 440 \times 2 \times 0.8 = 704$[W]

33 단상 배전선 전압 200[V]를 220[V]로 승압하는 단권변압기의 자기용량[kVA]은?(단, 부하용량은 110[kVA]이다)

① 90 ② 100
③ 9 ④ 10

해설

단권변압기의 자기용량

$P = \dfrac{V_H - V_L}{V_H} \times$ 부하용량 $= \dfrac{220 - 200}{220} \times 110 = 10$[kVA]

34 60[Hz], 6극, 15[kW]인 3상 유도전동기가 1,080[rpm]으로 회전할 때, 회전자 효율은?(단, 기계손은 무시한다)

① 80[%]   ② 85[%]
③ 90[%]   ④ 95[%]

해설
3상 유도전동기의 출력과 효율
- (기계적)출력 = 2차 입력 × 효율 = 2차 입력 × (1 − 슬립)
- $P_2 : P_{c2} : P_o = 1 : s : (1-s)$
  (P_2 : 입력(2차), P_{c2} : 손실(동손), P_o : 출력(기계))
- $P_2 = \dfrac{P_o}{\eta} = \dfrac{P_o}{1-s}$

∴ $N_s = \dfrac{120f}{p} = \dfrac{120 \times 60}{6} = 1,200[\text{rpm}]$ 이고,

효율 $\eta = 1 - s = \dfrac{P_o}{P_2} = \dfrac{N}{N_s}$ 이므로,

회전자 효율 $\eta = \dfrac{1,080}{1,200} = 0.9 = 90[\%]$ 이다.

35 슬립 4[%]인 3상 유도전동기의 2차 동손이 0.4[kW]일 때 회전자 입력[kW]은?

① 6   ② 8
③ 10 ④ 12

해설
$P_{c2} = s \cdot P_2$
2차 측 동손 = 슬립 × 회전자 입력에서
$0.4[\text{kW}] = 0.04 \times P_2$ 이므로
따라서 회전자 입력 $P_2 = 10[\text{kW}]$

36 고압 전동기 철심의 강판홈(Slot)의 모양은?

① 반구형   ② 반폐형
③ 밀폐형   ④ 개방형

해설
전동기 철심의 홈(Slot)
홈에는 반폐홈과 개방홈이 있으며, 저압인 경우는 반폐형으로 구성하며 고압인 경우에는 효과적인 냉각을 개방형 구조로 제작한다.
- 개방형 : 냉각용 외부 공기가 권선에 직접 닿을 수 있도록 된 구조
- 전폐형 : 프레임 외부와 내부의 공기가 직접 소통되지 않는 것으로, 공기적으로 밀봉을 뜻하는 것은 아니다.
- 반폐형 : 기기 외피에 개구부가 있고 기기 주위의 외기가 기기 내외를 자유로이 유통되는 구조

37 유도전동기의 속도를 결정하는 직접적인 요소가 아닌 것은?

① 온 도   ② 극 수
③ 전 압   ④ 주파수

해설
유도전동기의 속도
- $N = (1-s)N_s = (1-s)\dfrac{120f}{p}$
  (s : 슬립, p : 극수, f : 주파수, N_s : 동기속도, N : 회전자속도)
- $s \propto \dfrac{1}{V^2}$

38 3상 유도전동기의 출력이 10[kW], 슬립이 5[%]일 때, 2차 동손[kW]은?(단, 기계적 손실은 무시한다)

① 0.326   ② 0.426
③ 0.526   ④ 0.626

해설
유도전동기의 2차 측 특성
- 2차 입력 : $P_2 = P_{c2} + P_o$
- 2차 구리손 : $P_{c2} = sP_2$
- 출력 : $P_o = P_2 - P_{c2} = P_2 - sP_2 = (1-s)P_2$

∴ 2차 구리손

$P_{c2} = sP_2 = s \times \dfrac{P_o}{(1-s)} = 0.05 \times \dfrac{10}{1-0.05} \fallingdotseq 0.526$

39 다음 설명에 해당하는 전력용 반도체 소자는?

> 전력용 스위칭을 목적으로 사용되며 스위칭 시 발생하는 손실을 줄이기 위하여 포화영역에서 ON, 차단영역에서 OFF가 되도록 하고 활성영역은 사용하지 않는다. 충분한 베이스 전류를 흘려 동작시키며 각종 서보모터 드라이버, 초퍼회로에 사용한다.

① 사이리스터(SCR)
② 트라이액(TRIAC)
③ 전력용 트랜지스터(바이폴러형)
④ 전력용 MOSFET

해설
전력용 트랜지스터(Electric Transistor)
전력용으로서 사용되는 대출력 트랜지스터를 말하며, 일반 트랜지스터와 원리적으로는 다르지 않다. 트랜지스터의 동작은 전기적으로 포화영역과 활성영역으로 구분된다. 증폭작용은 포화영역, 논리회로에서와 같이 스위칭 작용은 활성화 영역에서 동작시킴으로써 가능하다. BJT나 FET가 있으며, 전력용으로 사용되는 대부분의 트랜지스터는 증폭작용보다는 대부분의 경우 스위칭을 목적으로 사용된다.

40 상전압 300[V]의 3상 반파 정류회로의 직류전압은 약 몇 [V]인가?

① 520
② 350
③ 260
④ 50

해설
3상 반파 정류 직류전압 = $300 \times 1.17 = 351 ≒ 350[V]$
전원에 따른 정류전압
- 단상 반파의 출력전압 : $V_o = 0.45 V_i$
- 단상 전파의 출력전압 : $V_o = 0.9 V_i$
- 3상 반파의 출력전압 : $V_o = 1.17 V_i$
- 3상 전파의 출력전압 : $V_o = 1.35 V_i$

41 전등 1개를 2개소에서 점멸하고자 할 때 필요한 3로 스위치는 최소 몇 개인가?

① 1
② 2
③ 3
④ 4

해설
3로 스위치를 이용한 전등 2개소 점멸
1층과 2층, 또는 지하실과 1층으로 올라가는 계단에 3 way 회로를 이용한 전기공사를 한다. 1층에서 2층으로 올라갈 때 전등을 ON하고, 2층에 올라가서는 전등을 OFF하는 방식이다. 그리고 내려올 때는 역순으로 동작한다.

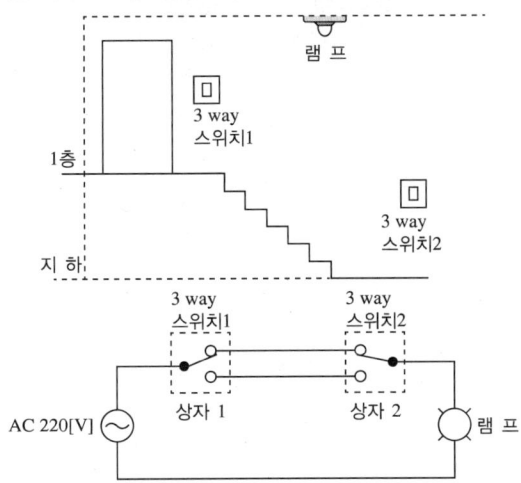

42 보호를 요하는 회로의 전류가 어떤 일정한 값(정정값) 이상으로 흘렀을 때 동작하는 계전기는?

① 과전류계전기
② 과전압계전기
③ 차동계전기
④ 비율차동계전기

해설
OCR(Over Current Relay, 과전류계전기)
회로의 전류가 일정한 값 이상으로 흘렀을 때 동작하여 회로를 보호하는 기능을 하는 계전기

43 화약류의 가루가 전기설비의 발화원이 되어 폭발할 우려가 있는 곳에 시설하는 저압 옥내 전기설비의 저압 옥내배선공사는?

① 금속관공사
② 합성수지관공사
③ 가요전선관공사
④ 애자공사

해설
폭연성 먼지 위험장소
폭연성 먼지 또는 화약류의 가루가 전기설비가 발화원이 되어 폭발할 우려가 있는 곳에 시설하는 저압 옥내 전기설비는 금속관 공사에 의한다.

44 금속관공사에 대한 설명으로 잘못된 것은?

① 전선은 금속관 안에서 접속점이 없도록 할 것
② 교류회로에서 전선을 병렬로 사용하는 경우 관 내에 전자적 불평형이 생기지 않도록 시설할 것
③ 금속관 두께는 콘크리트에 매설하는 경우 1.0[mm] 이상일 것
④ 관의 호칭에서 후강전선관은 짝수, 박강전선관은 홀수로 표시할 것

해설
금속관공사
- 전선은 절연전선(옥외용 비닐절연전선을 제외)일 것
- 전선은 연선일 것(단, 짧고 가는 관에 넣은 것 또는 단면적 10[mm^2](알루미늄은 16[mm^2]) 이하 예외)
- 전선은 금속관 안에서 접속점이 없도록 할 것
- 관의 두께
  - 콘크리트에 매설하는 경우 : 1.2[mm] 이상
  - 기타의 경우 : 1[mm] 이상

45 접지도체를 통하여 큰 고장전류가 흐르지 않을 경우 접지선의 굵기는 구리선의 경우 최소 몇 [mm^2] 이상이어야 하는가?

① 6   ② 10
③ 16   ④ 50

해설
접지도체의 선정
- 큰 고장전류가 접지도체를 통하여 흐르지 않을 경우 접지도체의 최소 단면적 : 구리 6[mm^2] 이상, 철제 50[mm^2] 이상
- 접지도체에 피뢰시스템이 접속되는 경우 접지도체의 단면적 : 구리 16[mm^2] 또는 철 50[mm^2] 이상

46 전시회, 쇼 및 공연장의 전기설비를 시설하는 방법으로 적합하지 않은 것은?

① 사람이나 무대 도구가 접촉할 우려가 있는 곳에 시설하는 저압 옥내배선은 사용전압이 400[V] 이하이어야 한다.
② 배선용 케이블은 구리 도체로 최소 단면적이 2.5[mm^2]이다.
③ 무대마루 밑에 시설하는 전구선은 300/300[V] 편조 고무코드 또는 0.6/1[kV] EP 고무절연 클로로프렌 캡타이어케이블이어야 한다.
④ 기계적 손상의 위험이 있는 경우에는 외장케이블 또는 방호 조치를 한 케이블을 시설하여야 한다.

해설
전시회, 쇼 및 공연장의 전기설비
배선용 케이블은 구리 도체로 최소 단면적이 1.5[mm^2]이다.

[정답] 43 ① 44 ③ 45 ① 46 ②

47 저압 인입선공사 시 저압 가공인입선이 철도 또는 궤도를 횡단하는 경우 레일면상에서 몇 [m] 이상 시설하여야 하는가?

① 3
② 4
③ 5.5
④ 6.5

해설
가공전선의 설치 높이

구 분		저압 인입선 [m]	고압 인입선 [m]	특고압 인입선 (3.5[kV] 이하) [m]
도로 횡단	일반적인 경우	5	6	6
	기술상 부득이한 경우로 교통에 지장이 없을 때	3	3.5	4
철도, 궤도 횡단		6.5	6.5	6.5
횡단보도교 위		3	3.5	5(케이블은 4)

48 전선접속 시 S형 슬리브 사용에 대한 설명으로 틀린 것은?

① 전선의 끝은 슬리브의 끝에서 조금 나오는 것이 바람직하다.
② 슬리브는 전선의 굵기에 적합한 것을 선정한다.
③ 열린 쪽 홈의 측면을 고르게 눌러서 밀착시킨다.
④ 단선은 사용가능하나 연선 접속 시에는 사용하지 않는다.

해설
슬리브(Sleeve)
슬리브는 단선 및 연선의 교차 지점을 접속하는 제품으로 매시형 접지 등 다양한 부분에서 사용하고 있다. 종류로는 C형과 S형 슬리브가 있다.

49 보호구간에 유입하는 전류와 유출하는 전류의 차에 의해 동작하는 계전기는?

① 비율차동계전기
② 거리계전기
③ 방향계전기
④ 부족 전압계전기

해설
비율차동계전기
주로 변압기 및 발전기 내부고장 보호용으로 적용되는 계전기로, 내부고장 발생 시 고저압 측에 설치한 CT 2차 측의 억제 코일에 흐르는 전류차가 일정비율 이상이 되었을 때 계전기가 동작하는 방식

50 지지선의 중간에 넣는 애자는?

① 저압 핀 애자
② 구형 애자
③ 인류 애자
④ 내장 애자

해설
애자(Insulator)
전선로나 전기기기의 나선 부분을 절연하고 동시에 기계적으로 유지 또는 지지하기 위하여 사용되는 절연체
• 가지 애자 : 전선을 다른 방향으로 돌리는 부분
• 곡핀 애자 : 인입선
• 구형 애자(지선 애자, 옥 애자) : 지지선의 중간 부분
• 현수 애자 : 특고압 배전선로에서 선로의 종단, 분기, 수평각 30° 이상인 인류개소, 전선의 굵기 변경 지점, 개폐기 설치 전주 등의 내장장소에 사용
• 다구 애자 : 동력용 저압 인입선공사 시 건물 벽면에 시설 시 사용

51 주택용 배선차단기는 정격전류 63[A] 이하인 경우 정격전류의 몇 배 이상에서 확실하게 동작되어야 하는가?

① 1.13   ② 1.25
③ 1.45   ④ 1.5

해설
배선용 차단기의 과전류 트립 동작 시간 및 특성

정격전류	시 간	정격전류 배수(모든 극에 통전)			
		산업용		주택용	
		부동작 전류	동작 전류	부동작 전류	동작 전류
63[A] 이하	60분	1.05배	1.3배	1.13배	1.45배
63[A] 초과	120분				

52 16[mm] 합성수지전선관을 직각 구부리기를 할 경우 구부림 부분의 길이는 약 몇 [mm]인가?(단, 16[mm] 합성수지관의 안지름은 18[mm], 바깥지름은 22[mm]이다)

① 119   ② 132
③ 187   ④ 220

해설
합성수지관 굽은 부분 반지름
합성수지관의 굽은 부분 반지름은 관 안지름의 6배 이상으로 한다.
굽은 부분 반지름은 $r \geq 6d + \dfrac{D}{2}$ (d : 안지름, D : 바깥지름)

$\therefore r = 6 \times 18 + \dfrac{22}{2} = 119 [mm]$

53 600[V] 이하의 저압 회로에서 사용하는 비닐절연 비닐 외장케이블의 약칭으로 맞는 것은?

① VV   ② EV
③ FP   ④ CV

해설
• 전력용 케이블
600[V] 이하인 저압 옥내배선에서 가장 많이 사용하는 전선은 비닐절연시스케이블(VV케이블)이다.

• 전력용 케이블

명 칭	약 칭	주요 용도
폴리에틸렌 절연 비닐시스 케이블	EV 케이블	전기 특성이 우수하므로 저압에서 특고압에 이르기까지 널리 사용됨
비닐절연 비닐시스 케이블	VV 케이블	• 600[V] 이하인 저압 옥내배선에서 가장 많이 사용함 • 원형(VVR)과 평형(VVF)이 있음
뷰틸 고무절연 클로로프렌 시스 케이블	BN 케이블	절연체는 내열성이 우수하고 안정된 성능을 구비하고 있어 광범위한 용도를 가짐
고무절연 클로로프렌 시스 케이블	PN 케이블	• 3[kV] 이하의 회로에 사용함 • 클로로프렌은 내후성, 기계적 특성이 우수한 관계로 사용조건이 가혹한 곳에 견딜 수 있음
가교 폴리에틸렌 케이블	CV 케이블	플라스틱 전력 케이블이 대표적이고, 저압에서 고압에 이르기까지 널리 사용됨
동심 중성선 가교 폴리에틸렌 절연 비닐시스케이블	CN/CV 케이블	CV케이블의 사용이 곤란한 중성점 다중접지방식에 널리 사용됨

• 절연전선

명 칭	약 칭	주요 용도
옥외용 비닐절연전선	OW 전선	• 저압 가공배선선로에 사용 • 피복이 얇아 손상되기 쉬워 취급 주의 • 흑색이 표준
인입용 비닐절연전선	DV 전선	• 저압 가공인입선에 사용 • 일괄 배선 가능
600[V] 비닐절연전선	IV 전선	• 600[V] 이하의 옥내배선에 사용 • 내연성, 내수성, 내약품성, 내노화성 양호
600[V] 고무절연전선	RB 전선	• 600[V] 이하의 옥내배선용이기는 하나 일반적으로 사용되지 않음 • 가요성, 내습성 양호, 내노화성 불량
600[V] 내열비닐절연전선	HIV 전선	옥내배선 중 내열성을 요구하는 경우에 사용

54 단선의 굵기가 6[mm²] 이하인 전선을 직선접속할 때 주로 사용하는 접속법은?

① 트위스트 접속
② 브리타니아 접속
③ 쥐꼬리 접속
④ T형 커넥터 접속

해설
전선의 접속
- 트위스트 접속 : 6[mm²] 이하의 단선 직선접속과 분기접속에 모두 사용된다.
- 브리타니아 접속 : 10[mm²] 이상의 단선 직선접속과 분기접속에 모두 사용된다.

55 절연전선으로 가선된 배전선로에서 활선 상태인 경우 전선의 피복을 벗기는 것은 매우 곤란한 작업이다. 이런 경우 활선 상태에서 전선의 피복을 벗기는 공구는?

① 전선 피박기
② 애자 커버
③ 와이어 통
④ 데드엔드 커버

해설
전선 가공기구
- 피박기 : 전선을 벗기는 기구
- 애자 커버 : 애자를 보호
- 와이어 통 : 배전 활선작업 시 활선을 밖으로 밀어낼 때, 혹은 활선을 다른 장소로 옮길 때 사용하는 절연봉
- 데드엔드 커버 : 배전 활선작업 시 작업자가 현수 애자 및 데드엔드 클램프에 접촉되는 것을 방지하기 위해 사용하는 절연보호 덮개

56 계기용 변류기의 약호는?

① CT
② WH
③ CB
④ DS

해설
전력용 기기의 약호
- CT(Current Transformer, 계기용 변류기) : 전류의 크기를 바꾸기 위하여 사용하는 장치로서 보통 대전류를 저전류로 변성하는 경우가 많음
- WH(Watt-Hour Meter, 전력량계) : 일정 기간 동안 사용한 전력의 총량을 측정·기록하는 계기
- CB(Circuit Breaker, 회로용 차단기) : 전기회로에 과전류, 즉 정격전류(단위는 암페어[A]로 표시) 이상의 전류가 흐를 때 이로 인한 사고를 예방하기 위해 전류의 흐름을 끊는 기계
- DS(Disconnector, 단로기) : 송전선이나 변전소 등에서 차단기를 연 무부하 상태에서 주회로의 접속을 변경하기 위해 회로를 개폐하는 장치로, 보통 부하전류는 개폐하지 않음

57 고압 전로에 지락사고가 생겼을 때, 지락전류를 검출하는 데 사용하는 것은?

① CT
② ZCT
③ MOF
④ PT

해설
영상변류기(ZCT ; Zero-phase-sequence Current Transformer)
전로나 기기에 지락(접지를 한 부분에서 흐르는 접촉)사고가 났을 경우 전선 속에 포함되는 영상전류를 검출하는 기기를 말한다. 영상변류기 그 자체만으로는 검출기능밖에 없지만, 지락계전기와 조합하여 사용하면 지락사고 시 회로를 차단할 수 있다. 이론적으로 전기 벡터 합이 정상 시 '0'이 되어야 하는데, 1선 지락 시 벡터 합이 '0'이 되지 않는 것을 이용하여 검출한다.

58 일반적으로 가공전선로의 지지물에 취급자가 오르고 내리는 데 사용하는 발판 볼트 등은 지표상 몇 [m] 미만에 시설하여서는 안 되는가?

① 0.75　　② 1.2
③ 1.8　　　④ 2.0

해설
가공전선로 지지물의 철탑오름 및 전주오름 방지
가공전선로의 지지물에 취급자가 오르고 내리는 데 사용하는 발판 볼트 등을 지표상 1.8[m] 미만에 시설하여서는 아니 된다.

59 가공전선로의 지지물에 하중이 가하여지는 경우에 그 하중을 받는 지지물의 기초 안전율은 일반적으로 얼마 이상이어야 하는가?

① 1.5　　② 2.0
③ 2.5　　④ 4.0

해설
가공전선로 지지물의 기초의 안전율
지지물의 기초 안전율 기초안전율 2(상정하중에 대한 철탑의 경우 1.33) 이상이어야 한다.

60 다음 중 옥내에 시설하는 저압 전로와 대지 사이의 절연 저항 측정에 사용되는 계기는?

① 멀티 테스터
② 메 거
③ 어스 테스터
④ 훅 온 미터

해설
절연저항계/메거(Megger)
절연저항은 전기가 통하지 않게 하는 절연물의 저항을 말하는 것으로 매우 큰 값의 저항값을 지녀 [MΩ]의 단위를 사용하며, 절연저항의 측정기는 절연저항계 또는 메거(Megger)를 사용한다.

정답　58 ③　59 ②　60 ②

2019년 제2회 과년도 기출복원문제

01 패러데이 법칙에서 유도기전력 e[V]를 옳게 표현한 것은?

① $e = -\dfrac{1}{N}\dfrac{d\phi}{dt}$

② $e = -\dfrac{1}{N^2}\dfrac{d\phi}{dt}$

③ $e = -N\dfrac{d\phi}{dt}$

④ $e = -N^2\dfrac{d\phi}{dt}$

해설
전자유도 법칙
$e = -N\dfrac{d\phi}{dt} = -L\dfrac{dI}{dt}$[H]

- 패러데이 법칙 : 유도기전력의 크기 $\left(e = N\dfrac{d\phi}{dt}\right)$ 결정
- 렌츠 법칙 : 유도기전력의 방향(-) 결정

02 다음 중 기자력(Magnetomotive Force)에 대한 설명으로 옳지 않은 것은?

① 전기회로의 기전력에 대응한다.
② 코일에 전류가 흐를 때 전류밀도와 코일의 권수의 곱의 크기와 같다.
③ 자기회로의 자기저항과 자속의 곱과 동일하다.
④ SI단위는 암페어[A]이다.

해설
자기회로
기자력 $F = NI = R_m \phi$[AT], 전류밀도가 아니라 전류가 된다.
기자력의 단위는 [A] 또는 [AT]이고 턴 수가 무차원 단위이므로, 단순히 [A]만 쓸 때가 많다.

03 등전위면(Equipotential Surface)에 대한 설명으로 옳은 것은?

① 전기력선은 등전위면과 평행하게 지나간다.
② 전하를 갖고 등전위면에 따라 이동하면 일이 생긴다.
③ 다른 전위의 등전위면은 서로 교차한다.
④ 점전하가 만드는 전계의 등전위면은 동심구면이다.

해설
등전위면의 성질
- 전기장 안에서 전위가 같은 점을 연결하여 이루어지는 면이다.
- 등전위면은 폐곡선이고, 전기력선은 등전위면과 수직으로 교차한다.
- 다른 전위의 등전위면은 서로 교차하지 않는다.
- 전하는 등전위면에 직각으로 이동하고 등전위면의 밀도가 높으면 전기장의 세기도 크다.

1 ③ 2 ② 3 ④ **정답**

04 그림과 같은 환상철심에 A, B의 코일이 감겨 있다. 전류 I가 120[A/s]로 변화할 때, 코일 A에 90[V], 코일 B에 40[V]의 기전력이 유도된 경우, 코일 A의 자기인덕턴스 L_1[H]과 상호인덕턴스 M[H]의 값은 얼마인가?

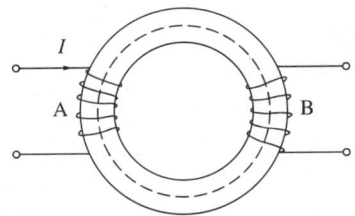

① $L_1 = 0.75$, $M = 0.33$
② $L_1 = 1.25$, $M = 0.7$
③ $L_1 = 1.75$, $M = 0.9$
④ $L_1 = 1.95$, $M = 1.1$

해설
- 유도기전력 $E_A = L_1 \dfrac{dI}{dt}$ 에서 $L_1 = \dfrac{E_A}{\dfrac{dI_1}{dt}} = \dfrac{90}{120} = 0.75[\mathrm{H}]$
- 유도기전력 $E_B = M \dfrac{dI_1}{dt}$ 에서 $M = \dfrac{E_B}{\dfrac{dI_1}{dt}} = \dfrac{40}{120} \fallingdotseq 0.33[\mathrm{H}]$

05 정전계에 주어진 전하분포에 의하여 발생되는 전계의 세기를 구하려고 할 때 적당하지 않은 방법은?

① 쿨롱의 법칙을 이용하여 구한다.
② 전위를 이용하여 구한다.
③ 가우스 법칙을 이용하여 구한다.
④ 비오-사바르의 법칙에 의하여 구한다.

해설
전계의 세기(전기장의 세기, 전기력선의 밀도) : $E[\mathrm{V/m}]$
- 쿨롱의 법칙을 이용 : $E = \dfrac{Q}{4\pi\varepsilon_0 r^2}$
- 전위를 이용 : $V = E \cdot r$, $E = \dfrac{V}{r}$
- 가우스 법칙을 이용 : $\displaystyle\int_s E \cdot ds = \dfrac{Q}{\varepsilon_0}$

자계의 세기(자기장의 세기) : $H[\mathrm{AT/m}]$, $[\mathrm{N/Wb}]$
비오-사바르 법칙은 주어진 전류가 생성하는 자기장이 전류에 수직이고 전류에서의 거리의 역제곱에 비례한다는 물리법칙이다. 또한 자기장이 전류의 세기, 방향, 길이에 연관이 있음을 알려준다.
$dH = \dfrac{Idl\sin\theta}{4\pi r^2}[\mathrm{AT/m}]$

06 $i = 20\sqrt{2}\sin\left(377t - \dfrac{\pi}{6}\right)$[A]인 파형의 주파수는 몇 [Hz]인가?

① 50 ② 60
③ 70 ④ 80

해설
전류 $i = I_m\sin(\omega t + \theta) = I_m\sin(2\pi ft + \theta)$이므로
각주파수 $\omega = 377 = 2\pi f$에서 주파수 $f = \dfrac{377}{2\pi} \fallingdotseq 60[\mathrm{Hz}]$

07 다음과 같이 변환 시 $R_1 + R_2 + R_3$의 값[Ω]은? (단, $R_{ab} = 2[\Omega]$, $R_{bc} = 4[\Omega]$, $R_{ca} = 6[\Omega]$이다)

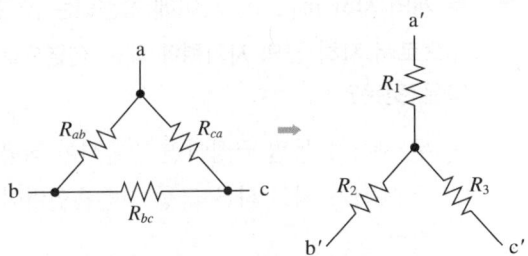

① 1.57 ② 2.67
③ 3.67 ④ 4.87

해설
△결선을 Y결선으로 변환
$R_1 = \dfrac{R_{ab} \cdot R_{ca}}{R_{ab} + R_{bc} + R_{ca}} = \dfrac{12}{12} = 1[\Omega]$, $R_2 = \dfrac{8}{12} \fallingdotseq 0.67[\Omega]$,
$R_3 = \dfrac{24}{12} = 2[\Omega]$
$\therefore R_1 + R_2 + R_3 = 3.67[\Omega]$

08 다음 중 LC 직렬회로의 공진조건으로 옳은 것은?

① $\dfrac{1}{\omega L} = \omega C + R$

② 직류전원을 가할 때

③ $\omega L = \omega C$

④ $\omega L = \dfrac{1}{\omega C}$

해설

- 직렬회로 공진조건 $\omega L = \dfrac{1}{\omega C}$, 병렬회로 공진조건 $\omega C = \dfrac{1}{\omega L}$
- 제n고조파의 공진주파수는 $f = \dfrac{1}{2\pi n\sqrt{LC}}$

09 두 개의 자하 m_1, m_2 사이에 작용되는 쿨롱의 법칙으로서 자하 간의 자기력에 대한 설명으로 옳지 않은 것은?

① 두 자하가 동일 극성이면 반발력이 작용한다.
② 두 자하가 서로 다른 극성이면 흡인력이 작용한다.
③ 두 자하의 거리에 반비례한다.
④ 두 자하의 곱에 비례한다.

해설

쿨롱의 법칙

$F = \dfrac{m_1 m_2}{4\pi \mu_0 \mu_s r^2} = 6.33 \times 10^4 \times \dfrac{m_1 m_2}{\mu_s r^2}$ [N]

두 자하 사이에 작용하는 힘은 두 자하의 곱에 비례, 두 자하의 거리 제곱에 반비례한다.
여기서, 공기(진공) 투자율 $\mu_0 = 4\pi \times 10^{-7}$ [H/m]

10 정전용량 6[μF], 극간거리 2[mm]의 평행 평판 콘덴서에 300[μC]의 전하를 주었을 때 극판 간의 전계는 몇 [V/mm]인가?

① 25   ② 50
③ 150   ④ 200

해설

평행 평판 콘덴서

- $V = \dfrac{Q}{C} = \dfrac{300 \times 10^{-6}}{6 \times 10^{-6}} = 50$ [V]
- $E = \dfrac{V}{l} = \dfrac{50}{2} = 25$ [V/mm]

11 저항 20[Ω]인 전열기로 21.6[kcal]의 열량을 발생시키려면 5[A]의 전류를 약 몇 분간 흘려주면 되는가?

① 3분   ② 5.7분
③ 7.2분 ④ 18분

해설

줄의 법칙(전류의 열작용)
$H = I^2 Rt$ [J] $= 0.24 I^2 Rt$ [cal]
$t = \dfrac{H}{0.24 I^2 R} = \dfrac{21.6 \times 10^3}{0.24 \times 5^2 \times 20} = 180$ [s] = 3[분]

12 두 종류의 금속을 접속하여 두 접합 부분을 다른 온도로 유지하면 열기전력을 일으켜 열전류가 흐른다. 이 현상을 지칭하는 것은?

① 제베크 효과   ② 제3금속의 법칙
③ 펠티에 효과   ④ 패러데이의 법칙

해설

- 제3금속의 법칙 : 금속 A와 B로 만든 열전쌍과 접점 사이에 임의의 금속 C를 연결해도 C의 양끝의 접점의 온도를 똑같이 유지하면 회로의 열기전력은 변화하지 않는다.
- 펠티에 효과 : 두 종류의 금속 접합부에 전류를 흘리면 전류의 방향에 따라 줄열 이외의 열의 흡수 또는 발생 현상
- 패러데이의 전자유도 법칙 : 코일을 관통하는 자속을 변화시킬 때 코일에 유도기전력이 발생하는 현상

13 분류기를 사용하여 전류를 측정하는 경우 전류계의 내부 저항이 0.12[Ω], 분류기 저항이 0.03[Ω]이면 그 배율은?

① 4
② 5
③ 15
④ 36

해설
분류기 : 전류계의 측정 범위를 넓히기 위해서는 전류계와 병렬로 저항을 접속해야 한다. 이 병렬 저항을 분류기라 한다.

분류기 배율$(m) = \dfrac{I}{I_a} = 1 + \dfrac{r_a(\text{전류계의 내부저항})}{R_s(\text{분류기저항})}$

$= 1 + \dfrac{0.12}{0.03} = 5$

14 같은 규격의 축전지 2개를 병렬로 연결하면?

① 전압과 용량 모두 2배가 된다.
② 전압과 용량 모두 $\dfrac{1}{2}$이 된다.
③ 전압은 그대로, 용량은 2배가 된다.
④ 전압은 2배, 용량은 그대로이다.

해설
• 축전지 n개를 직렬연결 시 : 전압은 n배, 용량은 1개 용량
• 축전지 n개를 병렬연결 시 : 전압은 1개 전압, 용량은 n배

15 기본파의 3[%]인 제3고조파와 4[%]인 제5고조파, 1[%]인 제7고조파를 포함하는 전압파의 왜형률은?

① 약 2.7[%]
② 약 5.1[%]
③ 약 7.7[%]
④ 약 14.1[%]

해설
종합 고조파 왜형률(THD)
고조파 전압(전류) 실효치와 기본파 전압(전류) 실효치 비로서 나타내며, 고조파 발생의 정도를 나타내는 데 사용된다.

$V_{THD} = \dfrac{\sqrt{V_3^2 + V_5^2 + V_7^2}}{V_1} \times 100 = \dfrac{\sqrt{3^2 + 4^2 + 1^2}}{100} \times 100$

$\fallingdotseq 5.1[\%]$

16 정전기 발생 방지책으로 틀린 것은?

① 대전 방지제의 사용
② 접지 및 보호구의 착용
③ 배관 내 액체의 흐름 속도 제한
④ 대기의 습도를 30[%] 이하로 하여 건조함을 유지

해설
대기의 습도가 낮을(건조) 때 정전기가 많이 발생하고, 오히려 습도가 높을 때 정전기가 덜 발생한다. 보통 공정관리에서는 습도를 40~60[%]로 관리한다.

17 2[C]의 전기량이 이동을 하여 10[J]의 일을 하였다면 두 점 사이의 전위차는 몇 [V]인가?

① 0.2
② 0.5
③ 5
④ 20

해설
• 전위 E [V], [J/C]
• 힘 F [N], [J/m]
• 전위차 $V = \dfrac{W}{Q} = \dfrac{10[J]}{2[C]} = 5[V]$

18 (㉠), (㉡)에 들어갈 내용으로 알맞은 것은?

> "2차 전지의 대표적인 것으로 납축전지가 있다. 전해액으로 비중 약 (㉠) 정도의 (㉡)을 사용한다."

① ㉠ 1.15~1.21   ㉡ 묽은 황산
② ㉠ 1.25~1.36   ㉡ 질산
③ ㉠ 1.01~1.15   ㉡ 질산
④ ㉠ 1.23~1.26   ㉡ 묽은 황산

해설
- 납축전지(Lead Storage Battery)의 화학반응식

양극	전해액	음극	방전⇄충전	양극	전해액	음극
PbO_2	+ $2H_2SO_4$	+ Pb		$PbSO_4$	+ $2H_2O$	+ $PbSO_4$

- 보통 전해액(묽은 황산)의 비중은 1.2~1.3 정도로 한다.

19 비정현파의 종류에 속하는 직사각형파의 전개식에서 기본파의 진폭[V]은?(단, $V_m = 20$[V], $T = 10$[ms])

① 23.47   ② 24.47
③ 25.47   ④ 26.47

해설
비정현파(비사인파) 직사각형 기본파 진폭(최댓값)
$$v = \frac{4}{\pi} V_m \sin\omega t = \frac{4}{\pi} \times 20 ≒ 25.47[V]$$

20 저항 50[Ω]인 전구에 $e = 100\sqrt{2}\sin\omega t$[V]의 전압을 가할 때 순시전류[A]값은?

① $\sqrt{2}\sin\omega t$ ② $2\sqrt{2}\sin\omega t$
③ $5\sqrt{2}\sin\omega t$ ④ $10\sqrt{2}\sin\omega t$

해설
순시값은 전류, 전압 파형에서 어떤 임의의 순간에서 전류, 전압의 크기를 $i(t) = I_m \sin\omega t$[A], $v(t) = V_m \sin\omega t$[V]로 나타낸다.
옴의 법칙에 따라 $i = \frac{100\sqrt{2}\sin\omega t}{50} = 2\sqrt{2}\sin\omega t$[A]

21 전압변동률이 작고 자여자이므로 다른 전원이 필요 없으며, 계자저항기를 사용한 전압조정이 가능하므로 전기화학용, 전지의 충전용 발전기로 가장 적합한 것은?

① 타여자발전기
② 직류 복권발전기
③ 직류 분권발전기
④ 직류 직권발전기

해설
직류발전기의 용도
- 타여자발전기 : 계자전압을 전기자전압과 관계없이 조정할 수 있어 워드-레오나드 전압제어방식의 전원으로 사용하여 직류전동기의 속도와 회전방향을 제어하거나 교류발전기의 여자기 전원으로 사용한다.
- 분권발전기 : 전압변동률이 작으며 자여자이므로 계자저항기를 사용하여 전압조정이 가능하고, 전기화학용 전원, 전지의 충전용, 동기기의 여자용으로 쓰인다.
- 직권발전기 : 전압승압기, 아크 용접발전기
- 복권발전기 : 평복권발전기는 부하 증가에도 일정한 전압을 유지하므로 직류전원 및 전기기계의 여자 전원으로 사용한다.

22 직류발전기의 부하 포화곡선은 다음 어느 것의 관계인가?

① 부하전류와 여자전류
② 단자전압과 부하전류
③ 단자전압과 계자전류
④ 부하전류와 유기기전력

해설
직류발전기의 부하/무부하 포화곡선
- 직류발전기의 부하 포화곡선 : 단자전압(V)과 계자전류(I_f)의 관계 곡선
- 직류발전기의 무부하 포화곡선 : 유기기전력(E)과 계자전류(I_f)의 관계 곡선

23 출력 10[kW], 효율 90[%]인 기기의 손실은 약 몇 [kW]인가?

① 0.6 ② 1.1
③ 2   ④ 2.5

해설
효율과 손실
- 효율 = $\dfrac{출력}{입력} = \dfrac{출력}{출력+손실}$
- 손실 = $\dfrac{출력}{효율} - 출력 = \dfrac{10}{0.9} - 10 = \dfrac{10-9}{0.9} = \dfrac{1}{0.9} \fallingdotseq 1.1[\text{kW}]$

24 다음 중 전동기의 원리에 적용되는 법칙은?

① 렌츠의 법칙
② 플레밍의 오른손 법칙
③ 플레밍의 왼손 법칙
④ 옴의 법칙

해설
- 플레밍의 왼손 법칙 : 자기장 내의 전류가 흐르는 도선의 힘의 방향 → 전동기
- 렌츠의 법칙 : 전류의 변화를 방해하는 방향으로 발생되는 기전력
- 플레밍의 오른손 법칙 : 자기장 내의 도선의 운동 시 유도기전력의 방향 → 발전기

25 다음 중 유도전동기의 슬립이 증가하면 값이 커지는 것은?

① 2차 주파수   ② 회전자속도
③ 동기속도   ④ 2차 효율

해설
① 주파수는 슬립에 비례하므로, 슬립이 증가하면 값이 커진다. $f_s = sf_1[\text{Hz}]$
② 슬립(동기속도와의 차이)이 증가하면 회전자속도는 감소한다.
③ 동기속도 자체는 $N_s = \dfrac{120f}{p}$ 이므로, 슬립과는 무관하다.
④ 슬립이 클수록 2차 효율은 작아진다.
$\eta_2 = \dfrac{P_o}{P_2} = 1 - s$ (P_o : 출력, P_2 : 2차 입력)

슬립(Slip)
3상 유도전동기는 항상 동기속도(자석의 속도)와 회전자의 속도 사이에 차이가 생기게 되며, 이 차이($N_s - N$)와 동기속도와의 비를 슬립(s)이라 한다. 슬립이 커지면 회전자의 속도는 감소하고, 작아지면 회전자의 속도는 증가한다.

26 동기발전기의 전기자 반작용 중에서 전기자전류에 의한 자기장의 축이 항상 주자속의 축과 수직이 되면서 자극편 왼쪽에 있는 주자속은 증가시키고, 오른쪽에 있는 주자속은 감소시켜 편자작용을 하는 전기자 반작용은?

① 증자작용
② 감자작용
③ 교차자화작용
④ 직축반작용

해설
동기발전기의 전기자 반작용
3상 부하전류(전기자전류)에 의한 회전자속이 계자자속에 영향을 미치는 현상
- 교차자화작용(횡축 반작용) : R부하인 경우 전기자전류와 기전력 E가 동상인 경우
- 감자작용(직축 반작용) : L부하인 경우 전기자전류가 기전력 E보다 위상이 90° 늦은 경우
- 증자작용(직축 반작용) : C부하인 경우 전기자전류가 기전력 E보다 위상이 90° 앞선 경우

27 동기발전기를 계통에 병렬로 접속시킬 때 관계없는 것은?

① 주파수   ② 위상
③ 전압   ④ 전류

>[해설]
> 동기발전기의 병렬운전조건
> 발전기의 용량 혹은 전류는 같지 않아도 되며 전압, 주파수, 위상은 같아야 한다.

28 3상 동기발전기의 정격전압은 6,600[V], 정격전류는 240[A]이다. 이 발전기의 계자전류가 100[A] 일 때, 무부하 단자전압은 6,600[V]이고, 3상 단락전류는 300[A]이다. 이 발전기에 정격전류와 같은 단락전류를 흘리는 데 필요한 계자전류[A]의 값은?

① 40   ② 60
③ 80   ④ 100

>[해설]
> 동기발전기의 단락비(Short Circuit Ratio)

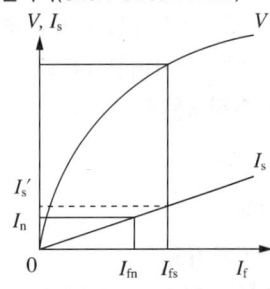

> - 단락비(K_s)란, 지속 단락전류 I_s'와 정격전류 I_n의 비로서, 무부하 포화곡선과 3상 단락곡선으로 표현한다. 단락 시의 단락전류 I_s'의 위험에 대하여 정격전류 I_n을 유지할 수 있는 최소한의 허용 계자전류 I_{fn}과 정격전압 V_n 유지에 필요한 계자전류 I_{fs}의 비 $\dfrac{I_{fs}}{I_{fn}}$를 단락비라고 한다.
> - $K_s = \dfrac{I_{fs}}{I_{fn}} = \dfrac{I_s'}{I_n} = \dfrac{1}{Z_s}$ (I_s' : 단락전류, Z_s : 동기임피던스)이므로, $K = \dfrac{100}{I_{fn}} = \dfrac{300}{240}$
> ∴ $I_{fn} = 80[A]$

29 부흐홀츠계전기의 설치위치로 가장 적당한 곳은?

① 변압기 주탱크 내부
② 콘서베이터 내부
③ 변압기 고압 측 부싱
④ 변압기 주탱크와 콘서베이터 사이

>[해설]
> 부흐홀츠계전기
> - 부흐홀츠계전기 : 변압기 내부고장으로 인한 절연유의 온도 상승 시 발생하는 유증기를 검출하여 경보 및 차단하기 위한 계전기
> - 부흐홀츠계전기로 보호되는 기기 : 변압기
> - 설치위치로 가장 적당한 곳 : 변압기 주탱크와 콘서베이터 사이

30 변압기에 대한 설명으로 옳지 않은 것은?

① 정상적인 병렬운전을 위해서 각 변압기의 저항과 리액턴스의 비가 같아야 한다.
② 기본 원리를 패러데이의 법칙과 렌츠의 법칙으로 설명할 수 있다.
③ 최대 효율 조건은 부하손과 무부하손이 같을 때다.
④ 변압기 철심재료는 히스테리시스손을 줄이기 위하여 철심을 적층하여 사용한다.

>[해설]
> 변압기의 손실
> 무부하손은 변압기가 무부하 상태에 있을 때 발생하는 손실로 주로 철손이고 여자전류에 의한 동손과 절연물의 유전체손 등이 있다. 철손은 철심에 생기는 손실로, 히스테리시스손과 맴돌이전류손으로 이루어진다. 철손의 대부분을 차지하는 히스테리시스손을 줄이기 위하여 히스테리시스 정수가 작은 규소강판을 사용하며, 맴돌이전류손을 줄이기 위하여 얇은 강판을 적층하여 사용한다.

31 1차 측 권선이 50회, 전압 444[V], 주파수 50[Hz], 정격용량이 50[kVA]인 변압기가 정현파 전원에 연결되어 있다. 철심에서 교번하는 정현파 자속의 최댓값은?

① 0.03[Wb] ② 0.04[Wb]
③ 0.05[Wb] ④ 0.06[Wb]

해설

$E = 4.44fN\phi_m$ [V]에서, $\phi_m = \dfrac{E}{4.44fN}$ [Wb]이므로,

$\phi_m = \dfrac{444}{4.44 \times 50 \times 50} = 0.04$ [Wb]

32 자기용량 20[kVA]인 단권변압기의 1차 전압이 4,000[V]이고, 2차 전압이 4,400[V]이다. 부하 역률이 0.8일 때 공급할 수 있는 전력[kW]은?(단, 변압기의 손실은 무시한다)

① 176 ② 220
③ 380 ④ 440

해설

승압용 단권변압기의 특성

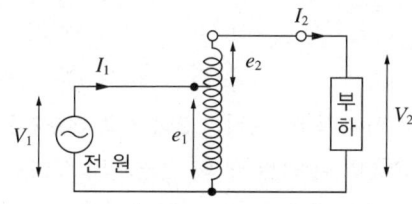

$P_1 = V_1 I_1 = 20$[kVA]에서 $V_1 = 4,000$[V]이므로,
$I_1 = \dfrac{P_1}{V_1} = \dfrac{20,000}{4,000} = 5$[A]이고,

단권변압기의 권수비 $a = \dfrac{V_1}{V_2 - V_1} = \dfrac{4,000}{4,400 - 4,000} = 10$이므로, $I_2 = aI_1 = 10 \times 5 = 50$[A]이다.
$V_2 = 4,400$[V], $\cos\theta = 0.8$이므로,
따라서 $P_2 = V_2 I_2 \cos\theta = 4,400 \times 50 \times 0.8 = 176,000$[W]
$= 176$[kW]

33 다음은 무부하일 때 변압기 벡터도이다. 이때 I_1은?(단, ϕ는 자속, E_1은 1차 유도기전력이다)

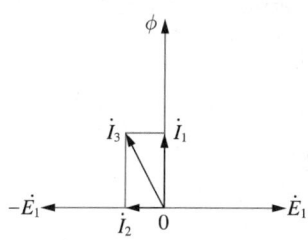

① 철손전류
② 자화전류
③ 여자전류
④ 부하전류

해설

무부하 상태의 변압기 벡터

문제에서 제시된 무부하 상태의 변압기 벡터도에서 $\dot{I}_1$[A]는 자화전류 $\dot{I}_m$[A]에 해당한다. $\dot{I}_2$[A]는 철손전류 $\dot{I}_c$[A]이며, $\dot{I}_3$[A]는 여자전류 $\dot{I}_0$[A]이다.

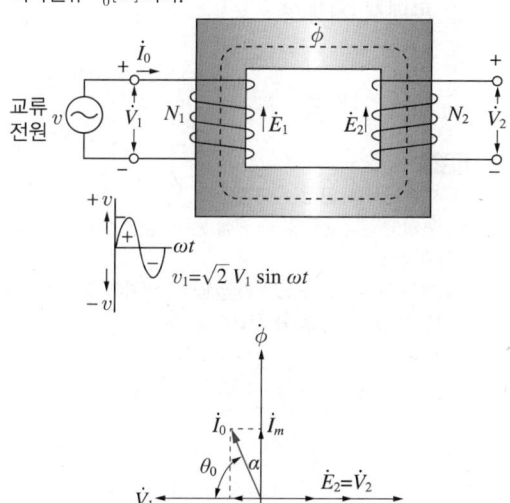

$\theta_0 : V_1, V_0$의 위상차
$\alpha :$ 철손각

34 2차 전압 200[V], 2차 권선저항 0.03[Ω], 2차 리액턴스 0.04[Ω]인 유도전동기가 3[%]의 슬립으로 운전 중이라면 2차 전류[A]는?

① 20   ② 100
③ 200   ④ 254

해설
2차 전류
$$I_2 = \frac{E_2}{\sqrt{\left(\frac{r_2}{s}\right)^2 + X_2^2}} = \frac{200}{\sqrt{\left(\frac{0.03}{0.03}\right)^2 + (0.04)^2}} \fallingdotseq 200[A]$$

35 가정용 선풍기나 세탁기 등에 많이 사용되는 단상 유도 전동기는?

① 분상 기동형
② 콘덴서 기동형
③ 영구 콘덴서 전동기
④ 반발 기동형

해설
영구 콘덴서형 단상 유도전동기
- 기동할 때에나 운전할 때 항상 콘덴서를 기동권선과 직렬로 접속하고 사용
- 토크가 균일하고 구조가 간단해지고 역률이 좋으며 소음이 적음
- 선풍기, 세탁기, 음향 플레이어 등

36 15[kW], 60[Hz], 4극의 3상 유도전동기가 있다. 전부하가 걸렸을 때의 슬립이 4[%]라면 이때의 2차(회전자) 측 동손은 몇 [kW]인가?

① 1.2   ② 1.0
③ 0.8   ④ 0.6

해설
2차(회전자) 측 동손 $P_{c2} = P_2 \times s$ 이므로,
15[kW] × 0.04 = 0.6[kW]

37 셰이딩 코일형 유도전동기의 특징을 나타낸 것으로 틀린 것은?

① 역률과 효율이 좋고 구조가 간단하여 세탁기 등 가정용 기기에 많이 쓰인다.
② 회전자는 농형이고 고정자의 성층철심은 몇 개의 돌극으로 되어 있다.
③ 기동토크가 작고 출력이 수 10[W] 이하의 소형 전동기에 주로 사용한다.
④ 운전 중에도 셰이딩 코일에 전류가 흐르고 속도 변동률이 크다.

해설
셰이딩 코일형 단상 유도전동기
- 이동 자기장을 이용한 것으로 회전방향을 바꿀 수 없고 항상 주자극에서 셰이딩 자극 쪽으로만 이동
- 구조가 극히 단순하며 기동토크가 작고, 효율과 역률이 좋지 않음
- 소형 선풍기 등 100[W] 이하에 사용

38 주파수가 60[Hz]인 3상 4극 유도전동기가 있다. 슬립이 4[%]일 때 이 전동기의 회전수는 몇 [rpm]인가?

① 1,800   ② 1,712
③ 1,728   ④ 1,652

해설
회전수 $N = (1-s)N_s$ 에서
$N_s = \frac{120f}{p} = \frac{120 \times 60}{4} = 1,800[rpm]$
∴ $N = (1-0.04) \times 1,800 = 1,728[rpm]$

39 반파 정류회로에서 변압기 2차 전압의 실효치를 E[V]라 하면 직류전류 평균치는?(단, 정류기의 전압강하는 무시한다)

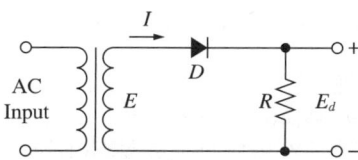

① $\dfrac{E}{R}$

② $\dfrac{1}{2}\dfrac{E}{R}$

③ $\dfrac{2\sqrt{2}}{\pi}\dfrac{E}{R}$

④ $\dfrac{\sqrt{2}}{\pi}\dfrac{E}{R}$

해설
단상 반파 정류회로
- 직류전압 $E_d = \dfrac{\sqrt{2}}{\pi}E = 0.45E$[V]
- 직류전류 $I_d = \dfrac{E_d}{R} = \dfrac{\sqrt{2}}{\pi}\dfrac{E}{R}$[A]

40 다음 중 직선형 전동기는?

① 서보 모터
② 기어 모터
③ 스테핑 모터
④ 리니어 모터

해설
리니어 모터(Linear Motor)
직접적인 직선형 구동을 얻기 위해 회전형 구조를 직선형으로 펼친 구조로서 전기에너지를 직선 운동에너지로 변환하는 장치이다.

41 보호계전기의 시험을 하기 위한 유의사항이 아닌 것은?

① 시험회로 결선 시 교류와 직류 확인
② 영점의 정확성 확인
③ 계전기 시험장비의 오차 확인
④ 시험회로 결선 시 교류의 극성 확인

해설
보호계전기의 교류의 극성 확인은 필요 없다.
보호계전기 시험 시 유의사항
- CT 2차 회로는 점검 시 단락하여야 함
- 임피던스계전기는 사전예열이 필요한지 확인
- 시험회로 결선 시에 교류와 직류를 확인하며, 직류 시 극성 확인
- 시험용 전원의 용량 계전기가 요구하는 정격전압이 유지되는지 확인
- 계전기 시험장비 지시범위의 오차, 적합성, 영점 확인

42 조명용 전등을 호텔 또는 여관 객실 입구에 설치할 경우 최대 몇 분 이내에 소등되는 타임스위치를 시설하여야 하는가?

① 1분　　② 2분
③ 3분　　④ 4분

해설
타임스위치 소등 시간
- 숙박업소(호텔, 여관) : 1분 이내 소등
- 일반 주택 및 아파트 : 3분 이내 소등

43 폭연성 먼지 또는 화약류의 가루가 전기설비가 점화원이 되어 폭발할 우려가 있는 곳의 저압 옥내 전기설비는 어느 공사에 의하는가?

① 애자공사
② 캡타이어케이블공사
③ 합성수지관공사
④ 금속관공사

해설
폭연성 먼지 위험장소
폭연성 먼지(마그네슘·알루미늄·타이타늄·지르코늄 등의 먼지가 쌓여 있는 상태에서 불이 붙었을 때에 폭발할 우려가 있는 것) 또는 화약류의 가루가 전기설비가 발화원이 되어 폭발할 우려가 있는 곳에 시설하는 저압 옥내전기설비는 금속관공사 또는 케이블공사(캡타이어케이블을 사용하는 것을 제외)에 의할 것

폭연성 먼지 또는 화약류의 가루	금속관공사, 케이블공사
가연성 먼지	금속관공사, 케이블공사, 합성수지관공사

44 저압 옥내간선으로부터 분기하는 곳에 설치하여야 하는 것은?

① 지락차단기
② 과전류차단기
③ 누전차단기
④ 과전압차단기

해설
분기회로의 시설
분기회로의 과전류차단기는 각 극에 시설할 것

45 금속전선관공사에서 사용되는 후강전선관의 규격이 아닌 것은?

① 16
② 28
③ 36
④ 50

해설
후강(두꺼운 두께)/박강(얇은 두께) 전선관
• 후강전선관 : 안지름 근접 짝수(호칭 : 16, 22, 28, 36, 42, 54, 70, 82, 92, 104[mm])
• 박강전선관 : 바깥지름 근접 홀수(호칭 : 19, 25, 31, 39, 51, 63, 75[mm])

46 접착력은 떨어지나 절연성, 내온성, 내유성이 좋아 연피케이블의 접속에 사용되는 테이프는?

① 고무 테이프
② 리노 테이프
③ 비닐 테이프
④ 자기융착 테이프

해설
리노 테이프(Lino Tape)
면 테이프의 양면에 바니시를 칠하여 건조시킨 것으로서 트랜스의 권선층 사이나 인출선 부분 등에 삽입하는 절연 테이프를 말한다.

47 합성수지관 상호 및 관과 박스는 접속 시에 삽입하는 깊이를 관 바깥지름의 몇 배 이상으로 하여야 하는가?(단, 접착제를 사용하지 않은 경우이다)

① 0.2
② 0.5
③ 1
④ 1.2

해설
합성수지관공사
• 전선은 절연전선일 것
• 관 상호 간 및 박스와는 관을 삽입하는 깊이를 관의 바깥지름의 1.2배(접착제를 사용하는 경우에는 0.8배) 이상으로 할 것
• 전선은 합성수지관 안에서 접속점이 없도록 할 것

48 다음 중 전선의 굵기를 측정하는 것은?

① 프레셔 툴
② 스패너
③ 파이어 포트
④ 와이어 게이지

해설
• 와이어 게이지(Wire Gauge)

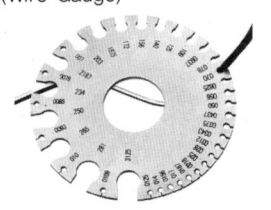

• 프레셔 툴 : 압착용
• 스패너 : 볼트나 너트를 죄거나 푸는 데 사용하는 공구
• 파이어 포트 : 납땜 인두나 납땜 냄비를 올려 납물을 만드는 데 사용

정답 43 ④ 44 ② 45 ④ 46 ② 47 ④ 48 ④

49 다음 중 배전반 및 분전반의 설치장소로 적합하지 않은 곳은?

① 전기회로를 쉽게 조작할 수 있는 장소
② 개폐기를 쉽게 개폐할 수 있는 장소
③ 노출된 장소
④ 사람이 쉽게 조작할 수 없는 장소

해설
배전반 및 분전반의 설치
배전반 및 분전반은 조작 및 점검, 관리가 용이한 장소에 설치한다.

50 진동이 심한 전기기계, 기구에 전선을 접속할 때 사용되는 것은?

① 스프링 와셔 ② 커플링
③ 압착단자 ④ 링 슬리브

해설
진동기계, 기구에 접속할 때에는 2중 너트 또는 스프링 와셔를 사용한다.
와셔는 볼트 구멍이 지름보다 너무 크거나 볼트와 너트가 접촉면이 고르지 못할 때, 풀림 방지용으로도 사용된다.
와셔의 종류

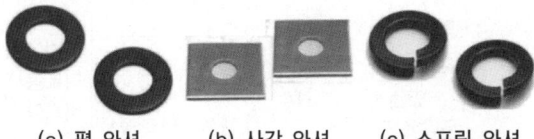
(a) 평 와셔   (b) 사각 와셔   (c) 스프링 와셔

(d) 접시 스프링 와셔 (e) 이붙이 와셔 (f) 양쪽 이붙이 와셔

51 옥내공사 중 버스덕트 중 환기형과 비환기형이 있으며 도중에 부하를 접속할 수 없는 덕트는?

① 트롤리 버스덕트
② 플러그인 버스덕트
③ 피더 버스덕트
④ 트랜스포지션 버스덕트

해설
피더 버스덕트는 도중에 부하를 접속할 수 없다.
버스덕트(Bus Duct)
금속성 덕트 내에 절연성이 우수한 지지물로 구리선 및 동피 등을 절연, 고정하여 수용한 것이다. 공장이나 빌딩 등에서 대전류가 흐르는 배선에서 사용한다.

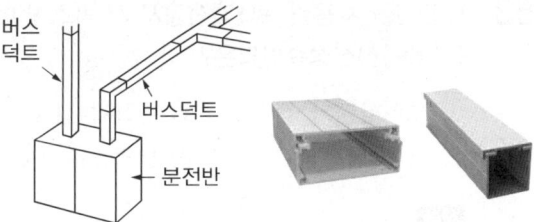

- 트롤리 버스덕트(Trolley Bus Duct) : 도중에 이동부하를 접속할 수 있도록 한 트롤리 접촉식 구조(비환기형, 옥/내외용)

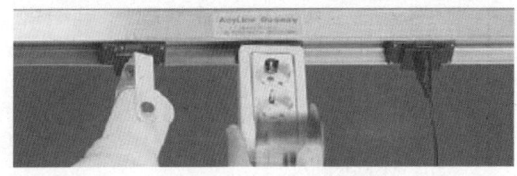

- 플러그인 버스덕트(Plug-in Bus Duct) : 도중에 부하 접속용으로 꽂음 플러그를 만든 것(비환기형, 옥내용)

- 피더 버스덕트(Feeder Bus Duct) : 도중에 부하를 접속하지 않는 것(옥내용-환기형/비환기형, 옥외형-비환기형)

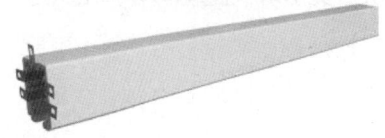

- 트랜스포지션 버스덕트(Transposition Bus Duct) : 각 상의 임피던스를 균일화하기 위해 도체의 위치를 관로 내에서 교체시키도록 만든 것(비환기형)

52 가공전선로의 지지물로부터 다른 지지물을 거치지 아니하고 수용장소의 붙임점에 이르는 가공전선을 무엇이라 하는가?

① 옥외배선　　② 가공전선
③ 가공인입선　④ 관등회로

해설
가공인입선
가공전선로의 지지물로부터 다른 지지물을 거치지 아니하고 수용장소의 붙임점에 이르는 가공전선을 말한다.

53 IV전선을 사용한 옥내배선공사 시 박스 안에서 사용되는 전선접속방법은?

① 브리타니아 접속　② 쥐꼬리 접속
③ 복권 직선 접속　　④ 트위스트 접속

해설
IV전선(비닐절연전선)
Indoor PVC 의 약어로, 실내 배선용 비닐절연전선이다. 실내 전기 배선용으로는 접지용 전선과 스위치 콘센트류의 접속선으로 사용되고 있으며 박스 안에서 접속할 경우 쥐꼬리 접속을 한다.
전선의 접속방법
• 쥐꼬리 접속 : 박스 안에 가는 전선을 접속 시 사용
• 트위스트 접속 : 6[mm²] 이하의 단선 직선접속과 분기접속에 모두 사용된다.
• 브리타니아 접속 : 10[mm²] 이상의 단선 직선접속과 분기접속에 모두 사용된다.

54 전주의 길이가 16[m]이고, 설계하중이 6.8[kN] 이하의 철근 콘크리트주를 시설할 때 땅에 묻히는 깊이는 몇 [m] 이상이어야 하는가?

① 1.2　② 1.4
③ 2.0　④ 2.5

해설
전주 매설 깊이
• 15[m] 이하 : 1/6 이상(하중)
• 15[m] 이상 : 2.5[m] 이상
• 전주 길이가 14[m] 이상 20[m] 이하이고 설계하중 6.8[kN] 초과 9.8[kN] 이하일 때 : +0.3[m]

55 저압 가공인입선의 인입구에 사용하며 금속관공사에서 끝부분의 빗물 침입을 방지하는 데 적당한 것은?

① 엔 드　　② 엔트런스 캡
③ 부 싱　　④ 라미플

해설
엔트런스 캡 : 관 끝에 달아 빗물 등이 들어오지 못하도록 하는 부속품

56 사용전압 400[V] 초과, 건조한 장소로 점검할 수 있는 은폐된 곳에 저압 옥내배선 시 공사할 수 있는 방법은?

① 합성수지몰드공사　② 금속몰드공사
③ 버스덕트공사　　　④ 라이팅덕트공사

해설
저압 옥내배선의 시설장소별 공사의 종류

시설장소	사용전압	400[V] 이하	400[V] 초과
전개된 장소	건조한 장소	애자공사·합성수지몰드공사·금속몰드공사·금속덕트공사·버스덕트공사 또는 라이팅덕트공사	애자공사·금속덕트공사 또는 버스덕트공사
	기타 장소	애자공사·버스덕트공사	애자공사
점검할 수 있는 은폐된 장소	건조한 장소	애자공사·합성수지몰드공사·금속몰드공사·금속덕트공사·버스덕트공사·셀룰러덕트공사 또는 라이팅덕트공사	애자공사·금속덕트공사 또는 버스덕트공사
	기타 장소	애자공사	애자공사
점검할 수 없는 은폐된 장소	건조한 장소	플로어덕트공사 또는 셀룰러덕트공사	—

52 ③　53 ②　54 ④　55 ②　56 ③

57 수용가 인입구 부근에서 건물의 철골을 접지극으로 사용하여 접지공사를 할 때 대지 사이의 최대 전기저항값은?

① 3[Ω]　　② 5[Ω]
③ 10[Ω]　　④ 100[Ω]

해설
저압수용가 인입구 접지
- 수용장소 인입구 부근에서 다음의 것을 접지극으로 사용하여 변압기 중성점 접지를 한 저압전선로의 중성선 또는 접지 측 전선에 추가로 접지공사를 할 수 있다.
  - 지중에 매설되어 있고 대지와의 전기저항값이 3[Ω] 이하의 값을 유지하고 있는 금속제 수도관로
  - 대지 사이의 전기저항값이 3[Ω] 이하인 값을 유지하는 건물의 철골
- 접지도체는 공칭단면적 6[mm²] 이상의 연동선

58 인입개폐기가 아닌 것은?

① ASS　　② LBS
③ LS　　④ UPS

해설
UPS : 무정전 전원공급장치를 말한다.
인입개폐기의 종류
- 자동고장구분개폐기(ASS) : 수용가 구내 사고 시 한전 측 변전소 개폐기나 배전선로의 리클로저와 협조하여 1회 순간 정전 후 자동으로 사고 수용가를 선로에서 분리하여 다른 건전 수용가에 정상적으로 전력을 공급하기 위해 설치한다.
- 자동절체개폐기(ATS) : 주로 상용전원과 예비전원 사이에 설치되어 상용전원 정전 시 예비전원으로 자동절체되었다가 상용전원 복전 시 상용전원으로 자동복귀되는 것으로, 비상용 발전기와 결합되어 중요 부하에 비상전원을 공급하기 위해 설치된다.
- LBS(Load Break Switch) : 수변전설비 인입구 개폐기로, 전력퓨즈와 조합하여 전력퓨즈가 용단될 때 전력퓨즈에 내장된 동작표시장치가 돌출하면서 트립장치가 작동하여 3상을 모두 개방함으로써 결상 사고를 방지하는 기능이 있다.
- LS(Line Switch) : 과거에 수전점 개폐기로 많이 사용하였으나 근래에는 IS와 ASS, LBS 등을 대신 사용하고 있다. 반드시 무부하 상태에서 개폐해야 하며 레버 기구에 의해 3극을 동시에 개폐할 수 있는 단로기로 생각해도 된다.

59 욕조나 화장실 등 물에 젖은 상태에서 전기를 사용하는 곳에 콘센트를 시설할 때 주의사항이 아닌 것은?

① 0.03초 이하에서 동작하는 차단기 시설
② 접지극이 있는 콘센트 시설
③ 15[mA] 이상의 감도를 가진 차단기 시설
④ 3[kVA] 이하의 절연변압기에 접속

해설
옥내에 시설하는 저압용의 배선기구의 시설
욕조나 샤워시설이 있는 욕실 또는 화장실 등 인체가 물에 젖어 있는 상태에서 전기를 사용하는 장소에 콘센트를 시설하는 경우에는 다음에 따라 시설하여야 한다.
- 전기용품 및 생활용품 안전관리법의 적용을 받는 인체감전보호용 누전차단기(정격감도전류 15[mA] 이하, 동작시간 0.03초 이하의 전류동작형의 것에 한한다) 또는 절연변압기(정격용량 3[kVA] 이하인 것에 한한다)로 보호된 전로에 접속하거나, 인체감전보호용 누전차단기가 부착된 콘센트를 시설하여야 한다.
- 콘센트는 접지극이 있는 방적형 콘센트를 사용하여 접지하여야 한다.

60 조명을 비추면 눈으로 빛을 느끼는 밝기를 광속이라 한다. 이때 단위면적당 입사 광속을 무엇이라고 하는가?

① 광 도　　② 조 도
③ 휘 도　　④ 광속발산도

해설
조도(Illumination)
어떤 면에 투사되는 광속을 면의 면적으로 나눈 것을 말한다. 즉, 조사되는 면의 생각하고 있는 점에서의 광속밀도 $d\phi/ds$ 이다. 단위는 럭스(lux, 기호는 [lx]이다. 1럭스는 1촉광(Candle-Power)의 광원으로부터 1[m] 떨어진 곳이며, 그 빛에도 직각인 면의 밝기를 말한다. 우리나라에서는 거의 럭스를 사용하고 있지만, 외국에서는 칸델라(candela ; [cd]) 등을 사용하고 있다.

$$조도(럭스 : [lx]) = \frac{광속(루멘 : [lm])}{(거리[m])^2}$$

표 시	정 의	단위와 약호
조 도	장소의 밝기	럭스[lx]
광 도	광원에서 어떤 방향에 대한 밝기	칸델라[cd]
광 속	광원 전체의 밝기	루멘[lm]
휘 도	광원의 외관상 단위면적당의 밝기	[cd/m²] 또는 스틸브[sb]
광속 발산도	물건의 밝기(조도, 반사율)	래드럭스[rlx]

정답 57 ① 58 ④ 59 ③ 60 ②

2019년 제3회 과년도 기출복원문제

01 전기력선의 성질에 대한 설명 중 옳지 않은 것은?

① 전기력선의 방향은 그 점의 전계의 방향과 일치하며, 밀도는 그 점에서 전계의 크기와 같다.
② 전기력선은 부전하에서 시작하여 정전하에서 그친다.
③ 단위전하에서는 $\frac{1}{\varepsilon_0}$ 개의 전기력선이 출입한다.
④ 전기력선은 전위가 높은 점에서 낮은 점으로 향한다.

해설
전기력선의 성질
- 전기력선은 정전하에서 시작하여 부전하에서 그친다.
- 전기력선은 전위가 높은 점에서 낮은 점으로 향한다.
- 전기력선은 도체 표면에 수직으로 출입하며 내부에 존재하지 않는다.
- 전기력선은 등전위면과 항상 직교한다.
- 전기력선은 그 자신만으로도 폐곡선이 되지 않는다.
- 전하가 없는 곳에서도 전기력선의 발생과 소멸이 없다.

02 비유전율 ε_s에 대한 설명으로 옳은 것은?

① ε_s의 단위는 [C/m]이다.
② ε_s는 항상 1보다 작은 값이다.
③ ε_s는 유전체의 종류에 따라 다르다.
④ 진공의 비유전율은 0이고, 공기의 비유전율은 1이다.

해설
비유전율의 특징
- 진공 $\varepsilon_s = 1$, 공기 $\varepsilon_s \fallingdotseq 1.00058$
- 유전율 ε과 비유전율 ε_s의 관계식은 $\varepsilon = \varepsilon_0 \varepsilon_s$
- 유전체의 비유전율 ε_s는 물질의 종류에 따라 달라지고 1보다 항상 크다.
- 유전율의 단위 : [F/m]

03 반지름 a[m]이고, $N = 1$회의 원형 코일에 I[A]의 전류가 흐를 때 그 코일의 중심점에서 자계의 세기 [AT/m]는?

① $\frac{I}{2\pi a}$　　② $\frac{I}{4\pi a}$
③ $\frac{I}{2a}$　　④ $\frac{I}{4a}$

해설
원형 코일 전계의 세기
$H = \frac{NI}{2a} = \frac{I}{2a}$ [AT/m]

04 굵기가 일정한 도체에서 체적은 변하지 않고 지름을 $\frac{1}{n}$로 줄였다면 저항은?

① $\frac{1}{n^2}$로 된다.
② n배로 된다.
③ n^2배로 된다.
④ n^4배로 된다.

해설
- 체적 일정
$V = Al = \pi\left(\frac{D}{2}\right)^2 l$에서 지름이 $\frac{1}{n}$배일 때 단면적은 $\frac{1}{n^2}$배, 길이는 n^2배
- 저항 $R = \rho\frac{l}{A}$에서 $R' = \rho\frac{n^2 l}{\frac{A}{n^2}} = n^4 \rho \frac{l}{A}$

정답 1② 2③ 3③ 4④

05 다음과 같은 회로에서 입력전압의 실횻값이 12[V]의 정현파일 때, 전전류 I[A]는?

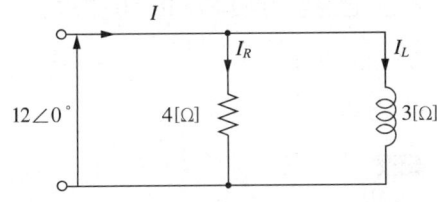

① $3-j4$
② $3+j4$
③ $4-j3$
④ $6+j10$

해설
$R-L$ 병렬회로에서 교류일 때
전전류 $\dot{I} = I_R - jI_L[A] = \frac{12}{4} - j\frac{12}{3} = 3-j4[A]$

06 각 상의 임피던스가 $6+j8[\Omega]$인 평형 Y부하에 선간전압 220[V]인 대칭 3상 전압을 가하였을 때 선전류는?

① 10.7[A]
② 11.7[A]
③ 12.7[A]
④ 13.7[A]

해설
Y결선에서 $I_l = I_p$[A], $V_l = \sqrt{3}\ V_p$[V]
- 상전류 $I_p = \frac{V_p}{Z} = \frac{\frac{220}{\sqrt{3}}}{\sqrt{6^2+8^2}} ≒ 12.7[A]$
- 선전류 $I_l = I_p = 12.7[A]$

07 비정현파의 성분을 가장 적합하게 나타낸 것은?

① 직류분 + 고조파
② 교류분 + 고조파
③ 직류분 + 기본파 + 고조파
④ 교류분 + 기본파 + 고조파

해설
비정현파(일그러진 파형의 총칭)는 직류분과 기본파, 고조파로 구성되어 있다.
$f(t) = a_0 + \sum_{n=1}^{\infty} a_n \cos n\omega t + \sum_{n=1}^{\infty} b_n \sin n\omega t$

08 그림에서 전류계는 0.4[A], 전압계 V_1은 3[V], V_2는 4[V]를 지시했다. 저항 R_3의 값[Ω]은?(단, 전류계 및 전압계의 내부저항은 무시한다)

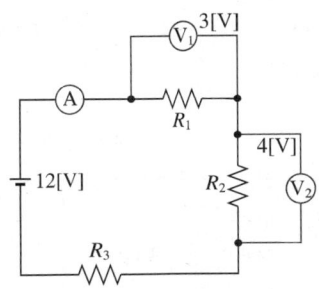

① 5
② 11
③ 12.5
④ 13.7

해설
전체 저항 $R = \frac{V}{I} = \frac{12}{0.4} = 30[\Omega]$
$R_1 = \frac{V_1}{I} = \frac{3}{0.4} = 7.5[\Omega]$, $R_2 = \frac{V_2}{I} = \frac{4}{0.4} = 10[\Omega]$
(V_1, V_2, I : 전압계 및 전류계 지시값)
∴ $R_3 = R - R_1 - R_2 = 30 - 7.5 - 10 = 12.5[\Omega]$

09 전류 순싯값 $i = 30\sin\omega t + 40\sin(3\omega t + 60°)$[A]의 실횻값은?

① 약 35.4[A]
② 약 42.4[A]
③ 약 56.6[A]
④ 약 70.7[A]

해설
$I_1 = \frac{30}{\sqrt{2}}$[A], $I_2 = \frac{40}{\sqrt{2}}$[A]
∴ $I = \sqrt{I_1^2 + I_2^2} = \sqrt{\left(\frac{30}{\sqrt{2}}\right)^2 + \left(\frac{40}{\sqrt{2}}\right)^2} ≒ 35.4[A]$

10 정격전압에서 소비전력이 600[W]인 저항에 정격전압의 90[%]의 전압을 가할 때 소비되는 전력은?

① 480[W] ② 486[W]
③ 540[W] ④ 545[W]

해설

소비전력 $P = \dfrac{V^2}{R}$ 이므로 전압이 변해도 저항은 일정하므로 소비전력은 전압의 제곱에 비례한다.

∴ $600 : P_{0.9} = V^2 : (0.9V)^2$
$P_{0.9} = 600 \times 0.9^2 = 486$[W]

11 입력전원전압이 $v_s = V_m \sin\theta$인 경우, 다음 그림의 전파 다이오드 정류기의 출력전압($v_o(t)$)에 대한 평균치와 실효치를 각각 옳게 나타낸 것은?

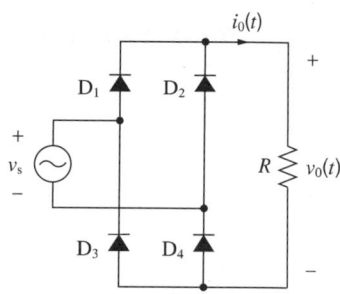

① 평균치 : $\dfrac{V_m}{\pi}$, 실효치 : $\dfrac{V_m}{2}$

② 평균치 : $\dfrac{V_m}{2}$, 실효치 : $\dfrac{V_m}{\pi}$

③ 평균치 : $\dfrac{V_m}{2\pi}$, 실효치 : $\dfrac{V_m}{\sqrt{2}}$

④ 평균치 : $\dfrac{2V_m}{\pi}$, 실효치 : $\dfrac{V_m}{\sqrt{2}}$

해설

파 형	정현파	정현반파	삼각파	구형반파	구형파
실횻값	$\dfrac{V_m}{\sqrt{2}}$	$\dfrac{V_m}{2}$	$\dfrac{V_m}{\sqrt{3}}$	$\dfrac{V_m}{\sqrt{2}}$	V_m
평균값	$\dfrac{2V_m}{\pi}$	$\dfrac{V_m}{\pi}$	$\dfrac{V_m}{2}$	$\dfrac{V_m}{2}$	

12 2개의 코일을 서로 근접시켰을 때 한쪽 코일의 전류가 변화하면 다른 쪽 코일에 유도기전력이 발생하는 현상을 무엇이라고 하는가?

① 상호결합 ② 자체유도
③ 상호유도 ④ 자체결합

해설

상호유도
두 개의 코일이 인접해 있을 때, 한 코일에 흐르는 전류의 변화가 전자기유도에 의해 다른 코일에 전류를 유도하는 현상

13 다음 중 상자성체는 어느 것인가?

① 철   ② 코발트
③ 니 켈   ④ 텅스텐

해설

• 상자성체 : 자석에 접근시킬 때 반대의 극이 생겨 서로 당기는 금속
  예 알루미늄, 마그네슘, 텅스텐, 백금, 주석, 이리듐, 산소
• 강자성체 : 상자성체 중 자화강도가 큰 금속
  예 철, 니켈, 코발트, 망가니즈
• 반자성체 : 자석에 접근시킬 때 같은 극이 생겨 서로 반발하는 금속
  예 탄소, 인, 금, 은, 구리, 안티모니, 아연, 납

14 전기분해를 통하여 석출된 물질의 양은 통과한 전기량 및 화학당량과 어떤 관계인가?

① 전기량과 화학당량에 비례한다.
② 전기량과 화학당량에 반비례한다.
③ 전기량에 비례하고 화학당량에 반비례한다.
④ 전기량에 반비례하고 화학당량에 비례한다.

해설

패러데이 법칙(Faraday's Law)
• 전해액 중에 흐르는 전류의 전기량은 전극에서 석출되는 물질의 양과 비례한다.
• 전기량이 같을 때 석출되는 물질의 양은 그 물질의 전기화학당량(K)에 비례한다.
• $W = KQ = KIt$[g]
  W : 전기화학당량(K)으로 1[C]의 전하로 석출되는 물질의 양[g]
  화학당량 = $\dfrac{원자량}{원자가}$

15 자속밀도 0.5[Wb/m²]의 자장 안에 자장과 직각으로 20[cm]의 도체를 놓고 이것에 10[A]의 전류를 흘릴 때 도체가 50[cm] 운동한 경우의 한 일은 몇 [J]인가?

① 0.5 ② 1
③ 1.5 ④ 5

해설
선전류(자계 중 전류)에 작용하는 힘
$F = BIl\sin\theta$ [N]
여기서, F : 도선이 받는 힘
B : 자속밀도(자기장의 세기)
I : 전류
l : 코일의 길이
$F = 0.5 \times 10 \times 0.2 \times \sin 90° = 1$ [N]
1[J]은 1[N]의 힘이 1[m]의 거리 동안 작용할 때 하는 일이므로
일 $W = 1 \times 0.5 = 0.5$ [N·s] = 0.5 [J]

16 자체인덕턴스가 20[mH]인 코일에 30[A]의 전류를 흘릴 때 축적되는 에너지는?

① 1.5[J] ② 3[J]
③ 9[J]   ④ 18[J]

해설
$W = \frac{1}{2}LI^2 = \frac{1}{2} \times 20 \times 10^{-3} \times 30^2 = 9$ [J]

17 진공 중에 10⁻⁶[C], 10⁻⁴[C]의 두 점전하가 1[m]의 간격을 두고 놓여 있다. 두 전하 사이에 작용하는 힘은?

① 9×10^{-2} [N] ② 18×10^{-2} [N]
③ 9×10^{-1} [N] ④ 18×10^{-1} [N]

해설
쿨롱의 법칙을 적용(진공)
$F = k\dfrac{Q_1 Q_2}{r^2}$ ($k = 9 \times 10^9$)
$= 9 \times 10^9 \times \dfrac{1 \times 10^{-6} \times 1 \times 10^{-4}}{1^2}$
$= 9 \times 10^{-1}$ [N]

18 동일한 용량의 콘덴서 5개를 병렬로 접속하였을 때의 합성용량을 C_p라고 하고, 5개를 직렬로 접속하였을 때의 합성용량을 C_s라 할 때 C_p와 C_s의 관계는?

① $C_p = 5C_s$
② $C_p = 10C_s$
③ $C_p = 25C_s$
④ $C_p = 50C_s$

해설
동일한 용량의 콘덴서 5개를 병렬로 접속하면 하나의 콘덴서 C의 5배인 $5C$가 되며, 직렬로 접속하면 $\dfrac{1}{5}C$가 된다. 따라서 병렬로 접속했을 때는 직렬로 접속했을 때의 25배인 $C_p = 25C_s$의 관계가 된다.

19 제베크 효과에 대한 설명으로 틀린 것은?

① 두 종류의 금속을 접속하여 폐회로를 만들고, 두 접속점에 온도의 차이를 주면 기전력이 발생하여 전류가 흐른다.
② 열기전력의 크기와 방향은 두 금속 점의 온도차에 따라서 정해진다.
③ 열전쌍(열전대)은 두 종류의 금속을 조합한 장치이다.
④ 전자 냉동기, 전자 온풍기에 응용된다.

해설
- 제베크 효과 : 서로 다른 종류의 금속으로 이루어진 폐회로에서 양 접점의 온도가 다르면 전류가 흐르는 현상
- 펠티에 효과 : 두 종류의 금속을 접속하여 전류가 흐를 때 두 금속의 접합부에서 열의 발생 또는 흡수가 일어나는 현상

정답 15 ① 16 ③ 17 ③ 18 ③ 19 ④

20 평균 반지름이 10[cm]이고 감은 횟수 10회의 원형 코일에 5[A]의 전류를 흐르게 하면 코일 중심의 자장의 세기[AT/m]는?

① 250 ② 500
③ 750 ④ 1,000

해설
- 원형 코일 전류에 의한 자기장:
$H = \dfrac{NI}{2r} = \dfrac{10 \times 5}{2 \times 0.1} = 250[\text{AT/m}]$
- 직선전류에 의한 자기장: $H = \dfrac{I}{2\pi r}[\text{AT/m}]$
- 환상 솔레노이드 내부의 자기장: $H = \dfrac{NI}{l} = \dfrac{NI}{2\pi r}[\text{AT/m}]$
- 무한장 솔레노이드 내부의 자기장: $H = NI[\text{AT/m}]$ (N: 단위 길이당 코일의 권수)

21 직류 직권발전기가 정격전압 $V=400[\text{V}]$, 출력 $P=10[\text{kW}]$로 운전되고 전기자저항 R_a와 직권 계자저항 R_s가 모두 $0.1[\Omega]$일 경우, 유도기전력[V]은?(단, 정류자의 접촉저항은 무시한다)

① 393 ② 405
③ 415 ④ 423

해설
전기자전류 $I_a = \dfrac{P}{V} = \dfrac{10 \times 10^3}{400} = 25[\text{A}]$이므로,
$E = V + I_a(R_a + R_s)$에서
유도기전력 $E = 400 + 25(0.1 + 0.1) = 405[\text{V}]$이다.
직류 직권발전기
직류 직권발전기는 자여자발전기로서 계자권선과 전기자권선에 공급되는 전원이 동일한 전원을 사용하며, 계자권선과 전기자권선이 전원에 대하여 직렬로 연결된 구조를 가지고 있다.

22 정류자와 접촉하여 전기자권선과 외부회로를 연결하는 역할을 하는 것은?

① 계 자 ② 전기자
③ 브러시 ④ 계자철심

해설
브러시는 전기자권선과 외부회로와의 전기적인 접속을 시켜 준다.
직류발전기의 구조(직류기의 3요소)
- 계자(계자철심 + 계자권선): 자속을 발생
- 전기자(전기자철심 + 전기자권선): 자속을 끊어 기전력 발생
- 정류자: 교류를 직류로 변환

(a) 계자와 전기자 외형

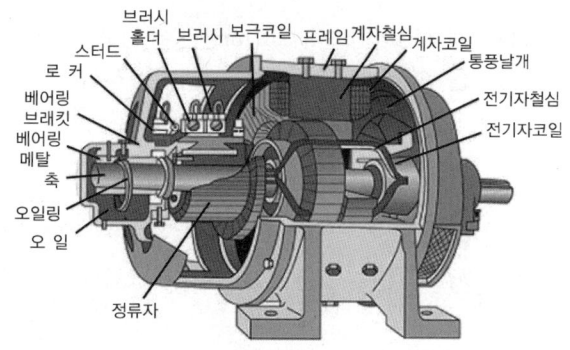
(b) 발전기 각부 명칭

23 직류 직권전동기의 회전수(N)와 토크(T)의 관계는?

① $T \propto \dfrac{1}{N}$ ② $T \propto \dfrac{1}{N^2}$
③ $T \propto N$ ④ $T \propto N^{\frac{3}{2}}$

해설
토크 $T = K_T \phi I_a = K_T I_a^2[\text{N} \cdot \text{m}]$이고,
속도 $N = K' \dfrac{V}{I_a}[\text{rpm}]$이므로, $T \propto \dfrac{1}{N^2}$이다.

24 계자권선이 전기자에 병렬로만 접속된 직류기는?

① 타여자기 ② 직권기
③ 분권기 ④ 복권기

해설
분권기
전기자권선과 계자권선이 병렬로 접속되어 있고, 정속도 특성을 갖는 직류기

25 동기전동기가 공급 전압과 부하가 일정한 상태에서 역률 1로 운전되고 있다. 계자전류를 증가시킬 때 전동기 역률에 대한 설명으로 옳은 것은?

① 진상역률이 된다.
② 지상역률이 된다.
③ 변화 없다.
④ 진상과 지상역률 간을 교번한다.

해설
위상 특성곡선에서 계자전류를 증가시키면 앞선 역률인 진상역률이 된다.
위상 특성곡선(Phase Characteristic Curve)
• 공급전압과 부하를 일정히 하고 여자(계자)전류 I_f를 변화시킬 때 전기자전류 I_a의 변화곡선을 V곡선 또는 위상 특성곡선이라 하며, 역률 1에서 전기자전류가 최소이다.
• 역률 1을 기준으로 왼쪽 즉 I_f가 줄어들면 뒤진 역률, 오른쪽 즉 I_f가 증가하면 앞선 역률이다. 따라서 여자전류를 변화시키면 전기자전류의 위상(진상, 지상)이 변화한다.

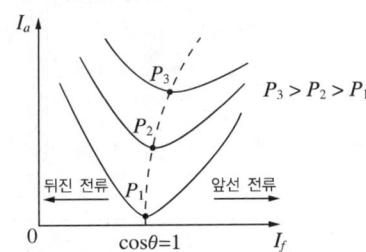

부족여자	성 질	과여자
L	작 용	C
뒤진(지상) 전류	작 용	앞선(진상) 전류
감 소	I_f	증 가
증 가	I_a	증 가
지상(뒤짐)	역 률	진상(앞섬)
(−)	전압변동률	(+)

26 동기발전기를 회전계자형으로 하는 이유가 아닌 것은?

① 고전압에 견딜 수 있게 전기자권선을 절연하기가 쉽다.
② 전기자 단자에 발생한 고전압을 슬립 링 없이 간단하게 외부회로에 인가할 수 있다.
③ 기계적으로 튼튼하게 만드는 데 용이하다.
④ 전기자가 고정되어 있지 않아 제작비용이 저렴하다.

해설
회전계자형을 사용하는 이유
• 기계적인 측면
 − 계자의 철분포가 전기자에 비하여 크므로 회전 시 계자가 더 튼튼하다.
 − 원동기 측에서 구조가 간단한 계자를 회전시키는 것이 더 유리하다.
• 전기적인 측면
 − 교류 고압인 전기자보다 직류 저압인 계자를 회전시키는 것이 위험성이 작다.
 − 교류 고압인 전기자가 고정되어 있으므로 절연이 용이하다.

27 동기전동기의 특징으로 잘못된 것은?

① 일정한 속도로 운전이 가능하다.
② 난조가 발생하기 쉽다.
③ 역률을 조정하기 힘들다.
④ 공극이 넓어 기계적으로 견고하다.

해설
동기전동기의 특징

장 점	단 점
• 속도가 일정하다(동기속도로 운전, 정속도 특성). • 역률을 조정할 수 있다(역률 1로 운전 가능). • 공극이 크고 기계적으로 튼튼하다.	• 기동토크가 작다. • 속도제어가 어렵다. • 직류여자가 필요하다(직류 전원을 필요로 한다). • 난조가 일어나기 쉽다.

정답 24 ③ 25 ① 26 ④ 27 ③

28 극수가 8극이고 회전수가 900[rpm]인 동기발전기와 병렬운전하는 동기발전기의 극수가 12극이라면 회전수는?

① 400[rpm]　　② 500[rpm]
③ 600[rpm]　　④ 700[rpm]

해설
동기속도 $N_s = \dfrac{120f}{p}$[rpm] 이므로 극수는 속도(회전수)와 반비례관계이다. 문제에서 극수가 8극에서 12극으로 1.5배 증가하였으므로, 회전수는 1.5배로 줄어든 $\dfrac{900}{1.5} = 600$[rpm] 이다.

29 변압기 2대를 V결선했을 때의 이용률은 몇 [%]인가?

① 57.7　　② 70.7
③ 86.6　　④ 100

해설
V결선
• 단상 변압기 2대로 3상 전력을 공급할 때 이용되는 방식이다.
• 이용률

$$U = \dfrac{\text{V결선 출력}}{\text{변압기 2대 용량}} = \dfrac{\sqrt{3}\,V_P I_P}{2V_P I_P} = \dfrac{\sqrt{3}}{2} \fallingdotseq 0.866$$
$= 86.6[\%]$

• 출력비

$$P = \dfrac{\text{V결선 출력}}{\text{변압기 3대 용량}} = \dfrac{\sqrt{3}\,V_P I_P}{3V_P I_P} = \dfrac{\sqrt{3}}{3} = \dfrac{1}{\sqrt{3}} \fallingdotseq 0.577$$
$= 57.7[\%]$

30 변압기 철심에 성층 철심을 사용하는 이유는 무엇인가?

① 히스테리시스손을 줄이기 위하여
② 동손을 줄이기 위하여
③ 와류손을 감소시키기 위하여
④ 풍손을 줄이기 위하여

해설
규소강판 사용(히스테리시스손 감소), 성층 사용(와류손 감소)
※ 변압기의 철심에는 규소강판(규소함량 4~4.5[%], 두께 0.35~0.5[mm])을 성층하여 사용하므로, 반대로 철 함량은 약 96~97[%]이다.

31 1차 전압 6,600[V], 2차 전압 220[V], 주파수 60[Hz]의 단상 변압기가 있다. 다음 그림과 같이 결선하고 1차 측에 120[V]의 전압을 인가하였을 때, 전압계의 지시값[V]은?

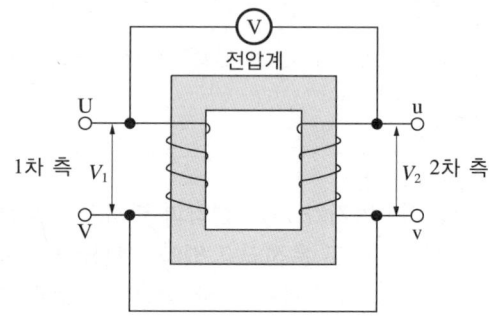

① 100　　② 116
③ 120　　④ 124

해설
감극성 변압기의 1차 측과 2차 측의 전압차
1차 측 전압이 6,600[V]이고, 2차 측 전압이 220[V]이므로,
변압기의 권수비 $a = \dfrac{V_1}{V_2} = \dfrac{I_2}{I_1} = \dfrac{N_1}{N_2} = \dfrac{6,600}{220} = 30$ 이다.

1차 측 전압에 120[V]를 인가할 경우 2차 측에는 4[V]의 전압이 발생한다.
따라서 1차 측과 2차 측의 전압을 측정하면 120[V] - 4[V] = 116[V]가 측정된다.

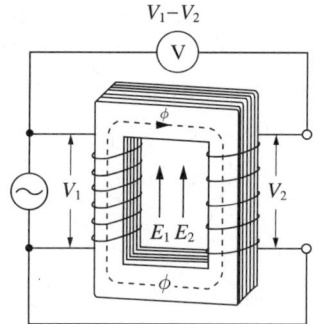

32 1차 전압 4,000[V], 2차 전압 200[V], 정격 20[kVA]인 주상변압기의 %임피던스강하가 2.5[%]이다. 이 변압기의 2차를 단락하고 1차에 정격전압을 가하였을 때 1차, 2차의 단락전류(I_{1s}, I_{2s})는?

	I_{1s}	I_{2s}
①	200[A]	2,000[A]
②	400[A]	2,000[A]
③	200[A]	4,000[A]
④	400[A]	4,000[A]

해설

변압기

- 권수비 $a = \dfrac{E_1}{E_2} = \dfrac{V_1}{V_2} = \dfrac{I_2}{I_1} = \dfrac{N_1}{N_2} = \sqrt{\dfrac{Z_1}{Z_2}} = \sqrt{\dfrac{R_1}{R_2}}$ 에서

$\dfrac{E_1}{E_2} = \dfrac{4,000}{200} = 20$

- 단락비 $K_{1s} = \dfrac{I_{1s}}{I_{1n}} = \dfrac{100}{\%Z}$ 에서

$I_{1s} = \dfrac{100}{\%Z} \times I_{1n} = \dfrac{100}{\%Z} \times \dfrac{P_{1n}}{V_{1n}} = \dfrac{100}{2.5} \times \dfrac{20 \times 10^3}{4,000} = 200[A]$

∴ 권수비 $a = 20 = \dfrac{I_{2s}}{I_{1s}} = \dfrac{I_{2s}}{200}$ 이므로, $I_{2s} = 4,000[A]$

33 부하역률이 1일 때의 전압변동률은 3[%]이고 부하역률이 0일 때의 전압변동률은 4[%]인 변압기가 있다. 부하역률이 0.8(지상)일 때, 전압변동률[%]은?

① 3.0 ② 4.0
③ 4.8 ④ 7.0

해설

변압기의 전압변동률

- $\varepsilon = p\cos\theta + q\sin\theta$ (p : %저항강하, q : %리액턴스강하)
- 부하역률이 1일 때($\cos\theta = 1$, $\sin\theta = 0$) : $\varepsilon = p = 3$
- 부하역률이 0일 때($\cos\theta = 0$, $\sin\theta = 1$) : $\varepsilon = q = 4$

∴ $\varepsilon = p\cos\theta + q\sin\theta = 3 \times 0.8 + 4 \times 0.6 = 4.8[\%]$

34 3상 농형 유도전동기의 Y-△ 기동 시의 기동전류를 전전압 기동 시와 비교하면?

① 전전압 기동전류의 $\dfrac{1}{3}$로 된다.
② 전전압 기동전류의 $\sqrt{3}$배로 된다.
③ 전전압 기동전류의 3배로 된다.
④ 전전압 기동전류의 9배로 된다.

해설

Y-△ 기동으로 하면 기동전류는 전전압으로 기동할 때보다 $\dfrac{1}{3}$로 감소한다.

- 전전압 기동법 : 정격전압을 직접 가하여 기동하는 방법(5[kW] 정도까지의 소형 전동기)
- Y-△ 기동법 : 기동할 때는 Y결선으로 하고, 정격속도에 이르면 △결선으로 바꾸는 기동법(5~15[kW] 전동기에 주로 사용)

35 3상 유도전동기의 1차 입력 60[kW], 1차 손실 1[kW], 슬립 3[%]일 때 기계적 출력[kW]은?

① 57 ② 75
③ 95 ④ 100

해설

3상 유도전동기의 기계적 출력

- 2차 입력 = 1차 입력 − 1차 손실 = 60 − 1 = 59[kW]
- 기계적 출력 = 2차 입력 × 효율 = 2차 입력 × (1 − 슬립)
  = 59 × (1 − 0.03) ≒ 57[kW]

36 60[Hz], 200[V], 7.5[kW]인 3상 유도전동기의 전부하 슬립[%]은?(단, 회전자 동손은 0.4[kW], 기계손은 0.1[kW]이다)

① 4.0 ② 4.5
③ 5.0 ④ 5.5

해설
유도전동기의 손실
- 2차 입력 $P_2 = P_o + P_m + P_{c2}$에서 $P_2 = 7.5 + 0.1 + 0.4 = 8$[kW]이다.
- P_2(2차 입력) : P_{c2}(2차 동손) : P_o(2차 출력(기계출력)) = $1 : s : (1-s)$이므로,
  슬립 $s = \dfrac{P_{c2}}{P_2} = \dfrac{0.4}{8} = 0.05$, 즉 5[%]이다.

37 출력 22[kW], 4극 60[Hz]인 권선형 3상 유도전동기의 전부하 회전속도가 1,710[rpm]으로 운전되고 있다. 같은 부하토크에서 유도전동기의 2차 저항을 2배로 하면 회전속도[rpm]는?

① 1,620 ② 1,650
③ 1,680 ④ 1,740

해설
유도전동기의 속도 특성
- 동기속도 $N_s = \dfrac{120f}{p}$[rpm]이므로,
  $N_s = \dfrac{120 \times 60}{4} = 1,800$[rpm]
- 유도전동기의 슬립 $s = \dfrac{N_s - N}{N_s}$에서,
  $s = \dfrac{1,800 - 1,710}{1,800} = 0.05$
- 2차 저항을 2배로 넣으면 저항은 2배, 슬립도 2배가 된다.
  $s' = 2s = \dfrac{N_s - N'}{N_s}$
  $\therefore N' = (1 - 2s)N_s$에서
  $N' = (1 - 2 \times 0.05) \times 1,800 = 1,620$[rpm]

38 유도전동기의 특성에서 토크와 2차 입력, 동기속도의 관계는?

① 토크는 2차 입력과 동기속도의 제곱에 비례한다.
② 토크는 2차 입력에 반비례하고, 동기속도에 비례한다.
③ 토크는 2차 입력에 비례하고, 동기속도에 반비례한다.
④ 토크는 2차 입력과 동기속도의 곱에 비례한다.

해설
3상 유도전동기의 토크 특성
유도전동기의 기계적인 출력은 각속도와 토크의 곱으로, 저항에서 발생하는 전기적 출력이 기계적인 출력토크를 발생시킨다.
유도전동기의 토크식은
$P_o = \omega T$에서 $P_o = \omega T = \dfrac{2\pi N}{60} T$이므로,
$T = \dfrac{60}{2\pi N} P_o = 9.55 \dfrac{P_o}{N} = 9.55 \dfrac{P_2}{N_s}$[N·m]이다.
따라서 유도전동기의 토크는 2차 입력(P_2)에 비례하고, 동기속도(N_s)에 반비례한다.

39 단락비가 큰 동기기에 대한 설명으로 옳은 것은?

① 기계가 소형이다.
② 안정도가 높다.
③ 전압변동률이 크다.
④ 전기자 반작용이 크다.

해설
단락비가 큰 동기기 특성
- 안정도가 높다.
- 중량이 무겁고 가격이 비싸다.
- 전압변동률이 작다.
- 전기자 반작용이 작다.
- 공극과 계자기자력이 크다.
- 효율이 나쁘다.

40 반파 정류회로에서 직류전압 100[V]를 얻는 데 필요한 변압기 2차 상전압은?(단, 부하는 순저항이며, 변압기 내 전압강하는 무시하고 정류기 내 전압강하는 5[V]로 한다)

① 약 100[V] ② 약 105[V]
③ 약 222[V] ④ 약 233[V]

해설
정류회로의 전압 특성
단상 반파 정류의 정류전압은 직류전압분에 전압강하분을 더한 값의 45[%]이므로,
단상 반파 전압 = $0.45 \times E_d$에서 $E_d = \dfrac{\text{단상 반파 전압}}{0.45}$이고,
직류전압 100[V]를 얻는 데 필요한 변압기 2차 상전압
$V_2 = \dfrac{(100+5)}{0.45} ≒ 233[V]$이다.

41 합성수지관 상호 및 관과 박스는 접속 시에 삽입하는 깊이를 관 바깥지름의 몇 배 이상으로 하여야 하는가?(단, 접착제를 사용하지 않는다)

① 0.8 ② 1.0
③ 1.2 ④ 1.4

해설
합성수지관 상호접속
• $L ≥ 1.2D$

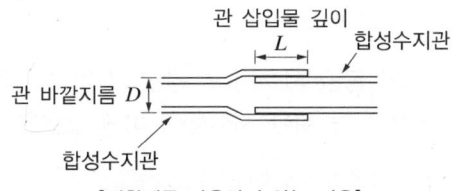

[접착제를 사용하지 않는 경우]

• $L ≥ 0.8D$

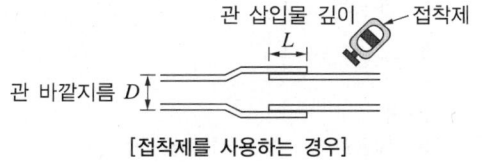

[접착제를 사용하는 경우]

42 다음 중 전선의 접속 원칙이 아닌 것은?

① 전선의 허용전류에 의하여 접속 부분의 온도 상승값이 접속부 이외의 온도 상승값을 넘지 않도록 한다.
② 접속 부분은 접속관, 기타의 기구를 사용한다.
③ 전선의 강도를 30[%] 이상 감소시키지 않는다.
④ 구리와 알루미늄 등 다른 종류의 금속 상호 간을 접속할 때에는 접속부에 전기적 부식이 생기지 않도록 한다.

해설
전선의 접속
전선의 강도를 20[%] 이상 감소시키지 않아야 한다.

43 다음 중 접지설비에 사용되는 보호선과 전압선의 기능을 겸한 전선은?

① PEM선 ② PEL선
③ PEN선 ④ DV선

해설
• PEN선 : 보호선(PE)과 중성선(N)의 기능을 겸한 전선
• PEM선 : 보호선과 중간선의 기능을 겸한 전선
• PEL선 : 보호선과 전압선의 기능을 겸한 전선

44 셀룰로이드, 성냥, 석유류 등 기타 가연성 위험물질을 제조 또는 저장하는 장소의 배선에서 사용할 수 없는 공사 방법은?

① 케이블공사
② 금속관공사
③ 애자공사
④ 합성수지관공사

해설
위험물 등이 존재하는 장소
셀룰로이드, 성냥, 석유류, 기타 타기 쉬운 위험한 물질을 제조하거나 저장하는 곳에 시설하는 저압 옥내 전기설비는 케이블공사, 합성수지관공사, 금속관공사에 의한다.

45 금속관공사 시 관을 접지하는 데 사용하는 것은?

① 노출배관용 박스
② 엘 보
③ 접지클램프
④ 터미널 캡

해설
• 엘보 : 관의 굴절부
• 접지클램프 : 금속관에 접지선을 연결하는 공구
• 터미널 캡 : 전선의 끝에 절연을 위한 원통형 절연물

46 누전경보기의 시설방법에서 설치하는 개폐기로 배선용 차단기를 사용할 때 몇 [A] 이하의 것을 사용하는가?

① 20
② 30
③ 40
④ 50

해설
누전경보기의 전원 기준
• 전원은 분전반으로부터 전용회로로 하고, 각 극에 개폐기 및 15[A] 이하의 과전류차단기(배선용 차단기에 있어서는 20[A] 이하의 것으로 각 극을 개폐할 수 있는 것)를 설치할 것
• 전원을 분기할 때에는 다른 차단기에 따라 전원이 차단되지 아니하도록 할 것
• 전원의 개폐기에는 누전경보기용임을 표시한 표지를 할 것

47 전기 공급 시 사람의 감전, 전기기계류의 손상을 방지하기 위한 시설물이 아닌 것은?

① 보호용 개폐기
② 축전지
③ 과전류차단기
④ 누전차단기

해설
축전지(콘덴서) : 충전과 방전을 하는 기기

48 백열전등 또는 방전등에 전기를 공급하는 옥내전로의 대지전압은 몇 [V] 이하인가?

① 120
② 150
③ 200
④ 300

해설
옥내전로의 대지전압의 제한
- 백열전등 또는 방전등에 전기를 공급하는 옥내의 대지전압 : 300 [V] 이하
- 주택 옥내전로의 대지전압 : 300[V] 이하
  - 사용전압 400[V] 이하
  - 사람이 쉽게 접촉할 우려가 없도록 시설
  - 전구 소켓은 키나 그 밖의 점멸기구가 없을 것
  - 옥내 통과 전선로는 사람이 접촉할 우려가 없는 은폐장소에 시설 : 합성수지관, 금속관, 케이블
- 주택 이외의 곳의 옥내(여관, 호텔, 다방, 사무소, 공장 등 또는 이와 유사한 곳의 옥내)에 시설하는 가정용 전기기계기구(백열전등과 방전등은 제외)에 전기를 공급하는 옥내전로의 대지전압 : 300[V] 이하

49 저압 옥내간선에서 분기하여 전기사용 기계기구에 이르는 저압 옥내전로에서 저압 옥내간선과의 분기점에서 전선의 길이가 몇 [m] 이하인 곳에 개폐기 및 과전류차단기를 설치하여야 하는가?

① 3
② 4
③ 5
④ 6

해설
과부하 보호장치의 설치위치
분기회로의 보호장치는 전원 측에서 분기점 사이에 다른 분기회로 또는 콘센트의 접속이 없고, 단락의 위험과 화재 및 인체에 대한 위험성이 최소화되도록 시설될 경우 분기회로의 보호장치는 분기회로의 분기점으로부터 3[m]까지 이동하여 설치 가능

50 주상변압기의 고압 측 및 저압 측에 설치되는 보호장치가 아닌 것은?

① 피뢰기
② 1차 컷아웃 스위치
③ 캐치홀더
④ 케이블헤드

해설
- 주상변압기 주변 기기
  - 1차 측에 설치 : 컷아웃 스위치
  - 2차 측에 설치 : 캐치홀더
  - 가공전선 : 피뢰기
- 케이블헤드(CH) : 케이블에 대한 단말처리가 주목적

51 한 분전반에 사용전압이 각각 다른 분기회로가 있을 때 분기회로를 쉽게 식별하기 위한 방법으로 가장 적합한 것은?

① 차단기별로 분리해 놓는다.
② 차단기나 차단기 가까운 곳에 각각 전압을 표시하는 명판을 붙여놓는다.
③ 왼쪽은 고압 측 오른쪽은 저압 측으로 분류해 놓고 전압표시는 하지 않는다.
④ 분전반을 철거하고 다른 분전반을 새로 설치한다.

해설
옥내에 시설하는 저압용 배분전반 등의 시설
옥내에 시설하는 저압용 배·분전반의 기구 및 전선은 쉽게 점검할 수 있도록 한다.
- 노출된 충전부가 있는 배전반 및 분전반은 취급자 이외의 사람이 쉽게 출입할 수 없도록 설치하여야 한다.
- 한 개의 분전반에는 한 가지 전원(1회선 간선)만 공급하여야 한다. 다만, 안전 확보가 충분하도록 격벽을 설치하고 사용전압을 쉽게 식별할 수 있도록 그 회로의 과전류차단기 가까운 곳에 그 사용전압을 표시하는 경우에는 그러하지 아니하다.

52 가공전선로에 사용하는 전선의 구비조건으로 바람직하지 않은 것은?

① 비중(밀도)이 클 것
② 도전율이 높을 것
③ 신장률이 클 것
④ 기계적인 강도가 클 것

해설
가공전선의 구비조건
• 도전율이 클 것
• 비중이 적을 것
• 기계적 강도가 클 것
• 내구성 및 내식성이 우수할 것
• 가선공사가 용이할 것
• 유연성(가공성)이 용이할 것
• 경제적일 것

53 단상 3선식 선로에 그림과 같이 부하가 접속되어 있을 경우에 설비불평형률은 약 몇 [%]인가?

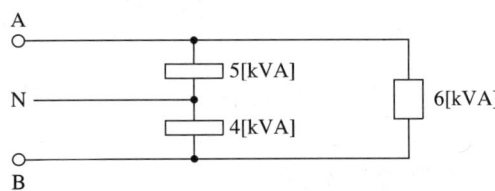

① 13.33 ② 14.33
③ 15.33 ④ 16.33

해설
• 저압 수전의 단상 3선식으로 부득이한 경우 : 40[%] 이하
설비불평형률
$= \dfrac{\text{중성선과 각 전압 측 선간에 접속되는 부하설비용량의 차}}{\text{총부하설비용량의 } \frac{1}{2}} \times 100$

$= \dfrac{5-4}{15 \times \frac{1}{2}} \times 100 ≒ 13.33[\%]$

• 저압·고압·특고압 수전의 3상 3선식 또는 3상 4선식 : 30[%] 이하
설비불평형률
$= \dfrac{\text{각 선간에 접속되는 단상 부하 총설비용량의 최대와 최소의 차}}{\text{총부하설비 용량의 } \frac{1}{3}} \times 100$

54 접지를 하는 목적으로 설명이 틀린 것은?

① 감전 방지
② 대지전압 상승 방지
③ 전기설비 용량 감소
④ 화재와 폭발사고 방지

해설
접지의 목적
• 전선의 대지전압의 저하
• 보호계전기의 동작 확보
• 감전의 방지

55 접지공사에서 접지극에 동봉을 사용할 때 최소 길이는?

① 0.6[m] ② 0.9[m]
③ 1[m]   ④ 1.2[m]

해설
접지극의 종류와 규격
• 동봉 : 지름 8[mm] 이상, 길이 0.9[m]
• 동판 : 두께 0.7[mm] 이상, 단면적 900[cm²]

56 인류하는 곳이나 분기하는 곳에 사용하는 애자는?

① 구형 애자   ② 가지 애자
③ 새클 애자   ④ 현수 애자

해설
애 자
• 가지 애자 : 전선을 다른 방향으로 돌리는 부분
• 곡핀 애자 : 인입선
• 구형 애자(지선 애자, 옥 애자) : 지지선의 중간 부분
• 현수 애자 : 특고압 배선선로에서 선로의 종단, 분기, 수평각 30° 이상인 인류개소, 전선의 굵기 변경 지점, 개폐기 설치 전주 등의 내장장소에 사용

57 금속제 가요전선관공사 방법에 대한 설명으로 잘못된 것은?

① 전선은 옥외용 비닐절연전선을 제외한 절연전선을 사용한다.
② 일반적으로 전선은 연선을 사용한다.
③ 가요전선관 안에는 전선의 접속점이 없도록 한다.
④ 사용전압 400[V] 이하의 저압의 경우에만 사용한다.

해설
옥내배선의 사용전압이 400[V] 초과인 경우에도 사용할 수 있다.

58 안전을 위해 과부하 보호장치를 생략 가능한 회로가 아닌 것은?

① 회전기의 여자회로
② 전자석 크레인의 전원회로
③ 전류변성기의 1차 회로
④ 소방설비의 전원회로

해설
안전을 위해 과부하 보호장치를 생략 가능한 경우
• 회전기의 여자회로
• 전자석 크레인의 전원회로
• 전류변성기의 2차 회로
• 소방설비의 전원회로
• 안전설비(주거침입경보, 가스누출경보) 전원회로

59 관을 시설하고 제거하는 것이 자유롭고 점검 가능한 은폐장소에서 가요전선관을 구부리는 경우 곡률 반지름은 2종 가요전선관 안지름의 몇 배 이상으로 하여야 하는가?

① 10   ② 9
③ 6   ④ 3

해설
은폐장소에서 가요전선관을 구부릴 때
• 관을 시설하고 제거하는 것이 자유롭고 점검 가능한 경우 : 3배
• 관을 시설하고 제거하는 것이 부자유스러울 경우 : 6배

60 가공전선로의 지지물에 시설하는 지지선은 지표상 몇 [m]까지의 부분에 내식성이 있는 것 또는 아연도금을 한 철봉을 사용하여야 하는가?

① 0.15   ② 0.2
③ 0.3   ④ 0.5

해설
가공전선로의 지지물에 시설하는 지지선
• 지지선의 안전율은 2.5 이상일 것. 이 경우에 허용 인장하중의 최저는 4.31[kN]으로 한다.
• 지지선에 연선을 사용할 경우에는 다음에 의할 것
  - 소선 3가닥 이상의 연선일 것
  - 소선은 지름 2.6[mm] 이상의 금속선을 사용한 것일 것. 다만, 소선의 지름이 2[mm] 이상인 아연도강연선으로서 소선의 인장강도가 0.68[kN/mm²] 이상인 것을 사용하는 경우에는 그러하지 아니하다.
• 지중 부분 및 지표상 0.3[m]까지의 부분에는 내식성이 있는 것 또는 아연도금을 한 철봉을 사용하고 이를 쉽게 부식하지 아니하는 전주 버팀대에 견고하게 붙일 것

2019년 제4회 과년도 기출복원문제

01 도전율이 큰 것부터 작은 것의 순으로 나열된 것은?

① 금 > 은 > 구리 > 수은
② 은 > 구리 > 금 > 수은
③ 금 > 구리 > 은 > 수은
④ 은 > 구리 > 수은 > 금

해설
도전율[%](은 기준) : 은 100[%], 구리 94[%], 금 67[%], 수은 1.69[%]

02 같은 철심 위에 동일한 권수로 자체인덕턴스 L[H] 의 코일 두 개를 접근해서 감고 이것을 같은 방향으로 직렬 연결할 때 합성인덕턴스[H]는?(단, 두 코일의 결합계수는 0.5이다)

① L ② $2L$
③ $3L$ ④ $4L$

해설
가동결합 합성인덕턴스는 $L_T = L_1 + L_2 + 2M$ 이고,
상호인덕턴스는 $M = k\sqrt{L_1 L_2}$ 이다.
∴ $L = L_1 = L_2$, $k = 0.5$ 를 넣고 계산하면
$L_T = L + L + 2 \times 0.5 L = 3L$

03 $R = 40[\Omega]$, $L = 80$[mH]의 코일이 있다. 이 코일에 100[V], 60[Hz]의 전압을 가할 때에 소비되는 전력은 몇 [W]인가?

① 100 ② 120
③ 160 ④ 200

해설
$R-L$ 직렬회로에서 $P = VI\cos\theta$[W] 이다.
먼저 $X_L = 2\pi f L = 2\pi \times 60 \times 80 \times 10^{-3} ≒ 30[\Omega]$
$|Z| = \sqrt{R^2 + X_L^2} = \sqrt{40^2 + 30^2} = 50[\Omega]$
$I = \dfrac{V}{|Z|} = \dfrac{100}{50} = 2$[A], $\cos\theta = \dfrac{R}{|Z|} = \dfrac{40}{50} = 0.8$
∴ $P = VI\cos\theta = 100 \times 2 \times 0.8 = 160$[W]

04 그림과 같은 회로에 입력 전압 200[V]를 가할 때 20[Ω]의 저항에 흐르는 전류는 몇 [A]인가?

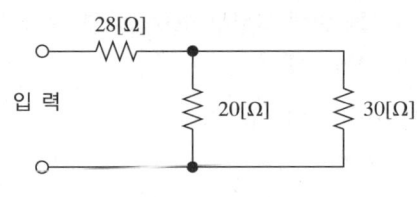

① 2 ② 3
③ 5 ④ 8

해설
합성저항 $R_{th} = 28 + \dfrac{20 \times 30}{20 + 30} = 40[\Omega]$
전체전류 $I_{th} = \dfrac{V}{R_{th}} = \dfrac{200}{40} = 5$[A]
∴ 20[Ω]에 흐르는 전류는 $I_{20} = \dfrac{30}{20 + 30} \times 5 = 3$[A]

05 100[V]용 30[W]의 전구와 60[W]의 전구가 있다. 이것을 직렬로 접속하여 100[V]의 전압을 인가하였을 때 두 전구의 상태는 어떠한가?

① 30[W]의 전구가 더 밝다.
② 60[W]의 전구가 더 밝다.
③ 두 전구의 밝기가 모두 같다.
④ 두 전구 모두 켜지지 않는다.

해설
두 전구가 직렬로 연결되어 있어 전류는 일정하고 저항에 따라 밝기가 정해진다.
$P = I^2 R = \dfrac{V^2}{R}$ 식을 이용하여 저항을 구하면,
$R_{30} = \dfrac{V^2}{P} = \dfrac{100^2}{30} ≒ 333.33[\Omega]$
$R_{60} = \dfrac{V^2}{P} = \dfrac{100^2}{60} ≒ 166.67[\Omega]$
∴ 30[W]의 전구가 더 밝다.

06 공기 중에서 어느 일정한 거리를 두고 있는 두 점전하 사이에 작용하는 힘이 16[N]이었는데, 두 전하 사이에 유리를 채웠더니 작용하는 힘이 4[N]으로 감소하였다. 이 유리의 비유전율은?

① 2   ② 4
③ 8   ④ 12

해설
두 점전하 사이에 작용하는 힘
$F = \dfrac{1}{4\pi\varepsilon_0\varepsilon_r} \cdot \dfrac{Q_1 Q_2}{r^2}$ [N]
두 점전하 사이를 공기로 채울 경우 작용하는 힘 16[N], 유리로 채울 경우 4[N]로 힘이 4배 감소되었다. 두 점전하 사이의 힘과 유전율은 반비례하므로 유리의 비유전율은 공기 중의 유전율 보다 4배 커진다.
※ 비유전율 : 공기의 유전율을 1로 놓고, 그에 비례하게 다른 유전체의 유전율을 비율로 나타내는 것
※ 유전체 : 전기장 안에서 극성을 지니게 되는 절연체

07 정현파에서 파고율이란?

① $\dfrac{최댓값}{실횻값}$ ② $\dfrac{평균값}{실횻값}$

③ $\dfrac{실횻값}{평균값}$ ④ $\dfrac{최댓값}{평균값}$

해설
• 파고율 = $\dfrac{최댓값}{실횻값}$: 파형에서 날카로운 정도
• 파형률 = $\dfrac{실횻값}{평균값}$: 파형의 기울기의 정도

08 그림과 같이 대전된 에보나이트 막대를 박검전기의 금속판에 닿지 않도록 가깝게 가져갔을 때 금박이 열렸다면 다음 중 옳은 것은?(단, A는 원판, B는 박, C는 에보나이트 막대이다)

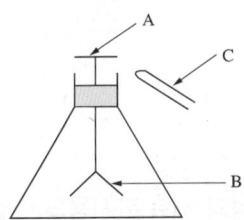

① A : 양전기, B : 양전기, C : 음전기
② A : 음전기, B : 음전기, C : 음전기
③ A : 양전기, B : 음전기, C : 음전기
④ A : 양전기, B : 양전기, C : 양전기

해설
정전기유도
대전체와 가까운 쪽에는 대전체와 다른 종류의 전하가, 반대쪽에는 같은 종류의 전하가 나타나는 현상
대전이 잘 되는 정도
(+) 털가죽-유리-명주-나무-고무-플라스틱-에보나이트 (-)

09 다음 물질 중에서 비유전율이 가장 큰 것은?

① 운 모　　② 유 리
③ 증류수　　④ 고 무

해설
- 종이 : 2~2.6
- 고무 : 2~3.5
- 유리 : 3.5~10
- 운모 : 6.7
- 물 : 80
- 산화타이타늄 자기 : 115~5,000

10 자기인덕턴스 L_1, L_2와 상호인덕턴스 M일 때, 일반적인 자기결합상태에서 결합계수 k는?

① $k < 0$　　② $0 < k < 1$
③ $k > 1$　　④ $k = 1$

해설
- 상호인덕턴스 $M = k\sqrt{L_1 L_2}$
- 결합계수 $k = \dfrac{M}{\sqrt{L_1 L_2}}$

(단, 일반 : $0 < k < 1$, 미결합 : $k = 0$, 완전결합 : $k = 1$)

11 영구자석의 재료로 사용되는 철에 요구되는 사항으로 다음 중 가장 적절한 것은?

① 잔류자속밀도는 작고 보자력이 커야 한다.
② 잔류자속밀도는 크고 보자력이 작아야 한다.
③ 잔류자속밀도와 보자력이 모두 커야 한다.
④ 잔류자속밀도는 커야 하나, 보자력은 0이어야 한다.

해설
- 영구자석(강철, 합금) : 잔류자속밀도(B_r), 보자력(H_c) 모두 크다.
- 전자석(연철) : 잔류자속밀도(B_r)는 크고, 보자력(H_c)은 작다.

12 Q_1[C]으로 대전된 용량 C_1[F]의 콘덴서에 용량 C_2[F]를 병렬연결할 경우 C_2가 분배받는 전기량 Q_2[C]는?(단, V_1[V]은 콘덴서 C_1이 Q_1으로 충전되었을 때 C_1의 양단 전압이다)

① $Q_2 = \dfrac{C_1 + C_2}{C_2} V_1$

② $Q_2 = \dfrac{C_2}{C_1 + C_2} V_1$

③ $Q_2 = \dfrac{C_1 + C_2}{C_1} V_1$

④ $Q_2 = \dfrac{C_1 C_2}{C_1 + C_2} V_1$

해설
- C_1 단독회로의 경우
  $V_1 = \dfrac{Q}{C_1}$에서 $Q = V_1 C_1$
- C_1과 C_2 병렬회로의 경우
  $V = \dfrac{Q}{C} = \dfrac{Q}{C_1 + C_2} = \dfrac{C_1 V_1}{C_1 + C_2}$

∴ 충전 전하 $Q_2 = C_2 V = \dfrac{C_1 C_2}{C_1 + C_2} V_1$

13 등전위면과 전기력선의 교차 관계는?

① 30°로 교차한다.　　② 45°로 교차한다.
③ 직각으로 교차한다.　　④ 교차하지 않는다.

해설
등전위면과 전기력선은 서로 수직으로 교차한다.
등전위면의 성질
- 등전위면에서는 전위차가 0이다.
- 등전위면을 따라 전하를 움직일 때 한 일은 0이다.
- 전하가 받는 힘은 등전위면에 수직방향이다.
- 등전위면이 밀한 곳(전기력선의 밀도가 큰 곳)은 전기장이 세다.
- 등전위면과 전기력선은 항상 서로 수직이다.

전기력선의 특징
- (+)전하에 시작하여 (-)전하에서 끝난다.
- 진행 도중 분리되거나 교차하지 않는다.
- 전기장의 세기는 전기력선의 밀도에 비례한다.
- 전기력선에 그은 접선 방향이 그 점에서 전기장의 방향이다.

14 전류에 의해 만들어지는 자기장의 자기력선 방향을 간단하게 알아내는 방법은?

① 플레밍의 왼손 법칙
② 렌츠의 자기유도 법칙
③ 앙페르의 오른나사 법칙
④ 패러데이의 전자유도 법칙

해설
- 플레밍의 왼손 법칙 : 자기장 속에서 전류가 받는 힘의 방향
- 플레밍의 오른손 법칙 : 자기장 속에서 도선(導線)을 움직일 때 유도기전력에 유도되는 전류의 방향
- 렌츠의 자기유도 법칙 : 전자기유도의 방향에 관한 법칙, 즉 자기유도로 생기는 전류는 그것이 만드는 자기장이 전류를 유도한 자기장의 변화를 줄이는 방향으로 흐른다.
- 패러데이의 전자유도 법칙 : 코일을 관통하는 자속을 변화시킬 때 코일에 유도기전력이 발생하는 현상

15 자기회로에 강자성체를 사용하는 이유는?

① 자기저항을 감소시키기 위하여
② 자기저항을 증가시키기 위하여
③ 공극을 크게 하기 위하여
④ 주자속을 감소시키기 위하여

해설
강자성체
외부로부터의 자기장에 의해 강하게 자화되어 그 자기장을 없앤 후에도 오래도록 자성이 남아 있는 물질로, 상자성체 중 자화강도가 큰 금속[철(Fe), 니켈(Ni), 코발트(Co)]의 투자율이 매우 크다.

16 $R=6[\Omega]$, $X_C=8[\Omega]$일 때 임피던스 $Z=6-j8[\Omega]$으로 표시되는 것은 일반적으로 어떤 회로인가?

① RC 직렬회로
② RL 직렬회로
③ RC 병렬회로
④ RL 병렬회로

해설
RLC 직렬회로
임피던스 $Z=R+j(X_L-X_C)[\Omega]$
RLC 병렬회로
어드미턴스 $Y=G+jB=\left(\frac{1}{R}\right)+j\left(\frac{1}{X_L}-\frac{1}{X_C}\right)[\mho]$

(여기서, Y : 어드미턴스, G : 컨덕턴스, B : 서셉턴스)

17 평형 3상 회로에서 1상의 소비전력이 P[W]라면, 3상 회로 전체 소비전력[W]은?

① $2P$
② $\sqrt{2}\,P$
③ $3P$
④ $\sqrt{3}\,P$

해설
3상 전력의 측정
- 단상 전력계 1개를 이용하여 3상 전력을 측정하는 방법
- $P=3P_1$[W](단, △결선에 직접 사용할 수 없으며 평형회로에서만 측정이 가능)

18 평형 3상 회로에 대한 설명으로 옳지 않은 것은?

① 전압의 크기와 주파수가 같고 서로 120°씩 위상차가 있는 3상 교류를 말한다.
② 성형결선에서 선간전압이 상전압보다 $\sqrt{3}$ 배 크고, 위상은 30° 앞선다.
③ 부하에 공급되는 유효전력 $P=\sqrt{3}\times$ 선간전압 $\times$ 선전류 $\times$ 역률이다.
④ 델타결선의 경우 상전류는 선전류보다 $\sqrt{3}$ 배 크고, 위상은 30° 앞선다.

해설
- 성형(Y)결선 $V_l=\sqrt{3}\,V_p\angle 30°$, $I_l=I_p$
- 델타(△)결선 $V_l=V_p$, $I_l=\sqrt{3}\,I_p\angle -30°$

정답 14 ③ 15 ① 16 ① 17 ③ 18 ④

19 어떤 전지에서 5[A]의 전류가 10분간 흘렀다면 이 전지에서 나온 전기량은?

① 0.83[C] ② 50[C]
③ 250[C] ④ 3,000[C]

해설
$Q = I \times t = 5 \times 10 \times 60초 = 3,000[C]$

20 납축전지의 전해액은?

① 염화암모늄 용액
② 묽은 황산
③ 수산화칼륨
④ 염화나트륨

해설
• 납축전지(Lead Storage Battery)의 화학반응식

양극	전해액	음극		양극	전해액	음극
PbO_2 +	$2H_2SO_4$ +	Pb	$\underset{충전}{\overset{방전}{\rightleftarrows}}$	$PbSO_4$ +	$2H_2O$ +	$PbSO_4$

• 납축전지의 전해액은 묽은 황산(H_2SO_4)이다.

21 정격전압 100[V], 전기자전류 50[A], 전기자저항이 0.2[Ω]인 직류발전기의 유기기전력은 몇 [V]인가?

① 100 ② 110
③ 120 ④ 125

해설
발전기의 유기기전력
$E = V + I_a R_a = 100 + 50 \times 0.2 = 110[V]$

22 전기기기의 철심재료로 규소강판을 많이 사용하는 이유로 가장 적당한 것은?

① 와류손을 줄이기 위해
② 맴돌이전류를 없애기 위해
③ 히스테리시스손을 줄이기 위해
④ 구리손을 줄이기 위해

해설
철심(Core)
두께 0.3~0.5[mm]의 규소강판(규소함유 4~4.5[%]) 사용(히스테리시스손의 감소를 위함), 성층을 한다(와류손을 감소시키기 위함).

23 직류발전기를 구성하는 부분 중 정류자란?

① 전기자와 쇄교하는 자속을 만들어 주는 부분
② 자속을 끊어서 기전력을 유기하는 부분
③ 전기자권선에서 생긴 교류를 직류로 바꾸어 주는 부분
④ 계자권선과 외부회로를 연결시켜 주는 부분

해설
직류기의 주요 구성 3요소 : 전기자, 정류자, 계자
• 전기자 : 계자에서 발생된 자속을 끊어 기전력을 유지시키는 도체
• 정류자 : 교류를 직류로 바꿔 주는 도체
• 계자 : 자속을 만드는 도체

정답 19 ④ 20 ② 21 ② 22 ③ 23 ③

24 부하전류가 40[A]일 때, 1,800[rpm]으로 20[kg·m]의 토크를 발생하는 직권 직류전동기가 있다. 이 전동기의 부하를 감소시켜 부하전류가 20[A]일 때, 토크[kg·m]는?(단, 자기회로는 불포화상태이다)

① 5   ② 10
③ 20 ④ 40

해설
직류 직권전동기의 특성

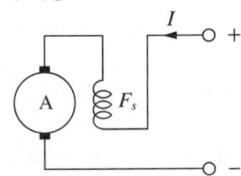

직권전동기의 속도는 $N = \frac{E}{K\phi} = K\frac{V-I_aR_a}{\phi}$ [rpm]이고,

$I = I_f = I_a$에서

토크 $T = K\phi I_a = KI_a^2$[N·m] $\left(\phi \propto I_f,\ T \propto I^2 \propto \frac{1}{N^2}\right)$ 이다.

따라서 부하전류가 40[A]에서 20[A]로 $\frac{1}{2}$ 이 되었으므로, 토크는 $\left(\frac{1}{2}\right)^2 = \frac{1}{4}$ 이 되어 20[kg·m] $\times \frac{1}{4}$ = 5[kg·m]가 된다.

25 4극 60[Hz] 20[Hp] 유도전동기의 단자전압이 일정한 상태에서 회전속도가 1,782[rpm]에서 1,764[rpm]으로 감소했을 때 토크의 변화는?

① 약 $\frac{1}{2}$ 로 감소한다.
② 변화 없다.
③ 0이 된다.
④ 약 2배 증가한다.

해설
유도전동기의 속도 및 토크 특성

동기속도 $N_s = \frac{120f}{p}$ 이므로, $N_s = \frac{120 \times 60}{4} = 1,800$[rpm]이다.

회전속도가 1,782[rpm]일 경우 슬립 $s = \frac{N_s - N_{1,782}}{N_s}$ 에서

$s = \frac{1,800 - 1,782}{1,800} = 0.01$ 이고,

회전속도가 1,764[rpm]일 경우 슬립 $s' = \frac{N_s - N_{1,764}}{N_s}$ 에서

$s' = \frac{1,800 - 1,764}{1,800} = 0.02$ 이다.

따라서 회전속도가 줄어들면서 슬립이 2배 증가하였으므로, $T \propto s$에 따라 토크도 약 2배 증가한다.

26 동기발전기의 병렬운전에 필요한 조건이 아닌 것은?

① 기전력의 크기가 같을 것
② 기전력의 위상차가 최대가 될 것
③ 기전력의 주파수가 같을 것
④ 기전력의 파형이 같을 것

해설
동기발전기의 병렬운전조건
• 기전력의 크기가 같을 것
• 기전력의 위상이 같을 것
• 기전력의 주파수가 같을 것
• 기전력의 파형이 같을 것
• 기전력의 상회전방향이 같을 것

27 동기속도 30[rps]인 교류발전기 기전력의 주파수가 60[Hz]가 되려면 극수는?

① 2   ② 4
③ 6   ④ 8

해설
$N_s = \frac{120f}{p}$[rpm]에서 $N_s' = \frac{2f}{p}$[rps] = 30[rps]이므로,

30[rps] = $\frac{2 \times 60}{p}$[rps]에서 극수 p = 4극이다.

28 동기전동기의 용도로 적당하지 않는 것은?

① 분쇄기 ② 압축기
③ 송풍기 ④ 크레인

해설
동기전동기의 사용
동기전동기는 일정한 속도를 내는 곳에 적당하며, 크레인처럼 순간적으로 많은 기동토크가 필요한 곳에는 적합하지 않다.

29 변압기의 표유부하손을 설명한 것으로 가장 옳은 것은?

① 동손, 철손
② 부하전류 중 누전에 의한 손실
③ 권선 이외 부분의 누설자속에 의한 손실
④ 무부하 시 여자전류에 의한 동손

해설
변압기의 손실
변압기가 1차 쪽에서 2차 쪽으로 전력을 전달할 때, 변압기 내부에는 전력의 손실이 발생한다. 이때, 발생하는 손실을 변압기 손실이라고 하며, 부하손(Load Loss)과 무부하손(No-Load Loss)이 있다.
- 부하손 : 2차 쪽에 부하가 있을 경우에 부하전류의 흐름으로 인하여 발생하는 구리손과 누설 자기력선속과 관련되는 권선 내의 손실, 와류, 볼트 등에 생기는 손실로 계산하기 어려운 표유부하손(Stray Load Loss)이 있다.
- 무부하손 : 변압기가 무부하 상태에 있을 때 발생하는 손실로, 주로 철손이고 여자전류에 의한 동손과 절연물의 유전체손 등이 있다. 철손은 철심에 생기는 손실로, 히스테리시스손과 맴돌이 전류손으로 이루어진다.

30 변압기 내부고장에 대한 보호용으로 가장 많이 사용되는 것은?

① 과전류계전기
② 차동임피던스
③ 비율차동계전기
④ 임피던스계전기

해설
계전기의 종류
- 비율차동계전기 : 변압기의 내부고장 발생 시 고저압 측에 설치한 CT 2차 측의 억제코일에 흐르는 전류차가 일정비율 이상이 되었을 때 계전기가 동작하는 방식으로, 주로 변압기 및 발전기 내부고장 보호용으로 적용되는 계전기이다.
- 차동계전기 : 내부고장 발생 시 고저압 측에 설치한 CT 2차 전류의 차에 의하여 계전기를 동작시키는 방식이다.
- 부흐홀츠계전기 : 변압기 내부고장으로 인한 절연유의 온도 상승 시 발생하는 유증기를 검출하여 경보 및 차단을 하기 위한 계전기이다.

31 변압기의 백분율 저항강하가 2[%], 백분율 리액턴스강하가 3[%]일 때 부하역률이 80[%]인 변압기의 전압변동률[%]은?

① 1.2 ② 2.4
③ 3.4 ④ 3.6

해설
변압기의 전압변동률
$\varepsilon = p\cos\theta + q\sin\theta$ [%]에서
전압변동률 ε[%] = 2 × 0.8 + 3 × 0.6 = 1.6 + 1.8 = 3.4
여기서, p : 퍼센트 저항강하, q : 퍼센트 리액턴스강하,
θ : 2차 정격전압과 2차 정격전류의 위상각

28 ④ 29 ③ 30 ③ 31 ③

32 권수비가 30인 변압기의 1차 측에 3,300[V]의 전압을 인가하고, 2차 측에 33[kW]의 저항부하를 연결하였다. 이 변압기의 2차 측 전류[A]는?(단, 변압기의 손실은 무시한다)

① 100
② 200
③ 300
④ 400

해설
변압기의 전압, 전류
권수비 $a = \dfrac{V_1}{V_2}$ 에서 $30 = \dfrac{3,300}{V_2}$ 이므로 $V_2 = 110[V]$
$P_2 = V_2 I_2$ 에서 $33 \times 10^3 = 110 \times I_2$
∴ $I_2 = 300[A]$

33 3상 변압기의 결선방법 중 수전단 변전소용 변압기와 같이 고전압을 저전압으로 강압할 때, 주로 사용되는 것은?

① △-△결선
② Y-Y결선
③ Y-△결선
④ △-Y결선

해설
- Y-△결선 : △-Y결선과 같은 장점을 가지고 있으며, 일반적으로 강압변압기의 결선으로 이용되나, 국내에서는 154[kV]/66[kV]와 같은 곳에 이용된다.
- △-△결선 : 1상의 권선에 고장이 발생하더라도 출력은 감소하나 V결선으로 운전이 가능하며, 선로에 제3고조파 전압이 나타나지 않는 장점이 있다.
- Y-Y결선 : 1차, 2차 측 모두 중성점을 접지하지 않은 경우로 각상 권선에는 제3고조파를 포함한 첨두파형의 전압이 유기되어 층간 절연에 좋지 않은 영향을 미치며, 발전기 권선에 제3고조파 전류가 흘러서 발전기 권선을 가열시킨다.
- △-Y결선 : △결선의 장점에 Y결선의 장점을 채용한 결선으로서, 주로 발전소의 승압변압기로서 이용되고 있다.

34 3상 유도전동기의 1차 입력 60[kW], 1차 손실 1[kW], 슬립 3[%]일 때 기계적 출력은 약 얼마인가[kW]?

① 62
② 60
③ 59
④ 57

해설
유도전동기의 출력
1차 출력(2차 입력) P_2 = 1차 입력 - 1차 손실 = 60 - 1 = 59[kW]
2차 출력(기계적 출력) $P_o = (1-s)P_2 = (1-0.03) \times 59$
$= 57.23 ≒ 57[kW]$

35 출력 10[kW], 슬립 4[%]로 운전되고 있는 3상 유도전동기의 2차 동손은 약 몇 [W]인가?

① 250
② 315
③ 417
④ 620

해설
유도전동기의 효율(손실)
- 입력 : 손실 : 출력 = 1 : s : 1 - s 이고, 손실의 대부분이 동손이다.
- 동손 = $\dfrac{s}{1-s} \times$ 출력 = $\dfrac{0.04}{1-0.04} \times 10 \times 10^3 ≒ 417[W]$

정답 32 ③ 33 ③ 34 ④ 35 ③

36 역률이 좋아 가정용 선풍기, 세탁기, 냉장고 등에 주로 사용되는 것은?

① 분상 기동형
② 콘덴서 기동형
③ 반발 기동형
④ 셰이딩 코일형

해설
콘덴서 기동형 단상 유도전동기
분상 기동형 유도전동기에 비해 기동전류는 작고, 기동토크는 크기 때문에 기동특성이 매우 좋으며 200[W] 이상의 가정용 펌프, 송풍기 또는 소형의 공작기계에 많이 사용되고 있다.

37 권선형 유도전동기의 2차 측 단자에 외부저항 R을 삽입하였다. 이 저항 R을 증가시킨 경우의 설명으로 옳지 않은 것은?

① 최대토크 발생 슬립이 증가한다.
② 최대토크가 감소한다.
③ 기동토크가 증가한다.
④ 기동전류가 감소한다.

해설
권선형 유도전동기의 비례추이(Proportional Shifting)
권선형 유도전동기의 2차 측 저항을 r, $2r$, $3r$로 증가시킴에 따라, 토크의 최댓값이 곡선의 왼쪽($s=1$)으로 이동하는 현상을 권선형 유도전동기의 토크의 비례추이 곡선이라고 하며 $s=1$에 가까울수록 토크(T)는 감소한다.

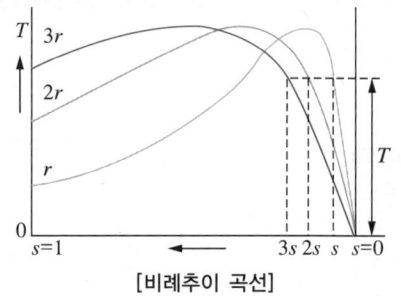

[비례추이 곡선]

38 5[kW] 이하의 3상 농형 유도전동기에 정격전압을 직접 인가하는 방법으로 가속토크가 커서 기동시간이 짧은 특성을 갖는 기동방법은?

① Y-△ 기동
② 리액터 기동
③ 전전압 기동
④ 1차 저항 기동

해설
유도전동기의 전전압 기동
기동전류가 4~6배로 커서 권선이 탈 염려가 있고, 계통 전압강하가 크지만, 기동이 잘되어 5[kW] 이하의 소형에서 사용한다.

39 ON, OFF를 고속도로 변환할 수 있는 스위치이고 직류 변압기 등에 사용되는 회로는 무엇인가?

① 초퍼 회로
② 인터버 회로
③ 컨버터 회로
④ 정류기 회로

해설
전력용 반도체의 종류
• 초퍼 : 직류를 직류로 변환
• 인버터 : 직류를 교류로 변환
• 컨버터 : 교류를 교류로 변환
• 정류기 : 교류를 직류로 변환

40 전력용 반도체 스위치의 온-오프 특성에 대한 설명으로 옳은 것은?

① GTO는 음의 게이트 전류 펄스에 의하여 턴오프가 가능하다.
② SCR은 게이트에 트리거 전압 이상의 충분한 전압을 인가해 주면 턴온된다.
③ MOSFET는 드레인 전류로 제어하고, 스위칭 속도가 느리며 수백[Hz] 이하이다.
④ IGBT는 전류 제어소자로서 게이트와 이미터 사이의 전류 크기로 컬렉터 전류를 스위칭한다.

해설
전력용 반도체
- GTO(Gate Turn-Off thyristor) : SCR에서 음의 게이트 펄스로 SCR을 턴오프시키는 자기소호 기능을 갖도록 양극 측 N층을 양극과 단락시키는 이미터 단락구조이며, 역방향전압과 순방향 전압이 모두 낮고 누설전류가 작으며, 턴오프 특성, 온도 특성이 좋다.
- SCR(Silicon Controlled Rectifier, 실리콘 제어정류기) : Thyristor(사이리스터)라고 불리며, 제어단자(G)로부터 음극(K)에 전류를 흘리는 것으로, 양극(A)과 음극(K) 사이를 도통시킬 수 있는 3단자의 반도체 소자이다. PNPN의 4중 구조를 하고 있으며, 게이트에 일정한 전류를 통과시키면 양극과 음극 간 도통(導通, Turn On)한다. 도통을 정지(턴 오프)하기 위해서는 양극과 음극 간의 전류를 일정치 이하로 할 필요가 있다. 이러한 특징으로 한 번 도통시키면 통과전류가 0이 될 때까지 도통 상태를 유지해야 하는 곳에 사용된다.
- MOSFET(Metal-Oxide-Semiconductor Field-Effect Transistor, 금속 산화막 반도체 전계효과 트랜지스터) : 디지털회로와 아날로그회로에서 가장 일반적인 전계효과 트랜지스터(FET)로, 게이트의 전압으로 소스와 드레인 사이의 전류를 제어하는 것이 MOSFET의 기본원리이다(N형의 경우 상대적으로 전압이 더 낮은 곳이 소스(S)가 되고, 전압이 더 높은 곳이 드레인(D)이 된다).
- IGBT(Insulated Gate Bipolar Transistor, 절연 게이트 양극성 트랜지스터) : 금속 산화막 반도체 전계효과 트랜지스터(MOSFET)를 게이트부에 넣은 접합형 트랜지스터로, 게이트-이미터 간의 전압이 구동되어 입력 신호에 의해서 온/오프가 생기는 자기소호형이므로 대전력의 저속 스위칭이 가능한 반도체 소자이다.

41 전선로의 지지선에 사용되는 애자는?

① 현수 애자 ② 구형 애자
③ 인류 애자 ④ 핀 애자

해설
애자
- 가지 애자 : 전선을 다른 방향으로 돌리는 부분
- 곡핀 애자 : 인입선을 사용하는 애자
- 구형 애자(지선 애자, 옥 애자) : 지지선의 중간 부분
- 현수 애자 : 특고압 배선선로에서 선로의 종단, 분기, 수평각 30° 이상인 인류개소, 전선의 굵기가 변경 지점, 개폐기 설치 전주 등의 내장장소에 사용
- 다구 애자 : 동력용 저압 인입선공사 시 건물 벽면에 시설할 때 사용

42 구리전선과 전기기계기구 단자를 접속하는 경우에 진동 등으로 인하여 헐거워질 염려가 있는 곳에는 어떤 것을 사용하여 접속하여야 하는가?

① 평 와셔 2개를 끼운다.
② 스프링 와셔를 끼운다.
③ 코드 패스너를 끼운다.
④ 정 슬리브를 끼운다.

해설
스프링 와셔는 스프링 작용으로 진동에 대해 강하다.

43 다음 중 방수형 콘센트의 심벌은?

① ⊙E ② ●
③ ⊙WP ④ ⊙

해설
① 접지극 붙이콘센트
② 비상등
④ 벽 부착콘센트

콘센트 심벌

기 호	⊙WP	⊙EX	⊙H
의 미	방수형	방폭형	의료형

정답 40 ① 41 ② 42 ② 43 ③

44 금속덕트를 조영재에 붙이는 경우에 덕트의 지지점 간의 거리를 몇 [m] 이하로 하는 것이 가장 바람직한가?

① 2   ② 3
③ 4   ④ 6

해설
금속덕트의 시설
덕트를 조영재에 붙이는 경우에는 덕트의 지지점 간의 거리를 3[m](취급자 이외의 자가 출입할 수 없도록 설비한 곳에서 수직으로 붙이는 경우에는 6[m]) 이하로 하고 또한 견고하게 붙일 것

45 합성수지몰드공사에서 틀린 것은?

① 전선은 절연전선일 것
② 합성수지몰드 안에는 접속점이 없도록 할 것
③ 합성수지몰드는 홈의 폭 및 깊이가 6.5[cm] 이하일 것
④ 합성수지몰드와 박스, 기타의 부속품과는 전선이 노출되지 않도록 할 것

해설
합성수지몰드공사
- 합성수지몰드는 홈의 폭 및 깊이가 35[mm] 이하, 두께는 2[mm] 이상의 것일 것
- 사람이 쉽게 접촉할 우려가 없도록 시설하는 경우에는 폭이 50[mm] 이하, 두께 1[mm] 이상의 것을 사용할 것
- 전선은 절연전선(옥외용 비닐절연전선을 제외)일 것
- 합성수지몰드 안에는 전선에 접속점이 없도록 할 것
- 합성수지몰드 상호 간 및 합성수지몰드와 박스, 기타의 부속품과는 전선이 노출되지 아니하도록 접속할 것

46 전기공사 시공에 필요한 공구사용법 설명 중 잘못된 것은?

① 콘크리트의 구멍을 뚫기 위한 공구로 타격용 임팩트 전기드릴을 사용한다.
② 스위치 박스에 전선관용 구멍을 뚫기 위해 녹아웃 펀치를 사용한다.
③ 합성수지 가요전선관의 굽힘 작업을 위해 토치램프를 사용한다.
④ 금속전선관의 굽힘 작업을 위해 파이프 벤더를 사용한다.

해설
가요전선관공사(Flexible Conduit Wiring)
일반적으로 금속제 또는 합성수지제 가요전선관을 사용하며, 관 표면이 주름형식으로 되어 있어 별도의 굽힘 작업을 위한 도구가 필요 없다.
※ 토치램프 또는 열풍기를 사용하여 굽힘 작업을 하는 경우는 PVC관에 해당한다.

47 절연전선을 서로 접속할 때 사용하는 방법이 아닌 것은?

① 커플링에 의한 접속
② 와이어 커넥터에 의한 접속
③ 슬리브에 의한 접속
④ 압축 슬리브에 의한 접속

해설
커플링은 관을 서로 접속할 때 사용하는 부품이다.

정답 44 ② 45 ③ 46 ③ 47 ①

48 연피케이블의 접속에 반드시 사용되는 테이프는?

① 고무 테이프
② 비닐 테이프
③ 리노 테이프
④ 자기융착 테이프

해설
- 리노 테이프 : 점착성은 없으나 절연성, 내온성, 내유성이 있음. 연피케이블에 사용
- 고무 테이프 : 절연성 혼합물을 압연하여 표면에 고무풀을 칠한 것
- 비닐 테이프 : 염화비닐 컴파운드로 만든 것
- 자기융착 테이프 : 비닐외장케이블, 클로로프렌 외장케이블 접속에 사용

49 사람이 쉽게 접촉하는 장소에 설치하는 누전차단기의 사용전압 기준은 몇 [V] 초과인가?

① 50 ② 110
③ 150 ④ 220

해설
누전차단기의 시설
금속제 외함을 가지는 사용전압이 50[V]를 초과하는 저압의 기계기구로서 사람이 쉽게 접촉할 우려가 있는 곳에 시설의 전로

50 가공전선로의 지지물에 시설하는 지지선에 연선을 사용할 경우 소선수는 몇 가닥 이상이어야 하는가?

① 3 ② 5
③ 7 ④ 9

해설
지지선의 시설
- 지지선의 안전율은 2.5 이상일 것
- 지지선에 연선을 사용할 경우
  - 소선 3가닥 이상의 연선일 것
  - 소선의 지름이 2.6[mm] 이상의 금속선을 사용한 것일 것

51 저압 옥내간선으로부터 분기하는 곳에 설치하여야 하는 것은?

① 지락차단기
② 과전류차단기
③ 누전차단기
④ 과전압차단기

해설
과부하 보호장치의 설치
저압 옥내간선의 분기점에서 전선의 길이가 3[m] 이하의 장소에서는 개폐기 및 과전류차단기를 설치하여야 한다.

52 전력용 콘덴서를 회로로부터 개방하였을 때 전하가 잔류함으로써 일어나는 위험의 방지와 재투입할 때 콘덴서에 걸리는 과전압의 방지를 위하여 무엇을 설치하는가?

① 직렬 리액터 ② 전력용 콘덴서
③ 방전 코일 ④ 피뢰기

해설
- 방전 코일(DC) : 콘덴서를 회로에서 개방하였을 때 전하가 잔류함으로써 일어나는 위험의 방지와 재투입할 때 콘덴서에 걸리는 과전압의 방지를 위하여 방전장치로 사용
- 직렬 리액터(SR) : 일반적으로 역률개선용 콘덴서에 리액터를 직렬로 삽입한 리액터를 말하며, 5고조파 제거, 파형 개선, 개폐 시 계통의 과전압 억동, 고조파 전류에 의한 계전기 오동작 방지, 콘덴서 투입 시 돌입전류 방지 등의 목적으로 사용
- 전력용 콘덴서(SC) : 전력용 콘덴서는 선로의 역률을 개선하기 위하여 설치된다. 전력용 콘덴서를 진상용 콘덴서라고도 한다. 콘덴서의 부속기기로 방전 코일과 직렬 리액터가 있다.
- 피뢰기(LA) : 이상전압 침입 시 전기를 대지로 방전시키고 속류를 차단

정답 48 ③ 49 ① 50 ① 51 ② 52 ③

53 지중에 매설되어 있는 금속제 수도관로는 대지와의 전기 저항값이 얼마 이하로 유지되어야 접지극으로 사용할 수 있는가?

① 1[Ω] ② 3[Ω]
③ 4[Ω] ④ 5[Ω]

해설
접지극의 시설 및 접지저항
지중에 매설되어 있고 대지와의 전기저항값이 3[Ω] 이하의 값을 유지하고 있는 금속제 수도관로가 접지극으로 사용이 가능하다.

54 논이나 기타 지반이 약한 곳에서 전주 공사 시 전주의 넘어짐을 방지하기 위해 시설하는 것은?

① 완 금 ② 근 가
③ 완 목 ④ 행거밴드

해설
- 완금 : 전선을 지지하기 위해 사용되는 자재로, 전주의 맨 위쪽 상단에 고정시킨다.
- 전주 버팀대(근가) : 전주가 외부 장력에 견디지 못하고 힘이 가해지는 방향으로 기우는 것을 막기 위하여 전주의 밑부분에 설치하는 콘크리트 자재
- 행거밴드 : 주상변압기를 전주에 설치하기 위하여 사용하는 금구류

55 다음 [보기] 중 금속관, 애자, 합성수지 및 케이블 공사가 모두 가능한 특수장소를 옳게 나열한 것은?

┤보기├
㉠ 화약고 등의 위험장소
㉡ 습기가 많은 장소
㉢ 위험물 등이 존재하는 장소
㉣ 불연성 먼지가 많은 장소

① ㉠, ㉡ ② ㉠, ㉢
③ ㉡, ㉣ ④ ㉢, ㉣

해설
애자공사가 가능한 장소는 폭연성, 가연성 이외의 먼지는 가능하다.
위험장소별 공사방법

종류	금속관 공사	케이블 공사	합성수지관 공사	애자 공사
폭연성 먼지	○	○	×	×
가연성 먼지	○	○	○	×
가연성 가스	○	○	×	×
위험물	○	○	○	×
폭연성, 가연성 이외의 먼지	○	○	○	○

56 천장에 작은 구멍을 뚫어 그 속에 등기구를 매입시키는 방식으로 건축의 공간을 유효하게 하는 조명방식은?

① 코브방식 ② 코퍼방식
③ 밸런스방식 ④ 다운라이트방식

해설
- 다운라이트방식 : 천장에 작은 구멍을 뚫고 그 속에 광원을 넣고 매입하는 방식으로 용도에 따라 다운라이트, 다운스포트로 구분하며 광원으로는 백열등, 할로겐 램프 등을 사용한다.
- 코브방식 : 램프를 감추고 코브의 벽, 천장면을 이용하여 간접조명으로 만들어 그 반사광으로 채광하는 방식으로, 가장 대표적인 건축화 조명방식이다.
- 코퍼(라이트)방식 : 천장면을 여러 형태로 오려내어 건축적인 공간을 형성하고, 다양한 매입기구를 부착하여 단조로움을 피하는 방식이다.
- 밸런스방식 : 벽면을 밝은 광원으로 조명하는 방식으로 숨겨진 램프의 직접광이 아래쪽의 벽, 커튼, 위쪽 천장면에 조사되도록 조명하는 방식이다.

정답 53 ② 54 ② 55 ③ 56 ④

57 수변전설비 중에서 동력설비 회로의 역률을 개선할 목적으로 사용되는 것은?

① 전력퓨즈
② MOF
③ 지락계전기
④ 진상용 콘덴서

해설
- 진상용 콘덴서 : 역률개선, 선로전압강하 경감, 설비용량 증가를 위해 설치한다.
  ※ 전력용 콘덴서는 설비의 역률을 개선하기 위하여 설치되며, 전력용 콘덴서를 진상용 콘덴서라고도 한다.
- 전력용 퓨즈(PF) : 전원 측에 설치되어 후비 보호
- 계기용 변압변류기(MOF) : 변류기와 계기용 변압기를 한 케이스 속에 종합한 것으로, 적산전력계와 조합하여 전력측정을 할 때 변성장치로 사용
- 지락계전기(GR) : 주로 고압 비접지선로에서 지락사고 시 영상변류기(ZCT)로부터 검출된 지락전류를 계전기의 입력단자에 인가하여 유입된 전류치가 정정치 이상이 되면 접점이 폐로 또는 개로되어 동작신호를 출력하는 계전기이다.

58 교통신호등의 시설기준으로 틀린 것은?

① 교통신호등 회로의 사용전압은 300[V] 이하이어야 한다.
② 전선을 매다는 금속선에는 지지점 또는 이에 근접하는 곳에 애자를 삽입한다.
③ 교통신호등 제어장치의 전원 측에는 전용 개폐기 및 과전류차단기를 각 극에 시설한다.
④ 신호등회로 인하선의 전선은 지표상 3.5[m] 이상이 되도록 한다.

해설
교통신호등
- 전로의 최대사용전압 : 300[V] 이하
- 인하선의 높이 : 2.5[m] 이상
- 전선 굵기 : 2.5[mm²] 연동선
- 교통신호등 회로의 사용전압이 150[V]를 넘는 경우는 누전차단기를 시설

59 철근 콘크리트주로서 그 전체의 길이가 16[m] 초과 20[m] 이하이고, 설계하중이 6.8[kN] 이하인 것을 지반이 든든한 곳에 시설하려고 한다. 지지물의 기초의 안전율을 고려하지 않기 위해서 묻히는 깊이를 몇 [m] 이상으로 하여야 하는가?

① 2.5
② 2.8
③ 3.0
④ 3.2

해설
전주가 땅에 묻히는 깊이
- 전주의 길이 15[m] 이하 : 전주 길이의 1/6 이상
- 전주의 길이 15[m] 초과 : 2.5[m] 이상
- 철근 콘크리트 전주로 길이가 14[m] 이상 20[m] 이하이고, 설계하중이 6.8[kN] 초과 9.8[kN] 이하인 것은 0.3[m] 가산
- 철근 콘크리트 전주로 그 전체의 길이가 16[m] 초과 20[m] 이하이고, 설계하중이 6.8[kN] 이하의 것을 논이나 그 밖의 지반이 연약한 곳 이외의 것은 2.8[m] 이상

60 저압의 지중전선이 지중약전류전선 등과 접근하거나 교차하는 경우 상호 간의 간격이 몇 [m] 이하인 때에는 지중전선과 지중약전류전선 등 사이에 견고한 내화성의 격벽을 설치하는가?

① 0.1
② 0.3
③ 0.6
④ 1.0

해설
지중전선과 지중약전류전선 등 또는 관과의 접근 또는 교차 견고한 내화성의 격벽을 설치하는 경우
- 저압 또는 고압의 지중전선은 0.3[m] 이하
- 특고압 지중전선은 0.6[m] 이하

정답 57 ④ 58 ④ 59 ② 60 ②

2020년 제1회 과년도 기출복원문제

01 자속밀도가 B인 평등한 자기장에 길이가 l인 도선이 있다. 도선이 자속과 수직방향으로 v속도로 이동했다면 이때 유도되는 기전력은?

① Blv
② $\dfrac{Bl}{v}$
③ $\dfrac{Bv}{l}$
④ $\dfrac{lv}{B}$

해설
플레밍의 오른손 법칙
유도기전력 $e = Blv\sin\theta$
(자속과 수직, 즉 $\sin 90° = 1$)

02 전기력선의 성질 중 옳지 않은 것은?

① 양전하에서 출발하여 음전하에서 끝나는 선을 전기력선이라 한다.
② 전기력선의 접선방향은 그 접점에서의 전기장의 방향이다.
③ 전기력선은 등전위면에 수직으로 출입한다.
④ 전기력선은 서로 교차한다.

해설
전기력선의 성질
- 전기력선은 양전하의 표면에서 나와서 음전하의 표면으로 들어간다.
- 전기력선의 밀도는 그 점에서의 전계의 크기와 같다.
- 전기력선의 접선방향은 그 접점에서의 전기장의 방향을 가리킨다.
- 전기력선의 밀도는 전기장의 세기를 나타낸다.
- 전기력선은 도체의 표면에 수직으로 출입한다.
- 전기력선은 서로 교차하지 않는다.
- 전체 전하량 $Q[C]$를 둘러싼 폐곡면을 통하고 밖으로 나가는 전기력선의 총수는 $N = \dfrac{Q}{\varepsilon}$ 개다(가우스의 정리).
- 도체 내부에는 전기력선이 없다(도체 내부에는 전기장이 존재하지 않는다).

03 $2[\mu F]$, $3[\mu F]$, $5[\mu F]$인 3개의 콘덴서가 병렬로 접속되었을 때의 합성정전용량$[\mu F]$은?

① 0.97
② 3
③ 5
④ 10

해설
병렬접속
$C = C_1 + C_2 [F]$
$\therefore C = C_1 + C_2 + C_3 = 2 + 3 + 5 = 10[\mu F]$
직렬접속
$\dfrac{1}{C} = \dfrac{1}{C_1} + \dfrac{1}{C_2} [1/F]$

04 서로 가까이 나란히 있는 두 도체에 전류가 같은 방향으로 흐를 때 각 도체 간에 작용하는 힘은?

① 흡인과 반발을 되풀이한다.
② 흡인한다.
③ 반발한다.
④ 처음에는 흡인하다가 나중에는 반발한다.

해설
두 도체의 전류의 방향이 동일 방향일 때 흡인력이 작용하고, 반대 방향일 때 반발력이 작용한다.

05 납축전지의 전해액으로 사용되는 것은?

① H_2SO_4
② $2H_2O$
③ PbO_2
④ $PbSO_4$

해설
- 납축전지(Lead Storage Battery)의 화학반응식

양극	전해액	음극	발전⇌충전	양극	전해액	음극
PbO_2	+ $2H_2SO_4$	+ Pb	⇌	$PbSO_4$	+ $2H_2O$	+ $PbSO_4$

- 납축전지의 전해액은 묽은 황산(H_2SO_4)이다.

정답 1 ① 2 ④ 3 ④ 4 ② 5 ①

06 전장 중에 단위정전하를 놓을 때 여기에 작용하는 힘과 같은 것은?

① 전 하
② 전장의 세기
③ 전 위
④ 전 속

해설
전계(전장)의 세기
전계 내의 임의의 한 점에 단위전하 1[C]을 놓았을 때, 이에 작용하는 힘(임의의 한 점에서의 전기력선밀도와 같다)

07 정전계와 정자계의 상호 관계로 틀린 것은?

① 정전계는 전하량을 $Q[C]$로 나타내고, 정자계에서는 자하량을 $m[Wb]$로 나타낸다.
② 정전계에서의 진공의 유전율은 정자계의 투자율과 같다.
③ 전기장의 세기는 $E[V/m]$로 나타내고, 자기장의 세기는 $H[AT/m]$로 나타낸다.
④ 전속밀도의 기호는 $B[C/m^2]$로, 자속밀도는 $D[Wb/m^2]$로 나타낸다.

해설
• 전속밀도 : 단위단면을 직각으로 관통하는 전기력선의 수
$D = \dfrac{Q}{S} = \dfrac{Q}{4\pi r^2}[C/m^2]$, $D = \varepsilon E[C/m^2]$
• 자속밀도 : 자속의 방향에 수직인 $1[m^2]$를 통과하는 자속의 수
$B = \dfrac{\phi}{S} = \dfrac{m}{4\pi r^2}[Wb/m^2]$

08 코일의 성질에 대한 설명으로 틀린 것은?

① 공진하는 성질이 있다.
② 상호유도작용이 있다.
③ 전원 노이즈 차단기능이 있다.
④ 전류의 변화를 확대시키려는 성질이 있다.

해설
코일은 전류의 변화를 안정시키려고 하는 성질이 있다. 전류가 흐르려고 하면 코일은 전류를 흘리지 않으려고 하며, 전류가 감소하면 계속 흘리려고 하는 성질이 있다. 이것을 "렌츠의 법칙"이라 한다.

09 자석의 성질로 옳은 것은?

① 자석은 고온이 되면 자력이 증가한다.
② 자기력선에는 고무줄과 같은 장력이 존재한다.
③ 자력선은 자석 내부에서도 N극에서 S극으로 이동한다.
④ 자력선은 자성체는 투과하고, 비자성체는 투과하지 못한다.

해설
자석의 성질
• 자석에는 N극과 S극이 있다.
• 자석의 같은 극끼리는 서로 반발하고 다른 극끼리는 끌어당긴다.
• 자극으로부터 자력선이 나온다.
• 자력선은 N극에서 나와 S극으로 향한다.
• 자력이 강할수록 자기력선의 수가 많다.
• 발생되는 자기력선은 아무리 사용해도 기본적으로 감소하지 않는다.
• 자기력선은 비자성체를 투과한다.
• 자기력선에는 고무줄과 같은 장력이 존재한다.
• 자석은 고온이 되면 자력이 감소되고 저온이 되면 자력이 증가된다.
• 자석은 임계온도 이상으로 가열하면 자석의 성질이 없어진다.

정답 6 ② 7 ④ 8 ④ 9 ②

10 각주파수 $\omega = 100\pi$[rad/s]일 때 주파수 f[Hz]는?

① 20　　② 30
③ 40　　④ 50

해설
각주파수 $\omega = 2\pi f$[rad/s]에서
주파수(f) $= \dfrac{\omega}{2\times\pi} = \dfrac{100\pi}{2\times\pi} = 50$[Hz]

11 유전율이 가장 작은 것은?

① 종 이　　② 고 무
③ 공 기　　④ 운 모

해설
유전율
- 전하 사이에 전기장이 작용할 때, 그 전하 사이의 매질이 전기장에 미치는 영향을 나타내는 물리적 단위이다.
- 매질이 저장할 수 있는 전하량으로 볼 수도 있다.
- 진공의 유전율 $\varepsilon_0 = 8.854\times10^{-12}$[F/m]

유전체	비유전율(ε_r)	유전체	비유전율(ε_r)
진 공	1	고 무	2~3.5
공 기	1.00058	유 리	3.5~10
종 이	2~2.6	운 모	6.7
폴리에틸렌	2.2~2.4	물(증류수)	80

12 200[V]에서 1[kW]의 전력을 소비하는 전열기 100[V]에서 사용하면 소비전력은 몇 [W]인가?

① 150　　② 250
③ 400　　④ 1,000

해설
200[V]에서 1[kW]의 전력을 소비한다면 저항은
$R = \dfrac{V^2}{P} = \dfrac{200^2}{1,000} = 40$[Ω]이므로
$P_{100} = \dfrac{V^2}{R} = \dfrac{100^2}{40} = 250$[W]

13 비정현파를 여러 개의 정현파의 합으로 표시하는 방법은?

① 키르히호프의 법칙
② 뉴턴의 법칙
③ 푸리에 분석
④ 테일러의 분석

해설
- 푸리에 급수를 이용한 분석 : 비정현파 직류분+고조파+기본파
- 뉴턴의 법칙 : 전기회로에서 두 개의 단자를 지닌 전압원, 전류원, 저항의 어떠한 조합이라도 이상적인 전류원과 병렬저항으로 변환
- 키르히호프의 법칙 : 균일한 전류가 흐르는 저항, 전지가 직·병렬로 연결된 회로에서 각 저항에 흐르는 전류를 구하는 규칙을 말한다.
  - 제1법칙(전류법칙)은 회로상의 한 교차점으로 들어오는 전류의 합은 나가는 전류의 합과 같다.
  - 제2법칙(전압법칙)은 회로상의 어떤 폐곡선을 선택하여도 기전력의 총합은 전압강하의 총합과 같다.

14 P형 반도체의 설명 중 틀린 것은?

① 불순물은 4가의 원소이다.
② 다수 반송자는 정공이다.
③ 불순물을 억셉터(Acceptor)라 한다.
④ 정공 및 전자의 이동으로 전도가 된다.

해설
- P형 반도체는 실리콘에 3가 원소인 알루미늄, 붕소, 갈륨을 첨가하며 반송자는 정공, 억셉터이다.
- N형 반도체는 실리콘에 5가 원소인 인, 안티모니를 첨가하며 반송자는 전자, 도너이다.

15 자체인덕턴스 40[mH]와 90[mH]인 두 개의 코일이 있다. 양 코일 사이에 누설자속이 없다고 하면 상호인덕턴스는 몇 [mH]인가?

① 20　　② 40
③ 50　　④ 60

해설
누설자속이 없다는 것은 자기적으로 완벽하게 접속되었다는 것이다(접속계수 = 1).
$M = K\sqrt{L_1 \times L_2} = 1\sqrt{40 \times 90} = 60[mH]$
(M: 상호인덕턴스, K: 접속계수, L_1과 L_2: 인덕턴스)

16 평균길이 40[cm]의 환상철심에 200회의 코일을 감고, 여기에 5[A]의 전류를 흘렸을 때 철심 내의 자기장의 세기는 몇 [AT/m]인가?

① 25×10^2　　② 2.5×10^2
③ 200　　④ 8,000

해설
환상철심의 자기장의 세기
$H = \dfrac{NI}{l} = \dfrac{200 \times 5}{40 \times 10^{-2}} = 25 \times 10^2 [AT/m]$

17 교류회로에서 전압과 전류의 위상차를 θ[rad]이라 할 때 $\cos\theta$는 회로의 무엇인가?

① 전압변동률　　② 파형률
③ 효율　　④ 역률

해설
역률과 무효율: 유효전력, 무효전력, 피상전력의 관계
• 역률: $\cos\theta = \dfrac{유효전력}{피상전력}$
• 무효율: $\sin\theta = \dfrac{무효전력}{피상전력}$

18 △-△ 결선의 상전류과 선전류의 위상차는?

① $\dfrac{\pi}{3}$　　② $\dfrac{\pi}{2}$
③ $\dfrac{2\pi}{3}$　　④ $\dfrac{\pi}{6}$

해설
△결선
$\dot{V}_l = \dot{V}_p$, $\dot{I}_l = \sqrt{3}\,I_p \angle -\dfrac{\pi}{6}$

Y결선
$\dot{V}_l = \sqrt{3}\,V_p \angle \dfrac{\pi}{6}$, $\dot{I}_l = \dot{I}_p$

19 최대눈금 1[A], 내부저항 10[Ω]의 전류계로 최대 101[A]까지 측정하려면 몇 [Ω]의 분류기가 필요한가?

① 0.01　　② 0.02
③ 0.05　　④ 0.1

해설
분류기: 전류계의 측정 범위를 넓히기 위해서는 전류계와 병렬로 저항을 접속해야 한다. 이 병렬 저항을 분류기라 한다.
$m = \dfrac{I}{I_a} = 1 + \dfrac{r_a}{R_s}$
$\dfrac{101}{1} = 1 + \dfrac{10}{R_s}$
$100 = \dfrac{10}{R_s}$
$\therefore R_s = \dfrac{10}{100} = 0.1[\Omega]$

20 30[μF]과 40[μF]의 콘덴서를 병렬로 접속한 후 100[V]의 전압을 가했을 때 전전하량은 몇 [C]인가?

① 17×10^{-4}　　② 34×10^{-4}
③ 56×10^{-4}　　④ 70×10^{-4}

해설
콘덴서의 합성용량은 병렬이므로
$C_1 + C_2 = (30 + 40) \times 10^{-6} = 70 \times 10^{-6}[F]$
$\therefore Q = CV = 70 \times 10^{-6} \times 100 = 70 \times 10^{-4}[C]$

정답　15 ④　16 ①　17 ④　18 ④　19 ④　20 ④

21 속도를 광범위하게 조정할 수 있으므로 압연기나 엘리베이터 등에 사용되는 직류전동기는?

① 직권전동기
② 분권전동기
③ 타여자전동기
④ 가동 복권전동기

해설
전동기의 용도
- 분권 : 선박의 펌프, 환기용 송풍기
- 직권 : 전차, 권상기, 크레인
- 가동 복권 : 크레인, 엘리베이터, 공작기계, 공기압축기
- 타여자 : 압연기, 대형의 권상기 및 크레인, 엘리베이터 등

22 Y-Y결선의 특징으로 틀린 것은?

① 고주파를 포함한다.
② V결선을 할 수 있다.
③ 중성점 접지를 한다.
④ 절연이 쉽다.

해설
Y-Y결선
1차, 2차 측 모두 중성점을 접지하지 않은 경우로 각상 권선에는 제3고조파를 포함한 첨두파형의 전압이 유기되어 층간 절연에 좋지 않은 영향을 미치며, 발전기권선에 제3고조파 전류가 흘러서 발전기권선을 가열시킨다. 또한 중성점의 전압은 0이 아니고 대지에 대하여 3배 주파수의 진동전위를 갖게 되며, 선로와 대지 사이의 정전용량에 의하여 제3고조파 충전전류가 흘러 부근의 통신선에 유도장해를 준다.
※ V결선은 △-△결선에 해당한다.

23 3상 변압기의 병렬운전이 불가능한 결선방식으로 짝지은 것은?

① Y-Y와 Y-Y
② △-△와 Y-Y
③ △-Y와 △-Y
④ △-△와 △-Y

해설
3상 변압기의 병렬운전이 가능한 조합은 △-△와 △-△, △-△와 Y-Y, Y-Y와 Y-Y, △-Y와 △-Y, Y-△와 Y-△이고, 병렬운전이 불가능한 조합은 △-△와 △-Y, △-Y와 Y-Y이다.

24 출력에 대한 전부하동손이 2[%], 철손이 1[%]인 변압기의 전부하효율[%]은?

① 95   ② 96
③ 97   ④ 98

해설
$$\eta = \frac{출력}{입력} \times 100 = \frac{출력}{출력 + 손실} \times 100$$
$$= \frac{0.97}{0.97 + (0.01 + 0.02)} \times 100 = 97[\%]$$

25 동기와트 P_2, 출력 P_0, 슬립 s, 동기속도 N_s, 회전속도 N, 2차 동손 P_{c2}일 때 2차 효율을 표현한 식으로 틀린 것은?

① P_{c2}/P_2 ② P_0/P_2
③ $1-s$ ④ N/N_s

해설
$$\eta_2 = \frac{P_0}{P_2} = \frac{(1-s)P_2}{P_2} = (1-s) = \frac{N}{N_s} = \frac{W}{W_s}$$
(η_2 : 2차 효율, P_0 : 출력, P_2 : 입력, s : 슬립, N_s : 동기속도, N : 전부하속도, W_s : 동기각속도, W : 회전자각속도)

26 변압기 2대를 V결선했을 때의 이용률은 몇 [%]인가?

① 57.7　　② 70.7
③ 86.6　　④ 100

해설
V결선
- 3대의 변압기 중에서 1대 고장 시 남은 2대를 이용하여 사용할 수 있는 결선방법
- △결선 시 출력 : $P_\Delta = 3P_i = 3V_{2n}I_{2n}[\text{VA}]$
- V결선 시 출력 : $P_V = \sqrt{3}P_i = \sqrt{3}V_{2n}I_{2n}[\text{VA}]$
- 이용률 $= \dfrac{\text{V결선 출력}}{\text{설비용량}} = \dfrac{\sqrt{3}VI}{2VI} = \dfrac{\sqrt{3}}{2} ≒ 0.866$
  $= 86.6[\%]$
- 출력률 $= \dfrac{\text{V결선 출력}}{3\text{상출력}} = \dfrac{\sqrt{3}VI}{3VI} = \dfrac{1}{\sqrt{3}} ≒ 0.577 = 57.7[\%]$
- 장점 : 설치방법이 간단하고, 소용량이면 가격이 저렴하여 3상 부하에 널리 이용
- 단점 : 이용률이 86.6[%], 출력이 57.7[%]밖에 안 되고, 부하의 상태에 따라 2차 단자전압이 불평형이 될 수 있음

27 3단자 사이리스터가 아닌 것은?

① GTO　　② TRIAC
③ SCR　　④ SCS

해설
SCS(Silicon Controlled Switch)는 pnpn 4층의 각 층에서 단자를 낸 4단자 역저지 사이리스터이다.
※ 방향성
　• 양방향성 소자 : DIAC, TRIAC, SSS
　• 역저지(단방향성)소자 : SCR, GTO
※ 극(단자)수
　• 2극(단자) 소자 : DIAC, Diode, SSS
　• 3극(단자) 소자 : SCR, GTO, TRIAC
　• 4극(단자) 소자 : SCS

28 직류발전기에서 전압정류의 역할을 하는 것은?

① 보 극
② 탄소 브러시
③ 전기자
④ 리액턴스 코일

해설
보극(Interpole)
자극 중간에 작은 소자극(Interpole)을 설치, 정류작용을 돕고 전기자 반작용을 국부적으로 없애주며 전기자자속의 반대방향으로 설치한다.

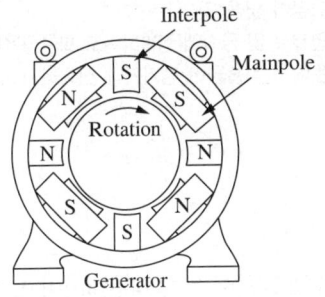

29 직류전동기의 속도제어법이 아닌 것은?

① 전압제어법　　② 계자제어법
③ 저항제어법　　④ 주파수제어법

해설
직류전동기의 속도제어방법에는 자속을 변화시키는 계자제어, 전압을 변화시키는 전압제어, 전기자저항을 변화시키는 저항제어로 나뉘며, 이 중 전압제어방식은 전기자에 가하는 전압을 변화시켜 속도를 제어하는 방법으로 주로 타여자기에 사용되는 정토크제어가 된다. 종류로는 워드-레오나드 방식과 정지 레오나드 방식, 일그너 방식, 초퍼제어 방식이 있다. 직류기에서는 주파수를 사용하지 않는다.

30 변압기유의 구비조건으로 틀린 것은?

① 냉각 효과가 클 것
② 응고점이 높을 것
③ 절연내력이 클 것
④ 고온에서 화학반응이 없을 것

해설
변압기유의 구비조건
- 절연내력이 클 것
- 비열이 커서 냉각 효과가 클 것
- 인화점이 높을 것
- 응고점이 낮을 것
- 절연재료 및 금속에 접촉하여도 화학작용을 일으키지 않을 것
- 고온에서 석출물이 생기거나 산화하지 않을 것

31 동기속도가 N_s = 1,200[rpm]이고, 회전속도가 N = 1,176 [rpm]일 때 슬립은?

① 6[%]   ② 5[%]
③ 3[%]   ④ 2[%]

해설
$$s = \frac{N_s - N}{N_s} \times 100 = \frac{1,200 - 1,176}{1,200} \times 100 = 2[\%]$$

32 직류발전기에서 계자의 주된 역할은?

① 기전력을 유도한다.
② 자속을 만든다.
③ 정류작용을 한다.
④ 정류자면에 접촉한다.

해설
계 자
- 고정자와 회전자 사이의 공간에 회전기 동작에 필요한 자계를 확립하기 위한 구조로 되어 있으며, 자속을 만드는 역할을 한다.
- 계자권선, 계자철심, 자극 및 계철로 구성된다.

33 전기기계에 있어 와전류손(Eddy Current Loss)을 감소하기 위한 적합한 방법은?

① 규소강판에 성층철심을 사용한다.
② 보상권선을 설치한다.
③ 교류전원을 사용한다.
④ 냉각 압연한다.

해설
와류손 경감을 위해 철심을 성층하며, 히스테리시스손을 경감시키기 위해 규소 함유량을 4~4.5[%]로 한 규소강판을 사용한다.

34 수변전설비 구성기기의 계기용 변압기(PT) 설명으로 틀린 것은?

① 높은 전압을 낮은 전압으로 변성하는 기기이다.
② 높은 전류를 낮은 전류로 변성하는 기기이다.
③ 회로에 병렬로 접속하여 사용하는 기기이다.
④ 부족전압 트립코일의 전원으로 사용된다.

해설
계기용 변압기(PT ; Potential Transformer)

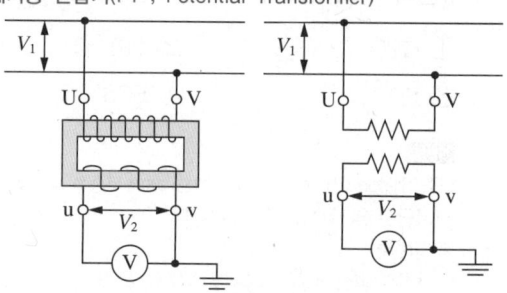

계기용 변압기는 고전압을 저전압으로 변성하는 계기용 변성기의 일종으로 2차 측에는 전압계, 전력계, 주파수계, 역률계, 표시등, 부족전압 트립코일 등이 접속된다. 고전압을 저전압으로 변성하여 과전압계전기(OVR)나 부족전압계전기(UVR) 또는 측정용계에 공급하기 위한 전압변성기로 회로에 병렬로 연결한다.

35 고장에 의하여 생긴 불평형의 전류차가 평형전류의 어떤 비율 이상으로 되었을 때 동작하는 것으로, 변압기 내부고장의 보호용으로 사용되는 계전기는?

① 과전류계전기
② 방향계전기
③ 비율차동계전기
④ 역상계전기

해설
비율차동계전기(Percentage Differential Relay)
변압기 보호용 계전기로 보호구간에 유입되는 전류와 유출되는 전류의 벡터차, 출입하는 전류의 비율로 작동하는 계전기이다.

36 직류발전기의 정류를 개선하는 방법 중 틀린 것은?

① 코일의 자기인덕턴스가 원인이므로 접촉저항이 작은 브러시를 사용한다.
② 보극을 설치하여 리액턴스전압을 감소시킨다.
③ 보극권선은 전기자권선과 직렬로 접속한다.
④ 브러시를 전기적 중성축을 지나서 회전방향으로 약간 이동시킨다.

해설
양호한 정류 대책
- 평균 리액턴스전압은 작게 할 것 : 보극 설치(전압정류)
- 인덕턴스(L)를 작게 할 것 : 단절권 채용
- 정류주기를 크게 할 것
- 브러시에 접속저항을 크게 할 것 : 탄소질 브러시 설치(저항정류)

37 회전수 540[rpm], 12극, 3상 유도전동기의 슬립[%]은?(단, 주파수는 60[Hz]이다)

① 1 ② 4
③ 6 ④ 10

해설
회전자의 속도 $N = (1-s)N_s = (1-s)\dfrac{120f}{p}$

$540[\text{rpm}] = (1-s) \times \dfrac{120 \times 60}{12} = (1-s) \times 600$

∴ $s = 0.1$, 즉 슬립은 10[%]이다.

38 동기기에서 사용되는 절연재료로 B종 절연물의 온도상승한도는 약 몇 [℃]인가?(단, 기준온도는 공기 중에서 40[℃]이다)

① 65 ② 75
③ 90 ④ 120

해설
기준온도가 40[℃]이므로 B종 절연물의 최고허용온도는 130 - 40 = 90[℃]이다.
절연물의 최고허용온도
- Y종 절연 90[℃]
- A종 절연 105[℃](일반 유입변압기)
- E종 절연 120[℃](아몰퍼스 유입변압기)
- B종 절연 130[℃](일반 몰드변압기(아몰퍼스 포함))
- F종 절연 155[℃]
- H종 절연 180[℃](건식변압기)
- C종 절연 180[℃] 초과

39 변압기의 2차 저항이 0.1[Ω]일 때 1차로 환산하면 360[Ω]이 된다. 이 변압기의 권수비는?

① 30 ② 40
③ 50 ④ 60

해설
$R_1 = a^2 R_2$ (R_1 : 1차 저항, a : 권수비, R_2 : 2차 저항)

$a^2 = \dfrac{R_1}{R_2}$에서 $a = \sqrt{\dfrac{R_1}{R_2}} = \sqrt{\dfrac{360}{0.1}}$

∴ $a = 60$

40 반도체 내에서 정공은 어떻게 생성되는가?

① 결합전자의 이탈
② 자유전자의 이동
③ 접합불량
④ 확산용량

해설
- 반송자(Carrier) : 전자가 가전자대에서 전도대로 이동하며 전하를 운반
- 정공(Hole) : 전자의 이동으로 생긴 빈 자리, 양(+)전하의 성질
- 전자 : 전하를 운반하는 역할, 음(-)전하의 성질

P형 반도체와 N형 반도체
- P형 반도체 : 실리콘에 3가 원소인 알루미늄, 붕소, 갈륨을 첨가하며, 반송자는 정공, 억셉터
- N형 반도체 : 실리콘에 5가 원소인 인, 안티모니를 첨가하며 반송자는 전자, 도너

41 박강전선관의 규격이 아닌 것은?

① 16
② 19
③ 25
④ 31

해설
전선관의 규격
- 후강전선관 : 안지름 근접 짝수(호칭), 16, 22, 28, 36, 42, 54, 70, 82, 92, 104[mm]
- 박강전선관 : 바깥지름 근접 홀수(호칭), 19, 25, 31, 39, 51, 63, 75[mm]

42 이동하여 사용하는 저압 전기기계기구의 금속제 외함의 접지를 위해 사용되는 접지도체가 다심 캡타이어케이블이다. 이 케이블의 도체 단면적은 몇 [mm²] 이상인가?

① 0.75
② 1.5
③ 6
④ 10

해설
이동하여 사용하는 전기기계기구의 금속제 외함 등의 접지시스템

저압 전기설비용 접지도체	다심 코드 또는 다심 캡타이어케이블의 1개 도체의 단면적이 0.75[mm²] 이상 사용
	연동연선은 1개 도체의 단면적이 1.5[mm²] 이상 사용

43 한국전기설비규정에서 수관·가스관 또는 이와 유사한 것과 접근하거나 교차하는 경우에는 고압 옥측전선로의 전선과 이들 사이의 간격은 최소 몇 [m] 이상이어야 하는가?

① 0.1
② 0.15
③ 0.3
④ 0.6

해설
고압 옥측전선로의 시설
고압 옥측전선로의 전선이 고압 옥측전선로를 시설하는 조영물에 시설하는 특고압 옥측전선·저압 옥측전선·관등회로의 배선·약전류전선 등이나 수관·가스관 또는 이와 유사한 것과 접근하거나 교차하는 경우에는 고압 옥측전선로의 전선과 이들 사이의 간격은 0.15[m] 이상이어야 한다. 이외에는 고압 옥측전선로의 전선이 다른 시설물과 접근하는 경우에는 고압 옥측전선로의 전선과 이들 사이의 간격은 0.3[m] 이상이어야 한다.

44 지지선의 중간에 넣는 애자는?

① 저압 핀 애자
② 인류 애자
③ 구형 애자
④ 내장 애자

해설
애자(Insulator)
전선로나 전기기기의 나선 부분을 절연하고 동시에 기계적으로 유지 또는 지지하기 위하여 사용되는 절연체
- 가지 애자 : 전선을 다른 방향으로 돌리는 부분
- 곡핀 애자 : 인입선
- 구형 애자(지선 애자, 옥 애자) : 지지선의 중간 부분
- 현수 애자 : 특고압 배전선로에서 선로의 종단, 분기, 수평각 30° 이상인 인류개소, 전선의 굵기 변경 지점, 개폐기 설치 전주 등의 내장장소에 사용
- 다구 애자 : 동력용 저압 인입선공사 시 건물 벽면에 시설 시 사용

45 폭연성 먼지 또는 화약류의 가루가 전기설비가 발화원이 되어 폭발할 우려가 있는 곳에 시설하는 저압 옥내전기설비의 저압 옥내배선공사는?

① 금속관공사
② 합성수지관공사
③ 가요전선관공사
④ 애자공사

해설
폭연성 먼지 위험장소
폭연성 먼지(마그네슘·알루미늄·타이타늄·지르코늄 등의 먼지가 쌓여 있는 상태에서 불이 붙었을 때에 폭발할 우려가 있는 것) 또는 화약류의 가루가 전기설비가 발화원이 되어 폭발할 우려가 있는 곳에 시설하는 저압 옥내전기설비는 금속관공사 또는 케이블공사(캡타이어케이블을 사용하는 것을 제외)에 의할 것

폭연성 먼지 또는 화약류의 가루	금속관공사, 케이블공사
가연성 먼지	금속관공사, 케이블공사, 합성수지관공사

46 전선과 기구 단자 접속 시 나사를 덜 죄었을 경우 발생할 수 있는 위험과 거리가 먼 것은?

① 누 전
② 화재 위험
③ 저항 감소
④ 과열 발생

해설
기구의 단자 접속
기구 단자의 나사를 덜 죄었을 경우 오히려 전기저항이 증가하거나 누설전류가 발생한다.

47 연피케이블의 접속에 반드시 사용되는 테이프는?

① 비닐 테이프
② 리노 테이프
③ 고무 테이프
④ 자기융착 테이프

해설
• 리노 테이프 : 점착성이 없으나 절연성, 내온성, 내유성 우수(연피케이블접속 시 반드시 사용)
• 고무 테이프 : 절연성 혼합물을 압연하여 표면에 고무풀을 칠한 것
• 비닐 테이프 : 염화비닐 컴파운드로 만든 것
• 자기융착 테이프 : 비닐외장케이블, 클로로프렌 외장케이블 접속에 사용

48 금속관공사에 대한 기준으로 틀린 것은?

① 저압 옥내배선의 금속관 안에는 전선에 접속점이 없도록 하였다.
② 저압 옥내배선에 사용하는 전선으로 옥외용 비닐절연전선을 사용하였다.
③ 짧고 가는 금속관에 연선을 사용하였다.
④ 콘크리트에 매설하는 금속관의 두께는 1.2[mm]를 사용하였다.

해설
금속관공사
• 전선은 절연전선(옥외용 비닐절연전선을 제외)일 것
• 전선은 연선일 것(단, 짧고 가는 관에 넣은 것 또는 단면적 10[mm^2](알루미늄은 16[mm^2]) 이하 예외)
• 전선은 금속관 안에서 접속점이 없도록 할 것
• 관의 두께
  – 콘크리트에 매설하는 경우 : 1.2[mm] 이상
  – 기타의 경우 : 1[mm] 이상

정답 45 ① 46 ③ 47 ② 48 ②

49 고압 가공전선이 도로를 횡단하는 경우 전선의 지표상 최소 높이는?

① 3[m] 이상
② 4[m] 이상
③ 5[m] 이상
④ 6[m] 이상

해설
저·고압 가공전선의 높이

구 분	저·고압
도로횡단	6[m]
철 도	6.5[m]
횡단보도교 위에 시설	3.5[m]

50 전선을 접속할 때 전선의 강도를 몇 [%] 이상 감소시키지 않아야 하는가?

① 10
② 20
③ 30
④ 40

해설
전선접속 시 확인사항
- 전기저항이 증가하지 않을 것
- 전선의 기계적 강도를 20[%] 이상 감소시키지 않을 것
- 알루미늄전선을 슬리브 접속하고, 서로 다른 도체의 접속일 경우 전용 접속장비를 사용할 것

51 단선의 트위스트 접속 시 각도는?

① 45°
② 90°
③ 120°
④ 180°

해설
트위스트 직선접속
- 6[mm²] 이하 단선에 적용되며, 피복을 벗긴 두 전선을 120°의 각도로 교차시킨다.

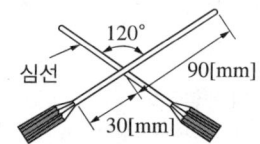

- 전선이 교차하는 점의 오른쪽을 펜치로 잡고 심선을 성기게 1회 꼰다.

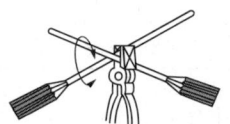

- 성기게 꼰 심선을 직각으로 세워서 다른 심선에 틈이 없도록 하여 4~5회 정도 감은 다음, 나머지 부분은 자르고 끝부분을 오므린다.

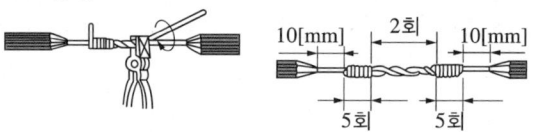

52 최대사용전압이 24[kV]인 중성선을 다중접지하는 전로의 절연내력 시험전압은 몇 [V]인가?

① 17,280
② 22,080
③ 30,000
④ 36,000

해설
24[kV] 중성선 다중접지식은 0.92배이므로
$24 \times 10^3 \times 0.92 = 22,080$[V]이다.
전로의 절연저항 및 절연내력

전로의 종류	시험전압
최대사용전압 7[kV] 이하인 전로	최대사용전압의 1.5배의 전압
최대사용전압 7[kV] 초과 25[kV] 이하인 중성점 접지식 전로 (중성선을 다중접지하는 것에 한한다)	최대사용전압의 0.92배의 전압
최대사용전압 7[kV] 초과 60[kV] 이하인 전로	최대사용전압의 1.25배의 전압 (10.5[kV] 미만으로 되는 경우는 10.5[kV])

49 ④ 50 ② 51 ③ 52 ②

53 저압 이웃 연결 인입선의 시설과 관련된 설명으로 틀린 것은?

① 옥내를 통과하지 아니할 것
② 전선의 굵기는 1.5[mm²] 이하일 것
③ 폭 5[m]를 넘는 도로를 횡단하지 아니할 것
④ 인입선에서 분기하는 점으로부터 100[m]를 넘는 지역에 미치지 아니할 것

해설
저압 인입선의 굵기
전선이 케이블인 경우 이외에는 인장강도 2.30[kN] 이상의 것 또는 지름 2.6[mm] 이상의 인입용 비닐절연전선일 것. 다만, 지지물 간 거리가 15[m] 이하인 경우는 인장강도 1.25[kN] 이상의 것 또는 지름 2[mm] 이상의 인입용 비닐절연전선일 것

54 분전반 및 배전반의 설치장소로 바람직하지 않은 것은?

① 개폐기를 쉽게 개폐할 수 있는 장소
② 전기회로를 쉽게 조작할 수 있는 장소
③ 노출된 장소
④ 사람이 쉽게 조작할 수 없는 장소

해설
배전반 및 분전반의 설치장소
• 전기회로를 쉽게 조작할 수 있는 장소
• 개폐기를 쉽게 조작할 수 있는 장소
• 안정된 장소
• 조작 및 점검, 관리가 용이한 장소

55 저압 옥내간선은 특별한 경우를 제외하고 다음 중 어느 것에 의하여 그 굵기가 결정되는가?

① 변압기의 용량
② 전기방식
③ 부하의 종류
④ 허용전류

해설
전선의 굵기 결정 시 고려사항
• 허용전류
• 기계적강도
• 전압강하

56 한 분전반에 사용전압이 각각 다른 분기회로가 있을 때 분기회로를 쉽게 식별하기 위한 방법으로 가장 적합한 것은?

① 차단기별로 분리해 놓는다.
② 차단기나 차단기 가까운 곳에 각각 전압을 표시하는 명판을 붙여 놓는다.
③ 왼쪽은 고압 측, 오른쪽은 저압 측으로 분류해 놓고 전압 표시는 하지 않는다.
④ 분전반을 철거하고 다른 분전반을 새로 설치한다.

해설
옥내에 시설하는 저압용 배분전반 등의 시설
옥내에 시설하는 저압용 배·분전반의 기구 및 전선은 쉽게 점검할 수 있도록 하고 다음에 따라 시설할 것
• 노출된 충전부가 있는 배전반 및 분전반은 취급자 이외의 사람이 쉽게 출입할 수 없도록 설치하여야 한다.
• 한 개의 분전반에는 한 가지 전원(1회선의 간선)만 공급하여야 한다. 다만 안전 확보가 충분하도록 격벽을 설치하고 사용전압을 쉽게 식별할 수 있도록 그 회로의 과전류차단기 가까운 곳에 그 사용전압을 표시하는 경우에는 그러하지 아니하다.

정답 53 ② 54 ④ 55 ④ 56 ②

57 엔트런스 캡의 주된 사용장소는 다음 중 어느 것인가?

① 저압 인입선공사 시 전선관공사로 넘어갈 때 전선관의 끝부분
② 케이블 헤드를 시공할 때 케이블 헤드의 끝부분
③ 케이블 트레이 끝부분의 마감재
④ 버스덕트 끝부분의 마감재

해설
엔트런스 캡(Entrance Cap)
저압 인입선공사에서 전선관공사로 이어진 전선관 끝부분에 엔트런스 캡을 사용하며 빗물이 타고 흘러들어오지 않도록 한다.

58 밀가루, 전분 등 가연성 먼지가 존재하는 곳의 저압 옥내배선 공사방법으로 적합하지 않은 것은?

① 합성수지관공사
② 금속관공사
③ 가요전선관공사
④ 케이블공사

해설
가연성 먼지 위험장소
가연성 먼지(소맥분, 전분, 유황, 기타 가연성의 먼지로 공중에 떠다니는 상태에서 착화하였을 때에 폭발할 우려가 있는 것을 말하며 폭연성 먼지를 제외)에 전기설비가 발화원이 되어 폭발할 우려가 있는 곳에 시설하는 저압 옥내전기설비는 금속관공사, 케이블공사, 합성수지관공사에 의할 것

폭연성 먼지 또는 화약류의 가루	금속관공사, 케이블공사
가연성 먼지	금속관공사, 케이블공사, 합성수지관공사

59 다음 중 전주의 길이가 15[m] 이하인 경우 땅에 묻히는 깊이는 전체 길이의 얼마인가?

① 1/8 이상   ② 1/6 이상
③ 1/4 이상   ④ 1/3 이상

해설
가공전선로 지지물의 기초의 안전율
• 15[m] 이하 : 1/6 이상(하중)
• 15[m] 초과 : 2.5[m] 이상
• 전주 길이가 14[m] 이상 20[m] 이하이고, 설계하중 6.8[kN] 초과 9.8[kN] 이하일 때 : +30[cm]

60 화약류 저장소 안에는 전기설비를 시설하여서는 안 되나, 백열전등이나 형광등 또는 이들에 전기를 공급하기 위한 전기설비를 금속관공사에 의한 규정 등을 준수하여 시설하는 경우는 가능하다. 설치할 수 있는 시설의 기준으로 틀린 것은?

① 전기기계기구는 전폐형의 것일 것
② 전로의 대지전압은 300[V] 이하일 것
③ 케이블을 전기기계기구에 인입할 때에는 인입구에서 케이블이 손상될 우려가 없도록 시설할 것
④ 전기설비에 전기를 공급하는 전로에는 과전류차단기를 모든 작업자가 쉽게 조작할 수 있도록 설치할 것

해설
화약류 저장소에서 전기설비의 시설
• 전로의 대지전압은 300[V] 이하일 것
• 전기기계기구는 전폐형일 것
• 케이블을 전기기계기구에 인입할 때 손상될 우려가 없도록 할 것
• 전용 개폐기 및 과전류차단기를 취급자 이외의 자가 쉽게 조작할 수 없도록 시설할 것
• 지락 시 자동 전로차단장치 및 경보장치를 시설할 것

2020년 제2회 과년도 기출복원문제

01 다음 중에서 자석의 일반적인 성질에 대한 설명으로 틀린 것은?

① N극과 S극이 있다.
② 자력선은 N극에서 나와 S극으로 향한다.
③ 자력이 강할수록 자기력선의 수가 많다.
④ 자석은 저온이 되면 자력이 감소한다.

해설
자석의 성질
- 자석은 고온이 되면 자력이 감소되고 저온이 되면 자력이 증가된다.
- 자석을 임계온도 이상으로 가열하면 자석의 성질이 없어진다.
- 발생되는 자기력선은 아무리 사용해도 기본적으로 감소하지 않는다.

02 기전력이 100[V], 내부저항 $r = 10[\Omega]$인 전원이 있다. 이 전원에 부하를 연결하여 얻을 수 있는 최대전력은 몇 [W]인가?

① 125
② 150
③ 225
④ 250

해설
최대전력은 내부저항과 외부저항이 같을 때 전달된다. 내부저항이 10[Ω]이라면 외부저항도 마찬가지로 10[Ω]일 때 최대전력이 전달된다.
- $I = \dfrac{100}{10+10} = 5[A]$
- $P = I^2 R = 5^2 \times 10 = 250[W]$

03 유전율의 단위는?

① [V/m]
② [F/m]
③ [C/m²]
④ [H/m]

해설
유전율
- 전하 사이에 전기장이 작용할 때, 그 전하 사이의 매질이 전기장에 미치는 영향을 나타내는 물리적 단위이다.
- 유전율 $\varepsilon = \varepsilon_0 \varepsilon_r$
- 진공의 유전율 $\varepsilon_0 = 8.854 \times 10^{-12}[F/m]$

04 2[μF]의 콘덴서를 1,000[V]로 충전하면 축적되는 에너지는 몇 [J]인가?

① 1
② 2
③ 5
④ 10

해설
콘덴서에 축적되는 에너지
$$W = \frac{1}{2}QV = \frac{1}{2}CV^2$$
$$\therefore W = \frac{1}{2} \times 2 \times 10^{-6} \times 1,000^2 = 1[J]$$
단위체적당 축적되는 에너지
$$W_0 = \frac{1}{2}ED = \frac{1}{2}\varepsilon E^2 [J/m^3]$$

05 10[Ω]의 저항회로에 $e = 100\sin\left(377t + \dfrac{\pi}{3}\right)[V]$의 전압을 가했을 때 $t = 0$에서의 순시전류는 몇 [A]인가?

① $5\sqrt{3}$
② 5
③ $5\sqrt{2}$
④ 10

해설
$$i = \frac{e}{R} = \frac{1}{10} \times 100 \sin\frac{\pi}{3} = 10 \times \frac{\sqrt{3}}{2} = 5\sqrt{3}[A]$$

정답 1 ④ 2 ④ 3 ② 4 ① 5 ①

06 평등전계 내에서 5[C]의 전하를 30[cm] 이동시키는 데 120[J]의 일이 소요되었다. 전계의 세기는 몇 [V/m]인가?

① 24
② 36
③ 80
④ 160

해설

$W = VQ$에서 전압 $V = \dfrac{W}{Q} = \dfrac{120}{5} = 24[\text{V}]$

∴ 전계의 세기 $E = \dfrac{V}{r} = \dfrac{24}{0.3} = 80[\text{V/m}]$

07 대전된 도체의 특징이 아닌 것은?

① 도체에 인가된 전하는 도체 표면에만 분포한다.
② 가우스 법칙에 의해 내부에는 전하가 존재한다.
③ 전계는 도체 표면에 수직인 방향으로 진행된다.
④ 도체 표면에서의 전하밀도는 곡률이 클수록 높다.

해설
- 도체 표면의 전하는 뾰족한 부분에 모이므로 곡률이 크거나 곡률 반지름이 작을수록 많이 분포한다.
- 도체 내부 전계의 세기는 0이고, 전위차가 발생하지 않는 등전위가 된다.
- 도체 표면상에서 전계의 방향은 모든 점에서 표면의 법선방향으로서 전계는 도체 표면(등전위면)과 수직이다.
- 전하는 도체 표면에만 분포되어 있다.

08 진공 중에 놓인 $Q[\text{C}]$의 전하에서 발산되는 전기력선의 수는?

① Q
② ε_0
③ $\dfrac{Q}{\varepsilon_0}$
④ $\dfrac{\varepsilon_0}{Q}$

해설
- 전기력선수 $N = \dfrac{Q}{\varepsilon}$, 매질에 따라 변화
- 전속 $\phi = \int_s D ds = Q$, 매질에 상관없이 불변

09 두 종류의 금속으로 하나의 폐회로를 만들고 여기에 전류를 흘리면 양 접속점에서 한쪽은 온도가 올라가고, 다른 쪽은 온도가 내려가서 열의 발생 또는 흡수가 생기고, 전류를 반대방향으로 변화시키면 열의 발생부와 흡수부가 바뀌는 현상이 발생한다. 이 현상을 지칭하는 효과로 알맞은 것은?

① 핀치 효과
② 펠티에 효과
③ 톰슨 효과
④ 제베크 효과

해설
- 핀치 효과 : 액체 도체에 교류전류에 의해 회전자계로 인해 구심력이 작용하여 도체가 줄었다 늘었다를 반복되는 현상
- 톰슨 효과 : 동일한 금속 도선에 전류를 흘리면 열이 발생되거나 흡수가 일어나는 현상
- 제베크 효과 : 두 종류 금속 접속면에 온도차를 주면 기전력이 발생하는 현상

10 전류와 자계 사이에 직접적인 관련이 없는 법칙은?

① 앙페르의 오른나사 법칙
② 비오-사바르의 법칙
③ 플레밍의 왼손 법칙
④ 쿨롱의 법칙

해설
- 쿨롱의 법칙 : 두 전하 또는 두 자극 사이에 작용하는 힘을 나타낸 법칙이다.
- 앙페르의 오른나사 법칙 : 전류의 흐름에 따른 자기장의 발생방향을 나타낸다.
- 비오-사바르의 법칙 : 유한장 직선 전류에 의한 자계
- 플레밍의 왼손 법칙 : 일정한 자기장 내의 전선에 전류가 흐를 때 발생하는 힘의 방향

11 전류가 흐르는 도선을 자계 안에 놓으면, 이 도선에 힘이 작용한다. 평등자계의 진공 중에 놓여 있는 직선전류 도선이 받는 힘에 대하여 옳은 것은?

① 전류의 세기에 반비례한다.
② 도선의 길이에 비례한다.
③ 자계의 세기에 반비례한다.
④ 전류와 자계의 방향이 이루는 각 $\tan\theta$에 비례한다.

해설
도체가 받는 힘(전자력) $F = BIl\sin\theta = \mu HIl\sin\theta$[N]

12 단자 a, b 간에 25[V]의 전압을 가할 때, 5[A]의 전류가 흐른다. 저항 r_1, r_2에 흐르는 전류비가 $1:3$일 때 r_1, r_2의 값은?

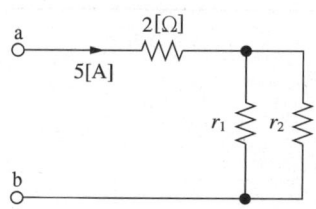

① $r_1 = 12[\Omega]$, $r_2 = 4[\Omega]$
② $r_1 = 4[\Omega]$, $r_2 = 12[\Omega]$
③ $r_1 = 6[\Omega]$, $r_2 = 2[\Omega]$
④ $r_1 = 2[\Omega]$, $r_2 = 6[\Omega]$

해설
합성저항 $R = \dfrac{V}{I} = \dfrac{25}{5} = 5[\Omega]$
전류 $I_1 : I_2 = 1:3$이면, 저항은 $r_1:r_2 = 3:1$이 되어 $r_1 = 3r_2$
병렬 합성저항 $R' = R - 2 = 5 - 2 = 3[\Omega]$
$= \dfrac{r_2 \cdot 3r_2}{r_2 + 3r_2} = \dfrac{3}{4}r_2[\Omega]$
$\therefore r_2 = \dfrac{3}{\frac{3}{4}} = 4[\Omega]$, $r_1 = 3r_2 = 3 \times 4 = 12[\Omega]$

13 평균 반지름이 10[cm]이고 감은 횟수 10회의 원형 코일에 5[A]의 전류를 흐르게 하면 코일 중심의 자장의 세기[AT/m]는?

① 250
② 500
③ 750
④ 1,000

해설
- 원형 코일 전류에 의한 자기장:
$H = \dfrac{NI}{2r} = \dfrac{10 \times 5}{2 \times 0.1} = 250[\text{AT/m}]$
- 직선전류에 의한 자기장: $H = \dfrac{I}{2\pi r}[\text{AT/m}]$
- 환상 솔레노이드 내부의 자기장: $H = \dfrac{NI}{l} = \dfrac{NI}{2\pi r}[\text{AT/m}]$
- 무한장 솔레노이드 내부의 자기장: $H = NI[\text{AT/m}]$ (N: 단위 길이당 코일의 권수)

14 그림과 같은 파형의 파고율은 얼마인가?

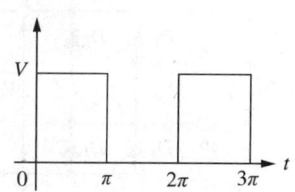

① 1
② 1.414
③ 1.732
④ 2.449

해설

파 형	파고율	파형률
구형파	1	1
구형반파	1.414	1.414

15 C[F]의 콘덴서에 V[V]의 전압을 가한 결과 Q[C]의 전기량이 충전되었다. 이 콘덴서에 저장된 에너지[J]는 어떻게 표현되는가?

① $2CV$ ② $2CV^2$
③ $\frac{1}{2}CV$ ④ $\frac{1}{2}CV^2$

해설
콘덴서에 전압을 가하여 충전되는 에너지
$W = \frac{1}{2}QV = \frac{1}{2}CV^2$[J]

16 그림의 회로에서 입력전원(v_s)의 양(+)의 반주기 동안에 도통하는 다이오드는?

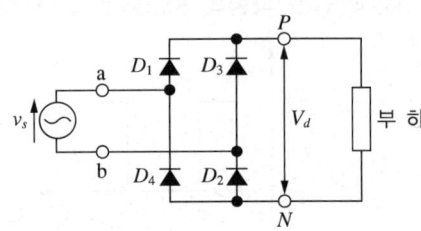

① D_1, D_2 ② D_2, D_3
③ D_4, D_1 ④ D_1, D_3

해설
v_s가 양의 전압일 때, 다이오드 D_1과 D_2가 도통되어 부하에 전류가 흐르고, 반대로 음의 전압일 경우에는 다이오드 D_3와 D_4가 도통되어 전류가 흐른다.

17 그림과 같은 RC 병렬회로의 위상각 θ는?

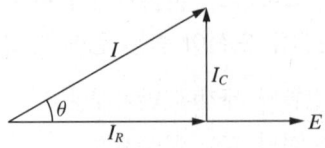

① $\tan^{-1}\frac{\omega C}{R}$
② $\tan^{-1}\omega CR$
③ $\tan^{-1}\frac{R}{\omega C}$
④ $\tan^{-1}\frac{1}{\omega CR}$

해설

구 분	직렬회로	병렬회로
RL	$\theta = \tan^{-1}\frac{\omega L}{R}$	$\theta = \tan^{-1}\frac{R}{\omega L}$
RC	$\theta = \tan^{-1}\frac{1}{\omega CR}$	$\theta = \tan^{-1}\omega CR$
RLC	$\theta = \tan^{-1}\frac{\omega L - \frac{1}{\omega C}}{R}$	$\theta = \tan^{-1}\left(\omega C - \frac{1}{\omega L}\right)\cdot R$

18 전력량 1[Wh]와 그 의미가 같은 것은?

① 1[C] ② 1[J]
③ 3,600[C] ④ 3,600[J]

해설
1[W] = 1[J/s]이므로 1[W·s] = 1[J]이다.
1[Wh] = 1[W·s] × 3,600 = 1[J] × 3,600 = 3,600[J]

19 $+Q_1[C]$과 $-Q_2[C]$의 전하가 진공 중에서 r [m]의 거리에 있을 때 이들 사이에 작용하는 정전기력 $F[N]$은?

① $F = 9 \times 10^{-7} \times \dfrac{Q_1 Q_2}{r^2}$

② $F = 9 \times 10^{-9} \times \dfrac{Q_1 Q_2}{r^2}$

③ $F = 9 \times 10^{9} \times \dfrac{Q_1 Q_2}{r^2}$

④ $F = 9 \times 10^{10} \times \dfrac{Q_1 Q_2}{r^2}$

해설
진공의 전기장 중에 두 Q_1, $Q_2[C]$의 전하가 있을 때 받는 힘
$F = \dfrac{Q_1 Q_2}{4\pi\varepsilon r^2} = 9 \times 10^9 \cdot \dfrac{Q_1 Q_2}{r^2}[N]$

20 다음은 어떤 법칙을 설명한 것인가?

> "임의의 폐회로에서의 기전력 총합은 회로소자에서 발생하는 전압강하의 총합과 같다."

① 키르히호프의 제1법칙
② 키르히호프의 제2법칙
③ 플레밍의 오른손 법칙
④ 앙페르의 오른나사 법칙

해설
키르히호프의 제1법칙(전류의 법칙 : KCL)
회로의 한 점에서 볼 때 : $\sum$유입전류 = $\sum$유출전류
$(I_1 + I_2 + I_3 + \cdots + I_n = 0)$
키르히호프의 제2법칙(전압의 법칙 : KVL)
• 임의의 폐회로에서의 기전력 총합은 회로소자에서 발생하는 전압강하의 총합과 같다.
• $\sum$기전력 = $\sum$전압강하

21 직류 분권발전기가 있다. 극수 6, 전기자 도체수 400, 매극 자속수 0.01[Wb], 회전수 600[rpm]일 때 유기 기전력은 몇 [V]인가?(단, 전기자권선은 파권이다)

① 120 ② 140
③ 160 ④ 180

해설
파권이므로 병렬회로수 $a = 2$
$\therefore E = \dfrac{pz}{60a}\phi N = \dfrac{6 \times 400}{60 \times 2} \times 0.01 \times 600 = 120[V]$

22 직류기에서 전기자 반작용을 방지하기 위한 보상권선의 전류방향은 어떻게 되는가?

① 전기자권선의 전류방향과 같다.
② 전기자권선의 전류방향과 반대이다.
③ 계자권선의 전류방향과 같다.
④ 계자권선의 전류방향과 반대이다.

해설
보상권선은 전기자권선에 흐르는 전류에 의해 발생되는 자속을 없애기 위한 것으로 전기자전류와 크기는 같으면서, 방향은 서로 반대인 전류를 흘려줘야 한다.

23 직류 직권전동기에서 토크 T와 회전수 N과의 관계는?

① $T \propto N$ ② $T \propto N^2$
③ $T \propto \dfrac{1}{N}$ ④ $T \propto \dfrac{1}{N^2}$

해설
역기전력(E)이 일정하고 자기포화를 무시할 경우 속도(N)
$N \propto \dfrac{E}{\phi} \propto \dfrac{1}{I_a}(\because \phi = KI_a)$, $T \propto \phi I_a$
$\phi \propto I_a$이므로 $T \propto \dfrac{1}{N^2}$이다.

정답 19 ③ 20 ② 21 ① 22 ② 23 ④

24 직류전동기의 출력이 50[kW], 회전수가 1,800[rpm]일 때 토크는 약 몇 [kg·m]인가?

① 12 ② 23
③ 27 ④ 31

해설
$$T = \frac{P}{\omega} = 0.975 \times \frac{P}{N} = 0.975 \times \frac{50 \times 10^3}{1,800} \fallingdotseq 27[\text{kg} \cdot \text{m}]$$

25 1차 전압 3,300[V], 2차 전압 220[V]인 변압기의 권수비(Turn Ratio)는 얼마인가?

① 15 ② 220
③ 3,300 ④ 7,260

해설
권수비
$$a = \frac{E_1}{E_2} = \frac{V_1}{V_2} = \frac{I_2}{I_1} = \frac{N_1}{N_2} = \sqrt{\frac{Z_1}{Z_2}} = \sqrt{\frac{R_1}{R_2}}$$
$$\therefore a = \frac{V_1}{V_2} = \frac{3,300}{220} = 15$$

26 변압기의 자속에 관한 설명으로 옳은 것은?

① 전압과 주파수에 반비례한다.
② 전압과 주파수에 비례한다.
③ 전압에 반비례하고 주파수에 비례한다.
④ 전압에 비례하고 주파수에 반비례한다.

해설
변압기의 자속
자속밀도 $\phi = \frac{V}{4.44fNA}[\text{Wb/m}^2]$
(V : 1차 또는 2차 전압[V], f : 주파수[Hz], N : 1차 또는 2차 권선횟수, A : 철심의 단면적[m²])
∴ 변압기의 자속은 전압에 비례하고 주파수에 반비례한다.
전압이 일정할 경우 주파수와 자속밀도는 반비례한다.

27 변압기의 효율이 최대가 되기 위한 조건은?

① 철손 = $\frac{1}{2}$ 동손
② $\frac{1}{2}$ 철손 = 동손
③ 철손 = 동손
④ 철손 = $\frac{2}{3}$ 동손

해설
변압기가 임의의 부하(부하전류 I_2[A])에서 운전하고 있을 때, 변압기의 효율은 다음과 같이 나타낼 수 있다.
$$\eta = \frac{출력}{출력 + 전체손실(무부하손 + 부하손)} \times 100[\%]$$
$$= \frac{V_{2n}I_{2n}\cos\theta}{V_{2n}I_{2n}\cos\theta + P_i + r_{21}I_{2n}^2} \times 100[\%]$$
위의 식에서 정격 2차 전압 V_{2n}과 역률 $\cos\theta$이 일정할 때에 효율 η가 최대가 되기 위한 조건은 부하손($r_{21}I_2^2$)과 무부하손(P_i)의 합이 최소가 되는 경우, 즉 부하손과 무부하손이 같아지는 경우이다.

28 변류기 개방 시 2차 측을 단락하는 이유는?

① 2차 측 절연 보호
② 2차 측 과전류 보호
③ 측정 오차 방지
④ 1차 측 과전류 방지

해설
2차 측을 개방하면 1차 측의 부하전류가 전부 여자전류로 사용되어 2차 측에 고전압이 유기되어 절연이 파괴될 우려가 있다. 또 철심 중의 자속이 급격히 증가하여 철손이 증가하므로 열이 발생하여 소손될 우려가 있다.

29 히스테리시스 곡선의 ㉠가로축(횡축)과 ㉡세로축(종축)은 무엇을 나타내는가?

① ㉠ 자속밀도   ㉡ 투자율
② ㉠ 자기장의 세기   ㉡ 자속밀도
③ ㉠ 자화의 세기   ㉡ 자기장의 세기
④ ㉠ 자기장의 세기   ㉡ 투자율

해설
히스테리시스 곡선

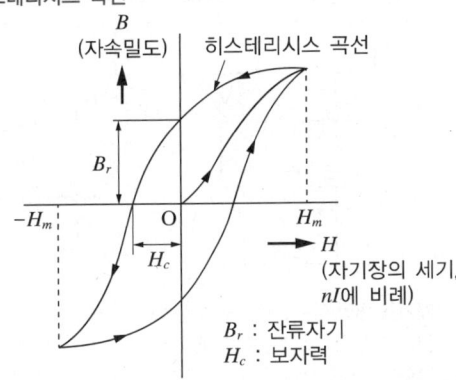

B_r : 잔류자기
H_c : 보자력

30 변압기의 백분율 저항강하가 2[%], 백분율 리액턴스강하가 3[%]일 때 부하의 무효율이 60[%]인 변압기의 전압변동률[%]은?

① 2.6   ② 3.0
③ 3.4   ④ 3.8

해설
변압기의 전압변동률
$$\varepsilon = \frac{V_{20} - V_{2n}}{V_{2n}} \times 100[\%] = p\cos\theta \pm q\sin\theta [\%]$$
$$= 2 \times 0.8 + 3 \times 0.6 = 1.6 + 1.8$$
$$= 3.4[\%]$$
(p : 퍼센트 저항강하, q : 퍼센트 리액턴스강하)

31 농형 회전자에 비뚤어진 홈을 쓰는 이유는?

① 출력을 높인다.   ② 회전수를 증가시킨다.
③ 소음을 줄인다.   ④ 미관상 좋다.

해설
농형 회전자는 회전자의 홈이 축방향에 평행하지 않고 조금씩 비뚤어져 있는 홈(Skewed Slot)으로 만드는데, 이것은 고정자의 자력을 끊을 때 소음 발생을 억제하는 효과가 있다.
농형 유도전동기의 회전자
- 회전자 철심의 홈 : 원형 또는 사각형
- 회전자의 홈 방향이 축방향에 평행하지 않고 조금씩 비뚤어져 있음 → 소음 억제 효과
- 구조 간단, 튼튼, 취급하기 쉬움
- 운전 중 성능 우수, 기동 시 성능 ↓

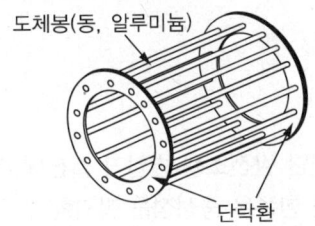

32 셰이딩 코일형 유도전동기의 특징을 나타낸 것으로 틀린 것은?

① 역률과 효율이 좋고 구조가 간단하여 세탁기 등 가정용 기기에 많이 쓰인다.
② 회전자는 농형이고 고정자의 성층철심은 몇 개의 돌극으로 되어 있다.
③ 기동토크가 작고 출력이 수십[W] 이하의 소형 전동기에 주로 사용한다.
④ 운전 중에도 셰이딩 코일에 전류가 흐르고 속도 변동률이 크다.

해설
셰이딩 코일형 단상 유도전동기
- 이동자기장을 이용한 것으로 회전방향을 바꿀 수 없고 항상 주자극에서 셰이딩 자극 쪽으로만 이동
- 구조가 극히 단순하며 기동토크가 작고, 효율과 역률이 좋지 않음
- 소형 선풍기 등 100[W] 이하에 사용

33 3상 변압기의 병렬운전이 불가능한 결선은?

① △-△와 Y-Y
② △-△와 △-Y
③ Y-Y와 Y-Y
④ Y-△와 Y-△

[해설]
각변위가 △-Y는 30°, △-△는 0°이므로 순환전류가 흐른다.
병렬운전이 불가능한 결선
- △-△와 △-Y
- △-Y와 Y-Y

34 수전단 발전소용 변압기 결선에 주로 사용하고 있으며 한쪽은 중성점을 접지할 수 있고 다른 한쪽은 제3고조파에 의한 영향을 없애주는 장점을 가지고 있는 3상 결선방식은?

① Y-Y
② △-△
③ Y-△
④ V

[해설]
- Y결선을 통해 중성점접지를 하고, 다른 한쪽은 △결선을 하여 3고조파에 대한 장해를 줄일 수 있다.
- 2차 쪽의 선간전압과 변압기 전압이 같게 되므로, 송전선에서 변전소에 들어가는 경우와 같이 고압에서 저압으로 강압에 사용됨(강압용)
- △-Y와 Y-△ 결선의 장단점

장 점	단 점
• 한쪽 Y결선의 중성점을 접지할 수 있다. • 한쪽이 △결선으로 여자전류의 제3고조파 통로가 있으므로 제3고조파의 장애가 적고, 기전력의 파형에 왜형파가 나타나지 않는다. • △-Y결선은 승압용 변압기로 송전단 변전소용에, Y-△결선은 강압용 변압기로 수전단 변전소용에 사용하여 송전계통에 융통성 있게 쓰인다.	• 1차 선간전압과 2차 선간전압과의 사이에 30° 위상차가 생긴다. • 1상에 고장이 발생하면 송전을 계속할 수 없다.

35 수변전설비 구성기기의 계기용 변압기(PT) 설명으로 틀린 것은?

① 높은 전압을 낮은 전압으로 변성하는 기기이다.
② 높은 전류를 낮은 전류로 변성하는 기기이다.
③ 회로에 병렬로 접속하여 사용하는 기기이다.
④ 부족전압 트립코일의 전원으로 사용된다.

[해설]
계기용 변압기(PT ; Potential Transformer)

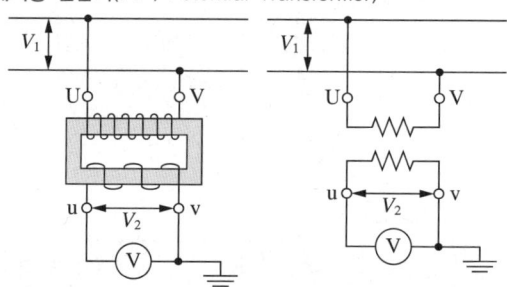

계기용 변압기는 고전압을 저전압으로 변성하는 계기용 변성기의 일종으로 2차 측에는 전압계, 전력계, 주파수계, 역률계, 표시등, 부족전압 트립코일 등이 접속된다. 고전압을 저전압으로 변성하여 과전압계전기(OVR)나 부족전압계전기(UVR) 또는 측정용계에 공급하기 위한 전압변성기로 회로에 병렬로 연결한다.

36 4극 60[Hz], 슬립 5[%]인 유도전동기의 회전수는 몇 [rpm]인가?

① 1,836
② 1,710
③ 1,540
④ 1,200

[해설]
회전자속도(전동기속도)
$N = (1-s)N_s = (1-s)\dfrac{120f}{p}$
∴ $N = (1-0.05) \times \dfrac{120 \times 60}{4} = 1,710[\text{rpm}]$

37 회전자 입력을 P_2, 슬립을 s라고 할 때, 3상 유도 전동기의 기계적 출력의 관계식은?

① sP_2
② $(1-s)P_2$
③ s^2P_2
④ $\dfrac{P_2}{s}$

해설
2차 출력(기계적 출력, P_o) = 2차 입력 − 2차 동손
$P_o = P_2 - P_{c2} = P_2 - sP_2 = (1-s)P_2$ [W]

38 동기발전기의 권선을 분포권으로 하면?

① 파형이 좋아진다.
② 권선의 리액턴스가 커진다.
③ 집중권에 비하여 합성 유도기전력이 높아진다.
④ 난조를 방지한다.

해설
분포권을 사용하는 이유
- 분포권은 집중권에 비하여 합성유기기전력이 감소한다.
- 기전력의 고조파가 감소하여 파형이 좋아진다.
- 권선의 누설리액턴스가 감소한다.
- 전기자권선에 의한 열을 고르게 분포시켜 과열을 방지한다.

39 동기전동기 전기자 반작용에 대한 설명이다. 공급전압에 대한 앞선 전류의 전기자 반작용은?

① 감자작용
② 증자작용
③ 교차자화작용
④ 편자작용

해설
동기전동기의 전기자 반작용
전기자전류에 의한 회전자속이 계자자속에 영향을 미치는 현상
- 감자작용(직축 반작용) : 전류가 전압보다 위상이 90° 앞선 경우
- 증자작용(직축 반작용) : 전류가 전압보다 위상이 90° 뒤진 경우
- 교차자화작용(횡축 반작용) : 전기자전류와 유도기전력이 동상일 때

40 동기기의 전기자권선법이 아닌 것은?

① 전절권
② 분포권
③ 2층권
④ 중 권

해설
동기기의 전기자권선법은 고조파를 줄여 파형을 개선하기 위하여 전절권이 아닌 코일의 양변 간의 피치가 1자극 피치보다 짧은 코일을 사용한 단절권을 적용한다.

전기자권선법
- 단절권(Short Pitch Winding) : 코일의 양변 간의 피치가 1자극 피치보다 짧은 코일을 사용한 권선을 말한다. 직류기의 경우에는 정류를 개선하고, 교류기의 경우에는 고조파를 줄여 파형을 개선하는 효과가 있다. 또한 코일의 구리의 양을 적게 한다.
- 2층권(Double-Layer Winding) : 슬롯(Slot)이 붙은 전기기기의 권선의 하나로, 각 슬롯에 상하 2층으로 코일변을 감는 것을 이른다. 교류기의 쇄권 이외는 전부 2층권이다.
- 분포권(Distributed Winding) : 슬롯이 붙은 전기기기에 있어서 1상대의 코일을 2개 이상의 슬롯으로 나누어 감는 권선방식으로, 직류기의 전기자권선도 분포권의 일종이다.
- 전절권(Full Pitch Winding) : 각 코일이 자극피치와 같은 폭을 갖는 권선으로, 권선피치가 100[%]인 권선을 말한다.

41 버스덕트공사에 의한 저압 옥내배선공사에 대한 설명으로 틀린 것은?

① 덕트 상호 간 및 전선 상호 간은 견고하고 또한 전기적으로 완전하게 접속할 것
② 덕트를 조영재에 붙이는 경우에는 덕트의 지지점 간의 거리를 2[m] 이하로 하고 또한 견고하게 붙일 것
③ 덕트(환기형은 제외)의 끝부분은 막을 것
④ 습기가 많은 장소 또는 물기가 있는 장소에 시설하는 경우에는 옥외용 버스덕트를 사용할 것

해설
버스덕트공사
덕트를 조영재에 붙이는 경우에는 덕트의 지지점 간의 거리를 3[m](취급자 이외의 자가 출입할 수 없도록 설비한 곳에서 수직으로 붙이는 경우에는 6[m]) 이하로 하고 또한 견고하게 붙일 것

42 합성수지관공사에 대한 설명으로 틀린 것은?

① 전선은 절연전선을 사용하여야 한다.
② 합성수지관 안에서 전선에 접속점을 만들면 안 된다.
③ 중량물의 압력 또는 현저한 기계적 충격을 받는 장소에 시설하여서는 안 된다.
④ 합성수지제의 전선관 및 박스, 기타 부속품은 온도변화에 의한 신축을 고려할 필요가 없다.

해설
합성수지관의 특징
• 누전의 염려가 없다.
• 내식성이 좋다.
• 접지가 필요 없다.
• 외상을 받을 우려가 없다.
• 비자성체이다(전자유도현상이 없어, 왕복선을 같이 넣지 않아도 된다).
• 열에 약하다.
• 중량이 가볍고, 시공이 쉽다.
• 기계적으로 약하다.
• 피뢰기, 피뢰침의 접지선 보호에 적당하다.
• 플라스틱이므로 여름과 겨울에 온도의 영향을 받아 신축되는 양을 고려하여야 한다.

43 다음 중 과전류차단기를 설치하는 곳은?

① 간선의 전원 측 전선
② 접지공사의 접지도체(접지선)
③ 다선식 전로의 중성선
④ 접지공사를 한 저압 가공전선의 접지 측 전선

해설
과전류차단기의 시설 제한
• 접지공사의 접지도체
• 다선식 전로의 중성선
• 전로의 일부에 접지공사를 한 저압 가공전선로의 접지 측 전선

44 금속전선관 1본의 표준 규격품의 길이는?

① 3[m]   ② 3.6[m]
③ 4[m]   ④ 4.6[m]

해설
전선관의 길이
• PVC 전선관 1본 길이 : 4[m]
• 금속관 1본 길이 : 3.6[m]

45 금속몰드공사에 대한 설명으로 틀린 것은?

① 전선은 절연전선(옥외용 비닐절연전선을 제외)일 것
② 금속몰드 안에는 전선에 접속점이 없도록 할 것
③ 금속몰드 안에는 허가된 금속제 조인트 박스를 사용할 경우에는 접속할 수 있다.
④ 금속몰드의 사용전압이 300[V] 이하로 옥내의 건조한 장소로 전개된 장소에 한하여 시설할 수 있다.

해설
금속몰드공사
금속몰드의 사용전압이 400[V] 이하로 옥내의 건조한 장소로 전개된 장소 또는 점검할 수 있는 은폐장소에 한하여 시설할 수 있다.

46 전선의 구비조건이 아닌 것은?

① 도전율이 크고, 기계적인 강도가 클 것
② 신장률이 크고, 내구성이 있을 것
③ 비중이 크고, 가선이 용이할 것
④ 가격이 저렴하고, 구입이 쉬울 것

해설
전선의 구비조건
• 밀도(비중)가 작고, 가선이 용이할 것
• 신장률이 크고, 내구성이 있을 것
• 도전율이 크고, 기계적 강도가 클 것
• 가격이 저렴하고, 구입이 쉬울 것

47 한 수용장소의 인입선에서 분기하여 지지물을 거치지 아니하고 다른 수용장소의 인입구에 이르는 부분의 전선을 무엇이라 하는가?

① 이웃 연결 인입선 ② 본딩선
③ 이동전선 ④ 지중인입선

해설
이웃 연결 인입선
한 수용장소의 인입선에서 분기하여 지지물을 거치지 아니하고 다른 수용장소의 인입구에 이르는 부분의 전선

48 전압의 종별에서 특고압이란?

① 7[kV] 초과 ② 5[kV] 초과
③ 14[kV] 이상 ④ 20[kV] 이상

해설
전압의 종류
- 저압 : 직류 1.5[kV] 이하, 교류 1[kV] 이하
- 고압 : 직류 1.5[kV] 초과 7[kV] 이하
  교류 1[kV] 초과 7[kV] 이하
- 특고압 : 7[kV] 초과

49 다음 중 저압 개폐기를 생략하여도 좋은 개소는?

① 부하전류를 단속할 필요가 있는 개소
② 인입구 기타 고장, 점검, 측정, 수리 등에서 개로할 필요가 있는 개소
③ 퓨즈의 전원 측으로 분기회로용 과전류차단기 이후의 퓨즈가 플러그 퓨즈와 같이 퓨즈 교환 시에 충전부에 접촉될 우려가 없을 경우
④ 퓨즈의 전원 측

해설
저압 개폐기를 필요로 하는 개소
- 부하전류를 단속할 필요가 있는 개소
- 인입구, 기타 고장, 측정, 수리, 점검 등에 있어서 개로할 필요가 있는 개소
- 퓨즈의 전원 측으로 분기회로용 과전류차단기 이후의 퓨즈가 플러그 퓨즈와 같이 퓨즈 교환 시에 충전부에 접촉될 우려가 없을 경우에는 생략해도 무방하다.

50 저압 옥내 분기회로에 보호장치인 개폐기 및 과전류차단기를 시설하는 경우 원칙적으로 분기점에서 몇 [m] 이하에 시설하여야 하는가?

① 3 ② 5
③ 8 ④ 12

해설
과부하 보호장치의 설치위치
분기회로의 보호장치는 전원 측에서 분기점 사이에 다른 분기회로 또는 콘센트의 접속이 없고, 단락의 위험과 화재 및 인체에 대한 위험성이 최소화되도록 시설된 경우 분기회로의 보호장치는 분기회로의 분기점으로부터 3[m]까지 이동하여 설치 가능

51 인류하는 곳이나 분기하는 곳에 사용하는 애자는?

① 구형 애자
② 가지 애자
③ 새클 애자
④ 현수 애자

해설
애 자
- 가지 애자 : 전선을 다른 방향으로 돌리는 부분
- 곡핀 애자 : 인입선
- 구형 애자(지선 애자, 옥 애자) : 지지선의 중간 부분
- 현수 애자 : 특고압 배전선로에서 선로의 종단, 분기, 수평각 30° 이상인 인류개소, 전선의 굵기 변경 지점, 개폐기 설치 전주 등의 내장장소에 사용

52 다음과 같은 그림 기호의 명칭은?

— — — — — — —

① 천장 은폐배선　② 노출배선
③ 지중 매설배선　④ 바닥 은폐배선

해설
배선 기호
• 천장 은폐배선 ─────────
• 노출배선 ─ ─ ─ ─ ─ ─ ─
• 바닥 은폐배선 — — — — —
• 바닥면 노출배선 —·—·—·—·—
• 지중 매설배선 —··—··—··—

53 $\dfrac{\text{부하의 평균전력(1시간평균)}}{\text{최대수용전력(1시간평균)}} \times 100[\%]$의 관계를 가지고 있는 것은?

① 부하율　② 부등률
③ 수용률　④ 설비율

해설
• 수용률(Demand Factor) : 수용설비가 동시에 사용되는 정도를 나타내며, 변압기 등의 적정공급 설비용량을 파악하기 위하여 사용함

  수용률 $= \dfrac{\text{최대수용전력[kW]}}{\text{총부하설비용량[kW]}} \times 100[\%]$

• 부하율 : 공급설비가 어느 정도 유효하게 사용되는가를 나타내며, 부하율이 클수록 공급설비가 유효하게 사용됨

  부하율 $= \dfrac{\text{평균수용전력[kW]}}{\text{합성최대수용전력[kW]}} \times 100[\%]$

• 부등률(Diversity Factor) : 최대수용전력의 합계를 합성최대수용전력으로 나눈 값

  부등률 $= \dfrac{\text{수용설비 각각 최대전력합[kW]}}{\text{합성최대수용전력[kW]}} \times 100[\%]$

54 박스에 금속관을 고정할 때 사용하는 것은?

① 새들　② 부싱
③ 커플링　④ 로크너트

해설
전선관 접속기구
• 새들 : 전선관을 조영재에 고정
• 부싱 : 전선관 접속 시 전선의 손상으로부터 보호
• 커플링 : 전선관과 전선관을 접속
• 로크너트 : 전선관과 박스를 기계적으로 접속

55 합성수지관 상호 및 관과 박스와의 접속 시 삽입하는 깊이는 관 바깥지름의 몇 배 이상으로 하여야 하는가?(단, 접착제는 사용하지 않는다)

① 0.8　② 1.2
③ 1.5　④ 2.0

해설
합성수지관 상호 및 관과 박스와의 접속
합성수지관 상호 및 관과 박스와의 접속 시 커플링에 삽입하는 관의 길이는 관 바깥지름의 1.2배 이상으로 한다. 단, 접착제를 사용할 경우 0.8배 이상으로 한다.

56 220[V] 저압 옥내배선의 인입구 가까운 곳에 반드시 시설해야 하는 인입구 설비로 옳은 것은?

① 분전반과 배선용 차단기
② 계량기와 누전차단기
③ 개폐기와 과전류차단기
④ 계량기와 배선용 차단기

해설
저압 옥내배선의 인입구 설비
저압 옥내간선의 분기점에서 전선의 길이가 3[m] 이하의 장소에서는 개폐기 및 과전류차단기를 설치하여야 한다.

52 ④　53 ①　54 ④　55 ②　56 ③

57 과전류차단기로 시설하는 퓨즈 중 고압 전로에 사용하는 포장 퓨즈는 정격전류의 1.3배에 견디고 또한 2배의 전류로 몇 분 이내에 용단되어야 하는가?

① 10분
② 30분
③ 60분
④ 120분

해설
고압 전로용 퓨즈의 차단특성
- 비포장 퓨즈는 정격전류의 1.25배를 견디고, 2배의 전류에는 2분 안에 용단되어야 한다.
- 포장 퓨즈는 정격전류의 1.3배를 견디고, 2배의 전류에는 2시간 안에 용단되어야 한다.

58 절연전선의 피복을 벗기는 데 사용하는 공구는?

① 벤더
② 플라이어
③ 와이어 스트리퍼
④ 리머

해설
전선 탈피용 공구
- 벤더 : 금속관을 구부리는 데 사용하는 공구
- 플라이어 : 가위와 같은 집게 형태로 물체를 잡는 공구
- 리머 : 절단된 금속관 안쪽의 날카로운 부분을 제거하는 데 사용하는 공구

59 저압 옥상전선로를 전개된 장소에 시설하고자 할 때, 다음 중 옳지 않은 것은?

① 전선은 조영재에 견고하게 붙인 지지대에 절연 및 내수성 애자를 사용하며 지지점 간 거리는 15[m]로 한다.
② 전선은 인장강도 2.3[kN] 이상의 것 또는 지름 2.6[mm]의 경동선을 사용한다.
③ 전선과 그 저압 옥상전선로를 시설하는 조영재와의 간격은 1.5[m] 이상으로 한다.
④ 전선은 상시 부는 바람 등에 의하여 식물에 접촉하지 않도록 시설하여야 한다.

해설
전선과 조영재 사이의 간격
저압 옥상전선로를 전개된 장소에 시설할 때에는 전선과 조영재 사이의 간격을 2[m] 이상으로 한다.

60 건축물의 종류에서 표준부하를 20[VA/m^2]으로 하여야 하는 건축물은 다음 중 어느 것인가?

① 교회, 극장
② 학교, 음식점
③ 은행, 상점
④ 아파트, 미용원

해설
표준부하 상정

표준부하 [VA/m^2]	종류
10	공장, 공회당, 사원, 교회, 극장, 영화관, 연회장 등
20	기숙사, 여관, 호텔, 병원, 학교, 음식점, 다방, 대중목욕탕
30	사무실, 은행, 상점, 이발소, 미용원
40	주택, 아파트

정답 57 ④ 58 ③ 59 ③ 60 ②

2020년 제3회 과년도 기출복원문제

01 전기력선의 성질 중 맞지 않는 것은?

① 전기력선은 양(+)전하에서 나와 음(−)전하에서 끝난다.
② 전기력선의 접선방향이 전장의 방향이다.
③ 전기력선은 도중에 만나거나 끊어지지 않는다.
④ 전기력선은 등전위면과 교차하지 않는다.

해설
전기력선의 성질
- 전기력선은 양전하의 표면에서 나와서 음전하의 표면으로 들어간다.
- 전기력선의 밀도는 그 점에서의 전계의 크기와 같다.
- 전기력선의 접선방향은 그 접점에서의 전기장의 방향을 가리킨다.
- 전기력선의 밀도는 전기장의 세기를 나타낸다.
- 전기력선은 도체의 표면에 수직으로 출입한다.
- 전기력선은 서로 교차하지 않는다.
- 전체 전하량 $Q[C]$를 둘러싼 폐곡면을 통하고 밖으로 나가는 전기력선의 총수는 $N = \dfrac{Q}{\varepsilon}$ 개다(가우스의 정리).
- 도체 내부에는 전기력선이 없다(도체 내부에는 전기장이 존재하지 않는다).

02 두 금속을 접속하여 여기에 전류를 흘리면, 줄열 외에 그 접점에서 열의 발생 또는 흡수가 일어나는 현상은?

① 줄 효과
② 펠티에 효과
③ 제베크 효과
④ 홀 효과

해설
- 줄 효과 : 저항체에 흐르는 전류의 크기와 이 저항체에서 단위시간당 발생하는 열량과의 관계를 나타낸 법칙
- 제베크 효과 : 서로 다른 종류의 금속으로 이루어진 폐회로에서 양 접점의 온도가 다르면 전류가 흐르는 현상으로 펠티에 효과의 반대 현상
- 홀 효과 : 자기장 속 도체에서 자기장의 직각방향으로 전류가 흐르면, 전기장이 자기장과 전류 모두 직각방향으로 나타나는 현상

03 고유저항 ρ, 길이 l, 반지름 r일 때, 전기저항(R)을 나타낸 식은?

① $R = \dfrac{\rho}{\pi r^2 l}$
② $R = \dfrac{\rho l}{\pi r^2}$
③ $R = \dfrac{\rho l}{2\pi r}$
④ $R = \dfrac{\rho}{2\pi r l}$

해설
$R = \rho \dfrac{l}{A}[\Omega]$에서 전선의 단면적은 $A = \pi r^2$이므로 $R = \dfrac{\rho l}{\pi r^2}$이다. ($\rho$: 물체의 고유저항, A : 단면적, l : 길이)

04 C_1과 C_2가 병렬연결일 때 합성정전용량(C)은?

① $\dfrac{1}{C_1} + \dfrac{1}{C_2}$
② $\dfrac{1}{C_1 + C_2}$
③ $C_1 + C_2$
④ $\dfrac{C_1 C_2}{C_1 + C_2}$

해설
합성정전용량은 저항의 합성저항 구하는 공식과 반대이다.
- 병렬로 구성된 합성정전용량 산출공식 : $C_1 + C_2$
- 직렬로 구성된 합성정전용량 산출공식 : $\dfrac{C_1 C_2}{C_1 + C_2}$

05 비투자율이 1인 환상 철심 중의 자장의 세기가 H [AT/m]이었다. 이때 비투자율이 10인 물질로 바꾸면 철심의 자속밀도[Wb/m²]는?

① $\frac{1}{10}$ 로 줄어든다.
② 10배 커진다.
③ 50배 커진다.
④ 100배 커진다.

해설
자속밀도와 자기장의 세기의 관계식은 $B=\mu H$이므로 비투자율이 10인 물질로 바꾸면 투자율도 10배가 되므로 관계식에 의해 자속밀도도 10배가 커진다.
- 투자율 : 어떤 매질이 주어진 자기장에 대하여 얼마나 자화하는지를 나타내는 값
  $\mu = \mu_0 \mu_r$ [H/m](진공에서의 투자율 $\mu_0 = 4\pi \times 10^{-7}$ [H/m], 물질의 비투자율 μ_r(진공 = 1, 공기 ≒ 1))
- 비투자율 : 진공에서의 투자율을 기준으로 얼마나 자화하는지를 나타내는 비율

06 50[Hz]에서 60[Hz]로 증가시켰을 때 주기는?

① $\frac{6}{5}$ 로 증가   ② $\frac{5}{6}$ 로 감소
③ $\frac{36}{25}$ 로 증가   ④ $\frac{25}{36}$ 로 감소

해설
주파수와 주기는 반비례하므로 $\frac{5}{6}$ 만큼 감소한다.
$T_{50} = \frac{1}{f} = \frac{1}{50} = 0.02$ [s]
$T_{60} = \frac{1}{f} = \frac{1}{60} ≒ 0.0167$ [s]

07 220[V]용 100[W] 전구 10개를 12시간 동안 동작시킬 때 전력량[kWh]은?

① 12   ② 26.4
③ 1,000   ④ 12,000

해설
전력량 = 100[W] × 10개 × 12[h] = 12,000[Wh] = 12[kWh]

08 다음 회로에서 합성임피던스의 값을 구하면?

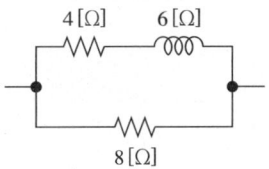

① 3.0   ② 3.2
③ 3.8   ④ 4.2

해설
윗부분 합성저항 $Z_t = \sqrt{R_4^2 + X^2} = \sqrt{4^2 + 6^2} = 2\sqrt{13}$
전체 합성저항 $Z_{th} = Z_t // Z_8 = \frac{2\sqrt{13} \times 8}{2\sqrt{13} + 8} ≒ 3.8$

09 직렬로 R_1, R_2, R_3 결선, R_2에 걸리는 전압은?

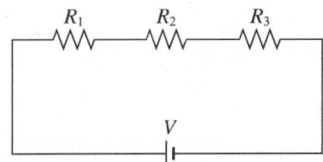

① $\frac{(R_1 + R_3)V}{R_1 + R_2 + R_3}$ ② $\frac{R_2 V}{R_1 + R_2 + R_3}$
③ $\frac{R_1 R_3 V}{R_1 + R_{+2} R_3}$ ④ $\frac{R_1 + R_2 + R_3}{R_2 V}$

해설
직렬저항에서는 저항의 크기에 따라 비례하여 전압이 분배된다.

10 공기 중에서 m[Wb]의 자극으로부터 나오는 자속수는?

① m
② $\mu_0 m$
③ $\dfrac{1}{m}$
④ $\dfrac{m}{\mu_0}$

해설
자극(m)에서 나오는 자속수는 자기장의 세기(H)의 공식에서 알 수 있다.
$H = \dfrac{1}{4\pi\mu_0\mu_r} \cdot \dfrac{m}{r^2}$ [AT/m], [N/Wb]

11 도체의 운동에 의한 유도기전력의 방향을 나타내는 것은?

① 비오-사바르 법칙
② 플레밍의 왼손 법칙
③ 플레밍의 오른손 법칙
④ 렌츠의 법칙

해설
• 비오-사바르의 법칙 : 자계의 세기는 전류의 크기와 전류가 흐르고 있는 도체와 고찰하려는 점까지의 거리에 의해 결정된다.
$dH = \dfrac{Idl\sin\theta}{4\pi r^2}$ [AT/m]
• 플레밍의 오른손 법칙 : 발전기 회전의 원리
 - 엄지 : 운동의 방향
 - 검지 : 자계의 방향
 - 중지 : 유도기전력의 방향
• 렌츠의 법칙 : 전자유도작용에 의해 회로에 발생하는 유도전류는 항상 자속의 변화를 방해하는 방향(-)으로 흐른다.

12 다음 중 정현파를 나타내는 것은?

① 사인파
② 왜형파
③ 펄스파
④ 사각파

해설
비정현파 : 펄스파, 사각파, 구형파, 삼각파, 왜형파

13 3상 변압기의 병렬운전이 불가능한 결선방식으로 짝지은 것은?

① Y-Y와 Y-Y
② △-△와 Y-Y
③ △-Y와 △-Y
④ △-△와 △-Y

해설
3상 변압기의 병렬운전이 가능한 조합은 △-△와 △-△, △-△와 Y-Y, Y-Y와 Y-Y, △-Y와 △-Y, Y-△와 Y-△이고, 병렬운전이 불가능한 조합은 △-△와 △-Y, △-Y와 Y-Y이다.

14 $e = 200\sin(100\pi t)$[V]의 교류전압에서 $t = \dfrac{1}{600}$초일 때, 순시값은?

① 50[V]
② 100[V]
③ 173[V]
④ 346[V]

해설
교류전압 $e = 200\sin(100\pi t)$에서 $t = \dfrac{1}{600}$을 대입
$e = 200\sin\left(100\pi \times \dfrac{1}{600}\right) = 200\sin\left(\dfrac{1}{6}\pi\right) = 200\sin 30°$
$= 200 \times \dfrac{1}{2} = 100$[V]

10 ④ 11 ③ 12 ① 13 ④ 14 ② **정답**

15 전선에서 길이 1[m], 단면적 1[mm²]의 고유저항이 $10^6[\Omega \cdot mm^2/m]$이다. 이와 같은 고유저항값은?

① 10[Ω·m]
② 100[Ω·m]
③ 100[Ω·cm]
④ 1,000[Ω·cm]

해설
$1[\Omega \cdot m] = 100[\Omega \cdot cm] = 10^6[\Omega \cdot mm^2/m]$

16 2[kV]의 전압으로 충전하여 2[J]의 에너지를 축적하는 콘덴서의 정전용량은?

① 0.5[μF]
② 1[μF]
③ 2[μF]
④ 4[μF]

해설
$W = \frac{1}{2}CV^2$에서
$C = \frac{2W}{V^2} = \frac{2 \times 2}{2,000^2} = 1 \times 10^{-6} = 1[\mu F]$

17 주기적인 구형파 신호의 성분은 어떻게 되는가?

① 성분 분석이 불가능하다.
② 직류분만으로 합성된다.
③ 무수히 많은 주파수의 합성이다.
④ 교류 합성을 갖지 않는다.

해설
주기적인 구형파는 기본파 + 직류분 + 고조파이다.

18 10[Ω]과 15[Ω]의 병렬회로에서 10[Ω]에 흐르는 전류가 3[A]이라면 전체 전류[A]는?

① 2
② 3
③ 4
④ 5

해설
저항 병렬회로에서 각 저항에 걸리는 전압은 같다.
그러므로 전체 전압을 구하면
$V = IR = 3 \times 10 = 30[V]$
$I_{전체} = \frac{V}{R_{10}//R_{15}} = \frac{30}{\frac{10 \times 15}{10+15}} = \frac{30}{\frac{150}{25}} = \frac{30}{6} = 5[A]$

19 질산은을 전기분해할 때 직류전류를 10시간 흘렸더니 음극에 120.7[g]의 은이 부착하였다. 이때의 흐른 전류는 약 몇 [A]인가?(단, 은의 전기화학당량 $K = 0.001118[g/C]$이다)

① 1
② 2
③ 3
④ 4

해설
전기분해의 질량 $W = KIt$
$I = \frac{W}{Kt} = \frac{120.7}{0.001118 \times 3,600 \times 10} ≒ 3[A]$

정답 15 ③ 16 ② 17 ③ 18 ④ 19 ③

20 길이 10[cm]의 도선이 자속밀도 1[Wb/m²]의 평등자장 안에서 자속과 수직방향으로 3[s] 동안에 12[m]이동하였다. 이때 유도되는 기전력은 몇 [V]인가?

① 0.1　　② 0.2
③ 0.3　　④ 0.4

해설
평등자장 안에서의 유도기전력
$e = Blv\sin\theta = 1 \times 0.1 \times \frac{12}{3} \times \sin 90° = 0.4[\text{V}]$

21 직류전동기에서 무부하가 되면 속도가 대단히 높아져서 위험하기 때문에 무부하운전이나 벨트를 연결한 운전을 해서는 안 되는 전동기는?

① 직권전동기
② 복권전동기
③ 타여자전동기
④ 분권전동기

해설
직권전동기는 $N = K \cdot \frac{V - I_a(R_a + R_s)}{\phi}$ [rpm]에서, 벨트가 벗겨지면 무부하상태가 되어 자속(ϕ)값은 0에 가까워지고, 이에 따라 속도 N값은 무한대값으로 향하여 갑자기 고속이 된다.

22 변압기 V결선의 특징으로 틀린 것은?

① 고장 시 응급처치방법으로도 쓰인다.
② 단상 변압기 2대로 3상 전력을 공급한다.
③ 부하 증가가 예상되는 지역에 시설한다.
④ V결선 시 출력은 △결선 시 출력과 그 크기가 같다.

해설
V결선 시 출력은 $P_V = \sqrt{3}P_l$이고, △결선 시 출력은 $P_\triangle = 3P_l$이다.

23 다음 그림의 전동기는 어떤 전동기인가?

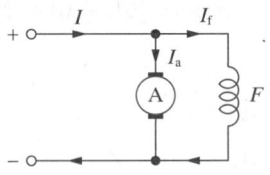

① 직권전동기
② 타여자전동기
③ 분권전동기
④ 복권전동기

해설
직류전동기의 구분
• 직권전동기 : 계자회로와 전기자회로가 직렬
• 분권전동기 : 계자회로와 전기자회로가 병렬

24 직류전동기의 전기자에 가해지는 단자전압을 변화하여 속도를 조정하는 제어법이 아닌 것은?

① 직・병렬제어
② 계자제어
③ 워드-레오나드 방식
④ 일그너 방식

해설
워드-레오나드 방식과 일그너 방식은 모두 전압제어 방식에 속하지만, 워드-레오나드 방식은 속도제어 범위가 넓고, 속도를 정밀하게 조정이 가능하다. 일그너 방식은 플라이 휠을 추가하여 부하의 급변에도 일정한 전력을 공급할 수 있도록 했다.

정답　20 ④　21 ①　22 ④　23 ③　24 ②

25 60[Hz], 4극, 슬립 5[%]인 유도전동기의 회전수는?

① 1,710[rpm]
② 1,746[rpm]
③ 1,800[rpm]
④ 1,890[rpm]

해설
유도전동기의 회전자는 회전자계의 속도보다 어느 정도 늦게 되는데, 이때 늦는 정도를 슬립이라 한다.

회전자속도 $N = (1-s)N_s = (1-s)\frac{120f}{p}$

∴ $N = (1-0.05) \times \frac{120 \times 60}{4} = 1,710$[rpm]

26 보호를 요하는 회로의 전류가 어떤 일정한 값(정정값) 이상으로 흘렀을 때 동작하는 계전기는?

① 차동계전기
② 비율차동계전기
③ 과전압계전기
④ 과전류계전기

해설
OCR(Over Current Relay, 과전류계전기)
회로의 전류가 일정한 값 이상으로 흘렀을 때 동작하여 회로를 보호하는 기능을 하는 계전기

27 부흐홀츠계전기의 설치위치로 가장 적당한 곳은?

① 콘서베이터 내부
② 변압기 고압 측 부싱
③ 변압기 주탱크 내부
④ 변압기 주탱크와 콘서베이터 사이

해설
부흐홀츠계전기(Buchholtz's Relay)
유입형(油入形) 변압기의 탱크 속에 발생한 가스의 양 및 유동에 의해서 작동하는 계전기로, 변압기 본체와 콘서베이터 사이에 위치하여 권선단락, 철심 고정볼트의 절연 열화, 탭 전환기의 고장 등을 검출하는 데 쓰인다.

28 직류전동기의 속도제어에서 자속을 2배로 하면 회전수는?

① 1/2로 줄어든다.
② 변함이 없다.
③ 2배로 줄어든다.
④ 4배로 증가한다.

해설
$N = k\frac{V - I_a R_a}{\phi}$ [rpm]

직류전동기의 속도특성에서 자속이 2배가 되면 속도는 $\frac{1}{2}$ 배가 된다.

29 변압기, 동기기 등의 층간 단락 등의 내부고장 보호에 사용되는 계전기는?

① 차동계전기
② 접지계전기
③ 과전압계전기
④ 역상계전기

해설
차동계전기(DCR ; Differential Current Relay)
보호대상설비에 유입되는 전류와 유출되는 전류의 차이에 의해서 동작함으로써 기기의 내부고장 보호에 사용된다.

정답 25 ① 26 ④ 27 ④ 28 ① 29 ①

30 단락비가 큰 동기기에 대한 설명으로 옳은 것은?

① 기계가 소형이다.
② 안정도가 높다.
③ 전압변동률이 크다.
④ 전기자 반작용이 크다.

[해설]
단락비가 큰 동기기 특성
• 안정도가 높다.
• 중량이 무겁고 가격이 비싸다.
• 전압변동률이 작다.
• 전기자 반작용이 작다.
• 공극과 계자기자력이 크다.
• 효율이 나쁘다.

31 동기전동기 전기자 반작용에 대한 설명이다. 공급전압에 대한 앞선 전류의 전기자 반작용은?

① 감자작용
② 증자작용
③ 교차자화작용
④ 편자작용

[해설]
동기전동기의 전기자 반작용
전기자전류에 의한 회전자속이 계자자속에 영향을 미치는 현상
• 감자작용(직축 반작용) : 전류가 전압보다 위상이 90° 앞선 경우
• 증자작용(직축 반작용) : 전류가 전압보다 위상이 90° 뒤진 경우
• 교차자화작용(횡축 반작용) : 전기자전류와 유도기전력이 동상일 때

32 50[Hz], 6극인 3상 유도전동기의 전부하에서 회전수가 955[rpm]일 때, 슬립[%]은?

① 4
② 4.5
③ 5
④ 5.5

[해설]
전부하에서 회전수가 955[rpm]이므로,
$N = (1-s)N_s = (1-s)\dfrac{120f}{p}$ 에서
$955 = (1-s) \times \dfrac{120 \times 50}{6} = (1-s) \times 1{,}000$
∴ 슬립 $s = 1 - 0.955 = 0.045 = 4.5[\%]$

33 수변전설비의 고압 회로에 걸리는 전압을 표시하기 위해 전압계를 시설할 때 고압 회로와 전압계 사이에 시설하는 것은?

① 수전용 변압기
② 계기용 변류기
③ 계기용 변압기
④ 권선형 변류기

[해설]
계기용 변압기(Potential Transformer)
교류전압계의 측정 범위를 확대하고, 또는 고압 회로와 계기와의 절연을 위해 사용하는 변압기로, 배율은 권선비와 같다. 상용주파수로 사용하는 계기용 변압기의 정격 2차 전압은 110[V]이다. 사용함에 있어 2차 측을 단락하지 않도록 주의해야 한다.

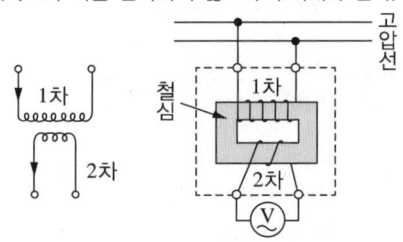

34 송배전계통에 거의 사용되지 않는 변압기 3상 결선 방식은?

① Y-△　　② Y-Y
③ △-Y　　④ △-△

해설
- Y-Y결선 : 1차, 2차 측 모두 중성점을 접지하지 않은 경우로 각상 권선에는 제3고조파를 포함한 첨두파형의 전압이 유기되어 층 간 절연에 좋지 않은 영향을 미치며, 발전기권선에 제3고조파 전류가 흘러서 발전기권선을 가열시킨다. 또한 중성점의 전압은 0이 아니고 대지에 대하여 3배 주파수의 진동전위를 갖게 되며, 선로와 대지 사이의 정전용량에 의하여 제3고조파 충전전류가 흘러 부근의 통신선에 유도장해를 준다.
- △-Y결선 : 이 결선은 △결선의 장점에 Y결선의 장점을 채용한 결선으로서, 주로 발전소의 승압변압기로서 이용되고 있다.
- Y-△결선 : △-Y결선과 같은 장점을 가지고 있으며, 일반적으로 강압변압기의 결선으로 이용되나, 국내에서는 154[kV]/66[kV] 와 같은 곳에 이용된다.
- △-△결선 : 1상의 권선에 고장이 발생하더라도 출력은 감소하나 V결선으로 운전이 가능하며, 이때에도 △결선 정격용량의 57[%]의 출력을 송전할 수 있다. 또한 여자전류 중에 제3고조파가 포함되므로 자속은 정현파가 되고 1, 2차 유기전압도 정현파가 되어 선로에 제3고조파 전압이 나타나지 않는 장점이 있다.

35 직류 분권발전기가 있다. 전기자 총도체수 220, 매극의 자속수 0.01[Wb], 극수 6, 회전수 1,500 [rpm]일 때 유기기전력은 몇 [V]인가?(단, 전기자 권선은 파권이다)

① 60　　② 120
③ 165　　④ 240

해설
유기기전력
$E = \dfrac{p}{a}z\phi\dfrac{N}{60} = \dfrac{6}{2} \times 220 \times 0.01 \times \dfrac{1,500}{60} = 165[V]$

36 다음 중 변압기의 온도상승시험법으로 가장 널리 사용되는 것은?

① 단락시험법
② 유도시험법
③ 절연전압시험법
④ 고조파 억제법

해설
변압기의 온도상승시험법
- 변압기 온도상승시험 : 실부하법(실제 부하를 연결하여 온도상승측정), 반환부하법(철손, 동손 측정), 단락시험법(단락전류, 정격전류)
- 단락시험법(등가부하법) : 한쪽 단자를 단락하고 측정값을 구하는 시험법으로, 저압 측을 단락하고 고압 측에 정격주파수의 낮은 전압을 가하면서 1차 회로에 흐르는 전류가 1차 정격전류가 되도록 전압을 조정할 경우 이때 전력계에 나타나는 전력이 동손이다.

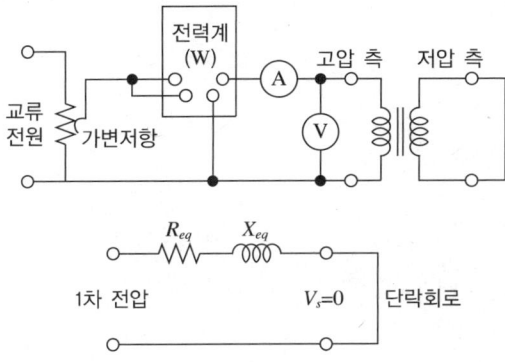

37 6,600/220[V]인 변압기의 1차에 2,850[V]를 가하면 2차 전압[V]은?

① 90　　② 95
③ 120　　④ 105

해설
변압비
$\dfrac{V_1}{V_2} = \dfrac{6,600}{220} = \dfrac{2,850}{V_2}$ 에서 $V_2 = 95[V]$ 이다.

38 변압기의 규약효율은?

① $\dfrac{출력}{입력}$
② $\dfrac{출력}{출력 + 손실}$
③ $\dfrac{출력}{입력 + 손실}$
④ $\dfrac{입력 - 손실}{입력}$

해설

변압기의 규약효율
- 변압기에서 실부하를 직접 측정하기 어렵기 때문에 출력과 손실을 기준으로 구한 효율
- $\eta = \dfrac{출력}{출력 + 손실(무부하손 + 부하손)} \times 100[\%]$

$= \dfrac{V_{2n}I_{2n}\cos\theta}{V_{2n}I_{2n}\cos\theta + P_i + r_{21}I_{2n}^2} \times 100[\%]$

※ 전동기의 규약효율 $\eta = \dfrac{입력 - 손실}{입력} \times 100[\%]$

39 단상 전파 사이리스터 정류회로에서 부하가 큰 인덕턴스가 있는 경우, 점호각이 60°일 때의 정류전압은 약 몇 [V]인가?(단, 전원 측 전압의 실횻값은 100[V]이고, 직류 측 전류는 연속이다)

① 141
② 100
③ 85
④ 45

해설

단상 전파 사이리스터 정류회로
- 저항부하 $E_d = \dfrac{2\sqrt{2}}{\pi}E\left(\dfrac{1+\cos\alpha}{2}\right)[V]$
- 유도성부하 $E_d = \dfrac{2\sqrt{2}}{\pi}E\cos\alpha = 0.9E\cos\alpha[V]$

∴ $E_d = 0.9E\cos\alpha = 0.9 \times 100 \times \cos 60° = 45[V]$

40 다음 중 전력 제어용 반도체 소자가 아닌 것은?

① TRIAC
② GTO
③ LED
④ IGBT

해설

LED(Light Emitting Diode)는 발광다이오드로, 화합물에 전류를 흘려 빛을 발산하는 반도체이다.

41 S형 슬리브를 사용하여 전선을 접속하는 경우의 유의사항이 아닌 것은?

① 전선은 연선만 사용이 가능하다.
② 전선의 끝은 슬리브의 끝에서 조금 나오는 것이 좋다.
③ 슬리브는 전선의 굵기에 적합한 것을 사용한다.
④ 도체는 샌드페이퍼 등으로 닦아서 사용한다.

해설

슬리브는 단선 및 연선의 교차 지점을 접속하는 제품으로, 그물망형 접지 등 다양한 부분에서 사용되고 있다. 종류로는 C형과 S형 슬리브가 있다.

42 폭연성 먼지가 있는 위험장소에 금속관공사에 의할 경우 관 상호 및 관과 박스, 기타의 부속품이나 풀 박스 또는 전기기계기구는 몇 산 이상의 나사 조임으로 접속하여야 하는가?

① 2
② 3
③ 4
④ 5

해설

먼지 위험장소
관 상호 간 및 관과 박스, 기타의 부속품·풀 박스 또는 전기기계기구와 폭염성 먼지, 화약류 분말이 존재하는 곳에서는 5산 이상 나사 조임으로 접속 또는 동등 이상의 강도로 접속해야 한다.

43 절연전선으로 가선된 배전선로에서 활선상태인 경우 전선의 피복을 벗기는 것은 매우 곤란한 작업이다. 이런 경우 활선 상태에서 전선의 피복을 벗기는 공구는?

① 전선 피박기
② 애자 커버
③ 와이어 통
④ 데드엔드 커버

해설
- 피박기 : 활선상태의 전선의 피복을 벗기는 기구
- 애자 커버 : 애자를 보호
- 와이어 통 : 배전 활선작업 시 활선을 밖으로 밀어낼 때, 혹은 활선을 다른 장소로 옮길 때 사용하는 절연봉
- 데드엔드 커버 : 배전 활선작업 시 작업자가 현수 애자 및 데드엔드 클램프에 접촉되는 것을 방지하기 위해 사용하는 절연보호 덮개

44 접지극의 매설 깊이는 지표면으로부터 지하 몇 [m] 이상으로 하는가?

① 0.3　　② 0.6
③ 0.75　　④ 1.0

해설
접지극의 시설
- 접지극은 매설하는 토양을 오염시키지 않아야 하며, 가능한 다습한 부분에 설치한다.
- 접지극은 동결 깊이를 고려하여 시설하며 접지극의 매설 깊이는 지표면으로부터 지하 0.75[m] 이상으로 한다.
- 접지도체를 철주, 기타의 금속체를 따라서 시설하는 경우에는 접지극을 철주의 밑면으로부터 0.3[m] 이상의 깊이에 매설하는 경우 이외에는 접지극을 지중에서 그 금속체로부터 1[m] 이상 떼어 매설하여야 한다.

45 다음 중 저압 개폐기를 생략하여도 좋은 개소는?

① 부하전류를 단속할 필요가 있는 개소
② 인입구 기타 고장, 점검, 측정, 수리 등에서 개로할 필요가 있는 개소
③ 분기회로의 과전류차단기에 플러그 퓨즈를 사용하는 등 절연저항의 측정 등을 할 때에 그 저압 전로를 개폐할 수 있도록 하는 경우
④ 퓨즈의 전원 측

해설
저압 개폐기를 필요로 하는 개소
- 부하전류를 단속할 필요가 있는 개소
- 인입구 기타 고장, 측정, 수리, 점검 등에 있어서 개로할 필요가 있는 개소
- 분기회로의 과전류차단기에 플러그 퓨즈를 사용하는 등 절연저항의 측정 등을 할 때에 그 저압 전로를 개폐할 수 있도록 하는 경우에는 분기개폐기의 시설을 하지 아니하여도 된다.

46 차단기에서 ELB의 용어는?

① 유입차단기
② 진공차단기
③ 배전용 차단기
④ 누전차단기

해설
차단기의 종류

유입차단기(OCB)	기 름
공기차단기(ABB)	가압공기
가스차단기(GCB, SF₆CB)	불활성 가스, 가스
자기차단기(MBB)	자기장
진공차단기(VCB)	진 공

47 다음과 같은 그림 기호의 명칭은?

| ──────── |

① 천장 은폐배선
② 노출배선
③ 지중 매설배선
④ 바닥 은폐배선

해설
- 천장 은폐배선 ────────
- 노출배선 - - - - - - - -
- 바닥 은폐배선 — — — — —
- 바닥면 노출배선 —··—··—··—
- 지중 매설배선 —·—·—·—

48 고압 가공전선이 횡단보도교 위에 시설할 때 보도면에서 몇 [m] 이상으로 시설하여야 하는가?

① 3.5   ② 5
③ 6   ④ 6.5

해설
저·고압 가공전선의 높이

구 분	저·고압
도로횡단	6[m]
철 도	6.5[m]
횡단보도교 위에 시설	3.5[m]

49 다음 중 박강전선관의 규격이 아닌 것은?

① 17[mm]   ② 25[mm]
③ 31[mm]   ④ 51[mm]

해설
- 후강전선관 : 안지름 근접 짝수(호칭 : 16, 22, 28, 36, 42, 54, 70, 82, 92, 104[mm])
- 박강전선관 : 바깥지름 근접 홀수(호칭 : 19, 25, 31, 39, 51, 63, 75[mm])

50 접지도체에 피뢰시스템이 접속되는 경우, 접지도체의 단면적은 구리 몇 [mm^2] 이상으로 해야 하는가?

① 2.5   ② 6
③ 10   ④ 16

해설
접지도체의 선정
- 큰 고장전류가 접지도체를 통하여 흐르지 않을 경우 접지도체의 최소 단면적 : 구리 6[mm^2] 이상, 철제 50[mm^2] 이상
- 접지도체에 피뢰시스템이 접속되는 경우 접지도체의 단면적 : 구리 16[mm^2] 또는 철 50[mm^2] 이상

51 저압 옥내배선을 애자공사로 나전선으로 시설하였을 때에 이 옥내배선과 약전류전선, 수도관, 가스관이 접근하거나 교차하는 경우 상호 최소 간격은 몇 [m] 이상이어야 하는가?

① 0.1   ② 0.2
③ 0.3   ④ 0.4

해설
배선설비와 다른 공급설비와의 접근
저압 옥내배선이 다른 저압 옥내배선 또는 관등회로의 배선과 접근하거나 교차하는 경우에 애자공사에 의하여 시설하는 저압 옥내배선과 다른 저압 옥내배선 또는 관등회로의 배선 사이의 간격은 0.1[m](애자공사에 의하여 시설하는 저압 옥내배선이 나전선인 경우에는 0.3[m]) 이상이어야 한다.

52 최대사용전압이 70[kV]인 중성점 직접접지식 전로의 절연내력 시험전압은 몇 [V]인가?

① 35,000　　② 42,000
③ 44,800　　④ 50,400

해설
전로의 절연저항 및 절연내력
60[kV] 초과의 중성점 직접접지식은 0.72배이므로
$70 \times 10^3 \times 0.72 = 50,400[V]$이다.

53 석유류를 저장하는 장소의 공사방법으로 적합하지 않은 것은?

① 케이블공사　　② 애자공사
③ 금속관공사　　④ 합성수지관공사

해설
위험물 등이 존재하는 장소
위험물이 존재하는 장소에 적합한 배선은 케이블공사, 합성수지관공사, 금속관공사 등의 방법으로 공사를 할 수 있다. 또한 전열기구 이외의 전기기구는 전폐형으로 해야 한다.

54 활선작업 시 작업자에게 전선의 접근을 방지하는 것은?

① 전선 피박기　　② 애자 커버
③ 와이어 통　　　④ 데드엔드 커버

해설
- 애자 커버 : 애자를 절연하여 작업자의 부주의로 접촉되더라도 사고를 방지한다.
- 와이어 통 : 배전 활선작업 시 활선을 밖으로 밀어낼 때, 혹은 활선을 다른 장소로 옮길 때 사용하는 절연봉
- 데드엔드 커버 : 배전 활선작업 시 작업자가 현수 애자 및 데드엔드 클램프에 접촉되는 것을 방지하기 위해 사용하는 절연보호 덮개
- 피박기 : 전선을 벗기는 기구

55 저압 이웃 연결 인입선의 시설과 관련된 설명으로 잘못된 것은?

① 옥내를 통과하지 아니할 것
② 전선의 굵기는 1.5[mm²] 이하일 것
③ 폭 5[m]를 넘는 도로를 횡단하지 아니할 것
④ 인입선에서 분기하는 점으로부터 100[m]를 넘는 지역에 미치지 아니할 것

해설
이웃 연결 인입선의 시설
- 인입선에서 분기하는 점으로부터 100[m]를 초과하는 지역에 미치지 아니할 것
- 폭 5[m]를 초과하는 도로를 횡단하지 아니할 것
- 옥내를 통과하지 아니할 것

56 지지선의 중간에 넣는 애자는?

① 저압 핀 애자　　② 구형 애자
③ 인류 애자　　　 ④ 내장 애자

해설
애 자
- 가지 애자 : 전선을 다른 방향으로 돌리는 부분
- 곡핀 애자 : 인입선
- 구형 애자(지선 애자, 옥 애자) : 지지선의 중간 부분
- 현수 애자 : 특고압 배선선로에서 선로의 종단, 분기, 수평각 30° 이상인 인류개소, 전선의 굵기 변경 지점, 개폐기 설치 전주 등의 내장장소에 사용
- 다구 애자 : 동력용 저압 인입선공사 시 건물 벽면에 시설 시 사용

정답　52 ④　53 ②　54 ③　55 ②　56 ②

57 전동기나 차단기 등의 전기설비의 진동으로 연결 단자대가 헐거워졌을 때 현상으로 알맞지 않은 것은?

① 열이 발생한다.
② 아크가 발생한다.
③ 산화물이 발생한다.
④ 접촉저항이 감소한다.

해설
단자대의 접촉이 불량하면 접촉저항의 증가로 열과 아크가 발생하며, 이로 인하여 산화물이 많이 발생한다.

58 금속관공사에서 절연부싱을 사용하는 가장 주된 목적은 무엇인가?

① 관의 단구에서 전선 피복의 손상 방지
② 관 내 해충 및 이물질 출입 방지
③ 관의 단구에서 조영재의 접촉 방지
④ 관의 끝이 터지는 것을 방지

해설
금속관 및 부속품의 시설
관의 끝부분에는 전선의 피복을 손상하지 아니하도록 부싱을 사용할 것

59 차단시간이 5초 이하인 경우 보호도체의 최소 단면적의 계산식으로 올바른 것은?

① $S = \dfrac{It}{k}$ ② $S = \dfrac{\sqrt{It}}{k}$

③ $S = \dfrac{I^2 t}{k}$ ④ $S = \dfrac{\sqrt{I^2 t}}{k}$

해설
보호도체
차단시간이 5초 이하인 경우에만 다음 계산식을 적용한다.
$S = \dfrac{\sqrt{I^2 t}}{k}$

여기서, S : 단면적[mm²]
I : 보호장치를 통해 흐를 수 있는 예상 고장전류 실횻값 [A]
t : 자동차단을 위한 보호장치의 동작시간[s]
k : 보호도체, 절연, 기타 부위의 재질 및 초기온도와 최종 온도에 따라 정해지는 계수

60 2개의 입력 가운데 앞서 동작한 쪽이 우선하고, 다른 쪽은 동작을 금지시키는 시퀀스 용어는?

① 인터로크회로
② 자기유지회로
③ 인칭회로
④ 한시동작회로

해설
- 자기유지회로 : 릴레이 코일에 전압을 인가하는 스위치를 온(On) 했다가 오프(Off)하여도 릴레이 접점이 스위치에 병렬로 연결되어 계속 코일에 전압을 유지하는 회로
- 인칭(촌동)회로 : 스위치를 누를 때만 동작하는 회로
- 한시동작회로 : 타이머를 이용한 회로

2021년 제1회 과년도 기출복원문제

01 pn 접합 다이오드의 대표적 응용 작용은?

① 증폭작용   ② 발진작용
③ 정류작용   ④ 변조작용

해설
다이오드는 가장 간단한 반도체 소자로, pn 접합으로 되어 있고 교류를 직류로 바꾸는 정류작용과 전파에서 소리를 끄집어내는 검파작용을 한다.

02 전력량의 단위는?

① [C]   ② [W]
③ [W·s] ④ [Ah]

해설
전력과 전력량의 단위

전력(P)	전력량(W) = $P \cdot t$
[mW], [W], [kW]	[W·s], [Wh], [kWh]
· 1[mW] = $\frac{1}{1,000}$[W] · 1[kW] = 1,000[W]	· 1[W]의 전력에서 1[s] 동안, 1[J] · 1[W]의 전력에서 1[h] 동안, 3,600[W·s] · 1[kW]의 전력에서 1[h] 동안, 3,600×1,000[W·s]

03 △결선의 전원에서 선전류가 40[A]이고 선간전압이 220[V]일 때의 상전류는?

① 13[A]   ② 23[A]
③ 69[A]   ④ 120[A]

해설
변압기 결선방식
· Y결선 : 선간전압의 크기가 상전압의 $\sqrt{3}$ 배가 되며 선전류와 상전류의 크기가 같다.
· △결선 : 선간전압의 크기가 상전압과 같고, 선전류의 크기가 상전류의 $\sqrt{3}$ 배가 된다.
$40 = x\sqrt{3}$ (x : 상전류)
∴ $x ≒ 23$[A]

04 $Z_1 = 2+j11[\Omega]$, $Z_2 = 4-j3[\Omega]$의 직렬회로에 교류전압 100[V]를 가할 때 합성임피던스는?

① 6[Ω]   ② 8[Ω]
③ 10[Ω]   ④ 14[Ω]

해설
RLC 직렬회로의 합성임피던스
$Z_1 + Z_2 = (2+4) + j(11-3) = 6+j8$
합성임피던스
$|Z| = R+jX = \sqrt{R^2+X^2}$
$= \sqrt{6^2+8^2} = 10[\Omega]$

정답 1 ③ 2 ③ 3 ② 4 ③

05 다음 중 반자성체는?

① 안티모니 ② 알루미늄
③ 코발트   ④ 니 켈

해설
- 강자성체 : 상자성체 중 자화강도가 큰 금속
  예 니켈(Ni), 코발트(Co), 망가니즈(Mn)
- 상자성체 : 자석에 접근시킬 때 반대의 극이 생겨 서로 당기는 금속
  예 알루미늄(Al), 백금(Pt), 주석(Sn), 이리듐(Ir), 산소(O)
- 반자성체 : 자석에 접근시킬 때 같은 극이 생겨 서로 반발하는 금속
  예 비스무트(Bi), 탄소(C), 인(P), 금(Au), 은(Ag), 구리(Cu), 안티모니(Sb), 아연(Zn), 납(Pb), 수은(Hg)

06 세 변의 저항 $R_a = R_b = R_c = 15[\Omega]$인 Y결선 회로가 있다. 이것과 등가인 △ 결선 회로의 각 변의 저항은?

① $\frac{15}{\sqrt{3}}[\Omega]$ ② $\frac{15}{3}[\Omega]$
③ $15\sqrt{3}[\Omega]$ ④ $45[\Omega]$

해설
세 변의 저항이 모두 같을 때 Y결선을 △결선으로 변환하면 저항 값이 3배가 된다.
∴ $R_\triangle = 3 \cdot R_{Y_a} = 3 \cdot 15 = 45[\Omega]$

07 다음 중 자기저항의 단위에 해당되는 것은?

① $[\Omega]$ ② [Wb/AT]
③ [H/m] ④ [AT/Wb]

해설
- [AT/Wb] : 자기저항의 단위
- $[\Omega]$: 저항의 단위
- [H/m] : 투자율의 단위

08 1상의 $R = 12[\Omega]$, $X_L = 16[\Omega]$을 직렬로 접속하여 선간전압 200[V]의 대칭 3상 교류전압을 가할 때의 역률은?

① 60[%] ② 70[%]
③ 80[%] ④ 90[%]

해설
RL 회로
$\cos\theta = \frac{R}{Z} = \frac{R}{\sqrt{R^2 + X_L^2}} = \frac{12}{\sqrt{12^2 + 16^2}} = 0.6$
∴ 60[%]

09 컨덕턴스 $G[\mho]$, 저항 $R[\Omega]$, 전압 $V[V]$, 전류를 $I[A]$라 할 때 G와의 관계가 옳은 것은?

① $G = \frac{R}{V}$ ② $G = \frac{I}{V}$
③ $G = \frac{V}{R}$ ④ $G = \frac{V}{I}$

해설
컨덕턴스는 저항의 역이므로 $G = \frac{I}{V}[\mho]$가 된다.
Z(임피던스) $= R + jX$(리액턴스)
Y(어드미턴스) $= G$(컨덕턴스) $+ jB$(서셉턴스)
$Y = \frac{1}{Z}$

10 평균 반지름 r[m]의 환상 솔레노이드에 I[A]의 전류가 흐를 때, 내부자계가 H[AT/m]이었다. 권수 N은?

① $\dfrac{HI}{2\pi r}$

② $\dfrac{2\pi r}{HI}$

③ $\dfrac{2\pi r H}{I}$

④ $\dfrac{I}{2\pi r H}$

해설
$H = \dfrac{NI}{2\pi r}$ 이므로 권수 N에 대한 식으로 정리하면 $N = \dfrac{2\pi r H}{I}$

11 100[kVA] 단상 변압기 2대를 V결선하여 3상 전력을 공급할 때의 출력은?

① 17.3[kVA]
② 86.6[kVA]
③ 173.2[kVA]
④ 346.8[kVA]

해설
V결선의 3상 출력
$P_V = P \times \sqrt{3} = \sqrt{3}\, P$
$= \sqrt{3} \times 100 ≒ 173.2$[kVA]

12 220[V]용 100[W] 전구와 200[W] 전구를 직렬로 연결하여 220[V]의 전원에 연결하면?

① 두 전구의 밝기가 같다.
② 100[W]의 전구가 더 밝다.
③ 200[W]의 전구가 더 밝다.
④ 두 전구 모두 안 켜진다.

해설
두 전구가 직렬로 연결되어 있어 전류는 일정하고 저항에 따라 밝기가 정해진다.
$P = I^2 R = \dfrac{V^2}{R}$ 식을 이용하여 저항을 구하면
$R_{100} = \dfrac{220^2}{100} = 484$[Ω]
$R_{200} = \dfrac{220^2}{200} = 242$[Ω]
∴ 100[W]의 전구가 더 밝다.

13 자기인덕턴스 200[mH], 450[mH]인 두 코일의 상호인덕턴스는 60[mH]이다. 두 코일의 결합계수는?

① 0.1 ② 0.2
③ 0.3 ④ 0.4

해설
상호인덕턴스 $M = k\sqrt{L_1 L_2}$
∴ $k = \dfrac{M}{\sqrt{L_1 L_2}} = \dfrac{60}{\sqrt{200 \times 450}} = 0.2$

14 줄의 법칙에서 발열량 계산식을 옳게 표시한 것은?

① $H = I^2 R$[J]   ② $H = I^2 R^2 t$[J]
③ $H = I^2 R^2$[J]   ④ $H = I^2 R t$[J]

해설
줄의 법칙
전류에 의해서 매초 발생하는 열량은 전류의 제곱과 저항의 곱에 비례한다.
$H = 0.24 I^2 R t$[cal] $= I^2 R t$[J]

15 RL 직렬회로에서 $R = 20[\Omega]$, $L = 10[H]$인 경우 시정수 τ는?

① 0.005[s] ② 0.5[s]
③ 2[s] ④ 200[s]

해설
시정수(τ)
어떤 제어대상이 외부로부터의 입력에 얼마나 빠르게 혹은 느리게 반응할 수 있는지를 나타내는 지표(정상값의 63.2[%]까지 도달하는 시간)
$\tau = \dfrac{L}{R} = \dfrac{10}{20} = 0.5[s]$

16 "물질 중의 자유전자가 과잉된 상태"란?

① (−)대전상태 ② 발열상태
③ 중성상태 ④ (+)대전상태

해설
- (−)대전상태 : 자유전자 과잉
- (+)대전상태 : 자유전자 부족
- 중성인 상태 : 양성자와 전자의 수가 같을 때

17 3[μF], 4[μF], 5[μF] 3개의 콘덴서를 병렬로 연결된 회로의 합성정전용량은 얼마인가?

① 1.2[μF] ② 3.6[μF]
③ 12[μF] ④ 36[μF]

해설
- 콘덴서의 병렬연결 시 합성정전용량
  $C = C_1 + C_2 + C_3$
  ∴ 3+4+5 = 12[μF]
- 콘덴서의 직렬연결 시 합성정전용량
  $\dfrac{1}{C} = \dfrac{1}{C_1} + \dfrac{1}{C_2} + \dfrac{1}{C_3}$

18 $e = 100\sqrt{2}\sin\left(100\pi t - \dfrac{\pi}{3}\right)[V]$인 정현파 교류전압의 주파수는 얼마인가?

① 50[Hz] ② 60[Hz]
③ 100[Hz] ④ 314[Hz]

해설
$f = \dfrac{\omega}{2\pi} = \dfrac{100\pi}{2\pi} = 50[Hz]$

19 같은 전기량에 의해서 여러 가지 화합물이 전해될 때 석출되는 물질의 양은 그 물질의 화학당량에 비례한다. 이 법칙은?

① 렌츠의 법칙
② 패러데이의 법칙
③ 앙페르의 법칙
④ 줄의 법칙

해설
- 렌츠의 법칙 : 유도기전력은 자신이 발생 원인이 되는 자속의 변화를 방해하려는 방향으로 발생한다는 것을 나타내는 법칙
- 앙페르의 법칙 : 전류에 의한 자기장의 방향을 결정하는 법칙
- 줄의 법칙 : 전류에 의해서 매초 발생하는 열량은 전류의 제곱과 저항의 곱에 비례

정답 15 ② 16 ① 17 ③ 18 ① 19 ②

20 그림과 같은 회로에서 4[Ω]에 흐르는 전류[A] 값은?

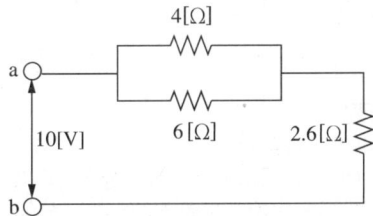

① 0.6
② 0.8
③ 1.0
④ 1.2

해설
전체전류를 구하면
$I_0 = \dfrac{V}{R} = \dfrac{10}{\dfrac{4\times 6}{4+6}+2.6} = 2[A]$

4[Ω]에 흐르는 전류를 구하면
$I = \dfrac{6}{4+6} \times 2 = 1.2[A]$

21 직류전동기의 속도제어에서 자속을 2배로 하면 회전수는?

① 1/2로 줄어든다.
② 변함이 없다.
③ 2배로 줄어든다.
④ 4배로 증가한다.

해설
$N = k\dfrac{V-I_aR_a}{\phi}$ [rpm]에서 자속 ϕ는 계자전류 I_f에 비례하므로, 자속 ϕ가 증가하면 회전수 N은 감소한다.

22 직류발전기의 철심을 규소강판으로 성층하여 사용하는 주된 이유는?

① 브러시에서의 불꽃방지 및 정류개선
② 맴돌이 전류손과 히스테리시스손의 감소
③ 전기자 반작용의 감소
④ 기계적 강도 개선

해설
직류발전기의 철심은 맴돌이 전류와 히스테리시스 현상에 의한 철손을 줄이기 위하여 0.35~0.5[mm] 규소강판을 성층하여 만든다.

23 직류 직권전동기의 회전수(N)와 토크(T)의 관계는?

① $T = \dfrac{1}{N}$
② $T \propto \dfrac{1}{N^2}$
③ $T \propto N$
④ $T \propto N^{\frac{3}{2}}$

해설
직류 직권전동기의 특성
• 회전 : 극성을 반대로 하면 회전방향 불변
• 부하에 따라 속도가 심하게 변함(가변속도전동기)
• 무부하 상태에서 위험속도 → 벨트운전금지
• $I = I_a = I_f,\ \phi \propto I_f$
• 속도 : $N = K\dfrac{V - I_a(R_a + R_s)}{\phi} = K\dfrac{V}{I_a}$ [rpm]
• 토크 : $T = K_T\phi I_a = K_T' I_a^2$ [N·m] ($T \propto I^2 \propto \dfrac{1}{N^2}$)
• 용도 : 기동이 빈번하고 기동토크 큰 곳에 적합 (전동차, 크레인, 전기철도, 승강기 주동력기 등)

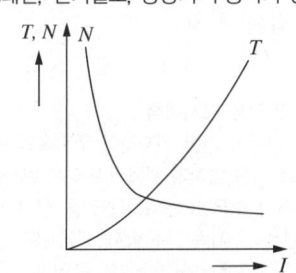

24 직류전동기에서 무부하가 되면 속도가 대단히 높아져서 위험하기 때문에 무부하운전이나 벨트를 연결한 운전을 해서는 안 되는 전동기는?

① 직권전동기
② 복권전동기
③ 타여자전동기
④ 분권전동기

해설
직권전동기 속도식 $N = k\dfrac{V - I_a(R_a + R_s)}{\phi}$ [rpm]에서, 벨트가 벗겨지면 무부하상태가 되어 자속 ϕ값은 0에 가까워지고, 이에 따라 속도 N 값은 무한대값으로 향하여 갑자기 고속이 된다.

25 다음 중 직류발전기의 전기자 반작용을 없애는 방법으로 옳지 않은 것은?

① 보상권선 설치
② 보극 설치
③ 브러시 위치를 전기적 중성점으로 이동
④ 균압환 설치

해설
전기자 반작용 방지대책
전기자 전류에 의한 기자력이 주자속 분포에 영향을 미치는 작용으로 이를 없애기 위해서 브러시 위치를 전기적 중성점으로 이동하거나 보극 또는 보상권선을 설치한다.
• 보상권선 : 주자속 감소 방지, 전기자의 전류방향과 반대로 권선
• 보극 : 공극에서의 자속밀도 균일화

26 전동기의 회전방향을 바꾸는 역회전의 원리를 이용한 제동방법은?

① 역상제동
② 유도제동
③ 발전제동
④ 회생제동

해설
전동기의 제동방식
• 회생제동(Regenerative Braking) : 전동기의 제동에서 전동기가 가지는 운동에너지를 전기에너지로 변화시키고 이것을 전원에 변환하여 전력을 회생시킴과 동시에 제동하는 방법
• 발전제동(Dynamic Braking) : 운동하는 물체로 발전기를 돌려서 운동에너지를 전기에너지로 바꾸고 이것을 발전기에 접속된 저항 속에서 열로서 소비하여 제동하는 방법
• 역전제동(Plugging Braking) : 전동기의 회전방향이 부하와 반대가 되도록 1차 권선의 접속을 변화하게 하는 제동방법으로 교류전동기인 경우에는 역상제동이라 함

27 15[kW], 60[Hz], 4극의 3상 유도전동기가 있다. 전부하가 걸렸을 때의 슬립이 4[%]라면 이때의 2차(회전자) 측 동손은 몇 [kW]인가?

① 1.2
② 1.0
③ 0.8
④ 0.6

해설
2차(회전자) 측 동손 $P_{c2} = sP_2 = 0.04 \times 15$[kW] $= 0.6$[kW]

참고

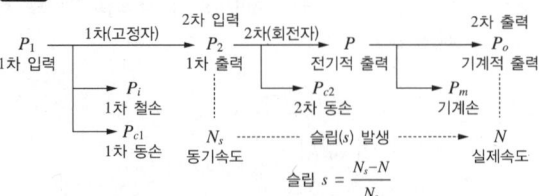

• 2차 출력(기계적 출력) : $P_o = P_2 - P_{c2} = P_2 - sP_2$
$= (1-s)P_2$ [W]
• 2차 구리손(동손) : $P_{c2} = sP_2 = \dfrac{s}{1-s}P_o$ [W]
(P_2 : 2차 입력, s : 슬립)
• $P_2 : P_{c2} : P_o = 1 : s : (1-s)$

28 유도전동기의 동기속도가 N_s, 회전속도가 N일 때 슬립은?

① $\dfrac{N_s - N}{N}$ ② $\dfrac{N - N_s}{N}$

③ $\dfrac{N_s - N}{N_s}$ ④ $\dfrac{N_s + N}{N_s}$

해설

슬립 = $\dfrac{\text{동기속도} - \text{회전속도}}{\text{동기속도}}$

29 다음 중 단상 유도전동기의 기동방법 중 기동토크가 가장 큰 것은?

① 분상 기동형
② 반발 유도형
③ 콘덴서 기동형
④ 반발 기동형

해설
- 단상 유도전동기의 기동토크 크기
  반발 기동형 > 반발 유도형 > 콘덴서 기동형 > 분상 기동형 > 셰이딩 코일형
- 셰이딩 코일형 유도전동기는 유도전동기에서 회전방향을 바꿀 수 없고, 구조가 극히 단순하며, 기동토크가 대단히 작아서 운전 중에도 코일에 전류가 계속 흐르므로 소형 선풍기 등 출력이 매우 작은 0.05마력 이하의 소형 전동기에 사용되고 있다.
- 콘덴서 기동형 단상 유도전동기는 분상 기동형 유도전동기에 비해 기동전류는 작고, 기동토크는 크기 때문에 기동특성이 매우 좋으며 200[W] 이상의 가정용 펌프, 송풍기 또는 소형의 공작기계에 많이 사용되고 있다.

30 2차 전압 200[V], 2차 권선저항 0.03[Ω], 2차 리액턴스 0.04[Ω]인 유도전동기가 3[%]인 슬립으로 운전 중이라면 2차 전류[A]는?

① 20 ② 100
③ 200 ④ 254

해설

유도전동기의 슬립과 2차 전류의 관계식

$I_2 = \dfrac{sE_2}{\sqrt{r_2^2 + (sx_2)^2}}$

$= \dfrac{0.03 \times 200}{\sqrt{0.03^2 + (0.03 \times 0.04)^2}} \fallingdotseq 200[A]$

31 동기발전기의 병렬운전 중에 기전력의 위상차가 생기면?

① 위상이 일치하는 경우보다 출력이 감소한다.
② 부하 분담이 변한다.
③ 무효순환전류가 흘러 전기자권선이 과열된다.
④ 동기화력이 생겨 두 기전력의 위상이 동상이 되도록 작용한다.

해설

동기발전기의 병렬운전 중 기전력의 위상차가 생기면 동기화전류(유효횡류)가 흐르고, 주고받는 전력, 즉 수수전력이 발생하며, 서로 같아지려고 하는 동기화력이 생긴다.

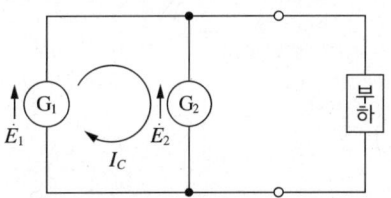

- 유도기전력의 주파수가 같을 것(다를 경우 → 발전기의 순시 단자 전압이 심하게 진동)
- 유도기전력의 크기가 같을 것(다를 경우 → 순환전류 흐름)
- 유도기전력의 위상이 같을 것(다를 경우 → 동기화전류 흐름)
- 유도기전력의 파형이 같을 것(다를 경우 → 무효순환전류 흐름)

정답 28 ③ 29 ④ 30 ③ 31 ④

32 비돌극형 동기발전기의 단자전압(1상)을 V, 유도기전력(1상)을 E, 동기리액턴스는 x_s, 부하각을 δ라고 하면, 1상의 출력[W]은?(단, 전기자저항 등은 무시한다)

① $\dfrac{EV}{x_s}\sin\delta$ ② $\dfrac{E^2}{2x_s}\cos\delta$

③ $\dfrac{EV}{x_s}\cos\delta$ ④ $\dfrac{E^2}{2x_s}\sin\delta$

해설
동기발전기(돌극기)의 출력
- 단상 발전기 : $P_s = VI\cos\theta = \dfrac{EV}{X_s}\sin\delta$ [W]
  (δ : 부하각, E : 유도기전력, V : 단자전압)
- 3상 발전기 : $P_{s3} = \dfrac{3EV}{x_s}\sin\delta = \dfrac{E_l V_l}{x_s}\sin\delta$ [W]
  (E_l : 선간기전력, V_l : 선간전압)
- 최대출력 : 부하각 $\delta = 90°$에서 최대

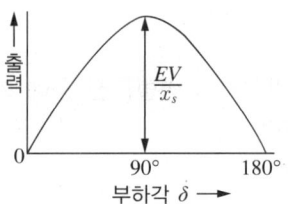

(E : 유기기전력, V : 단자전압, δ : 부하각)

33 동기전동기에 대한 설명으로 옳지 않은 것은?

① 정속도 전동기로 비교적 회전수가 낮고 큰 출력이 요구되는 부하에 이용된다.
② 난조가 발생하기 쉽고 속도제어가 간단하다.
③ 전력계통의 전류세기, 역률 등을 조정할 수 있는 동기 조상기로 사용된다.
④ 가변 주파수에 의해 정밀속도제어 전동기로 사용된다.

해설
동기전동기는 난조가 발생하기 쉽고, 속도제어가 힘들다.
동기전동기의 특징

장 점	단 점
• 속도가 일정하다(동기속도로 운전, 정속도 특성).	• 기동토크가 작다.
• 역률을 조정할 수 있다(역률 1로 운전 가능).	• 속도제어가 어렵다.
• 공극이 크고 기계적으로 튼튼하다.	• 직류여자가 필요하다(직류전원을 필요로 한다).
	• 난조가 일어나기 쉽다.

34 병렬운전 중인 동기발전기의 난조를 방지하기 위하여 자극 면에 유도전동기의 농형권선과 같은 권선을 설치하는데 이 권선의 명칭은?

① 계자권선 ② 제동권선
③ 전기자권선 ④ 보상권선

해설
3상 동기기에 제동권선은 기동작용 및 난조방지를 위해 설치한다.

35 동기속도 30[rps]인 교류발전기 기전력의 주파수가 60[Hz]가 되려면 극수는?

① 2
② 4
③ 6
④ 8

해설

동기속도 $N_s = \dfrac{120f}{p}$ [rpm]

($n_s = \dfrac{2f}{p}$ [rpm], 주파수 $f = \dfrac{p}{2} \times \dfrac{N_s}{60}$ [Hz], p : 극수)

$n_s = \dfrac{2f}{p}$ [rps]에서, $30 = \dfrac{2 \times 60}{p}$

∴ 극수 $p = 4$

36 3상 변압기의 병렬운전이 불가능한 결선방식으로 짝지은 것은?

① △-△와 Y-Y
② △-Y와 △-Y
③ Y-Y와 Y-Y
④ △-△와 △-Y

해설

3상 변압기의 병렬운전이 가능한 조합은 △-△와 △-△, △-△와 Y-Y, Y-Y와 Y-Y, △-Y와 △-Y, Y-△와 Y-△이고, 병렬운전이 불가능한 조합은 △-△와 △-Y, △-Y와 Y-Y이다.

37 변압기의 백분율 저항강하가 2[%], 백분율 리액턴스강하가 3[%]일 때 부하역률이 80[%]인 변압기의 전압변동률[%]은?

① 1.2
② 2.4
③ 3.4
④ 3.6

해설

변압기의 전압변동률
퍼센트 전압강하 : 정격전압에 대한 전압강하의 비
- $z[\%] = \sqrt{p^2 + q^2}$
  (z : 퍼센트 임피던스강하, p : 퍼센트 저항강하, q : 퍼센트 리액턴스강하)
- $\varepsilon = \dfrac{V_{20} - V_{2n}}{V_{2n}} \times 100[\%] = p\cos\theta \pm q\sin\theta[\%]$
  (V_{20} : 무부하 2차 단자전압[V], V_{2n} : 2차 정격전압[V], θ : V_{2n}과 I_{2n}의 위상각)

∴ $\varepsilon = p\cos\theta \pm q\sin\theta = 2 \times 0.8 + 3 \times 0.6 = 3.4[\%]$

38 변압기에서 철손은 부하전류와 어떤 관계인가?

① 부하전류에 비례한다.
② 부하전류의 제곱에 비례한다.
③ 부하전류에 반비례한다.
④ 부하전류와 관계없다.

해설

변압기의 1차 측 전류는 여자전류와 1차 측 부하전류로 나뉘며, 여자전류는 철손전류와 자화전류의 합으로 표현된다. 철손전류는 부하전류와는 무관하다.

39 변압기유가 구비해야 할 조건으로 틀린 것은?

① 점도가 낮을 것
② 인화점이 높을 것
③ 응고점이 높을 것
④ 절연내력이 클 것

해설

변압기유의 구비조건
- 절연내력이 클 것
- 비열이 커서 냉각 효과가 클 것
- 인화점이 높을 것
- 응고점이 낮을 것
- 절연재료 및 금속에 접촉하여도 화학작용을 일으키지 않을 것
- 고온에서 석출물이 생기거나 산화하지 않을 것

40 ON, OFF를 고속도로 변환할 수 있는 스위치이고 직류 변압기 등에 사용되는 회로는 무엇인가?

① 초퍼 회로
② 인버터 회로
③ 컨버터 회로
④ 정류기 회로

해설
- 초퍼 : 직류를 직류로 변환
- 인버터 : 직류를 교류로 변환
- 컨버터 : 교류를 교류로 변환
- 정류기 : 교류를 직류로 변환

41 지중전선로에 사용하는 지중함의 시설기준으로 틀린 것은?

① 조명 및 세척이 가능한 장치를 하도록 할 것
② 견고하고 차량 기타 중량물의 압력에 견디는 구조일 것
③ 그 안의 고인 물을 제거할 수 있는 구조로 되어 있을 것
④ 뚜껑은 시설자 이외의 자가 쉽게 열 수 없도록 시설할 것

해설
지중함은 절연성능 유지를 위해 건조된 상태로 유지되어야 하며, 세척하지 않는다.
지중함의 시설
- 지중함은 견고하고 차량, 기타 중량물의 압력에 견디는 구조일 것
- 지중함은 그 안의 고인 물을 제거할 수 있는 구조로 되어 있을 것
- 폭발성 또는 연소성의 가스가 침입할 우려가 있는 것에 시설하는 지중함으로서 그 크기가 1[m³] 이상인 것에는 통풍장치, 기타 가스를 방산시키기 위한 장치를 시설할 것
- 지중함의 뚜껑은 시설자 이외의 자가 쉽게 열 수 없도록 시설할 것
- 지중함의 뚜껑은 저압 지중함의 경우 절연성능이 있는 고무판을 주철(강)재의 뚜껑 아래에 설치할 것
- 차도 이외의 장소에 설치하는 저압 지중함은 절연성능이 있는 재질의 뚜껑을 사용할 것

42 옥내배선공사 중 반드시 절연전선을 사용하지 않아도 되는 공사방법은?(단, 옥외용 비닐절연전선은 제외한다)

① 금속관공사
② 합성수지관공사
③ 버스덕트공사
④ 플로어덕트공사

해설
나전선 사용이 가능한 공사방법
- 애자사용
- 버스덕트공사
- 라이팅덕트공사
- 접촉전선공사

43 지중전선로를 직접 매설식에 의하여 차량 및 기타 중량물의 압력을 받을 우려가 있는 장소에 시설하는 경우 매설 깊이는 몇 [m] 이상으로 하여야 하는가?

① 0.6
② 1
③ 1.5
④ 2

해설
지중전선로의 시설
지중전선로를 직접 매설식에 의하여 시설하는 경우에는 매설 깊이를 차량 기타 중량물의 압력을 받을 우려가 있는 장소에는 1.0[m] 이상, 기타 장소에는 0.6[m] 이상으로 하고 또한 지중전선을 견고한 트로프 기타 방호물에 넣어 시설하여야 한다.

44 전압의 종별에서 교류 1[kV]는 무엇으로 분류하는가?

① 저 압
② 고 압
③ 특고압
④ 초고압

해설
전압의 종류
- 저압 : 직류 1.5[kV] 이하, 교류 1[kV] 이하
- 고압 : 직류 1.5[kV] 초과 7[kV] 이하
  교류 1[kV] 초과 7[kV] 이하
- 특고압 : 7[kV] 초과

45 KEC 접지설계방식에 따라 감전보호를 목적으로 기기의 한 점 이상을 접지하는 접지방식은?

① 계통접지
② 단독접지
③ 피뢰시스템접지
④ 보호접지

해설
KEC기준에 따라
㉠ 국제표준의 접지설계방식 도입을 통한 현장 특화된 접지시스템 구분 설정
- 계통접지 : 전력계통의 이상현상에 대비하여 대지와 계통을 접속
- 보호접지 : 감전보호를 목적으로 기기의 한 점 이상을 접지
- 피뢰시스템접지 : 뇌격전류를 안전하게 대지로 방류하기 위한 접지
㉡ 접지설계방식의 국내 수용성 향상을 위한 접지시스템의 시설 종류 설정
- 단독접지 : (특)고압 계통의 접지극과 저압 접지계통의 접지극을 독립적으로 시설하는 접지방식
- 공통/통합접지
  - 공통접지는 (특)고압 접지계통과 저압 접지계통 등전위 형성을 위해 공통으로 접지하는 방식
  - 통합접지는 계통접지·통신접지·피뢰접지의 접지극을 통합하여 접지하는 방식

46 일반 주택의 저압 옥내배선을 점검하였더니 다음과 같이 시설되어 있었을 경우 시설기준에 적합하지 않은 것은?

① 합성수지관의 지지점 간의 거리를 2[m]로 하였다.
② 합성수지관 안에서 전선의 접속점이 없도록 하였다.
③ 금속관공사에 옥외용 비닐절연전선을 제외한 절연전선을 사용하였다.
④ 인입구에 가까운 곳으로서 쉽게 개폐할 수 있는 곳에 개폐기를 각 극에 시설하였다.

해설
합성수지관 및 부속품의 시설
- 관의 지지점 간의 거리는 1.5[m] 이하로 하고, 또한 그 지지점은 관의 끝/관과 박스의 접속점 및 관 상호 간의 접속점 등에 가까운 곳에 시설할 것
- 관 상호 간 및 박스와는 관을 삽입하는 깊이를 관의 바깥지름의 1.2배(접착제를 사용하는 경우에는 0.8배) 이상으로 하고 또한 꽂음 접속에 의하여 견고하게 접속할 것

47 아파트 세대 욕실에 "비데용 콘센트"를 시설하고자 한다. 다음의 시설방법 중 적합하지 않은 것은?

① 콘센트는 접지극이 없는 것을 사용한다.
② 습기가 많은 장소에 시설하는 콘센트는 방습장치를 하여야 한다.
③ 콘센트를 시설하는 경우에는 절연변압기로 보호된 전로에 접속하여야 한다.
④ 콘센트를 시설하는 경우에는 인체감전보호용 누전차단기를 사용하여야 한다.

해설
- 욕실과 같은 물기가 많은 곳에서는 반드시 접지극이 있는 방습형 콘센트를 사용하여야 한다.
- 콘센트 시설을 위한 절연변압기는 정격용량 3[kVA] 이하인 것을 사용한다.
- 인체감전보호용 누전차단기의 정격감도전류는 15[mA] 이하, 동작시간 0.03초 이하의 전류동작형을 사용한다.

정답 44 ① 45 ④ 46 ① 47 ①

48 과전류차단기로서 저압 전로에 사용되는 주택배선용 차단기에 있어서 정격전류 50[A]가 흘렀을 경우 몇 분 이내에 자동적으로 트립되어야 하는가?

① 2분 ② 4분
③ 60분 ④ 120분

해설
보호장치의 특성
- 과전류트립 동작시간 및 특성(주택용 배선차단기)

정격전류의 구분	시 간	정격전류의 배수(모든 극에 통전)	
		부동작전류	동작전류
63[A] 이하	60분	1.13배	1.45배
63[A] 초과	120분	1.13배	1.45배

- 과전류트립 동작시간 및 특성(산업용 배선차단기)

정격전류의 구분	시 간	정격전류의 배수(모든 극에 통전)	
		부동작전류	동작전류
63[A] 이하	60분	1.05배	1.3배
63[A] 초과	120분	1.05배	1.3배

49 금속제 가요전선관공사에 의한 저압 옥내배선의 시설기준으로 틀린 것은?

① 가요전선관 안에는 전선에 접속점이 없도록 한다.
② 옥외용 비닐절연전선을 제외한 절연전선을 사용한다.
③ 점검할 수 없는 은폐된 장소에는 1종 가요전선관을 사용한다.
④ 2종 금속제 가요전선관을 사용하는 경우에는 습기가 많은 곳에 시설 시 비닐피복 2종 가요전선관을 사용한다.

해설
전선관공사에서 공통적으로 전선관 내에서 접속점이 있으면 안 되며, 이는 관내에 전선 연결 시 점검이 곤란하기 때문이다. 이와 같은 개념에서 ③의 점검할 수 없는 은폐된 장소는 전선관공사의 시설기준과 거리가 멀다.

50 태양광설비에 시설하여야 하는 계측기의 계측대상에 해당하는 것은?

① 전압과 전류 ② 전력과 역률
③ 전류와 역률 ④ 역률과 주파수

해설
태양광설비는 직류전력을 생산하는 설비로 주파수 성분이 없으며, L 또는 C 특성이 없으므로 역률은 계측대상이 아니다.

51 녹아웃 펀치와 같은 용도로 배전반이나 분전반 등에 구멍을 뚫을 때 사용하는 것은?

① 클리퍼(Clipper)
② 홀소(Hole Saw)
③ 프레셔 툴(Pressure Tool)
④ 드라이브잇 툴(Drive-it Tool)

해설
- 클리퍼(Clipper) : 펜치로 절단하기 힘든 굵은 전선을 절단할 때 사용하는 가위
- 프레셔 툴(Pressure Tool) : 전선에 압착 단자 접속 시 사용되는 공구
- 드라이브잇 툴(Drive-it Tool) : 드라이브 핀을 콘크리트에 박을 때 사용하는 공구

52 가공전선로의 지지선에 사용되는 애자는?

① 노브 애자 ② 인류 애자
③ 현수 애자 ④ 구형 애자

해설
애자의 종류
- 가지 애자 : 전선을 다른 방향으로 돌리는 부분
- 곡핀 애자 : 인입선
- 구형 애자(지선 애자, 옥 애자) : 지지선의 중간 부분
- 현수 애자 : 특고압 배전선로에 사용하는 현수 애자는 선로의 종단, 선로의 분기, 수평각 30° 이상인 인류개소, 전선의 굵기가 변경되는 지점, 개폐기 설치 전주 등의 내장장소에 사용
- 다구 애자 : 동력용 저압 인입선공사 시 건물 벽면에 시설할 때 사용
- 노브 애자 : 옥내배선에 사용
- 인류 애자 : 가공배전선로 또는 인입선에 사용

48 ③ 49 ③ 50 ① 51 ② 52 ④

53 흥행장의 저압 옥내배선, 전구선 또는 이동전선의 사용전압은 최대 몇 [V] 이하인가?

① 400 ② 440
③ 450 ④ 750

해설
전시회, 쇼 및 공연장의 전기설비
무대, 무대마루 밑, 오케스트라 박스, 영사실, 기타 사람이나 무대도구가 접촉할 우려가 있는 곳에 시설하는 저압 옥내배선, 전구선 또는 이동전선은 사용전압이 400[V] 이하이어야 한다.

54 절연전선으로 가선된 배전선로에서 활선 상태인 경우 전선의 피복을 벗기는 것은 매우 곤란한 작업이다. 이런 경우 활선 상태에서 전선의 피복을 벗기는 공구는?

① 전선 피박기
② 애자 커버
③ 와이어 통
④ 데드엔드 커버

해설
- 애자 커버 : 애자를 절연하여 작업자의 부주의로 접촉되더라도 사고를 방지한다.
- 와이어 통 : 배전 활선작업 시 활선을 밖으로 밀어낼 때, 혹은 활선을 다른 장소로 옮길 때 사용하는 절연봉
- 데드엔드 커버 : 배전 활선작업 시 작업자가 현수 애자 및 데드엔드 클램프에 접촉되는 것을 방지하기 위해 사용하는 절연보호 덮개

55 콘크리트 직매용 케이블공사에서 일반적으로 케이블을 구부릴 때는 피복이 손상되지 않도록 그 굽은 부분 안쪽의 반지름은 케이블 바깥지름의 몇 배 이상으로 하여야 하는가?(단, 단심이 아닌 경우이다)

① 2 ② 3
③ 6 ④ 12

해설
케이블공사
- 전선의 접속 부분은 조인트 박스나 아웃렛 상자 등에 넣을 것
- 케이블의 지지점 간의 거리는 2[m] 이하
- 케이블 굽은 부분 안쪽의 반지름은 케이블 바깥지름의 6배 이상
- 케이블은 수도관, 가스관, 약전류전선과 접촉 금지

56 다음 중 금속관공사의 설명으로 잘못된 것은?

① 교류회로는 1회로의 전선 전부를 동일 관 내에 넣는 것을 원칙으로 한다.
② 교류회로에서 전선을 병렬로 사용하는 경우에는 관 내에 전자적 불평형이 생기지 않도록 시설한다.
③ 금속관 내에서는 절대로 전선접속점을 만들지 않아야 한다.
④ 관의 두께는 콘크리트에 매설하는 경우 1[mm] 이상이어야 한다.

해설
금속관공사
- 전선은 절연전선(옥외용 비닐절연전선을 제외)일 것
- 관의 두께
  - 콘크리트에 매설하는 경우 : 1.2[mm] 이상
  - 기타의 경우 : 1[mm] 이상
- 관에는 감전에 대한 보호와 접지시스템 규정에 준하여 접지공사를 할 것

정답 53 ① 54 ① 55 ③ 56 ④

57 전기공사에서 접지저항을 측정할 때 사용하는 측정기는 무엇인가?

① 검류기
② 변류기
③ 메 거
④ 어스테스터

해설
- 어스테스터 : 접지저항계
- 검류기 : 전류의 흐름을 측정
- 변류기 : 수전계통에서 측정기기에 전류를 공급
- 메거 : 옥내에 시설하는 저압 전로와 대지 사이의 절연저항 측정

58 다음과 같은 분기회로(S_2)의 분기점(O)에서 과부하 보호장치(P_2)는 몇 [m] 이내에 설치되어야 하는가?

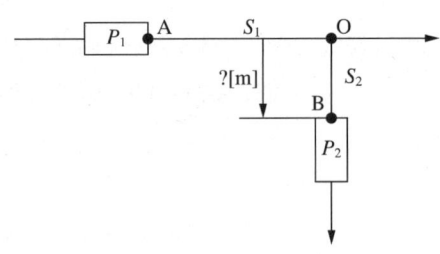

① 1
② 2
③ 3
④ 4

해설
분기회로(S_2)의 보호장치(P_2)는 (P_2)의 전원 측에서 분기점(O) 사이에 다른 분기회로 또는 콘센트의 접속이 없고, 단락의 위험과 화재 및 인체에 대한 위험성이 최소화되도록 시설된 경우, 분기회로의 보호장치(P_2)는 분기회로의 분기점(O)으로부터 3[m]까지 이동하여 설치할 수 있다.

59 접지공사의 접지선은 특별한 경우를 제외하고는 어떤 색으로 표시하여야 하는가?

① 갈 색
② 검은색
③ 녹색-노란색
④ 회 색

해설
전선의 식별

상(문자)	색 상
L1	갈 색
L2	검은색
L3	회 색
N	파란색
보호도체	녹색-노란색

60 각 수용가의 최대수용전력이 각각 5[kW], 10[kW], 15[kW], 22[kW]이고, 합성최대수용전력이 50[kW]이다. 수용가 상호 간의 부등률은 얼마인가?

① 1.04
② 2.34
③ 4.25
④ 6.94

해설
부등률 = $\dfrac{\text{각 최대수용전력의 합[kW]}}{\text{동시간대 합성최대수용전력[kW]}} = \dfrac{5+10+15+22}{50}$
= 1.04

2021년 제2회 과년도 기출복원문제

01 전하 및 전기력에 대한 설명으로 틀린 것은?

① 전하에는 양(+)전하와 음(-)전하가 있다.
② 비유전율이 큰 물질일수록 전기력은 커진다.
③ 대전체의 전하를 없애려면 대전체와 대지를 도선으로 연결하면 된다.
④ 두 전하 사이에 작용하는 전기력은 전하의 크기에 비례하고 두 전하 사이 거리의 제곱에 반비례한다.

해설
쿨롱의 법칙 $F = \dfrac{1}{4\pi\varepsilon_0 \cdot \varepsilon_r} \cdot \dfrac{Q_1 \cdot Q_2}{r^2}$ [N]에서 전기력(F)은 비유전율 ε_r에 반비례한다.
그러므로 비유전율이 큰 물질일수록 전기력은 작아진다.

02 대칭 3상 교류를 올바르게 설명한 것은?

① 3상의 크기 및 주파수가 같고 상차가 60°의 간격을 가진 교류
② 3상의 크기 및 주파수가 각각 다르고 상차가 60°의 간격을 가진 교류
③ 동시에 존재하는 3상의 크기 및 주파수가 같고 상차가 120°의 간격을 가진 교류
④ 동시에 존재하는 3상의 크기 및 주파수가 같고 상차가 90°의 간격을 가진 교류

해설
3상 교류발전기에서 같은 구조를 갖는 3개의 권선을 공간적으로 120°의 간격으로 전기자에 감아서 전기자가 평등자계 내에서 일정 속도로 회전하면 각 권선의 양단자 간에는 크기와 주파수가 같고 위상은 각각 120°씩 위상차가 나는 정현파 교류(전압 : e_a, e_b, e_c, 전류 : i_a, i_b, i_c)가 발생된다. 이를 대칭 3상 교류라고 한다.

03 내부저항이 0.1[Ω]인 전지 10개를 병렬 연결하면, 전체 내부저항은?

① 0.01[Ω]   ② 0.05[Ω]
③ 0.1[Ω]   ④ 1[Ω]

해설
병렬연결 전지의 전체 내부저항
$R_t = \dfrac{r}{n} = \dfrac{\text{1개 저항값}}{\text{개수}} = \dfrac{0.1}{10} = 0.01$ [Ω]

04 어느 회로 소자에 일정한 크기의 전압으로 주파수를 증가시키면서 흐르는 전류를 관찰하였다. 주파수를 2배로 하였더니 전류의 크기가 2배로 되었다. 이 회로 소자는?

① 저 항   ② 코 일
③ 콘덴서   ④ 다이오드

해설
콘덴서에 흐르는 전류, 즉 전압과 용량이 일정하면 전류는 주파수에 비례한다.
$I = \dfrac{V}{X_C} = \dfrac{V}{\dfrac{1}{\omega C}} = \omega CV = 2\pi fCV$에서 $I \propto f$이다.

05 플레밍의 왼손 법칙에서 엄지손가락이 나타내는 것은?

① 자 장   ② 전 류
③ 힘   ④ 기전력

해설
플레밍의 왼손 법칙
- 엄지는 자기장에서 받는 힘(F)의 방향
- 검지는 자기장(B)의 방향
- 중지는 전류(I)의 방향

정답 1 ② 2 ③ 3 ① 4 ③ 5 ③

06 전압 220[V], 전류 10[A], 역률 0.8인 3상 전동기 사용 시 소비전력은?

① 약 1.5[kW]
② 약 3.0[kW]
③ 약 5.2[kW]
④ 약 7.1[kW]

해설
3상 전동기 소비전력
$P = \sqrt{3} \times V \times I \times \cos\theta$
$= \sqrt{3} \times 220 \times 10 \times 0.8$
$≒ 3,048.3[W] ≒ 3.0[kW]$

07 기본파의 3[%]인 제3고조파와 4[%]인 제5고조파, 1[%]인 제7고조파를 포함하는 전압파의 왜형률은?

① 약 2.7[%]   ② 약 5.1[%]
③ 약 7.7[%]   ④ 약 14.1[%]

해설
왜형률$(D) = \dfrac{전\ 고조파의\ 실횻값}{기본파의\ 실횻값} \times 100[\%]$

$D = \dfrac{\sqrt{V_3^2 + V_5^2 + V_7^2}}{V} = \dfrac{\sqrt{3^2 + 4^2 + 1^2}}{100} ≒ 0.051 = 5.1[\%]$

08 어떤 콘덴서에 1,000[V]의 전압을 가하였더니 5×10^{-3}[C]의 전하가 축적되었다. 이 콘덴서의 용량은?

① 2.5[μF]   ② 5[μF]
③ 250[μF]   ④ 5,000[μF]

해설
$Q = CV$이므로
$C = \dfrac{Q}{V} = \dfrac{5 \times 10^{-3}}{1,000} = 5 \times 10^{-6}[F] = 5[\mu F]$

09 $v = V_m \sin(\omega t + 30°)[V]$, $i = I_m \sin(\omega t - 30°)$[A]일 때 전압을 기준으로 할 때 전류의 위상차는?

① 60° 뒤진다.
② 60° 앞선다.
③ 30° 뒤진다.
④ 30° 앞선다.

해설
위상차(θ) = 전압의 위상 − 전류의 위상
       = 30° − (−30°)
       = 60°
전압이 전류보다 60° 앞선다.
그러므로, 전류는 전압보다 60° 뒤진다.

10 교류기기나 교류전원의 용량을 나타낼 때 사용되는 것과 그 단위가 바르게 나열된 것은?

① 유효전력[Var]
② 무효전력[W]
③ 피상전력[VA]
④ 최대전력[Wh]

해설
전력의 단위는 피상전력[VA], 유효전력[W], 무효전력[Var], 전력량[Wh]이다.

11 진성 반도체인 4가의 실리콘에 N형 반도체를 만들기 위하여 첨가하는 것은?

① 저마늄
② 갈륨
③ 인듐
④ 안티모니

해설
- N형 반도체 : 과잉전자에 의하여 전기 전도가 이루어지는 불순물 반도체로서, 5족 원소인 인(P), 비소(As), 안티모니(Sb)를 첨가하여 만든다.
- P형 반도체 : 정공에 의하여 전기 전도가 이루어지는 불순물 반도체로서, 3족 원소인 붕소(B), 갈륨(G)이나 인듐(In)을 첨가하여 만든다.

12 권수가 200인 코일에서 0.1초 사이에 0.4[Wb]의 자속이 변화한다면, 코일에 발생되는 기전력은?

① 8[V]
② 200[V]
③ 800[V]
④ 2,000[V]

해설
$e = N\dfrac{d\phi}{dt} = 200 \times \dfrac{0.4}{0.1} = 800[\text{V}]$

13 10[A]의 전류로 6시간 방전할 수 있는 축전지의 용량은?

① 2[Ah]
② 15[Ah]
③ 30[Ah]
④ 60[Ah]

해설
Ampere-Hour는 배터리를 일정 전류로 방전시켰을 때 방전시간과 전류량을 곱한 값으로서 축전지의 용량을 나타내는 것이다. 그러므로 문제의 축전지의 용량은 10 × 6 = 60[Ah]이다.

14 3상 교류를 Y결선하였을 때 선간전압과 상전압, 선전류와 상전류의 관계를 바르게 나타낸 것은?

① 상전압 = $\sqrt{3}$ 선간전압
② 선간전압 = $\sqrt{3}$ 상전압
③ 선전류 = $\sqrt{3}$ 상전류
④ 상전류 = $\sqrt{3}$ 선전류

해설
선전류 I_l, 상전류 I_p, 선간전압 V_l, 상전압 V_p
Y결선 : $I_l = I_p$, $V_l = \sqrt{3}\, V_p$

15 다음 중 1[J]과 같은 것은?

① 1[cal]
② 1[W·h]
③ 1[kg·m]
④ 1[N·m]

해설
1[J] = 1[N·m]
= 1[kg·(m/s²)×m] = 1[kg·m²/s²]
= 0.24[cal]
= 2.78 × 10⁻³[W·h]
= 1[W·s]

정답 11 ④ 12 ③ 13 ④ 14 ② 15 ④

16 다음 중에서 자석의 일반적인 성질에 대한 설명으로 틀린 것은?

① N극과 S극이 있다.
② 자력선은 N극에서 나와 S극으로 향한다.
③ 자력이 강할수록 자기력선의 수가 많다.
④ 자석은 고온이 되면 자력이 증가한다.

해설
자석은 고온이 되면 자력이 감소한다.

17 브리지회로에서 미지의 인덕턴스 L_x를 구하면?

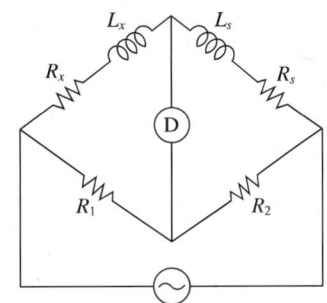

① $L_x = \dfrac{R_2}{R_1} L_s$ ② $L_x = \dfrac{R_1}{R_2} L_s$

③ $L_x = \dfrac{R_s}{R_1} L_s$ ④ $L_x = \dfrac{R_1}{R_s} L_s$

해설
교류전원의 코일(L)이 들어간 맥스웰 브리지회로이다.
서로 마주한 임피던스 성분을 서로 곱하면
$R_2(R_x + j\omega L_x) = R_1(R_s + j\omega L_s)$
$R_x + j\omega L_x = \dfrac{R_1}{R_2}(R_s + j\omega L_s)$
$\therefore R_x = \dfrac{R_1}{R_2} R_s, \ L_x = \dfrac{R_1}{R_2} L_s$

18 도체의 전기저항에 대한 설명으로 옳은 것은?

① 길이와 단면적에 비례한다.
② 길이와 단면적에 반비례한다.
③ 길이에 비례하고 단면적에 반비례한다.
④ 길이에 반비례하고 단면적에 비례한다.

해설
$R = \rho \dfrac{l}{S}[\Omega]$이므로, 전기저항은 길이 l에 비례하고, 단면적 S에 반비례한다.

19 100[V]에서 5[A]가 흐르는 전열기에 120[V]를 가하면 흐르는 전류는?

① 4.1[A] ② 6.0[A]
③ 7.2[A] ④ 8.4[A]

해설
전열기의 저항 $R = \dfrac{100}{5} = 20[\Omega]$
$\therefore I = \dfrac{V}{R} = \dfrac{120}{20} = 6[A]$

20 주파수 100[Hz]의 주기는?

① 0.01[s] ② 0.6[s]
③ 1.7[s] ④ 6,000[s]

해설
주파수와 주기는 역수의 관계이다.
$T = \dfrac{1}{f} = \dfrac{1}{100} = 0.01[s]$

21 동기기의 전기자권선법이 아닌 것은?

① 전절권　② 분포권
③ 2층권　④ 중권

해설
전기자권선법
- 집중권과 분포권 : 1극 1상의 코일이 차지하는 슬롯수가 1개가 되는 권선을 집중권, 2개 이상에 분포된 것을 분포권이라고 한다. 분포권으로 하면 기전력의 파형이 좋아지고 권선의 누설 리액턴스가 감소되며 전기자에서 발생하는 열을 고르게 분포시켜 과열을 방지하는 이점이 있어 주로 분포권을 사용한다.
- 전절권과 단절권 : 코일의 간격이 극 간격과 같은 것을 전절권이라 하고, 극 간격보다 작은 것을 단절권이라고 한다. 단절권으로 하면 코일단이 짧아져 구리 사용량이 적어지고, 고조파를 제거를 통한 파형 개선으로 주로 단절권을 사용한다.
- 중권과 파권 : 전기자 권선을 감는 방법에 따라 중권, 파권, 쇄권으로 3종류가 있으나 동기기에서는 중권이 사용되고 있다.
- 단층권과 2층권 : 1개의 슬롯에 코일변 1개를 넣는 것을 단층권, 2개를 포개어 넣는 것을 2층권이라고 하며, 동기기에서는 보통 2층권을 사용한다.

22 6극 36슬롯 3상 동기발전기의 매극 매상당 슬롯 수는?

① 2　② 3
③ 4　④ 5

해설
매극 매상당 슬롯수 = $\frac{총\ 슬롯수}{상수 \times 극수} = \frac{36}{3 \times 6} = 2$

23 동기임피던스 5[Ω]인 2대의 3상 동기발전기의 유도기전력에 100[V]의 전압 차이가 있다면 무효순환전류[A]는?

① 10　② 15
③ 20　④ 25

해설
발전기 간에 기전력이 다를 경우 병렬운전 시 무효순환전류가 흐르며, 이때의 총동기임피던스는 5[Ω]+5[Ω]=10[Ω], 기전력은 100[V]이므로, 순환회로에서 옴의 법칙을 적용하면 순환전류의 양은 10[A]이다.
$I = \frac{V}{R} = \frac{100}{5+5} = 10[A]$

24 동기발전기의 병렬운전조건이 아닌 것은?

① 기전력의 크기가 같을 것
② 기전력의 위상이 같을 것
③ 기전력의 주파수가 같을 것
④ 기전력의 용량이 같을 것

해설
동기발전기의 병렬운전에서 한쪽의 계자전류를 증대시켜 유기기전력을 크게 하면 무효순환전류가 흐른다.
동기발전기의 병렬운전조건
- 기전력의 크기가 같을 것
- 기전력의 위상이 같을 것
- 기전력의 주파수가 같을 것
- 기전력의 파형이 같을 것
- 기전력의 상회전 방향이 같을 것

25 동기발전기의 전기자 반작용 현상이 아닌 것은?

① 포화작용
② 증자작용
③ 감자작용
④ 교차자화작용

해설
동기발전기의 전기자 반작용
3상 부하전류(전기자전류)에 의한 회전자속이 계자자속에 영향을 미치는 현상

반작용	작용	전기자전류(I_a)와 유기기전력(E)의 위상	부하	역률	전류위상
횡축 반작용	교차 자화작용	I_a가 E와 같음	저항	1	같음
직축 반작용	감자작용	I_a가 E보다 $\frac{\pi}{2}$ 만큼 늦음	유도성	0	늦음
	증자작용	I_a가 E보다 $\frac{\pi}{2}$ 만큼 빠름	용량성	0	빠름

정답 21 ① 22 ① 23 ① 24 ④ 25 ①

26 변압기 내부고장에 대한 보호용으로 가장 많이 사용되는 것은?

① 과전류계전기
② 차동임피던스
③ 비율차동계전기
④ 임피던스계전기

해설
변압기 보호용 계전기의 종류
- 비율차동계전기 : 내부고장 발생 시 고저압 측에 설치한 CT 2차 측의 억제 코일에 흐르는 전류차가 일정 비율 이상이 되었을 때 계전기가 동작하는 방식으로, 주로 변압기 및 발전기 내부고장 보호용으로 적용되는 계전기이다.
- 차동계전기 : 내부고장 발생 시 고저압 측에 설치한 CT 2차 전류의 차에 의하여 계전기를 동작시키는 방식이다.
- 부흐홀츠계전기 : 변압기 내부고장으로 인한 절연유의 온도상승 시 발생하는 유증기를 검출하여 경보 및 차단을 하기 위한 계전기이다.

27 변압기 2대를 V결선했을 때의 이용률은 몇 [%]인가?

① 57.7   ② 70.7
③ 86.6   ④ 100

해설
- △결선 시 출력 : $P_\Delta = 3P_i = 3V_{2n}I_{2n}$ [VA]
  V결선 시 출력 : $P_V = \sqrt{3}P_i = \sqrt{3}V_{2n}I_{2n}$ [VA]
- 이용률 : $\dfrac{\text{V결선 출력}}{\text{설비용량}} = \dfrac{\sqrt{3}VI}{2VI} = \dfrac{\sqrt{3}}{2} \fallingdotseq 0.866 = 86.6[\%]$
- 출력률 : $\dfrac{\text{V결선 출력}}{\text{3상 출력}} = \dfrac{\sqrt{3}VI}{3VI} = \dfrac{1}{\sqrt{3}} \fallingdotseq 0.577 = 57.7[\%]$

28 변압기를 운전하는 경우 특성의 악화, 온도상승에 수반되는 수명의 저하, 기기의 소손 등의 이유 때문에 지켜야 할 정격이 아닌 것은?

① 정격전류   ② 정격전압
③ 정격저항   ④ 정격용량

해설
변압기의 정격 : 지정된 조건 하에서 변압기를 사용할 수 있는 한도
- 정격출력 : 정격용량[VA] = 정격 2차 전압(V_{2n})[V] × 정격 2차 전류(I_{2n})[A]
- 정격전압 : 정격 1차 전압(V_{1n})[V] = a × 정격 2차 전압(V_{2n})[V]
- 정격전류 : 정격 1차 전류(I_{1n})[A] = $\dfrac{1}{a}$ × 정격 2차 전류(I_{2n})[A]

29 부흐홀츠계전기의 설치위치로 가장 적당한 곳은?

① 변압기 주탱크 내부
② 콘서베이터 내부
③ 변압기 고압 측 부싱
④ 변압기 주탱크와 콘서베이터 사이

해설
- 부흐홀츠계전기 : 변압기 내부고장으로 인한 절연유의 온도 상승 시 발생하는 유증기를 검출하여 경보 및 차단을 하기 위한 계전기
- 부흐홀츠계전기로 보호되는 기기 : 변압기
- 설치위치로 가장 적당한 곳 : 변압기 주탱크와 콘서베이터 사이

30 단상 전파 정류회로에서 직류전압의 평균값으로 가장 적당한 것은?(단, E는 교류전압의 실횻값)

① $1.35E$[V]   ② $1.17E$[V]
③ $0.9E$[V]   ④ $0.45E$[V]

해설
전원에 따른 정류전압(E : 입력전압(실횻값))
- 단상 반파의 출력전압 $E_d = 0.45E$[V]
- 단상 전파의 출력전압 $E_d = 0.9E$[V]
- 3상 반파의 출력전압 $E_d = 1.17E$[V]
- 3상 전파의 출력전압 $E_d = 1.35E$[V]

31 직류발전기의 정류를 개선하는 방법 중 틀린 것은?

① 코일의 자기인덕턴스가 원인이므로 접촉저항이 작은 브러시를 사용한다.
② 보극을 설치하여 리액턴스 전압을 감소시킨다.
③ 보극권선은 전기자권선과 직렬로 접속한다.
④ 브러시를 전기적 중성축을 지나서 회전방향으로 약간 이동시킨다.

해설
양호한 정류 대책
- 평균 리액턴스 전압은 작게 할 것 : 보극 설치(전압정류)
- 인덕턴스를 작게 할 것 : 단절권 채용
- 정류주기를 크게 할 것
- 브러시에 접속저항을 크게 할 것 : 탄소질 브러시 설치(저항정류)

32 전기자 지름 0.2[m]의 직류발전기가 1.5[kW]의 출력에서 1,800[rpm]으로 회전하고 있을 때 전기자 주변 속도는 약 몇 [m/s]인가?

① 9.42 ② 18.84
③ 21.43 ④ 42.86

해설
주변속도 $v = \pi D \dfrac{N}{60} = 3.14 \times 0.2 \times \dfrac{1,800}{60} = 18.84 [\text{m/s}]$

33 직류전동기의 전기자에 가해지는 단자전압을 변화하여 속도를 조정하는 제어법이 아닌 것은?

① 워드-레오나드 방식
② 일그너 방식
③ 직·병렬 제어
④ 계자제어

해설
워드-레오나드 방식과 일그너 방식은 모두 전압제어 방식에 속하지만, 워드-레오나드 방식은 속도제어 범위가 넓고, 속도를 정밀하게 조정이 가능하다. 일그너 방식은 플라이 휠을 추가하여 부하의 급변에도 일정한 전력을 공급할 수 있도록 만들었다.

34 정격전압 250[V], 정격출력 50[kW]의 외분권 복권발전기가 있다. 분권계자저항이 25[Ω]일 때 전기자전류는?

① 10[A] ② 210[A]
③ 2,000[A] ④ 2,010[A]

해설
$I_a = I + I_f = \dfrac{P}{V} + \dfrac{V}{R_f} = \dfrac{50 \times 1,000}{250} + \dfrac{250}{25} = 210[\text{A}]$

35 무부하에서 단자전압이 119[V]인 분권발전기의 전압변동률이 6[%]이다. 정격 전부하전압은 약 몇 [V]인가?

① 110.2 ② 112.3
③ 122.5 ④ 125.3

해설
전압변동률 $\varepsilon = \dfrac{V_{20} - V_{2n}}{V_{2n}} \times 100[\%]$ 에서

$6 = \dfrac{119 - V_{2n}}{V_{2n}} \times 100$ 이므로, $1.06 V_{2n} = 119$

∴ $V_{2n} ≒ 112.3[\text{V}]$

36 3상 유도전동기의 1차 입력 60[kW], 1차 손실 1[kW], 슬립 3[%]일 때 기계적 출력[kW]은?

① 62 ② 60
③ 59 ④ 57

해설
2차 입력 = 1차 입력 − 1차 손실 = 60 − 1 = 59[kW]
2차 출력(기계적 출력) : $P_o = P_2 - P_{c2} = P_2 - sP_2$
$= (1-s)P_2$ [W]이므로,
기계적 출력 = 2차 입력 × 효율 = 2차 입력 × (1 − 슬립)
$= 59 \times (1 - 0.03) = 57$ [kW]

37 출력 10[kW], 슬립 4[%]로 운전되고 있는 3상 유도전동기의 2차 동손은 약 몇 [W]인가?

① 250 ② 315
③ 417 ④ 620

해설
2차 구리손(동손) $P_{c2} = sP_2 = \dfrac{s}{1-s}P_o$ [W]
(P_2 : 2차 입력, s : 슬립)
$\therefore P_{c2} = \dfrac{0.04}{1-0.04} \times 10 \times 10^3 = 417$ [W]

38 3상 유도전동기 슬립의 범위는?

① $0 < s < 1$ ② $-1 < s < 0$
③ $1 < s < 2$ ④ $0 < s < 2$

해설
슬립(Slip)
• 슬립 : $s[\%] = \dfrac{N_s - N}{N_s} \times 100[\%]$
(N : 회전자 속도, N_s : 동기속도(회전자계 속도))
• 전동기의 슬립 $0 < s < 1$
• 발전기의 슬립 $s < 0$
• 제동기의 슬립 $1 < s < 2$

39 5.5[kW], 200[V] 유도전동기의 전전압 기동 시의 기동전류가 150[A]이었다. 여기에 Y−△ 기동 시 기동전류는 몇 [A]가 되는가?

① 50 ② 70
③ 87 ④ 95

해설
Y−△ 기동으로 하면 기동전류는 전전압으로 기동할 때보다 $\dfrac{1}{3}$로 감소한다.
$\therefore 150 \div 3 = 50$ [A]

40 그림은 유도전동기 속도제어회로 및 트랜지스터의 컬렉터 전류 그래프이다. ⓐ와 ⓑ에 해당하는 트랜지스터는?

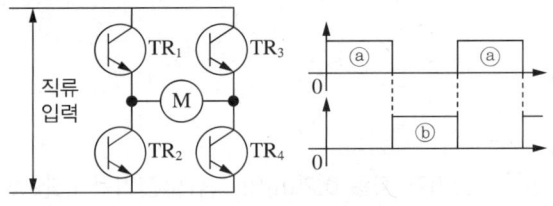

① ⓐ는 TR_1과 TR_2, ⓑ는 TR_3과 TR_4
② ⓐ는 TR_1과 TR_3, ⓑ는 TR_2과 TR_4
③ ⓐ는 TR_2과 TR_4, ⓑ는 TR_1과 TR_3
④ ⓐ는 TR_1과 TR_4, ⓑ는 TR_2과 TR_3

해설
전동기를 구동시키기 위해서는 TR_1, TR_4가 동작될 때와 TR_2, TR_3가 동작될 때 전동기에 전류가 공급된다.

41 저압 이웃 연결 인입선은 인입선에서 분기하는 점으로부터 몇 [m]를 넘지 않는 지역에 시설하고 폭 몇 [m]를 넘는 도로를 횡단하지 않아야 하는가?

① 50[m], 4[m]
② 100[m], 5[m]
③ 150[m], 6[m]
④ 200[m], 8[m]

해설
저압 이웃 연결 인입선 시설에서의 제한 사항
- 인입선의 분기점에서 100[m]를 초과하는 지역에 미치지 아니 할 것
- 폭 5[m]를 넘는 도로를 횡단하지 말 것
- 다른 수용가의 옥내를 관통하지 말 것

42 애자공사의 저압 옥내배선에서 전선 상호 간의 간격은 얼마 이상으로 하여야 하는가?

① 2[cm]
② 4[cm]
③ 6[cm]
④ 8[cm]

해설
애자공사
- 애자는 내수성, 난연성, 절연성이 있는 것이어야 한다.
- 애자사용배선 시 전선의 간격
  - 전선 상호 간의 거리 : 6[cm] 이상
  - 전선과 조영재와의 거리
    400[V] 이하 : 2.5[cm] 이상
    400[V] 초과 : 4.5[cm] 이상

43 사람이 접촉될 우려가 있는 곳에 시설하는 경우 접지극은 지하 몇 [m] 이상의 깊이에 매설하여야 하는가?

① 0.3
② 0.45
③ 0.5
④ 0.75

해설
접지극의 시설 및 접지저항, 접지도체·보호도체
- 접지도체를 철주, 기타의 금속체를 따라서 시설하는 경우에는 접지극을 철주의 밑면으로부터 0.3[m] 이상의 깊이에 매설하는 경우 이외에는 접지극을 지중에서 그 금속체로부터 1[m] 이상 떼어 매설하여야 한다.
- 접지극은 지표면으로부터 지하 0.75[m] 이상으로 하되 동결 깊이를 고려하여 매설 깊이를 정해야 한다.
- 접지도체는 지하 0.75[m]부터 지표상 2[m]까지 부분은 합성수지관(두께 2[mm] 미만의 합성수지제 전선관 및 가연성 콤바인덕트관은 제외) 또는 이와 동등 이상의 절연효과와 강도를 가지는 몰드로 덮어야 한다.
- 접지도체는 절연전선(옥외용 비닐절연전선은 제외) 또는 케이블(통신용 케이블은 제외)을 사용하여야 한다.

44 경질비닐전선관 1본의 표준 길이는?

① 3[m]
② 3.6[m]
③ 4[m]
④ 4.6[m]

해설
경질비닐전선관
- 1본의 길이는 4[m]가 표준이다.
- 굵기는 관 안지름의 크기에 가까운 짝수로 나타낸다.

정답 41 ② 42 ③ 43 ④ 44 ③

45 변압기의 보호 및 개폐를 위해 사용되는 특고압 컷아웃 스위치는 변압기 용량의 몇 [kVA] 이하에 사용되는가?

① 100
② 200
③ 300
④ 400

해설
특고압 컷아웃 스위치(COS ; Cut Out Switch)
변압기 용량 300[kVA] 이하인 경우에 전력퓨즈(PF)대신 사용한다.

46 옥외용 비닐절연전선의 약호(기호)는?

① VV
② DV
③ OW
④ NR

해설
절연전선

NR	450/750[V] 일반용 단심 비닐절연전선
NF	450/750[V] 일반용 유연성 단심 비닐절연전선
NFI	300/500[V] 기기 배선용 유연성 단심 비닐절연전선
NRI	300/500[V] 기기 배선용 단심 비닐절연전선
OW	옥외용 비닐절연전선
DV	인입용 비닐절연전선
FL	형광방전등용 비닐절연전선
GV	접지용 비닐절연전선
NV	비닐절연 네온절연전선

※ 국제기준(IEC)의 도입에 따라 기존의 절연전선 IV, HIV 전선을 NR, NF 전선으로 변경
※ VV : 비닐절연 비닐외장 케이블

47 케이블을 구부리는 경우는 피복이 손상되지 않도록 하고 그 굴곡부의 굽은 부분 반지름은 원칙적으로 케이블이 단심인 경우 완성품 바깥지름의 몇 배 이상이어야 하는가?

① 4
② 6
③ 8
④ 10

해설
굽은 부분 반지름표

재 료	굽은 부분 반지름
금속관	6배
1종 금속제 가요전선관	6배
2종 금속제 가요전선관	관의 시설·제거가 자유로운 경우 3배
	관의 시설·제거가 부자유로운 경우 6배
CD 케이블	덕트 바깥지름이 35[mm] 미만 6배
	덕트 바깥지름이 35[mm] 이상 10배
케이블의 굽은 부분 반지름	단심 : 8배
	다심 : 6배
합성수지관	관 안지름의 6배 이상

48 도로를 횡단하여 시설하는 지지선의 높이는 지표상 몇 [m] 이상이어야 하는가?

① 5
② 6
③ 8
④ 10

해설
지지선이 도로를 횡단할 경우 지표상 5.0[m] 이상, 가공전선이 도로를 횡단하는 경우는 지표상 6[m] 이상으로 한다.

49 500[kW]의 설비용량을 갖춘 공장에서 정격전압 3상 24[kV], 역률 80[%]일 때의 차단기 정격전류는 약 몇 [A]인가?

① 8　　② 15
③ 25　　④ 30

해설
$P = \sqrt{3} \cdot V \cdot I \cdot \cos\theta$ 에서
$500[kW] = \sqrt{3} \times 24[kV] \times I \times 0.8$ 이므로
$\therefore I = 15[A]$

50 다음의 심벌 명칭은 무엇인가?

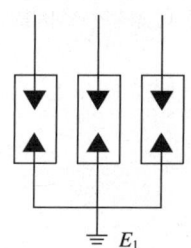

① 파워퓨즈
② 단로기
③ 피뢰기
④ 고압 컷아웃 스위치

해설

기호	심벌	설명
PF(전력퓨즈)		고장전류를 차단하여 계통으로 파급되는 것을 방지
LA(피뢰기)		이상전압 침입 시 전기를 대지로 방전시키고 속류를 차단
COS (고압 컷아웃 스위치)		과부하전류로부터 변압기 1차 권선 보호와 사고 시에 과전류를 차단
DS(단로기)		부하전류를 제거한 후 회로를 격리하도록 하기 위한 장치

51 금속관공사에 사용되는 부품이 아닌 것은?

① 새들
② 덕트
③ 로크너트
④ 링 리듀서

해설
금속관공사에 사용하는 부품
• 링 리듀서 : 아웃렛 박스 등의 녹아웃의 지름이 관의 지름보다 클 때 관을 박스에 고정시키기 위해 쓰는 재료
• 유니언 커플링의 사용 목적 : 금속관 상호 접속용으로 관이 조정되어 있을 때 또는 관 자체를 돌릴 수 없을 때에 사용
• 로크너트 : 금속전선관을 박스에 고정시킬 때 사용
• 새들 : 관 부착지지용
• 부싱 : 관 끝에 끼워 전선의 피복 보호
• 클램프 : 관 지지용 금속구
• 접지 클램프 : 금속관공사 시 관을 접지하는 데 사용
• 엔트런스 캡 : 저압 가공인입선의 인입구에 사용하며 금속관공사에서 끝부분의 빗물 침입을 방지하는 데 적합

52 수·변전설비에서 전력퓨즈의 용단 시 결상을 방지하는 목적으로 사용하는 것은?

① 자동고장구분개폐기
② 선로개폐기
③ 부하개폐기
④ 기중부하개폐기

해설
부하개폐기(LBS ; Load Breaker Switch)
수·변전설비의 인입구 개폐기로 많이 사용되고 있으며 전력퓨즈의 용단 시 결상을 방지하는 목적으로 사용됨

정답 49 ② 50 ③ 51 ② 52 ③

53 400[V] 이하 옥내배선의 절연저항 측정에 가장 알맞은 절연저항계는?

① 250[V] 메거
② 500[V] 메거
③ 1,000[V] 메거
④ 1,500[V] 메거

해설
측정전압에 따른 분류
- 500[V] 메거 : 저압 전기회로, 전기기기회로 측정(전자기기용 회로 제외)
- 1,000[V] 메거 : 3,000[V]용 전기기기 및 전로 측정
- 1,000[V] 메거, 2,000[V] 메거 : 고압기기 및 고압 전로 측정

54 고압 가공인입선이 일반적인 도로횡단 시 설치 높이는?

① 3[m] 이상
② 3.5[m] 이상
③ 5[m] 이상
④ 6[m] 이상

해설
인입선 접속점의 지상고
- 저압 가공인입선의 경우 : 인입선이 도로(차도 부분만)를 횡단하여 시설하는 경우 인입선의 노면상의 높이는 5[m] 이상(기술상 부득이한 경우로서 교통에 지장이 없는 경우는 3[m] 이상)
- 고압 및 특고압 가공인입선의 경우 : 인입선이 도로를 횡단하여 시설하는 경우에 인입선의 높이는 지표상 6[m] 이상

55 전등 한 개를 2개소에서 점멸하고자 할 때 옳은 배선은?

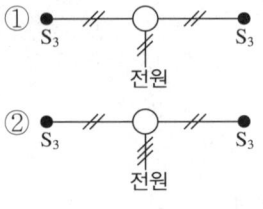

해설
빗금선 3개는 선 3줄 표시이며 S_3는 3로 스위치, 빗금선 2개는 전원에 선 2줄이 간다는 뜻으로 3로 스위치 및 4로 스위치를 사용하여 2개소 이상의 장소에서 전등을 점멸할 경우 스위치는 전압 측 전선(전원선)에 각각의 스위치를 설치하는 것을 원칙으로 한다.

56 수용가 인입구 부근에서 건물의 철골을 접지극으로 사용하여 접지공사를 할 때 대지 사이의 최대 전기저항값은?

① 3[Ω] ② 5[Ω]
③ 10[Ω] ④ 100[Ω]

해설
저압수용가 인입구 접지
- 수용장소 인입구 부근에서 다음의 것을 접지극으로 사용하여 변압기 중성점 접지를 한 저압전선로의 중성선 또는 접지 측 전선에 추가로 접지공사를 할 수 있다.
  - 지중에 매설되어 있고 대지와의 전기저항값이 3[Ω] 이하의 값을 유지하고 있는 금속제 수도관로
  - 대지 사이의 전기저항값이 3[Ω] 이하인 값을 유지하는 건물의 철골
- 접지도체는 공칭단면적 6[mm²] 이상의 연동선

57 금속전선관공사 시 녹아웃 구멍이 금속관보다 클 때 사용되는 접속기구는?

① 부 싱
② 링 리듀서
③ 로크너트
④ 엔트런스 캡

해설
- 링 리듀서 : 금속을 아웃렛 박스의 녹아웃에 취부할 때 녹아웃의 구멍이 관의 구멍보다 클 때 링 리듀서를 사용, 로크너트와 같이 죄면 된다.
- 부싱 : 전선 관단에 끼우고 전선을 넣거나 빼는 데 있어서 전선의 피복을 보호하여 전선이 손상되지 않게 한다(금속제와 합성수지제 2종류).
- 로크너트 : 관과 박스를 접속할 경우 파이프 나사를 죄어 고정시키는 데 사용되며 6각형과 기어형이 있다.
- 엔트런스 캡 : 인입, 인출구 끝에 붙여 물이 들어오는 것을 막는 데 사용한다.

58 저압 배선이나 각종 간선에서 전선의 상별 색상이 정해져 있다. 검은색 전선이 나타내는 상은?

① L1
② L2
③ L3
④ 보호도체

해설
전선의 상별 표시

교류(AC) 도체		직류(DC) 도체	
상(문자)	색 상	극	색 상
L1	갈 색	L+	빨간색
L2	검은색	L-	흰 색
L3	회 색	중점선	파란색
N	파란색	N	
보호도체	녹색-노란색	보호도체	녹색-노란색

59 보호도체로 사용되면 안 되는 것은?

① 다심케이블의 도체
② 충전도체와 같은 트렁킹에 수납된 절연도체 또는 나도체
③ 고정된 절연도체 또는 나도체
④ 금속 수도관

해설
보호도체
- 보호도체의 종류
  - 다심케이블의 도체
  - 충전도체와 같은 트렁킹에 수납된 절연도체 또는 나도체
  - 고정된 절연도체 또는 나도체
  - 일정 조건을 만족하는 금속케이블 외장, 케이블 차폐, 케이블 외장, 전선묶음(편조전선), 동심도체, 금속관
- 보호도체 또는 보호본딩도체로 사용해서는 안 되는 금속 부분
  - 금속 수도관
  - 가스·액체·가루와 같은 잠재적인 인화성 물질을 포함하는 금속관
  - 상시 기계적 응력을 받는 지지 구조물 일부
  - 가요성 금속배관(다만, 보호도체의 목적으로 설계된 경우는 예외)
  - 가요성 금속전선관
  - 지지선, 케이블트레이 및 이와 비슷한 것

60 교류회로에서 중성선 겸용 보호도체의 명칭은?

① PE
② PEN
③ PEM
④ PEL

해설
- PE : 보호도체
- PEM : 직류회로에서 중간도체 겸용 보호도체
- PEL : 직류회로에서 선도체 겸용 보호도체

정답 57 ② 58 ② 59 ④ 60 ②

2021년 제3회 과년도 기출복원문제

01 저항 2[Ω]과 3[Ω]을 직렬로 접속했을 때의 합성 컨덕턴스는?

① 0.2[℧]   ② 1.5[℧]
③ 5[℧]   ④ 6[℧]

해설
직렬로 접속할 때 합성저항 $R = 2 + 3 = 5[\Omega]$이며 이를 컨덕턴스(G)로 환산하면 $G = \dfrac{1}{R}$이므로, $\dfrac{1}{5[\Omega]} = 0.2[\text{℧}]$이다.

02 두 개의 자체인덕턴스를 직렬로 접속하여 합성인덕턴스를 측정하였더니 95[mH]이었다. 한쪽 인덕턴스를 반대로 접속하여 측정하였더니 합성인덕턴스가 15[mH]로 되었다. 두 코일의 상호인덕턴스는?

① 20[mH]   ② 40[mH]
③ 80[mH]   ④ 160[mH]

해설
상호인덕턴스를 M이라 놓으면
$$L_1 + L_2 + 2M = 95[\text{mH}]$$
$$-)\ L_1 + L_2 - 2M = 15[\text{mH}]$$
$$4M = 80[\text{mH}]$$
$$\therefore M = 20[\text{mH}]$$

03 전기력선의 성질을 설명한 것으로 옳지 않은 것은?

① 전기력선의 방향은 전기장의 방향과 같으며, 전기력선의 밀도는 전기장의 크기와 같다.
② 전기력선은 도체 내부에 존재한다.
③ 전기력선은 등전위면에 수직으로 출입한다.
④ 전기력선은 양전하에서 음전하로 이동한다.

해설
전기력선은 도체 내부에 존재하지 않는다.

04 1.5[V]의 전위차로 3[A]의 전류가 3분 동안 흘렀을 때 한 일은?

① 1.5[J]   ② 13.5[J]
③ 810[J]   ④ 2,430[J]

해설
$W = Pt = VIt = 1.5 \times 3 \times (3 \times 60)[\text{J}] = 810[\text{J}]$

05 도체가 운동하는 경우 유도기전력의 방향을 알고자 할 때 유용한 법칙은?

① 렌츠의 법칙
② 플레밍의 오른손 법칙
③ 플레밍의 왼손 법칙
④ 비오-사바르의 법칙

해설
- 렌츠의 법칙 : 자속의 변화에 의한 유도기전력의 방향으로, 패러데이 법칙에서의 음(-)의 부호는 렌츠의 법칙을 말한다.
- 플레밍의 왼손 법칙 : 도체가 자기장에서 받고 있는 힘의 방향을 알 수 있으며 전동기 회전의 원리가 된다.
  - 엄지 : 자기장에서 받는 힘(F)의 방향
  - 검지 : 자기장(B)의 방향
  - 중지 : 전류(I)의 방향
- 비오-사바르의 법칙 : 자계의 세기는 전류의 크기와 전류가 흐르고 있는 도체와 고찰하려는 점까지의 거리에 의해 결정

06 어떤 도체에 1[A]의 전류가 1분간 흐를 때 도체를 통과하는 전기량은?

① 1[C]　　② 60[C]
③ 1,000[C]　　④ 3,600[C]

해설
$Q = I \times t = 1 \times 1 \times 60[s] = 60[C]$

07 그림과 같은 회로에서 a, b 간에 $E[V]$의 전압을 가하여 일정하게 하고, 스위치 S를 닫았을 때의 전전류 $I[A]$가 닫기 전 전류의 3배가 되었다면 저항 R_x의 값은 약 몇 [Ω]인가?

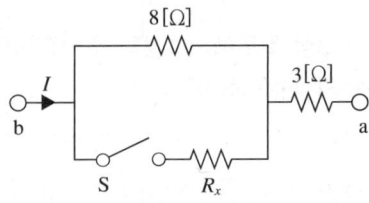

① 727　　② 27
③ 0.73　　④ 0.27

해설
$\dfrac{V}{\dfrac{8 \times R_x}{8 + R_x} + 3} = \dfrac{3V}{8+3}$ 를 정리하면

$3V \times \left(\dfrac{8 \times R_x}{8 + R_x} + 3\right) = 11 \times V$ 가 되고
계산하면 $R_x = 0.73[\Omega]$ 이다.

08 전장 중에 단위정전하를 놓을 때 여기에 작용하는 힘과 같은 것은?

① 전 하　　② 전장의 세기
③ 전 위　　④ 전 속

해설
전계(전장)의 세기
전계 내의 임의의 한 점에 단위전하 1[C]을 놓았을 때, 이에 작용하는 힘(임의의 한 점에서의 전기력선 밀도와 같다)

09 교류회로에서 전압과 전류의 위상차를 $\theta[rad]$라 할 때 $\cos\theta$는?

① 전압변동률　　② 왜곡률
③ 무효율　　④ 역 률

해설
$\cos\theta$ = 역률, $\sin\theta$ = 무효율

10 다음 설명의 (㉠), (㉡)에 들어갈 내용으로 옳은 것은?

"히스테리시스 곡선에서 종축과 만나는 점은 (㉠)이고, 횡축과 만나는 점은 (㉡)이다."

① ㉠ 보자력　　㉡ 잔류자기
② ㉠ 잔류자기　　㉡ 보자력
③ ㉠ 자속밀도　　㉡ 자기저항
④ ㉠ 자기저항　　㉡ 자속밀도

해설
히스테리시스 곡선

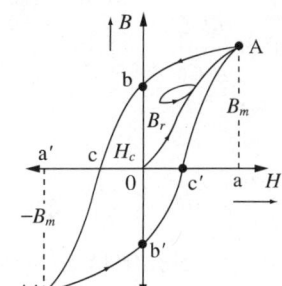

B_m : 최대자속밀도
B_r : 잔류자기
H_c : 보자력

11 저항 $R = 15[\Omega]$, 자체인덕턴스 $L = 35[\text{mH}]$, 정전용량 $C = 300[\mu\text{F}]$의 직렬회로에서 공진주파수 f_0은 약 몇 [Hz]인가?

① 40　　② 50
③ 60　　④ 70

해설
RLC 직렬회로의 공진주파수
$$f_0 = \frac{1}{2\pi\sqrt{LC}} = \frac{1}{2\pi\sqrt{35 \times 10^{-3} \times 300 \times 10^{-6}}} \fallingdotseq 50[\text{Hz}]$$

12 $+Q_1[\text{C}]$과 $-Q_2[\text{C}]$의 전하가 진공 중에서 $r[\text{m}]$의 거리에 있을 때 이들 사이에 작용하는 정전기력 $F[\text{N}]$는?

① $F = 0.9 \times 10^{-9} \times \dfrac{Q_1 Q_2}{r^2}$

② $F = 9 \times 10^{-9} \times \dfrac{Q_1 Q_2}{r^2}$

③ $F = 9 \times 10^9 \times \dfrac{Q_1 Q_2}{r^2}$

④ $F = 90 \times 10^9 \times \dfrac{Q_1 Q_2}{r^2}$

해설
쿨롱의 법칙
$$F = \frac{1}{4\pi\varepsilon_0} \cdot \frac{Q_1 \cdot Q_2}{r^2} = 9 \times 10^9 \cdot \frac{Q_1 \cdot Q_2}{r^2}[\text{N}]$$
(r : 두 전하 사이의 거리, ε_0 : 진공상태의 유전율 8.855×10^{-12} [F/m], Q : 전하)

13 0.2[H]인 자기인덕턴스에 5[A]의 전류가 흐를 때 축적되는 에너지[J]는?

① 0.2　　② 2.5
③ 5　　　④ 10

해설
코일의 축적에너지
$$W = \frac{1}{2}LI^2 = \frac{1}{2} \times 0.2 \times 5^2 = 2.5[\text{J}]$$

14 평형 3상 회로에서 1상의 소비전력이 P라면 3상 회로의 전체 소비전력은?

① P　　　② $2P$
③ $3P$　　④ $\sqrt{3}\,P$

해설
평형 3상의 전체 소비전력 $W_3 = 3P$

15 접지저항이나 전해액저항 측정에 쓰이는 것은?

① 휘트스톤 브리지
② 전위차계
③ 콜라우슈 브리지
④ 메 거

해설
- 콜라우슈 브리지 : 접지저항, 전해액저항 측정
- 휘트스톤 브리지 : 중저항 측정
- 전위차계 : 용량이 작은 전지전압의 측정 및 계측기 교정
- 메거 : 옥내에 시설하는 저압 전로와 대지 사이의 절연저항 측정

16 전압계의 측정 범위를 넓히는 데 사용되는 기기는?

① 배율기　　② 분류기
③ 정압기　　④ 정류기

해설
- 배율기 : 전압계의 측정 범위를 넓히는 데 사용되는 기기. 저항을 직렬로 연결
- 분류기 : 전류의 측정 범위를 확대하기 위하여 사용되는 기기. 저항을 병렬로 연결

17 다음 중 저항값이 클수록 좋은 것은?

① 접지저항
② 절연저항
③ 도체저항
④ 접촉저항

해설
- 접지저항 : 감전 등의 전기사고 예방 목적으로 전기기기와 대지를 도선으로 연결하여 기기의 전위를 0으로 유지하는 것으로, 접지 저항값은 작을수록 좋다.
- 절연저항 : 직류전압을 인가했을 때 발생하는 전류에 대하여 그 절연물에 의해서 주어지는 저항값으로, 클수록 좋다.

18 그림과 같이 $I[\mathrm{A}]$의 전류가 흐르고 있는 도체의 미소 부분 $\triangle l$의 전류에 의해 이 부분이 $r[\mathrm{m}]$ 떨어진 점 P의 자기장 $\triangle H[\mathrm{AT/m}]$는?

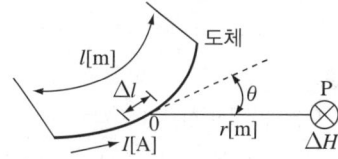

① $\triangle H = \dfrac{I^2 \triangle l \sin\theta}{4\pi r^2}$

② $\triangle H = \dfrac{I \triangle l^2 \sin\theta}{4\pi r}$

③ $\triangle H = \dfrac{I^2 \triangle l \sin\theta}{4\pi r}$

④ $\triangle H = \dfrac{I \triangle l \sin\theta}{4\pi r^2}$

해설
비오-사바르의 법칙
자계의 세기는 전류의 크기와 전류가 흐르고 있는 도체와 고찰하려는 점까지의 거리에 의해 결정

19 1.5[kW]의 전열기를 정격 상태에서 30분간 사용할 때의 발열량은 몇 [kcal]인가?

① 648　　② 1,290
③ 1,500　　④ 2,700

해설
발열량 $H = 0.24Pt = 0.24 \times 1,500[\mathrm{W}] \times 30 \times 60[\mathrm{s}] \times 10^{-3}$
$= 648[\mathrm{kcal}]$

20 공기 중 +1[Wb]의 자극에서 나오는 자력선의 수는 몇 개인가?

① 6.33×10^4　　② 7.958×10^5
③ 8.855×10^3　　④ 1.256×10^6

해설
$\phi = \dfrac{m}{\mu_0} = \dfrac{1}{4\pi \times 10^{-7}} \fallingdotseq 7.958 \times 10^5 [\text{개}]$

21 변압기의 2차 저항이 0.1[Ω]일 때 1차로 환산하면 360[Ω]이 된다. 이 변압기의 권수비는?

① 30　　② 40
③ 50　　④ 60

해설
$r_1 = a^2 r_2$ (r_1 : 1차 저항, a : 권수비, r_2 : 2차 저항)에서
$a = \sqrt{\dfrac{r_1}{r_2}} = \sqrt{\dfrac{360}{0.1}} = 60$

- 1차 쪽에서 본 등가회로(2차 쪽을 1차 쪽으로 환산)
- 2차 측의 전압을 a배, 전류를 $\dfrac{1}{a}$배, 임피던스를 a^2배

22 변압기의 손실에 해당하지 않는 것은?

① 동 손　　② 와전류손
③ 히스테리시스손　　④ 기계손

해설
- 변압기의 손실에는 크게 무부하손(철손(히스테리시스손, 와류손) 등)과 부하손(구리손 등)이 있다.
- 변압기는 회전하는 운동기가 아닌 정지기에 속하므로 마찰, 바람의 영향이 없어 기계손은 변압기의 손실에 해당하지 않는다.

23 권수비 2, 2차 전압 100[V], 2차 전류 5[A], 2차 임피던스 20[Ω]인 변압기의 ㉠ 1차 환산 전압 및 ㉡ 1차 환산 임피던스는?

① ㉠ 200[V]　　㉡ 80[Ω]
② ㉠ 200[V]　　㉡ 40[Ω]
③ ㉠ 50[V]　　㉡ 10[Ω]
④ ㉠ 50[V]　　㉡ 5[Ω]

해설
$a = \dfrac{V_1}{V_2} = \sqrt{\dfrac{r_1}{r_2}}$ 에서
㉠ $V_1 = aV_2 = 2 \times 100 = 200$[V]
㉡ $a^2 = \dfrac{r_1}{r_2}$, $r_1 = a^2 r_2 = 2^2 \times 20 = 80$[Ω]

24 보호구간에 유입하는 전류와 유출하는 전류의 차에 의해 동작하는 계전기는?

① 비율차동계전기
② 거리계전기
③ 방향계전기
④ 부족전압계전기

해설
비율차동계전기는 주로 변압기 및 발전기 내부고장 보호용으로 적용되는 계전기로, 내부고장 발생 시 고저압 측에 설치한 CT 2차 측의 억제 코일에 흐르는 전류차가 일정 비율 이상이 되었을 때 계전기가 동작하는 방식

25 양방향으로 전류를 흘릴 수 있는 양방향 소자는?

① SCR　　② GTO
③ TRIAC　　④ MOSFET

해설
- TRIAC(양방향 3단자 사이리스터) : 사이리스터 2개를 역병렬로 접속, 교류에만 사용, 소호기능 없음
- SCR(역저지 = 단방향 3단자 사이리스터) : PNPN구조, 순방향으로 전류가 흐를 때 게이트 신호에 의해 스위칭, 직류 및 교류제어용 소자, 소호기능 없음. 장점(소형, 충격과 진동에 강함, 정방향 전압강하↓, 효율↑, 고속스위칭), 단점(열특성↓)
- GTO(게이트 턴 오프 스위치) : 자기소호 가능, 직류 및 교류제어용 소자
- MOSFET(Metal Oxide Semiconductor Field Effect Transistor) : 전력 모스펫(Power MOSFET)은 큰 전력을 처리하기 위해 설계된 금속 산화막 반도체 전계효과 트랜지스터로서 낮은 전압에서 통신 속도가 빠르고 효율이 좋음
- ※ 양방향성 : SSS, TRIAC, DIAC, SBS
  단방향성 : SCR, GTO, SCS, LASCR

26 직류발전기를 구성하는 부분 중 정류자란?

① 전기자와 쇄교하는 자속을 만들어 주는 부분
② 자속을 끊어서 기전력을 유기하는 부분
③ 전기자권선에서 생긴 교류를 직류로 바꾸어 주는 부분
④ 계자권선과 외부 회로를 연결시켜 주는 부분

해설
직류발전기의 구조(직류기의 3요소)
• 계자(계자철심 + 계자권선) : 자속(ϕ)을 발생
• 전기자(전기자철심 + 전기자권선) : 자속(ϕ)을 끊어 기전력 발생
• 정류자 : 교류를 직류로 변환

27 직류 직권전동기의 공급전압의 극성을 반대로 하면 회전방향은 어떻게 되는가?

① 변하지 않는다.
② 반대로 된다.
③ 회전하지 않는다.
④ 발전기로 된다.

해설
직권전동기나 분권전동기는 극성을 바꾸면 계자랑 전기자 둘 다 극성이 바뀌어서 회전방향에는 변함이 없다. 그러나 타여자 전동기는 계자 부분이 따로 떨어져 있기 때문에 극성을 바꾸면 전기자 부분만 반대가 되어 회전방향이 반대가 된다.

28 전기자저항 0.1[Ω], 전기자전류 104[A], 유도기전력 110.4[V]인 직류 분권발전기의 단자전압[V]은?

① 110   ② 106
③ 102   ④ 100

해설
직류 분권발전기의 단자전압
$V = E - I_a R_a = 110.4 - (104 \times 0.1) = 100$[V]

29 전기자저항이 0.2[Ω], 전류 100[A], 전압 120[V]일 때 분권전동기의 발생 동력[kW]은?

① 5   ② 10
③ 14   ④ 20

해설
단자전압 $V = E - IR_a$[V]에서 $V = 120 - 100 \times 0.2 = 100$[V]
이고, 전동기 발생 출력 $P = VI$[W]에서
$P = 100$[V]$\times 100$[A]$= 10,000$[W]$= 10$[kW]이다.

30 직류기에서 전압변동률이 (−)값으로 표시되는 발전기는?

① 분권발전기
② 과복권발전기
③ 타여자발전기
④ 평복권발전기

해설
전압변동률이 음의 값을 갖는 경우는 무부하전압보다 전부하전압이 큰 경우이므로

전압변동률 $\varepsilon = \dfrac{V_0 - V_n}{V_n} \times 100$[%]

$= \dfrac{무부하전압 - 전부하전압}{전부하전압} \times 100$[%]에서

• 평복권 발전기 : 무부하전압(V_o)과 전부하전압(V_n)이 같은 특성을 가짐($V_o = V_n$)
• 과복권 발전기 : 전부하전압(V_n)이 무부하전압(V_o)보다 높은 특성을 가짐($V_o < V_n$)
• 부족복권 발전기 : 전부하전압(V_n)이 무부하전압(V_o)보다 낮은 특성을 가짐($V_o > V_n$)

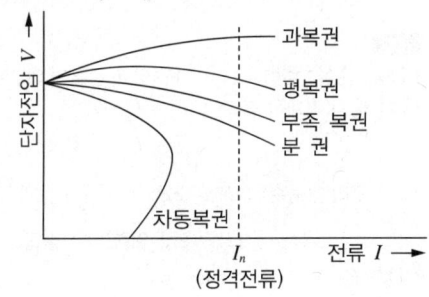

정답 26 ③ 27 ① 28 ④ 29 ② 30 ②

31 주파수 60[Hz] 회로에 접속되어 슬립 3[%], 회전수 1,164[rpm]으로 회전하고 있는 유도전동기의 극수는?

① 5
② 6
③ 7
④ 10

해설

$s = \dfrac{N_s - N}{N_s} \times 100[\%]$ 에서 $N_s = \dfrac{N}{1-s}$ 이고,

$N_s = \dfrac{120f}{p}$[rpm]에서 $p = \dfrac{120f}{N_s}$ 이다.

따라서 $p = \dfrac{120f}{\dfrac{N}{1-s}} = \dfrac{120 \times 60}{\dfrac{1,164}{1-0.03}} = 6$ 극

32 3상 유도전동기의 최고 속도는 우리나라에서 몇 [rpm]인가?

① 3,600
② 3,000
③ 1,800
④ 1,500

해설

$N_s = \dfrac{120f}{p}$[rpm]에서 $N_s = \dfrac{120}{2} \times 60 = 3,600$[rpm]

33 회전자 입력을 P_2, 슬립을 s 라 할 때 3상 유도전동기의 기계적 출력의 관계식은?

① sP_2
② $(1-s)P_2$
③ $s^2 P_2$
④ $\dfrac{P_2}{s}$

해설

• 입력 : 손실 : 출력 $= 1 : s : 1-s$ 이고, 손실의 대부분이 동손이다.
• 2차 출력(기계적 출력) : $P_o = P_2 - P_{c2}$
$= P_2 - sP_2 = (1-s)P_2$[W]
• 2차 구리손(동손) : $P_{c2} = sP_2 = \dfrac{s}{1-s}P_o$[W]
   (P_2 : 2차 입력, s : 슬립)
• $P_2 : P_{c2} : P_o = 1 : s : (1-s)$

34 권선형 유도전동기의 회전자에 저항을 삽입하였을 경우 틀린 사항은?

① 기동전류가 감소된다.
② 기동전압은 증가한다.
③ 역률이 개선된다.
④ 기동토크는 증가한다.

해설

회전자에 저항을 삽입할 경우 기동전압은 감소한다.
※ 비례추이란 권선형 유도전동기의 회전자에 외부에서 저항을 접속한 후 변화시키면 토크는 그대로 유지하면서 저항에 비례하여 슬립(속도)이 이동하는 것을 말하며, 외부저항을 2배, 3배로 증가시키면 기동토크는 증가하고 기동전류 및 속도는 감소하나 운전토크는 일정하다.

35 유도전동기에 기계적 부하를 걸었을 때 출력에 따라 속도, 토크, 효율, 슬립 등이 변화를 나타낸 출력 특성곡선에서 슬립을 나타내는 곡선은?

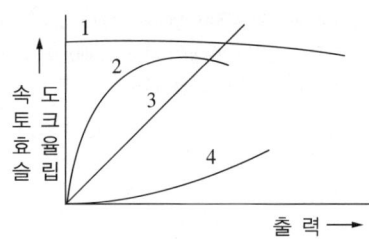

① 1
② 2
③ 3
④ 4

해설

유도전동기의 출력이 커지기 위해서는 회전자에서 발생하는 회전력이 커져야 한다. 회전력이 커지려면 회전자의 유기전압이 커져야 하고, 유기전압이 커지기 위해서는 회전자계와 회전자의 속도차(자속의 변화량)가 커져야 하기 때문에 슬립이 클수록 회전자에 높은 전압이 유기되어 전동기의 출력이 커지게 되며, 곡선의 기울기는 4번처럼 완만히 증가하는 모습을 띠게 된다.

36 단락비가 큰 동기기에 대한 설명으로 옳은 것은?

① 기계가 소형이다.
② 안정도가 높다.
③ 전압변동률이 크다.
④ 전기자 반작용이 크다.

해설

단락비	단락비가 크다	단락비가 작다
특 징	정격전압을 유도하는 데 계자전류를 많이 흘려주어야 함	정격전압을 유도하는 데 계자전류를 적게 흘려주어야 함
종 류	철기계	동기계
장 점	• 전압변동률이 작음 (안정도 좋음) • 과부하에 잘 견딤 • 전기자 반작용이 작음 • 동기임피던스가 작음	• 기계가 작음 • 공극이 작음 • 무게가 가벼움 • 가격이 저렴함
단 점	• 기계가 커짐 • 가격이 비싸짐 • 무게가 무거움 • 효율이 나빠짐	• 전압변동률이 커짐 • 과부하에 약함 • 전기자 반작용 커짐 • 동기임피던스 커짐

37 단락비가 1.2인 동기발전기의 %동기임피던스는 약 몇 [%]인가?

① 68   ② 83
③ 100   ④ 120

해설

• 단락비(K_s) : 계자저항 R_f를 조정하여 정격전압을 유기하는 데 필요한 계자전류 I_{fs}를 증가시키면서 정격전류(I_m)를 흘리는 데 필요한 계자전류 I_{fn}과의 비($K_s = \dfrac{I_{fs}}{I_{fn}} = \dfrac{100}{\%Z}$)

• $\%Z = \dfrac{1}{단락비} \times 100 = \dfrac{1}{1.2} \times 100 ≒ 83.33[\%]$

38 동기전동기의 자기기동에서 계자권선을 단락하는 이유는?

① 기동이 쉬우므로
② 기동권선으로 이용하기 위해
③ 고전압이 유도되므로
④ 전기자 반작용을 방지하기 위해

해설

계자회로를 단락한 채로 고정자에 전압을 가하면 감김 수가 많은 계자권선이 고정자 회전자속을 끊으므로, 계자회로에 매우 높은 전압이 유도될 염려가 있으므로 단락시켜 놓고 가동시킨다.

39 동기발전기의 무부하 포화곡선을 나타낸 것이다. 포화계수에 해당하는 것은?

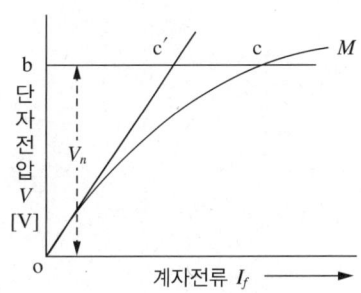

① $\dfrac{ob}{oc}$ ② $\dfrac{bc'}{bc}$
③ $\dfrac{cc'}{bc'}$ ④ $\dfrac{cc'}{bc}$

해설

무부하 포화곡선(무부하시험)
계자전류 I_f를 점차 증가시키면서 I_f와 단자전압 V의 관계를 나타낸 곡선(포화율 : $\sigma = \dfrac{cc'}{bc'}$)

40 동기전동기의 계자전류를 가로축에, 전기자전류를 세로축으로 하여 나타낸 V곡선에 관한 설명으로 옳지 않은 것은?

① 위상 특성곡선이라 한다.
② 부하가 클수록 V곡선은 아래쪽으로 이동한다.
③ 곡선의 최저점은 역률 1에 해당한다.
④ 계자전류를 조정하여 역률을 조정할 수 있다.

해설
위상 특성곡선(V곡선)
공급전압과 부하가 일정한 상태에서 계자전류 I_f를 변화시킬 때의 전기자전류 변화 곡선
- 계자전류를 조정하여 전기자전류의 크기와 위상을 조정할 수 있다.
- 부하가 클수록 V곡선이 위로 올라간다.
- 역률이 1인 경우 전기자전류는 최소가 된다.
- 여자전류의 변화는 전기자전류와 역률의 변화를 만든다.

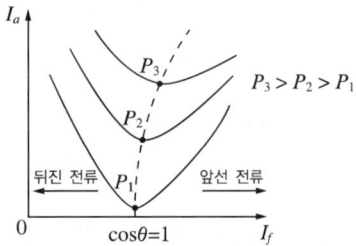

41 애자공사에 대한 설명 중 틀린 것은?

① 사용전압이 400[V] 이하이면 전선과 조영재의 간격은 2.5[cm] 이상일 것
② 사용전압이 400[V] 이하이면 전선 상호 간의 간격은 6[cm] 이상일 것
③ 사용전압이 220[V]이면 전선과 조영재의 간격은 2.5[cm] 이상일 것
④ 전선을 조영재의 옆면을 따라 붙일 경우 전선 지지점 간의 거리는 3[cm] 이하일 것

해설
애자공사

거 리		사용전압 400[V] 이하	400[V] 초과
전선 상호 간의 거리		0.06[m] 이상	
전선과 조영재 간의 거리		25[mm] 이상	45[mm] 이상 (건조 시 25[mm] 이상)
전선 지지점 간 거리	조영재의 윗면 또는 옆면	2[m] 이하	
	조영재에 따라 시설하지 않는 경우	–	6[m] 이하

42 사용전압이 35[kV] 이하인 특고압 가공전선과 200[V] 가공전선을 병행설치할 때, 가공선로 간의 간격은 몇 [m] 이상이어야 하는가?

① 0.5   ② 0.75
③ 1.2   ④ 1.5

해설
특고압 가공전선과 저·고압 가공전선 등의 병행설치

사용전압의 구분	간 격
35[kV] 이하	1.2[m] (특고압 가공전선이 케이블인 경우에는 0.5[m])
35[kV] 초과 60[kV] 이하	2[m] (특고압 가공전선이 케이블인 경우에는 1[m])
60[kV] 초과	2[m] (특고압 가공전선이 케이블인 경우에는 1[m])에 60[kV]를 초과하는 10[kV] 또는 그 단수마다 0.12[m]를 더한 값

40 ② 41 ④ 42 ③

43 피뢰시스템에 접지도체가 접속된 경우 접지선의 굵기는 구리선의 경우 최소 몇 [mm²] 이상이어야 하는가?

① 6
② 10
③ 16
④ 22

해설
접지도체의 선정
- 큰 고장전류가 접지도체를 통하여 흐르지 않을 경우 접지도체의 최소 단면적 : 구리 6[mm²] 이상, 철제 50[mm²] 이상
- 접지도체에 피뢰시스템이 접속되는 경우 접지도체의 단면적 : 구리 16[mm²] 또는 철 50[mm²] 이상

44 금속관공사에 대한 설명으로 잘못된 것은?

① 전선은 금속관 안에서 접속점이 없도록 할 것
② 교류회로에서 전선을 병렬로 사용하는 경우 관 내에 전자적 불평형이 생기지 않도록 시설할 것
③ 금속관 두께는 콘크리트에 매설하는 경우 1.0 [mm] 이상일 것
④ 관의 호칭에서 후강전선관은 짝수, 박강전선관은 홀수로 표시할 것

해설
금속관공사
- 전선은 절연전선(옥외용 비닐절연전선을 제외)일 것
- 전선은 연선일 것(단, 짧고 가는 관에 넣은 것 또는 단면적 10[mm²](알루미늄은 16[mm²]) 이하 예외)
- 전선은 금속관 안에서 접속점이 없도록 할 것
- 관의 두께
  - 콘크리트에 매설하는 경우 : 1.2[mm] 이상
  - 기타의 경우 : 1[mm] 이상

45 다음 그림 기호가 나타내는 것은?

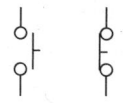

① 한시계전기 접점
② 전자접촉기 접점
③ 수동 조작 접점
④ 조작개폐기 잔류 접점

해설
- 한시계전기 접점

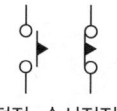

- 전자접촉기 접점(보조접점, 순시접점)

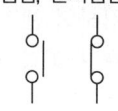

46 합성수지관공사의 특징 중 옳은 것은?

① 내열성
② 내한성
③ 내부식성
④ 내충격성

해설
합성수지관공사의 특징
- 관이 절연물로 구성되어 누전의 우려가 없다.
- 내부식성 커서 화학 공장 등의 부식성 가스나 용액이 있는 곳에 적당하다.
- 접지할 필요가 없고 피뢰기, 피뢰침이 접지선 보호에 적당하다.
- 무게가 가볍고 시공이 쉽다.

47 단면적 6[mm²]의 가는 단선의 직선접속방법은?

① 트위스트 접속
② 종단 접속
③ 종단 겹침용 슬리브 접속
④ 꽂음용 커넥터 접속

해설
- 트위스트 접속 : 6[mm²] 이하의 단선에 적용한다.
- 브리타니아 접속 : 10[mm²] 이상의 단선에 적용한다.

48 간선에서 분기하여 분기 과전류차단기를 거쳐서 부하에 이르는 사이의 배선을 무엇이라 하는가?

① 간 선
② 인입선
③ 중성선
④ 분기회로

해설
- 간선 : 보통 옥내에서는 인입구와 분전반까지의 전선을 간선이라 한다.
- 인입선 : 전선로 지지물에서 분기하여 다른 지지물을 거치지 아니하고 한 수용장소 인입구에 이르는 전선을 말한다.

49 한국전기설비규정에 따른 고압의 전압 범위는?

① 교류는 0.6[kV] 초과 7[kV] 이하
② 교류는 0.75[kV] 초과 7[kV] 이하
③ 직류는 1.2[kV] 초과 7[kV] 이하
④ 직류는 1.5[kV] 초과 7[kV] 이하

해설
전압의 종류
- 저압 : 직류 1.5[kV] 이하, 교류 1[kV] 이하
- 고압 : 직류 1.5[kV] 초과 7[kV] 이하
  교류 1[kV] 초과 7[kV] 이하
- 특고압 : 7[kV] 초과

50 전등 1개를 2개소에서 점멸하고자 할 때 필요한 3로 스위치는 최소 몇 개인가?

① 1
② 2
③ 3
④ 4

해설
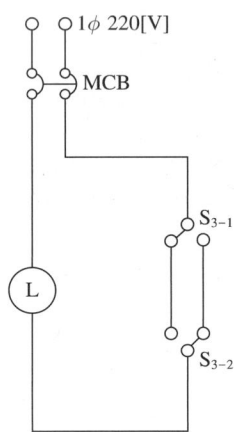

51 다음 [보기] 중 금속관, 애자, 합성수지 및 케이블 공사가 모두 가능한 특수장소를 옳게 나열한 것은?

┌─ 보기 ─────────────┐
㉠ 화약고 등의 위험장소
㉡ 습기가 많은 장소
㉢ 위험물 등이 존재하는 장소
㉣ 불연성 먼지가 많은 장소
└────────────────┘

① ㉠, ㉡
② ㉠, ㉢
③ ㉡, ㉣
④ ㉢, ㉣

해설
애자공사가 가능한 장소는 폭연성, 가연성 이외의 먼지는 가능하다.

위험장소별 공사방법

종류	금속관 공사	케이블 공사	합성수지관 공사	애자 공사
폭연성 먼지	○	○	×	×
가연성 먼지	○	○	○	×
가연성 가스	○	○	×	×
위험물	○	○	○	×
폭연성, 가연성 이외의 먼지	○	○	○	○

52 금속관공사를 노출로 시공할 때 직각으로 구부러지는 곳에는 어떤 배선기구를 사용하는가?

① 유니언 커플링 ② 아웃렛 박스
③ 유니버설 엘보 ④ 픽스처 히키

해설
- 유니언 커플링 : 금속관 상호 접속용으로 관이 조정되어 있을 때 또는 관 자체를 돌릴 수 없을 때에 사용한다.
- 아웃렛 박스 : 전선관공사에 있어 전등기구나 점멸기 또는 콘센트의 고정, 접속함으로 사용되며 4각 및 8각이 있다.
- 픽스처 히키 : 무거운 기구를 박스에 취부할 때 사용한다.

53 단상 2선식 옥내배전반 회로에서 접지 측 전선의 색깔로 옳은 것은?

① 갈 색 ② 빨간색
③ 회 색 ④ 녹색-노란색

해설
전선의 식별

상(문자)	색 상
L1	갈 색
L2	검은색
L3	회 색
N	파란색
보호도체	녹색-노란색

54 접지사고 발생 시 다른 선로의 전압은 상전압 이상으로 되지 않으며, 이상전압의 위험도 없고 선로나 변압기의 절연레벨을 저감시킬 수 있는 접지방식은?

① 저항접지 ② 비접지
③ 직접접지 ④ 소호 리액터 접지

해설
직접접지방식의 특징
- 1선 지락 시에 건전상의 대지전압이 거의 상승하지 않는다.
- 피뢰기의 효과를 증진시킬 수 있다.
- 단절연이 가능하며, 계전기의 동작이 확실해진다.
- 송전계통의 과도 안정도가 나빠지며, 통신선 유도장해가 크다.
- 기기에 큰 영향을 주어 손상을 주며, 이에 따른 대용량 차단기가 필요하다.

55 코드 상호 간 또는 캡타이어케이블 상호 간을 접속하는 경우 가장 많이 사용되는 기구는?

① T형 접속기 ② 코드 접속기
③ 와이어 커넥터 ④ 박스용 커넥터

해설
전선접속조건
- 코드 상호, 캡타이어케이블 또는 케이블 상호 간에 접속하는 경우 코드 접속기, 접속함, 기타의 기구를 사용한다.
- 전선의 세기를 20[%] 이상 감소시키지 않아야 한다.
- 전기저항이 증가되지 않아야 한다.
- 접속 부분은 접속관, 슬리브, 와이어 커넥터 등의 접속기구를 사용한다.

56 교통신호등의 제어장치로부터 신호등의 전구까지의 전로에 사용하는 전압은 몇 [V] 이하인가?

① 60 ② 100
③ 300 ④ 440

해설
교통신호등
- 교통신호등 제어장치의 2차 측 배선의 최대사용전압은 300[V] 이하이어야 한다.
- 전선은 케이블인 경우 이외에는 공칭단면적 2.5[mm²] 연동선과 동등 이상의 세기 및 굵기의 450/750[V] 일반용 단심 비닐절연전선 또는 450/750[V] 내열성 에틸렌아세테이트 고무절연전선일 것

정답 52 ③ 53 ④ 54 ③ 55 ② 56 ③

57 다음 심벌이 나타내는 것은?

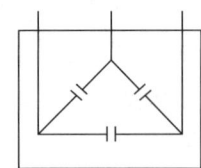

① 저 항
② 진상용 콘덴서
③ 유입 개폐기
④ 변압기

해설
진상용 콘덴서는 역률개선, 선로전압강하 경감, 설비용량 증가를 위해 설치한다.

58 다음 중 배전반 및 분전반의 설치장소로 적합하지 않은 곳은?

① 전기회로를 쉽게 조작할 수 있는 장소
② 개폐기를 쉽게 개폐할 수 있는 장소
③ 노출된 장소
④ 사람이 쉽게 조작할 수 없는 장소

해설
배전반 및 분전반은 조작 및 점검, 관리가 용이한 장소에 설치한다.

59 다음 중 가요전선관공사로 적당하지 않은 것은?

① 옥내의 천장 은폐배선으로 8각 박스에서 형광등 기구에 이르는 짧은 부분의 전선관공사
② 프레스 공작기계 등의 굴곡개소가 많아 금속관공사가 어려운 부분의 전선관공사
③ 금속관에서 전동기부하에 이르는 짧은 부분의 전선관공사
④ 수변전실에서 배전반에 이르는 부분의 전선관공사

해설
가요전선관공사는 제1종 금속제 가요전선관 또는 제2종 금속제 가요전선관을 사용하는 공사이다. 굴곡개소가 많고 금속관공사를 하기 어려운 경우나 전동기와 옥내배선을 결합하는 경우 등에 사용한다. 큰 전류의 저압 배전반에서는 버스덕트공사로 한다.

60 등기구 설치 시 가연성 재료로부터 최소거리를 두고 설치하여야 한다. 등기구의 정격용량이 400[W]일 때 최소거리는?

① 0.5[m] ② 0.8[m]
③ 1.0[m] ④ 1.5[m]

해설
열 영향에 대한 주변의 보호
가연성 재료로부터 다음의 최소거리를 두고 설치하여야 한다.
• 정격용량 100[W] 이하 : 0.5[m]
• 정격용량 100[W] 초과 300[W] 이하 : 0.8[m]
• 정격용량 300[W] 초과 500[W] 이하 : 1.0[m]
• 정격용량 500[W] 초과 : 1.0[m] 초과

2022년 제1회 과년도 기출복원문제

01 전류의 발열작용과 관계가 있는 것은?

① 줄의 법칙
② 키르히호프의 법칙
③ 옴의 법칙
④ 플레밍의 법칙

해설
줄의 법칙
도선 안을 흐르는 정상 전류가 일정 시간 안에 내는 열의 양은 전류 세기의 제곱 및 도선의 저항에 비례한다는 법칙
$H = 0.24I^2Rt[\text{cal}]$

02 $4 \times 10^{-5}[\text{C}]$과 $6 \times 10^{-5}[\text{C}]$의 두 전하가 자유공간에 2[m]의 거리에 있을 때 그 사이에 작용하는 힘은?

① 5.4[N], 흡인력이 작용한다.
② 5.4[N], 반발력이 작용한다.
③ $\frac{7}{9}$[N], 흡인력이 작용한다.
④ $\frac{7}{9}$[N], 반발력이 작용한다.

해설
$F = \frac{1}{4\pi\varepsilon} \cdot \frac{Q_1 Q_2}{r^2} = 9 \times 10^9 \times \frac{Q_1 Q_2}{r^2} = \frac{9 \times 4 \times 6}{2^2} \times 10^{-1}$
$= 5.4[\text{N}]$
Q_1, Q_2가 같은 극성이므로 서로 반발력이 작용한다.

03 $\frac{\pi}{6}$[rad]은 각도법으로 몇 도[°]인가?

① 30°
② 45°
③ 60°
④ 90°

해설
$\pi[\text{rad}] = 180°$이므로 $\frac{180°}{6} = 30°$

04 그림과 같이 자극 사이에 있는 도체에 전류(I)가 흐를 때 힘은 어느 방향으로 작용하는가?

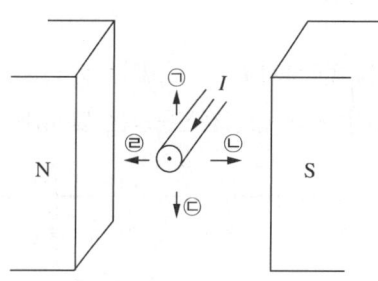

① ㉠
② ㉡
③ ㉢
④ ㉣

해설
플레밍의 왼손 법칙(전동기)
도체가 자기장에서 받고 있는 힘의 방향을 알 수 있으며 전동기 회전의 원리가 된다.
• 엄지 : 자기장에서 받는 힘(F)의 방향
• 검지(집게손가락) : 자기장(B)의 방향
• 중지(가운뎃손가락) : 전류(I)의 방향

정답 1 ① 2 ② 3 ① 4 ①

05 그림에서 폐회로에 흐르는 전류는 몇 [A]인가?

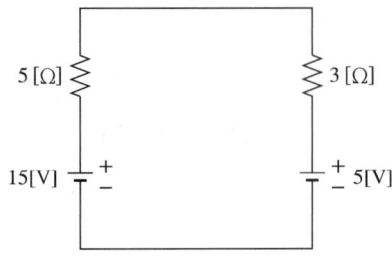

① 1 ② 1.25
③ 2 ④ 2.5

해설
다음과 같이 폐회로를 정리할 수 있다.
- 전체 전압 $V = 15 - 5 = 10[\text{V}]$
- 전체 저항 $R = 5 + 3 = 8[\Omega]$
- 전류 $I = \dfrac{V}{R} = \dfrac{10}{8} = 1.25[\text{A}]$

06 다음 회로에서 $C_1 = 1[\mu\text{F}]$, $C_2 = 2[\mu\text{F}]$, $C_3 = 2[\mu\text{F}]$일 때 합성정전용량은 몇 $[\mu\text{F}]$인가?

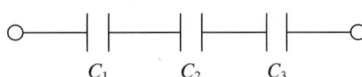

① $\dfrac{1}{2}$ ② $\dfrac{1}{5}$
③ 2 ④ 5

해설
합성정전용량
- 직렬 : $\dfrac{1}{C} = \dfrac{1}{C_1} + \dfrac{1}{C_2} + \dfrac{1}{C_3} = \dfrac{1}{1} + \dfrac{1}{2} + \dfrac{1}{2} = 2$
  $C = \dfrac{1}{2}[\mu\text{F}]$
- 병렬 : $C = C_1 + C_2 + C_3$

07 자체인덕턴스가 100[H]가 되는 코일에 전류를 1초 동안 0.1[A]만큼 변화시켰다면 유도기전력[V]은?

① 1 ② 10
③ 100 ④ 1,000

해설
$e = -L\dfrac{dI}{dt} = -100 \times \dfrac{0.1}{1} = -10[\text{V}]$
10[V]의 유도기전력이 발생된다.

08 일반적으로 온도가 높아지게 되면 전도율이 커져서 온도계수가 부(-)의 값을 가지는 것이 아닌 것은?

① 구 리 ② 반도체
③ 탄 소 ④ 전해액

해설
일반 금속도체는 온도가 높아지면 저항이 증가하여 전도율이 작아지고, 반도체에서는 반대로 온도가 높아지면 저항이 감소하여 전도율이 커지는 경향이 있다.
- 부(-)특성 온도계수 : 반도체, 서미스터, 전해질, 방전관, 탄소
- 정(+)특성 온도계수 : 도체, 즉 금속

09 일반적으로 절연체를 서로 마찰시키면 이들 물체는 전기를 띠게 된다. 이와 같은 현상은?

① 분 극 ② 정 전
③ 대 전 ④ 코로나

해설
- 유전분극 : 절연체에 전기장을 가할 때 한쪽에는 양전하가 많게 되고 다른 한쪽에는 음전하가 많아져 양전하와 음전하가 나뉘는 현상
- 정전유도 : 도체 또는 유전체에 전하를 접근시킬 때, 전하가 만드는 정전기장의 영향으로 도체 또는 유전체 표면에 전하가 나타나는 현상
- 코로나 : 두 전극 사이에 높은 전압을 가하면 불꽃을 내기 전에 전기장의 강한 부분만이 발광하여 전도성을 갖는 현상(송전선 상호 간이나 송전선과 대지 사이에서 일어남)

10 2개의 저항 R_1, R_2를 병렬접속하면 합성저항은?

① $\dfrac{1}{R_1+R_2}$ ② $\dfrac{R_1}{R_1+R_2}$

③ $\dfrac{R_1 R_2}{R_1+R_2}$ ④ $\dfrac{R_2}{R_1+R_2}$

해설
저항의 병렬접속
$\dfrac{1}{R}=\dfrac{1}{R_1}+\dfrac{1}{R_2}[℧]$에서 $R=\dfrac{R_1 R_2}{R_1+R_2}[\Omega]$

11 그림의 단자 1-2에서 본 노턴 등가회로의 개방단 컨덕턴스는 몇 [℧]인가?

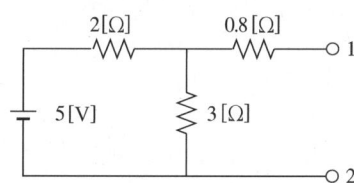

① 0.5   ② 1
③ 2   ④ 5.8

해설
- 테브닝의 정리(Thevenin's Theorem)를 사용하면 두 개의 단자를 지닌 전압원, 전류원, 저항의 어떠한 조합이라도 하나의 전압원 V와 하나의 직렬저항 R로 변환할 수 있다.

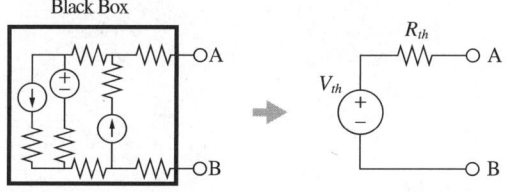

- 노턴의 정리를 사용하면 두 개의 단자를 지닌 전압원, 전류원, 저항의 어떠한 조합이라도 이상적인 전류원 I와 병렬저항 R로 변환할 수 있다.

- 문제에서 등가저항을 구하기 위해서 전압원을 단락시킨다.
$R_{12}=\dfrac{2\times 3}{2+3}+0.8=1.2+0.8=2[\Omega]$

컨덕턴스는 저항의 역수이므로 $\dfrac{1}{R_{12}}=\dfrac{1}{2}=0.5[℧]$이다.

12 자체인덕턴스가 각각 160[mH], 250[mH]의 두 코일이 있다. 두 코일 사이의 상호인덕턴스가 150[mH]이면 결합계수는?

① 0.5   ② 0.62
③ 0.75   ④ 0.86

해설
상호인덕턴스(M)
$M=k\sqrt{L_1\times L_2}$
$\therefore k=\dfrac{M}{\sqrt{L_1 L_2}}=\dfrac{150}{\sqrt{160\times 250}}=\dfrac{150}{200}=0.75$

13 진공 중에서 같은 크기의 두 자극을 1[m]거리에 놓았을 때, 그 작용하는 힘이 6.33×10^4[N]이 되는 전극 세기의 단위는?

① 1[Wb] ② 1[C]
③ 1[A]   ④ 1[W]

해설
자기장의 세기
자기장 안에 있는 어떤 점에 +1[Wb]의 자하를 둘 때 이 자극에 작용하는 힘을 그 점의 자기장의 세기라 한다.
• 자기장의 세기 : H[AT/m], [N/Wb]

$$H = \frac{1}{4\pi\mu_0\mu_r} \cdot \frac{m_1}{r^2} = 6.33 \times 10^4 \frac{m_1}{\mu_r r^2} \text{[AT/m]}$$

• 1[C]은 $\frac{1}{1.60219 \times 10^{-19}} = 6.24 \times 10^{18}$개의 전자의 과부족으로 생기는 전기량
• 1[W]는 1[V]의 전압이 걸린 부하에 1[A]의 전류가 흐를 때 소비된 전력의 크기
• 1[A]는 1초 동안 1[C]의 전하가 이동한 것으로 전자 1개가 가지고 있는 전하량은 1.60219×10^{-19}[C]이므로 1[A]의 전류가 흐를 때 전자가 이동한 수는 $\frac{1}{1.60219 \times 10^{-19}} = 6.24 \times 10^{18}$개이다.

14 무효전력에 대한 설명으로 틀린 것은?

① $P = VI\cos\theta$로 계산된다.
② 부하에서 소모되지 않는다.
③ 단위로는 [Var]를 사용한다.
④ 전원과 부하 사이를 왕복하기만 하고 부하에 유효하게 사용되지 않는 에너지이다.

해설
무효전력
부하에서 소모되지는 않고 전원에서 부하로, 또는 부하에서 전원으로 왕복 이동만 되는 에너지이다(단위 : [Var]).
$P_r = I^2 X = VI\sin\theta$[Var]

15 등전위면과 전기력선의 교차 관계는?

① 직각으로 교차한다.
② 30°로 교차한다.
③ 45°로 교차한다.
④ 교차하지 않는다.

해설
등전위면
전계 내에서 동일한 전위의 점을 연결하여 얻어지는 면을 등전위면이라 한다.
• 서로 다른 전위를 가진 등전위면은 교차하지 않는다.
• 정전기적 상태에서 도체 표면은 등전위면이다.
• 도체 표면의 전기장은 그 표면에 수직이다.

16 RLC 병렬공진회로에서 공진주파수는?

① $\dfrac{1}{\pi\sqrt{LC}}$ ② $\dfrac{1}{\sqrt{LC}}$
③ $\dfrac{2\pi}{\sqrt{LC}}$ ④ $\dfrac{1}{2\pi\sqrt{LC}}$

해설
RLC 병렬회로
• $Y = G + jB = \dfrac{1}{R} + j\left(\dfrac{1}{X_L} - \dfrac{1}{X_C}\right)$[℧]

여기서, Y : 어드미턴스, G : 컨덕턴스, B : 서셉턴스

• $\theta = \tan^{-1}\dfrac{I_X}{I_R} = \tan^{-1}\dfrac{B}{G}$

• 공진주파수 : $f_0 = \dfrac{1}{2\pi\sqrt{LC}}$[Hz]

• 전류 확대율, 양호도(Q) : $Q = R\sqrt{\dfrac{C}{L}}$

13 ① 14 ① 15 ① 16 ④

17 다이오드의 정특성이란 무엇을 말하는가?

① PN 접합면에서의 반송자 이동 특성
② 소신호로 동작할 때의 전압과 전류의 관계
③ 다이오드를 움직이지 않고 저항률을 측정한 것
④ 직류전압을 걸었을 때 다이오드에 걸리는 전압과 전류의 관계

해설
다이오드 정특성
다이오드에 정방향 바이어스를 걸 때와 역방향 바이어스를 걸 때의 전압과 전류의 특성

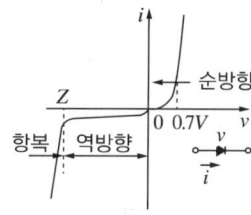

18 최대눈금 1[A], 내부저항 10[Ω]의 전류계로 최대 101[A]까지 측정하려면 몇 [Ω]의 분류기가 필요한가?

① 0.01 ② 0.02
③ 0.05 ④ 0.1

해설
분류기
전류계의 측정 범위를 넓히기 위해서는 전류계와 병렬로 저항을 접속해야 한다. 이 병렬 저항을 분류기라 한다.

$$m = \frac{I}{I_a} = 1 + \frac{r_a}{R_s}$$

$$\frac{101}{1} = 1 + \frac{10}{R_s}$$

$$100 = \frac{10}{R_s}$$

$$\therefore R_s = \frac{10}{100} = 0.1[\Omega]$$

19 영구자석의 재료로서 적당한 것은?

① 잔류자기가 적고 보자력이 큰 것
② 잔류자기와 보자력이 모두 큰 것
③ 잔류자기와 보자력이 모두 작은 것
④ 잔류자기가 크고 보자력이 작은 것

해설
• 영구자석 재료의 조건 : 보자력(H_c), 잔류자기(B_r)가 클 것
• 전자석 재료의 조건 : 보자력(H_c)은 작고, 잔류자기(B_r)는 클 것

20 반지름 r[m], 권수 N회의 환상 솔레노이드에 I[A]의 전류가 흐를 때, 그 내부의 자장의 세기 H[AT/m]는 얼마인가?

① $\frac{NI}{r^2}$ ② $\frac{NI}{2\pi}$
③ $\frac{NI}{4\pi r^2}$ ④ $\frac{NI}{2\pi r}$

해설
• 환상 솔레노이드일 때 내부 자장의 세기
$$H = \frac{NI}{l} = \frac{NI}{2\pi r}[\text{AT/m}]$$
(N : 코일의 권수, I : 전류[A], l : 자로의 길이[m])
• 무한장 직선일 때 $H = \frac{I}{2\pi r}$[AT/m]
• 무한장 솔레노이드일 때 $H = NI$[AT/m]
(N : 단위길이당 코일의 권수)
※ 솔레노이드 외부자계는 $H = 0$이다.

21 단자 전압 220[V], 부하전류 48[A], 계자전류 2[A], 전기자저항 0.2[Ω]인 분권발전기의 유도기전력 [V]은 얼마인가?

① 210 ② 220
③ 230 ④ 240

해설
직류발전기의 기전력의 크기
기전력 $E = V + (I + I_f)R_a$에서,
$E = 220 + (48 + 2)0.2 = 230[\text{V}]$

22 직류 전동기의 회전속도를 변화시키는 방법이 아닌 것은?

① 계자 제어법 ② 주파수 제어법
③ 전압 제어법 ④ 저항 제어법

해설
직류 전동기의 속도제어법
$N = \dfrac{V - I_a R_a}{\phi}$ 에서
전압제어는 전압(V) 조정을 통해 광범위한 속도제어가 가능하며, 계자제어는 자속(ϕ)을 조정하여 속도를 제어하고, 저항(R_a)을 제어하는 저항 제어법이 있다. 주파수 제어법은 유도전동기의 속도 조절방식($N_s = \dfrac{120f}{p}$)이다.

23 단자 전압이 일정한 직류 직권 전동기의 부하전류가 $\dfrac{1}{2}$ 배가 되면 부하 토크는 몇 배가 되는가?

① 1 ② 2
③ $\dfrac{1}{4}$ ④ $\dfrac{1}{2}$

해설
직권 전동기의 토크-전류
직권 전동기의 토크 $T = k_T I_a^2$ 이므로 $T \propto I_a^2$ 에서 $T \propto \left(\dfrac{1}{2}\right)^2$ 이다.

24 직류 발전기의 계자 철심에 잔류자기가 없어도 발전을 할 수 있는 발전기는?

① 타여자기 ② 분권기
③ 직권기 ④ 내분권기

해설
타여자 발전기는 계자회로가 독립되어 있어서 계자에서 발생되는 자속의 부하와 상관없이 일정한 정전압 특성을 보이며, 여자전류를 외부에서 공급받으므로 잔류자기가 필요 없다.

25 변압기에 콘서베이터를 설치하는 목적은?

① 열화 방지 ② 통풍 장치
③ 코로나 방지 ④ 강제 순환

해설
변압기 내부와 외부의 온도 차이로 외부 공기가 변압기 안으로 출입하는 것을 변압기 호흡작용이라고 하며, 변압기 호흡작용으로 인한 변압기유의 열화방지를 위해 흡습기와 콘서베이터를 설치한다.

26 다음 변압기 회로에서 부하 R_2에 공급되는 전력이 최대로 되는 변압기의 권수비 a는?

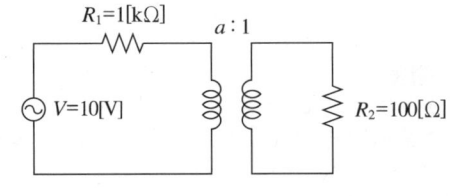

① 5 ② $\sqrt{5}$
③ 10 ④ $\sqrt{10}$

해설
변압기의 권수비
$R_1 = a^2 R_2$ 이므로, $a = \sqrt{\dfrac{R_1}{R_2}} = \sqrt{\dfrac{1,000}{100}} = \sqrt{10}$

27 어떤 단상 변압기의 2차 무부하전압이 240[V]이고 정격부하 시 2차 단자 전압이 230[V]일 때, 전압변동률[%]은?

① 2.35   ② 3.35
③ 4.35   ④ 5.35

해설
변압기 전압변동률
2차 무부하전압 V_{20} = 240[V]이고, 정격부하 시 2차 단자 전압 V_{2n} = 230[V]일 때, 전압변동률은
$$\varepsilon = \frac{V_{20} - V_{2n}}{V_{2n}} \times 100 = \frac{240 - 230}{230} \times 100$$
$$= \frac{10}{230} \times 100 = 4.35[\%]$$

28 어떤 변압기의 단락 시험에서 퍼센트 저항 강하 1.5[%]와 퍼센트 리액턴스강하 3[%]를 얻었다. 부하 역률이 80[%] 앞선 경우의 전압 변동률[%]은?

① -0.6   ② 0.6
③ -3   ④ 3

해설
변압기 전압변동률
$\varepsilon = p\cos\theta \pm q\sin\theta$에서 앞선 역률이므로 (−)
$\varepsilon = p\cos\theta - q\sin\theta = 1.5 \times 0.8 - 3 \times 0.6 = -0.6[\%]$

29 △결선 변압기의 한 대가 고장으로 제거되어 V결선으로 공급할 때 공급할 수 있는 전력은 고장 전 전력에 대하여 몇 [%]인가?

① 86.6   ② 74.3
③ 66.7   ④ 57.7

해설
V결선 변압기의 용량
1대의 단상변압기의 용량을 P라고 할 때 출력비 k는
$$k = \frac{V결선 \ 출력}{\triangle결선 \ 출력} = \frac{\sqrt{3}P}{3P} = \frac{\sqrt{3}}{3} = 0.577 = 57.7[\%]$$

30 동기발전기에 회전계자형을 사용하는 이유로 적합하지 않은 것은?

① 기전력의 파형을 개선한다.
② 전기자보다 계자극을 회전자로 하는 것이 기계적으로 안정하다.
③ 전기자 권선은 고전압으로 결선이 복잡하다.
④ 계자회로는 직류 저전압이 사용되어 소비전력이 작다.

해설
기전력의 파형을 개선하는 것은 발전기의 권선법(단절권, 분포권)에 해당한다.
동기발전기에서 회전계자형을 사용하는 이유
- 전기자가 고정자이므로, 절연하기 쉽다. Y결선 고정자는 고압 대전류에 유리하다(전기자는 결선이 복잡하여 회전하기에 부적합하다).
- 계자극을 회전자로 하는 것이 기계적으로 더 튼튼하다.
- 계자회로의 경우 저압 소용량 직류이므로, 구조가 간단하다.
- 고장 시 과도안정도를 높이기 위해, 회전자의 관성을 크게 하기 쉽기 때문이다.

31 동기발전기에 무부하 전압보다 90° 뒤진 전기자 전류가 흐를 때 전기자 반작용은?

① 교차자화작용을 한다.
② 증자작용을 한다.
③ 감자작용을 한다.
④ 변화가 없다.

해설
동기기의 전기자 반작용

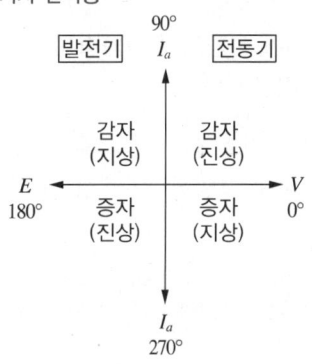

32 동기속도가 3,600[rpm], 주파수가 60[Hz]인 동기발전기의 극수는?

① 1   ② 2
③ 3   ④ 4

해설
동기발전기의 동기속도
$N_s = \dfrac{120f}{p}$ 에서, 극수 $p = \dfrac{120f}{N_s} = \dfrac{120 \times 60}{3,600} = 2$ 극

33 동기 전동기의 특징으로 틀린 것은?

① 역률 조정이 가능하다.
② 회전수가 일정하다.
③ 직류여자가 불필요하다.
④ 난조가 일어나기 쉽다.

해설
동기 전동기 특징
- 장점
  - 속도가 일정하다(정속도 전동기).
  - 역률 조절이 가능하다(동기 조상기에 사용).
  - 역률이 가장 좋은 전동기이다.
  - 손실을 줄일 수 있어 효율이 좋다.
- 단점
  - 기동토크가 작다(자기기동 곤란).
  - 속도조절이 어렵다.
  - 계자전원이 필요하다.
  - 난조가 발생하기 쉽다.

34 단상 유도전동기의 기동방법 중 기동토크가 가장 작은 것은?

① 반발 기동형
② 분상 기동형
③ 셰이딩 코일형
④ 콘덴서 분상 기동형

해설
단상 유도전동기의 기동토크의 크기
반발 기동형 > 콘덴서 분상 기동형 > 분상 기동형 > 셰이딩 코일형

35 권선형 유도 전동기의 기동법에 대한 설명 중 틀린 것은?

① 기동 시 2차 회로의 저항을 크게 하면 기동 시 큰 토크를 얻을 수 있다.
② 기동 시 2차 회로의 저항을 크게 하면 기동 시 기동전류를 억제할 수 있다.
③ 2차 권선저항을 크게 하면 속도 상승에 따라 외부저항이 증가한다.
④ 2차 권선저항을 크게 하면 운전상태의 특성이 나빠진다.

해설
2차 저항법에 의한 권선형 유도 전동기의 기동
- 속도 상승에 따라 외부저항을 감소시키면 저항손을 줄이고 안정된 운전이 가능하다.
- 유도전동기의 2차 저항은 2차 측 회전자의 권선의 저항으로 이 권선의 저항을 제어하기 위해서는 외부에 저항을 바꿀 수 있는 가변저항을 연결해야 한다.

36 유도 전동기에서 권선형 회전자에 비해 농형 회전자의 특성이 아닌 것은?

① 구조가 간단하고 효율이 좋다.
② 견고하고 보수가 용이하다.
③ 대용량에서 기동이 용이하다.
④ 중, 소형 전동기에 사용한다.

해설
농형 회전자의 특성
- 구조가 단순하고 저렴하다.
- 회전자에 절연부가 없어서 고열에 견딜 수 있으므로 고속영역에서의 과부하에 강하다.
- 브러시나 슬립 링과 같은 마모·접촉 통전 부분이 없기 때문에, 보수가 간단하고 견고하다(몇 년간의 연속 운전이 가능).
- 시동 토크가 작아 중, 소형 전동기에 사용되며 회전속도의 조정 범위가 좁다.
- 회전자측은 회전하는 곳이기 때문에 코일에 가변저항을 연결하기 위해서는 슬립 링과 브러시가 필요하며, 2차 저항 변경은 권선형 유도전동기에서 가능하고 농형 유도전동기에서는 불가하다.
- 기동 시 2차 회로의 저항을 크게 하면 비례추이에 의해 큰 기동 토크를 얻을 수 있다.

37 유도전동기의 동기속도를 N_s, 회전속도를 N이라 할 때 슬립 s의 공식은?

① $\dfrac{N_s - N}{N_s}$ ② $\dfrac{N - N_s}{N_s}$
③ $\dfrac{N_s}{N - N_s}$ ④ $\dfrac{N_s}{N_s - N}$

해설
유도전동기의 슬립
슬립 $s = \dfrac{N_s - N}{N_s} \times 100[\%]$

슬립의 범위
- 유도전동기($0 < s < 1$)
  $s = 1$이면 $N = 0$이므로 전동기는 정지상태이고, $s = 0$이면 $N = N_s$이므로 전동기가 동기속도로 회전하고 있는 상태이다.
- 유도 발전기($s < 0$)
  $N > N_s$, 즉 회전자의 회전속도가 회전자계의 회전속도보다 빠르게 회전하여 비동기 발전기로 사용한다.
- 유도 제동기($1 < s < 2$)
  회전자의 회전 방향이 회전자계의 회전 방향과 반대가 되어 제동기로 작용한다. 즉 전원 3상 중 2상을 바꾸어 역방향으로 회전력을 발생시키는 역상 제동일 때의 슬립이다.

38 3상 유도 전동기의 고정자 슬롯수가 36이고 극수가 4일 때 매극 매상당 슬롯수는?

① 3 ② 4
③ 5 ④ 6

해설
3상 유도 전동기의 슬롯수
매극 매상당 슬롯수 $= \dfrac{\text{총 슬롯수}}{\text{상수} \times \text{극수}} = \dfrac{36}{3 \times 4} = 3$

39 반도체 사이리스터로 속도 제어를 할 수 없는 것은?

① 정지형 레오너드 제어
② 일그너 제어
③ 초퍼 제어
④ 인버터 제어

해설
일그너 방식(Ilgner System)
부하의 변동이 심할 경우 사용하며 부하의 변동에 영향을 받지 않기 위해 무거운 쇠 추(플라이 휠)를 설치하여 사용하는 방식으로 부하의 변동이 심한 대용량 압연기나 승강기 등에 사용한다.

40 2방향성 3단자 사이리스터는?

① SCR ② SSS
③ SCS ④ TRIAC

해설
사이리스터의 종류
- SCR : 1방향성 3단자
- SSS : 2방향성 2단자
- SCS : 1방향성 4단자
- TRIAC : 2방향성 3단자

41 다음 중 다른 지지물을 거치지 아니하고 다른 수용 장소의 붙임점에 이르는 가공전선을 무엇이라고 하는가?

① 건조물 ② 지지물
③ 이웃 연결 인입선 ④ 가공인입선

해설
가공인입선(Service Drop)
가공전선로의 지지물로부터 다른 지지물을 거치지 아니하고 수용 장소의 붙임점에 이르는 가공전선을 말한다.

정답 37 ① 38 ① 39 ② 40 ④ 41 ④

42. 차단기 개방 시 발생하는 아크를 공기 대신에 절연 내력과 소호 능력이 뛰어난 불활성 가스(SF_6)를 압축하여 불어 넣어 소호하는 차단기는?

① 진공 차단기(VCB)
② 유입 차단기(OCB)
③ 공기 차단기(ABB)
④ 가스 차단기(GCB)

해설
차단기의 종류
- 진공 차단기(VCB) : 진공에서의 높은 절연 내력을 이용하여 이상 상태 발생 시 아크 생성물을 소호한다.
- 유입 차단기(OCB) : 차단기 개방 시 발생하는 아크를 절연유의 냉각 작용을 이용하여 소호하는 차단기이다. 소 전류인 경우에는 유류를 뿜어서 소호하고, 대 전류인 경우에는 아크에 의해 분해된 가스를 뿜어서 소호한다.
- 공기 차단기(ABB) : 공기 차단기는 차단기 개방 시 발생하는 아크를 10~30[kg/m^2]의 압축 공기로 차단기 주 접점에 불어 넣어 소호한다.

43. 플로어덕트 공사에 대한 설명으로 틀린 것은?

① 전선은 옥외용 비닐절연전선을 제외한 연선이어야 한다.
② 플로어덕트 안에는 전선에 접속점이 없도록 해야 한다.
③ 덕트의 끝부분은 개방하여 물이 고이는 부분이 없어야 한다.
④ 덕트 상호 간 및 덕트와 박스 및 인출구와는 견고히 접속해야 한다.

해설
플로어덕트 및 부속품의 시설
- 전선은 절연전선(옥외용 비닐절연전선을 제외)일 것
- 전선은 연선일 것. 다만, 단면적 10[mm^2](알루미늄선은 단면적 16[mm^2]) 이하는 제외
- 플로어덕트 안에는 전선에 접속점이 없도록 할 것
- 덕트 상호 간 및 덕트와 박스 및 인출구와는 견고하고 또한 전기적으로 완전하게 접속할 것
- 덕트 및 박스 기타의 부속품은 물이 고이는 부분이 없도록 시설할 것
- 박스 및 인출구는 마루 위로 돌출하지 아니하도록 시설하고 또한 물이 스며들지 아니하도록 밀봉할 것
- 덕트의 끝부분은 막을 것

44. 전선의 전기적 접속에 대한 설명으로 틀린 것은?

① 도체 상호 간 접속은 내구성이 있는 전기적 연속성이 있어야 한다.
② 전선의 전기저항을 증가시키지 아니하도록 접속하여야 한다.
③ 접속 방법은 도체를 구성하는 소선의 가닥수와 형상을 고려하여 선정한다.
④ 나전선 상호 간 접속 시 전선의 세기는 10[%] 이상 감소시키지 않아야 한다.

해설
전선의 전기적 접속
전선 상호 또는 나전선과 절연전선 또는 캡타이어 케이블과 접속하는 경우 전선의 세기(인장하중)를 20[%] 이상 감소시키지 않아야 한다. 다만, 점퍼 선을 접속하는 경우와 기타 전선에 가하여지는 장력이 전선의 세기에 비하여 현저히 작을 경우에는 적용하지 않는다.

45. 녹아웃 펀치와 같은 용도로 배전반이나 분전반 등에 구멍을 뚫을 때 사용하는 것은?

① 클리퍼(Clipper)
② 홀소(Hole Saw)
③ 프레셔 툴(Pressure Tool)
④ 드라이브잇 툴(Drive-it Tool)

해설
전기공사용 공구
- 클리퍼(Clipper) : 펜치로 절단하기 힘든 굵은 전선을 절단할 때 사용하는 가위
- 프레셔 툴(Pressure Tool) : 전선에 압착 단자 접속 시 사용되는 공구
- 드라이브잇 툴(Drive-it Tool) : 드라이브 핀을 콘크리트에 박을 때 사용하는 공구

정답 42 ④ 43 ③ 44 ④ 45 ②

46 다음 중 1.6[mm]의 총 가닥수가 7가닥인 연선의 바깥지름[mm]은?

① 4.8
② 5.2
③ 6.8
④ 8

해설
총 소선 수 $N=3n(n+1)+1$에서, $N=7$이므로 $n=1$
연선의 바깥지름 $D=(2n+1)d$에서,
$D=(2\times1+1)\times1.6=4.8$[mm]

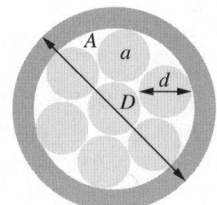

여기서, A : 연선 도체의 공칭단면적
N : 총 소선 수
n : 중심선을 제외한 층수
D : 연선 도체의 지름[mm]
d : 소선의 지름
a : 소선의 단면적[mm²]

47 다음 중 옥내에 시설하는 저압 전로와 대지 사이의 절연 저항 측정에 사용되는 계기는?

① 멀티 테스터
② 메 거
③ 어스 테스터
④ 훅 온 미터

해설
절연저항의 측정
절연저항은 전기가 통하지 않게 하는 절연물의 저항을 말하는 것으로 매우 큰 값의 저항값을 지녀 [MΩ]의 단위를 사용하며, 절연저항의 측정기는 절연저항계 또는 메거(Megger)를 사용한다.

48 다음의 전기공사 도면 기호의 명칭은?

① 분전반
② 배전반
③ 제어반
④ 콘센트

해설
분전반 및 배전반의 기호(종류를 구별하는 경우)

배전반	분전반	제어반
⊠	◩	⬚

49 주로 가는 연선을 박스 안에서 접속할 때 사용하는 전선 접속방법은?

① 링 슬리브 접속
② 트위스트 접속
③ 브리타니아 접속
④ 압착 단자 접속

해설
링 슬리브 접속
링 슬리브 접속은 주로 가는 전선을 박스 안에서 접속할 때 또는 리드선이 붙은 조명 기구 등을 접속할 때 사용하는 접속 방법으로 압착 공구를 사용하여 2개소를 압착한다. 굵은 전선을 접속할 때는 C형 접속기나 터미널 러그에 의한 접속을 한다.

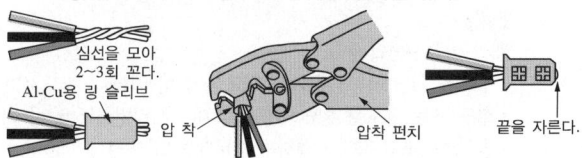

정답 46 ① 47 ② 48 ② 49 ①

50 다음 중 접지시스템의 시설 종류가 아닌 것은?

① 단독접지 ② 보호접지
③ 공통접지 ④ 통합접지

해설
접지시스템의 구분 및 종류
- 접지시스템은 계통접지, 보호접지, 피뢰시스템 접지 등으로 구분한다.
- 접지시스템의 시설 종류에는 단독접지, 공통접지, 통합접지가 있다.

51 접지극 매설 시 지표면 기준 접지극의 최소 매설 깊이는?

① 지하 0.75[m] 이상
② 지하 1[m] 이상
③ 지하 1.2[m] 이상
④ 지하 1.5[m] 이상

해설
접지극의 매설
접지극은 동결 깊이를 고려하여 시설하며 접지극의 매설 깊이는 지표면으로부터 지하 0.75[m] 이상으로 한다.

52 철도 및 궤도를 횡단하는 레일면상 저압 가공전선의 최소 높이는?

① 3.5[m] 이상 ② 4[m] 이상
③ 5[m] 이상   ④ 6.5[m] 이상

해설
저압 가공전선의 높이
- 도로를 횡단하는 경우에는 지표상 6[m] 이상
- 철도 또는 궤도를 횡단하는 경우에는 레일면상 6.5[m] 이상
- 횡단보도교의 위에 시설하는 경우에는 그 노면상 3.5[m] 이상

53 금속덕트공사에 대한 설명으로 옳지 않은 것은?

① 덕트 상호 간은 견고하고 또한 전기적으로 완전하게 접속할 것
② 덕트를 조영재에 붙이는 경우에는 덕트의 지지점 간의 거리를 3[m] 이하로 할 것
③ 덕트의 끝부분은 개방하여 덕트 안에 먼지가 침입하지 아니하도록 할 것
④ 덕트의 본체와 구분하여 뚜껑을 설치하는 경우에는 쉽게 열리지 않도록 할 것

해설
금속덕트의 시설
- 덕트 상호 간은 견고하고 또한 전기적으로 완전하게 접속할 것
- 덕트를 조영재에 붙이는 경우에는 덕트의 지지점 간의 거리를 3[m](취급자 이외의 자가 출입할 수 없도록 설비한 곳에서 수직으로 붙이는 경우에는 6[m]) 이하로 하고 또한 견고하게 붙일 것
- 덕트의 본체와 구분하여 뚜껑을 설치하는 경우에는 쉽게 열리지 아니하도록 시설할 것
- 덕트의 끝부분은 막을 것
- 덕트 안에 먼지가 침입하지 아니하도록 할 것
- 덕트는 물이 고이는 낮은 부분을 만들지 않도록 시설할 것

54 소맥분, 전분 기타 가연성의 먼지가 존재하는 곳의 저압 옥내배선공사 방법 중 적당하지 않은 것은?

① 애자공사
② 합성수지관공사
③ 케이블공사
④ 금속관공사

해설
가연성 먼지 위험장소
가연성 먼지(소맥분·전분·유황, 기타 가연성의 먼지로 공중에 떠다니는 상태에서 착화하였을 때에 폭발할 우려가 있는 것을 말하며 폭연성 먼지를 제외)에 전기설비가 발화원이 되어 폭발할 우려가 있는 곳에 시설하는 저압 옥내 전기설비는 합성수지관공사, 금속관공사 또는 케이블공사에 의할 것

55 그림의 고리형 단자를 기구에 접속할 때 나사를 조이는 방향은?

① 시계방향
② 반시계방향
③ 공급전원방향
④ 방향과 무관하다.

해설
단자 접속하기

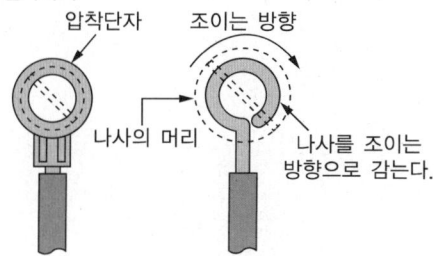

[단자와 고리]

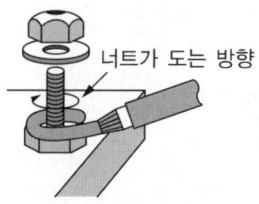

[와셔가 1개인 경우]

56 전압의 구분에서 고압에 대한 설명으로 옳은 것은?

① 직류는 0.75[kV]를, 교류는 0.6[kV]를 초과하고 7[kV] 이하인 것
② 직류는 1[kV]를, 교류는 1.5[kV]를 초과하고 7[kV] 이하인 것
③ 교류는 1[kV]를, 직류는 1.5[kV]를 초과하고 7[kV] 이하인 것
④ 교류는 1.5[kV]를, 직류는 1.5[kV]를 초과하고 7[kV] 이하인 것

해설
전압의 구분
• 저압 : 직류 1.5[kV] 이하, 교류 1[kV] 이하
• 고압 : 직류 1.5[kV] 초과 7[kV] 이하
      교류 1[kV] 초과 7[kV] 이하
• 특고압 : 7[kV] 초과

57 다음 중 케이블트렁킹시스템에 해당하는 공사방법은?

① 합성수지몰드공사, 금속몰드공사, 금속트렁킹공사
② 합성수지관공사, 금속관공사, 가요전선관공사
③ 플로어덕트공사, 셀룰러덕트공사, 금속덕트공사
④ 케이블트레이공사

[해설]
공사방법의 분류

종류	공사방법
전선관시스템	합성수지관공사, 금속관공사, 가요전선관공사
케이블트렁킹시스템	합성수지몰드공사, 금속몰드공사, 금속트렁킹공사[a]
케이블덕팅시스템	플로어덕트공사, 셀룰러덕트공사, 금속덕트공사[b]
애자공사	애자공사
케이블트레이시스템 (래더, 브래킷 포함)	케이블트레이공사
케이블공사	고정하지 않는 방법, 직접 고정하는 방법, 지지선 방법

※ [a] 금속트렁킹공사 : 금속본체와 덮개가 별도로 구성되어 덮개를 개폐할 수 있는 금속덕트공사
　[b] 금속덕트공사 : 본체와 덮개 구분 없이 하나로 구성된 금속덕트공사

58 분전반 및 배전반은 어떤 장소에 설치하는 것이 바람직한가?

① 전기회로를 쉽게 조작할 수 있는 장소
② 개폐기를 쉽게 개폐할 수 없는 장소
③ 은폐된 장소
④ 이동이 심한 장소

[해설]
배전반 및 분전반의 설치장소
• 전기회로를 쉽게 조작할 수 있는 장소
• 개폐기를 쉽게 조작할 수 있는 장소
• 안정된 장소
• 조작 및 점검, 관리가 용이한 장소

59 비접지 회로에서 인체에 위험을 초래하지 않을 정도의 저압을 무엇이라고 하는가?

① ELV
② SELV
③ PELV
④ FELV

[해설]
특별저압(ELV ; Extra Low Voltage)
인체에 위험을 초래하지 않을 정도의 저압을 말한다. SELV(Safety Extra Low Voltage)는 비접지 회로에 해당하며, PELV(Protective Extra Low Voltage)는 접지회로에 해당된다.

60 다음과 같은 접지시스템의 명칭으로 옳은 것은?

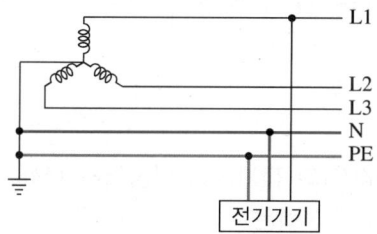

① TN-S 접지시스템
② TN-C 접지시스템
③ TN-C-S 접지시스템
④ IT 접지시스템

해설

접지시스템 구분 방식
- TN-S 접지시스템 : 전원부는 접지되어 있고, 간선의 중성선(N)과 보호도체(PE)를 분리

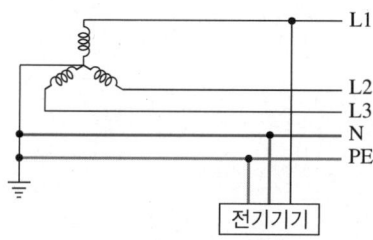

- TN-C 접지시스템 : 간선의 중성선과 보호도체를 겸용하는 PEN 도체를 사용

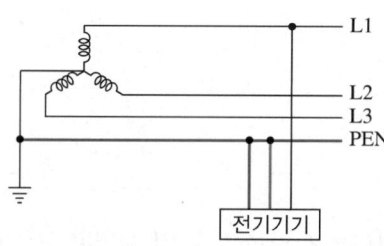

- TN-C-S 접지시스템 : 전원부는 TN-C로 되어 있고, 간선계통의 일부에서 중성선과 보호도체를 분리하여 TN-S 계통으로 하는 방법

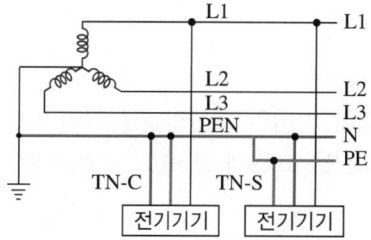

- IT 접지시스템 : 전원부를 비접지로 하거나 임피던스를 통해 접지

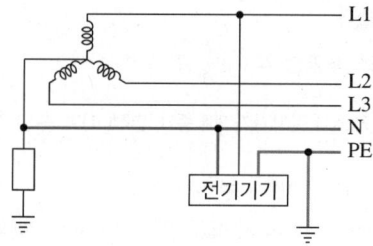

- TT 접지시스템 : 보호도체를 전원으로부터 가져오지 않고 기기 자체에서 접지

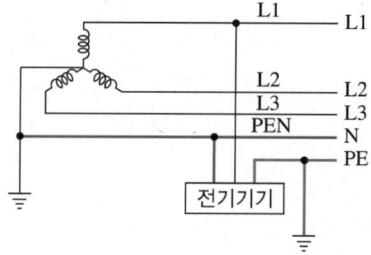

2022년 제2회 과년도 기출복원문제

01 길이 1[m]인 도선의 저항값이 20[Ω]이었다. 이 도선을 고르게 2[m]로 늘였을 때 저항값은?

① 10[Ω]   ② 40[Ω]
③ 80[Ω]   ④ 140[Ω]

해설

도선의 저항 $R = \rho \dfrac{l}{A}$ 로

문제에서 길이(l)가 2배 증가, 면적(A)이 $\dfrac{1}{2}$만큼 감소하므로 저항은 $\dfrac{1}{1/2} = 4$배가 된다.

따라서 도선의 저항값은 20[Ω] × 4배 = 80[Ω]이 된다.

02 30[μF]과 40[μF]의 콘덴서를 병렬로 접속한 후 100[V]의 전압을 가했을 때 전전하량은 몇 [C] 인가?

① 17×10^{-4} ② 34×10^{-4}
③ 56×10^{-4} ④ 70×10^{-4}

해설

- 병렬접속 콘덴서의 합성용량은 $C_1 + C_2 = 70 \times 10^{-6}$[F]이다.
  ∴ 전전하량 $Q = CV = (70 \times 10^{-6}) \times 100 = 70 \times 10^{-4}$[C]
- 직렬접속 콘덴서의 합성용량
  $\dfrac{1}{C} = \dfrac{1}{C_1} + \dfrac{1}{C_2}$

03 24[C]의 전기량이 이동해서 144[J]의 일을 했을 때 기전력은?

① 2[V]   ② 4[V]
③ 6[V]   ④ 8[V]

해설

일(W) = 전기량(Q) × 기전력(V)
$V = \dfrac{W}{Q} = \dfrac{144[J]}{24[C]} = 6$[V], [J/C]

04 $i(t) = I_m \sin\omega t$[A]인 정현파 교류에서 ωt가 몇 [°]일 때 순시값과 실횻값이 같게 되는가?

① 90°   ② 60°
③ 45°   ④ 0°

해설

$i(t) = I_m \sin\omega t$[A]

순시값($i(t)$)의 최댓값(I_m)과 실횻값(I_{rms})은 $\sqrt{2}$ 배만큼 차이가 나므로 최댓값 = $\sqrt{2}$ 실횻값이다.

$\sin 45° = \dfrac{1}{\sqrt{2}}$일 때 순시값과 실횻값이 같게 된다.

1 ③ 2 ④ 3 ③ 4 ③

05 전동기의 유도 전압방향을 나타내는 법칙은?

① 패러데이의 법칙
② 렌츠의 법칙
③ 플레밍의 왼손 법칙
④ 플레밍의 오른손 법칙

> **해설**
> - 플레밍의 왼손 법칙(전동기) : 자기장 속에서 전류가 받는 힘의 방향
> - 패러데이의 법칙 : 코일을 관통하는 자속을 변화시킬 때 코일에 유도기전력이 발생하는 현상
> - 렌츠의 법칙 : 전자기유도의 방향에 관한 법칙, 즉 자기유도로 생기는 전류는 그것이 만드는 자기장이 전류를 유도한 자기장의 변화를 줄이는 방향으로 흐른다.
> - 플레밍의 오른손 법칙(발전기) : 자기장 속에서 도선을 움직일 때 유도기전력에 유도되는 전류의 방향

06 다음 중 가장 무거운 것은?

① 양성자의 질량과 중성자의 질량의 합
② 양성자의 질량과 전자의 질량의 합
③ 원자핵의 질량과 전자의 질량의 합
④ 중성자의 질량과 전자의 질량의 합

> **해설**
> - 원자는 중성자와 양성자로 이루어진 원자핵과 전자로 이루어져 있다.
> - 양성자와 중성자의 질량은 거의 비슷하다.
> - 전자는 원자핵 주변에 분포하며 양성자 질량의 약 1/1,840이다.

07 $R = 15[\Omega]$인 C 직렬회로에 60[Hz], 100[V]의 전압을 가하니 4[A]의 전류가 흘렀다면 용량 리액턴스$[\Omega]$는?

① 10
② 15
③ 20
④ 25

> **해설**
> RC 직렬 회로에서 임피던스 $Z = \dfrac{V}{I} = \dfrac{100}{4} = 25[\Omega]$이고
> 임피던스는 $\dot{Z} = R - jX_C = 15 - jX_C[\Omega]$이므로
> $Z = \sqrt{R^2 + X_C^2}$ 에 대입하면
> $25 = \sqrt{15^2 + X_C^2}$ 이고
> $\therefore X_C = 20[\Omega]$

08 자체인덕턴스 L_1, L_2, 상호인덕턴스 M인 두 코일을 같은 방향으로 직렬 연결한 경우 합성인덕턴스는?

① $L_1 + L_2 + M$
② $L_1 + L_2 - M$
③ $L_1 + L_2 + 2M$
④ $L_1 + L_2 - 2M$

> **해설**
> - 정방향(가동접속) : $L = L_1 + L_2 + 2M$[H]
> - 역방향(차동접속) : $L = L_1 + L_2 - 2M$[H]

정답 5 ③ 6 ③ 7 ③ 8 ③

09 출력 P[kVA]의 단상 변압기 2대를 V결선할 때의 3상 출력[kVA]은?

① P
② $\sqrt{3}\,P$
③ $2P$
④ $3P$

해설
V결선의 3상 출력
$P_v = P \times \sqrt{3} = \sqrt{3}\,P$

10 그림에서 평형조건이 맞는 식은?

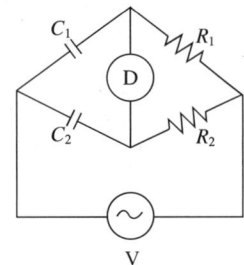

① $C_1 R_1 = C_2 R_2$
② $C_1 R_2 = C_2 R_1$
③ $C_1 C_2 = R_1 R_2$
④ $\dfrac{1}{C_1 C_2} = R_1 R_2$

해설
브리지의 평형조건
$PR = QX$ (마주 보는 변의 곱은 서로 같다)
서로 마주한 임피던스 성분을 서로 곱하면
$X_C = \dfrac{1}{\omega C}$ 이므로
$R_2 \dfrac{1}{j\omega C_1} = R_1 \dfrac{1}{j\omega C_2}$
$R_2 = R_1 \dfrac{j\omega C_1}{j\omega C_2}$
$R_2 = R_1 \dfrac{C_1}{C_2}$
$\therefore C_2 R_2 = C_1 R_1$

11 어떤 저항(R)에 전압(V)을 가하니 전류(I)가 흘렀다. 이 회로의 저항(R)을 20[%] 줄이면 전류(I)는 처음의 몇 배가 되는가?

① 0.8
② 0.88
③ 1.25
④ 2.04

해설
$I_1 = \dfrac{V}{R}$, $I_2 = \dfrac{V}{0.8R}$ 에서
$\dfrac{I_2}{I_1} = \dfrac{\dfrac{V}{0.8R}}{\dfrac{V}{R}} = \dfrac{1}{0.8} = 1.25$ 배

12 다음 중 비유전율이 가장 큰 것은?

① 종 이
② 염화비닐
③ 운 모
④ 산화타이타늄 자기

해설
비유전율이 큰 산화타이타늄(80~90) 자기를 유전체로 사용하여 세라믹 콘덴서를 만든다.

유전체	비유전율(ε_r)	유전체	비유전율(ε_r)
진 공	1	고 무	2.0~3.5
공 기	1.00058	운 모	6.7
종 이	2.0~2.6	유 리	3.5~10
폴리에틸렌	2.2~2.4	물(증류수)	80

13 그림과 같이 R_1, R_2, R_3의 저항 3개가 직병렬 접속되었을 때 합성저항은?

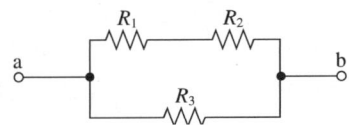

① $R = \dfrac{(R_1+R_2)R_3}{R_1+R_2+R_3}$

② $R = \dfrac{(R_2+R_3)R_1}{R_1+R_2+R_3}$

③ $R = \dfrac{(R_1+R_3)R_2}{R_1+R_2+R_3}$

④ $R = \dfrac{R_1R_2R_3}{R_1+R_2+R_3}$

해설
먼저 직렬저항 R_1+R_2를 더하고
병렬 $(R_1+R_2)//R_3$를 구하면 된다.
병렬저항 공식은 $A//B = \dfrac{AB}{A+B}$이므로
$R = \dfrac{(R_1+R_2)R_3}{R_1+R_2+R_3}$이다.

14 다음 중 자기작용에 관한 설명으로 틀린 것은?

① 기자력의 단위는 [AT]를 사용한다.
② 자기회로의 자기저항이 작은 경우는 누설자속이 거의 발생하지 않는다.
③ 자기장 내에 있는 도체에 전류를 흘리면 힘이 작용하는데, 이 힘을 기전력이라 한다.
④ 평행한 두 도체 사이에 전류가 동일한 방향으로 흐르면 흡인력이 작용한다.

해설
자기장 내에 있는 도체에 전류를 흘릴 때 작용하는 힘을 전자력이라고 한다.

15 진공 중의 두 점전하 Q_1[C], Q_2[C]가 거리 r[m] 사이에서 작용하는 정전력[N]의 크기를 옳게 나타낸 것은?

① $9 \times 10^9 \times \dfrac{Q_1 Q_2}{r^2}$

② $6.33 \times 10^4 \times \dfrac{Q_1 Q_2}{r^2}$

③ $9 \times 10^9 \times \dfrac{Q_1 Q_2}{r}$

④ $6.33 \times 10^4 \times \dfrac{Q_1 Q_2}{r}$

해설
쿨롱의 법칙을 적용

• 전기장 : $F = k\dfrac{Q_1 Q_2}{r^2} = 9 \times 10^9 \times \dfrac{Q_1 Q_2}{r^2}$[N] ($k = 9 \times 10^9$)

• 자기장 : $F = 6.33 \times 10^4 \times \dfrac{m_1 m_2}{r^2}$[N]

16 반지름 r[m], 권수 N회의 환상 솔레노이드에 I[A]의 전류가 흐를 때, 그 내부의 자장의 세기 H[AT/m]는 얼마인가?

① $\dfrac{NI}{r^2}$ ② $\dfrac{NI}{2\pi}$

③ $\dfrac{NI}{4\pi r^2}$ ④ $\dfrac{NI}{2\pi r}$

해설
• 직선전류에 의한 자기장 : $H = \dfrac{I}{2\pi r}$[AT/m]
• 무한장 솔레노이드 내부의 자기장 : $H = NI$[AT/m]
• 환상 솔레노이드 내부의 자기장 : $H = \dfrac{NI}{l} = \dfrac{NI}{2\pi r}$[AT/m]
코일 안쪽 철심 부분에서만 자계가 발생하고 솔레노이드 외부자계는 $H = 0$이다.
• 원형 코일 전류에 의한 자기장 : $H = \dfrac{NI}{2r}$[AT/m]

정답 13 ① 14 ③ 15 ① 16 ④

17 어떤 콘덴서에 V[V]의 전압을 가해서 Q[C]의 전하를 충전할 때 저장되는 에너지[J]는?

① $2QV$　　　② $2QV^2$
③ $\frac{1}{2}QV$　　　④ $\frac{1}{2}QV^2$

해설
- 콘덴서에 저장되는 에너지
  $W = \frac{1}{2}QV = \frac{1}{2}CV^2$ [J]
- 코일에 저장되는 에너지
  $W = \frac{1}{2}LI^2$ [J]

18 비사인파의 일반적인 구성이 아닌 것은?

① 순시파　　　② 고조파
③ 기본파　　　④ 직류분

해설
비사인파 = 기본파 + 고조파 + 직류분

19 다음 물질 중 강자성체로만 짝지어진 것은?

① 철, 니켈, 아연, 망가니즈
② 구리, 비스무트, 코발트, 망가니즈
③ 철, 구리, 니켈, 아연
④ 철, 니켈, 코발트

해설
물체의 자화 정도에 따른 분류
- 강자성체 : 상자성체 중 자화강도가 큰 금속
  예 철(Fe), 니켈(Ni), 코발트(Co), 망가니즈(Mn)
- 상자성체 : 자석에 접근시킬 때 반대의 극이 생겨 서로 당기는 금속
  예 알루미늄(Al), 백금(Pt), 주석(Sn), 이리듐(Ir), 산소(O)
- 반자성체 : 자석에 접근시킬 때 같은 극이 생겨 서로 반발하는 금속
  예 비스무트(Bi), 탄소(C), 인(P), 금(Au), 은(Ag), 구리(Cu), 안티모니(Sb), 아연(Zn), 납(Pb), 수은(Hg)

20 $e = 200\sin(100\pi t)$ [V]의 교류전압에서 $t = \frac{1}{600}$ 초일 때, 순시값은?

① 100[V]　　　② 173[V]
③ 200[V]　　　④ 346[V]

해설
교류전압 $e = 200\sin(100\pi t)$에 $t = \frac{1}{600}$ 값을 대입하면
$e = 200\sin\left(100\pi \times \frac{1}{600}\right) = 200\sin\left(\frac{1}{6}\pi\right) = 200\sin 30°$
$= 200 \times \frac{1}{2} = 100$ [V]

21 직류기의 구조를 설명한 것 중 옳지 않은 것은?

① 계자는 자속을 생성한다.
② 전기자는 기전력을 발생한다.
③ 정류자는 직류를 교류로 바꾼다.
④ 계철은 계자자속의 통로가 된다.

해설
직류기의 구성요소
- 전기자 : 자속을 끊어서 기전력을 발생
- 계자 : 전기자가 쇄교하는 자속을 공급
- 정류자 : 교류를 직류로 변환시키는 부분

22 전기용접에 사용하는 직류 발전기로 적합한 것은?

① 타여자 발전기
② 차동 복권 발전기
③ 분권 발전기
④ 직권 발전기

해설
차동 복권 발전기의 특징
차동 복권 발전기는 외부특성이 수하특성으로 부하가 증가하면 단자전압이 급격히 감소하는 특성을 가지고 있다. 일반적으로 공급전압이 올라가면 그 기기의 전류도 함께 상승하여 기기가 더 큰 출력을 내게 되는데 전기 용접을 할 때는 일정한 출력이 요구되어 부하 전류가 증가하면 단자전압을 저하시켜 그 기계의 출력은 같도록 만들 필요가 있다. 이처럼 전류가 커지면 전압을 낮추어 기기의 출력을 일정하게 하는 것을 수하 특성(垂下特性 : Drooping Characteristic)이라고 한다.

23 전기자 저항이 각각 $R_A = 0.1[\Omega]$이고, $R_B = 0.2[\Omega]$인 100[V], 10[kW]의 두 분권 발전기의 유기 기전력을 같게 해서 병렬 운전하여 정격전압으로 135[A]의 부하전류를 공급할 때 각각의 분담전류[A]는?

① $I_A = 45$, $I_B = 90$
② $I_A = 80$, $I_B = 55$
③ $I_A = 90$, $I_B = 45$
④ $I_A = 100$, $I_B = 35$

해설
직류발전기의 병렬운전
두 분권 발전기의 유기 기전력을 같게 하여 병렬 운전하므로
$I_A + I_B = 135$이고, $V = E - I_a R_a$에서 $100 = E - 0.1 I_A$이고, $100 = E - 0.2 I_B$이므로 $I_A = 2 I_B$이다.
따라서 $I_B = \dfrac{135}{3} = 45[A]$이고, $I_A = 90[A]$이다.

24 다음 도면이 나타내는 전동기의 명칭은?

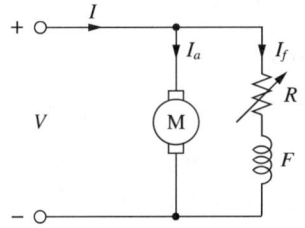

① 분권 전동기
② 직권 전동기
③ 복권 전동기
④ 타여자 전동기

해설
분권 전동기의 특성
분권 전동기는 직권 전동기와 다르게 계자 권선저항이 '병렬'연결되어 있는 모양으로, 입력단자 V에 전압이 인가되어 있을 때, 입력 전류 I는 회전자 전류와 계자 전류로 나뉜다. 역기전력 E와 계자전류 I_f를 다음과 같다.
$V = E + I_a R_a$ ($E = V - I_a R_a$)에서 $I = I_a + I_f$이므로
$I_f = \dfrac{V}{R_f}$

25 변압기유로 쓰이는 절연유에 요구되는 특성이 아닌 것은?

① 응고점이 낮을 것
② 절연내력이 클 것
③ 인화점이 높을 것
④ 점도가 클 것

해설
변압기유 구비조건
• 절연 저항 및 절연내력이 클 것
• 절연재료 및 금속에 화학 작용을 일으키지 않을 것
• 인화점이 높고 응고점이 낮을 것
• 점도가 낮고 비열이 커서 냉각효과가 클 것
• 고온에서 석출물이 생기거나 산화하지 않을 것
• 열 팽창계수가 작고 열전도율이 클 것

26 변압기의 누설 리액턴스는?(단, 여기서 N은 권수이다)

① N에 비례한다.
② N^2에 비례한다.
③ N에 무관하다.
④ N에 반비례한다.

해설
변압기의 특징
유도전기전력 $e = L\dfrac{di}{dt} = N\dfrac{d\phi}{dt}$ 이므로, $L = \dfrac{N\phi}{I}$ 이다.

여기서, 자속 $\phi = \dfrac{\mu ANI}{l}$ 이므로,

$L = \dfrac{N \times \dfrac{\mu ANI}{l}}{I} = \dfrac{\mu AN^2}{l} \propto N^2$

27 변압기의 내부 고장 보호에 쓰이는 계전기로서 가장 적당한 것은?

① 과전류 계전기 ② 차동 계전기
③ 접지 계전기 ④ 역상 계전기

해설
변압기 보호 계전기
변압기의 단락 사고가 생기면, 1차와 2차의 전류 값이 달라지고 달라진 전류 값의 차이에 해당하는 전류로 동작하는 계전기는 차동계전기이다.

28 변압기에서 일반적으로 최대 효율이 되기 위한 동손과 철손의 비는?

① 1 : 1 ② 2 : 1
③ 1 : 2 ④ 3 : 1

해설
변압기의 효율
변압기에 부하를 걸었을 때 입력과 출력의 비를 효율이라 하며, 최대 효율은 고정손인 철손과 가변손인 동손이 같을 때이다.

29 변압기의 2차 측 부하 임피던스 Z가 20[Ω]일 때 1차 측에서 보아 18[kΩ]이 되었다면 이 변압기의 권수비는 얼마인가?(단, 변압기의 임피던스는 무시한다)

① 90 ② 60
③ 45 ④ 30

해설
변압기 등가회로
$a^2 Z_2 = Z_1$ 이므로,

권수비 $a = \sqrt{\dfrac{Z_1}{Z_2}} = \sqrt{\dfrac{18,000}{20}} = \sqrt{900} = 30$

30 극수 6, 회전수 1,000[rpm]의 동기발전기와 병렬 운전하는 극수 8인 동기발전기의 회전수[rpm]은?

① 500 ② 750
③ 1,000 ④ 1,500

해설
동기발전기의 회전수
동기발전기를 병렬운전할 경우 주파수가 일치하여야 하므로

동기속도 $N_s = \dfrac{120f}{p}$ [rpm] 에서 $1,000 = \dfrac{120f}{6}$ 이다.

따라서 주파수 $f = \dfrac{1,000 \times 6}{120} = 50$[Hz]이고,

회전수 $N = \dfrac{120f}{p} = \dfrac{120 \times 50}{8} = 750$[rpm]

31 동기발전기의 병렬운전조건이 아닌 것은?

① 기전력   ② 주파수
③ 임피던스   ④ 위 상

해설
동기발전기의 병렬운전조건
• 기전력의 크기가 같을 것
• 기전력의 위상이 같을 것
• 기전력의 주파수가 같을 것
• 기전력의 파형이 같을 것

32 동기발전기의 전기자 반작용에 대한 설명으로 틀린 것은?

① 유기 전압보다 90° 앞선 전류는 횡축 반작용
② 유기 전압과 전류가 동상인 전류는 횡축 반작용
③ 유기 전압보다 90° 뒤진 전류는 직축 반작용
④ 유기 전압보다 90° 앞선 전류는 증자작용

해설
C부하일 때의 전기자 반작용
C부하를 만난 전기자 전류는 유기기전력보다 90° 위상이 앞선 진상전류가 되고 전기자가 만드는 회전자계의 합성자속은 계자가 만드는 주자속과 같은 방향으로 발생하여 주자속을 증가시키게 된다. 회전자계가 만드는 합성자속은 주자속 축과 평행하여 직축 반작용이라 한다.

33 동기전동기의 공급 전압, 주파수 및 부하가 일정할 때 여자전류를 변화시키면 어떤 현상이 발생하는가?

① 속도가 변한다.
② 회전력이 변한다.
③ 역률만 변한다.
④ 전기자 전류와 역률이 변한다.

해설
위상 특성곡선(V곡선)
• 공급전압과 부하를 일정하게 유지하고 I_a와 I_f의 관계를 나타낸 곡선
• 위상 특성곡선에서 볼 수 있듯이 공급 전압, 주파수 및 부하가 일정할 때 여자전류를 변화시키면 전기자 전류와 역률이 변한다.

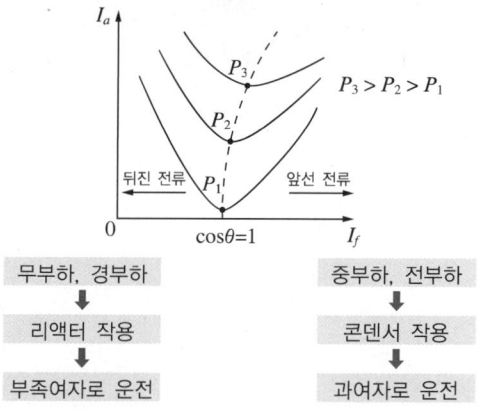

무부하, 경부하 → 리액터 작용 → 부족여자로 운전
중부하, 전부하 → 콘덴서 작용 → 과여자로 운전

34 단상 유도 전동기의 기동법이 아닌 것은?

① 분상 기동   ② Y-△ 기동
③ 콘덴서 기동   ④ 반발 기동

해설
Y-△ 기동은 3상 유도전동기의 기동법이다.
단상 유도전동기의 기동법
• 분상 기동형
• 콘덴서 기동형
• 반발 기동형
• 반발 유도형
• 셰이딩 코일형

35 3상 유도전동기의 출력이 7.5[kW]이고, 전부하 운전에서 2차 저항손이 200[W]일 때, 슬립은 약 몇 [%]인가?

① 8.8
② 3.8
③ 2.6
④ 2.2

해설
3상 유도전동기 출력
$P_2 = P + P_{c2} = 7.5 + 0.2 = 7.7[\text{kW}]$ 이므로
$s = \dfrac{P_{c2}}{P_2} \times 100 = \dfrac{0.2}{7.7} \times 100 ≒ 2.6[\%]$ 이다.

36 농형 유도전동기에 주로 사용되는 속도제어법은?

① 2차 저항제어법
② 극수 변환법
③ 종속 접속법
④ 2차 여자제어법

해설
농형 유도전동기 속도제어법
- 극수변환
  - 극수를 변화시키면서 속도를 제어한다.
  - 고정자 권선의 접속을 전환하여 제어한다.
- 주파수에 의한 속도제어
  - 가변주파수 전원을 사용하여 제어한다.
  - 정지형 인버터나 사이클로 컨버터를 사용한다.
- 전압제어
  - 유도기의 토크는 전원전압의 제곱에 비례하기 때문에 1차 전압을 제어하여 속도를 제어한다.
  - 전압제어기로는 사이클 회로의 교류스위치를 사용한다.

37 유도전동기의 토크와 단자전압과의 관계는?

① 토크는 단자전압의 제곱에 비례한다.
② 토크는 단자전압에 비례한다.
③ 토크는 단자전압과 무관하다.
④ 토크는 $\dfrac{1}{2}$ 승에 비례한다.

해설
유도전동기의 토크와 단자전압의 관계
유도전동기의 회전력인 토크 $T = \phi I_2$ 에서, $\phi \propto V_1$ 이고, $I_2 \propto V_1$ 이므로 $T \propto V_1^2$ 이다.
따라서 토크(T)는 단자전압(V_1)의 제곱에 비례한다.

38 유도전동기에서 슬립이 1이면 전동기 속도는?

① 동기속도와 같다.
② 변하지 않는다.
③ 정지한다.
④ 구속되지 않은 상태의 속도가 된다.

해설
유도전동기의 슬립
$N = (1-s)N_s$ 에서 $s = 1$ 이면 전동기의 속도 $N = 0$, 정지상태가 된다.

39 SCR에 의한 제어는 어느 것을 변화시키는 것인가?

① 전 류
② 주파수
③ 토 크
④ 위상각

해설
SCR(Thyristor)
사이리스터(Thyristor)란, 제어단자(G)로부터 음극(K)에 전류를 흘리는 것으로, 양극(A)과 음극(K) 사이를 도통시킬 수 있는 3단자의 반도체 소자이다. 실리콘제어정류기(SCR ; Silicon Controlled Rectifier)라고도 불린다. 교류를 직류로 변환하는 정류회로의 소자에 사이리스터를 사용하여 위상제어를 통해 출력 전력을 제어한다.

40 정류용 다이오드 1개를 사용한 단상 반파 정류회로에서 전원 전압이 $v(t)=\sqrt{2}\sin\omega t$일 때, 저항 R에 흐르는 직류 전류의 크기는?(단, $V=100[V]$, $R=10\sqrt{2}[\Omega]$이다)

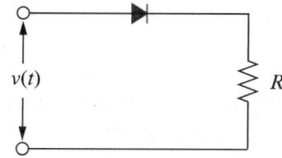

① 2.28　　② 3.2
③ 4.5　　　④ 7.07

해설
반파 정류회로의 정류전압의 크기
$E_d = \dfrac{\sqrt{2}}{\pi}E \fallingdotseq 0.45E[V]$ 이므로, 다이오드를 지나 저항에 흐르는 전류 I_d는
$I_d = \dfrac{E_d}{R} = \dfrac{0.45E}{R} = \dfrac{0.45 \times 100}{10\sqrt{2}} \fallingdotseq 3.2[A]$

41 전동기의 정·역 운전을 제어하는 회로에서 2개의 전자 개폐기의 작동이 동시에 일어나지 않도록 하는 회로는?

① Y-△회로　　② 자기유지회로
③ 인칭회로　　　④ 인터로크회로

해설
- Y-△회로 : 전동기의 기동회로의 한 종류
- 자기유지회로 : 푸시버튼 스위치를 눌렀다가 놓아도 계속 신호를 유지하기 위한 회로
- 인칭(촌동)회로 : 푸시버튼 스위치를 누를 때만 동작하는 회로

42 전주의 접지공사 시 접지선이 사람을 접촉할 우려가 있는 곳에 시설하는 경우 접지극은 지하 몇 [m] 이상의 깊이에 매설하여야 하는가?

① 0.3　　② 0.6
③ 0.75　　④ 1.0

해설
접지극의 시설 및 접지저항, 접지도체·보호도체
- 접지도체를 철주, 기타의 금속체를 따라서 시설하는 경우에는 접지극을 철주의 밑면으로부터 0.3[m] 이상의 깊이에 매설하는 경우 이외에는 접지극을 지중에서 그 금속체로부터 1[m] 이상 떼어 매설하여야 한다.
- 접지극은 지표면으로부터 지하 0.75[m] 이상으로 하되 동결 깊이를 고려하여 매설 깊이를 정해야 한다.
- 접지도체는 지하 0.75[m]부터 지표상 2[m]까지 부분은 합성수지관(두께 2[mm] 미만의 합성수지제 전선관 및 가연성 콤바인덕트관은 제외) 또는 이와 동등 이상의 절연효과와 강도를 가지는 몰드로 덮어야 한다.
- 접지도체는 절연전선(옥외용 비닐절연전선은 제외) 또는 케이블(통신용 케이블은 제외)을 사용하여야 한다.

43 자가용 전기설비의 보호계전기의 종류가 아닌 것은?

① 과전류계전기
② 과전압계전기
③ 부족전압계전기
④ 부족전류계전기

해설
부족전류계전기(Under Current Relay)
전류의 크기가 일정치 이하로 되었을 때 동작하는 계전기이며, 일반적으로 보호목적보다는 제어목적으로 사용되는 경우가 많다.
보호계전기의 용도별 분류

구 분	내 용
전류계전기	OCR, UCR 등
전압계전기	OVR, UVR, 결상계전기, 역상계전기 등
전력계전기	유효, 무효, 과전력, 부족전력계전기 등
방향계전기	단락방향, 지락방향, 전력방향계전기 등
차동계전기	차동계전기, 비율차동계전기
기타 계전기	거리, 주파수, 온도, 속도, 압력계전기, 탈조보호, 온도계전기, 선택계전기 등

정답　40 ②　41 ④　42 ③　43 ④

44 펜치로 절단하기 힘든 굵은 전선의 절단에 사용되는 공구는?

① 파이프 렌치 ② 파이프 커터
③ 클리퍼 ④ 와이어 게이지

해설
클리퍼(Clipper)
어닐링 철선 등의 절단 공구의 일종으로, 절단 전용의 대형 펜치와 같은 기능을 갖는다.

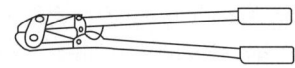

45 옥내배선공사 작업 중 접속함에서 쥐꼬리 접속을 할 때 필요한 것은?

① 커플링 ② 와이어 커넥터
③ 로크너트 ④ 부싱

해설
• 와이어 커넥터 : 선과 선을 연결할 경우에 사용
• 커플링 : 관과 관을 연결할 경우에 사용
• 로크너트 : 관과 박스를 접속할 경우 파이프 나사를 죄어 고정시키는 데 사용
• 부싱 : 전선 관단에 끼우고 전선을 넣거나 빼는 데 있어서 전선의 피복을 보호하여 전선이 손상되지 않게 함

46 일반적으로 학교 건물이나 은행 건물 등의 간선의 수용률은 얼마인가?

① 50[%] ② 60[%]
③ 70[%] ④ 80[%]

해설
수용률이란 총 설치한 용량에서 최대수용전력의 비를 말하며, 일반적으로 사무실, 은행, 학교의 간선수용률은 10[kVA]를 초과할 경우로 70[%]를 산정한다.

건물 종류	수용률	
	10[kVA]	10[kVA] 초과한 양
주택, 아파트, 기숙사, 여관, 호텔, 병원, 창고	100	50
사무실, 은행, 학교	100	70
기 타	100	

47 가공전선로의 지지물로부터 다른 지지물을 거치지 아니하고 수용장소의 붙임점에 이르는 가공전선을 무엇이라고 하는가?

① 옥외배선 ② 이웃 연결 인입선
③ 가공인입선 ④ 관등회로

해설
가공인입선이란 가공전선로의 지지물로부터 다른 지지물을 거치지 아니하고 수용장소의 붙임점에 이르는 가공전선을 말한다.

48 인입개폐기가 아닌 것은?

① ASS ② LBS
③ LS ④ UPS

해설
UPS : 무정전 전원공급장치를 말한다.
인입개폐기의 종류
• 자동고장구분개폐기(ASS) : 수용가 구내 사고 시 한전 측 변전소 개폐기나 배전선로의 리클로저와 협조하여 1회 순간 정전 후 자동으로 사고 수용가를 선로에서 분리하여 다른 건전 수용가에 정상적으로 전력을 공급하기 위해 설치한다.
• 자동절체개폐기(ATS) : 주로 상용전원과 예비전원 사이에 설치되어 상용전원 정전 시 예비전원으로 자동절체되었다가 상용전원 복전 시 상용전원으로 자동복귀되는 것으로, 비상용 발전기와 결합되어 중요 부하에 비상전원을 공급하기 위해 설치된다.
• LBS(Load Break Switch) : 수변전설비 인입구 개폐기로, 전력 퓨즈와 조합하여 전력퓨즈가 용단될 때 전력퓨즈에 내장된 동작 표시장치가 돌출하면서 트립장치가 작동하여 3상을 모두 개방함으로써 결상 사고를 방지하는 기능이 있다.
• LS(Line Switch) : 과거에 수전점 개폐기로 많이 사용하였으나 근래에는 IS와 ASS, LBS 등을 대신 사용하고 있다. 반드시 무부하 상태에서 개폐해야 하며, 레버 기구에 의해 3극을 동시에 개폐할 수 있는 단로기로 생각해도 된다.

49 다음 중 450/750[V] 일반용 유연성 단심 비닐절연전선을 나타내는 약호는?

① NF ② FL
③ NR ④ NV

해설
배선용 비닐절연전선 약호
• 450/750[V] 일반용 단심 비닐절연전선 : NR
• 450/750[V] 일반용 유연성 단심 비닐절연전선 : NF
• 형광방전등용 비닐전선 : FL
• 비닐절연 네온전선 : NV

50 무대, 오케스트라 박스 등 흥행장의 저압 옥내배선 공사의 사용전압은 몇 [V] 이하인가?

① 200 ② 300
③ 400 ④ 600

해설
전시회, 쇼 및 공연장의 전기설비
무대·무대마루 밑·오케스트라 박스·영사실, 기타 사람이나 무대 도구가 접촉할 우려가 있는 곳에 시설하는 저압 옥내배선, 전구선 또는 이동전선은 사용전압이 400[V] 이하이어야 한다.

51 다음 중 금속본체와 덮개가 별도로 구성되어 덮개를 개폐할 수 있는 공사는?

① 금속트렁킹공사
② 금속덕트공사
③ 금속몰드공사
④ 금속관공사

해설
• 금속트렁킹공사 : 금속본체와 덮개가 별도로 구성되어 덮개를 개폐할 수 있는 금속덕트공사를 말한다.
• 금속덕트공사 : 본체와 덮개 구분 없이 하나로 구성된 금속덕트공사를 말한다.

52 접지시스템의 명칭에 관한 설명으로 옳은 것은?

① 표기의 첫 번째 문자는 전원과 중성선 및 보호도체 포설 관계를 나타낸다.
② 표기의 두 번째 문자는 기기의 도전성 노출부분과 대지와의 관계를 나타낸다.
③ 표기의 세 번째 문자는 대지와의 관계를 나타낸다.
④ PEN은 보호도체를 의미하는 P와 EN이 조합된 것이다.

해설
접지시스템의 명칭부여 방식
• 첫 번째 문자 : 전원과 대지와의 관계를 나타냄
 - T는 Terra로 대지라는 의미로 대지의 1점에 직접접지 하는 것
 - I는 Insulation으로 절연이라는 뜻으로 대지에서 완전히 절연하거나 혹은 임피던스를 통하여 대지의 1점에 접지하는 것
• 두 번째 문자 : 기기의 도전성 노출부분과 대지와의 관계를 나타냄
 - T는 Terra는 도전성 노출부분을 대지에 직접 접지하는 것
 - N는 Neutral 중성선에 접지하는 것
• 세 번째 문자 : 중성선 및 보호도체 포설 관계를 나타냄
 - S는 Separated를 말하는 것
 - C는 Combined 중성선과 보호도체가 조합된 상태로 단일 도체를 포설하는 것
 - PE는 Protective Earthing 보호도체를 의미하며 PEN은 PE와 N이 조합된 것

53 다음에 해당하는 전선의 접속 방법은?

① 직선접속 ② 직각접속
③ 분기접속 ④ 종단접속

해설
전선의 접속 방법

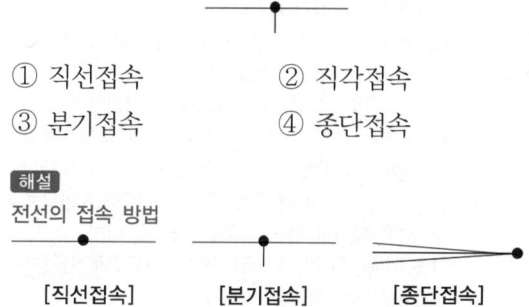

[직선접속]　[분기접속]　[종단접속]

54 보호도체의 전기적 연속성을 위한 보호도체 보호방법이 아닌 것은?

① 기계적인 손상, 전기화학적 열화, 열역학적 힘에 대해 보호되어야 한다.
② 보호도체 간 접속은 충분한 기계적 강도와 보호를 구비하여야 한다.
③ 보호도체를 접속하는 나사는 다른 목적으로 겸용해서는 안 된다.
④ 접속부는 납땜으로 접속하여 견고히 연결하여야 한다.

해설
보호도체의 보호
- 기계적인 손상, 화학적·전기화학적 열화, 전기역학적·열역학적 힘에 대해 보호되어야 한다.
- 나사접속·클램프접속 등 보호도체 사이 또는 보호도체와 타 기기 사이의 접속은 전기적 연속성 보장 및 기계적 강도와 보호를 구비하여야 한다.
- 보호도체를 접속하는 나사는 다른 목적으로 겸용해서는 안 된다.
- 접속부는 납땜(Soldering)으로 접속해서는 안 된다.

55 다음 ( ) 안에 들어갈 값은?

> 변압기의 중성점접지 저항값은 일반적으로 변압기의 고압·특고압측 전로 1선 지락전류로 ( )을 나눈 값과 같은 저항값 이하이어야 한다.

① 50　　② 75
③ 100　　④ 150

해설
변압기의 중성점접지 저항값
- 일반적으로 변압기의 고압·특고압측 전로 1선 지락전류로 150을 나눈 값과 같은 저항값 이하
- 변압기의 고압·특고압측 전로 또는 사용전압이 35[kV] 이하의 특고압전로가 저압측 전로와 혼촉하고 저압전로의 대지전압이 150[V]를 초과하는 경우는 저항값은 다음에 의한다.
  - 1초 초과 2초 이내에 고압·특고압 전로를 자동으로 차단하는 장치를 설치할 때는 300을 나눈 값 이하
  - 1초 이내에 고압·특고압 전로를 자동으로 차단하는 장치를 설치할 때는 600을 나눈 값 이하

56 합성수지관공사에 관한 설명으로 틀린 것은?

① 박스에 관을 삽입하는 깊이를 관 바깥지름의 1.2배로 한다.
② 관의 지지점 간의 거리는 1.2[m] 이하로 한다.
③ 전선은 합성수지관 안에서 접속점이 없도록 한다.
④ 전선관의 두께는 2[mm] 이상으로 해야 한다.

해설
합성수지관 및 부속품의 시설
- 관 상호 간 및 박스와는 관을 삽입하는 깊이를 관의 바깥지름의 1.2배(접착제를 사용하는 경우에는 0.8배) 이상으로 하고 또한 꽂음 접속에 의하여 견고하게 접속할 것
- 관의 지지점 간의 거리는 1.5[m] 이하로 하고, 또한 그 지지점은 관의 끝관과 박스의 접속점 및 관 상호 간의 접속점 등에 가까운 곳에 시설할 것
- 관[합성수지제 휨(가요) 전선관을 제외한다]의 두께는 2[mm] 이상일 것

57 전등 설비 300[W], 전열 설비 900[W], 전동기 설비 1,200[W], 기타 설비 200[W]인 수용가의 최대수요전력이 2,080[W]이면 이 수용가의 수용률은 얼마인가?

① 60　　② 70
③ 80　　④ 90

해설
수용률
수용률은 수용가의 부하 설비가 동시에 사용되는 정도를 나타낸 비율이다.

$$수용률 = \frac{최대수요전력}{총부하설비용량} \times 100[\%]에서$$

$$\frac{2,080}{300+900+1,200+200} \times 100 = 80[\%]$$

58 인체감전보호용 누전차단기의 구비 조건은?

① 정격감도전류 15[mA] 이하, 동작시간 0.03초 이하의 전류동작형의 것
② 정격감도전류 15[mA] 이하, 동작시간 0.03초 이하의 전압동작형의 것
③ 정격감도전류 30[mA] 이하, 동작시간 0.15초 이하의 전류동작형의 것
④ 정격감도전류 30[mA] 이하, 동작시간 0.15초 이하의 전압동작형의 것

해설
콘센트의 시설
- 전기용품 및 생활용품 안전관리법의 적용을 받는 인체감전보호용 누전차단기는 정격감도전류 15[mA] 이하, 동작시간 0.03초 이하의 전류동작형의 것에 한한다.
- 절연변압기(정격용량 3[kVA] 이하인 것에 한한다)로 보호된 전로에 접속하거나, 인체감전보호용 누전차단기가 부착된 콘센트를 시설하여야 한다.

59 접착제를 사용하여 합성수지관을 삽입해 접속할 경우 관의 깊이는 합성수지관 바깥지름의 최소 몇 배인가?

① 0.8
② 1.2
③ 1.5
④ 1.8

해설
합성수지관 및 부속품의 시설
관 상호 간 및 박스와는 관을 삽입하는 깊이를 관의 바깥지름의 1.2배(접착제를 사용하는 경우에는 0.8배) 이상으로 하고 또한 꽂음 접속에 의하여 견고하게 접속할 것

60 케이블 공사에 대한 설명으로 틀린 것은?

① 전선은 케이블 및 캡타이어케이블을 사용해야 한다.
② 전선을 조영재의 아랫면에 붙이는 경우 전선 지지점 간 거리는 1[m] 이하로 한다.
③ 중량물의 압력을 받는 곳에 포설하는 케이블에는 방호 장치를 해야 한다.
④ 수직케이블 포설 시 전선 및 그 지지부분의 안전율은 4 이상이어야 한다.

해설
케이블공사 시설조건
- 전선은 케이블 및 캡타이어케이블일 것
- 중량물의 압력 또는 현저한 기계적 충격을 받을 우려가 있는 곳에 포설하는 케이블에는 방호 장치를 할 것
- 전선을 조영재의 아랫면 또는 옆면에 따라 붙이는 경우에는 전선의 지지점 간의 거리를 케이블은 2[m](사람이 접촉할 우려가 없는 곳에서 수직으로 붙이는 경우에는 6[m]) 이하 캡타이어케이블은 1[m] 이하로 하고 또한 그 피복을 손상하지 아니하도록 붙일 것
- 수직케이블 포설 시 전선 및 그 지지부분의 안전율은 4 이상이어야 한다.

정답 58 ① 59 ① 60 ②

2022년 제3회 과년도 기출복원문제

01 교류전력에서 일반적으로 전기기기의 용량을 표시하는 데 쓰이는 전력은?

① 피상전력
② 유효전력
③ 무효전력
④ 기전력

해설
- 피상전력 : 이론상의 전력(전기기기의 용량표시전력)
- 유효전력 : 실제 사용되는 전력(전기기기에 사용된 전력)
- 무효전력 : 실제 사용되지 않은 전력(전기기기 사용 시 손실된 전력)

02 다음 전압 파형의 주파수는 약 몇 [Hz]인가?

$$e = 100\sin\left(377t - \frac{\pi}{5}\right)[V]$$

① 50
② 60
③ 80
④ 100

해설
$e = V_m \sin(\omega t - \theta)$에서
각속도 $\omega = 2\pi f[\text{rad/s}]$이므로 $377 = 2\pi f$이고,
주파수 $f = \frac{377}{2\pi} \fallingdotseq 60[\text{Hz}]$이다.

03 전구를 점등하기 전의 저항과 점등한 후의 저항을 비교하면 어떻게 되는가?

① 점등 후의 저항이 크다.
② 점등 전의 저항이 크다.
③ 변동 없다.
④ 경우에 따라 다르다.

해설
전구의 필라멘트로 텅스텐이 사용되는데, 이 텅스텐의 온도계수는 정(+) 온도계수를 가진다. 그러므로 전구 점등 시 전구의 온도가 높아지면 전구의 저항도 증가한다.
- 도체 : 온도가 높아질수록 저항이 증가(정(+) 온도계수)
 구리, 은, 금, 알루미늄, 텅스텐
- 반도체 : 온도가 높아질수록 저항이 감소(부(-) 온도계수)
 규소, 저마늄, 서미스터, 탄소, 이산화동

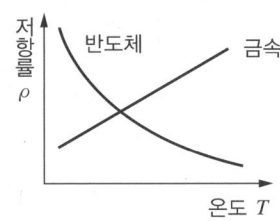

[저항률의 온도 특성]

04 비정현파의 실횻값을 나타낸 것은?

① 최대파의 실횻값
② 각 고조파의 실횻값의 합
③ 각 고조파의 실횻값의 합의 제곱근
④ 각 고조파의 실횻값의 제곱의 합의 제곱근

해설
- 비정현파(비사인파) : 기본파와 고조파, 직류분의 합으로 이루어짐
  - 기본파 : 비사인파에서 주파수가 f인 파
  - 고조파 : 주파수가 기본파의 2배, 3배, 4배, …가 되는 파로, 각각 2고조파, 3고조파, 4고조파, …라 부른다.
- 비정현파의 실횻값은 각 고조파의 실횻값의 제곱의 합의 제곱근이다.
$V = \sqrt{V_2^2 + V_3^2 + V_4^2 + \cdots}$

1 ① 2 ② 3 ① 4 ④ 정답

05 공기 중에서 자속밀도 3[Wb/m²]의 평등자장 속에 길이 10[cm]의 직선 도선을 자장의 방향과 직각으로 놓고 여기에 4[A]의 전류를 흐르게 하면 이 도선이 받는 힘은 몇 [N]인가?

① 0.5 ② 1.2
③ 2.8 ④ 4.2

해설
- 플레밍의 왼손 법칙에서 중지는 전류(I), 검지는 자기장(B) 방향, 엄지는 힘(F)의 방향을 나타낸다.
- 선전류(자계 중 전류)에 작용하는 힘
  $F = BIl\sin\theta$[N]
  여기서, F : 도선이 받는 힘
  B : 자속밀도(자기장의 세기)
  I : 전류
  l : 코일의 길이
∴ $F = 3 \times 4 \times 0.1 \times \sin 90° = 1.2 \times \sin 90° = 1.2$[N]

06 자체인덕턴스가 각각 160[mH], 250[mH]의 두 코일이 있다. 두 코일 사이의 상호인덕턴스가 150[mH]이면 결합계수는?

① 0.5   ② 0.62
③ 0.75 ④ 0.86

해설
상호인덕턴스(M)
$M = k\sqrt{L_1 \times L_2}$
∴ $k = \dfrac{M}{\sqrt{L_1 L_2}} = \dfrac{150}{\sqrt{160 \times 250}} = \dfrac{150}{200} = 0.75$

07 전원과 부하가 다같이 △ 결선된 3상 평형회로가 있다. 상전압이 200[V], 부하 임피던스가 $Z = 6+j8$[Ω]인 경우 선전류는 몇 [A]인가?

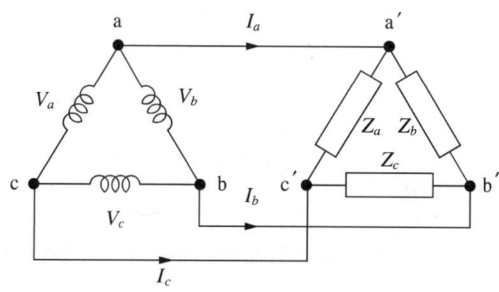

① 20   ② $\dfrac{20}{\sqrt{3}}$
③ $20\sqrt{3}$ ④ $10\sqrt{3}$

해설
먼저 상전류 값을 구하면
상전류 $= \dfrac{V_p}{Z} = \dfrac{200}{6+j8} = \dfrac{200}{\sqrt{6^2+8^2}} = \dfrac{200}{10} = 20$[A]

△-△ 결선에서 선전류는 상전류보다 $\sqrt{3}$ 배 크므로
$I_l = \sqrt{3} I_p = 20\sqrt{3}$[A]

3상 교류의 결선법
- Y결선
  - 선전압(V_l)은 상전압(V_p)보다 $\sqrt{3}$ 배 크고 $\dfrac{\pi}{6}$[rad]만큼 위상이 앞선다.
  - 상전류(I_p)는 선전류(I_l)와 크기는 같고 위상은 동상이다.
- △결선
  - 선전압(V_l)은 상전압(V_p)과 크기는 같고 위상은 동상이다.
  - 선전류(I_l)는 상전류(I_p)보다 $\sqrt{3}$ 배 크고 $\dfrac{\pi}{6}$[rad]만큼 위상이 뒤진다.

정답 5 ② 6 ③ 7 ③

08 $Q[C]$의 전기량이 도체를 이동하면서 한 일을 W [J]이라 했을 때 전위차 $V[V]$를 나타내는 관계식으로 옳은 것은?

① $V = QW$
② $V = \dfrac{W}{Q}$
③ $V = \dfrac{Q}{W}$
④ $V = \dfrac{1}{QW}$

해설
전 압
- 회로 내에 전기적인 압력이 가해져 전류가 흐른다고 볼 때 그 압력
- 전원으로부터 어떤 전하량 $Q[C]$을 이동시키는 데 $W[J]$의 에너지를 소비하였다면 두 단자 간 전위차 $V = \dfrac{W}{Q}$[J/C], [V]

09 4[Ω]의 저항에 200[V]의 전압을 인가할 때 소비되는 전력은?

① 20[W]
② 400[W]
③ 2.5[kW]
④ 10[kW]

해설
$P = VI = I^2 R = \dfrac{V^2}{R} = \dfrac{200^2}{4} = \dfrac{40,000}{4} = 10,000$[W]
$= 10$[kW]

10 공기 중 자장의 세기가 20[AT/m]인 곳에 8×10^{-3}[Wb]의 자극을 놓으면 작용하는 힘[N]은?

① 0.16
② 0.32
③ 0.43
④ 0.56

해설
자기장의 세기가 H인 곳에 자하 m을 두면 여기에 작용하는 힘은
$F = mH = 20 \times 8 \times 10^{-3} = 0.16$[N]

11 무효전력에 대한 설명으로 틀린 것은?

① $P = VI\cos\theta$로 계산된다.
② 부하에서 소모되지 않는다.
③ 단위로는 [Var]를 사용한다.
④ 전원과 부하 사이를 왕복하기만 하고 부하에 유효하게 사용되지 않는 에너지이다.

해설
무효전력
부하에서 소모되지는 않고 전원에서 부하로, 또는 부하에서 전원으로 왕복 이동만 되는 에너지이다(단위 : [Var]).
$P_r = I^2 X = VI\sin\theta$[Var]

12 그림과 같은 회로의 저항값이 $R_1 > R_2 > R_3 > R_4$일 때 전류가 최소로 흐르는 저항은?

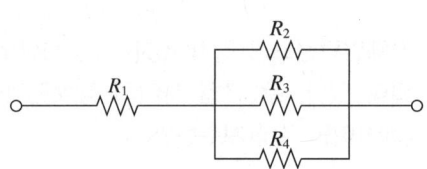

① R_1
② R_2
③ R_3
④ R_4

해설
전류는 저항에 반비례하므로 병렬저항 중 저항이 가장 큰 R_2 저항에 전류가 가장 적게 흐른다. R_1 저항은 직렬로 연결되어 저항값은 제일 크지만 전체 전류가 흐른다.

13 권수가 150인 코일에서 2초간에 1[Wb]의 자속이 변화한다면, 코일에 발생되는 유도기전력의 크기는 몇 [V]인가?

① 50　　　② 75
③ 100　　　④ 150

해설
전자유도
자기장 안의 도체에 힘을 가하여 도체를 움직이면 도체에 기전력이 발생한다.
유도기전력의 크기는 $e = N\dfrac{d\phi}{dt} = 150 \times \dfrac{1}{2} = 75[V]$

14 등전위면과 전기력선의 교차 관계는?

① 직각으로 교차한다.
② 30°로 교차한다.
③ 45°로 교차한다.
④ 교차하지 않는다.

해설
등전위면
전계 내에서 동일한 전위의 점을 연결하여 얻어지는 면을 등전위면이라 한다.
- 서로 다른 전위를 가진 등전위면은 교차하지 않는다.
- 정전기적 상태에서 도체 표면은 등전위면이다.
- 도체 표면의 전기장은 그 표면에 수직이다.

15 $I = 8 + j6[A]$로 표시되는 전류의 크기 I는 몇 [A]인가?

① 6　　　② 8
③ 10　　　④ 12

해설
복소수를 크기와 위상각으로 나타내면
$A = a + jb = \sqrt{a^2 + b^2} \angle \tan^{-1}\dfrac{b}{a}$
$I = 8 + j6$을 위의 식에 대입하면
$I = \sqrt{8^2 + 6^2} \angle \tan^{-1}\dfrac{6}{8} = 10 \angle 36.87°$
여기서 전류의 크기는 10[A]이다.

16 $m_1 = 4 \times 10^{-5}$[Wb], $m_2 = 6 \times 10^{-3}$[Wb], $r = 10$[cm]이면, 두 자극 m_1, m_2 사이에 작용하는 힘은 약 몇 [N]인가?

① 1.52　　　② 2.4
③ 24　　　④ 152

해설
자기에 관한 쿨롱의 법칙
$F = \dfrac{1}{4\pi\mu} \cdot \dfrac{m_1 m_2}{r^2} = 6.33 \times 10^4 \dfrac{m_1 m_2}{\mu_r r^2}[N]$

$F = 6.33 \times 10^4 \times \dfrac{4 \times 10^{-5} \times 6 \times 10^{-3}}{0.1^2} \fallingdotseq 1.52[N]$

투자율 $\mu = \mu_0 \mu_r$[H/m], $\mu_0 = 4\pi \times 10^{-7}$[H/m], 비투자율 μ_r (진공=1, 공기≒1)

17 RLC 병렬공진회로에서 공진주파수는?

① $\dfrac{1}{\pi\sqrt{LC}}$　　　② $\dfrac{1}{\sqrt{LC}}$
③ $\dfrac{2\pi}{\sqrt{LC}}$　　　④ $\dfrac{1}{2\pi\sqrt{LC}}$

해설
RLC 병렬회로
- $Y = G + jB = \dfrac{1}{R} + j\left(\dfrac{1}{X_L} - \dfrac{1}{X_C}\right)$[℧]

  여기서, Y : 어드미턴스, G : 컨덕턴스, B : 서셉턴스

- $\theta = \tan^{-1}\dfrac{I_X}{I_R} = \tan^{-1}\dfrac{B}{G}$

- 공진주파수 : $f_0 = \dfrac{1}{2\pi\sqrt{LC}}$[Hz]

- 전류 확대율, 양호도(Q) : $Q = R\sqrt{\dfrac{C}{L}}$

정답 13 ② 14 ① 15 ③ 16 ① 17 ④

18 알칼리 축전지의 대표적인 축전지로 널리 사용되고 있는 2차 전지는?

① 망가니즈 전지
② 산화은 전지
③ 페이퍼 전지
④ 니켈카드뮴 전지

해설
- 2차 전지는 납축전지, 니켈-카드뮴, 니켈수소축전지, 리튬이온전지, 리튬이온폴리머전지가 있다.
- 2차 전지를 물질에 따라 구분하면
  - 산성계 : 납축전지
  - 알칼리계 : 니켈-카드뮴, 니켈-아연, 니켈수소
  - 리튬계 : 리튬이온/폴리머

19 두 종류의 금속 접합부에 전류를 흘리면 전류의 방향에 따라 줄열 이외의 열의 흡수 또는 발생 현상이 생긴다. 이러한 현상을 무엇이라 하는가?

① 제베크 효과
② 페란티 효과
③ 펠티에 효과
④ 초전도 효과

해설
- 제베크 효과 : 서로 다른 종류의 금속으로 이루어진 폐회로에서 양 접점의 온도가 다르면 전류가 흐르는 현상
- 페란티 효과 : 송전단은 수전단보다 전압이 높지만, 계통에 콘덴서에 의해 역률 과보상으로 인한 수전단이 송전단 전압보다 높아지는 현상
- 초전도 효과 : 어떤 물질이 전기저항이 0이 되고 내부 자기장을 밀쳐내는 등의 성질을 보이는 현상

20 다이오드의 정특성이란 무엇을 말하는가?

① PN 접합면에서의 반송자 이동 특성
② 소신호로 동작할 때의 전압과 전류의 관계
③ 다이오드를 움직이지 않고 저항률을 측정한 것
④ 직류전압을 걸었을 때 다이오드에 걸리는 전압과 전류의 관계

해설
다이오드 정특성
다이오드에 정방향 바이어스를 걸 때와 역방향 바이어스를 걸 때의 전압과 전류의 특성

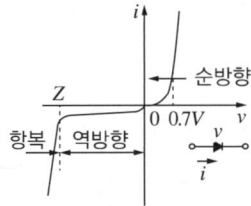

바이어스 : 트랜지스터 등의 증폭 회로에서 동작점을 주기 위해서 전압/전류를 일정한 레벨로 정해주는 것을 뜻한다.

21 분권 전동기의 정격 회전수가 1,200[rpm]이다. 속도변동률이 1[%]이면 공급 전압 및 계자 저항값은 변화시키지 않고 무부하로 하였을 때의 회전수[rpm]은?

① 1,112
② 1,212
③ 1,236
④ 1,312

해설
직류전동기의 속도

속도변동률 $\varepsilon = \dfrac{N_0 - N_n}{N_n} \times 100$

$= \dfrac{(N_0 - 1,200)}{1,200} \times 100 = 1[\%]$

$\therefore N_0 = 1,212[\mathrm{rpm}]$

22 극수 6, 도체 수 1,000, 중권, 극당 자속 0.01[Wb], 회전수[rpm]인 직류기의 전기자 유도기전력[V]의 크기는?

① 100   ② 200
③ 300   ④ 400

해설
직류기의 유도기전력 크기
유도기전력 $E = \frac{p}{a}\phi Z \frac{N}{60}$[V]에서, 중권이므로 $a = p$이므로,
$E = \frac{6}{6} \times 0.01 \times 1,000 \times \frac{600}{60} = 100$[V]

23 직류 직권 전동기에서 벨트 운전을 하면 안 되는 이유는?

① 벨트가 벗겨지면 위험 속도에 도달하므로
② 직결하지 않을 경우 속도제어가 어려우므로
③ 손실이 많이 발생하므로
④ 운전 시 제동이 곤란하므로

해설
직권 전동기의 특징
$N = k^{-1} \frac{V - I_a(R_a + R_f)}{\phi}$

무부하 시에 I_f가 작아져 자속 ϕ가 0에 가까워지는데, 이때 속도 N은 매우 커지기 때문에 위험 속도에 도달할 수 있다. 따라서 직권 전동기에 부하와의 연결을 벨트로 할 경우, 풀어지는 사고로 무부하가 될 수 있으므로 톱니 체인을 사용한다.

24 직류기의 정류 개선방법이 아닌 것은?

① 보극을 설치한다.
② 보상권선을 설치한다.
③ 브러시의 접촉저항을 작게 한다.
④ 계자 철심을 조정하여 자속분포 변화를 줄인다.

해설
직류기의 정류방식
브러시의 접촉저항을 크게 하여 저항 정류를 통해 정류를 개선한다.
정류 개선 방법
• 보극, 보상권선을 설치한다.
• 정류주기를 길게 한다.
• 전자기 코일의 인덕턴스를 작게 한다.
• 브러시의 접촉저항을 크게 한다.

25 변압기에서 2차를 1차로 환산한 등가회로의 부하 소비전력 P_2[W]는, 실제의 부하의 소비전력 P_2[W]에 대하여 어떠한가?(단, a는 변압비이다)

① a배
② a^2배
③ $\frac{1}{a}$배
④ 변함없다.

해설
변압기 등가회로
등가회로에서는 부하의 전력과 실제 부하의 소비전력은 같다.

26 △-Y결선의 특징이 아닌 것은?

① 2차 측 선간전압을 $\sqrt{3}$ 배 높일 수 있어 승압변압기로 적합하다.
② 중성점을 접지할 수 있으므로 단절연 방식을 채택할 수 있어 경제적이다.
③ 변압기의 2차 측 상전류가 선전류의 $1/\sqrt{3}$ 이 되어 대전류에 적합하다.
④ 주로 발전소의 승압변압기로 이용한다.

해설
△-Y결선의 장점
• 2차 측 선간전압을 $\sqrt{3}$ 배 높일 수 있어 승압변압기로 적합하다.
• 중성점을 접지할 수 있으므로 단절연 방식을 채택할 수 있어 경제적이다.
• 변압비, 권선 임피던스가 서로 달라도 순환전류가 흐르지 않는다.
△-Y결선의 단점
• 1차, 2차간에 30°의 위상변위가 있다. 2차는 1차에 대해 30° 진행
• 중성점 접지로 통신성에 유도장해를 줄 수 있다.

27 변압기의 개방회로 시험으로 구할 수 없는 것은?

① 무부하 전류
② 동 손
③ 철 손
④ 여자 임피던스

해설
변압기 개방회로 시험
변압기 개방회로 시험은 변압기를 만든 후 전류, 전압, 철손, 동손, 임피던스가 설계값과 일치하는지, 오차의 크기를 측정하기 위한 목적으로 진행하며 이를 통해 무부하 전류, 히스테리시스손, 와류손 등을 구할 수 있다. 동손은 폐회로를 형성시켜 구하는 시험으로 개방회로 시험으로는 구할 수 없다.

28 다음 중에서 변압기의 병렬운전조건에 필요하지 않은 것은?

① 극성이 같을 것
② 용량이 같을 것
③ 권수비가 같을 것
④ 저항과 리액턴스의 비가 같을 것

해설
변압기의 용량은 같지 않아도 된다.
변압기의 병렬운전조건
• 각 변압기의 극성이 같을 것
• 각 변압기의 권수비가 같고, 1차와 2차의 정격 전압이 같을 것
• 각 변압기의 %임피던스 강하가 같을 것
• 3상에서는 각 변압기의 상회전 방향이 같을 것

29 다음 변압기 결선의 명칭은?

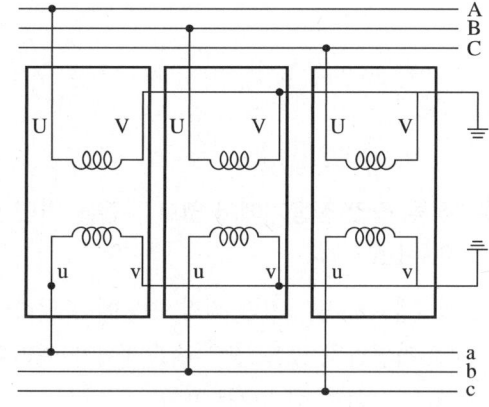

① Y-Y결선
② Y-△결선
③ △-Y결선
④ △-△결선

해설
변압기의 결선
3상 중 B(b)상의 V(v)단자에 중성점 접지가 되어 있으므로, 1, 2차 측 모두 Y-Y결선이다.

30 3상 동기기에서 제동권선을 설치하는 목적은?

① 고조파 제거
② 효율 증가
③ 역률 개선
④ 난조 방지

해설
제동권선(Damper Winding)
동기기 회전자에 있는 권선으로 유도기의 회전자 권선과 비슷하다. 회전자 속도의 급한 변화가 있을 때 제동권선에 단락전류가 흘러 동기속도로 돌아오게 한다.
• 제동권선 효과
 - 난조(Hunting) 방지
 - 기동 토크 발생
 - 불평형 부하 시 파형 개선
 - 불평형 단락 시 이상전압 방지

31 동기발전기에서 단절권 방식의 특징은?

① 고조파를 제거한다.
② 절연성능이 좋아진다.
③ 역률이 좋아진다.
④ 기전력이 높아진다.

해설
동기기의 단절권 특징
• 고조파를 제거하여 파형 개선
• 코일 끝부분이 단축되어 동량(구리량) 감소
• 전절권에 비해서 합성기자력이 감소
• 항상 1보다 작다.

32 단락비가 작은 동기기의 특징은?

① 전기자 반작용이 작다.
② 전압변동률이 작다.
③ 무게가 무겁다.
④ 공극이 작다.

해설
단락비에 따른 비교

단락비	크 다	작 다
형 태	철기계	동(구리)기계
전기자 반작용	작 다	크 다
전압변동률	작 다	크 다
단락 전류	크 다	작 다
안정도	높 다	낮 다
무 게	무겁다	가볍다
가 격	고 가	저 가
사 용	수차발전기(저속기)	터빈발전기(고속기)

33 정격전압 6,000[V], 정격용량 5,000[kVA]의 3상 동기발전기의 정격전류는?

① 278
② 481
③ 500
④ 833

해설
3상 동기발전기의 용량
$P = \sqrt{3}\, VI\text{[kW]}$에서 $I = \dfrac{P}{\sqrt{3}\, V_n} = \dfrac{5,000 \times 10^3}{\sqrt{3} \times 6,000} \fallingdotseq 481.13$

정답 30 ④ 31 ① 32 ④ 33 ②

34
20극, 60[Hz]의 권선형 유도전동기를 전부하 운전 시 2차 회로와 주파수가 3[Hz]이고 2차 손실이 0.6[kW]일 때 기계적 출력[kW]은?

① 40.5
② 31.4
③ 20.5
④ 11.4

해설
유도전동기의 기계적 출력
$f_2 = sf_1$ 에서 $s = \dfrac{f_2}{f_1} = \dfrac{3}{60} = 0.05$[Hz] 이다.
$P_{c2} = sP_2$ 에서 $P_2 = \dfrac{P_{c2}}{s} = \dfrac{600}{0.05} = 12$[kW] 이고,
$P_2 = P_2 - P_{c2} = 12 - 0.6 = 11.4$[kW] 이다.

35
다음 중 비례추이를 통해 속도를 변화시키는 전동기는?

① 단상 유도전동기
② 권선형 유도전동기
③ 동기 전동기
④ 분권 전동기

해설
권선형 유도전동기의 비례추이
권선형 유도전동기의 회전자에 외부에서 저항을 접속한 후 변화시켜서 토크는 그대로 유지하면서 저항에 비례하여 슬립(속도)이 이동하는 특성을 말한다.

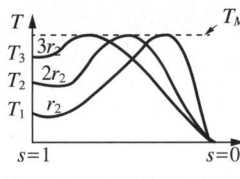
[r_2 증가 시 기동토크 증가]

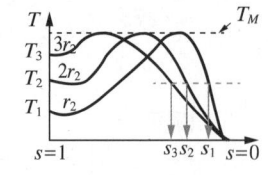
[r_2 증가 시 슬립 증가]
(속도 감소)

36
3상 권선형 유도전동기의 전부하 슬립이 4[%], 2차의 한 상의 저항이 0.3[Ω]이다. 이 유도전동기의 기동토크를 전부하 토크와 같도록 하기 위해 외부에 삽입하는 2차 저항의 크기[Ω]는?

① 2.8
② 3.5
③ 4.8
④ 7.2

해설
권선형 유도전동기의 비례추이
전부하 슬립이 s_1, 기동 시 슬립이 s_2 라고 할 때, $s_1 = 0.04$이고, 기동 시 슬립이 최대이므로 $s_2 = 100$[%]이다. 따라서 전부하 토크를 발생시키는 데 필요한 외부저항 R은 권선형 유도전동기의 비례추이 식에 의하여
$\dfrac{r_2}{s_1} = \dfrac{r_2 + R}{s_2}$ 에서, $\dfrac{0.3}{0.04} = \dfrac{0.3 + R}{1}$ 이므로,
$R = \dfrac{0.3}{0.04} - 0.3 = 7.2$[Ω] 이다.

37
50[Hz], 슬립 0.2인 경우의 회전자 속도가 600[rpm]일 때에 3상 유도전동기의 극수는?

① 16
② 12
③ 8
④ 4

해설
유도전동기의 극수
문제에서 $f = 50$[Hz], $s = 0.2$, $N = 600$[rpm]으로 주어졌으므로
$N = (1-s)N_s$ 에서 $N_s = \dfrac{N}{1-s} = \dfrac{600}{1-0.2} = 750$[rpm] 이다.
따라서 유도전동기의 극수 $p = \dfrac{120f}{N_s} = \dfrac{120 \times 50}{750} = 8$극이다.

38 4극 유도전동기에 60[Hz]의 교류전원을 가해 주었을 때 동기속도는?

① 1,500 ② 1,600
③ 1,700 ④ 1,800

해설
유도전동기의 동기속도
동기속도 $N_s = \dfrac{120f}{p} = \dfrac{120 \times 60}{4} = 1,800 [\text{rpm}]$

39 다음 회로에서 저항 부하에 전류를 흘릴 때 부하측의 파형은?

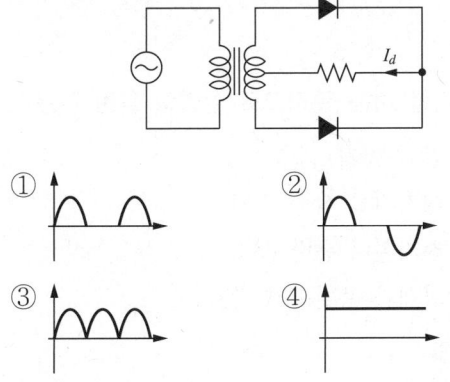

해설
다이오드 전파 정류회로
① 반파정류, ③ 전파정류, ④ 직류 파형이다.

40 사이리스터에서는 게이트 전류가 흐르면 순방향의 저지 상태에서 (A) 상태로 된다. 게이트 전류를 가하여 도통 완료까지의 시간을 (B) 시간이라고 한다. (A)와 (B)에 들어갈 내용을 순서대로 적은 것은?

① 온(On), 턴-온(Turn-On)
② 턴-온(Turn-On), 온(On)
③ 턴-온(Turn-On), 스위칭(Switching)
④ 스위칭(Switching), 턴-온(Turn-On)

해설
사이리스터의 동작
사이리스터에서는 게이트 전류가 흐르면 순방향의 저지 상태에서 온(On) 상태로 된다. 게이트 전류를 가하여 도통 완료까지의 시간을 턴-온(Turn-On) 시간이라고 한다. 하지만 이 시간이 길면 스위칭(Switching)에서 전력손실이 많아져 사이리스터 소자가 파괴되는 수가 있다.

41 코일 주위에 전기적 특성이 큰 에폭시 수지를 고진공으로 침투시키고, 다시 그 주위를 기계적 강도가 큰 에폭시 수지로 몰딩한 변압기는?

① 건식 변압기 ② 유입 변압기
③ 몰드 변압기 ④ 타이 변압기

해설
몰드 변압기의 특징
• 몰드 변압기에 사용되고 있는 에폭시 수지에는 무기질 충전제가 배합되어 있으며 난연성, 자기 소화성이 있다.
• 내습, 내진성이 우수하다.
• 전기적, 기계적 특성이 높다.
• 보수·점검이 용이하다.

42 저압 가공 인입선의 인입구에 사용하는 것은?

① 플로어 박스 ② 링 리듀서
③ 엔트런스 캡 ④ 노멀 벤드

해설
• 플로어 박스 : 플로어 덕트 공사 시 사용
• 링 리듀서 : 금속관을 박스에 고정할 때
• 노멀 벤드 : 직각으로 굽은 곳에 사용

43 KEC 접지설계방식 중 계통접지, 통신접지, 피뢰접지의 접지극을 통합하여 접지하는 방식은?

① 단독접지 ② 통합접지
③ 공통접지 ④ 보호접지

해설
- 계통접지 : 전력계통의 이상현상에 대비하여 대지와 계통을 접속
- 보호접지 : 감전보호를 목적으로 기기의 한 점 이상을 접지
- 피뢰시스템접지 : 뇌격전류를 안전하게 대지로 방류하기 위한 접지
- 단독접지 : 특·고압 계통의 접지극과 저압 접지계통의 접지극을 독립적으로 시설하는 접지
- 공통접지 : 특·고압 접지계통과 저압 접지계통을 등전위 형성을 위해 공통으로 접지하는 방식
- 통합접지 : 계통접지·통신접지·피뢰접지의 접지극을 통합하여 접지하는 방식

44 3상 4선식 옥내배선에서 상별 결선을 위한 전압 측 색별 배선으로 틀린 것은?

① L1 : 갈색
② L2 : 검은색
③ L3 : 파란색
④ PE : 녹색-노란색

해설
전선의 식별

상(문자)	색 상
L1	갈 색
L2	검은색
L3	회 색
N	파란색
보호도체(PE)	녹색-노란색

45 차량, 기타 중량물의 하중을 받을 우려가 있는 장소에 지중전선로를 직접 매설식으로 매설하는 경우 매설 깊이 기준은?

① 0.6[m] 미만
② 0.6[m] 이상
③ 1.0[m] 미만
④ 1.0[m] 이상

해설
지중전선로의 시설
지중전선로를 직접 매설식에 의하여 시설하는 경우에는 매설 깊이를 차량 기타 중량물의 압력을 받을 우려가 있는 장소에는 1.0[m] 이상, 기타 장소에는 0.6[m] 이상으로 하고 또한 지중전선을 견고한 트로프 기타 방호물에 넣어 시설하여야 한다.

46 접지를 하는 목적으로 설명이 틀린 것은?

① 감전 방지
② 대지전압 상승 방지
③ 전기설비 용량 감소
④ 화재와 폭발사고 방지

해설
접지의 목적
- 전선의 대지전압의 저하
- 보호계전기의 동작 확보
- 감전의 방지

43 ② 44 ③ 45 ④ 46 ③

47 조명을 비추면 눈으로 빛을 느끼는 밝기를 광속이라 한다. 이때, 단위 면적당 입사하는 광속을 무엇이라고 하는가?

① 조 도 ② 휘 도
③ 광 도 ④ 광속발산도

해설
- 조도 : $E = \dfrac{광속}{면적}$ [lm/m²](단위 : 럭스[lx])
- 휘도 : 어떤 광원의 단위 면적당의 광도(단위 : 스틸브[sb])
- 광도 : $I = \dfrac{광속}{입체각}$ [lm/sr](단위 : 칸델라[cd])
- 광속발산도 : $M = \dfrac{광속}{광원면적}$ [lm/m²](단위 : 래드럭스[rlx])

48 접지도체를 통하여 큰 고장전류가 흐르지 않을 경우 접지선의 굵기는 구리선의 경우 최소 몇 [mm²] 이상이어야 하는가?

① 6 ② 10
③ 16 ④ 50

해설
접지도체의 선정
- 큰 고장전류가 접지도체를 통하여 흐르지 않을 경우 접지도체의 최소 단면적 : 구리 6[mm²] 이상, 철제 50[mm²] 이상
- 접지도체에 피뢰시스템이 접속되는 경우 접지도체의 단면적 : 구리 16[mm²] 또는 철 50[mm²] 이상

49 이동하여 사용하는 저압 전기기계기구의 금속제 외함의 접지를 위해 사용되는 접지도체가 연동연선일 경우 이 연동선의 단면적은 몇 [mm²] 이상인가?

① 0.75 ② 1.5
③ 6 ④ 10

해설
이동하여 사용하는 전기기계기구의 금속제 외함 등의 접지시스템

저압 전기설비용 접지도체	다심 코드 또는 다심 캡타이어케이블의 1개 도체의 단면적이 0.75[mm²] 이상 사용
	연동연선은 1개 도체의 단면적이 1.5[mm²] 이상 사용

50 저압의 계통접지방식 중 전원 측의 한 점을 직접접지하고 설비의 노출도전부를 보호도체로 접속시키는 방식을 무엇이라 하는가?

① TN 계통 ② TT 계통
③ IT 계통 ④ GT 계통

해설
- TN 계통 : 전원 측의 한 점을 직접접지하고 설비의 노출도전부를 보호도체로 접속시키는 방식이다.
- TT 계통 : 전원의 한 점을 직접접지하고 설비의 노출도전부는 전원의 접지전극과 전기적으로 독립적인 접지극에 접속시킨다.
- IT 계통 : 충전부 전체를 대지로부터 절연시키거나, 한 점을 임피던스를 통해 대지에 접속시킨다. 전기설비의 노출도전부를 단독 또는 일괄적으로 계통의 PE 도체에 접속시킨다.

51 사용전압이 최대 500[V] 초과하는 선로의 전선과 대지 간의 절연저항값은?

① 0.3[MΩ] ② 0.4[MΩ]
③ 0.5[MΩ] ④ 1.0[MΩ]

해설

전로의 사용전압[V]	DC시험전압[V]	절연저항[MΩ]
SELV 및 PELV	250	0.5
FELV를 포함한 500[V] 이하	500	1.0
500[V] 초과	1,000	1.0

정답 47 ① 48 ① 49 ② 50 ① 51 ④

52 전주외등 설치에서 형광등, 고압방전등, LED등 등을 전주에 부착하는 경우 적용되는 최대 대지전압은?

① 100[V]
② 200[V]
③ 300[V]
④ 400[V]

해설
전주외등
전주외등의 적용 범위는 대지전압 300[V] 이하의 형광등, 고압방전등, LED등 등을 배전선로의 지지물 등에 시설하는 경우에 적용한다.

53 합성수지몰드공사에 의한 저압 옥내배선의 시설 방법으로 옳은 것은?

① 합성수지몰드는 홈의 폭 및 깊이가 30[mm] 이하의 것이어야 한다.
② 전선은 옥내용 비닐절연전선을 제외한 절연전선이어야 한다.
③ 합성수지몰드 상호 간 및 합성수지몰드와 박스, 기타의 부속품과는 전선이 노출되지 아니하도록 접속해야 한다.
④ 합성수지몰드 안에는 접속점을 1개소까지 허용한다.

해설
합성수지몰드공사
- 합성수지몰드는 홈의 폭 및 깊이가 35[mm] 이하, 두께는 2[mm] 이상의 것일 것
- 사람이 쉽게 접촉할 우려가 없도록 시설하는 경우에는 폭이 50[mm] 이하, 두께 1[mm] 이상의 것을 사용할 것
- 전선은 절연전선(옥외용 비닐절연전선을 제외)일 것
- 합성수지몰드 안에는 전선에 접속점이 없도록 할 것
- 합성수지몰드 상호 간 및 합성수지몰드와 박스, 기타의 부속품과는 전선이 노출되지 아니하도록 접속할 것

54 화약류의 가루가 전기설비가 발화원이 되어 폭발할 우려가 있는 곳에 시설하는 저압 옥내배선의 공사 방법으로 가장 알맞은 것은?

① 금속관공사
② 애자공사
③ 버스덕트공사
④ 합성수지몰드공사

해설
폭연성 먼지(마그네슘·알루미늄·타이타늄·지르코늄 등의 먼지가 쌓여있는 상태에서 불이 붙었을 때에 폭발할 우려가 있는 것을 말한다) 또는 화약류의 가루가 전기설비가 발화원이 되어 폭발할 우려가 있는 곳에 시설하는 저압 옥내전기설비는 금속관공사 또는 케이블공사(캡타이어케이블을 사용하는 것을 제외)에 의할 것

폭연성 먼지 또는 화약류의 가루	금속관공사, 케이블공사
가연성 먼지	금속관공사, 케이블공사, 합성수지관공사

55 애자공사에 의한 저압 옥측전선로 시설 방법으로 적합하지 않은 것은?

① 사람이 쉽게 접촉될 우려가 없도록 시설한다.
② 전선은 공칭단면적 4[mm^2] 이상의 연동 절연전선을 사용한다.
③ 전선의 지지점 간의 거리는 2.5[m] 이하로 한다.
④ 애자는 절연성·난연성 및 내수성이 있는 것을 사용한다.

해설
애자공사에 의한 저압 옥측전선로 시설
- 사람이 쉽게 접촉될 우려가 없도록 시설할 것
- 전선은 공칭단면적 4[mm^2] 이상의 연동 절연전선(옥외용 비닐절연전선 및 인입용 절연전선은 제외)일 것
- 전선의 지지점 간의 거리는 2[m] 이하일 것
- 애자는 절연성·난연성 및 내수성이 있는 것일 것

56 저압 옥내간선은 특별한 경우를 제외하고 다음 중 어느 것에 의하여 그 굵기가 결정되는가?

① 변압기의 용량
② 전기방식
③ 부하의 종류
④ 허용전류

해설
전선의 굵기 결정 시 고려사항
• 허용전류
• 기계적 강도
• 전압강하

57 역률개선의 효과로 볼 수 없는 것은?

① 감전사고 감소
② 전력손실 감소
③ 전압강하 감소
④ 설비 용량의 이용률 증가

해설
역률개선 효과

전력회사 측면	전력계통 안정, 전력손실 감소, 설비용량의 효율적 운용, 투자비 경감
수용가 측면	• 설비용량의 여유증가 • 전압강하 경감 • 변압기 및 배전선의 전력손실 경감 • 전기요금 경감

58 진동이 심한 전기 기계·기구에 전선을 접속할 때 사용되는 것은?

① 스프링 와셔   ② 커플링
③ 압착단자   ④ 링 슬리브

해설
진동 기계·기구에 접속할 때에는 2종 너트 또는 스프링 와셔를 사용한다.

59 가스 절연 개폐기나 가스 차단기에 사용되는 가스인 SF_6의 성질이 아닌 것은?

① 같은 압력에서 공기의 2.5~3.5배의 절연내력이 있다.
② 무색, 무취, 무해 가스이다.
③ 가스압력 3~4[kgf/cm^2]에서 절연내력은 절연유 이상이다.
④ 소호능력은 공기보다 2.5배 정도 낮다.

해설
SF_6(육불화황)는 공기보다 소호능력, 절연능력이 높다.

60 가공 전선로의 지지물에 하중이 가하여지는 경우에 그 하중을 받는 지지물의 기초의 안전율은 일반적으로 얼마 이상이어야 하는가?

① 1.5   ② 2.0
③ 2.5   ④ 4.0

해설
가공전선로 지지물의 기초 안전율
가공전선로의 지지물에 하중이 가하여지는 경우에 그 하중을 받는 지지물의 기초의 안전율은 2 이상이어야 한다(철탑은 1.33).

정답 56 ④ 57 ① 58 ① 59 ④ 60 ②

2023년 제1회 과년도 기출복원문제

01 길이 1[m]인 도선의 저항값이 20[Ω]이었다. 이 도선을 고르게 2[m]로 늘였을 때 저항값은 몇 [Ω]인가?

① 10
② 40
③ 80
④ 140

해설
부피가 일정할 때 길이를 n배 늘이면 저항은 n^2배 증가된다.
길이가 2배 증가하였으므로 저항은 $2^2 = 4$배가 된다.
20[Ω]의 4배인 80[Ω]이 된다.

02 어떤 회로에 $v = 200\sin\omega t$의 전압을 가했더니 $i = 50\sin\left(\omega t + \dfrac{\pi}{2}\right)$의 전류가 흘렀다. 이 회로는?

① 저항회로
② 유도성회로
③ 용량성회로
④ 임피던스회로

해설
- 용량성회로 : 전류가 전압보다 위상이 앞섬
- 유도성회로 : 전압보다 전류의 위상이 뒤짐

이 회로의 주어진 전류와 전압 위상차는 전류가 $\dfrac{\pi}{2}$ 앞선다.
그러므로 이 회로는 용량성회로이다.

03 공기 중에서 자속밀도 2[Wb/m²]의 평등 자계 내에 5[A]의 전류가 흐르고 있는 길이 60[cm]의 직선 도체를 자계의 방향에 대하여 60°의 각을 이루도록 놓았을 때 이 도체에 작용하는 힘은 대략 몇 [N]인가?

① 1.7
② 3.2
③ 5.2
④ 8.6

해설
$F = BIl\sin\theta = 2 \times 5 \times 0.6 \times \sin 60° = 5.196 \fallingdotseq 5.2[N]$
(F : 도선이 받는 힘, B : 자속밀도(자기장의 세기), I : 전류의 양, l : 감은 코일의 길이)

04 대칭 3상 교류를 올바르게 설명한 것은?

① 3상의 크기 및 주파수가 같고 상차가 60°의 간격을 가진 교류
② 3상의 크기 및 주파수가 각각 다르고 상차가 60°의 간격을 가진 교류
③ 동시에 존재하는 3상의 크기 및 주파수가 같고 상차가 120°의 간격을 가진 교류
④ 동시에 존재하는 3상의 크기 및 주파수가 같고 상차가 90°의 간격을 가진 교류

해설
3상 교류 발전기에서 같은 구조를 갖는 3개의 권선을 공간적으로 120°의 간격으로 전기자에 감아서 전기자가 평등자계 내에서 일정 속도로 회전하면 각 권선의 양단자 간에는 크기와 주파수 같고 위상은 각각 120°씩 위상차가 나는 정현파 교류(전압 : e_a, e_b, e_c, 전류 : i_a, i_b, i_c)가 발생된다. 이를 대칭 3상 교류라고 한다.

1 ③ 2 ③ 3 ③ 4 ③

05 그림에서 a-b 간의 합성 정전 용량은 10[μF]이다. C_x의 정전용량은?

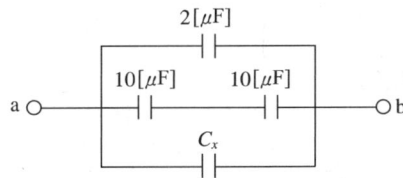

① 3[μF] ② 4[μF]
③ 5[μF] ④ 6[μF]

해설
콘덴서의 접속용량
병렬접속 $C_{직렬} = C_1 + C_2$ [F]
직렬접속 $\dfrac{1}{C_{병렬}} = \dfrac{1}{C_1} + \dfrac{1}{C_2}$ [1/F]
합성 정전 용량
$C_{ab} = 10 = \left(2 + \dfrac{10 \times 10}{10+10} + C_x\right)$ [μF]
$C_x = 3$ [μF]

06 서로 다른 종류의 안티모니와 비스무트의 두 금속을 접합하여 여기에 전류를 통하면, 줄열 외에 그 접점에서 열의 발생 또는 흡수가 일어난다. 이와 같은 현상은?

① 제3금속의 법칙 ② 제베크 효과
③ 페르미 효과 ④ 펠티에 효과

해설
- 펠티에 효과 : 두 종류의 도체를 결합하고 전류를 흐르도록 할 때, 한쪽의 접점은 발열하여 온도가 상승하고 다른 쪽의 접점에서는 흡열하여 온도가 낮아지는 현상이다.
- 제3금속의 법칙 : 금속 A와 B로 만든 열전쌍과 접점 사이에 임의의 금속 C를 연결해도 C의 양끝의 접점의 온도를 똑같이 유지하면 회로의 열기전력은 변화하지 않는다.
- 제베크 효과 : 서로 다른 종류의 금속으로 이루어진 폐회로에서 양접점의 온도가 다르면 전류가 흐르는 현상이다.

07 주로 정전압 다이오드로 사용되는 것은?

① 터널 다이오드
② 제너 다이오드
③ 쇼트키베리어 다이오드
④ 버렉터 다이오드

해설
다이오드의 종류
- 정류 다이오드 : 교류를 직류로 변환할 때 응용
- 스위칭 다이오드 : 고속 On/Off 특성을 스위칭에 응용
- 정전압(제너) 다이오드 : 정전압 특성을 전압 안정화에 응용
- 가변용량 다이오드 : 가변용량 특성을 FM변조 AFC동조에 응용
- 터널(에사키) 다이오드 : 음저항 특성을 마이크로파 발진에 응용
- MES(쇼트키베리어) 다이오드 : 금속과 반도체의 접촉 특성을 응용
- 발광(LED) 다이오드 : 발광 특성을 응용하여 광센서로 사용
- 수광(포토) 다이오드 : 광검출 특성을 응용하여 광센서로 사용
- 배리스터 다이오드 : 트랜지스터의 출력단의 온도 보상에 사용
- 버렉터 다이오드 : 인가전압에 따라 용량이 변화하는 성질을 갖는 반도체

08 △결선의 전원에서 선전류가 40[A]이고 선간전압이 220[V]일 때의 상전류는?

① 13[A] ② 23[A]
③ 69[A] ④ 120[A]

해설
변압기 결선방식
- Y결선 : 선간전압의 크기가 상전압의 $\sqrt{3}$ 배가 되며 선전류와 상전류의 크기가 같다.
- △결선 : 선간전압의 크기가 상전압과 같고, 선전류의 크기가 상전류의 $\sqrt{3}$ 배가 된다.
$40 = x\sqrt{3}$ (x : 상전류)
$\therefore x = 23$ [A]

09 전력량의 단위는?

① [C]   ② [W]
③ [W·s]   ④ [Ah]

해설
전력과 전력량의 단위

전력(P)	전력량(W) = $P \cdot t$
[mW], [W], [kW]	[W·s], [Wh], [kWh]
• $1[mW] = \dfrac{1}{1,000}[W]$ • $1[kW] = 1,000[W]$	• 1[W]의 전력에서 1[s] 동안, 1[J] • 1[W]의 전력에서 1[h] 동안, 3,600 [W·s] • 1[kW]의 전력에서 1[h] 동안, 3,600×1,000[W·s]

10 $R = 4[\Omega]$, $X_L = 8[\Omega]$, $X_C = 5[\Omega]$가 직렬로 연결된 회로에 100[V]의 교류를 가했을 때 흐르는 ㉠전류와 ㉡임피던스는?

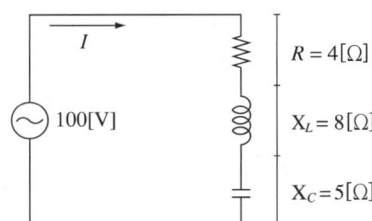

① ㉠ 5.9[A]   ㉡ 용량성
② ㉠ 5.9[A]   ㉡ 유도성
③ ㉠ 20[A]   ㉡ 용량성
④ ㉠ 20[A]   ㉡ 유도성

해설
RLC 직렬연결
$I = \dfrac{V}{Z} = \dfrac{V}{\sqrt{R^2 + (X_L - X_C)^2}} = \dfrac{100}{\sqrt{4^2 + (8-5)^2}}$
$= 20[A]$
임피던스 $\dot{Z} = R + j(X_L - X_C)[\Omega]$에서
• $X_L = X_C$인 경우 전류와 전압은 동상(직렬 공진회로)
• $X_L > X_C$인 경우 유도성회로(지상회로)
• $X_L < X_C$인 경우 용량성회로(진상회로)

11 진공 중에서 비유전율 ε_r의 값은?

① 1   ② 6.33×10^4
③ 8.855×10^{-12} ④ 9×10^9

해설
• 유전율 : 물질이 전하를 저장할 수 있는 능력의 척도이다.
• 비유전율 : 진공을 1로 놓고 그에 비례한 각 유전체의 유전율을 의미한다.
• 진공, 공기 중에서 비유전율은 1이다.
• 진공의 투자율 $\mu_0 = 4\pi \times 10^{-7}[H/m]$
• 진공의 유전율 $\varepsilon_0 = 8.854 \times 10^{-12}[F/m]$
• 쿨롱의 법칙의 전기장에서의 비례상수 $k = \dfrac{1}{4\pi\varepsilon_0} = 9 \times 10^9$
• 쿨롱의 법칙의 자기장에서의 비례상수 $k = \dfrac{1}{4\pi\mu_0} = 6.33 \times 10^4$

12 220[V]용 24[W] 2개의 전구를 직렬과 병렬로 전원 220[V]에 연결할 경우에 대한 설명이다. 올바른 것은?

① 직렬로 연결한 전등이 더 밝다.
② 병렬로 연결한 전등이 더 밝다.
③ 직렬로 연결한 경우와 병렬로 연결한 경우의 밝기가 같다.
④ 일반적으로 가정에서 전등은 서로 직렬로 연결한다.

해설
• 직렬연결에서는 각 전구에 저항은 일정하고 전압은 $\dfrac{1}{2}$만 걸리므로 소비전력은 $P = \dfrac{(0.5V)^2}{R} = 0.25 \cdot \dfrac{V^2}{R}$이므로 원래 전구의 소비전력 $\dfrac{1}{4}$로 줄어들어 6[W]가 소비되고 전구가 2개 직렬로 총 12[W]가 소비된다.
• 병렬연결에서는 각 전구에 전압이 일정하게 걸리므로 각 24[W] 2개 총 48[W]의 전력을 소비된다.

13 그림과 같은 회로에서 저항 R_1에 흐르는 전류는?

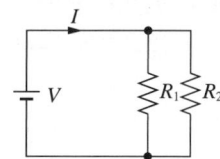

① $(R_1 + R_2)I$

② $\dfrac{R_2}{R_1 + R_2}I$

③ $\dfrac{R_1}{R_1 + R_2}I$

④ $\dfrac{R_1 R_2}{R_1 + R_2}I$

해설
전류는 저항에 반비례하여 흐른다.
$I_1 = \dfrac{R_2}{R_1 + R_2}I\,[\text{A}]$

14 최대눈금 1[A], 내부저항 10[Ω]의 전류계로 최대 101[A]까지 측정하려면 몇 [Ω]의 분류기가 필요한가?

① 0.01
② 0.02
③ 0.1
④ 0.2

해설
분류기
전류계의 측정 범위를 넓히기 위해서는 전류계와 병렬로 저항을 접속해야 한다. 이 병렬 저항을 분류기라 한다.
분류기 저항 $R_s = \dfrac{r_a}{m-1} = \dfrac{10}{101-1} = \dfrac{10}{100} = 0.1\,[\Omega]$
(m : 분류기의 배율, r_a : 전류계 내부저항)

15 진공 중에 10^{-6}[C], 10^{-4}[C]의 두 점전하가 1[m]의 간격을 두고 놓여 있다. 두 전하 사이에 작용하는 힘은?

① 9×10^{-2}[N]
② 18×10^{-2}[N]
③ 9×10^{-1}[N]
④ 18×10^{-1}[N]

해설
쿨롱의 법칙을 적용
$F = k\dfrac{Q_1 Q_2}{r^2} = \dfrac{1}{4\pi\varepsilon} \cdot \dfrac{Q_1 Q_2}{r^2} = 9 \times 10^9 \dfrac{Q_1 Q_2}{\varepsilon_r r^2}$ [N]

$= 9 \times 10^9 \times \dfrac{1 \times 10^{-6} \times 1 \times 10^{-4}}{1 \times 1^2}$

$= 9 \times 10^{-1}$ [N]

여기서,
유전율 $\varepsilon = \varepsilon_0 \varepsilon_r$ (진공의 유전율 $\varepsilon_0 = 8.854 \times 10^{-12}$ [F/m])
비유전율 ε_r : 진공의 유전율에 대한 상대적인 값(진공 = 1)
Q_1, Q_2 : 전하
r : 두 전하 사이 거리[m]

16 자석에 접근시킬 때 같은 극이 생겨 서로 반발하는 물체를 무엇이라 하는가?

① 비자성체
② 상자성체
③ 반자성체
④ 강자성체

해설
물체의 자화 정도에 따른 분류
- 강자성체 : 상자성체 중 자화강도가 큰 금속
  예 니켈(Ni), 코발트(Co), 망가니즈(Mn)
- 상자성체 : 자석에 접근시킬 때 반대의 극이 생겨 서로 당기는 금속
  예 알루미늄(Al), 백금(Pt), 주석(Sn), 이리듐(Ir), 산소(O)
- 반자성체 : 자석에 접근시킬 때 같은 극이 생겨 서로 반발하는 금속
  예 비스무트(Bi), 탄소(C), 인(P), 금(Au), 은(Ag), 구리(Cu), 안티모니(Sb), 아연(Zn), 납(Pb), 수은(Hg)

17 RLC 직렬공진 회로에서 최소가 되는 것은?

① 저항값
② 임피던스값
③ 전류값
④ 전압값

해설
전압과 전류가 동상인 직렬공진 회로에서 임피던스(Z)값은 $Z = R$이 되어 최소가 되고, $I = \frac{R}{Z}$가 되어 전류값은 최대가 된다.

18 200[V]의 교류전원에 선풍기를 접속하고 전력과 전류를 측정하였더니 600[W], 5[A]이었다. 이 선풍기의 역률은?

① 0.6
② 0.7
③ 0.8
④ 0.9

해설
$P = VI\cos\theta$에서 $600 = 200 \times 5 \times \cos\theta$
역률 $\cos\theta = \frac{600}{1,000} = 0.6$

19 어떤 교류회로의 순시값이 $v = \sqrt{2}\,V\sin\omega t\,[V]$인 전압에서 $\omega t = \frac{\pi}{6}[rad]$일 때 $100\sqrt{2}\,[V]$이면 이 전압의 실횻값[V]은?

① 100
② $100\sqrt{2}$
③ 200
④ $200\sqrt{2}$

해설
$v = \sqrt{2}\,V\sin\frac{\pi}{6} = 100\sqrt{2}$
$\sqrt{2}\,V\frac{1}{2} = 100\sqrt{2}$
∴ $V = \frac{100\sqrt{2}}{\frac{1}{2}\sqrt{2}} = 200[V]$

20 자체인덕턴스가 1[H]인 코일에 200[V], 60[Hz]의 사인파 교류 전압을 가했을 때 전류와 전압의 위상차는?(단, 저항성분은 무시한다)

① 전류는 전압보다 위상이 $\frac{\pi}{2}[rad]$만큼 뒤진다.
② 전류는 전압보다 위상이 $\pi[rad]$만큼 뒤진다.
③ 전류는 전압보다 위상이 $\frac{\pi}{2}[rad]$만큼 앞선다.
④ 전류는 전압보다 위상이 $\pi[rad]$만큼 앞선다.

해설
• 코일에서의 위상차는 전류가 전압보다 $\frac{\pi}{2}[rad]$만큼 뒤진다.
• 콘덴서에서의 위상차는 전류가 전압보다 $\frac{\pi}{2}[rad]$만큼 앞선다.

21 직류 복권 발전기를 병렬 운전할 때 균압선을 사용하는 이유는?

① 안정된 운전을 도와준다.
② 고조파 발생을 줄여준다.
③ 손실을 줄여준다.
④ 전압의 급격한 상승을 막아준다.

해설
복권 발전기의 병렬운전
운전 중 어떤 원인에 의해서 한쪽 발전기의 부하가 증가되어 직권계자 권선에 의하여 자기력선속이 증가함에 따라 유도기전력도 증가될 경우 발전기는 점차 많은 부하를 부담하게 된다. 이때 균압선이 있으면 두 발전기의 직권계자가 병렬로 접속되므로, 항상 부하 전류에 비례하는 전류로 분류되어 기전력도 동시에 변화하여, 안정된 병렬운전을 할 수 있다.

정답 17 ② 18 ① 19 ③ 20 ① 21 ①

22 직류 전동기에 대한 설명으로 옳지 않은 것은?

① 분권 전동기는 단자전압 및 계자전류가 일정하고 전기자반작용을 무시할 때, 속도-토크 특성이 선형적으로 변한다.
② 타여자 전동기의 속도는 계자 전류, 전기자 전압, 전기자저항을 변화시킴으로써 조절할 수 있다.
③ 직권 전동기는 직류 전동기 중에서 가장 작은 기동 토크를 가진다.
④ 가동 복권 전동기는 직권과 분권의 결합 형태로서 각각의 장점들을 포함하고 있다.

해설
직류 전동기의 특징
③ 직류 직권 전동기의 토크는 부하 전류의 제곱에 비례하므로, 기동 토크가 크기 때문에 전동차, 권상기, 크레인 등과 같이 기동이 빈번하고 토크의 변동이 심한 부하에 많이 사용한다.
저속에서 큰 토크를 발생
$T = K\phi I = K\phi I_a = KI_aI_a = KI_a^2[\text{N·m}](I = I_a)$

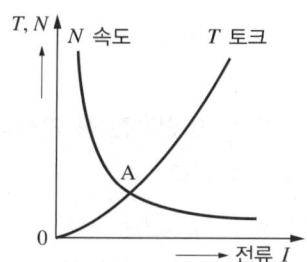

① 부하 전류와 토크 사이의 관계를 나타내는 것을 토크 특성이라고 하며 자기력선속이 일정하므로 $T = K_T \phi I_a = KI_a[\text{N·m}]$로 전류에 비례하는 직선이 된다. 토크는 전기자 전류에 비례하지만 부하가 증가하여 전기자 반작용이 커지면 자기력선속이 감소하므로 토크 곡선은 끝이 구부러지게 되며 문제에서는 전기자 반작용을 무시한다고 하였으므로, 속도와 토크의 관계는 일정한 값으로 선형적인 값을 갖게 된다.

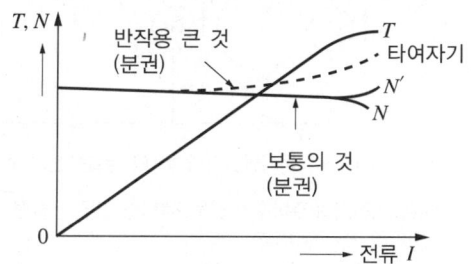

② 직류 전동기의 회전 속도 : 역기전력식 $E = \dfrac{p}{a}z\phi\dfrac{N}{60} = K_1\phi N$
과 $E = V - I_aR_a$에서, $N = K\dfrac{E}{\phi} = K\dfrac{V - I_aR_a}{\phi}[\text{rpm}]$
④ 복권(Compound) 전동기 : 계자 권선과 전기자 권선이 전원에 대하여 직렬과 병렬로 연결된 구조, 즉 직권 전동기와 분권 전동기가 결합된 구조를 가지고 있다.

23 8극 중권 직류기의 전기자 총 도체 수 960, 매극 자기력선속 0.04[Wb], 회전수 400[rpm]이라면 유도기전력은?

① 526 ② 426
③ 356 ④ 256

해설
직류기의 유도기전력
병렬권(중권)에서 병렬 수 $a = p = 8$이므로
$E = z\phi\dfrac{N}{60} = 960 \times 0.04 \times \dfrac{400}{60} = 256[\text{V}]$

24 직류기의 전기자 반작용의 방지법으로 가장 중요한 것은?

① 보상권선 ② 보 극
③ 균압고리 ④ 탄소브러시

해설
직류기의 전기자 반작용 방지법
보극과 탄소브러시는 정류 작용, 균압고리(균압환)는 브러시의 불꽃을 방지하기 위한 것이다. 보상권선은 전기자 반작용에 사용된다.

25 동기발전기에서 유기 기전력과 전기자 전류가 동상인 경우의 전기자 반작용은?

① 교차 자화작용
② 감자 작용
③ 증자 작용
④ 직축 반작용

해설
동기발전기의 전기자 반작용
동기발전기에 부하 전류가 흐를 때, 전기자 전류에 의한 회전 자기장이 회전자극의 주 자속에 대하여 일정한 크기의 영향을 주는 작용

반작용	작 용	전기자전류(I_a)와 유기기전력(E)의 위상	부 하	역 률	전류 위상
횡축 반작용	교차 자화작용	I_a가 E와 같음	저 항	1	같 음
직축 반작용	감자작용	I_a가 E보다 $\frac{\pi}{2}$ 만큼 늦음	유도성	0	늦 음
	증자작용	I_a가 E보다 $\frac{\pi}{2}$ 만큼 빠름	용량성	0	빠 름

26 동기발전기에서 동기속도와 극수의 관계를 표시한 것은 어느 것인가?(단, N : 동기속도, p : 극수)

①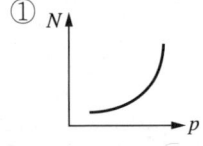
②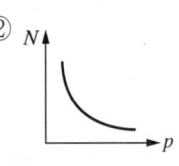
③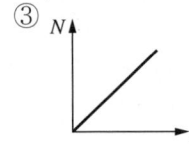
④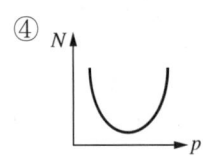

해설
동기속도 $N_s = \frac{120f}{p}$[rpm] (p : 극수, f : 주파수)이므로, 속도 N은 극수에 반비례한다.

27 동기속도가 3,600[rpm], 주파수 60[Hz]의 동기발전기의 극수는?

① 2   ② 4
③ 6   ④ 8

해설
동기속도 $N_s = \frac{120f}{p}$[rpm] (p : 극수, f : 주파수)에서
$3,600 = \frac{120 \times 60}{p}$ 이므로, $p = 2$극이다.

28 동기발전기의 병렬운전 중 기전력의 파형이 다르면 발생하는 것은?

① 무효횡류가 흐른다.
② 고조파의 무효횡류가 생긴다.
③ 유효횡류가 흐른다.
④ 출력이 요동치고 권선이 가열된다.

해설
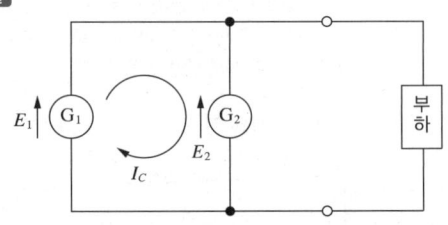

[동기발전기의 두 대 병렬운전]

• 유도기전력의 주파수가 같을 것(다를 경우→발전기 순시 단자 전압이 심하게 진동)
• 유도기전력의 크기가 같을 것(다를 경우→순환 전류 흐름)
• 유도기전력의 위상이 같을 것(다를 경우→동기화 전류 흐름)
• 유도기전력의 파형이 같을 것(다를 경우→무효 순환전류 흐름)

29 다음 중 변압기 정격용량을 구하는 식으로 옳은 것은?

① 정격용량[VA] = 정격 1차 전압 × 정격 1차 전류
② 정격용량[kW] = 정격 1차 전압 × 정격 1차 전류
③ 정격용량[VA] = 정격 2차 전압 × 정격 2차 전류
④ 정격용량[kW] = 정격 2차 전압 × 정격 2차 전류

해설
변압기의 정격용량
변압기의 정격용량은 정격 주파수의 정격 2차 전압과 정격 2차 전류의 값을 곱한 값으로서 2차 단자 간에 얻어지는 피상전력을 말한다. 따라서 단위는 [VA]를 사용한다.

30 변압기 결선 방식 중 부하 단자에서 제3고조파 전압이 발생하는 것은?

① Y–Y ② Y–△
③ △–Y ④ △–△

해설
변압기의 구성 방식
변압기 결선을 Y결선으로만 구성할 경우 중성점이 접지되어 있지 않을 경우 제3고조파의 통로가 없어 기전력 파형은 제3고조파를 포함하는 왜형파가 된다. 중성점이 접지되어 있으면 접지선을 통하여 제3고조파 전류가 흘러 통신 장애를 일으킨다.

31 변압기유가 구비해야 할 조건으로 틀린 것은?

① 점도가 낮을 것   ② 인화점이 높을 것
③ 응고점이 높을 것 ④ 절연내력이 클 것

해설
변압기의 구비조건
• 절연내력이 클 것
• 점도가 낮고 냉각효과가 클 것
• 인화점이 높고 응고점이 낮을 것(응고점이 낮아야 낮은 온도에서도 쉽게 응고되지 않는다)
• 고온에서 산화하지 않고, 석출물이 생기지 않을 것

32 전부하에서 2차 전압이 120[V]이고 전압변동률이 2[%]인 단상 변압기가 있다. 1차 전압은 몇 [V]인가?(단, 1차 권선과 2차 권선의 권수비는 20 : 1이다)

① 1,224   ② 2,448
③ 2,888   ④ 3,142

해설
변압기의 전압변동률
전압변동률 $\varepsilon = \dfrac{V_{20} - V_{2n}}{V_{2n}} \times 100[\%]$

(V_{2n} : 2차 쪽 정격전압, V_{20} : 2차 쪽 무부하전압)

$0.02 = \dfrac{V_{20} - 120}{120}$ 이므로 무부하전압 $V_{20} = 122.4[V]$이다.

권수비 $a = \dfrac{V_{1n}}{V_{2n}}$ 이므로

1차 측 단자전압 $V_{1n} = 20 \times 122.4 = 2,448[V]$이다.

33 슬립이 4[%]인 유도전동기에서 동기속도가 1,200[rpm]일 때 전동기의 회전속도[rpm]는?

① 697   ② 846
③ 1,051 ④ 1,152

해설
유도전동기의 슬립
슬립 $s = \dfrac{N_s - N}{N_s} \times 100[\%] = \dfrac{1,200 - N}{1,200} \times 100[\%] = 4[\%]$

∴ $N = 1,200 - 48 = 1,152[\text{rpm}]$

34 단상 유도전동기의 기동방법 중 기동토크가 가장 큰 것은?

① 분상 기동형
② 콘덴서 기동형
③ 셰이딩 코일형
④ 반발 기동형

해설
단상 유도전동기의 기동토크 크기
반발 기동형 > 반발 유도형 > 콘덴서 기동형 > 영구 콘덴서형 > 분상 기동형 > 셰이딩 코일형

36 농형유도전동기의 기동법이 아닌 것은?

① 전전압 기동
② Y-△ 기동
③ 기동보상기에 의한 기동
④ 2차 저항 기동법

해설
2차 저항 기동법은 권선형 유도전동기의 기동법으로 2차 회로에 가변 저항을 넣어 비례추이의 원리에 따라 큰 기동토크를 얻는 기동 방식이다.
농형유도전동기의 기동
- 전전압 기동법 : 정격 전압을 직접 가하여 기동하는 방법(5[kW] 정도까지의 소형전동기)
- Y-△ 기동법 : 기동할 때는 Y결선으로 하고, 정격속도에 이르면 △결선으로 바꾸는 기동법(5~15[kW] 전동기에 주로 사용)
- 기동보상기법 : 단권 3상 변압기를 사용하여 기동 전압을 떨어뜨려 기동 전류를 제한하는 방법(15[kW] 이상의 농형 전동기)
- 리액터 기동법 : 전동기의 1차 측에 직렬로 철심이 든 리액터를 설치하고 그 리액턴스의 값을 조정하여 전동기에 인가되는 전압을 제어함으로써 기동전류 및 토크를 제어하는 방식

35 60[Hz], 20극, 11,400[W]의 3상 유도전동기가 슬립 5[%]로 운전될 때 2차 동손이 600[W]이다. 이 전동기의 전부하 시 토크는 약 몇 [kg·m]인가?

① 32.5
② 28.5
③ 24.5
④ 20.5

해설
유도전동기의 전부하 시 토크
유도전동기의 동기속도 $N_s = \dfrac{120f}{p} = \dfrac{120 \times 60}{20} = 360[rpm]$
이고,
$P_2 : P_{c2} = 1 : s$ 이므로 $P_2 = \dfrac{P_{c2}}{s} = \dfrac{600[W]}{0.05} = 12,000[W]$
(P_{c2} : 2차 구리손, $P_2[W]$: 2차 입력)
따라서 전부하 시 토크
$T = 0.975 \dfrac{P_2}{N_s} = 0.975 \times \dfrac{12,000}{360} = 32.5[kg \cdot m]$

37 통전 중인 사이리스터를 턴 오프(Turn Off)하려면?

① 순방향 Anode 전류를 유지 전류 이하로 한다.
② 순방향 Anode 전류를 증가시킨다.
③ 게이트 전압을 0으로 한다.
④ 역방향 Anode 전류를 통전한다.

해설
SCR(사이리스터)
일반적인 SCR(사이리스터)은 게이트와 캐소드에 순바이어스를 걸면 애노드와 캐소드가 턴온되고 한 번 턴온되면 바이어스전압이 없어도 I_H(홀드전류, 유지 전류) 이하가 되기 전까지는 자기유지가 된다. 다시 말해서 한 번 턴온되면 애노드 전류를 끊거나, 애노드-캐소드를 쇼트시켜서 일순간 애노드 전류를 I_H(홀드전류) 이하가 되도록 해야 턴오프가 된다.

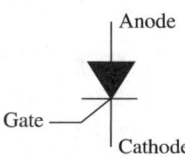

38 다음 기호가 나타내는 반도체 소자의 명칭으로 옳은 것은?

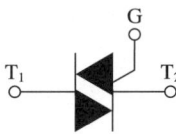

① 다이오드　　② SCR
③ GTO　　　　④ TRIAC

해설
TRIAC
트라이액(TRIAC)은 SCR 2개를 역병렬로 접속한 사이리스터로 양방향성 3단자 소자이다.

종류	기호
다이오드	A ▶│ K
SCR	양극 A ▶│ K 음극 / G
GTO	양극 A ▶│ K 음극 / G
TRIAC	T₁ — T₂ / G
IGBT	컬렉터(C) 게이트(G) 이미터(E)

39 반도체로 만든 PN 접합은 무슨 작용을 하는가?

① 정류작용　　② 발진작용
③ 증폭작용　　④ 변조작용

해설
PN 접합 다이오드의 작용
- 다이오드(NP, PN 접합) : 교류를 직류로 만드는 정류작용
- 트랜지스터(NPN, PNP 접합) : 증폭과 스위칭 작용

40 상전압 300[V]의 3상 반파 정류 회로의 직류 전압은 약 몇 [V]인가?

① 520　　② 350
③ 260　　④ 120

해설
각 파형별 직류전압의 평균값 E_d와 교류전압의 실효값 E의 관계
- 단상반파의 출력전압 : $E_d = 0.45E$
- 단상전파의 출력전압 : $E_d = 0.9E$
- 3상반파의 출력전압 : $E_d = 1.17E$
- 3상전파의 출력전압 : $E_d = 1.35E$

따라서 3상 반파전압은 $300 \times 1.17 = 351[V]$

41 저압전로의 절연성능은 사용전압에 따라 절연저항을 측정하여 정한 값 이상이어야 한다. 다만, 저압전로에서 절연저항 측정이 곤란한 경우 저항성분의 누설전류가 몇 [mA] 이하인 경우 그 전로의 절연성능이 적합한 것으로 보는가?

① 1　　② 2
③ 3　　④ 5

해설
전로의 절연저항 및 절연내력
사용전압이 저압인 전로의 절연성능은 기술기준 제52조를 충족하여야 한다. 다만, 저압전로에서 정전이 어려운 경우 등 절연저항 측정이 곤란한 경우 저항성분의 누설전류가 1[mA] 이하이면 그 전로의 절연성능은 적합한 것으로 본다.
전기설비기술기준 제52조(저압전로의 절연성능)
전기사용 장소의 사용전압이 저압인 전로의 전선 상호 간 및 전로와 대지 사이의 절연저항은 개폐기 또는 과전류차단기로 구분할 수 있는 전로마다 다음 표에서 정한 값 이상이어야 한다.

전로의 사용전압[V]	DC시험전압[V]	절연저항[MΩ]
SELV 및 PELV	250	0.5
FELV를 포함한 500[V] 이하	500	1.0
500[V] 초과	1,000	1.0

42 금속관을 가공할 때 절단된 내부를 매끈하게 하기 위하여 사용하는 공구의 명칭은?

① 리머　　　② 프레셔 툴
③ 오스터　　④ 녹아웃 펀치

해설
- 리머 : 금속관 끝에 화살촉 모양으로 된 쇠를 넣어 돌려 다듬는 기구
- 프레셔 툴 : 솔더리스 커넥터 또는 솔더리스 터미널을 압착하는 데 사용
- 오스터 : 금속관에 나사산을 내는 공구
- 녹아웃 펀치 : 구멍을 뚫는 공구

43 설계하중 6.8[kN] 이하인 철근 콘크리트 전주의 길이가 7[m]인 지지물을 건주하는 경우 땅에 묻히는 깊이로 가장 옳은 것은?

① 1.2[m]　　② 1.0[m]
③ 0.8[m]　　④ 0.6[m]

해설
가공선로 지지물의 시설

매설 깊이 $= 7 \times \dfrac{1}{6} \fallingdotseq 1.2[m]$

가공전선로 지지물의 기초의 안전율
강관을 주체로 하는 철주(강관주) 또는 철근 콘크리트주로서 그 전체 길이가 16[m] 이하, 설계하중이 6.8[kN] 이하인 것 또는 목주를 다음에 의하여 시설하는 경우
- 전체의 길이가 15[m] 이하인 경우는 땅에 묻히는 깊이를 전체 길이의 6분의 1 이상으로 할 것
- 전체의 길이가 15[m]를 초과하는 경우는 땅에 묻히는 깊이를 2.5[m] 이상으로 할 것

44 전선을 접속하는 경우 전선의 세기를 몇 [%] 이상 감소시키면 안 되는가?

① 10　　② 20
③ 30　　④ 40

해설
전선의 접속 시 전선의 세기(인장하중)를 20[%] 이상 감소시키지 아니할 것

45 일반적으로 건축물의 설계를 위한 주택이나 아파트의 표준부하값은?

① $10[VA/m^2]$
② $20[VA/m^2]$
③ $30[VA/m^2]$
④ $40[VA/m^2]$

해설
건축물의 종류에 대응한 표준부하

표준부하 [VA/m²]	종 류
10	공장, 공회당, 사원, 교회, 극장, 영화관, 연회장 등
20	기숙사, 여관, 호텔, 병원, 학교, 음식점, 다방, 대중목욕탕
30	사무실, 은행, 상점, 이발소, 미용원
40	주택, 아파트

46 가정용 전등에 사용되는 점멸스위치를 설치하여야 할 위치에 대한 설명으로 가장 적당한 것은?

① 접지 측 전선에 설치한다.
② 중성선에 설치한다.
③ 부하의 2차 측에 설치한다.
④ 비접지 측 전선에 설치한다.

해설
- 비접지 측 전선은 다른 말로 전원선, 전압 측 전선으로 쓰인다.
- 전압 측 전선에 설치하는 이유 : 접지 측 전선에 접지 사고가 생기면 누설전류가 생겨 화재의 위험성이 있고, 점멸역할도 할 수 없게 된다.

점멸기의 시설
점멸기는 전로의 비접지 측에 시설하고 분기개폐기에 배선차단기를 사용하는 경우는 이것을 점멸기로 대용할 수 있다.

47 접지저항 저감 대책이 아닌 것은?

① 접지봉의 연결 개수를 증가시킨다.
② 접지판의 면적을 감소시킨다.
③ 접지극을 깊게 매설한다.
④ 토양의 고유저항을 화학적으로 저감시킨다.

해설
접지극의 접지저항 감소시키는 방법
- 접지극의 길이를 같게 한다.
- 접지극을 병렬 접속한다.
- 매설 깊이를 깊게 한다.
- 심타공법 : 접지봉을 지표에서 타입하는 방법으로 접지봉을 직렬 접속한다.

48 다음 중 과전류차단기를 시설해야 하는 곳으로 가장 적당한 것은?

① 고압에서 저압으로 변성하는 2차 측의 저압 측 전선
② 접지공사를 한 저압 가공전선로의 접지 측 전선
③ 다선식 전로의 중성선
④ 접지공사의 접지도체

해설
과전류차단기의 시설 제한
접지공사의 접지도체, 다선식 전로의 중성선 및 전로의 일부에 접지공사를 한 저압 가공전선로의 접지 측 전선에는 과전류차단기를 시설하여서는 안 된다.

49 중성점 접지용 접지도체로 사용되는 연동선의 최소 굵기[mm²]는?

① 2.5 ② 6
③ 10   ④ 16

해설
접지도체의 굵기[mm²]
- 특고압·고압 전기설비용 접지도체 : 6
- 중성점 접지용 접지도체 : 16
  - 7[kV] 이하의 전로 : 6
  - 25[kV] 이하의 특고압 가공전선로(중성선 다중접지 방식의 전로에 지락 시 2초 이내 자동으로 차단장치가 되어 있을 경우) : 6

정답 46 ④ 47 ② 48 ① 49 ④

50 가요전선관에 대한 설명으로 잘못된 것은?

① 가요전선관 상호접속은 커플링으로 한다.
② 가요전선관과 금속관 배선 등과 연결하는 경우 적당한 구조의 커플링으로 완벽하게 접속하여야 한다.
③ 가요전선관을 조영재의 측면에 새들로 지지하는 경우 지지점 간 거리는 1[m] 이하이어야 한다.
④ 1종 가요전선관을 구부리는 경우의 곡률 반지름은 관 안지름의 10배 이상으로 하여야 한다.

해설
1종 가요 전선관을 구부리는 경우의 곡률 반지름은 관 안지름의 6배 이상으로 하여야 한다.

51 저압수용가 인입구 부근에서 접지 측 전선에 추가로 접지공사 할 경우 지중에 매설되어 있는 금속제 수도관로의 전기저항값이 몇 [Ω] 이하일 때 가능한가?

① 1 ② 3
③ 5 ④ 10

해설
저압수용가 인입구 접지
수용장소 인입구 부근에서 접지극으로 사용하여 변압기 중성점 접지를 한 저압전선로의 중성선 또는 접지 측 전선에 추가로 접지공사를 할 수 있다.
• 지중에 매설되어 있고 대지와의 전기저항 값이 3[Ω] 이하의 값을 유지하고 있는 금속제 수도관로
• 대지 사이의 전기저항 값이 3[Ω] 이하의 값을 유지하는 건물의 철골

52 다음과 같은 조건일 때 누전차단기 설치 예외의 경우가 아닌 것은?

> 금속제 외함을 가지는 사용전압이 50[V]를 초과하는 저압의 기계 기구로서 사람이 쉽게 접촉할 우려가 있는 곳에 시설하는 것에 전기를 공급하는 전로일 경우

① 기계기구를 발전소·변전소·개폐소 또는 이에 준하는 곳에 시설하는 경우
② 기계기구를 건조한 곳에 시설하는 경우
③ 대지전압이 300[V] 이하인 기계기구를 물기가 있는 곳 이외의 곳에 시설하는 경우
④ 기계기구가 유도전동기의 2차 측 전로에 접속되는 것일 경우

해설
누전차단기 설치 예외(50[V]를 초과하는 저압의 기계기구)
• 기계기구를 발전소·변전소·개폐소 또는 이에 준하는 곳에 시설하는 경우
• 기계기구를 건조한 곳에 시설하는 경우
• 대지전압이 150[V] 이하인 기계기구를 물기가 있는 곳 이외의 곳에 시설하는 경우
• 전기용품 및 생활용품 안전관리법의 적용을 받는 이중절연구조의 기계기구를 시설하는 경우
• 그 전로의 전원 측에 절연변압기(2차 전압이 300[V] 이하인 경우에 한한다)를 시설하고 또한 그 절연변압기의 부하 측의 전로에 접지하지 아니하는 경우
• 기계기구가 고무·합성수지 기타 절연물로 피복된 경우
• 기계기구가 유도전동기의 2차 측 전로에 접속되는 것일 경우

53 전기적 분리를 통해 고장보호를 한 경우 분리된 회로는 최소한 단순 분리된 전원을 통하여 공급되어야 하며, 분리된 회로의 전압은 몇 [V] 이하로 해야 하는가?

① 300
② 500
③ 700
④ 1,000

해설
전기적 분리에 의한 고장보호
분리된 회로는 최소한 단순 분리된 전원을 통하여 공급되어야 하며, 분리된 회로의 전압은 500[V] 이하로 해야 한다.

54 저압전로의 사용전압이 PELV인 경우 DC시험전압[V]에 따른 절연저항[MΩ] 값은?

	DC시험전압[V]	절연저항[MΩ]
①	100	0.1
②	250	0.5
③	500	1.0
④	1,000	1.0

해설
저압전로의 절연성능
전기사용 장소의 사용전압이 저압인 전로의 전선 상호간 및 전로와 대지 사이의 절연저항은 개폐기 또는 과전류차단기로 구분할 수 있는 전로마다 다음 표에서 정한 값 이상이어야 한다.

전로의 사용전압[V]	DC시험전압[V]	절연저항[MΩ]
SELV 및 PELV	250	0.5
FELV를 포함한 500[V] 이하	500	1.0
500[V] 초과	1,000	1.0

55 주택용 배선차단기의 동작전류는 정격전류의 몇 배인가?

① 0.92
② 1.2
③ 1.3
④ 1.45

해설
과전류트립 동작시간 및 특성(주택용 배선차단기)

정격전류의 구분	시간	정격전류의 배수(모든 극에 통전)	
		부동작전류	동작전류
63[A] 이하	60분	1.13배	1.45배
63[A] 초과	120분	1.13배	1.45배

56 저압 인입선 공사 시 저압 가공인입선이 철도 또는 궤도를 횡단하는 경우 레일 면상에서 몇 [m] 이상 시설하여야 하는가?

① 3
② 4
③ 5.5
④ 6.5

해설
가공인입선의 지표상 높이

구 분		저압 인입선 [m]	고압 인입선 [m]	특고압 인입선 (3.5[kV] 이하) [m]
도로 횡단	일반적인 경우	5	6	6
	기술상 부득이한 경우로 교통에 지장이 없을 때	3	3.5	4
철도, 궤도 횡단		6.5	6.5	6.5
횡단보도교 위		3	3.5	5(케이블은 4)

정답 53 ② 54 ② 55 ④ 56 ④

57 애자공사에 의한 저압 옥측전선로 공사 시 전선의 지지점 간의 거리는 몇 [m] 이하여야 하는가?

① 0.6
② 1
③ 2
④ 2.5

해설
애자공사에 의한 저압 옥측전선로
- 전선은 공칭단면적 4[mm²] 이상의 연동 절연전선일 것
- 전선의 지지점 간의 거리는 2[m] 이하

58 저압 옥상 전선로의 전선이 저압 옥측전선, 고압 옥측전선 특고압 옥측전선, 다른 저압 옥상전선로의 전선, 약전류전선 등, 안테나·수관·가스관 또는 이들과 유사한 것과 접근하거나 교차하는 경우에는 저압 옥상전선로의 전선과 이들 사이의 최소 간격은?

① 0.3[m] 이상
② 0.6[m] 이상
③ 1[m] 이상
④ 2[m] 이상

해설
저압 옥상 전선로의 전선이 저압 옥측전선, 고압 옥측전선 특고압 옥측전선, 다른 저압 옥상전선로의 전선, 약전류전선 등, 안테나·수관·가스관 또는 이들과 유사한 것과 접근하거나 교차하는 경우에는 저압 옥상전선로의 전선과 이들 사이의 간격은 1[m](저압 옥상전선로의 전선 또는 저압 옥측전선이나 다른 저압 옥상전선로의 전선이 저압 방호구에 넣은 절연전선 등, 고압 절연전선·특고압 절연전선 또는 케이블인 경우에는 0.3[m]) 이상이어야 한다. 위 이외에는 저압 옥상전선로의 전선이 다른 시설물과의 간격은 0.6[m](전선이 고압 절연전선, 특고압 절연전선 또는 케이블인 경우에는 0.3[m]) 이상이어야 한다.

59 소맥분, 전분 기타 가연성의 먼지가 존재하는 곳의 저압 옥내배선공사 방법에 해당되는 것으로 짝지어진 것은?

① 케이블공사, 애자공사
② 금속관공사, 콤바인덕트관, 애자공사
③ 케이블공사, 금속관공사, 애자공사
④ 케이블공사, 금속관공사, 합성수지관공사

해설
특별한 장소별 공사

종류	금속관공사	케이블공사	합성수지관공사	애자공사
폭연성 먼지	○	○	×	×
가연성 먼지	○	○	○	×
가연성 가스	○	○	×	×
위험물	○	○	○	×
폭연성, 가연성 이외의 먼지	○	○	○	○

60 고압 보안공사 시 지지물로 B종 철근 콘크리트주를 사용하는 경우 지지물 간 거리는 몇 [m] 이하로 제한하고 있는가?

① 100
② 150
③ 300
④ 400

해설
고압 보안공사 지지물 간 거리 제한

지지물의 종류	지지물 간 거리
목주·A종 철주 또는 A종 철근 콘크리트주	100[m] 이하
B종 철주 또는 B종 철근 콘크리트주	150[m] 이하
철탑	400[m] 이하

정답 57 ③ 58 ③ 59 ④ 60 ②

2023년 제2회 과년도 기출복원문제

01 동일한 저항 4개를 접속하여 얻을 수 있는 최대저항값은 최소저항값의 몇 배인가?

① 2　　② 4
③ 8　　④ 16

해설
- 최대저항값(직렬연결) : $4R$
- 최소저항값(병렬연결) : $\dfrac{R}{4}$

$\therefore \dfrac{\text{최대저항값}}{\text{최소저항값}} = \dfrac{4R}{\dfrac{R}{4}} = 16$배

02 다음 ( ) 안의 알맞은 내용으로 옳은 것은?

> 회로에 흐르는 전류의 크기는 저항에 (㉠)하고, 가해진 전압에 (㉡)한다.

① ㉠ 비례　　㉡ 비례
② ㉠ 비례　　㉡ 반비례
③ ㉠ 반비례　㉡ 비례
④ ㉠ 반비례　㉡ 반비례

해설
옴(Ohm)의 법칙에 따라 $I = \dfrac{V}{R}[\text{A}]$, 저항에 반비례하고 전압에 비례한다.

03 전압계 및 전류계의 측정 범위를 넓히기 위하여 사용하는 배율기와 분류기의 접속법은?

① 배율기는 전압계와 병렬접속, 분류기는 전류계와 직렬접속
② 배율기는 전압계와 직렬접속, 분류기는 전류계와 병렬접속
③ 배율기 및 분류기 모두 전압계와 전류계에 직렬접속
④ 배율기 및 분류기 모두 전압계와 전류계에 병렬접속

해설
배율기
- 전압계의 측정 범위를 넓히기 위해서는 전압계와 직렬로 저항을 접속해야 한다.
- 배율기의 저항 $R_m = (m-1)r_v\,[\Omega]$
  V : 측정전압, V_V : 전압계 측정전압, r_v : 전압계 내부저항

분류기
- 전류계의 측정 범위를 넓히기 위해서는 전류계와 병렬로 저항을 접속해야 한다.
- 분류기의 저항 $R_s = \dfrac{r_a}{m-1}\,[\Omega]$
  I : 측정전류, I_a : 전류계 측정전류, r_a : 전류계 내부저항

04 5[Ah]는 몇 [C]인가?

① 300　　② 3,600
③ 18,000　④ 36,000

해설
$Q = I \times t = 5[\text{A}] \times 3{,}600[\text{s}] = 18{,}000[\text{C}]$

정답 1 ④　2 ③　3 ②　4 ③

05 Q[C]의 전기량이 도체를 이동하면서 한 일을 W[J]이라 했을 때 전위차 V[V]를 나타내는 관계식으로 옳은 것은?

① $V = QW$
② $V = \dfrac{W}{Q}$
③ $V = \dfrac{Q}{W}$
④ $V = \dfrac{1}{QW}$

해설
전 압
- 회로 내에 전기적인 압력이 가해져 전류가 흐른다고 볼 때 그 압력
- 전원으로부터 어떤 전하량 Q[C]을 이동시키는 데 W[J]의 에너지를 소비하였다면 두 단자 간 전위차 $V = \dfrac{W}{Q}$[J/C], [V]

06 전하의 성질에 대한 설명 중 옳지 않은 것은?

① (+)전하를 띠는 것은 원자핵, (-)전하를 띠는 것은 전자이다.
② 대전체에 들어 있는 전하를 없애려면 접지시킨다.
③ 대전체의 영향으로 비대전체에 전기가 유도된다.
④ 같은 종류의 전하는 흡인하고 다른 종류의 전하끼리는 반발한다.

해설
같은 종류의 전하끼리는 반발하고 다른 종류의 전하끼리는 흡인한다.

07 전계의 세기 50[V/m], 전속밀도 100[C/m²]인 유전체의 단위 체적에 축적되는 에너지[J/m³]는?

① 2
② 250
③ 1,500
④ 2,500

해설
콘덴서에서 저장되는 에너지는
$W = \dfrac{1}{2}QV = \dfrac{1}{2}CV^2$ [J] 이고
단위 체적당 축적되는 에너지
$W_0 = \dfrac{1}{2}ED = \dfrac{1}{2}\varepsilon E^2$ [J/m³] (E : 전계의 세기, D : 전속밀도)
$W_0 = \dfrac{1}{2}ED = \dfrac{1}{2} \times 50 \times 100 = 2,500$ [J/m³]

08 다음 설명 중 틀린 것은?

① 앙페르의 오른나사 법칙 : 전류의 방향을 오른나사가 진행하는 방향으로 하면, 이때 발생되는 자기장의 방향은 오른나사의 회전방향이 된다.
② 렌츠의 법칙 : 유도기전력은 자신의 발생 원인이 되는 자속의 변화를 방해하려는 방향으로 발생한다.
③ 패러데이의 전자유도법칙 : 유도기전력의 크기는 코일을 지나는 자속의 매초 변화량과 코일의 권수에 비례한다.
④ 쿨롱의 법칙 : 두 자극 사이에 작용하는 자력의 크기는 양 자극의 세기의 곱에 비례하며, 자극 간 거리의 제곱에 비례한다.

해설
쿨롱(Coulomb)의 법칙
두 전하 사이에 작용하는 전기력은 전하의 크기에 비례하고 두 전하 사이 거리의 제곱에 반비례한다는 법칙
$F = \dfrac{1}{4\pi\varepsilon} \cdot \dfrac{Q_1 Q_2}{r^2} = 9 \times 10^9 \dfrac{Q_1 Q_2}{\varepsilon_r r^2}$ [N]
($F > 0$: 반발력, $F < 0$: 흡인력)

09 4×10^{-5}[C]과 6×10^{-5}[C]의 두 전하가 자유공간에 2[m]의 거리에 있을 때 그 사이에 작용하는 힘은?

① 5.4[N], 흡인력이 작용한다.
② 5.4[N], 반발력이 작용한다.
③ $\frac{7}{9}$[N], 흡인력이 작용한다.
④ $\frac{7}{9}$[N], 반발력이 작용한다.

해설

$F = \frac{1}{4\pi\varepsilon} \cdot \frac{Q_1 Q_2}{r^2} = 9 \times 10^9 \times \frac{Q_1 Q_2}{r^2}$

$= \frac{9 \times 4 \times 6}{2^2} \times 10^{-1} = 5.4$[N]

Q_1, Q_2가 같은 극성이므로 서로 반발력이 작용한다.

10 자속밀도 0.5[Wb/m²]의 자장 안에 자장과 직각으로 20[cm]의 도체를 놓고 이것에 10[A]의 전류를 흘릴 때 도체가 50[cm] 운동한 경우의 한 일은 몇 [J]인가?

① 0.5   ② 1
③ 1.5   ④ 5

해설

선전류(자계 중 전류)에 작용하는 힘
$F = BIl \sin\theta$ [N]
여기서, F : 도선이 받는 힘
　　　　B : 자속밀도(자기장의 세기)
　　　　I : 전류
　　　　l : 코일의 길이
$F = 0.5 \times 10 \times 0.2 \times \sin 90° = 1$[N]
1[J]은 1[N]의 힘이 1[m]의 거리 동안 작용할 때 하는 일이므로
일 $W = 1 \times 0.5 = 0.5$[N·s] = 0.5[J]

11 히스테리시스 곡선의 ㉠ 가로축(횡축)과 ㉡ 세로축(종축)은 무엇을 나타내는가?

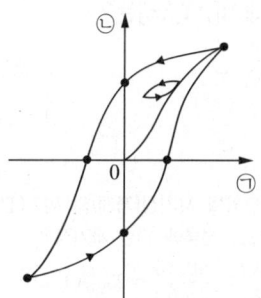

① ㉠ 자속밀도　　㉡ 투자율
② ㉠ 자기장의 세기　㉡ 자속밀도
③ ㉠ 자화의 세기　㉡ 자기장의 세기
④ ㉠ 자기장의 세기　㉡ 투자율

해설
히스테리시스 현상

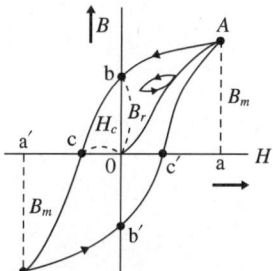

B_m : 최대자속밀도
B_r : 잔류자속밀도(잔류자기)
H_c : 보자력

- 자기장의 변화보다 자속밀도의 변화가 늦으면서 하나의 폐곡선을 이루는 현상이다.
- 횡축은 자계의 세기, 종축은 자속밀도
- 히스테리시스 곡선에서 횡축이 만나는 점 : 보자력(H_c)
- 히스테리시스 곡선에서 종축이 만나는 점 : 잔류자기(B_r)

12 평균 반지름이 10[cm]이고 감은 횟수 10회의 원형 코일에 5[A]의 전류를 흐르게 하면 코일 중심의 자장의 세기[AT/m]는?

① 250　② 500
③ 750　④ 1,000

해설
도체의 모양별 자기장(자계)의 세기(전류가 흐를 때)
- 원형 코일 전류에 의한 자기장 :
  $H = \dfrac{NI}{2r} = \dfrac{10 \times 5}{2 \times 0.1} = 250 [\text{AT/m}]$
- 직선전류에 의한 자기장 : $H = \dfrac{I}{2\pi r} [\text{AT/m}]$
- 환상 솔레노이드 내부의 자기장 : $H = \dfrac{NI}{l} = \dfrac{NI}{2\pi r} [\text{AT/m}]$
- 무한장 솔레노이드 내부의 자기장 : $H = NI [\text{AT/m}]$
  (N : 단위 길이당 코일의 권수)

14 그림과 같은 회로를 고주파 브리지로 인덕턴스를 측정하였더니 그림 (a)는 40[mH], 그림 (b)는 24[mH]이었다. 이 회로의 상호 인덕턴스 M은?

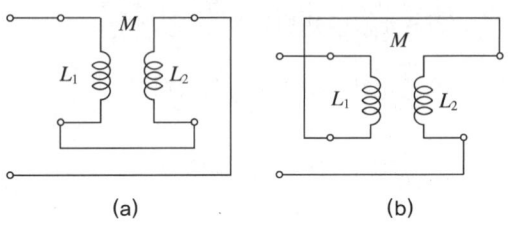

(a)　　　　　(b)

① 2[mH]　② 4[mH]
③ 6[mH]　④ 8[mH]

해설
합성인덕턴스
(a) 정방향(가동접속) : $L = L_1 + L_2 + 2M \rightarrow L_1 + L_2 = 40 - 2M$
(b) 역방향(차동접속) : $L = L_1 + L_2 - 2M \rightarrow L_1 + L_2 = 24 + 2M$
두 식을 연립방정식으로 풀면
$M = \dfrac{1}{4}(40 - 24) = 4 [\text{mH}]$

13 2개의 코일을 서로 근접시켰을 때 한쪽 코일의 전류가 변화하면 다른 쪽 코일에 유도기전력이 발생하는 현상을 무엇이라고 하는가?

① 상호결합　② 자체유도
③ 상호유도　④ 자체결합

해설
상호유도
두 개의 코일이 인접해 있을 때, 한 코일에 흐르는 전류의 변화가 전자유도에 의해 다른 코일에 전류를 유도하는 현상이다.

15 자체인덕턴스가 0.01[H]인 코일에 100[V], 60[Hz]의 사인파 전압을 가할 때 유도리액턴스는 약 몇 [Ω]인가?

① 3.77　② 6.28
③ 12.28　④ 37.68

해설
유도리액턴스
$X_L = \omega L = 2\pi f \cdot L = 2\pi \times 60 \times 0.01 \fallingdotseq 3.77 [\Omega]$

16 3[Ω]의 저항과, 4[Ω]의 유도성 리액턴스의 병렬회로가 있다. 이 병렬회로의 임피던스는 몇 [Ω]인가?

① 1.7   ② 2.4
③ 3.2   ④ 5

해설
RLC 병렬회로에서
$Y = \dfrac{1}{Z} = \sqrt{\left(\dfrac{1}{R}\right)^2 + \left(\dfrac{1}{X_L} - \dfrac{1}{X_C}\right)^2} = \sqrt{\left(\dfrac{1}{3}\right)^2 + \left(\dfrac{1}{4}\right)^2}$ [℧]
$Z = 2.4$ [Ω]
(Y : 어드미턴스, Z : 임피던스)

17 $v = V_m \sin(\omega t + 30°)$[V], $i = I_m \sin(\omega t - 30°)$[A]일 때 전압을 기준으로 할 때 전류의 위상차는?

① 60° 뒤진다.   ② 60° 앞선다.
③ 30° 뒤진다.   ④ 30° 앞선다.

해설
기준사인파에서 전압의 위상은 30° 빠르고, 전류의 위상은 30° 느리므로 그 차이는 60°이다. 그러므로 전압의 위상을 기준으로 전류의 위상은 60° 뒤진다.
$v = V_m \sin \omega t$ → 기준
$v_1 = V_m \sin(\omega t - \theta_1)$ → 뒤짐
$v_2 = V_m \sin(\omega t + \theta_2)$ → 앞섬

18 1대의 출력이 100[kVA]인 단상변압기 2대로 V결선하여 3상 전력을 공급할 수 있는 최대전력은 몇 [kVA]인가?

① 100   ② $100\sqrt{2}$
③ $100\sqrt{3}$ ④ 200

해설
V결선 시 최대전력은 변압기 1대 용량의 $\sqrt{3}$ 배를 공급한다.
$P_V = \sqrt{3} P = 100\sqrt{3}$ [kVA] (P : 변압기 1대의 용량)

19 RL 직렬회로에서 서셉턴스는?

① $\dfrac{R}{R^2 + X_L^2}$ ② $\dfrac{X_L}{R^2 + X_L^2}$
③ $\dfrac{-R}{R^2 + X_L^2}$ ④ $\dfrac{-X_L}{R^2 + X_L^2}$

해설
RL 직렬회로의 서셉턴스는 어드미턴스(Y)의 허수부를 말한다.
즉, $Y = \dfrac{1}{Z} = \dfrac{1}{R + jX} = \dfrac{R}{R^2 + X^2} + j\dfrac{-X}{R^2 + X^2} = G + jB$[℧]
(G : 컨덕턴스, B : 서셉턴스)

20 $R = 2$[Ω], $L = 10$[mH], $C = 4$[μF]으로 구성되는 직렬공진회로의 L과 C에서의 전압 확대율은?

① 3   ② 6
③ 16   ④ 25

해설
RLC 직렬공진회로에서의 선택성과 전압의 증대
공진 주파수에 근접한 주파수의 전류는 잘 흐르고, 다른 주파수의 전류는 거의 흐르지 못한다.
선택도, 전압 확대율
$Q = \dfrac{1}{R}\sqrt{\dfrac{L}{C}} = \dfrac{1}{2}\sqrt{\dfrac{10 \times 10^{-3}}{4 \times 10^{-6}}} = \dfrac{1}{2}\sqrt{2.5 \times 10^3} = 25$

21 직권 전동기가 위험속도로 회전이 가능한 이유는?

① 계자의 자기력선속이 부하전류에 반비례하므로
② 단자 전압이 일정할 때 회전수가 부하전류에 비례하므로
③ 부하전류가 증가하면 현저하게 속도가 증가하므로
④ 부하전류가 흐르지 않을 경우 무부하 상태가 되므로

해설
직권 전동기의 속도 특성
$N = k\dfrac{V - R_a I_a}{I_a}$ [rpm]에서 $R_a I_a$는 단자 전압에 비해 매우 작아서 무시하면 속도 $N = \dfrac{kV}{I_a}$ [rpm]이 된다. 여기서 k는 비례상수이고, 단자전압이 일정할 경우 회전수는 부하전류의 증가에 따라 급속하게 감소한다. 이와 같이 직권 전동기에서는 부하전류가 증가함에 따라 현저하게 속도가 감소하게 되고, 부하전류가 감소하면 급격히 속도가 상승하는 가변 속도 전동기가 있다. 특히, 무부하가 되면 대단히 속도가 높아져서 위험해진다.

22 정격출력이 4.8[kW], 1,250[rpm]인 분권 직류 발전기가 있다. 이 발전기의 전기자 저항이 0.2[Ω], 계자 전류가 2[A]라고 할 때, 발전기에서 발생한 기전력의 크기[V]는?(단, 단자 전압은 100[V], 기타 손실은 무시한다)

① 55   ② 110
③ 160   ④ 220

해설
분권 직류 발전기의 기전력

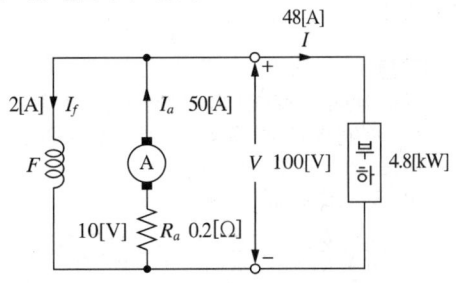

단자 전압이 100[V]이고, 출력이 4.8[kW]이므로 $P = VI$에서 부하 측으로 흐르는 전류 $I = 48$[A]이다. $I_a = I + I_f$[A]이므로, $I_a = 48 + 2 = 50$[A]이고, 전기자 저항이 0.2[Ω]이므로, 전기자 저항에 걸리는 전압은 10[V]이다.
따라서 $E = V + I_a R_a$[V]이므로, 발전기에서 발생한 기전력의 크기 $E = 100 + 10 = 110$[V]이다.

23 직류기의 무부하 포화 곡선은 무엇과 무엇의 관계 곡선인가?

① 단자 전압-계자 전류
② 단자 전압-부하 전류
③ 유도 전압-계자 전류
④ 부하 전류-계자 전류

해설
직류기의 무부하 포화 곡선
무부하 포화 곡선은 직류기가 무부하 정격 속도로 운전할 때 계자 전류와 유도기전력과의 관계를 나타내는 곡선을 말한다. 타여자 발전기의 무부하 특성 곡선에서 발전기의 속도를 일정하게 유지하고, 계자 저항기를 조정하면 계자 전류는 점차 증가하며, 계자 전류에 비례하여 자기력선속이 증가하므로 유도기전력은 계자 전류에 비례하여 커지는 특성을 볼 수 있다.

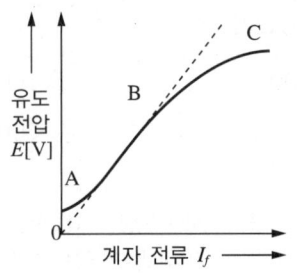

24 직류전동기를 발전기처럼 사용하여 발생한 전력을 전원에 반환하여 제동하는 전동기 제동 방법은?

① 발전제동
② 기계제동
③ 역전제동
④ 회생제동

해설
전동기를 발전기로 동작시켜 그 발생 전력을 전원에 되돌리는 제동방법은 회생제동법이다.
직류 전동기의 제동 방법
- 기계적 방법 : 마찰 브레이크를 이용하여 회전 장치와 마찰시켜 회전력을 감소시키는 방법
- 전기적 방법
 - 발전제동 : 운전 중인 전동기를 전원에서 분리한 후에 발전기로 작용시켜 회전체의 운동에너지를 전기 에너지로 변환하고, 저항 안에서 줄열로 소비시켜 제동하는 방법
 - 회생제동 : 전동기를 발전기처럼 사용하여 발생되는 전력을 전원에 반환하여 제동하는 방법으로 엘리베이터의 하강과 전기 기관차가 언덕을 내려가는 경우에 사용
 - 역전제동 : 전동기를 전원에 접속시킨 상태에서 전동기의 전기자 접속을 반대로 바꾸어 원래 회전하던 방향과 반대인 토크를 발생시켜 전동기를 급속히 정지시키는 방법

25 동기발전기에 회전계자형을 주로 사용하는 이유로 옳지 않은 것은?

① 기전력의 파형을 개선한다.
② 전기자보다 계자극을 회전자로 하는 것이 기계적으로 튼튼하다.
③ 전기자 권선은 고전압으로 결선이 복잡하다.
④ 계자 회로는 직류 저전압으로 전력소모가 적다.

해설
회전계자형 동기발전기의 특징
고전압을 유기하는 전기자는 고정시키고, 회전하는 회전자를 기계적으로 견고한 계자를 사용하여 전기적으로 절연이 쉽고 계자의 소요 전력은 작다. ①번의 기전력 파형의 개선은 분포권이나 단절권과 같은 전기자 권선법에 해당한다.

26 3상 교류 발전기의 기전력에 대하여 90도 늦은 전류가 흐를 때의 반작용 기자력은?

① 자극축보다 90도 늦은 감자 작용
② 자극축과 일치하는 증자 작용
③ 자극축과 일치하는 감자 작용
④ 자극축보다 90도 빠른 증자 작용

해설
동기발전기의 전기자 반작용(동기전동기와 반대특성)
동기발전기에 부하 전류가 흐를 때, 전기자 전류에 의한 회전 자기장이 회전자극의 주 자속에 대하여 일정한 크기의 영향을 주는 작용

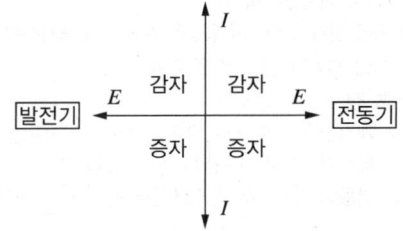

반작용	작 용	전기자전류(I_a)와 유기기전력(E)의 위상	부 하	역 률	전류 위상
횡축 반작용	교차 자화작용	I_a가 E와 같음	저 항	1	같 음
직축 반작용	감자작용	I_a가 E보다 $\frac{\pi}{2}$ 만큼 늦음	유도성	0	늦 음
	증자작용	I_a가 E보다 $\frac{\pi}{2}$ 만큼 빠름	용량성	0	빠 름

정답 24 ④ 25 ① 26 ③

27 동기조상기를 부족여자로 운전하면 어떻게 되는가?

① 콘덴서로 작용한다.
② 리액터로 작용한다.
③ 여자 전압의 이상 상승이 발생한다.
④ 일부 부하에 대하여 뒤진 역률을 보상한다.

해설
동기조상기는 무부하 운전을 하는 동기전동기를 부하와 병렬로 접속하여 여자전류를 조정함으로써 계통에 흐르는 전류의 위상과 크기를 변화시켜 전압 조정, 역률 개선, 전압 강하를 줄여준다. 과여자일 때는 진상작용을 하는 콘덴서로 동작을 하며, 부족여자일 때는 지상작용을 하는 리액터로 작용한다.

위상 특성곡선(V곡선)
- 공급 전압과 부하가 일정한 상태에서 계자전류 I_f를 변화시킬 때의 전기자 전류 변화 곡선
- 특 징
  - 계자전류 조정 → 전기자 전류의 크기/위상 조정
  - 부하가 클수록 V곡선이 위로 올라간다.
  - 역률이 1인 경우 전기자 전류는 최소가 된다.

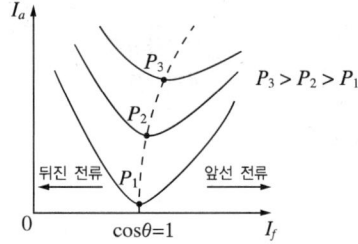

28 동기 리액턴스가 10[Ω]인 3상 동기발전기(Y결선)에서 1상의 단자전압이 4,000[V]이고, 유도기전력이 6,400[V] 일 때 발전기의 출력[kW]은?(단, 부하각은 30도이다)

① 1,250
② 2,830
③ 3,840
④ 4,650

해설
3상 동기발전기의 출력(P_{s3})

$P_{s3} = \dfrac{3EV}{x_s}\sin\delta = \dfrac{E_l V_l}{x_s}\sin\delta[\text{W}]$ (E_l : 선간기전력, V_l : 선간전압)에서

$x_s = 10,\ E = 6,400,\ V = 4,000,\ \delta = 30°$이므로,

$P_{s3} = \dfrac{3EV}{x_s}\sin\delta = 3 \times \dfrac{6,400 \times 4,000}{10}\sin 30° = 3,840,000[\text{W}]$
$= 3,840[\text{kW}]$

29 다음의 변압기의 병렬운전에 대한 설명이 틀린 것은?

① 각 변압기의 임피던스가 정격용량에 비례해야 한다.
② 각 변압기의 저항과 누설리액턴스 비가 같아야 한다.
③ 권수비, 1차 및 2차의 정격 전압이 같아야 한다.
④ 극성이 같아야 한다.

해설
변압기의 병렬운전
병렬운전을 위해서는 각 변압기 용량에 비례하여 전류를 분담해야 하고, 변압기 간에 순환전류가 흐르지 않아야 하는데 이 순환전류가 발생하지 않도록 다음의 사항을 지켜야 한다.
- 각 변압기의 1차, 2차 정격 전압이 각각 같고, 극성이 같을 것
- 권수비가 같을 것
- 각 변압기의 저항과 (누설) 리액턴스의 비가 같을 것
- 3상의 경우 상 회전 방향이 같고, 위상 변위가 같을 것

27 ② 28 ③ 29 ①

30 변압기 내부 고장 시 발생하는 기름의 흐름 변화를 검출하는 부흐홀츠 계전기의 설치 위치로 알맞은 것은?

① 변압기 본체
② 변압기의 고압측 부싱
③ 콘서베이터 내부
④ 변압기 본체와 콘서베이터를 연결하는 파이프

해설
부흐홀츠 계전기
변압기 내부 고장으로 인한 절연유의 온도 상승 시 발생하는 유증기를 검출하여 경보 및 차단하기 위한 계전기
• 부흐홀츠 계전기로 보호되는 기기 : 변압기
• 설치 위치로 가장 적당한 곳 : 변압기 주탱크와 콘서베이터 사이

31 P형 반도체의 전기 전도의 주된 역할을 하는 반송자는?

① 전 자
② 정 공
③ 3가 원소
④ 5가 원소

해설
P형 반도체
순도가 높은 4가의 물질(Si, Ge)에 3가의 B, Ga을 넣으면 3개의 전자만 규소 원자와 공유결합할 수 있어 하나가 부족한 곳이 생기는데, 이와 같은 곳을 정공(Hole)이라고 하며 주된 반송자 역할을 하게 된다.

32 △-△결선방식에 특징으로 옳지 않은 것은?

① 변압기 외부에 제3고조파가 발생한다.
② 상전류는 선전류의 $\frac{1}{\sqrt{3}}$이다.
③ 중성점의 접지가 안 되어 지락 사고 시 보호가 곤란하다.
④ 변압기 3대 중 1대가 고장이 나도 V-V결선으로 운전할 수 있다.

해설
△-△결선방식의 특징
• 제3고조파 전류가 델타결선 내에서 순환하여 외부에 고조파 성분이 나오지 않는다.
• 중성점의 접지가 안 되어 지락 사고 시 보호가 곤란하다.
• 1, 2차의 전압은 위상차가 없고, 상전류는 선 전류의 $\frac{1}{\sqrt{3}}$이다.
• 변압기 3대 중 1대가 고장이 나도 V-V결선으로 운전할 수 있다.

33 3상 유도전동기 슬립의 범위는?

① $0 < s < 1$
② $-1 < s < 0$
③ $1 < s < 2$
④ $-1 < s < 1$

해설
유도전동기의 슬립 범위
$s = \frac{N_s - N}{N_s}$ 이므로 $s=1$은 정지상태($N=0$), $s=0$은 무부하 상태($N=N_s$, 동기속도)를 말한다. 부하 시 유도전동기의 슬립 범위는 $0 < s < 1$이며, 발전기인 경우 $s < 0$이다. 특히 역상제동의 경우 역회전 속도가 발생하므로, 슬립은 1보다 커지며, 이때 슬립의 범위는 $s > 1 \sim 2$가 된다.

정답 30 ④ 31 ② 32 ① 33 ①

34 3상, 60[Hz] 전원에 의해 여자되는 6극 유도전동기의 전 부하 속도가 1,140[rpm]일 때 슬립[%]은?

① 0   ② 1
③ 5   ④ 10

해설
유도전동기의 슬립
유도전동기의 동기속도 $N_s = \dfrac{120f}{p} = \dfrac{120 \times 60}{6} = 1,200[\text{rpm}]$
이므로
슬립 $s = \dfrac{N_s - N}{N_s} = \dfrac{1,200 - 1,140}{1,200} = \dfrac{60}{1,200} = 0.05 = 5[\%]$
이다.

35 최대토크 시 3상 유도전동기의 2차 저항을 2배로 하면 그 값이 2배로 되는 것은?

① 슬 립   ② 토 크
③ 속 도   ④ 기동 전류

해설
권선형 유도전동기의 비례추이
권선형 유도 전동기의 회전자에 외부에서 저항을 접속한 후 변화시키면 토크는 그대로 유지하면서 저항에 비례하여 슬립(속도)이 이동하는데 이를 비례추이라 한다. 외부저항을 2배, 3배로 증가시키면 최대토크 시 슬립(s_t)도 2배, 3배로 증가하여 운전토크는 일정하며 기동전류 및 속도는 감소한다.
(최대토크 $T_m \propto \dfrac{r_2}{s_t} = \dfrac{mr_2}{ms_t} \cdots$)

36 3상 유도전동기의 1차 입력 60[kW], 1차 손실 1[kW], 슬립 3[%]일 때 기계적 출력[kW]은?

① 62   ② 60
③ 59   ④ 57

해설
유도전동기의 기계적 출력
• 2차 입력 = 1차 입력 − 1차 손실 = 60 − 1 = 59[kW]
• 기계적 출력 = 2차 입력 × 효율 = 2차 입력 × (1 − 슬립)
   = 59 × (1 − 0.03) = 57[kW]

37 $e = \sqrt{2}E\sin\omega t[\text{V}]$의 정현파 전압을 가했을 때 직류 평균값 $E_m = 0.45E[\text{V}]$인 회로는?

① 단상반파 정류회로
② 단상전파 정류회로
③ 3상반파 정류회로
④ 3상전파 정류회로

해설
각 파형별 직류전압의 평균값 E_d와 교류전압의 실효값 E의 관계
• 단상반파의 출력전압 : $E_d = 0.45E$
• 단상전파의 출력전압 : $E_d = 0.9E$
• 3상반파의 출력전압 : $E_d = 1.17E$
• 3상전파의 출력전압 : $E_d = 1.35E$

38 그림은 유도전동기 속도제어 회로 및 트랜지스터의 컬렉터 전류 그래프이다. ⓐ와 ⓑ에 해당하는 트랜지스터는?

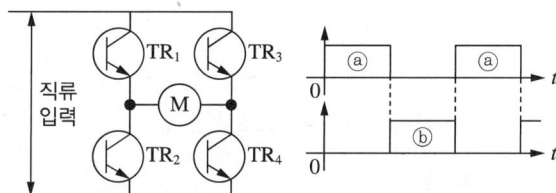

① ⓐ는 TR₁과 TR₂, ⓑ는 TR₃과 TR₄
② ⓐ는 TR₁과 TR₃, ⓑ는 TR₂과 TR₄
③ ⓐ는 TR₂과 TR₄, ⓑ는 TR₁과 TR₃
④ ⓐ는 TR₁과 TR₄, ⓑ는 TR₂과 TR₃

해설
트랜지스터를 활용한 전동기 제어
전동기를 구동시키기 위해서는 TR₁, TR₄가 동작될 때와 TR₂, TR₃가 동작될 때 전동기에 전류가 공급된다.

40 다음 중 턴오프(소호)가 가능한 소자는?

① GTO ② TRIAC
③ SCR ④ LASCR

해설
GTO(Gate Turn-Off Thyristor)
• 전력용 반도체 소자(사이리스터)의 일종으로 게이트 신호로 전원 On/Off 제어(자기소호 가능)
• 게이트에 역방향의 전류를 흐르게 하는 것으로 턴오프할 수 있는 기능을 가진 사이리스터
• 유도전동기 구동용 PWM 제어 VVVF 인버터, 차량의 보조 전원, 차단기 등에 사용
• ON/OFF 제어에 의한 분류
 - ON, OFF 불가능 : 다이오드
 - ON만 가능, OFF 불가능 : SCR(사이리스터), TRIAC
 - ON, OFF 가능 : GTO, BJT, MOSFET, IGBT

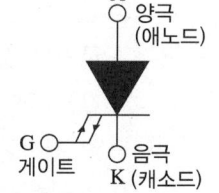

39 1차 쪽에 있는 전력계가 5[kW]이고, 2차 쪽에 있는 전력계가 4.85[kW]일 때 이 변압기의 효율은?

① 90 ② 92
③ 95 ④ 97

해설
변압기의 효율
$\eta = \dfrac{출력}{입력} \times 100 = \dfrac{P_2}{P_1} \times 100 = \dfrac{4.85}{5} \times 100 = 97[\%]$

41 전압이 220[V]이고, 설비부하가 8,250[VA]인 이 주택의 분기 회로수는?(단, 별도의 다른 전기설비는 없다)

① 2 ② 3
③ 4 ④ 5

해설
사용전압이 220[V]인 경우 설비부하 8,250[VA]를 3,300[VA]로 나누어 회로수를 구한다.
8,250[VA] ÷ 3,300[VA] = 2.5
가 되어 소수를 절상하면 3회로가 된다.
또한 그 밖에 3[kW]의 룸 에어컨이 설치된다면 별도로 1회로를 추가해야 된다.

정답 38 ④ 39 ④ 40 ① 41 ②

42 두 개 이상의 전선을 병렬로 사용하는 경우에 대한 설명이다. 틀린 것은?

① 병렬로 사용하는 각 전선의 굵기는 구리선 50[mm²] 이상 또는 알루미늄 70[mm²] 이상으로 한다.
② 전선은 같은 도체, 같은 재료, 같은 길이 및 같은 굵기의 것을 사용한다.
③ 같은 극의 각 전선은 동일한 터미널러그에 완전히 접속한다.
④ 병렬로 사용하는 전선에는 각각에 퓨즈를 설치한다.

해설
- 병렬로 사용하는 전선에는 각각에 퓨즈를 설치하지 말 것
- 교류회로에서 병렬로 사용하는 전선은 금속관 안에 전자적 불평형이 생기지 않도록 시설할 것

43 최대사용전압이 7[kV] 이하인 전로의 절연내력의 시험전압값은?

① 최대사용전압의 0.92배
② 최대사용전압의 1.1배
③ 최대사용전압의 1.25배
④ 최대사용전압의 1.5배

해설
전로의 종류 및 시험전압

전로의 종류	시험전압
최대사용전압 7[kV] 이하인 전로	최대사용전압의 1.5배의 전압
최대사용전압 7[kV] 초과 25[kV] 이하인 중성점 접지식 전로	최대사용전압의 0.92배의 전압
최대사용전압 7[kV] 초과 60[kV] 이하인 전로	최대사용전압의 1.25배의 전압 (10.5[kV] 미만으로 되는 경우는 10.5[kV])
최대사용전압 60[kV] 초과 중성점 비접지식전로	최대사용전압의 1.25배의 전압
최대사용전압 60[kV] 초과 중성점 접지식 전로	최대사용전압의 1.1배의 전압 (75[kV] 미만으로 되는 경우에는 75[kV])

44 접지선(접지도체)은 지하 몇 [m]부터 지상 몇 [m]까지 합성수지관으로 덮어야 하는가?

① 지하 0.75[m] ~ 지표상 1.8[m]
② 지하 0.75[m] ~ 지표상 2[m]
③ 지하 1[m] ~ 지표상 1.8[m]
④ 지하 1[m] ~ 지표상 2[m]

해설
접지도체의 지하 0.75[m]부터 지표상 2[m]까지의 부분은 합성수지관(두께 2[mm] 미만의 합성수지제 전선관 및 난연성이 없는 콤바인덕트관은 제외) 또는 이와 동등 이상의 절연효력 및 강도를 가지는 몰드로 덮어야 한다.

45 보호도체의 전기적 연속성 보호에 대한 설명으로 틀린 것은?

① 기계적인 손상, 화학적·전기화학적 열화, 전기역학적·열역학적 힘에 대해 보호되어야 한다.
② 보호도체와 타 기기 사이의 접속은 전기적연속성 보장 및 충분한 기계적 강도와 보호를 구비하여야 한다.
③ 보호도체를 접속하는 나사는 다른 목적으로 겸용해서는 안 된다.
④ 접속부는 납땜으로 접속할 수 있다.

해설
접속부는 납땜으로 접속해서는 안 된다.

46 다음과 같은 조건일 경우 누전차단기 설치를 하지 않아도 되는 곳은?

> 금속제 외함을 가지는 사용전압이 50[V]를 초과하는 저압의 기계 기구로서 사람이 쉽게 접촉할 우려가 있는 곳에 시설하는 것에 전기를 공급하는 전로일 경우

① 기계기구를 발전소·변전소·개폐소 또는 이에 준하는 곳에 시설하는 경우
② 기계기구를 건조한 곳에 시설하는 경우
③ 대지전압이 300[V] 이하인 기계기구를 물기가 있는 곳 이외의 곳에 시설하는 경우
④ 기계기구가 유도전동기의 2차 측 전로에 접속되는 것일 경우

해설
누전차단기 설치 예외(50[V]를 초과하는 저압의 기계기구)
- 기계기구를 발전소·변전소·개폐소 또는 이에 준하는 곳에 시설하는 경우
- 기계기구를 건조한 곳에 시설하는 경우
- 대지전압이 150[V] 이하인 기계기구를 물기가 있는 곳 이외의 곳에 시설하는 경우
- 전기용품 및 생활용품 안전관리법의 적용을 받는 이중절연구조의 기계기구를 시설하는 경우
- 그 전로의 전원 측에 절연변압기(2차 전압이 300[V] 이하인 경우에 한한다)를 시설하고 또한 그 절연변압기의 부하 측의 전로에 접지하지 아니하는 경우
- 기계기구가 고무·합성수지 기타 절연물로 피복된 경우
- 기계기구가 유도전동기의 2차 측 전로에 접속되는 것일 경우

47 코일 주위에 전기적 특성이 큰 에폭시 수지를 고진공으로 침투시키고, 다시 그 주위를 기계적 강도가 큰 에폭시 수지로 몰딩한 변압기는?

① 건식 변압기 ② 유입 변압기
③ 몰드 변압기 ④ 타이 변압기

해설
몰드 변압기의 특징
- 몰드 변압기에 사용되고 있는 에폭시 수지에는 무기질 충전제가 배합되어 있으며 난연성, 자기 소화성이 있다.
- 내습, 내진성이 우수하다.
- 전기적, 기계적 특성이 높다.
- 보수·점검이 용이하다.

48 다선식 옥내배선 회로에서 중성선의 전선 색상으로 옳은 것은?

① 갈 색 ② 빨간색
③ 파란색 ④ 녹 색

해설
전선의 식별

상(문자)	색 상	상(문자)	색 상
L1	갈 색	N	파란색
L2	검은색	보호도체(PE)	녹색-노란색
L3	회 색		

49 저압 옥내 직류 2선식의 전기설비 중 접지를 생략할 수 있는 전압은 최대 몇 [V] 이하인가?

① 60 ② 80
③ 110 ④ 220

해설
직류 2선식 전기설비의 접지 생략 가능 경우
- 사용전압이 60[V] 이하인 경우
- 접지검출기를 설치하고 특정구역 내의 산업용 기계기구에만 공급하는 경우
- 교류전로로부터 공급을 받는 정류기에서 인출되는 직류계통
- 최대전류 30[mA] 이하의 직류화재경보회로
- 절연감시장치 또는 절연고장점검출장치를 설치하여 관리자가 확인할 수 있도록 경보장치를 시설하는 경우

정답 46 ③ 47 ③ 48 ③ 49 ①

50 저압 이웃 연결 인입선의 시설과 관련된 설명으로 알맞은 것은?

① 옥내를 통과하지 아니할 것
② 전선의 굵기는 1.5[mm²] 이하일 것
③ 폭 6[m]를 넘는 도로를 횡단하지 아니할 것
④ 인입선에서 분기하는 점으로부터 150[m]를 넘는 지역에 미치지 아니할 것

해설
이웃 연결 인입선의 시설
저압 이웃 연결 인입선은 저압 인입선의 시설의 규정에 준하여 시설하는 이외에 다음에 따라 시설하여야 한다.
- 인입선에서 분기하는 점으로부터 100[m]를 초과하는 지역에 미치지 아니할 것
- 폭 5[m]를 초과하는 도로를 횡단하지 아니할 것
- 옥내를 통과하지 아니할 것

51 가로 20[m], 세로 18[m], 천정의 높이 3.85[m], 작업면의 높이 0.85[m], 간접조명 방식인 호텔 연회장의 실지수는 약 얼마인가?

① 1.16   ② 2.16
③ 3.16   ④ 4.16

해설
실지수
실지수 $= \dfrac{XY}{H(X+Y)} = \dfrac{20 \times 18}{3(20+18)} \fallingdotseq 3.16$
여기서, X : 방의 가로 길이(폭)
Y : 방의 세로 길이
H : 피조면에서 조명기구까지의 높이(일반 사무실에서는 바닥 위 0.85[m])

52 금속관공사를 노출로 시공할 때 직각으로 구부러지는 곳에는 어떤 배선기구를 사용하는가?

① 유니온 커플링   ② 아웃렛 박스
③ 픽스처 히키   ④ 유니버설 엘보

해설
- 유니온 커플링 : 금속관 상호 접속용으로 관이 조정되어 있을 때 또는 관 자체를 돌릴 수 없을 때에 사용한다.
- 아웃렛 박스 : 전선관공사에 있어 전등기구나 점멸기 또는 콘센트의 고정, 접속함으로 사용되며 4각 및 8각이 있다.
- 픽스처 히키 : 무거운 기구를 박스에 취부할 때 사용한다.

53 ACSR 약호의 품명은?

① 경동연선   ② 중공연선
③ 알루미늄선   ④ 강심 알루미늄 연선

해설
가공송전선로에 주로 사용되는 ACSR(Aluminum Conductor Steel Reinforced)전선은 아연 도금된 철선 또는 그 철선을 꼬아 만든 케이블 위에 다시 알루미늄선을 꼬아 만들어진 전선이다. 철선 부분은 전선을 걸어 맬 때 발생되는 기계적 응력을 담당하고 알루미늄 부분은 전력을 수송하는 역할을 맡는다.

54 후강전선관의 관 호칭은 (㉠) 크기로 정하여 (㉡)로 표시하는데, ㉠과 ㉡에 들어갈 내용으로 옳은 것은?

① ㉠ 안지름   ㉡ 홀수
② ㉠ 안지름   ㉡ 짝수
③ ㉠ 바깥지름   ㉡ 홀수
④ ㉠ 바깥지름   ㉡ 짝수

해설
- 후강전선관 : 안지름 근접 짝수(호칭), 16~104[mm] 10종, 길이 3.6[m]
- 박강전선관 : 바깥지름 근접 홀수(호칭), 19~75[mm] 7종, 길이 3.6[m]

55 일반적으로 정크션 박스 내에서 사용되는 전선 접속방식은?

① 슬리브 ② 코드노트
③ 코드파스너 ④ 와이어 커넥터

해설
박스 내에서의 전선접속은 쥐꼬리 접속이나 와이어 커넥터를 이용하여 접속한다.
• 와이어 커넥터 접속 : 심선가닥을 모아 소형 와이어 커넥터를 끼워 조인다.
• 슬리브 접속 : 슬리브는 전선접속용으로 사용하며, 압축형과 관형이 있다.

56 설비용량 600[kW], 부등률 1.2, 수용률 0.6일 때 합성최대전력 [kW]은?

① 240 ② 300
③ 432 ④ 833

해설
• 수용률 $= \dfrac{\text{최대수용전력}[kW]}{\text{설비용량}[kW]} \times 100[\%]$

$0.6 = \dfrac{\text{최대수용전력}[kW]}{600[kW]}$ 이므로

∴ 최대수용전력 $= 360[kW]$

• 부등률 $= \dfrac{\text{최대수용전력의 합}[kW]}{\text{합성최대수용전력}[kW]} \times 100[\%]$

$1.2 = \dfrac{360[kW]}{\text{합성최대수용전력}[kW]}$ 이므로

∴ 합성최대수용전력 $= 300[kW]$

57 옥내의 저압전로와 대지 사이의 절연저항 측정에 알맞은 계기는?

① 회로 시험기 ② 접지 측정기
③ 네온 검전기 ④ 메거 측정기

해설
• 메거 : 옥내에 시설하는 저압 전로와 대지 사이의 절연 저항 측정
• 회로 시험기 : 일반적 전압, 전류, 저항 측정기
• 네온 검전기 : 전로의 충전유무를 확인

58 한국전기설비규정에 의하면 이중천장에 사용가능한 전선관은?

① 합성수지제 가요전선관(CD관)
② 합성수지제 평활전선관(PE관)
③ PVC 전선관
④ 금속제 가요전선관

해설
한국전기설비규정에 의하면 이중천장 내부의 사용되는 전선관은 전기화재 발생 시 파급효과를 줄이기 위해 금속제 가요전선관을 사용한다.

59 절연전선을 동일 금속덕트 내에 넣을 경우 금속덕트의 크기는 전선의 피복절연물을 포함한 단면적의 총합계가 금속덕트 내 단면적의 몇 [%] 이하가 되도록 선정하여야 하는가?(단, 제어회로 등의 배선에 사용하는 전선만을 넣는 경우이다)

① 30 ② 40
③ 50 ④ 60

해설
배선 금속덕트의 크기는 전선의 피복절연물을 포함한 단면적의 총합계가 금속덕트 내 단면적의 20[%](제어회로 등의 경우는 50[%]) 이하가 되도록 선정하여야 한다.

60 피뢰기의 약호는?

① LA ② PF
③ SA ④ COS

해설
• PF(Power Fuse) : 전력용 퓨즈 고압 및 특고압 기기의 단락보호용
• SA(Surge Absorber) : 서지흡수기로 주고 개폐서지 보호용 사용되며, 순간적으로 발생하는 전압파를 흡수하기 위한 장치
• COS(컷아웃스위치) : 주로 변압기 1차측에 설치하여 변압기의 보호와 단로를 위한 목적으로 사용

정답 55 ④ 56 ② 57 ④ 58 ④ 59 ③ 60 ①

2023년 제3회 과년도 기출복원문제

01 그림에서 폐회로에 흐르는 전류는 몇 [A]인가?

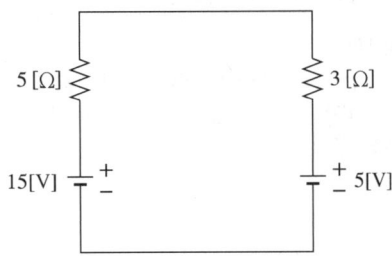

① 1
② 1.25
③ 2
④ 2.5

해설
다음과 같이 폐회로를 정리할 수 있다.
- 전체 전압 $V = 15 - 5 = 10[\text{V}]$
- 전체 저항 $R = 5 + 3 = 8[\Omega]$
- 전류 $I = \dfrac{V}{R} = \dfrac{10}{8} = 1.25[\text{A}]$

02 어떤 도체에 t초 동안에 $Q[\text{C}]$의 전기량이 이동하면 이때 흐르는 전류[A]는?

① $I = Qt$
② $I = Q^2 t$
③ $I = \dfrac{t}{Q}$
④ $I = \dfrac{Q}{t}$

해설
전류(I)는 어떤 도체의 단면을 단위시간 1[s]에 이동하는 전하(Q)의 양이다.
$I = \dfrac{Q}{t}[\text{A}]$

03 회로에서 a-b 단자 간 합성저항[Ω] 값은?

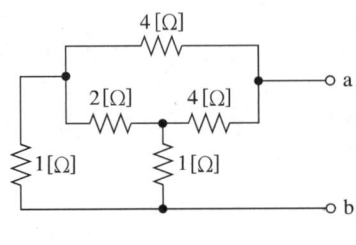

① 1.5
② 2
③ 2.5
④ 3

해설
브리지의 평형조건($RP = QX$: 마주보는 변의 곱은 서로 같다)을 이용하면 저항 2[Ω]에는 전류가 흐를 수 없기 때문에 다음과 같이 저항을 정리하여 저항을 구하면

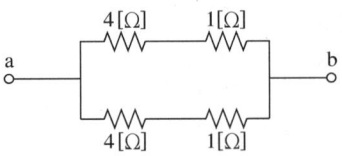

$R_{ab} = \dfrac{5 \times 5}{5 + 5} = \dfrac{25}{10} = 2.5[\Omega]$

04 기전력 120[V], 내부저항(r)이 15[Ω]인 전원이 있다. 여기에 부하저항(R)을 연결하여 얻을 수 있는 최대전력[W]은?(단, 최대전력 전달조건은 $r = R$이다)

① 100
② 140
③ 200
④ 240

해설
최대전력 전달조건 $r = R$에서 먼저 전체 전류 I를 구하면
$I = \dfrac{V}{R_{th}} = \dfrac{120}{15 + 15} = 4[\text{A}]$가 흐르고
이 전원에 저항 R을 연결하여 얻을 수 있는 최대전력은
$P = I^2 R = 4^2 \times 15 = 240[\text{W}]$이다.

정답 1 ② 2 ④ 3 ③ 4 ④

05 일반적으로 절연체를 서로 마찰시키면 이들 물체는 전기를 띠게 된다. 이와 같은 현상은?

① 분 극 ② 정 전
③ 대 전 ④ 코로나

해설
- 유전분극 : 절연체에 전기장을 가할 때 한쪽에는 양전하가 많게 되고 다른 한쪽에는 음전하가 많아져 양전하와 음전하가 나뉘는 현상
- 정전유도 : 도체 또는 유전체에 전하를 접근시킬 때, 전하가 만드는 정전기장의 영향으로 도체 또는 유전체 표면에 전하가 나타나는 현상
- 코로나 : 두 전극 사이에 높은 전압을 가하면 불꽃을 내기 전에 전기장의 강한 부분만이 발광하여 전도성을 갖는 현상(송전선 상호 간이나 송전선과 대지 사이에서 일어남)

06 전기력선의 성질 중 맞지 않는 것은?

① 전기력선은 양(+)전하에서 나와 음(-)전하에서 끝난다.
② 전기력선의 접선방향이 전장의 방향이다.
③ 전기력선은 도중에 만나거나 끊어지지 않는다.
④ 전기력선은 등전위면과 교차하지 않는다.

해설
전기력선과 등전위면은 수직 교차한다.

07 전기장 중에 단위전하를 놓았을 때, 그것에 작용하는 힘은 어느 값과 같은가?

① 전장의 세기 ② 전 하
③ 전 위 ④ 전위차

해설
전기장의 세기는 전기장 중에 단위전하를 놓았을 때 작용하는 전기력의 크기로 정의한다.
Q[C]의 전하로부터 r[m] 떨어진 점의 전기장의 세기
$E = \dfrac{Q}{4\pi\varepsilon r^2} = 9\times 10^9 \dfrac{Q}{\varepsilon_r r^2}$ [V/m]
$E = \dfrac{가닥수(N)}{면적(S)}$ [V/m]

08 30[μF]과 40[μF]의 콘덴서를 병렬로 접속한 후 100[V]의 전압을 가했을 때 전 전하량은 몇 [C]인가?

① 17×10^{-4} ② 34×10^{-4}
③ 56×10^{-4} ④ 70×10^{-4}

해설
콘덴서의 합성용량은 병렬이므로 $C_1 + C_2 = 70\times 10^{-6}$ [μF]이다.
$Q = CV = (70\times 10^{-6})\times 100 = 70\times 10^{-4}$ [C]

09 도면과 같이 공기 중에 놓인 2×10^{-8}[C]의 전하에서 2[m] 떨어진 점 P와 1[m] 떨어진 점 Q와의 전위차는 몇 [V]인가?

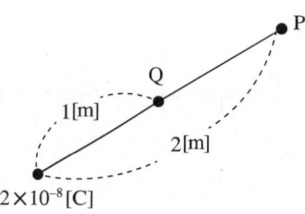

① 80 ② 90
③ 100 ④ 110

해설
점 Q와 P에서의 전위차는
$Q - P = \left(\dfrac{Q_1}{4\pi\varepsilon r_1}\right) - \left(\dfrac{Q_2}{4\pi\varepsilon r_2}\right)$
$= \left(9\times 10^9 \times \dfrac{2\times 10^{-8}}{1}\right) - \left(9\times 10^9 \times \dfrac{2\times 10^{-8}}{2}\right)$
$= 180 - 90 = 90$ [V]

10 어떤 회로의 소자에 일정한 크기의 전압으로 주파수를 2배로 증가시켰더니 흐르는 전류의 크기가 $\frac{1}{2}$로 되었다. 이 소자의 종류는?

① 저 항 ② 코 일
③ 콘덴서 ④ 다이오드

해설
코일은 유도성 리액턴스로 리액턴스 값이 주파수에 비례한다.
$X_L = \omega L = 2\pi f L [\Omega]$

11 RL 직렬회로에서 임피던스(Z)의 크기를 나타내는 식은?

① $R^2 + X_L^2$ ② $R^2 - X_L^2$
③ $\sqrt{R^2 + X_L^2}$ ④ $\sqrt{R^2 - X_L^2}$

해설
RLC 직렬회로에서의 임피던스 값은
$Z = \sqrt{R^2 + (X_L - X_C)^2}$ 이므로
RL 직렬회로에서는 $Z = \sqrt{R^2 + X_L^2}$ 이 된다.

12 어떤 회로에서 전압과 전류가 각각 $v = 220\sqrt{2}\sin(377t + 60°)$, $i = 10\sqrt{6}\sin(377t + 30°)$ 이라고 할 때, 소비전력[W]은 얼마인가?

① 13,200 ② 6,600
③ 3,300 ④ 2,200

해설
소비전력을 구하기 위한 전압과 전류값은 실횻값이므로 계산해야 한다.
주어진 순시전압, 순시전류값은 최댓값이므로 순시값에 $1/\sqrt{2}$를 곱해야 한다.
또한 전압과 전류의 위상차는 $\theta = 60° - 30° = 30°$이다.
소비전력 $P = VI\cos\theta = 220 \times 10\sqrt{3} \times \cos 30° = 3,300[W]$

13 그림의 전력 삼각형에서 빈칸 ㉠에 해당하는 것은?

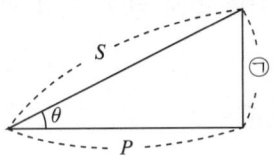

① 무효전력 ② 복소전력
③ 유효전력 ④ 피상전력

해설
- 피상전력 S : 이론상의 전력(전기기기의 용량표시전력)
- 유효전력 P : 실제 사용되는 전력(전기기기에 사용된 전력)
- 무효전력 : 실제 사용되지 않은 전력(전기기기 사용 시 손실된 전력)

14 선간전압 210[V], 선전류 10[A]의 Y결선 회로가 있다. 상전압과 상전류는 각각 약 얼마인가?

① 121[V], 5.77[A] ② 121[V], 10[A]
③ 210[V], 5.77[A] ④ 210[V], 10[A]

해설
- △결선 : $I_l = \sqrt{3} I_p$, $V_l = V_p$
- Y결선 : $I_l = I_p$, $V_l = \sqrt{3} V_p$
여기서, I_l : 선전류, I_p : 상전류, V_l : 선간전압, V_p : 상전압
상전압 $V_P = \frac{V_l}{\sqrt{3}} = \frac{210}{\sqrt{3}} = 121.24[V]$
상전류 $I_l = I_p = 10[A]$

15 단상 100[V], 800[W], 역률 80[%]인 회로의 리액턴스는 몇 [Ω]인가?

① 10   ② 8
③ 6   ④ 2

해설

전력 공식은 $P = VI\cos\theta$ 이므로 식에 값을 대입하면
$800 = 100 \cdot I \cdot 0.8$
$\therefore I = 10[A]$

임피던스 값 $Z = \dfrac{V}{I} = \dfrac{100}{10} = 10[\Omega]$

저항값 $\cos\theta = \dfrac{R}{Z}$ 식에 임피던스 값(Z)을 대입하면 $0.8 = \dfrac{R}{10}$
$\therefore R = 8[\Omega]$

리액턴스 값 X_L은 $Z = \sqrt{R^2 + X_L^2}$ 에서 치환하면
$X_L = \sqrt{Z^2 - R^2} = \sqrt{10^2 - 8^2} = \sqrt{36} = 6[\Omega]$

16 전류에 의한 자기장의 세기를 구하는 비오-사바르의 법칙을 옳게 나타낸 것은?

① $\triangle H = \dfrac{I \triangle l \sin\theta}{4\pi r^2}$ [AT/m]

② $\triangle H = \dfrac{I \triangle l \sin\theta}{4\pi r}$ [AT/m]

③ $\triangle H = \dfrac{I \triangle l \cos\theta}{4\pi r}$ [AT/m]

④ $\triangle H = \dfrac{I \triangle l \cos\theta}{4\pi r^2}$ [AT/m]

해설

비오-사바르의 법칙은 전류의 흐름에 의하여 일정한 거리에 자장이 발생된다는 것을 설명한다.
$dH = \dfrac{Idl \sin\theta}{4\pi r^2}$[AT/m]

17 비정현파의 실횻값을 나타낸 것은?

① 최대파의 실횻값
② 각 고조파의 실횻값의 합
③ 각 고조파의 실횻값의 합의 제곱근
④ 각 고조파의 실횻값의 제곱의 합의 제곱근

해설

- 비정현파(비사인파) : 기본파와 고조파, 직류분의 합으로 이루어짐
  - 기본파 : 비사인파에서 주파수가 f인 파
  - 고조파 : 주파수가 기본파의 2배, 3배, 4배, …가 되는 파로, 각각 2고조파, 3고조파, 4고조파, …라 부른다.
- 비정현파의 실횻값은 각 고조파의 실횻값의 제곱의 합의 제곱근이다.
  $V = \sqrt{V_2^2 + V_3^2 + V_4^2 + \cdots}$

18 파고율, 파형률이 모두 1인 파형은?

① 사인파   ② 고조파
③ 구형파   ④ 삼각파

해설

- 파형률 : 파의 기울기 정도(=실횻값/평균값)
- 파고율 : 파두의 날카로운 정도(=최댓값/실횻값)

파 형	최댓값	실횻값	평균값	파형률	파고율
구형파 (직사각형파)	V	V	V	1	1
사인파 (정현파)	V	$\dfrac{V}{\sqrt{2}}$	$\dfrac{2V}{\pi}$	1.11	1.414
삼각파	V	$\dfrac{V}{\sqrt{3}}$	$\dfrac{V}{2}$	1.155	1.732

정답   15 ③   16 ①   17 ④   18 ③

19 3[kW]의 전열기를 1시간 동안 사용할 때 발생하는 열량[kcal]은?

① 3
② 180
③ 860
④ 2,580

해설
열에너지 1[cal] = 4.186[J], 1[W] = 1[J/s]

∴ 열량 = $3[kW] \times 3,600[s] \times \dfrac{1}{4.186} ≒ 2,580[kcal]$

20 $R = 2[\Omega]$, $L = 10[mH]$, $C = 4[\mu F]$으로 구성되는 직렬공진회로의 L과 C에서의 전압 확대율은?

① 3
② 6
③ 16
④ 25

해설
RLC 직렬공진회로에서의 선택성과 전압의 증대
공진 주파수에 근접한 주파수의 전류는 잘 흐르고, 다른 주파수의 전류는 거의 흐르지 못한다.
선택도, 전압 확대율

$Q = \dfrac{1}{R}\sqrt{\dfrac{L}{C}} = \dfrac{1}{2}\sqrt{\dfrac{10 \times 10^{-3}}{4 \times 10^{-6}}} = \dfrac{1}{2}\sqrt{2.5 \times 10^3} = 25$

21 전기자 반작용에 대한 설명으로 옳지 않은 것은?

① 전기적인 중성축이 이동한다.
② 보극과 보상권선을 설치하여 전기자 반작용을 방지한다.
③ 유도기전력이 증가한다.
④ 브러시와 정류자 사이에서 불꽃이 발생한다.

해설
전기자 반작용 현상은 발전기, 전동기에 있어서 전기자 전류에 의해 생기는 자속이 주계자의 자속 분포를 일그러지게 하여 그 결과 발전기의 유도기전력을 감소시키는 등 전동기 속도나 발전기의 전압변동률 등에 영향을 미친다.

전기자 반작용
- 직류 발전기의 전기자 전류가 흐를 때에 발생한 자기력이 계자의 자기력선속 분포에 영향을 주는 것을 전기자 반작용이라고 한다. 전기자 반작용은 자기력선속의 분포를 찌그러뜨려 중성축을 이동시키고, 브러시와 정류자 사이에 불꽃을 발생시킨다. 또, 계자의 자기력선속을 감소시켜 기전력을 감소시킨다.
- 전기자 반작용 방지 대책
  - 브러시의 위치를 전기적 중성점(자기력선속 밀도가 0이 되는 위치)으로 이동
  - 보극(계자 이외의 또 다른 계자)을 설치
  - 보상 권선(계자 권선 이외의 또 다른 권선)을 설치

22 분권 발전기의 특성을 시험할 때 주의사항으로 옳지 않은 것은?

① 정류자의 불꽃 발생 여부 확인
② 이상한 소음과 진동 발생 상태 확인
③ 베어링의 과열 상태 확인
④ 기동 시 계자 저항 최소화 상태 확인

해설
분권 발전기의 특성 시험 중 주의사항
- 분권 발전기의 특성을 시험도중 여자 전류를 급격히 증가시키지 않을 것
- 계자 권선의 전류 방향을 바꾸지 않을 것(자극의 극성이 변화되고, 잔류 자기가 없어져서 발전이 되지 않음)
- 계자 저항기의 저항은 최대로 하여 기동 시 과도한 전류가 흐르지 않도록 하며, 주회로의 스위치를 개방한 상태로 원동기를 기동할 것
- 계자 저항기를 조정하여 정격 전압을 유지할 것

23 정격 속도로 회전하고 있는 무부하의 분권발전기의 계자 전류가 2[A], 계자 저항이 50[Ω], 전기자 저항이 1.5[Ω]일 때 유도 기전력[V]은?

① 110　　② 106
③ 103　　④ 100

해설
분권발전기의 유도 기전력 크기
$V_f = I_f R_f = 2 \times 50 = 100[V]$
$V = V_f + I_a R_a = 100 + (2 \times 1.5) = 103[V]$

24 부하전류가 40[A]일 때, 1,800[rpm]으로 20[kg·m]의 토크를 발생하는 직권 직류전동기가 있다. 이 전동기의 부하를 감소시켜 부하전류가 20[A]일 때, 토크[kg·m]는?(단, 자기회로는 불포화상태이다)

① 5　　② 10
③ 20　　④ 40

해설
직류 직권전동기의 특성

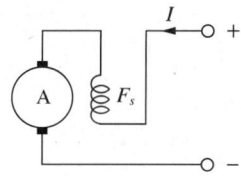

직권전동기의 속도는 $N = \dfrac{E}{K\phi} = K\dfrac{V - I_a R_a}{\phi}$[rpm]이고,
$I = I_f = I_a$에서
토크 $T = K\phi I_a = K I_a^2$[N·m]$\left(\phi \propto I_f,\ T \propto I^2 \propto \dfrac{1}{N^2}\right)$이다.

따라서 부하전류가 40[A]에서 20[A]로 $\dfrac{1}{2}$이 되었으므로, 토크는 $\left(\dfrac{1}{2}\right)^2 = \dfrac{1}{4}$이 되어 20[kg·m] $\times \dfrac{1}{4} = 5$[kg·m]가 된다.

25 전압변동률이 작은 동기발전기의 특징으로 옳은 것은?

① 동기리액턴스가 크다.
② 단락비가 크다.
③ 전기자 반작용이 크다.
④ 값이 저렴하다.

해설
전압변동률이 작은 동기발전기는 철기계 형태의 동기발전기로, 동기 리액턴스(임피던스)가 작고, 전기자 반작용이 작으며, 값이 비싸지고, 단락비가 크다.
여기서 단락비(K_s)란, 계자저항 R_f를 조정하여 정격전압을 유기하는 데 필요한 계자전류 I_{fs}를 증가시키면서 정격전류(I_m)를 흘리는 데 필요한 계자전류 I_{fn}과의 비를 말한다($K_s = \dfrac{I_{fs}}{I_{fn}} = \dfrac{100}{\%Z}$).

종류	철기계	동기계
특징	정격전압을 유도하는 데 계자전류를 많이 흘려주어야 함	정격전압을 유도하는 데 계자전류를 적게 흘려주어야 함
단락비	단락비가 크다	단락비가 작다
장점	• 전압변동률이 작음 (안정도 좋음) • 과부하에 잘 견딤 • 전기자 반작용이 작음 • 동기임피던스가 작음	• 기계가 작음 • 공극이 작음 • 무게가 가벼움 • 가격이 저렴함
단점	• 기계가 커짐 • 가격이 비싸짐 • 무게가 무거움 • 효율이 나빠짐	• 전압변동률이 커짐 • 과부하에 약함 • 전기자 반작용 커짐 • 동기임피던스 커짐

정답　23 ③　24 ①　25 ②

26 2대의 동기발전기가 병렬운전할 때 동기화 전류가 흐르는 경우는?

① 기전력의 크기에 차이가 있을 때
② 부하 분담에 차이가 있을 때
③ 기전력의 위상에 차이가 있을 때
④ 기전력의 파형에 차이가 있을 때

해설
동기발전기의 병렬운전조건

같아야 하는 조건	문제점(다를 경우 발생하는)
기전력의 크기가 같을 것	무효순환전류(무효횡류)
기전력의 위상이 같을 것	동기화 전류(유효횡류)
기전력의 주파수가 같을 것	난조 발생
기전력의 파형이 같을 것	고조파 무효순환전류

27 동기기에서 난조(Hunting)를 방지하기 위한 것은?

① 계자 권선
② 제동 권선
③ 전기자 권선
④ 난조 권선

해설
난조와 난조 방지
- 난조 : 동기기가 새로운 부하각을 중심으로 속도가 가속과 감속을 반복하게 되어, 동기기가 고유진동에 가까워지면 공진 작용이 발생하여 진동이 증대하는 이상 현상
  - 원인 : 조속기 예민, 큰 전기자 저항, 부하급변, 고조파 성분의 토크, 작은 관성모멘트
- 난조방지 : 제동권선 설치, 관성모멘트 증대(플라이휠), 조속기 둔감화, 고조파제거(단절, 분포권)
- 제동권선 역할 : 난조방지, 기동토크발생, 파형개선, 이상전압 방지(유도기 농형권선 역할)

28 단락비가 1.25인 동기발전기의 %동기임피던스[%]는 얼마인가?

① 70
② 80
③ 90
④ 100

해설
- 단락비(K_s) : 계자저항 R_f를 조정하여 정격전압을 유기하는 데 필요한 계자전류 I_{fs}를 증가시키면서 정격전류(I_m)를 흘리는 데 필요한 계자전류 I_{fn}과의 비($K_s = \dfrac{I_{fs}}{I_{fn}} = \dfrac{100}{\%Z}$)
- %동기임피던스

$$\%Z_s = \frac{1}{K_s} = \frac{Z_s I_n}{E_n} \times 100[\%] = \frac{I_n}{I_s} \times 100[\%]$$

(I_n : 정격전류, Z_s : 동기임피던스, E : 유도기전력)

따라서 $\%Z_s = \dfrac{1}{K_s} = \dfrac{1}{1.25} \times 100[\%] = 80[\%]$

29 다음에서 설명하는 변압기의 명칭으로 옳은 것은?

- 1차, 2차의 회로가 서로 절연되지 않고 권선의 일부를 공통회로를 사용한 변압기
- 권수비가 1에 가까울수록 더욱 경제적이고 특성이 좋다.
- 손실이 적고, 효율이 좋으며 백분율 임피던스 강하도 적다.
- 저전압도 고전압측과 같은 정도로 절연을 해야 한다.

① 탭절환변압기
② 계기용변압기
③ 주상변압기
④ 단권변압기

해설
단권변압기
단권변압기는 변압기의 1차 권선과 2차 권선의 회로가 서로 절연되지 않고, 권선의 일부를 공통회로로 사용한 변압기를 말한다. 1, 2차 권선이 공통으로 되어 있어 누설 자기력선속이 발생하지 않기 때문에 전압변동률이 작으며, 공통부분에는 1차와 2차 전류의 차가 흐르므로 코일이 가늘어도 되기 때문에 제작비가 절감된다.

30 변류비가 $\frac{20}{5}$[A]인 변류기가 있다. 이 변류기에 연결된 전류계의 지시가 5[A]인 경우 측정하고자 하는 전류는 몇 [A]인가?

① 0.15　　② 1.25
③ 2.0　　④ 20

해설
변류비(CT비)
측정하고자 하는 전류를 I_1, 전류계 지시값을 I_2라고 할 때
CT비 $=\frac{I_1}{I_2}$ 에서, $I_1=$CT비$\times I_2 = \frac{20}{5}\times 5 = 20$[A]

31 변압기 2대로 V결선하여 3상 변압하는 경우, 변압기 이용률[%]은?

① 86.6　　② 75.5
③ 66.7　　④ 57.7

해설
V결선의 이용률
$P_V = \sqrt{3}\, V_{2n} I_{2n}$ [VA]
$A = \frac{P_V}{2P_i} = \frac{\sqrt{3}\, V_{2n} I_{2n}}{2 V_{2n} I_{2n}} = \frac{\sqrt{3}}{2} = 0.866 = 86.6$[%]
(단, P_i : 변압기 한 대의 용량)

32 주상변압기에 일반적으로 쓰이는 냉각방식은 무엇인가?

① 건식풍랭식　　② 건식수랭식
③ 유입송유식　　④ 유입자랭식

해설
변압기의 냉각방식
냉각방식에 따라 건식(자랭식, 풍랭식), 유입(자랭식-주상용, 풍랭식, 수랭식, 송유식)으로 나뉜다.

33 2차 효율이 95[%]인 3상 유도전동기가 200[V], 60[Hz], 6극, 15[kW]일 때, 회전수[rpm]는 얼마인가?(단, 기계적 손실은 무시한다)

① 60　　② 660
③ 1,140　　④ 1,200

해설
유도전동기의 회전수
$\eta_2 = 1 - s = \frac{P_o}{P_2} = \frac{N}{N_s}$ 에서,
$N = N_s \times \eta_2 = \frac{120f}{p}\times \eta_2 = \frac{120\times 60}{6}\times \frac{95}{100} = 1,140$[rpm]

34 2차 전압 200[V], 2차 권선저항 0.03[Ω], 2차 리액턴스 0.04[Ω]인 유도전동기가 3[%]인 슬립으로 운전 중이라면 2차 전류 값은 대략 몇 [A]인가?

① 20　　② 100
③ 200　　④ 254

해설
유도전동기의 2차 전류
$I_2 = \frac{s\cdot E_2}{\sqrt{r_2^2+(s\cdot X_2^2)^2}}$ 에서,
$I_2 = \frac{0.03\cdot 200}{\sqrt{0.03^2+(0.03\cdot 0.04^2)^2}} ≒ \frac{6}{\sqrt{0.0009}} = \frac{6}{0.03}$
$= 200$[A]

정답　30 ④　31 ①　32 ④　33 ③　34 ③

35 유도전동기의 동기속도 N_s, 회전속도 N일 때 슬립은?

① $s = \dfrac{N_s - N}{N}$ ② $s = \dfrac{N - N_s}{N}$

③ $s = \dfrac{N_s - N}{N_s}$ ④ $s = \dfrac{N - N_s}{N_s}$

해설
유도전동기의 슬립
$s = \dfrac{\text{동기속도} - \text{회전자속도}}{\text{동기속도}} = \dfrac{N_s - N}{N_s}$

36 일정한 주파수의 전원에서 운전하는 3상 유도전동기의 전원 전압이 80[%]가 되었다면 토크는 약 몇 [%]가 되는가?(단, 회전수는 변하지 않는 상태로 한다)

① 55   ② 64
③ 76   ④ 82

해설
유도전동기의 전압에 따른 토크 변화
회전수와 주파수가 일정한 상태에서 토크는 전압의 제곱에 비례($T \propto V^2$)하므로 전원전압의 80[%]일 경우 $0.8^2 = 0.64$, 즉 64[%]가 된다.

37 다음 중 3단자 형식이 아닌 것은?

① SCR   ② GTO
③ DIAC   ④ TRIAC

해설
다이액(DIAC)
정상 동작 시에 양방향으로 전류를 흘릴 수 있는 pn-pn 4층 구조 2단자 반도체 사이리스터로서 다이액은 애노드와 캐소드의 2개 단자로 구성되어 2단자 양단의 어느 극성에서도 브레이크 오버 전압에 도달되면 도통한다.

38 직류 전동기의 제어에 널리 응용되는 직류-직류 전압 제어장치는?

① 인버터   ② 컨버터
③ 초 퍼   ④ 전파정류

해설
DC-DC 전압제어기
• 직류를 교류로 변환 : 인버터
• 교류를 직류로 변환 : 제어정류기
• 교류를 교류로 변환 : 사이클로 컨버터
• 직류를 직류로 변환 : 초퍼

39 그림의 전동기 제어회로에 대한 설명으로 잘못된 것은?

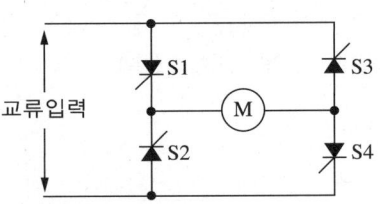

① 교류를 직류로 변환한다.
② 사이리스터 위상 제어 회로이다.
③ 전파 정류회로이다.
④ 주파수를 변환하는 회로이다.

해설
실리콘제어정류기를 사용한 모터제어
위의 제어회로는 실리콘제어정류기, 즉 SCR(사이리스터)을 사용하여 교류전압을 직류전압으로 정류를 통해 전동기를 구동하는 회로이다. 정류소자 4개를 사용한 브리지 형태의 전파정류회로이며 사이리스터라는 위상제어가 가능한 소자를 활용하였다.

40 다음 회로도에 대한 설명으로 옳지 않은 것은?

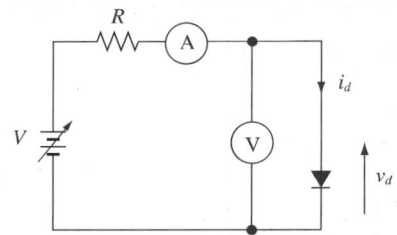

① 다이오드의 양극의 전압이 음극에 비하여 높을 때를 순방향 도통 상태라 한다.
② 다이오드의 양극의 전압이 음극에 비하여 낮을 때를 역방향 저지 상태라 한다.
③ 실제의 다이오드는 순방향 도통 시 양 단자 간의 전압강하가 발생하지 않는다.
④ 역방향 저지 상태에서는 역방향(−) → (+)으로 흐르는 작은 전류를 누설전류라고 한다.

해설
다이오드 회로
실제 다이오드에서는 다이오드의 도통 시 동작전압(문턱전압)만큼의 양 단자 간의 전압강하(Si 0.7[V], Ge 0.3[V])가 발생한다.

41 금속관 공사에서 사용하는 후강 전선관의 규격이 아닌 것은?

① 19[mm] ② 22[mm]
③ 28[mm] ④ 36[mm]

해설
전선관의 종류
전선관은 후강(두꺼운) 전선관과 박강(얇은) 전선관으로 나뉜다.
• 후강 전선관 : 안지름의 크기에 가까운 짝수(16, 22, 28, 36, 42, 54, 70, 82, 92, 104[mm])
• 박강 전선관 : 바깥지름의 크기에 가까운 홀수(19, 25, 31, 39, 51, 63, 75[mm])

42 합성수지관의 상호 및 관과 박스의 접속 공사를 할 경우 접속 시 삽입하는 깊이를 관 바깥지름의 몇 배 이상으로 하는가?(단, 접착제를 사용하지 않는다)

① 0.8 ② 1
③ 1.2 ④ 1.5

해설
합성수지관 및 부속품의 시설
관 상호 간 및 박스와는 관을 삽입하는 깊이를 관의 바깥지름의 1.2배(접착제를 사용하는 경우에는 0.8배) 이상으로 하고 또한 꽂음 접속에 의하여 견고하게 접속한다.

43 다음 그림의 기능으로 옳은 것은?

① 금속관 끝에 나사를 내는 데 사용한다.
② 굵은 전선을 절단할 때 사용한다.
③ 절연전선의 피복을 벗기는 데 사용한다.
④ 금속관을 구부리는 데 사용한다.

해설
파이프 벤더(Tube/Pipe Bender)
파이프를 구부릴 때에 이용하는 전선관용 파이프 벤더로 견고한 내구성으로 안전하게 파이프를 벤딩할 수 있으며 다량의 파이프를 벤딩하는 경우에 쓰인다.

44 전선의 접속 방법의 명칭은?

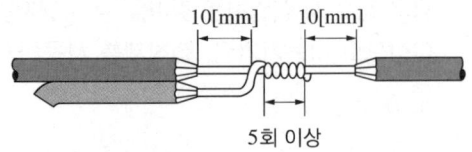

① 브리타니아 직선접속
② 트위스트 분기접속
③ 쥐꼬리 접속
④ 분할 권선 분기접속

해설
트위스트 분기접속
본선에서 선을 분기할 때 접속하는 것으로, 6[mm²] 이하의 가는 단선의 경우에 적용한다.

45 금속몰드공사에 의한 저압 옥내배선공사의 특징이 아닌 것은?

① 옥외용 비닐절연전선을 사용한다.
② 금속몰드 안에는 접속점이 없어야 한다.
③ 금속몰드의 재질은 황동을 사용하기도 한다.
④ 사용전압은 400[V] 이하로 시설한다.

해설
금속몰드공사 시설조건
• 전선은 절연전선(옥외용 비닐절연전선을 제외)일 것
• 금속몰드 안에는 전선에 접속점이 없도록 할 것
• 금속몰드의 사용전압이 400[V] 이하 옥내의 건조한 장소로 전개된 장소 또는 점검할 수 있는 은폐장소에 한하여 시설할 수 있다.
• 재질은 금속제의 몰드 및 박스 기타 부속품 또는 황동이나 동으로 견고하게 제작한 것으로서 안쪽 면이 매끈한 것일 것

46 케이블공사에서 비닐외장케이블을 조영재의 옆면에 따라 붙이는 경우 전선의 지지점 간의 거리는 최대 몇 [m]인가?

① 1
② 2
③ 6
④ 10

해설
케이블공사의 시설조건
전선을 조영재의 아랫면 또는 옆면에 따라 붙이는 경우에는 전선의 지지점 간의 거리를 케이블은 2[m](사람이 접촉할 우려가 없는 곳에서 수직으로 붙이는 경우에는 6[m]) 이하 캡타이어케이블은 1[m] 이하로 하고 또한 그 피복을 손상하지 아니하도록 붙일 것

47 다음의 조건에 맞는 특별저압은?

• 회로는 접지한다.
• 회로 및 전원은 안전하게 전기적으로 분리되어 있다.
• 노출 도전성 부분은 접지 또는 보호도체와 접속한다.

① XELV
② FELV
③ PELV
④ SELV

해설
특별저압(Extra Low Voltage)의 종류

구 분	전원과 회로	접지와 보호도체와의 관계
SELV	• 회로 및 전원은 안전하게 전기적으로 분리되어 있다.	• 회로는 비접지한다. • 노출 도전성 부분은 대지 및 보호도체와 접속하지 않는다.
PELV	• 안전절연변압기 등으로 분리되어 있다.	• 회로는 접지한다. • 노출 도전성 부분은 접지, 또는 보호도체와 접속한다.
FELV	• 전원 및 회로는 기초 절연 • 안전절연변압기를 사용하지 않으므로 구조적으로 분리되지 않는다.	• 회로는 접지해도 좋다. • 노출 도전성 부분은 전원 1차 회로의 보호도체에 접속하여야 한다.

44 ② 45 ① 46 ② 47 ③

48 다음 기호의 명칭으로 옳은 것은?

```
─────────────────
```

① 천장 은폐배선   ② 노출배선
③ 바닥 은폐배선   ④ 전선 가닥수

해설
전선의 도면 기호
• 천장 은폐배선 ─────────
• 바닥 은폐배선 ─ ─ ─ ─ ─
• 노출배선 ·················
• 전선 가닥수 ──///──

49 전선 및 케이블 접속 방법이 잘못된 것은?

① 전선의 세기를 30[%] 이상 감소시키지 않을 것
② 접속 부분은 접속관 기타의 기구를 사용하거나 납땜을 할 것
③ 코드 상호, 캡타이어 케이블 상호, 케이블 상호, 또는 이들 상호를 접속하는 경우에는 코드 접속기, 접속함, 기타의 기구를 사용할 것
④ 도체에 알루미늄을 사용하는 전선과 동을 사용하는 전선을 접속하는 경우에는 접속 부분에 전기적 부식이 생기지 않도록 할 것

해설
전선의 접속
나전선 상호 또는 나 전선과 절연전선 또는 캡타이어 케이블과 접속하는 경우 전선의 세기를 20[%] 이상 감소시키지 않는다.

50 폭연성 먼지가 있는 위험장소의 금속관 공사에 있어서 관 상호 및 관과 박스 기타의 부속품이나 풀 박스 또는 전기기계기구는 몇 산 이상의 나사 조임으로 시공하여야 하는가?

① 2   ② 3
③ 4   ④ 5

해설
관 상호 간 및 관과 박스 기타의 부속품, 풀 박스 또는 전기 기계 기구와 5산 이상 나사 조임으로 접속하는 방법 또는 기타 이와 동등 이상의 효력이 있는 방법으로 견고하게 접속하도록 해야 한다.

51 노출 배관에서 배관을 조영재에 고정하는 데 사용되는 전기공사재료는?

① 커플링
② 노멀 벤드
③ 새 들
④ 로크너트

해설
새들(Saddle)
노출 배관에서 배관을 조영재에 고정시키는 데 사용되며 합성수지 전선관, 가요전선관, 케이블 공사에 사용된다.
• 커플링 : 금속관 상호 접속 또는 관과 노멀 벤드와의 접속에 사용되며 내면에 나사가 있음
• 로크너트 : 관과 박스를 접속할 경우 파이프 나사를 죄어 고정하는 데 사용
• 노멀 벤드 : 배관의 직각굴곡에 사용하며 양단에 나사가 있어서 관 접속 시 커플링을 사용

정답 48 ① 49 ① 50 ④ 51 ③

52 합성수지관공사에 대한 설명으로 틀린 것은?

① 전선은 절연전선을 사용하여야 한다.
② 합성수지관 안에서 전선에 접속점을 만들어서는 안 된다.
③ 중량물의 압력 또는 현저한 기계적 충격을 받는 장소에 시설하여서는 안 된다.
④ 합성수지제의 전선관 및 박스, 기타 부속품은 온도변화에 의한 신축을 고려할 필요가 없다.

해설
합성수지관의 특징
- 누전의 염려가 없고, 접지가 필요 없다.
- 내식성이 좋으며, 열에 약하다.
- 외상을 받을 우려가 없으나, 기계적으로 약하다.
- 비자성체이다(전자유도현상이 없어, 왕복선을 같이 넣지 않아도 된다).
- 중량이 가볍고, 시공이 쉽다.
- 피뢰기, 피뢰침의 접지선 보호에 적당하다.
- 플라스틱이므로 여름과 겨울에 온도의 영향을 받아 신축되는 양을 고려하여야 한다.

53 가연성 가스가 존재하는 장소의 저압시설 공사방법으로 옳은 것은?

① 가요전선관공사
② 합성수지관공사
③ 금속관공사
④ 금속몰드공사

해설
가연성 가스 또는 인화성 물질의 증기가 누출되거나 체류하여 전기설비가 발화원이 되어 폭발할 우려가 있는 곳에 있는 저압 옥내전기설비 공사 방법은 다음과 같다.
- 금속관공사
- 케이블공사
- 이동 전선

54 한 수용장소의 인입선에서 분기하여 지지물을 거치지 아니하고 다른 수용장소의 인입구에 이르는 부분의 전선을 무엇이라 하는가?

① 이웃 연결 인입선
② 본딩선
③ 이동전선
④ 지중인입선

해설
이웃 연결 인입선
한 수용장소의 인입선에서 분기하여 지지물을 거치지 아니하고 다른 수용장소의 인입구에 이르는 부분의 전선

55 전압의 종별에서 특고압이란?

① 5[kV]를 넘는 것
② 7[kV]를 넘는 것
③ 14[kV] 이상
④ 20[kV] 이상

해설
전압의 구분
- 저압 : 직류 1.5[kV] 이하, 교류 1[kV] 이하
- 고압 : 직류 1.5[kV] 초과 7[kV] 이하
  교류 1[kV] 초과 7[kV] 이하
- 특고압 : 7[kV] 초과

52 ④ 53 ③ 54 ① 55 ②

56 애자공사를 건조한 장소에 시설하고자 한다. 사용전압이 400[V] 이하인 경우 전선과 조영재 사이의 간격은 최소 몇 [m] 이상이어야 하는가?

① 0.025
② 0.045
③ 0.06
④ 0.12

해설
애자공사에 의한 저압 옥측전선로는 다음에 의하고 또한 사람이 쉽게 접촉될 우려가 없도록 시설한다.
- 공칭단면적 4[mm²] 이상의 연동 절연전선(옥외용 비닐절연전선 및 인입용 절연전선은 제외)일 것
- 전선 상호 간의 간격 및 전선과 그 저압 옥측전선로를 시설하는 조영재 사이의 간격은 값 이상일 것

시설 장소	전선 상호 간의 간격		전선과 조영재 사이의 간격	
	사용전압이 400[V] 이하인 경우	사용전압이 400[V] 초과인 경우	사용전압이 400[V] 이하인 경우	사용전압이 400[V] 초과인 경우
비나 이슬에 젖지 않는 장소	0.06[m]	0.06[m]	0.025[m]	0.025[m]
비나 이슬에 젖는 장소	0.06[m]	0.12[m]	0.025[m]	0.045[m]

57 다음 설비의 회로에서 전선의 색상이 잘못 짝지어진 것은?

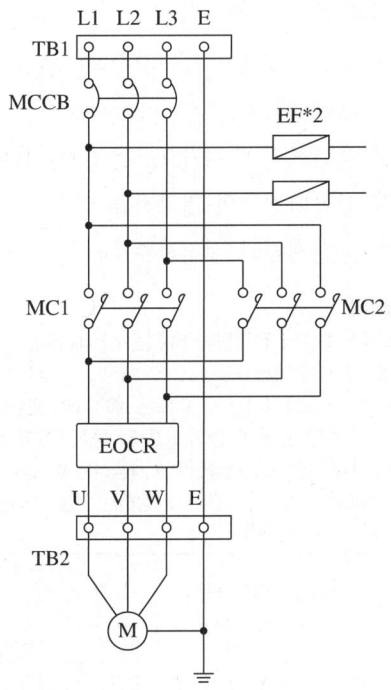

① L1 : 갈색
② L2 : 검은색
③ L3 : 파란색
④ E : 녹색-노란색

해설
보호도체인 접지선은 녹색-노란색이다.
전선의 색상은 다음과 같다.

상(문자)	색 상
L1	갈 색
L2	검은색
L3	회 색
N	파란색
보호도체	녹색-노란색

58 정격전류가 16[A] 이상 63[A] 이하인 저압전로에 사용하는 과전류차단기의 범용 퓨즈에 대한 내용으로 옳지 않은 것은?

① 과전류 보호장치는 KS C IEC 관련 표준의 동작특성에 따른다.
② 용단특성의 시간요소는 60분이다.
③ 불용단전류의 정격전류 배수는 1.5배이다.
④ 용단전류의 정격전류 배수는 1.6배이다.

해설
불용단전류의 정격전류 배수는 1.25배이다.
보호장치의 특성
- 과전류 보호장치는 KS C 또는 KS C IEC 관련 표준(배선차단기, 누전차단기, 퓨즈 등의 표준)의 동작특성에 적합하여야 한다.
- 과전류차단기로 저압전로에 사용하는 범용의 퓨즈(전기용품 및 생활용품 안전관리법에서 규정하는 것을 제외)는 다음 표에 적합한 것이어야 한다.

정격전류의 구분	시 간	정격전류의 배수	
		불용단전류	용단전류
4[A] 이하	60분	1.5배	2.1배
4[A] 초과 16[A] 미만	60분	1.5배	1.9배
16[A] 이상 63[A] 이하	60분	1.25배	1.6배
63[A] 초과 160[A] 이하	120분	1.25배	1.6배
160[A] 초과 400[A] 이하	180분	1.25배	1.6배
400[A] 초과	240분	1.25배	1.6배

59 과부하 보호장치를 생략할 수 있는 경우가 아닌 것은?

① 분기회로의 전원 측에 설치된 보호장치에 의하여 분기회로에서 발생하는 과부하에 대해 유효하게 보호되고 있는 분기회로인 경우
② 화재 또는 폭발 위험성이 있는 장소에 설치되는 설비나 또는 특수설비 및 특수 장소의 요구사항들을 별도로 규정하는 경우
③ 중성선이 없는 IT 계통에서 각 회로에 누전차단기가 설치된 경우에는 선도체 중의 어느 1개의 경우
④ 사용 중 예상치 못한 회로의 개방이 위험 또는 큰 손상을 초래할 수 있는 회전기의 여자회로의 부하에 전원을 공급하는 회로의 경우

해설
화재 또는 폭발 위험성이 있는 장소에 설치되는 설비 또는 특수설비 및 특수 장소의 요구사항들을 별도로 규정하는 경우에는 과부하 보호장치를 생략할 수 없다.

60 비교적 장력이 적고 다른 종류의 지지선을 시설할 수 없는 경우에 적용하며 지선용 근가를 지지물 근원 가까이 매설하여 시설하는 지지선은?

① Y지선 ② 궁지선
③ 공동지선 ④ 수평지선

해설
지지선의 종류
- Y지선(H주) : 다단의 완금이 설치되고 또한 장력이 클 때, H주일 때
- 보통지선 : 전주 근원으로부터 전주 길이의 약 1/2 거리에 지선용 근가를 매설하여 설치하는 지지선
- 공동지선 : 지지물 상호 거리가 비교적 접근해 있을 경우에 시설하는 것
- 수평지선 : 토지의 상황이나 그 외 사유로 인하여 보통지선을 시설할 수 없을 때
- 궁지선 : 비교적 장력이 적고 타 종류의 지지선을 시설할 수 없는 경우

2024년 제1회 과년도 기출복원문제

01 다음 중 전압[V]을 나타내는 단위로 옳은 것은?

① [W/A]   ② [W·s]
③ [J/A]   ④ [J/C]

해설
전 압
- 두 점 사이의 전위의 차
- 어떤 도체에 1[C]의 전기량(Q)이 이동하여 할 수 있는 일(W)의 양
- 전압의 기호와 단위 : V[V] (Volt, 볼트)

$V = \dfrac{W}{Q}$ [J/C], [V]

02 "같은 전기량에 의해서 여러 가지 화합물이 전해될 때 석출되는 물질의 양은 그 물질의 화학당량에 비례한다." 이 법칙은?

① 렌츠의 법칙
② 패러데이의 법칙
③ 앙페르의 법칙
④ 줄의 법칙

해설
- 렌츠의 법칙 : 유도기전력은 자신이 발생 원인이 되는 자속의 변화를 방해하려는 방향으로 발생한다는 것을 나타내는 법칙
- 앙페르의 법칙 : 전류에 의한 자기장의 방향을 결정하는 법칙
- 줄의 법칙 : 전류에 의해서 매초 발생하는 열량은 전류의 제곱과 저항의 곱에 비례

03 전하의 성질에 대한 설명 중 옳지 않은 것은?

① 같은 종류의 전하는 흡인하고 다른 종류의 전하끼리는 반발한다.
② 대전체에 들어 있는 전하를 없애려면 접지시킨다.
③ 대전체의 영향으로 비대전체에 전기가 유도된다.
④ 전하는 가장 안정한 상태를 유지하려는 성질이 있다.

해설
같은 종류의 전하끼리는 반발하고 다른 종류의 전하끼리는 흡인한다.

04 콘덴서에 V[V]의 전압을 가해서 Q[C]의 전하를 충전할 때 저장되는 에너지는 몇 [J]인가?

① $2QV$ ② $2QV^2$
③ $\dfrac{1}{2}QV$ ④ $\dfrac{1}{2}QV^2$

해설
$W = \dfrac{1}{2}CV^2 = \dfrac{Q^2}{2C} = \dfrac{1}{2}QV$ [J]

정답 1 ④ 2 ② 3 ① 4 ③

05 정전용량이 같은 콘덴서 10개가 있다. 이것을 병렬 접속할 때의 값은 직렬 접속할 때의 값보다 어떻게 되는가?

① $\frac{1}{10}$로 감소한다.

② $\frac{1}{100}$로 감소한다.

③ 10배로 증가한다.

④ 100배로 증가한다.

해설
콘덴서의 정전용량은 콘덴서 n개를 직렬 접속할 때는 정전용량이 $1/n$배로 감소하고, 병렬 접속일 때는 정전용량이 n배 증가한다.

06 전기장의 세기에 관한 단위는?

① [H/m]   ② [F/m]
③ [AT/m]   ④ [V/m]

해설
전기장의 세기의 단위는 [V/m]이다. 단위를 그대로 풀면 1[m]당 1[V] 차이가 나는 경우에 세기가 1[V/m]가 되고 전하를 기준으로 설명하면 1[C]의 전하를 세기가 1[V/m]인 전기장의 반대방향으로 1[m] 움직이는 데 1[J]이 필요하다.

07 전자석의 특징으로 옳지 않은 것은?

① 전류의 방향이 바뀌면 전자석의 극도 바뀐다.
② 코일을 감은 횟수가 많을수록 강한 전자석이 된다.
③ 전류를 많이 공급하면 무한정 자력이 강해진다.
④ 같은 전류라도 코일 속에 철심을 넣으면 더 강한 전자석이 된다.

해설
전자석의 세기는 환상 솔레노이드의 자기장 세기이다.
환상 솔레노이드 $H = \frac{NI}{l} = \frac{NI}{2\pi r}$[AT/m]
공식에 의하면 자기장의 세기(H)는 전류와 권수에 비례하지만 코일의 저항 때문에 열이 발생하여 무한정 전류를 크게 할 수 없다.

08 자기인덕턴스가 각각 L_1과 L_2인 2개의 코일이 직렬로 가동접속 되었을 때, 합성인덕턴스는?(단, 자기력선에 의한 영향을 서로 받는 경우이다)

① $L = L_1 + L_2 - M$
② $L = L_1 + L_2 - 2M$
③ $L = L_1 + L_2 + M$
④ $L = L_1 + L_2 + 2M$

해설
코일의 접속
자기인덕턴스가 각각 L_1, L_2인 2개의 코일이 직렬로 접속되어 있을 때
• 서로의 자기력선에 영향을 받지 않는 경우 합성인덕턴스
 $L = L_1 + L_2$
• 전자결합(Electromagnetic Coupling)이 있는 경우
 – 정방향(가동접속) : $L = L_1 + L_2 + 2M$[H]
 – 역방향(차동접속) : $L = L_1 + L_2 - 2M$[H]

09 도체가 운동하여 자속을 끊었을 때 기전력의 방향을 알아내는 데 편리한 법칙은?

① 렌츠의 법칙
② 패러데이의 법칙
③ 플레밍의 왼손 법칙
④ 플레밍의 오른손 법칙

해설
플레밍의 오른손 법칙(발전기)
• 엄지 : 운동의 방향
• 검지(집게손가락) : 자계의 방향
• 중지(가운뎃손가락) : 유도기전력의 방향

10 비투자율이 1인 환상 철심 중의 자장의 세기가 H [AT/m]이었다. 이때 비투자율이 10인 물질로 바꾸면 철심의 자속밀도[Wb/m²]는?

① $\frac{1}{10}$ 로 줄어든다.
② 10배 커진다.
③ 50배 커진다.
④ 100배 커진다.

해설
자속밀도와 자기장의 세기의 관계식은 $B = \mu H$이므로 비투자율이 10인 물질로 바꾸면 투자율도 10배가 되므로 관계식에 의해 자속밀도도 10배가 커진다.
- 투자율 : 어떤 매질이 주어진 자기장에 대하여 얼마나 자화하는지를 나타내는 값
  $\mu = \mu_0 \mu_r$ [H/m]
  (진공에서의 투자율 $\mu_0 = 4\pi \times 10^{-7}$[H/m], 물질의 비투자율 μ_r (진공=1, 공기≒1))
- 비투자율 : 진공에서의 투자율을 기준으로 얼마나 자화하는지를 나타내는 비율

11 권수가 150인 코일에서 2초간에 1[Wb]의 자속이 변화한다면, 코일에 발생되는 유도기전력의 크기는 몇 [V]인가?

① 50   ② 75
③ 100 ④ 150

해설
전자유도
자기장 안의 도체에 힘을 가하여 도체를 움직이면 도체에 기전력이 발생한다.
유도기전력의 크기는 $e = N\frac{d\phi}{dt} = 150 \times \frac{1}{2} = 75$[V]

12 반지름 5[cm], 권수 100회인 원형코일에 15[A]의 전류가 흐르면 코일 중심의 자장의 세기는 몇 [AT/m]인가?

① 750   ② 3,000
③ 15,000   ④ 22,500

해설
$H = \frac{NI}{2r} = \frac{100 \times 15}{2 \times 0.05} = 15,000$[AT/m]

- 무한장 직선 $H = \frac{I}{2\pi r}$[AT/m]
- 원형 코일 $H = \frac{NI}{2r}$[AT/m]
- 환상 솔레노이드 $H = \frac{NI}{l} = \frac{NI}{2\pi r}$[AT/m]
- 무한장 솔레노이드 $H = NI$[AT/m]

13 코일이 접속되어 있을 때, 누설 자속이 없는 이상적인 코일 간의 상호 인덕턴스는?

① $M = \sqrt{L_1 + L_2}$
② $M = \sqrt{L_1 - L_2}$
③ $M = \sqrt{L_1 L_2}$
④ $M = \sqrt{\frac{L_1}{L_2}}$

해설
누설자속이 없다는 것은 자기적으로 완벽하게 접속되었다는 것으로 접속계수가 1이다.
$M = K\sqrt{L_1 \times L_2}$
여기서, M : 상호인덕턴스
K : 접속계수
L_1 : 1인덕턴스
L_2 : 2인덕턴스

14 그림과 같은 회로에서 R_2 양단의 전압 E_2[V]는?

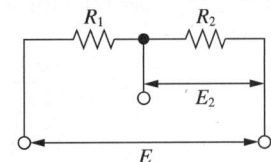

① $\dfrac{R_1}{R_1+R_2}E$ ② $\dfrac{R_2}{R_1+R_2}E$

③ $\dfrac{R_1 R_2}{R_1+R_2}E$ ④ $\dfrac{R_1+R_2}{R_1 R_2}E$

해설
- 회로의 저항이 직렬로 연결된 경우 각 저항에 걸리는 전압은 저항에 비례한다.
- 회로의 저항이 병렬로 연결된 경우 각 저항에 걸리는 전압은 일정하다.

15 역률 0.8, 유효전력 4,000[kW]인 부하의 역률을 100[%]로 하기 위한 콘덴서의 용량[kVA]은?

① 3,200 ② 3,000
③ 2,800 ④ 2,400

해설
역률을 100[%]로 만들기 위해서는 무효전력만큼 보상을 해주면 된다.

$1=\sqrt{역률^2+무효율^2}$, 무효율 $=\sqrt{1-0.8^2}=0.6$

역률 $\cos\theta=\dfrac{유효전력}{피상전력}$ 식에서

역률 = 0.8, 유효전력 = 4,000[kW]이므로 피상전력은 5,000[kVA]가 된다.

∴ 무효전력 = 피상전력 × 무효율 = 3,000[kVar]

16 전원과 부하가 다같이 △ 결선된 3상 평형회로가 있다. 상전압이 200[V], 부하 임피던스가 $Z=6+j8[\Omega]$인 경우 선전류는 몇 [A]인가?

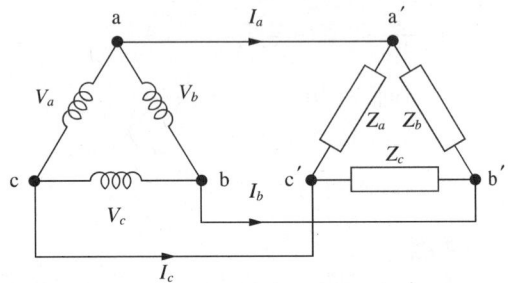

① 20 ② $\dfrac{20}{\sqrt{3}}$
③ $20\sqrt{3}$ ④ $10\sqrt{3}$

해설
먼저 상전류 값을 구하면

상전류 $=\dfrac{V_p}{Z}=\dfrac{200}{6+j8}=\dfrac{200}{\sqrt{6^2+8^2}}=\dfrac{200}{10}=20[A]$

△-△결선에서 선전류는 상전류보다 $\sqrt{3}$ 배 크므로
$I_l=\sqrt{3}\,I_p=20\sqrt{3}$[A]

3상 교류의 결선법
- Y결선
  - 선전압(V_l)은 상전압(V_p)보다 $\sqrt{3}$ 배 크고 $\dfrac{\pi}{6}$[rad]만큼 위상이 앞선다.
  - 상전류(I_p)는 선전류(I_l)와 크기는 같고 위상은 동상이다.
- △결선
  - 선전압(V_l)은 상전압(V_p)과 크기는 같고 위상은 동상이다.
  - 선전류(I_l)는 상전류(I_p)보다 $\sqrt{3}$ 배 크고 $\dfrac{\pi}{6}$[rad]만큼 위상이 뒤진다.

17 3상 교류회로에 2개의 전력계 W_1, W_2로 측정해서 W_1의 지시값이 P_1, W_2의 지시값이 P_2라고 하면 3상 전력은 어떻게 표현되는가?

① $P_1 - P_2$
② $3(P_1 - P_2)$
③ $P_1 + P_2$
④ $3(P_1 + P_2)$

해설
3상 전력의 측정
- 1전력계법 : $P = 3P_1$ [W]
- 2전력계법 : $P = P_1 + P_2$ [W]
- 3전력계법 : $P = P_1 + P_2 + P_3$ [W]

18 2[Ω]의 저항에 3[A]의 전류를 1분간 흘릴 때 이 저항에서 발생하는 열량은?

① 약 4[cal]
② 약 86[cal]
③ 약 259[cal]
④ 약 1,080[cal]

해설
$H = 0.24 I^2 Rt$ [cal]
$= 0.24 \times 3^2 \times 2 \times 60 = 259.2$ [cal]

19 10[A]의 전류로 6시간 방전할 수 있는 축전지의 용량[Ah]은?

① 2
② 15
③ 30
④ 60

해설
Ampere-Hour는 배터리를 일정 전류로 방전시켰을 때 방전시간과 전류량을 곱한 값으로서 축전지의 용량을 나타내는 것이다. 그러므로 축전지의 용량은 10 × 6 = 60[Ah]이다.

20 단상 유도전동기를 사용하는 세탁기에 220[V]를 가했더니 3[A]의 전류가 흘렀다. 이 전동기의 역률이 80[%]라면 이 세탁기에서 소비되는 전력은 몇 [W]인가?

① 128
② 220
③ 330
④ 528

해설
소비전력 $P = VI\cos\theta = 220 \times 3 \times 0.8 = 528$ [W]

정답 17 ③ 18 ③ 19 ④ 20 ④

21 직류발전기의 전기자 반작용을 방지하기 위한 방법으로 옳지 않은 것은?

① 보극을 설치한다.
② 보상권선을 설치한다.
③ 철심을 성층하여 사용한다.
④ 브러시의 위치를 발전기의 이동된 자기 중성축에 일치시킨다.

해설
직류발전기의 전기자 반작용
- 철심을 성층하면 와류손이 감소하여 철손이 감소하는 현상이 나타나지만 전기자 반작용과는 무관하다. 또한 전기자 반작용의 방지책으로는 주로 보상권선과 보극을 설치한다.
- 전기자 반작용은 전기자 전류에 의한 자속이 주자속에 영향을 주는 현상으로 무부하 시에는 전기자 반작용은 일어나지 않는다.

22 전기자 도체의 총수 500, 10극, 단중 파권, 매극당 자속수 0.2[Wb] 직류 발전기가 600[rpm]으로 회전할 때 유기기전력은 몇 [V]인가?

① 5,000
② 10,000
③ 15,000
④ 25,000

해설
유기기전력

$$E = \frac{p}{a}z\phi \cdot \frac{N}{60} = K_1\phi N[\text{V}]$$

(p : 자극수, a : 병렬회로수(파권 $a=2$, 중권 $a=p$), z : 도체수, ϕ : 자극당 자속의 크기, N : 회전수[rpm])

$$\therefore E = \frac{10}{2} \times 500 \times 0.2 \times \frac{600}{60} = 5,000[\text{V}]$$

23 전기기기의 철심재료로 규소강판을 많이 사용하는 이유로 가장 적당한 것은?

① 와류손을 줄이기 위해
② 구리손을 줄이기 위해
③ 맴돌이 전류를 없애기 위해
④ 히스테리시스손을 줄이기 위해

해설
- 히스테리시스손의 감소 : 두께 0.3~0.5[mm]의 규소강판(규소 함유 4~4.5[%]) 사용
- 와류손을 감소 : 얇은 규소강판을 여러 겹 겹쳐서 사용(성층)

24 직류기에서 전기자의 권선법에 대한 설명으로 옳지 않은 것은?

① 단중 중권에서 병렬회로의 수(a)는 극수(p)와 같다.
② 단중 중권에서 브러시의 수(b)는 극수(p)와 같다.
③ 단중 파권은 저전압 및 대전류에 적합하다.
④ 단중 파권은 균압선 접속이 필요하지 않다.

해설
직류기의 전기자 권선법

구 분	중 권	파 권
병렬회로수	p(극수)	2
브러시수	p(극수)	2
균압환 유무	○	×
용 도	대전류, 저전압	소전류, 고전압
회로 구성	병렬권	직렬권

25 어느 분권 발전기의 전압변동률이 6[%]이다. 이 발전기의 무부하전압이 120[V]이면 전부하전압은 약 몇 [V]인가?

① 96
② 100
③ 113
④ 125

해설
직류발전기의 전압변동률(ε[%])

$$\varepsilon[\%] = \frac{V_0 - V_n}{V_n} \times 100 = \frac{무부하전압 - 전부하전압}{전부하전압} \times 100$$

따라서

$\varepsilon = 6 = \frac{120 - V_n}{V_n} \times 100$이므로, $V_n \fallingdotseq 113$[V]이다.

26 동기 전동기에서 제동권선의 사용 목적으로 옳은 것은?

① 난조 방지
② 토크 증가
③ 짧은 정지시간
④ 과부하 내량 증가

해설
난조(Hunting)
- 발전기의 부하가 급변하는 경우 회전속도가 동기속도를 중심으로 진동하는 현상
- 원인 : 부하변동이 심한 경우, 관성모멘트가 작은 경우, 조속기가 너무 예민한 경우, 계자에 고조파가 유기된 경우
- 대책 : 계자 자극 표면에 슬롯을 파고 단락권선(제동권선) 설치, 플라이휠을 붙여 관성모멘트를 크게 할 것

27 동기기의 손실에서 고정손에 해당하는 것은?

① 계자철심의 철손
② 브러시의 전기손
③ 계자권선의 저항손
④ 전기자권선의 저항손

해설
동기기의 손실
손실에는 부하의 변화와 무관한 무부하손(고정손)과 부하 변화에 따라 변하는 손실인 부하손(가변손)이 있다. 동기기의 손실 중 무부하손의 대부분은 철손이고 부하손의 대부분은 동손이다.

무부하손	철손	히스테리시스손	철심에서 자속이 변할 때의 손실
		와류손	철심에서 발생하는 와전류 손실
	유전체손		절연물에서 발생하는 손실
부하손	동손 (구리손)	저항손	권선저항에 의한 손실
		와류손	권선 내의 와전류에 의한 손실
	표유 부하손		누설자속에 의해 발생하는 손실

28 동기발전기에서 동기속도와 극수의 관계를 표시한 것은 어느 것인가?(단, N : 동기속도, p : 극수)

①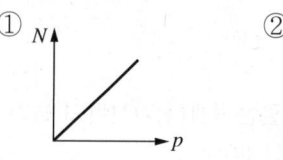
②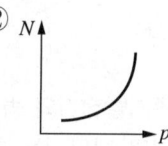
③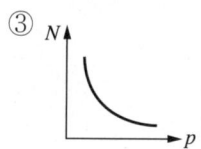
④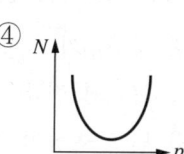

해설
동기속도 특성
동기속도 $N_s = \frac{120f}{p}$[rpm] (p : 극수, f : 주파수)이므로, 속도 N은 극수에 반비례한다.

29 3상 교류발전기의 기전력에 대하여 90° 늦은 전류가 흐를 때의 반작용 기자력은?

① 자극축보다 90° 늦은 감자작용
② 자극축과 일치하는 증자작용
③ 자극축과 일치하는 감자작용
④ 자극축보다 90° 빠른 증자작용

해설
동기발전기의 전기자 반작용
동기발전기에 부하를 걸면 전기자 권선에 전류가 흘러 자속을 발생하게 되는데 그 자속은 권선에만 쇄교하는 자속(누설리액턴스)과 계자자속에 영향을 주는 자속(전기자 반작용)으로 나뉜다.
- 직축 반작용(발전기 : 전동기는 반대) : 자극축의 방향으로 자계가 형성
  - 감자작용 : L부하, 지상전류, 전기자전류가 유기기전력보다 위상이 90° 뒤질 때
  - 증자작용 : C부하, 진상전류, 전기자전류가 유기기전력보다 위상이 90° 앞설 때
- 횡축 반작용(교차자화작용) : R부하, 전기자전류가 유기기전력과 동위상

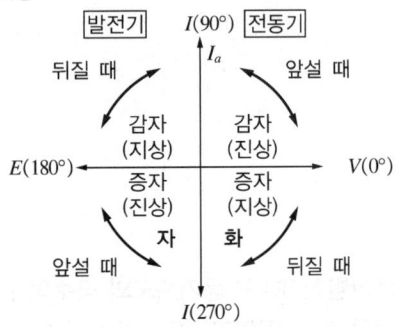

30 동기발전기의 병렬운전에서 기전력의 크기가 다를 경우 나타나는 현상은?

① 주파수가 변한다.
② 동기화 전류가 흐른다.
③ 난조 현상이 발생한다.
④ 무효순환전류가 흐른다.

해설
동기발전기의 병렬운전 특성
한쪽의 계자전류가 증가되어 유기기전력의 크기가 달라지면 두 발전기 사이에 무효순환전류가 흐른다.

31 다음 그림은 단상 변압기 결선도이다. 1, 2차는 각각 어떤 결선인가?

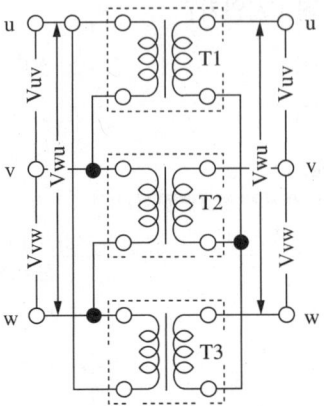

① Y-Y결선
② △-Y결선
③ △-△결선
④ Y-△결선

해설
변압기 결선
위 결선도에서 1차 측(좌측)은 변압기 T1의 U단자에서부터 T2변압기의 V단자, T3변압기의 W단자까지 하나의 폐루프를 형성하고 있으므로 △결선이고, 2차 측(우측)은 U, V, W의 세 선이 T2변압기의 한 접점으로 결선되어 있으므로 Y결선이다.

32 변압기의 자속에 관한 설명으로 옳은 것은?

① 전압과 주파수에 반비례한다.
② 전압과 주파수에 비례한다.
③ 전압에 반비례하고 주파수에 비례한다.
④ 전압에 비례하고 주파수에 반비례한다.

해설
변압기의 자속과 전압 및 주파수의 관계

자속밀도 $\phi = \dfrac{V}{4.44fNA}$[Wb/m²]이므로

변압기의 자속은 전압에 비례하고 주파수에 반비례한다.

33 500[kVA] 단상변압기 4대를 사용하여 과부하가 되지 않게 사용할 수 있는 3상 최대전력은 몇 [kVA]인가?

① $500\sqrt{3}$　　② 1,500
③ $1,000\sqrt{3}$　　④ 2,000

해설
변압기의 V결선
단상변압기 4대를 이용하여 3상 전력을 공급하므로, 단상변압기 2대씩 V결선으로 구성할 수 있다.
따라서 3상 최대전력은
$2P_V = 2\sqrt{3}P_1 = 2\sqrt{3} \times 500 = 1,000\sqrt{3}$ [kVA]

34 3상 변압기의 병렬운전이 불가능한 결선은?

① △-Y와 Y-Y　　② Y-△와 Y-△
③ △-Y와 Y-△　　④ △-△와 Y-Y

해설
변압기의 병렬운전
3상 변압기가 병렬운전을 할 경우 각 변압기의 변위가 같아야 하며 홀수의 △와 Y는 각 변위가 다르므로 병렬운전이 불가능하다.

35 6극 72슬롯, 표준 농형 3상 유도전동기의 매극 매상당 슬롯수는?

① 1　　② 2
③ 3　　④ 4

해설
유도전동기의 극당 슬롯수
매극 매상당 슬롯수 = $\dfrac{\text{총 슬롯수}}{\text{상수} \times \text{극수}} = \dfrac{72}{3 \times 6} = 4$

36 역률과 효율이 좋아서 가정용 선풍기, 세탁기, 냉장고 등에 주로 사용되는 것은?

① 분상 기동형 전동기
② 반발 기동형 전동기
③ 콘덴서 기동형 전동기
④ 셰이딩 코일형 전동기

해설
콘덴서 기동형 단상 유도전동기
콘덴서 기동형 단상 유도전동기는 분상 기동형 유도전동기에 비해 기동전류는 작고, 기동토크는 크기 때문에 기동특성이 매우 좋으며 콘덴서를 사용하여 역률이 좋다.

37 회전자 입력 10[kW], 슬립 3[%]인 3상 유도전동기의 2차 동손[W]은?

① 100　　② 200
③ 300　　④ 400

해설
유도전동기의 출력
$P_c = s \times P_2 = 0.03 \times 10$[kW] $= 300$[W]

38 권선형에서 비례추이를 이용한 기동법은?

① 리액터 기동법
② 기동 보상기법
③ 2차 저항기동법
④ Y-△ 기동법

해설
2차 저항기동법
권선형 유도전동기의 회전자에 외부에서 저항을 접속한 후 변화시키면 토크는 그대로 유지하면서 저항에 비례하여 슬립(속도)이 이동하게 되는데 이를 비례추이라 하며 이를 이용한 기동법이 2차 저항기동법이다.

39 3상 농형 유도전동기의 Y-△ 기동 시 기동전류를 전전압 기동 시와 비교하면?

① 전전압 기동전류의 $\frac{1}{3}$로 된다.
② 전전압 기동전류의 $\sqrt{3}$ 배로 된다.
③ 전전압 기동전류의 3배로 된다.
④ 전전압 기동전류의 9배로 된다.

해설
농형 유도전동기의 기동법
유도전동기는 기동할 때에 정상운전 시보다 약 5~6배 많은 기동전류가 흐르게 되어 전동기에 무리가 가게 된다. Y-△ 기동으로 하면 기동전류는 전전압으로 기동할 때보다 $\frac{1}{3}$로 감소한다.

• 전전압 기동법 : 정격전압을 직접 가하여 기동하는 방법(5[kW] 정도까지의 소형 전동기)
• Y-△ 기동법 : 기동할 때는 Y결선으로 하고, 정격속도에 이르면 △결선으로 바꾸는 기동법(5~15[kW] 전동기에 주로 사용)

40 PN 접합 정류소자의 설명 중 틀린 것은?(단, 실리콘 정류소자인 경우이다)

① 온도가 높아지면 순방향 및 역방향 전류가 모두 감소한다.
② 순방향 전압은 P형에 (+), N형에 (-) 전압을 가함을 말한다.
③ 정류비가 클수록 정류특성은 좋다.
④ 역방향 전압에서는 극히 작은 전류만이 흐른다.

해설
PN 접합 정류소자(다이오드)
• 순방향 저항은 작고, 역방향 저항은 매우 커서 한쪽 방향으로는 쉽게 전자를 통과시키지만 반대 방향으로는 통과시키지 않는 정류작용을 가지고 있다.
• 순방향 바이어스된 다이오드의 경우, 온도가 증가하면 동일한 순방향 전압을 기준으로 순방향 전류는 증가하는 반면에 동일한 순방향 전류를 기준으로 하면 순방향 전압은 감소한다. 역방향 바이어스된 다이오드의 경우, 온도가 상승하면 역방향 전류는 증가한다.

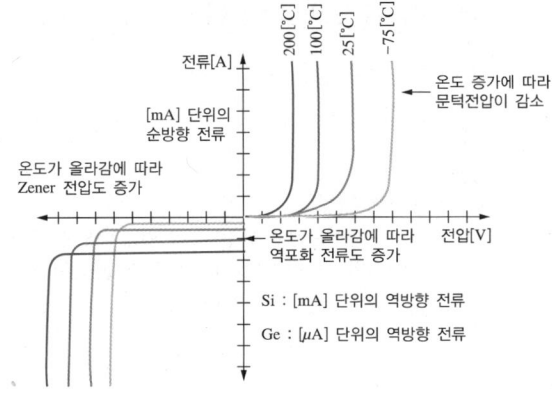

41 단선의 굵기가 6[mm²] 이하인 전선을 직선접속할 때 주로 사용하는 접속법은?

① 트위스트 접속
② 브리타니아 접속
③ 쥐꼬리 접속
④ T형 커넥터 접속

해설
단선의 접속
• 트위스트 접속 : 6[mm²] 이하의 단선에 적용
• 브리타니아 접속 : 10[mm²] 이상의 단선에 적용

42 접지공사의 접지선은 특별한 경우를 제외하고는 어떤 색으로 표시하여야 하는가?

① 갈 색   ② 검은색
③ 녹색-노란색   ④ 회 색

해설
전선의 식별

상(문자)	색 상
L1	갈 색
L2	검은색
L3	회 색
N	파란색
보호도체	녹색-노란색

43 옥외용 비닐절연전선의 약호(기호)는?

① VV   ② DV
③ OW   ④ NR

해설
절연전선의 약호

NR	450/750[V] 일반용 단심 비닐절연전선
NF	450/750[V] 일반용 유연성 단심 비닐절연전선
NFI	300/500[V] 기기 배선용 유연성 단심 비닐절연전선
NRI	300/500[V] 기기 배선용 단심 비닐절연전선
OW	옥외용 비닐절연전선(저압 가공배선), 단심의 경동선(경동연선) 위에 내구성 좋은 비닐을 피복한 것
DV	인입용 비닐절연전선(저압 가공인입선), 경동선(경동연선)에 비닐을 피복한 다심전선
FL	형광방전등용 비닐절연전선
GV	접지용 비닐절연전선
NV	비닐절연 네온절연전선
VV	비닐절연 비닐외장 케이블

※ 국제기준(IEC)의 도입에 따라 기존의 절연전선 IV, HIV 전선을 NR, NF 전선으로 변경

44 다음 중 전선접속에 관한 설명으로 옳지 않은 것은?

① 전선의 강도는 20[%] 이상 감소시키지 않는다.
② 접속 부분의 전기저항을 증가시킨다.
③ 접속 부분의 절연은 전선의 절연물과 동등 이상의 절연 효력이 있는 테이프로 충분히 피복한다.
④ 접속 슬리브, 전선 접속기를 사용하여 접속한다.

해설
전선의 접속법
- 전기저항 증가금지
- 접속부위 반드시 절연
- 접속부위 접속기구 사용
- 전선의 세기(인장하중) 20[%] 이상 감소금지
- 전기적 부식방지
- 충분히 절연피복을 할 것

45 금속관을 가공할 때 절단된 내부를 매끈하게 하기 위하여 사용하는 공구의 명칭은?

① 리 머   ② 프레셔 툴
③ 오스터   ④ 녹아웃 펀치

해설
금속관 가공용 공구
- 리머 : 금속관 끝에 화살촉 모양으로 된 쇠를 넣어 돌려 다듬는 기구
- 프레셔 툴 : 솔더리스 커넥터 또는 솔더리스 터미널을 압착하는 데 쓰인다.
- 오스터 : 금속관에 나사산을 내는 공구
- 녹아웃 펀치 : 구멍을 뚫는 공구

[정답] 42 ③ 43 ③ 44 ② 45 ①

46 옥내배선공사에서 절연전선의 피복을 벗길 때 사용하면 편리한 공구는?

① 드라이버 ② 플라이어
③ 압착 펀치 ④ 와이어 스트리퍼

해설
절연전선용 공구

와이어 스트리퍼(Wire Stripper)	플라이어(Pliers)
압착 펀치(Compression Punch)	

47 가요전선관에 대한 설명으로 잘못된 것은?

① 가요전선관 상호접속은 커플링으로 한다.
② 가요전선관과 금속관 배선 등과 연결하는 경우 적당한 구조의 커플링으로 완벽하게 접속하여야 한다.
③ 가요전선관을 조영재의 측면에 새들로 지지하는 경우 지지점 간 거리는 1[m] 이하이어야 한다.
④ 1종 가요전선관을 구부리는 경우의 곡률 반지름은 관 안지름의 10배 이상으로 하여야 한다.

해설
가요전선관 공사
1종 가요전선관을 구부리는 경우의 곡률 반지름은 관 안지름의 6배 이상으로 하여야 한다.

48 저압 가공인입선의 시설기준이 아닌 것은?

① 전선은 나전선, 절연전선, 케이블을 사용할 것
② 전선이 케이블인 경우 이외에는 인장강도 2.30[kN] 이상일 것
③ 전선의 높이는 철도 또는 궤도를 횡단하는 경우에는 레일면상 6.5[m] 이상일 것
④ 전선이 옥외용 비닐절연전선일 경우에는 사람이 접촉할 우려가 없도록 시설할 것

해설
인입선 : 가공전선로 지지물로부터 다른 지지물을 거치지 아니하고 수용장소 인입점까지 이르는 전선
• 전선은 절연전선 또는 케이블을 사용한다(다심형 전선도 사용 가능).
• 전선이 케이블인 경우 이외에는 인장강도 2.3[kN] 이상일 것 또는 지름 2.6[mm] 이상의 인입용 비닐 절연전선일 것. 다만, 지지물 간 거리가 15[m] 이하인 경우에는 지름 2[mm] 이상의 인입용 비닐 절연전선을 사용한다.
• 전선의 높이
 – 도로를 횡단하는 경우에는 노면상 5[m] 이상일 것
 – 철도 또는 궤도를 횡단하는 경우에는 6.5[m] 이상일 것
 – 횡단보도교 위에 시설하는 경우에는 노면상 3[m] 이상일 것

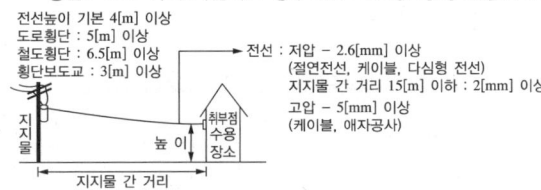

[저압 가공인입선 시설기준]

49 합성수지관공사의 특징 중 옳은 것은?

① 내열성 ② 내한성
③ 내부식성 ④ 내충격성

해설
합성수지관공사
• 관이 절연물로 구성되어 누전의 우려가 없다.
• 내부식성 커서 화학 공장 등의 부식성 가스나 용액이 있는 곳에 적당하다.
• 접지할 필요가 없고 피뢰기, 피뢰침이 접지선 보호에 적당하다.
• 무게가 가볍고 시공이 쉽다.

50 금속관 배관공사를 할 때 금속관을 구부리는 데 사용하는 공구는?

① 벤더(Bender)
② 히키(Hickey)
③ 오스터(Oster)
④ 파이프 바이스(Pipe Vise)

해설
금속관 배관공사용 공구
- 벤더(Bender) : 한 번에 의도한 각도로 관을 구부리고자 하는 공구

- 오스터(Oster) : 금속관 공사 시 관의 끝단에 나사를 내기 위한 공구

- 히키(Hickey) : 금속관을 끼워서 조금씩 위치를 바꿔 가며 관을 구부리는 공구

- 파이프 바이스(Pipe Vise) : 금속관의 절단이나 나사 내기를 할 때 관을 고정시켜 주기 위한 공구

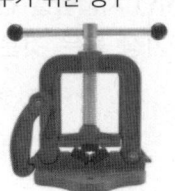

51 접지극은 지하 몇 [m] 이상의 깊이에 매설하는가?

① 0.55
② 0.65
③ 0.75
④ 0.85

해설
접지선의 시설

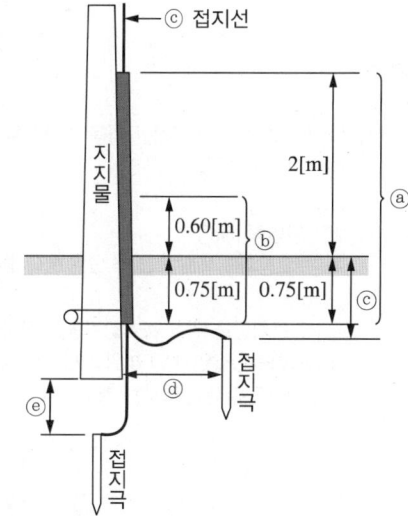

ⓐ 두께 2[mm] 이상의 합성수지관 또는 몰드
ⓑ 접지선은 절연전선, 케이블 사용
 (단, ⓑ는 금속체 이외의 경우)
ⓒ 접지극은 지하 0.75[m] 이상
ⓓ 접지극은 지중에서 수평으로 1[m] 이상
ⓔ 접지극은 지지물의 밑면으로부터 수직으로 0.3[m] 이상

52 보호구간에 유입하는 전류와 유출하는 전류의 차에 의해 동작하는 계전기는?

① 비율차동계전기
② 거리계전기
③ 방향계전기
④ 부족 전압계전기

해설
비율차동계전기
주로 변압기 및 발전기 내부고장 보호용으로 적용되는 계전기로, 내부고장 발생 시 고저압 측에 설치한 CT 2차 측의 억제 코일에 흐르는 전류차가 일정비율 이상이 되었을 때 계전기가 동작하는 방식

53 차단시간이 5초 이하인 경우 보호도체의 최소 단면적의 계산식으로 올바른 것은?

① $S = \dfrac{It}{k}$ ② $S = \dfrac{\sqrt{It}}{k}$

③ $S = \dfrac{I^2 t}{k}$ ④ $S = \dfrac{\sqrt{I^2 t}}{k}$

해설
보호도체
차단시간이 5초 이하인 경우에만 다음 계산식을 적용한다.
$S = \dfrac{\sqrt{I^2 t}}{k}$
여기서, S : 단면적[mm²]
  I : 보호장치를 통해 흐를 수 있는 예상 고장전류 실횻값 [A]
  t : 자동차단을 위한 보호장치의 동작시간[s]
  k : 보호도체, 절연, 기타 부위의 재질 및 초기온도와 최종 온도에 따라 정해지는 계수

54 접지를 하는 목적이 아닌 것은?

① 이상전압의 발생
② 전로의 대지전압의 저하
③ 보호계전기의 동작 확보
④ 감전의 방지

해설
접지의 목적
• 배전변전소 운전원의 감전사고 및 설비의 화재사고를 방지
• 지락 및 단락전류 등 고장 전류로부터 기기보호
• 보호계전기의 확실한 동작 확보 및 전위 상승 억제

55 지중전선로를 직접 매설식에 의하여 차량 및 기타 중량물의 압력을 받을 우려가 있는 장소에 시설하는 경우 매설 깊이는 몇 [m] 이상으로 하여야 하는가?

① 0.6 ② 1
③ 1.5 ④ 2

해설
지중전선로의 시설
지중전선로를 직접 매설식에 의하여 시설하는 경우에는 매설 깊이를 차량 기타 중량물의 압력을 받을 우려가 있는 장소에는 1.0[m] 이상, 기타 장소에는 0.6[m] 이상으로 하고 또한 지중전선을 견고한 트로프 기타 방호물에 넣어 시설하여야 한다.

56 설계하중 6.8[kN] 이하인 철근 콘크리트 전주의 길이가 7[m]인 지지물을 건주하는 경우 땅에 묻히는 깊이로 가장 옳은 것은?

① 1.2[m] ② 1.0[m]
③ 0.8[m] ④ 0.6[m]

해설
가공전선로 지지물의 시설
매설 깊이 $= 7 \times \dfrac{1}{6} \fallingdotseq 1.2[m]$

가공전선로 지지물의 기초의 안전율
강관을 주체로 하는 철주(강관주) 또는 철근 콘크리트주로서 그 전체 길이가 16[m] 이하, 설계하중이 6.8[kN] 이하인 것 또는 목주를 다음에 의하여 시설하는 경우
• 전체의 길이가 15[m] 이하인 경우는 땅에 묻히는 깊이를 전체 길이의 6분의 1 이상으로 할 것
• 전체의 길이가 15[m]를 초과하는 경우는 땅에 묻히는 깊이를 2.5[m] 이상으로 할 것

57 전기 배선용 도면을 작성할 때 사용하는 콘센트 도면 기호는?

① ⦿   ② ●
③ ○   ④ ▢

해설
배선용 도면 기호
② 비상용 조명
③ 일반용 조명
④ 형광등(기구 안)

58 저압 크레인 또는 호이스트 등의 트롤리선을 애자공사에 의하여 옥내의 노출장소에 시설하는 경우 트롤리선의 바닥에서의 최소 높이는 몇 [m] 이상으로 설치하는가?

① 2   ② 2.5
③ 3   ④ 3.5

해설
옥내에 시설하는 저압 접촉전선 배선
저압 접촉전선을 애자공사에 의하여 옥내의 전개된 장소에 시설하는 경우에는 전선의 바닥에서의 높이는 3.5[m] 이상으로 하고 또한 사람이 접촉할 우려가 없도록 시설해야 한다.

59 화약고 등의 위험장소에서 전기설비시설에 관한 내용으로 옳은 것은?

① 전로의 대지전압은 400[V] 이하일 것
② 전기기계기구는 전폐형을 사용할 것
③ 화약고 내의 전기설비는 화약고 장소에 전용 개폐기 및 과전류차단기를 시설할 것
④ 개폐기 및 과전류차단기에서 화약고 인입구까지의 배선은 케이블공사로 노출로 시설할 것

해설
화약류 저장소에서의 전기설비의 시설
화약류 저장소 안에는 전기설비를 시설해서는 안 된다. 다만, 다음에 따라 시설하는 경우에는 그렇지 않다.
• 전로의 대지전압은 300[V] 이하일 것
• 전기기계기구는 전폐형의 것일 것
• 케이블을 전기기계기구에 인입할 때에는 인입구에서 케이블이 손상될 우려가 없도록 시설할 것
• 화약류 저장소 안의 전기설비에 전기를 공급하는 전로에는 화약류 저장소 이외의 곳에 전용 개폐기 및 과전류차단기를 각 극에 취급자 이외의 자가 쉽게 조작할 수 없도록 시설하고 또한 전로에 지락이 생겼을 때에 자동적으로 전로를 차단하거나 경보하는 장치를 시설하여야 한다.

60 폭연성 먼지가 존재하는 곳의 저압 옥내배선공사 시 공사 방법으로 짝지어진 것은?

① 금속관공사, 무기물 절연 케이블공사, 개장된 케이블공사
② CD 케이블공사, 무기물 절연 케이블공사, 금속관공사
③ CD 케이블공사, 무기물 절연 케이블공사, 제1종 캡타이어케이블공사
④ 개장된 케이블공사, CD 케이블공사, 제1종 캡타이어케이블공사

해설
폭연성 먼지 위험장소
• 폭연성 먼지 또는 화약류의 가루가 전기설비가 발화원이 되어 폭발할 우려가 있는 곳에 시설하는 저압 옥내 전기설비는 금속관공사 또는 케이블공사(캡타이어케이블을 사용하는 것을 제외)에 의할 것
• 케이블공사에 의하는 때에 전선은 개장된 케이블 또는 무기물 절연 케이블을 사용하는 경우 이외에는 관, 기타의 방호장치에 넣어 사용할 것

정답 57 ① 58 ④ 59 ② 60 ①

2024년 제2회 과년도 기출복원문제

01 어떤 물질이 정상 상태보다 전자수가 많아져 전기를 띠게 되는 현상을 무엇이라 하는가?

① 충 전   ② 방 전
③ 대 전   ④ 분 극

해설
- 대전 : 어떤 물체가 전하(전기)를 띠는 현상
  털가죽 > 상아 > 유리 > 명주 > 나무 > 고무 > 플라스틱 > 유황 > 에보나이트 순으로 대전이 잘 된다.
- 분극 : 절연체나 유전체 내부에서 외부의 전기장에 의해서 유도되어 양전하와 음전하가 서로 상대적으로 미세하게 이동하는 현상

02 1[eV]는 몇 [J]인가?

① 1   ② 1×10^{-10}
③ 1.16×10^4 ④ 1.602×10^{-19}

해설
- 1[eV] : 전자 1개가 가지는 에너지의 양 = 1.602×10^{-19}[J]
- 1[C] : $\dfrac{1}{1.60219 \times 10^{-19}} = 6.24 \times 10^{18}$개의 전자의 과부족으로 생기는 전기량

03 3[μF], 4[μF], 5[μF] 3개의 콘덴서를 병렬로 연결된 회로의 합성정전용량은 얼마인가?

① 1.2[μF]   ② 3.6[μF]
③ 12[μF]   ④ 36[μF]

해설
- 콘덴서의 병렬연결 시 합성정전용량
  $C = C_1 + C_2 + C_3$
  ∴ 3+4+5 = 12[μF]
- 콘덴서의 직렬연결 시 합성정전용량
  $\dfrac{1}{C} = \dfrac{1}{C_1} + \dfrac{1}{C_2} + \dfrac{1}{C_3}$

04 어떤 콘덴서에 전압 20[V]를 가할 때 전하 800[μC]이 축적된다면 이때 축적되는 에너지[J]는?

① 0.008   ② 0.16
③ 0.8   ④ 160

해설
$W = \dfrac{1}{2}QV = \dfrac{1}{2}CV^2$[J]
$= \dfrac{1}{2} \times 800 \times 10^{-6} \times 20 = 0.008$[J]

05 0.02[μF], 0.03[μF] 2개의 콘덴서를 직렬로 접속할 때의 합성용량은 몇 [μF]인가?

① 0.05   ② 0.012
③ 0.06   ④ 0.016

해설
콘덴서의 직렬접속 시 합성용량은 저항의 병렬접속 계산방법과 같다.
$\dfrac{1}{C} = \dfrac{1}{C_1} + \dfrac{1}{C_2}$ [1/F]
$C = \dfrac{1}{\dfrac{1}{C_1} + \dfrac{1}{C_2}} = \dfrac{C_1 \times C_2}{C_1 + C_2} = \dfrac{0.02 \times 0.03}{0.02 + 0.03} = \dfrac{0.0006}{0.05}$
$= 0.012$[μF]

06 전기력선의 성질 중 맞지 않는 것은?

① 전기력선은 양(+)전하에서 나와 음(-)전하에서 끝난다.
② 전기력선의 접선방향이 전장의 방향이다.
③ 전기력선은 도중에 만나거나 끊어지지 않는다.
④ 전기력선은 등전위면과 교차하지 않는다.

해설
전기력선의 성질
- 전기력선은 양전하의 표면에서 나와서 음전하의 표면으로 들어간다.
- 전기력선의 밀도는 그 점에서의 전계의 크기와 같다.
- 전기력선의 접선방향은 그 접점에서의 전기장의 방향을 가리킨다.
- 전기력선의 밀도는 전기장의 세기를 나타낸다.
- 전기력선은 도체의 표면에 수직으로 출입한다.
- 전기력선은 서로 교차하지 않는다.
- 전체 전하량 $Q[C]$를 둘러싼 폐곡면을 통하고 밖으로 나가는 전기력선의 총수는 $N = \dfrac{Q}{\varepsilon}$ 개다(가우스의 정리).
- 도체 내부에는 전기력선이 없다(도체 내부에는 전기장이 존재하지 않는다).

07 전위차계로 전위를 측정하였다. B점의 전위가 100 [V]이고 D점의 전위가 60[V]일 때 4[Ω]에 흐르는 전류는[A]?

① 5
② $\dfrac{15}{7}$
③ $\dfrac{20}{7}$
④ 20

해설
B점과 D점 사이의 전위차가 40[V]이므로 B점과 D점에 사이에 흐르는 전류는 $I = \dfrac{V}{R} = \dfrac{40}{8} = 5$[A]이다.
저항 4[Ω]에 흐르는 전류는 5[A]를 저항에 반비례하게 분배되어 흐르므로 $I_{4[\Omega]} = \dfrac{3}{3+4} \times 5 = \dfrac{15}{7}$[A]

08 공기 중에서 m[Wb]의 자극으로부터 나오는 자력선의 총수는 얼마인가?(단, μ는 물체의 투자율이다)

① m
② μm
③ $\dfrac{m}{\mu}$
④ $\dfrac{\mu}{m}$

해설
자기력선의 성질
- 자기력선은 자석의 N극에서 시작하여 S극에서 끝난다.
- 자기력선은 상호 간에 교차하지 않는다.
- m(자극)에서 $\dfrac{m}{\mu}$ 개의 자기력선이 발생한다.
- 자기력선은 보이지 않는다.

09 전류에 의해 만들어지는 자기장의 자기력선 방향을 간단하게 알아보는 법칙은?

① 앙페르의 오른나사 법칙
② 플레밍의 오른손 법칙
③ 플레밍의 왼손 법칙
④ 렌츠의 법칙

해설
- 플레밍의 오른손 법칙 : 자기장 속에서 도선을 움직일 때 유도기전력에 유도되는 전류의 방향 → 발전기
- 플레밍의 왼손 법칙 : 자기장 내의 전류가 흐르는 도선의 힘의 방향 → 전동기
- 렌츠의 법칙 : 전류의 변화를 방해하는 방향으로 발생되는 기전력

10 공기 중에서 자속밀도 10[Wb/m²]의 평등자계 내에 5[A]의 전류가 흐르고 있는 길이 60[cm]의 직선 도체를 자계의 방향에 대하여 30°의 각을 이루도록 놓았을 때 이 도체에 작용하는 힘[N]은?

① 15
② $15\sqrt{3}$
③ 30
④ $30\sqrt{3}$

해설
$F = BIl\sin\theta = 10 \times 5 \times 0.6 \times \sin 30° = 15[N]$
여기서, F : 도선이 받는 힘
B : 자속밀도(자기장의 세기)
I : 전류의 양
l : 감은 코일의 길이

11 교류회로에서 코일과 콘덴서를 병렬로 연결한 상태에서 주파수가 증가하면 어느 쪽이 전류가 잘 흐르는가?

① 코 일
② 콘덴서
③ 코일과 콘덴서에 같이 흐른다.
④ 모두 흐르지 않는다.

해설
전압과 용량이 일정할 경우
콘덴서에 흐르는 전류는 주파수에 비례한다.
코일에 흐르는 전류는 주파수에 반비례한다.

12 자체 인덕턴스가 L_1, L_2인 두 코일을 직렬로 접속하였을 때 합성인덕턴스를 나타낸 식은?(단, 두 코일 간의 상호인덕턴스는 M이다)

① $L_1 + L_2 \pm M$
② $L_1 - L_2 \pm M$
③ $L_1 + L_2 \pm 2M$
④ $L_1 - L_2 \pm 2M$

해설
가동접속(같은 방향)일 경우
합성인덕턴스 $L = L_1 + L_2 + 2M$
차동접속(다른 방향)일 경우
합성인덕턴스 $L = L_1 + L_2 - 2M$

13 전류계의 측정 범위를 확대시키기 위하여 전류계와 병렬로 접속하는 것은?

① 분류기
② 배율기
③ 검류계
④ 전위차계

해설
• 배율기 : 전압계의 측정 범위를 확대하기 위하여 전압계와 직렬로 연결하는 저항
• 검류계 : 매우 작은 전류를 검출하거나 측정하는 기구
• 전위차계 : 전위차를 측정하는 기구

14 그림에서 a-b 간 합성저항은 c-d 간 합성저항보다 몇 배인가?

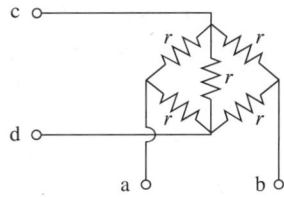

① 1   ② 2
③ 3   ④ 4

해설
a-b 간 합성저항은 브리지 회로이고 평형조건을 만족하므로

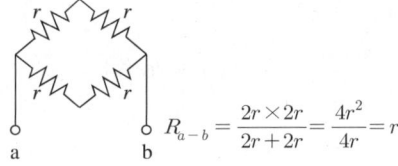 $R_{a-b} = \dfrac{2r \times 2r}{2r + 2r} = \dfrac{4r^2}{4r} = r$

c-d 간 합성저항은 같은 저항이 병렬일 때는 $\dfrac{r}{n}$ 이므로

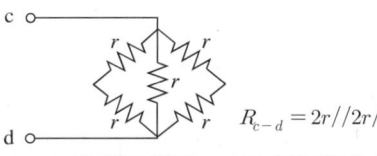 $R_{c-d} = 2r // 2r // r = r // r = \dfrac{1}{2}r$

∴ a-b 간 합성저항과 c-d 간 합성저항은 2배가 차이가 난다.

15 저항이 9[Ω]이고, 용량 리액턴스가 12[Ω]인 직렬회로의 임피던스[Ω]는?

① 3   ② 15
③ 21   ④ 108

해설
임피던스 $|Z| = \sqrt{9^2 + 12^2} = 15[\Omega]$

16 기전력 1.5[V], 내부저항이 0.1[Ω]인 전지 4개를 직렬로 연결하고 이를 단락했을 때의 단락전류[A]는?

① 10   ② 12.5
③ 15   ④ 17.5

해설
전지를 직렬로 연결하므로 전체 기전력은
$1.5 \times 4 = 6[V]$이고, 전체 저항은 $0.1 \times 4 = 0.4[\Omega]$이다.
단락전류는 $I = \dfrac{V}{R} = \dfrac{6}{0.4} = 15[A]$이다.

17 3상 220[V], △ 결선에서 1상의 부하가 $Z = 8 + j6$ [Ω]이면 선전류[A]는?

① 11   ② $22\sqrt{3}$
③ 22   ④ $\dfrac{22}{\sqrt{3}}$

해설
상전류 $= \dfrac{220}{8+j6} = \dfrac{220}{\sqrt{8^2+6^2}} = \dfrac{220}{10} = 22[A]$이고, △ 결선에서 선전류는 상전류보다 $\sqrt{3}$ 배 크므로 $22\sqrt{3}[A]$가 된다.

18 전류의 발열작용에 관한 법칙으로 가장 알맞은 것은?

① 옴의 법칙
② 패러데이의 법칙
③ 줄의 법칙
④ 키르히호프의 법칙

해설
줄의 법칙
저항을 통과하는 전류가 발생시킨 열은 흘려준 전류의 제곱에 비례한다는 법칙
$Q = I^2 Rt [J] = 0.24 I^2 Rt [cal]$
$1[cal] = 4.186[J] ≒ 4.2[J]$, $1[J] ≒ 0.24[cal]$

19 전지의 전압강하 원인으로 틀린 것은?

① 국부작용 ② 산화작용
③ 성극작용 ④ 자기방전

해설
- 국부작용 : 축전지의 극판에 불순물 등이 부착되어 국부적으로 전위의 차이가 발생한 것(자기방전의 원인 중 하나이다)
- 성극작용(분극작용) : 볼타전지에서 수소 기체가 발생하여 환원 반응을 막아 전압이 떨어지는 작용
- 자기방전 : 외부회로로 전류가 흐르지 않게 되는 축전지의 용량이 감소하는 것

20 RLC 직렬공진 회로에서 최소가 되는 것은?

① 저항값 ② 임피던스값
③ 전류값 ④ 전압값

해설
RLC 직렬회로의 임피던스가 최소이면 전류값은 최대가 되고 직렬공진현상이 나타난다.
이처럼 유도리액턴스와 용량리액턴스의 크기가 같아서 서로 상쇄되어 회로의 합성리액턴스가 0이 되면 임피던스가 저항만으로 이루어지게 되므로 임피던스의 값이 최소가 된다. 그 결과 전압과 전류가 동상이 되는데 직렬회로의 이와 같은 상태를 직렬공진이라고 한다.

21 정격속도로 회전하고 있는 분권발전기가 있다. 단자전압 100[V], 권선의 저항은 50[Ω] 계자전류 2[A], 부하전류 50[A], 전기자저항 0.1[Ω]이다. 이때 발전기의 유기기전력은 약 몇 [V]인가?(단, 전기자 반작용은 무시한다)

① 100 ② 105
③ 110 ④ 115

해설
분권발전기의 유기기전력
$E = \frac{Z}{a} P\phi \frac{N}{60}$[V]이고, $V = E - I_a R_a$이므로
$I_a = I_f + I$ 에서
$E = V + I_a R_a = 100 + (2+50) \times 0.1 ≒ 105$[V]이다.

22 직류 직권발전기가 정격전압 $V = 400$[V], 출력 $P = 10$[kW]로 운전되고 전기자저항 R_a와 직권계자저항 R_s가 모두 0.1[Ω]일 경우, 유도기전력 [V]는?(단, 정류자의 접촉저항은 무시한다)

① 393 ② 405
③ 415 ④ 423

해설
직류 직권발전기의 유도기전력
직권발전기의 전기자전류 $I_a = I_f = I = \frac{P}{V}$이고,
$V = E - I_a R_a - I_f R_f = E - IR_a - IR_f$
$= E - I(R_a + R_f)$이므로,
$E = V + I_a(R_a + R_s)$
$= 400 + \frac{10 \times 10^3}{400} \times (0.1 + 0.1) = 405$[V]

23 직류 직권전동기의 토크를 τ라 할 때 회전수를 절반으로 줄이면 토크는?

① $\frac{1}{2}\tau$ ② $\frac{1}{\tau}$
③ τ ④ 4τ

해설
직류 직권 전동기의 토크와 회전수의 관계
$\tau = \frac{1}{N^2}$이므로, $\tau' = \frac{1}{\left(\frac{1}{2}N\right)^2} = 4\frac{1}{N^2} = 4\tau$

24 보극이 없는 직류전동기의 브러시 위치를 무부하 중성점으로부터 이동시키는 이유와 이동 방향은?

① 정류작용이 잘 되도록 전동기 회전방향으로 브러시를 이동한다.
② 정류작용이 잘 되도록 전동기 회전 반대방향으로 브러시를 이동한다.
③ 유기기전력을 증가시키기 위하여 전동기 회전방향으로 브러시를 이동한다.
④ 유기기전력을 증가시키기 위하며 전동기 회전반대방향으로 브러시를 이동한다.

해설
직류전동기의 전기적 중성점 이동
브러시는 항상 기전력이 0인 도체에 접속되어 있는 정류자편에 접촉하도록 한다. 보극이 없는 발전기는 부하가 걸리면 중성축의 위치가 전기자 반작용 때문에 회전방향으로 이동하므로 정류가 잘 되도록 브러시를 전기적 중성축으로 이동시켜야 한다.
- 발전기 : 회전방향으로 브러시 이동
- 전동기 : 회전 반대방향으로 브러시 이동

25 직류전동기의 속도제어법이 아닌 것은?

① 전압제어법
② 계자제어법
③ 저항제어법
④ 주파수제어법

해설
직류기에서는 주파수를 사용하지 않는다.
직류전동기의 속도제어방식
직류전동기의 속도제어방법에는 자속을 변화시키는 계자제어, 전압을 변화시키는 전압제어, 전기자저항을 변화시키는 저항제어로 나뉘며, 이 중 전압제어방식은 전기자에 가하는 전압을 변화시켜 속도를 제어하는 방법으로, 주로 타여자기에 사용되는 정토크제어가 된다. 종류로는 워드-레오나드 방식과 정지 레오나드 방식, 일그너 방식, 초퍼제어 방식이 있다.

26 동기 주파수 변환기를 사용하여 4극의 동기전동기에 60[Hz]를 공급하면, 8극의 동기발전기에는 몇 [Hz]의 주파수를 얻을 수 있는가?

① 15 ② 120
③ 180 ④ 240

해설
동기발전기의 회전속도와 주파수
$N_s = \dfrac{120f}{p}$[rpm]에서

$N_s = \dfrac{120 \times 60}{4} = 1,800$[rpm]이므로,

8극의 동기발전기에서 얻는 주파수
$f' = \dfrac{P \times N_s}{120} = \dfrac{8 \times 1,800}{120} = 120$[Hz]

27 동기전동기의 여자전류를 증가하면 어떤 현상이 생기는가?

① 앞선 무효전류가 흐르고 유도기전력은 높아진다.
② 토크가 증가한다.
③ 난조가 생긴다.
④ 전기자 전류의 위상이 앞선다.

해설
동기전동기의 위상 특성곡선(V곡선)
- 공급 전압과 부하가 일정한 상태에서 계자(여자)전류 I_f를 변화시킬 때의 전기자 전류 변화 곡선
- 계자전류를 조정하여 전기자 전류의 크기와 위상을 조정할 수 있다.
- 부하가 클수록 V곡선이 위로 올라간다.
- 역률이 1인 경우 전기자 전류는 최소가 된다.
- 여자전류의 변화는 전기자 전류와 역률의 변화를 만든다.

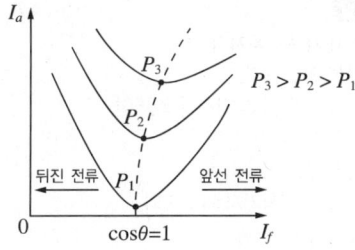

28 동기발전기를 병렬운전을 하고자 하는 경우 같지 않아도 되는 것은?

① 기전력의 임피던스
② 기전력의 위상
③ 기전력의 파형
④ 기전력의 주파수

해설
동기발전기의 병렬운전조건
• 기전력의 크기가 같을 것
• 기전력의 위상이 같을 것
• 기전력의 주파수가 같을 것
• 기전력의 파형이 같을 것
• 기전력의 상회전방향이 같을 것

29 단락비가 큰 동기기에 대한 설명으로 옳은 것은?

① 기계가 소형이다.
② 안정도가 높다.
③ 전압변동률이 크다.
④ 전기자 반작용이 크다.

해설
단락비가 큰 동기기 특성
• 안정도가 높다.
• 중량이 무겁고 가격이 비싸다.
• 전압변동률이 작다.
• 전기자 반작용이 작다.
• 공극과 계자기자력이 크다.
• 효율이 나쁘다.

30 3상 동기발전기의 상 간 접속을 Y결선으로 하는 이유 중 틀린 것은?

① 중성점을 이용할 수 있다.
② 선간전압이 상전압의 $\sqrt{3}$ 배가 된다.
③ 선간전압에 제3고조파가 나타나지 않는다.
④ 같은 선간전압의 결선에 비하여 절연이 어렵다.

해설
동기발전기의 결선
Y결선을 할 경우 선간전압은 상전압의 $\sqrt{3}$ 배가 되고 위상은 1차와 2차가 동상이 되며, Y결선된 발전기 권선의 중성점은 거의 영전위로 유지되므로, 중성점으로 갈수록 권선의 절연 레벨을 낮추는 단절연이 가능하다.

31 변압기유의 구비조건으로 옳은 것은?

① 절연내력이 클 것
② 인화점이 낮을 것
③ 응고점이 높을 것
④ 비열이 작을 것

해설
변압기유의 구비조건
• 절연내력이 클 것
• 비열이 커서 냉각 효과가 클 것
• 인화점이 높을 것
• 응고점이 낮을 것
• 절연재료 및 금속에 접촉하여도 화학작용을 일으키지 않을 것
• 고온에서 석출물이 생기거나 산화하지 않을 것

정답 28 ① 29 ② 30 ④ 31 ①

32 변압기의 병렬운전조건에 대한 설명으로 틀린 것은?

① 극성이 같아야 한다.
② 권수비, 1차 및 2차의 정격전압이 같아야 한다.
③ 각 변압기의 저항과 누설 리액턴스비가 같아야 한다.
④ 각 변압기의 임피던스가 정격용량에 비례하여야 한다.

해설
변압기의 병렬운전조건
• %임피던스 강하가 같을 것
• 극성이 같을 것
• 권수비가 같을 것
• 1, 2차 정격전압이 같을 것
• 변압기 내부저항과 리액턴스비가 같을 것
• 상회전방향이 같을 것

33 변압기의 1차 전압이 3,300[V], 권선수 15인 변압기의 2차 측의 전압은 몇 [V]인가?

① 380　　② 330
③ 220　　④ 110

해설
변압기의 권수비
권수비 $a = \dfrac{V_1}{V_2}$ 에서
2차 전압 $V_2 = \dfrac{V_1}{a} = \dfrac{3,300}{15} = 220[V]$

34 변압기의 퍼센트 저항강하가 3[%], 퍼센트 리액턴스 강하가 4[%]이고, 역률이 80[%] 지상이다. 이 변압기의 전압변동률[%]은?

① 3.2　　② 4.8
③ 5.0　　④ 5.6

해설
변압기의 전압변동률
p가 퍼센트 저항강하, q가 퍼센트 리액턴스 강하라면,
• $\varepsilon = p\cos\theta - q\sin\theta$ (진상 -)
• $\varepsilon = p\cos\theta + q\sin\theta$ (지상 +)이므로,
전압변동률 $\varepsilon = 3 \times 0.8 + 4 \times 0.6 = 4.8[\%]$

35 사용 중인 변류기의 2차를 개방하면?

① 1차 전류가 감소한다.
② 2차 권선에 110[V]가 걸린다.
③ 개방단의 전압은 불변하고 안전하다.
④ 2차 권선에 고압이 유도된다.

해설
변류기의 2차 측 개방
변류기(CT)는 1차 측 전류에 비례해 2차 측에 전류가 흐르게 되는데, 2차 측이 개방되어 있으면 단자 간에 큰 전압이 유기되어 절연파괴에 의해 변류기 손상이 생기게 된다. 따라서 2차 측의 절연보호를 위해 2차 측을 단락해야 한다(사용 중인 변류기의 2차 측을 개방할 경우 2차 측에 고압이 걸린다).

정답 32 ④　33 ③　34 ②　35 ④

36 다음 단상 유도전동기 중 기동토크가 큰 것부터 바르게 나열한 것은?

┌─────────────────────────────┐
│ ㉠ 반발 기동형   ㉡ 콘덴서 기동형 │
│ ㉢ 분상 기동형   ㉣ 셰이딩 코일형 │
└─────────────────────────────┘

① ㉠ > ㉡ > ㉢ > ㉣
② ㉠ > ㉣ > ㉡ > ㉢
③ ㉠ > ㉢ > ㉣ > ㉡
④ ㉠ > ㉡ > ㉣ > ㉢

[해설]
단상 유도전동기의 기동토크 크기
반발 기동형 > 반발 유도형 > 콘덴서 기동형 > 분상 기동형 > 셰이딩 코일형

37 3상 유도전동기 슬립의 범위는?

① $0 < s < 1$
② $-1 < s < 0$
③ $1 < s < 2$
④ $0 < s < 2$

[해설]
유도전동기의 슬립
슬립 $s = \dfrac{N_s - N}{N_s} \times 100[\%]$

- 전동기의 슬립 : $0 < s < 1$
- 발전기의 슬립 : $0 > s$
- 제동기의 슬립 : $1 < s < 2$

38 10[kW]의 농형 유도전동기의 기동방법으로 가장 적당한 것은?

① 전전압 기동법
② Y-△ 기동법
③ 기동보상기법
④ 2차 저항 기동법

[해설]
농형 유도전동기의 기동방법
- 5[kW] 이하 : 전전압 기동(직입 기동)
- 5~5[kW] : Y-△ 기동
  (기동전류 $\dfrac{1}{3}$로 감소, 기동전압 $\dfrac{1}{\sqrt{3}}$로 감소)
- 15[kW] 이상 : 감전압 기동방식(기동보상기법)

39 단상 전파정류회로를 구성한 것으로 옳은 것은?

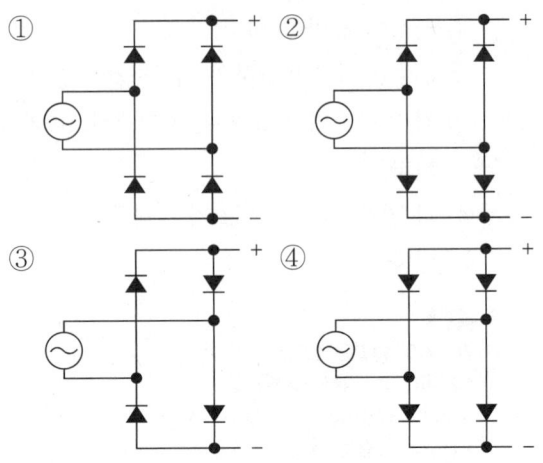

[해설]
단상전파정류회로
- 기본 정류회로

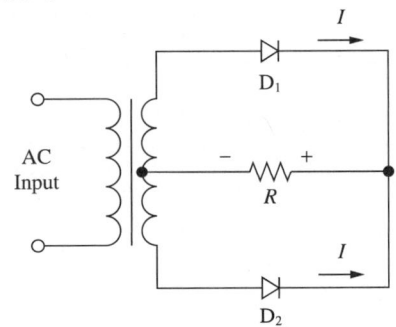

- 브리지 정류회로

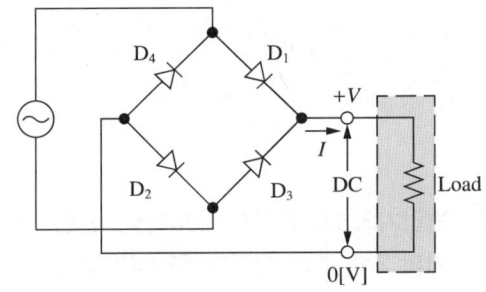

40 전력용 반도체 소자에 대한 설명 중 옳지 않은 것은?

① MOSFET는 게이트 전류에 의해 드레인 전류를 제어하는 반도체 소자이다.
② IGBT는 게이트-이미터 간 전압으로 컬렉터 전류의 흐름을 제어할 수 있다.
③ SCR(사이리스터)은 게이트 전류에 의해 트리거 온 시킬 수 있다.
④ 바이폴라 트랜지스터는 베이스 전류에 의해 컬렉터 전류를 제어하는 반도체 소자이다.

해설
전력제어용 반도체 소자
- MOSFET(Metal Oxide Semiconductor Field Effect Transistor) : 게이트와 소스 사이에 걸리는 전압으로 제어
- IGBT(Insulated Gate Bipolar Transistor) : 게이트와 이미터 사이에 전압을 인가하여 구동하는 전압 구동방식
- SCR(Thyrister) : Off 제어 불가, 게이트 전류 펄스로 On 제어
- BJT(Bipolar Junction Transistor) : 도통 시 전류는 컬렉터에서 이미터 쪽으로만 흐를 수 있고 역방향으로는 흐를 수 없으며, 전압-전류 특성은 베이스 전류의 크기에 따라 달라짐

41 전선의 접속 방법의 명칭은?

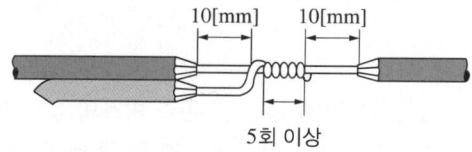

① 브리타니아 직선접속
② 트위스트 분기접속
③ 쥐꼬리 접속
④ 분할 권선 분기접속

해설
트위스트 분기접속
본선에서 선을 분기할 때 접속하는 것으로, 6[mm²] 이하의 가는 단선의 경우에 적용한다.

42 전선을 접속하는 경우 전선의 강도는 몇 [%] 이상 감소시키지 않아야 하는가?

① 10   ② 20
③ 40   ④ 80

해설
전선의 접속 강도
전선의 강도를 20[%] 이상 감소시키지 않아야 하며, 전기저항이 증가되지 않아야 한다.

43 펜치로 절단하기 힘든 굵은 전선의 절단에 사용되는 공구는?

① 리머   ② 파이프 커터
③ 클리퍼   ④ 와이어 스트리퍼

해설
굵은 전선의 절단
- 클리퍼 : 펜치로 절단하기 힘든 25[mm²] 이상의 케이블 등과 같은 굵은 전선이나 철선, 볼트 등을 절단하기 위한 공구

- 와이어 스트리퍼 : 절연 전선의 피복 절연물을 벗기기 위한 공구

- 파이프 커터 : 금속관이나 프레임 파이프 등을 절단하는 데 사용하는 공구

- 리머 : 금속관이나 합성수지관을 쇠톱이나 파이프 커터를 사용하여 자른 후 날카로워진 관 끝단을 매끈하게 다듬어 주기 위한 공구

44 가요전선관의 상호접속은 무엇을 사용하는가?

① 콤비네이션 커플링
② 스플릿 커플링
③ 더블 커넥터
④ 앵글 커넥터

> [해설]
> 스플릿 커플링
> 가요전선관과 가요전선관의 상호접속

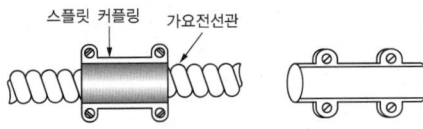

45 저압 이웃 연결 인입선의 시설규정으로 적합한 것은?

① 분기점으로부터 90[m] 지점에 시설
② 6[m] 도로를 횡단하여 시설
③ 수용가 옥내를 관통하여 시설
④ 지름 1.5[mm] 인입용 비닐절연전선을 사용

> [해설]
> 이웃 연결 인입선
> 한 수용장소의 인입선에서 분기하여 지지물을 거치지 아니하고 다른 수용장소 인입구에 이르는 부분의 전선
> • 인입선에서 분기하는 점에서 100[m]를 넘지 않아야 한다.
> • 이웃 연결 인입선은 옥내를 통과하면 안 된다.
> • 폭 5[m]를 초과하는 도로를 횡단하지 아니할 것
> • 전선이 케이블인 경우 이외에는 인장강도 2.3[kN] 이상일 것 또는 지름 2.6[mm] 이상의 인입용 비닐 절연전선일 것. 다만, 지지물 간 거리가 15[m] 이하인 경우에는 지름 2[mm] 이상의 인입용 비닐 절연전선을 사용한다.

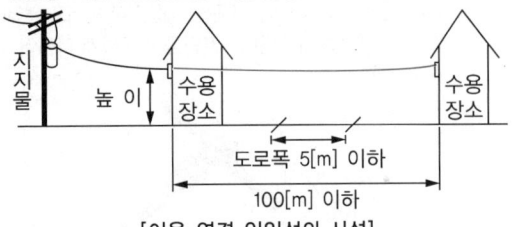
[이웃 연결 인입선의 시설]

46 건물의 모서리(직각)에서 금속제 가요전선관을 박스에 연결할 때 필요한 접속기는?

① 스트레이트 박스 커넥터
② 앵글 박스 커넥터
③ 플렉시블 커플링
④ 콤비네이션 커플링

> [해설]
> • 앵글 커넥터 : 직각 부위에서 가요전선관을 박스에 접속할 때
>
>
>
> • 플렉시블 커플링 : 전선관의 중심축이 약간 어긋날 경우 관을 연결(편심, 편각 허용)
>
>
>
> • 콤비네이션 커플링 : 금속제 가요전선관과 금속 전선관의 연결
>
>

47 합성수지관의 상호 및 관과 박스의 접속 공사를 할 경우 접속 시 삽입하는 깊이를 관 바깥지름의 몇 배 이상으로 하는가?(단, 접착제를 사용하지 않는다)

① 0.8   ② 1
③ 1.2   ④ 1.5

> [해설]
> 합성수지관 및 부속품의 시설
> 관 상호 간 및 박스와는 관을 삽입하는 깊이를 관의 바깥지름의 1.2배(접착제를 사용하는 경우에는 0.8배) 이상으로 하고 또한 꽂음 접속에 의하여 견고하게 접속한다.

44 ② 45 ① 46 ② 47 ③

48 분기회로의 과부하 보호장치는 저압 옥내간선과의 분기점에서 전선의 길이가 몇 [m] 이하의 곳에 시설하여야 하는가?

① 3 　　② 4
③ 5 　　④ 8

해설
과부하 보호장치의 설치 위치
분기회로(S_2)의 보호장치(P_2)는 (P_2)의 전원 측에서 분기점(O) 사이에 다른 분기회로 또는 콘센트의 접속이 없고, 단락의 위험과 화재 및 인체에 대한 위험성이 최소화되도록 시설된 경우, 분기회로의 보호장치(P_2)는 분기회로의 분기점(O)으로부터 3[m]까지 이동하여 설치할 수 있다.

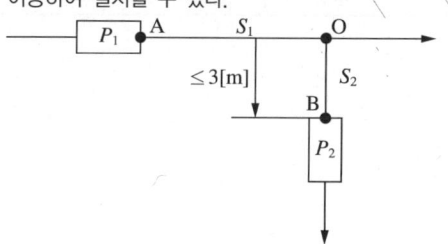

49 철근 콘크리트 전주의 길이가 16[m]인 지지물을 건주하는 경우에 땅에 묻히는 최소 깊이는 약 몇 [m]인가?(단, 설계하중이 6.8[kN] 이하이다)

① 1.5 　　② 2
③ 2.5 　　④ 3

해설
가공전선로 지지물의 시설
강관을 주체로 하는 철주 또는 철근 콘크리트주로서 그 전체 길이가 16[m] 이하, 설계하중이 6.8[kN] 이하인 것 또는 목주는 다음에 의하여 시설한다.
- 전체 길이가 15[m] 이하인 경우는 땅에 묻히는 깊이를 전체 길이의 6분의 1 이상으로 할 것
- 전체 길이가 15[m]를 초과하는 경우는 땅에 묻히는 깊이를 2.5[m] 이상으로 할 것

50 배전반을 나타내는 그림 기호는?

①  　　②
③ 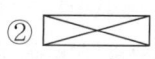 　　④ ┌─S─┐

해설
배전반 기호

기호	의미	기호	의미
⊠	배전반	⬛	제어반
◢	분전반	⊠	재해방지용 배전반

51 감전보호를 목적으로 기기의 한 점 이상을 접지하는 접지방식은?

① 계통접지
② 단독접지
③ 피뢰시스템접지
④ 보호접지

해설
접지시스템의 구분
- 계통접지 : 전력계통의 이상 현상에 대비하여 대지와 계통을 접속
- 보호접지 : 감전보호를 목적으로 기기의 한 점 이상을 접지
- 피뢰시스템접지 : 뇌격전류를 안전하게 대지로 방류하기 위한 접지

52 한국전기설비규정에서 교통신호등 회로의 사용전압이 몇 [V]를 초과하는 경우에는 지락 발생 시 자동적으로 전로를 차단하는 장치를 시설하여야 하는가?

① 50   ② 100
③ 150   ④ 200

해설
교통신호등
- 교통신호등의 제어장치 전원 측에는 전용 개폐기 및 과전류차단기를 각 극에 시설하여야 한다.
- 교통신호등 회로의 사용전압이 150[V]를 넘는 경우는 전로에 지락이 생겼을 경우 자동적으로 전로를 차단하는 누전차단기를 시설하여야 한다.

53 다음 중 접지설비에 사용되는 보호선과 전압선의 기능을 겸한 전선은?

① PEM선   ② PEN선
③ PEL선   ④ DV선

해설
접지설비
- PEN선 : 보호선(PE)과 중성선(N)의 기능을 겸한 전선
- PEM선 : 보호선과 중간선의 기능을 겸한 전선
- PEL선 : 보호선과 전압선의 기능을 겸한 전선

54 2차 측 사용전압이 최대 DC 120[V]이고 비접지로 구성된 전선과 대지 간의 절연저항 값은?

① 0.2[MΩ]   ② 0.5[MΩ]
③ 1.0[MΩ]   ④ 2.0[MΩ]

해설
저압 전로의 절연성능
특별저압 중 SELV(비접지회로 구성)에 해당된다.

전로의 사용전압[V]	DC시험전압[V]	절연저항[MΩ]
SELV 및 PELV	250	0.5
FELV를 포함한 500[V] 이하	500	1.0
500[V] 초과	1,000	1.0

55 KEC(한국전기설비규정)에 의한 고압 가공전선로 철탑의 지지물 간 거리는 몇 [m] 이하로 제한하고 있는가?

① 150   ② 250
③ 500   ④ 600

해설
고압 가공전선로 지지물 간 거리 제한

지지물의 종류	지지물 간 거리
목주·A종 철주 또는 A종 철근 콘크리트주	150[m] 이하
B종 철주 또는 B종 철근 콘크리트주	250[m] 이하
철 탑	600[m] 이하

56 가공전선로의 지지물로부터 다른 지지물을 거치지 아니하고 수용장소의 붙임점에 이르는 가공전선을 무엇이라 하는가?

① 옥내배선　　② 옥외배선
③ 가공인입선　　④ 관등회로

해설
가공인입선(Service Drop)
가공전선로의 지지물로부터 다른 지지물을 거치지 아니하고 수용장소의 붙임점에 이르는 가공전선을 말한다.
- 옥내배선 : 건축물 내부의 전기사용장소에 고정시켜 시설하는 전선
- 옥외배선 : 건축물 외부의 전기사용장소에서 그 전기사용장소에서의 전기사용을 목적으로 고정시켜 시설하는 전선
- 관등회로 : 방전등용 안정기 또는 방전등용 변압기로부터 방전관까지의 전로

57 일반적으로 가공전선로의 지지물에 취급자가 오르고 내리는 데 사용하는 발판 볼트 등은 지표상 몇 [m] 미만에 시설해서는 아니 되는가?

① 0.75　　② 1.2
③ 1.8　　④ 2.0

해설
가공전선로 지지물의 철탑 및 전주오름 방지
가공전선로의 지지물에 취급자가 오르고 내리는 데 사용하는 발판 볼트 등을 지표상 1.8[m] 미만에 시설해서는 아니 된다.

58 가공전선로의 지지물이 아닌 것은?

① 목 주　　② 지지선
③ 철근 콘크리트주　　④ 철 탑

해설
지지선은 전선의 장력이나 바람 따위에 전주가 넘어가는 것을 막기 위하여 전주에 연결하여 땅 위로 비스듬히 세운 줄을 말한다.
가공전선로의 지지물
지지물이란 전선을 가설하기 위한 시설물로서 목주, 철주, 철근 콘크리트주, 철탑, 기타 이와 유사한 시설물이 있다.

59 전기 울타리 시설 시 전로의 사용 전압은 얼마 이하인가?

① 150　　② 250
③ 300　　④ 400

해설
전기 울타리 시설
- 전로의 사용 전압 250[V] 이하일 것
- 전선은 인장강도 1.38[kN] 이상, 2[mm] 이상의 경동선일 것
- 전선과 기둥과의 간격은 2.5[cm] 이상일 것
- 전선과 다른 시설물 또는 수목과의 간격은 0.3[m] 이상일 것
- 전기 울타리 전원 장치의 외함 및 변압기 철심은 접지공사를 실시할 것

60 폭연성 먼지가 있는 위험장소의 금속관공사에 있어서 관 상호 및 관과 박스 기타의 부속품이나 풀 박스 또는 전기기계기구는 몇 산 이상의 나사 조임으로 시공하여야 하는가?

① 2　　② 3
③ 4　　④ 5

해설
위험 장소의 금속관공사
- 폭연성 먼지는 마그네슘, 알루미늄, 타이타늄, 지르코늄 등의 먼지가 쌓여 있는 상태에서 불이 붙었을 때에 폭발할 우려가 있는 것을 말한다.
- 금속관공사 다음에 의하여 시설한다. 관 상호 간 및 관과 박스, 기타의 부속품, 풀 박스 또는 전기기계기구와는 5산 이상 나사조임으로 접속하는 방법, 기타 이와 동등 이상의 효력이 있는 방법에 의하여 견고하게 접속하고 또한 내부에 먼지가 침입하지 아니하도록 접속할 것

정답　56 ③　57 ③　58 ②　59 ②　60 ④

2024년 제3회 과년도 기출복원문제

01 다음 괄호 안에 들어갈 알맞은 내용은?

> "자기인덕턴스 1[H]는 전류의 변화율이 1[A/s]일 때, (　　)가(이) 발생할 때의 값이다."

① 1[N]의 힘
② 1[J]의 에너지
③ 1[V]의 기전력
④ 1[Hz]의 주파수

해설
- 전자유도작용 : 코일에 전류가 흘러 자속이 변하면 자속을 방해하려는 방향으로 유도기전력이 발생하는 작용
- 자기인덕턴스(Self Inductance) : 코일의 자기유도능력의 정도

02 정상상태에서의 원자를 설명한 것으로 틀린 것은?

① 양성자와 전자의 극성은 같다.
② 원자는 전체적으로 보면 전기적으로 중성이다.
③ 원자를 이루고 있는 양성자의 수는 전자의 수와 같다.
④ 양성자 1개가 지니는 전기량은 전자 1개가 지니는 전기량과 크기가 같다.

해설
- 양성자와 전자의 극성은 반대이다.
  - 원자 : 원소의 화학적 상태를 특징짓는 최소 기본단위
  - 자유전자 : 원자핵의 구속에서 이탈하여 자유로이 이동할 수 있는 전자
- 원자 내의 양성자수와 전자수가 같다.
- 양성자와 전자의 전기량 $\pm e = 1.60219 \times 10^{-19}$[C]
- 양성자 또는 중성자의 질량은 전자의 1,840배이다.

03 콘덴서 용량 0.001[F]과 같은 것은?

① 10[μF]
② 1,000[μF]
③ 10,000[μF]
④ 100,000[μF]

해설
μ의 단위는 10^{-6}이기 때문에 0.001[F]=1,000[μF]이다.

04 그림과 같이 $C = 2[\mu F]$의 콘덴서가 연결되어 있다. A점과 B점 사이의 합성정전용량은 얼마인가?

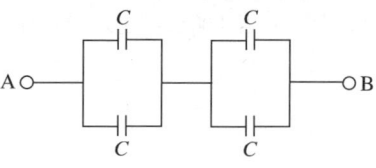

① 1[μF]　　② 2[μF]
③ 4[μF]　　④ 8[μF]

해설
- 직렬연결 합성정전용량
$C_s = \dfrac{C \times C}{C + C} = \dfrac{C}{2}$
- 병렬연결 합성정전용량
$C_p = C + C = 2C$

직렬연결이므로 $\dfrac{4 \times 4}{4 + 4} = 2[\mu F]$

05 진공 중의 두 점전하 Q_1[C], Q_2[C]가 거리 r[m] 사이에서 작용하는 정전력[N]의 크기를 옳게 나타낸 것은?

① $9 \times 10^9 \times \dfrac{Q_1 Q_2}{r^2}$

② $6.33 \times 10^4 \times \dfrac{Q_1 Q_2}{r^2}$

③ $9 \times 10^9 \times \dfrac{Q_1 Q_2}{r}$

④ $6.33 \times 10^4 \times \dfrac{Q_1 Q_2}{r}$

해설
쿨롱의 법칙
- 전기장 : $F = k\dfrac{Q_1 Q_2}{r^2} = 9 \times 10^9 \times \dfrac{Q_1 Q_2}{r^2}$ [N] ($k = 9 \times 10^9$)
- 자기장 : $F = 6.33 \times 10^4 \times \dfrac{m_1 m_2}{r^2}$ [N]

06 그림에서 평형조건으로 옳은 식은?

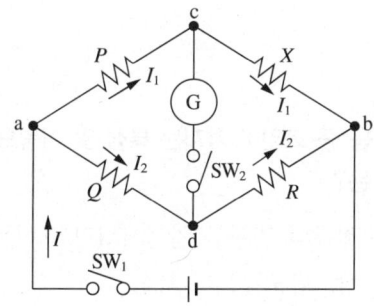

① $PR = QX$
② $PQ = RX$
② $PX = QR$
④ $P = \dfrac{RX}{Q}$

해설
휘트스톤 브리지(중저항 0.5[Ω]~100[kΩ] 측정에 이용)
검류계(G)의 전류가 0이 되면 평형조건은 $PR = QX$, 미지의 저항 $X = \dfrac{P}{Q}R$
전위의 평형
전기회로에 전압이 가해져 있는데도 전기회로의 두 점 사이의 전위차가 0이 되는 경우

07 그림과 같은 회로에서 4[Ω]에 흐르는 전류[A] 값은?

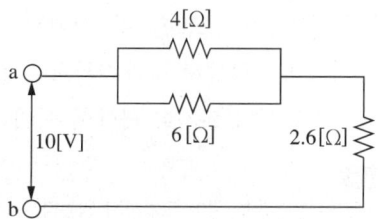

① 0.6 ② 0.8
③ 1.0 ④ 1.2

해설
전체전류를 구하면
$I_0 = \dfrac{V}{R} = \dfrac{10}{\dfrac{4 \times 6}{4+6} + 2.6} = 2$[A]

4[Ω]에 흐르는 전류를 구하면
$I = \dfrac{6}{4+6} \times 2 = 1.2$[A]

08 다음은 정전 흡인력에 대한 설명이다. 옳은 것은?

① 정전 흡인력은 전압의 제곱에 비례한다.
② 정전 흡인력은 극판 간격에 비례한다.
③ 정전 흡인력은 극판 면적의 제곱에 비례한다.
④ 정전 흡인력은 쿨롱의 법칙으로 직접 계산한다.

해설
정전 흡인력
$F = \dfrac{1}{2}\varepsilon_0 E^2 = \dfrac{1}{2}\varepsilon_0 A\left(\dfrac{V}{d}\right)^2$ [N]
(ε_0 : 진공 유전율, V : 전압, d : 극판 사이 거리, A : 극판의 면적)
- 정전 흡인력은 전압의 제곱에 비례
- 정전 흡인력은 극판 간의 거리 제곱에 반비례
- 정전 흡인력은 극판 면적에 비례

09 자기력선에 대한 설명으로 옳지 않은 것은?

① 자기장의 모양을 나타낸 선이다.
② 자기력선이 조밀할수록 자기력이 세다.
③ 자석의 N극에서 나와 S극으로 들어간다.
④ 자기력선이 교차된 곳에서 자기력이 세다.

해설
- 자기력선은 상호 간에 교차하지 않는다.
- 같은 방향의 자기력선은 상호 반발력이 작용한다.
- 자기장의 방향은 그 점을 통과하는 자기력선의 방향으로 표시한다.
- 자기장의 크기는 그 점에 있어서의 자기력선의 밀도를 나타낸다.

10 자기저항의 단위는?

① [AT/m] ② [Wb/AT]
③ [AT/Wb] ④ [Ω/AT]

해설
자기저항 $R_m = \dfrac{NI}{\phi} = \dfrac{F}{\phi}$ [AT/Wb]

11 공기 중의 평등자계 내에 5[A]의 전류가 흐르고 있는 길이 60[cm]의 직선 도체를 자계의 방향에 대하여 60°의 각을 이루도록 놓았을 때 이 도체에 작용하는 힘이 5.2[N]이라면 자속밀도의 값은 얼마인가?

① 약 1[Wb/m²] ② 약 2[Wb/m²]
③ 약 3[Wb/m²] ④ 약 4[Wb/m²]

해설
$F = BIl\sin\theta$ 에서
$B = \dfrac{F}{Il\sin\theta} = \dfrac{5.2}{5 \times 0.6 \times \sin60°} \fallingdotseq 2[\text{Wb/m}^2]$

12 다음에서 나타내는 법칙은?

> 유도기전력은 자신이 발생 원인이 되는 자속의 변화를 방해하려는 방향으로 발생한다.

① 줄의 법칙
② 렌츠의 법칙
③ 플레밍의 법칙
④ 패러데이의 법칙

해설
- 렌츠의 자기유도 법칙 : 전자기유도의 방향에 관한 법칙, 즉 자기유도로 생기는 전류는 그것이 만드는 자기장이 전류를 유도한 자기장의 변화를 줄이는 방향으로 흐른다(공식의 − 부호에 해당).
- 패러데이의 전자유도 법칙 : 코일을 관통하는 자속을 변화시킬 때 코일에 유도기전력이 발생하는 현상이다.
$e = -N\dfrac{d\phi}{dt}$[V]

13 다음 중 코일이 가지는 특성 및 기능으로 옳지 못한 것은?

① 전류의 변화를 안정시키려고 하는 특성
② 상호유도작용의 특성
③ 직류전류를 차단하고 교류전류를 통과시키려는 특성
④ 공진하는 특성

해설
③은 콘덴서의 특성이다.
코일의 특성 및 기능
- 전류의 변화를 안정시키려고 하는 특성이 있다.
- 상호유도작용(변압기)
- 전자석의 성질(릴레이, 스피커)
- 공진하는 특성
- 전원 노이즈 차단 기능

14 어떤 도체의 길이를 2배로 하고 단면적을 $\frac{1}{3}$로 했을 때의 저항은 원래 저항의 몇 배가 되는가?

① 3　　② 4
③ 6　　④ 9

해설
전선의 저항
$R = \rho \frac{l}{A} [\Omega]$

여기서, ρ : 고유저항
　　　　A : 단면적
　　　　l : 전선의 길이

단면적을 $\frac{1}{3}$로 줄이고 전선의 길이를 2배로 하면

$R = \rho \frac{2l}{\frac{1}{3}A} = 6\rho \frac{l}{A}$

∴ 전선의 저항은 6배로 커진다.

15 6[Ω]의 저항과, 8[Ω]의 용량성 리액턴스의 병렬회로가 있다. 이 병렬회로의 임피던스는 몇 [Ω]인가?

① 1.5　　② 2.6
③ 3.8　　④ 4.8

해설
RLC 병렬회로의 임피던스값
$Y = \frac{1}{Z} = \sqrt{\left(\frac{1}{R}\right)^2 + \left(\frac{1}{X_L} - \frac{1}{X_C}\right)^2} = \sqrt{\left(\frac{1}{6}\right)^2 + \left(\frac{1}{8}\right)^2}$

∴ $Z = 4.8 [\Omega]$

※ 용량성 리액턴스 : $X_C = \frac{1}{\omega C} = \frac{1}{2\pi f C}[\Omega]$이다.

16 전압 220[V], 전류 10[A], 역률 0.8인 3상 전동기 사용 시 소비전력은?

① 약 1.5[kW]
② 약 3.0[kW]
③ 약 5.2[kW]
④ 약 7.1[kW]

해설
3상 전동기 소비전력
$P = \sqrt{3} \times V \times I \times \cos\theta$
　$= \sqrt{3} \times 220 \times 10 \times 0.8$
　$≒ 3,048.3[W] ≒ 3.0[kW]$

17 평형 3상 교류회로에서 Y결선할 때 선간전압(V_l)과 상전압(V_p)의 관계는?

① $V_l = V_p$
② $V_l = \sqrt{2} V_p$
③ $V_l = \sqrt{3} V_p$
④ $V_l = \frac{1}{\sqrt{3}} V_p$

해설
Y결선(성형 결선, Star 결선)
- 선전압(V_l)은 상전압(V_p)보다 $\sqrt{3}$ 배 크고 $\frac{\pi}{6}$[rad]만큼 위상이 앞선다.
  $V_l = \sqrt{3} V_p \angle \frac{\pi}{6}$
- 상전류(I_p)는 선전류(I_l)와 동상이다.

정답　14 ③　15 ④　16 ②　17 ③

18 비정현파가 발생하는 원인과 거리가 먼 것은?

① 자기포화
② 옴의 법칙
③ 히스테리시스
④ 전기자 반작용

해설
- 옴의 법칙 : 도체에 흐르는 전류는 전압에 비례하고 저항에 반비례
- 자기포화 : 자화력을 증가해도 자속밀도는 거의 증가하지 않게 되는 것
- 히스테리시스 : 자계 세기를 증가시킬 때의 자속밀도 변화 곡선과 감소시킬 때의 자속밀도 변화 곡선이 다른 것(자성재료와 종류에 따라 다름)
- 전기자 반작용 : 발전기, 전동기에서 전기자 전류에 의해서 발생하는 자속이 주계자 자속에 미치는 반작용, 전동기 속도 및 발전기의 전압변동률 등에 영향

19 어떤 회로의 소자에 일정한 크기의 전압으로 주파수를 2배로 증가시켰더니 흐르는 전류의 크기가 $\frac{1}{2}$로 되었다. 이 소자의 종류는?

① 저 항　　　② 코 일
③ 콘덴서　　④ 다이오드

해설
코일은 유도성 리액턴스로서 인덕턴스의 크기가 $L[H]$일 때, $X_L = 2\pi f \cdot L[\Omega]$이다.
따라서 일정한 크기의 전압으로 주파수를 2배로 증가시키면 $X_L' = 2\pi \times 2fL = 2X_L[\Omega]$이 되어
전류의 양은 $I' = \frac{V}{2X_L} = \frac{1}{2}\frac{V}{X_L} = \frac{1}{2}I[A]$가 된다.

20 RLC 직렬회로에서 공진상태를 바르게 설명한 것은?

① 임피던스가 최대가 된다.
② 임피던스는 저항과 같다.
③ 전압보다 전류가 빠른 위상이다.
④ 전압보다 전류가 느린 위상이다.

해설
① 임피던스가 최소가 된다.
③, ④ 전류가 전압의 위상이 같다.
리액턴스 성분이 0이 되는 상태를 공진상태라 하며 공진주파수는 $f_0 = \frac{1}{2\pi\sqrt{LC}}[Hz]$이다.

21 직류기에 보극을 설치하는 목적이 아닌 것은?

① 정류자의 불꽃방지
② 브러시의 이동방지
③ 정류기 전력의 발생
④ 난조의 방지

해설
직류전동기의 전기자 반작용
주자극의 중간에 보극을 설치하고 전기자 권선과 직렬로 접속하면 보극에 의한 자속은 전기자 전류에 비례하며 변화하기 때문에 정류로 발생되는 리액턴스 전압을 효과적으로 상쇄시킬 수 있다. 불꽃이 없는 정류를 할 수 있고, 보극 부근의 전기자 반작용도 상쇄되어 전기적 중성축의 이동을 방지할 수 있다.

22 전기자저항이 0.1[Ω], 단자전압이 200[V], 부하전류가 90[A], 계자전류가 10[A]인 분권발전기의 유기기전력[V]은?

① 200
② 210
③ 220
④ 230

해설
분권발전기의 유기기전력
분권발전기의 전기자전류는 '부하전류+계자전류'이고,
유기기전력 $E = V + I_a R_a$[V]이므로
$I_a = I + I_f$[A] $= 90 + 10 = 100$[A]
$E = V + I_a R_a = 200 + 100 \times 0.1 = 210$[V]

23 직류발전기를 여자시킬 때 외부의 직류전원을 이용하여 계자를 여자시키는 발전기는?

① 직권발전기
② 분권발전기
③ 복권발전기
④ 타여자발전기

해설
여자방식에 따른 직류발전기의 분류
• 타여자방식 : 타여자발전기(독립된 직류 전원에 의해 여자되는 방식)
• 자여자방식 : 자여자발전기(자신이 만든 직류 전원에 의해 여자되는 방식)
 – 분권발전기 : 계자권선과 전기자권선이 병렬 접속
 – 직권발전기 : 계자권선과 전기자권선이 직렬 접속
 – 복권발전기 : 2개의 계자권선과 전기자권선이 직병렬 접속

24 직류발전기의 구조에 대한 설명으로 옳지 않은 것은?

① 전기자는 기전력을 발생하는 권선으로 구성되며 철심은 불필요하다.
② 정류자는 직류를 만들어 주는 부분으로 브러시와 조합하여 사용한다.
③ 계자는 자속을 만들어 주는 부분으로 철심에 권선이 감겨있다.
④ 철심은 철손을 감소시키기 위해 규소강판을 성층하여 사용한다.

해설
직류발전기의 구조
• 전기자 : 회전하여 기전력을 발생시키는 부분(전기자 철심(규소강판 성층) + 전기자 권선)
• 계자 : 자속을 만들어 주는 부분(계자철심 + 계자권선)
• 정류자 : 교류를 직류로 바꿔 주는 부분
• 브러시 : 회전부와 고정부를 전기적으로 연결

25 단자 전압 100[V], 전기자 전류 10[A], 전기자 저항 1[Ω], 회전수 1,500[rpm]인 직류 직권전동기의 역기전력은 몇 [V]인가?

① 80
② 90
③ 100
④ 110

해설
전동기의 역기전력
$E = V - I_a R_a = 100 - (10 \times 1) = 90$[V]

26 다음은 복권발전기의 외부특성곡선을 나타낸 것이다. 곡선 ㉠에 해당하는 복권발전기의 특성으로 옳지 않은 것은?

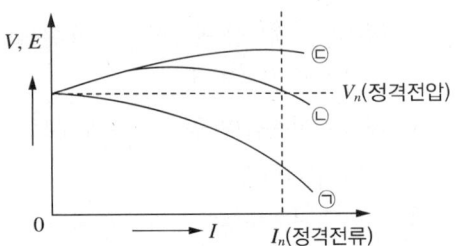

① 전압변동률은 (-)값이다.
② 정전류를 만드는 데 사용된다.
③ 부하의 증가에 따라 현저하게 전압이 낮아진다.
④ 수하 특성을 가지고 있다.

해설
복권발전기의 특징
전압변동률
$$\varepsilon[\%] = \frac{V_0 - V_n}{V_n} \times 100 = \frac{무부하전압 - 전부하전압}{전부하전압} \times 100$$

- 평복권발전기($V_n = V_0$) : 무부하전압과 전부하전압이 같은 특성(직류전원 및 전기기계의 여자 전원)
- 과복권발전기($V_n > V_0$) : 전부하전압이 무부하전압보다 높은 특성(급전선의 전압강하 보상)
- 부족복권발전기($V_n < V_0$) : 전부하전압이 무부하전압보다 낮은 특성

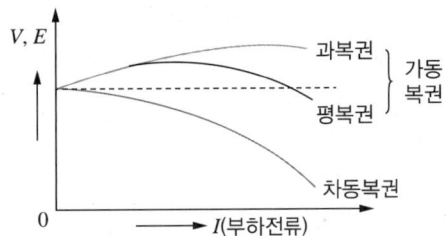

27 동기발전기에서 전기자 전류가 무부하 유도기전력보다 90°만큼 뒤진 경우의 전기자 반작용은?

① 교차자화작용
② 자화작용
③ 감자작용
④ 편자작용

해설
동기발전기의 전기자 반작용
전기자 반작용이란 전기자 전류에 의한 자속이 계자 자속에 영향을 미치는 현상을 말한다.
- 횡축 반작용 : 전기자전류와 유기기전력이 동상일 때($\cos\theta = 1$)
- 직축 반작용
  - 감자작용 : 계자자속 감소, 전기자전류가 유기기전력보다 위상이 90° 뒤질 때
  - 증자작용 : 계자자속 증가, 전기자전류가 유기기전력보다 위상이 90° 앞설 때

28 동기발전기의 권선을 분포권으로 할 때 나타나는 현상으로 옳은 것은?

① 집중권에 비하여 합성 유기기전력이 커진다.
② 전기자 반작용이 증가한다.
③ 권선의 리액턴스가 커진다.
④ 기전력의 파형이 좋아진다.

해설
분포권의 특징
- 매극 매상의 도체를 각각의 슬롯에 고르게 감아주는 권선법(과열방지)
- 고조파 제거(파형개선) 및 누설 리액턴스 감소
- 집중권에 비해 유기기전력이 분포권계수 배(K_d)만큼 감소
- 분포권계수 $K_d = \dfrac{\sin\dfrac{\pi}{2m}}{q\sin\dfrac{\pi}{2mq}}$
- 매극 매상당 슬롯수 = $\dfrac{총 슬롯수}{상수 \times 극수}$

29 회전수 1,800[rpm]를 만족하는 동기기의 극수와 주파수는?

① 4극, 50[Hz]
② 6극, 50[Hz]
③ 4극, 60[Hz]
④ 6극, 60[Hz]

해설
동기기의 속도
- 동기속도 $N_s = \dfrac{120f}{p}$[rpm]

  ($n_s = \dfrac{2f}{p}$[rps], 주파수 $f = \dfrac{p}{2} \times \dfrac{N_s}{60}$[Hz], p : 극수)

- $1,800 = \dfrac{120f}{p}$ 의 관계이므로, 4극일 때는 60[Hz], 6극일 때는 90[Hz]이다.

30 변압기에 대한 설명 중 틀린 것은?

① 전압을 변성한다.
② 전력을 발생하지 않는다.
③ 정격출력은 1차 측 단자를 기준으로 한다.
④ 변압기의 정격용량은 피상전력으로 표시한다.

해설
변압기의 정격
정격이란 지정된 조건하에서 변압기를 사용할 수 있는 한도를 말한다.
- 정격출력 : 정격용량[VA]=정격 2차 전압 V_{2n}[V]×정격 2차 전류 I_{2n}[A]
- 정격전압 : 정격 1차 전압 V_{1n}[V]=a×정격 2차 전압 V_{2n}[V]
- 정격전류 : 정격 1차 전류 I_{1n}[A]=$\dfrac{1}{a}$×정격 2차 전류 I_{2n}[A]

31 변압기 2대를 V결선할 때 이용률은 몇 [%]인가?

① 57.7
② 70.7
③ 86.6
④ 100

해설
변압기의 V결선 방식의 특징
- 3대의 변압기 중에서 1대 고장 시 남은 2대를 이용하여 사용할 수 있는 결선 방법
- 출력
  - △결선 시 출력 : $P_\Delta = 3P_i = 3V_{2n}I_{2n}$[VA]
  - V결선 시 출력 : $P_V = \sqrt{3}P_i = \sqrt{3}V_{2n}I_{2n}$[VA]
- 이용률과 출력률
  - 이용률 = $\dfrac{\text{V결선 출력}}{\text{설비용량}} = \dfrac{\sqrt{3}VI}{2VI} = \dfrac{\sqrt{3}}{2} ≒ 0.866$
    = 86.6[%]
  - 출력률 = $\dfrac{\text{V결선 출력}}{\text{3상출력}} = \dfrac{\sqrt{3}VI}{3VI} = \dfrac{1}{\sqrt{3}} ≒ 0.577$
    = 57.7[%]
- 특 징
  - 장점 : 설치방법이 간단하고, 소용량이면 가격이 저렴하여 3상 부하에 널리 이용
  - 단점 : 이용률이 86.6[%], 출력이 57.7[%]밖에 안 되고, 부하의 상태에 따라 2차 단자전압이 불평형이 될 수 있음

32 부흐홀츠계전기의 설치위치는?

① 콘서베이터 내부
② 변압기 주탱크 내부
③ 변압기의 고압 측 부싱
④ 변압기 본체와 콘서베이터 사이

해설
변압기의 보호장치
- 부흐홀츠계전기 : 변압기 내부고장으로 인한 절연유의 온도 상승 시 발생하는 유증기를 검출하여 경보 및 차단을 하기 위한 계전기
- 부흐홀츠계전기로 보호되는 기기 : 변압기
- 설치위치로 가장 적당한 곳 : 변압기 주탱크와 콘서베이터 사이

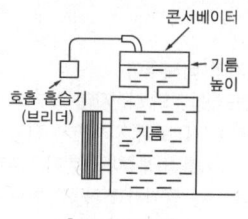

[콘서베이터]

33 1차 전압 6,300[V], 2차 전압 210[V], 주파수 60[Hz]의 변압기가 있다. 이 변압기의 권수비는?

① 10　　② 30
③ 50　　④ 60

해설
변압기의 권수비(a)
$a = \dfrac{E_1}{E_2} = \dfrac{V_1}{V_2} = \dfrac{I_2}{I_1} = \dfrac{N_1}{N_2}$ 에서, $a = \dfrac{V_1}{V_2} = \dfrac{6,300}{210} = 30$

34 3상 유도전동기의 2차 저항을 2배로 하면 그 값이 2배로 되는 것은?

① 슬 립　　② 전 류
③ 토 크　　④ 역 률

해설
유도전동기의 비례추이
권선형 유도전동기의 회전자에 외부에서 저항을 접속한 후 변화시키면 토크는 그대로 유지하면서 저항에 비례하여 슬립(속도)이 이동하는데, 이를 비례추이라 한다. 외부저항을 2배, 3배로 증가시키면 기동토크는 증가하고 기동전류 및 속도는 감소하나 운전토크는 일정하다.

35 3상 유도전동기의 1차 입력 60[kW], 1차 손실 1[kW], 슬립 3[%]일 때 기계적 출력[kW]은?

① 62　　② 60
③ 59　　④ 57

해설
3상 유도전동기의 2차 출력(기계적 출력)
• 2차 입력 = 1차 출력
　　　　　= 1차 입력-1차 손실
　　　　　= 60-1 = 59[kW]
• 기계적 출력 = 2차 입력×효율
　　　　　　 = 2차 입력×(1-슬립)
　　　　　　 = 59×(1-0.03) ≒ 57[kW]

36 농형 유도전동기의 기동법이 아닌 것은?

① 2차 저항기법
② Y-△ 기동법
③ 전전압 기동법
④ 기동보상기에 의한 기동법

해설
유도전동기의 기동방법

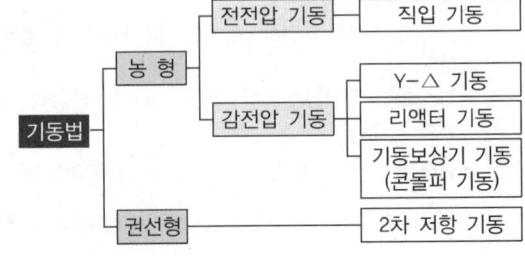

37 50[Hz], 슬립 0.2인 경우의 회전자 속도가 600[rpm]일 때에 3상 유도전동기의 극수는?

① 16　　② 12
③ 8　　　④ 4

해설
유도전동기의 극수
문제에서 $f=50[\text{Hz}]$, $s=0.2$, $N=600[\text{rpm}]$로 주어졌으므로
$N=(1-s)N_s$에서, $N_s=\dfrac{N}{1-s}=\dfrac{600}{1-0.2}=750[\text{rpm}]$
따라서 유도전동기의 극수
$p=\dfrac{120f}{N_s}=\dfrac{120\times 50}{750}=8$극

38 다음 중 자기소호 기능이 가장 좋은 소자는?

① SCR　　② GTO
③ TRIAC　④ LASCR

해설
GTO(Gate Turn-Off Thyristor)
- 전력용 반도체 소자(3단자 사이리스터)의 일종으로 게이트 신호로 전원 On/Off 제어(자기소호 가능)
- 게이트에 정(+)의 전류를 인가하면 Turn-on, 부(-)의 전류를 인가하면 Turn-off가 됨
- 게이트에 역방향의 전류를 흐르게 하는 것으로 턴오프할 수 있는 기능을 가진 사이리스터
- 유도전동기 구동용 PWM 제어 VVVF 인버터, 차량의 보조 전원, 차단기 등에 사용

39 다음 전력변환기 중 교류전력을 직접 교류전력으로 변환하는 장치는?

① 정류기
② 초퍼
③ 인버터
④ 사이클로 컨버터

해설
직류와 교류의 변환
- AC-DC 변환 : 교류전력을 직류전력으로 변환(정류기)
- DC-AC 변환 : 직류전력을 교류전력으로 변환(역변환, 인버터)
- DC-DC 변환 : 직류변환(DC 컨버터, 초퍼, SMPS)
- AC-AC 변환 : 교류변환(사이클로 컨버터)

40 입력 전압이 같고 동일한 부하를 가질 때, 가장 높은 출력 평균 전압을 만드는 것은?(단, 부하는 순수 저항부하이고 모든 소자는 이상적이라고 가정하며, 변압기를 포함하지 않는 구조이다)

① 단상 반파정류기
② 단상 전파정류기
③ 3상 반파정류기
④ 3상 전파정류기

해설
정류회로

구 분	출력전압(E_d)	맥동률[%]	맥동주파수	효율[%]
단상 반파	$0.45E$	121	$1f$	40.6
단상 전파	$0.9E$	48	$2f$	81.2
3상 반파	$1.17E$	17	$3f$	96.7
3상 전파	$1.35E$	4	$6f$	99.8

- 출력 평균값의 크기가 큰 정류기 순서
3상 전파 > 3상 반파 > 단상 전파 > 단상 반파

정답 37 ③　38 ②　39 ④　40 ④

41 나전선을 사용한 애자공사로 옥내에 시설할 수 있는 경우가 아닌 것은?

① 전기로용 전선
② 전선의 피복 절연물이 부식하는 장소
③ 취급자 이외의 사람들이 들어가기 어려운 장소
④ 먼지가 많은 장소

해설
나전선의 사용 제한 예외
애자공사에 의하여 전개된 곳에 다음의 전선을 시설하는 경우
- 전기로용 전선
- 전선의 피복 절연물이 부식하는 장소에 시설하는 전선
- 취급자 이외의 자가 출입할 수 없도록 설비한 장소에 시설하는 전선

42 고압 이상에서 기기의 점검, 수리 시 무전압, 무전류 상태로 전로에서 단독으로 전로의 접속 또는 분리하는 것을 주목적으로 사용되는 수·변전기기는?

① 기중부하 개폐기
② 단로기
③ 전력퓨즈
④ 컷아웃 스위치

해설
- DS(단로기) : 부하전류를 제거한 후 회로를 격리하도록 하기 위한 장치
- IS(기중부하 개폐기) : 배전 선로 및 수용가의 고압 인입구에 설치하여 수동 또는 자동으로 원방 조작에 의해 부하의 분리 및 투입 시 사용하는 장치
- PF(전력퓨즈) : 고장 전류를 차단하여 계통으로 파급되는 것을 방지
- COS(컷아웃 스위치) : 과부하 전류로부터 변압기 1차 권선 보호와 사고 시에 과전류를 차단

43 금속덕트공사에 있어서 전광표시장치 기타 이와 유사한 장치 또는 제어회로 등의 배선만을 공사할 때 절연전선의 단면적은 금속덕트 내 몇 [%] 이하이어야 하는가?

① 80
② 70
③ 60
④ 50

해설
금속덕트에 넣은 전선의 단면적(절연피복의 단면적을 포함)의 합계는 덕트의 내부 단면적의 20[%](전광표시장치 기타 이와 유사한 장치 또는 제어회로 등의 배선만을 넣는 경우에는 50[%]) 이하일 것

44 다음 중 배선기구가 아닌 것은?

① 배전반
② 개폐기
③ 접속기
④ 배선용 차단기

해설
배전반
발전소나 변전소, 건물 등에서 전류를 받고 보내는 등의 관리를 하는 장치가 되어 있는 판을 말한다.

45 녹아웃 펀치(Knockout Punch)와 같은 용도의 것은?

① 리머(Reamer)
② 벤더(Bender)
③ 클리퍼(Clipper)
④ 홀소(Hole Saw)

해설
- 홀소 : 녹아웃 펀치와 같은 용도로 배전반·분전반 캐비닛에 구멍을 뚫을 때 사용
- 리머 : 관 안에 날카로운 것을 다듬는 것
- 벤더 : 금속관을 구부리는 공구
- 클리퍼 : 굵은 전선 절단 가위

46 금속관공사에 대한 설명으로 잘못된 것은?

① 금속관 두께는 콘크리트에 매설하는 경우 1.2[mm] 이상일 것
② 교류회로에서 전선을 병렬로 사용하는 경우 관 내에 전자적 불평형이 생기지 않도록 시설할 것
③ 전선은 금속관 안에서 접속점이 없도록 할 것
④ 금속관의 호칭에서 후강전선관은 홀수, 박강전선관은 짝수로 표시할 것

해설
금속관의 호칭에서 후강전선관은 짝수, 박강전선관은 홀수로 표시한다.

47 전선 접속 시 S형 슬리브 사용에 대한 설명으로 틀린 것은?

① 전선의 끝은 슬리브의 끝에서 조금 나오는 것이 바람직하다.
② 슬리브는 전선의 굵기에 적합한 것을 선정한다.
③ 열린 쪽 홈의 측면을 고르게 눌러서 밀착시킨다.
④ 단선은 사용가능하나 연선 접속 시에는 사용하지 않는다.

해설
슬리브는 단선 및 연선의 교차 지점을 접속하는 제품으로 그물망형 접지 등 다양한 부분에서 사용하고 있다. 종류로는 C형과, S형 슬리브가 있으며, 그물망형 접속 시 C형에 비해 접점마다 절곡작업이 줄어들어 접점당 나동선이 절약이 되며, 보다 적은 인원으로 접점마다 구부러진 형태가 아니기 때문에 도면 형태 그대로 시공을 할 수 있다.

48 금속관과 비교하여 합성수지관의 장점으로 볼 수 없는 것은?

① 누전의 우려가 없다.
② 온도변화에 따른 신축작용이 크다.
③ 내식성이 있고 부식성 가스 등을 사용하는 사업장에 적당하다.
④ 관 자체를 접지할 필요가 없고, 무게가 가벼우며 시공하기 쉽다.

해설
합성수지관은 충격강도가 크고 열에 약하며 열팽창이 커 신축에 유의하여야 한다.

정답 45 ④ 46 ④ 47 ④ 48 ②

49 금속몰드공사 시 사용전압은 몇 [V] 이하이어야 하는가?

① 100   ② 200
③ 300   ④ 400

해설
금속몰드공사 시설조건
- 전선은 절연전선(옥외용 비닐절연 전선을 제외)일 것
- 금속몰드 안에는 전선에 접속점이 없도록 할 것. 다만, 전기용품 및 생활용품 안전관리법에 의한 금속제 조인트 박스를 사용할 경우에는 접속할 수 있다.
- 금속몰드의 사용전압이 400[V] 이하로 옥내의 건조한 장소로 전개된 장소 또는 점검할 수 있는 은폐장소에 한하여 시설할 수 있다.

50 금속덕트공사 방법으로 잘못된 것은?

① 금속덕트에 넣은 전선의 단면적(절연피복의 단면적을 포함한다)의 합계는 덕트의 내부 단면적의 50[%] 이하로 한다.
② 금속덕트 안에는 전선에 접속점이 없도록 한다.
③ 금속덕트 안의 전선을 외부로 인출하는 부분은 금속 덕트의 관통부분에서 전선이 손상될 우려가 없도록 한다.
④ 금속덕트에 의하여 저압 옥내배선이 건축물의 방화 구획을 관통하거나 인접 조영물로 연장되는 경우에는 그 방화벽 또는 조영물 벽면의 덕트 내부는 불연성의 물질로 차폐하여야 한다.

해설
금속덕트에 넣은 전선의 단면적(절연피복의 단면적을 포함한다)의 합계는 덕트의 내부 단면적의 20[%](전광표시장치 기타 이와 유사한 장치 또는 제어회로 등의 배선만을 넣는 경우에는 50[%]) 이하일 것

51 도면과 같은 단상 3선식의 옥외 배선에서 중성선과 양외선 간에 각각 20[A], 30[A]의 전등 부하가 걸렸을 때 인입 개폐기의 X점에서 단자가 빠졌을 경우 발생하는 현상은?

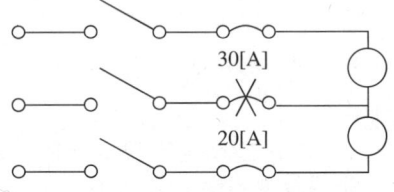

① 별 이상이 일어나지 않는다.
② 20[A] 부하의 단자전압이 상승한다.
③ 30[A] 부하의 단자전압이 상승한다.
④ 양쪽 부하에 전류가 흐르지 않는다.

해설
작은 부하쪽의 단자전압이 상승하므로 20[A] 부하의 단자전압이 상승한다.

52 전선에 일정량 이상의 전류가 흘러서 온도가 높아지면 절연물을 열화하여 절연성을 극도로 악화시킨다. 그러므로 도체에는 안전하게 흘릴 수 있는 최대전류가 있다. 이 전류를 무엇이라 하는가?

① 줄 전류
② 불평형 전류
③ 평형 전류
④ 허용 전류

해설
허용 전류는 전선의 단면적에 맞추어 안전하게 흘릴 수 있는 전류의 최대한도를 말한다.

53 저압전로에 사용하는 주택용 배선차단기의 동작전류는 정격전류의 몇 배인가?

① 1.1 ② 1.3
③ 1.45 ④ 2

해설
보호장치의 특성(KEC 212.3.4)
- 과전류트립 동작시간 및 특성(주택용 배선차단기)

정격전류의 구분	시 간	정격전류의 배수(모든 극에 통전)	
		부동작전류	동작전류
63[A] 이하	60분	1.13배	1.45배
63[A] 초과	120분	1.13배	1.45배

- 과전류트립 동작시간 및 특성(산업용 배선차단기)

정격전류의 구분	시 간	정격전류의 배수(모든 극에 통전)	
		부동작전류	동작전류
63[A] 이하	60분	1.05배	1.3배
63[A] 초과	120분	1.05배	1.3배

54 이동식 숙박차량 정박지, 야영지의 콘센트 시설 방법에 대한 설명이다. 틀린 것은?

① 모든 콘센트는 최소한 IP44의 보호등급을 충족하거나 외함에 의해 그와 동등한 보호등급 이상이 되도록 시설하여야 한다.
② 긴 연결코드로 인한 위험을 방지하기 위하여 외함 내에는 콘센트를 조합 배치해서는 안 된다.
③ 정격전압 200~250[V], 정격전류 16[A] 단상 콘센트가 제공되어야 한다.
④ 콘센트는 지면으로부터 0.5~1.5[m] 높이에 설치하여야 한다.

해설
하나의 외함 내에는 4개 이하의 콘센트를 조합 배치

55 백열전등 또는 방전등에 전기를 공급하는 옥내전로의 대지전압은 몇 [V] 이하인가?

① 120 ② 150
③ 200 ④ 300

해설
옥내전로의 대지전압의 제한
- 백열전등 또는 방전등에 전기를 공급하는 옥내의 대지전압 : 300[V] 이하
- 주택 옥내전로의 대지전압 : 300[V] 이하
  - 사용전압 400[V] 이하
  - 사람이 쉽게 접촉할 우려가 없도록 시설
  - 전구 소켓은 키나 그 밖의 점멸기구가 없을 것
  - 옥내 통과 전선로는 사람이 접촉할 우려가 없는 은폐장소에 시설 : 합성수지관, 금속관, 케이블
- 주택 이외의 곳의 옥내(여관, 호텔, 다방, 사무소, 공장 등 또는 이와 유사한 곳의 옥내)에 시설하는 가정용 전기기계기구(백열전등과 방전등은 제외)에 전기를 공급하는 옥내전로의 대지전압 : 300[V] 이하

56 전시회, 쇼 및 공연장의 전기설비에 대한 설명이다. 틀린 것은?

① 배선용 케이블은 구리 도체로 최소 단면적이 1.5[mm^2]이다.
② 회로 내에 접속이 필요한 경우를 제외하고 케이블의 접속 개소는 없어야 한다.
③ 무대 마루 밑에 시설하는 전구선은 300/300[V] 편조 고무코드 또는 0.6/1[kV] EP 고무 절연 클로로프렌 캡타이어케이블이어야 한다.
④ 무대·무대 마루 밑·오케스트라 박스·영사실 기타 사람이나 무대 도구가 접촉할 우려가 있는 곳에 시설하는 저압 옥내배선, 전구선 또는 이동전선은 사용전압이 300[V] 이하이어야 한다.

해설
무대·무대 마루 밑·오케스트라 박스·영사실 기타 사람이나 무대 도구가 접촉할 우려가 있는 곳에 시설하는 저압 옥내배선, 전구선 또는 이동전선은 사용전압이 400[V] 이하이어야 한다.

57 조명설계 시 고려해야 할 사항 중 틀린 것은?

① 적당한 조도일 것
② 휘도 대비가 높을 것
③ 균등한 광속 발산도 분포일 것
④ 적당한 그림자가 있을 것

해설
휘도 대비는 조명을 다룰 때 가장 문제가 되는 것 중의 하나이다. 가장 밝은 곳과 가장 어두운 곳의 차이가 극단적이지 않아야 한다.

58 폭연성 먼지가 있는 위험장소의 금속관공사에 있어서 관 상호 및 관과 박스 기타의 부속품이나 풀박스 또는 전기기계기구는 몇 산 이상의 나사 조임으로 시공하여야 하는가?

① 2   ② 3
③ 4   ④ 5

해설
폭연성 먼지 위험장소
폭연성 먼지는 마그네슘, 알루미늄, 타이타늄, 지르코늄 등의 먼지가 쌓여 있는 상태에서 불이 붙었을 때에 폭발할 우려가 있는 것을 말한다.
- 저압 옥내배선, 저압 관등회로 배선 및 소세력 회로의 전선(저압 옥내배선)은 금속관공사 또는 케이블공사(캡타이어케이블을 사용하는 것을 제외)에 의할 것
- 금속관공사에 의하는 때에는 다음에 의하여 시설할 것
  - 금속관은 박강전선관 또는 이와 동등 이상의 강도를 가지는 것일 것
  - 박스, 기타의 부속품 및 풀 박스는 쉽게 마모, 부식, 기타의 손상을 일으킬 우려가 없는 패킹을 사용하여 먼지가 내부에 침입하지 아니하도록 시설할 것
  - 관 상호 간 및 관과 박스, 기타의 부속품, 풀 박스 또는 전기기계기구와는 5산 이상 나사조임으로 접속하는 방법, 기타 이와 동등 이상의 효력이 있는 방법에 의하여 견고하게 접속하고 또한 내부에 먼지가 침입하지 아니하도록 접속할 것
  - 전동기에 접속하는 부분에서 가요성을 필요로 하는 부분의 배선에는 폭발방지형의 부속품 중 분진 방폭형 유연성 부속을 사용할 것

59 가공배전선로 시설에는 전선을 지지하고 각종 기기를 설치하기 위한 지지물이 필요하다. 이 지지물 중 가장 많이 사용되는 것은?

① 철 주
② 철 탑
③ 강관 전주
④ 철근 콘크리트주

해설
철근 콘크리트주는 겉모양이 좋고 수명이 반영구적으로 가공배전선로에 가장 많이 사용된다.

60 사용전압 400[V] 초과, 건조한 장소로 점검할 수 있는 은폐된 곳에 저압 옥내배선 시 공사할 수 있는 방법은?

① 버스덕트공사
② 금속몰드공사
③ 셀룰러덕트공사
④ 합성수지몰드공사

해설
저압 옥내배선의 시설장소별 공사의 종류

시설장소		사용전압 400[V] 이하	400[V] 초과
점검할 수 있는 은폐된 장소	건조한 장소	애자공사·합성수지몰드공사·금속몰드공사·금속덕트공사·버스덕트공사·셀룰러덕트공사 또는 라이팅덕트공사	애자공사·금속덕트공사 또는 버스덕트공사
	기타 장소	애자공사	애자공사

2025년 제1회 최근 기출복원문제

01 다음 ( ) 안의 알맞은 내용으로 옳은 것은?

> 회로에 흐르는 전류의 크기는 저항에 (㉠)하고, 가해진 전압에 (㉡)한다.

① ㉠ 비례 ㉡ 비례
② ㉠ 비례 ㉡ 반비례
③ ㉠ 반비례 ㉡ 비례
④ ㉠ 반비례 ㉡ 반비례

해설
옴(Ohm)의 법칙에 따라 $I = \frac{V}{R}$[A], 저항에 반비례하고 전압에 비례한다.

02 3[V]의 기전력으로 300[C]의 전기량이 이동할 때 몇 [J]의 일을 하게 되는가?

① 1,200
② 900
③ 600
④ 100

해설
어떤 도체에 1[C]의 전기량이 이동하여 할 수 있는 일(W)의 양을 전압이라 한다.
$V = \frac{W}{Q}$[J/C], [V]
$W = V \times Q = 3 \times 300 = 900$[J]

03 충전된 대전체를 대지(大地)에 연결하면 대전체는 어떻게 되는가?

① 방전한다.
② 반발한다.
③ 충전이 계속된다.
④ 반발과 흡인을 반복한다.

해설
대전체를 지구에 도선으로 연결하는 것을 접지라고 하고, 접지하여 대전체에 들어 있는 전하를 없애는 것을 방전이라고 한다.

04 2[μF], 3[μF], 5[μF]인 3개의 콘덴서가 병렬로 접속되어 있을 때 합성정전용량[μF]은?

① 0.97
② 3
③ 5
④ 10

해설
- 병렬접속 : $C = C_1 + C_2$[F]
  ∴ $C = C_1 + C_2 + C_3 = 2 + 3 + 5 = 10[\mu F]$
- 직렬접속 : $\frac{1}{C} = \frac{1}{C_1} + \frac{1}{C_2}$[1/F]

05 PN 접합 다이오드의 대표적인 작용으로 옳은 것은?

① 정류작용
② 변조작용
③ 증폭작용
④ 발진작용

해설
다이오드 : 순방향(양극 → 음극)으로만 전류를 흐르게 한다.

정답 1 ③ 2 ② 3 ① 4 ④ 5 ①

06 다음에서 나타내는 법칙은?

> 유도기전력은 자신이 발생 원인이 되는 자속의 변화를 방해하려는 방향으로 발생한다.

① 줄의 법칙
② 렌츠의 법칙
③ 플레밍의 법칙
④ 패러데이의 법칙

해설
- 렌츠의 자기유도 법칙 : 전자기유도의 방향에 관한 법칙, 즉 자기유도로 생기는 전류는 그것이 만드는 자기장이 전류를 유도한 자기장의 변화를 줄이는 방향으로 흐른다(공식의 – 부호에 해당).
- 패러데이의 전자유도 법칙 : 코일을 관통하는 자속을 변화시킬 때 코일에 유도기전력이 발생하는 현상이다.
$$e = -N\frac{d\phi}{dt}[V]$$

07 자기인덕턴스에 축적되는 에너지에 대한 설명으로 가장 옳은 것은?

① 자기인덕턴스 및 전류에 비례한다.
② 자기인덕턴스 및 전류에 반비례한다.
③ 자기인덕턴스와 전류의 제곱에 반비례한다.
④ 자기인덕턴스에 비례하고 전류의 제곱에 비례한다.

해설
자기인덕턴스
- 코일의 자기유도능력의 정도
- 자기인덕턴스에 축적되는 에너지의 양은 $W = \frac{1}{2}LI^2[J]$ 이므로, 축적 에너지는 자기인덕턴스(L)에 비례하고 전류(I)의 제곱에 비례한다.

08 3상 교류회로의 선간전압이 13,200[V], 선전류가 800[A], 역률 80[%] 부하의 소비전력은 약 몇 [MW]인가?

① 4.88
② 8.45
③ 14.63
④ 25.34

해설
- 3상 전력(3상 4선식)
$$P = \sqrt{3}\,VI\cos\theta$$
$$= \sqrt{3} \times 13,200 \times 800 \times 0.8$$
$$= 14,632,365.22[W] \fallingdotseq 14.63[MW]$$
- 단상 전력(2선식)
$$P = VI\cos\theta[W]$$

09 자체인덕턴스가 1[H]인 코일에 200[V], 60[Hz]의 사인파 교류 전압을 가할 때 전류와 전압의 위상차는?(단, 저항성분은 무시한다)

① 전류는 전압보다 위상이 $\frac{\pi}{2}$[rad]만큼 뒤진다.
② 전류는 전압보다 위상이 π[rad]만큼 뒤진다.
③ 전류는 전압보다 위상이 $\frac{\pi}{2}$[rad]만큼 앞선다.
④ 전류는 전압보다 위상이 π[rad]만큼 앞선다.

해설
- 코일에서의 위상차는 전류가 전압보다 $\frac{\pi}{2}$[rad]만큼 뒤진다.
- 콘덴서에서의 위상차는 전류가 전압보다 $\frac{\pi}{2}$[rad]만큼 앞선다.

10 공기 중에 10[μC]과 20[μC]을 1[m] 간격으로 놓을 때 발생되는 정전력[N]은?

① 1.8 ② 2.2
③ 4.4 ④ 6.3

해설

쿨롱의 법칙(Coulomb's Law) : 두 전하 사이에 작용하는 힘

$F = 9 \times 10^9 \dfrac{Q_1 Q_2}{\varepsilon_r r^2}$ [N]

공기는 비유전율 $\varepsilon_r = 1$이므로

$F = 9 \times 10^9 \times \dfrac{10 \times 10^{-6} \times 20 \times 10^{-6}}{1 \times 1^2}$

$= 1,800 \times 10^{-3} = 1.8$[N]

11 그림과 같은 회로에서 저항 R_1에 흐르는 전류는?

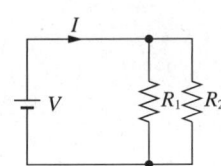

① $(R_1 + R_2)I$ ② $\dfrac{R_2}{R_1 + R_2} I$
③ $\dfrac{R_1}{R_1 + R_2} I$ ④ $\dfrac{R_1 R_2}{R_1 + R_2} I$

해설

전류는 저항에 반비례하여 흐른다.

$I_1 = \dfrac{R_2}{R_1 + R_2} \times I$

12 0.2[℧]의 컨덕턴스 2개를 직렬로 접속하여 3[A]의 전류를 흘리려면 몇 [V]의 전압을 공급하면 되는가?

① 12 ② 15
③ 30 ④ 45

해설

컨덕턴스 $G = \dfrac{1}{R}$이므로 저항으로 나타내면

$R = \dfrac{1}{G} = \dfrac{1}{0.2} = 5$[Ω]

직렬저항 접속으로 전체 저항 $R = 5 + 5 = 10$[Ω], 흐르는 전류 $I = 3$[A]이므로 옴의 법칙에 따라 $V = IR = 3 \times 10 = 30$[V]이다.

13 어떤 교류회로의 순시값이 $v = \sqrt{2}\, V \sin \omega t$ [V]인 전압에서 $\omega t = \dfrac{\pi}{6}$ [rad]일 때 $100\sqrt{2}$ [V]이면 이 전압의 실횻값[V]은?

① 100 ② $100\sqrt{2}$
③ 200 ④ $200\sqrt{2}$

해설

순시값 $v(t) = \sqrt{2}\, V \sin \omega t$ [V]에서 $\omega t = \dfrac{\pi}{6} = 30°$일 때

$v(t) = \sqrt{2}\, V \sin 30° = \sqrt{2}\, V \cdot \dfrac{1}{2} = 100\sqrt{2}$ [V]

∴ $V = \dfrac{100\sqrt{2}}{\sqrt{2}} \cdot 2 = 200$[V]

14
어느 회로의 전류가 다음과 같을 때, 이 회로에 대한 전류의 실횻값[A]은?

$$i = 3 + 10\sqrt{2}\sin\left(\omega t - \frac{\pi}{6}\right) + 5\sqrt{2}\sin\left(3\omega t - \frac{\pi}{3}\right)[A]$$

① 11.6 ② 23.2
③ 32.2 ④ 48.3

해설
고조파가 포함된 전류의 실횻값
$\sqrt{i_1^2(\text{실횻값}) + i_2^2(\text{실횻값}) + i_3^2(\text{실횻값})}$
$= \sqrt{3^2 + 10^2 + 5^2} ≒ 11.58 ≒ 11.6[A]$

15
전기력선에 대한 설명으로 틀린 것은?

① 같은 전기력선은 흡인한다.
② 전기력선은 서로 교차하지 않는다.
③ 전기력선은 도체의 표면에 수직으로 출입한다.
④ 전기력선은 양전하의 표면에서 나와서 음전하의 표면에서 끝난다.

해설
같은 전기력선은 서로 반발한다.
전기력선의 성질
- 전기력선은 양전하의 표면에서 나와서 음전하의 표면으로 들어간다.
- 전기력선의 밀도는 그 점에서의 전계의 크기와 같다.
- 전기력선의 접선 방향은 그 접점에서의 전기장의 방향을 가리킨다.
- 전기력선의 밀도는 전기장의 세기를 나타낸다.
- 전기력선은 도체의 표면에 수직으로 출입한다.
- 전기력선은 서로 교차하지 않는다.
- 전체 전하량 $Q[C]$을 둘러싼 폐곡면을 통하여 밖으로 나가는 전기력선의 총수는 $N = \frac{Q}{\varepsilon}$개다(가우스의 정리).
- 도체 내부에는 전기력선이 없다(도체 내부에는 전기장이 존재하지 않는다).

16
진공 중에서 같은 크기의 두 자극을 1[m] 거리에 놓을 때 작용하는 힘이 6.33×10^4[N]이 되는 자극의 단위는?

① 1[N] ② 1[J]
③ 1[Wb] ④ 1[C]

해설
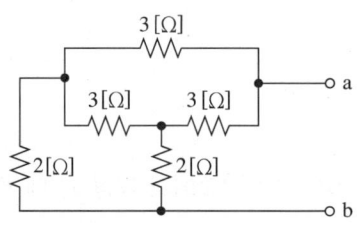
$F = \frac{1}{4\pi\mu} \cdot \frac{m_1 m_2}{r^2} = 6.33 \times 10^4 \frac{m_1 m_2}{\mu_r r^2}$ [N]에서 자극(m_1, m_2)의 단위는 [Wb](웨버)이다.

17
회로에서 a-b 단자 간 합성저항[Ω] 값은?

① 1.5 ② 2
③ 2.5 ④ 4

해설
브리지의 평형조건($RP = QX$: 마주보는 변의 곱은 서로 같다)을 이용하면 중간저항 3[Ω]에는 전류가 흐를 수 없기 때문에 다음과 같이 저항을 정리하여 저항을 구하면

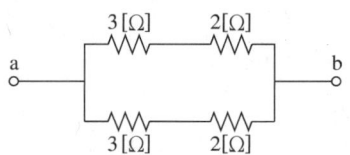

$R_{ab} = \frac{5 \times 5}{5 + 5} = \frac{25}{10} = 2.5[\Omega]$

18 도체가 운동하여 자속을 끊었을 때 기전력의 방향을 알아내는 데 편리한 법칙은?

① 렌츠의 법칙
② 패러데이의 법칙
③ 플레밍의 왼손 법칙
④ 플레밍의 오른손 법칙

해설
- 플레밍의 오른손 법칙(발전기)
  - 엄지 : 운동의 방향
  - 검지(집게손가락) : 자계의 방향
  - 중지(가운뎃손가락) : 유도기전력의 방향
- 렌츠의 자기유도 법칙 : 자기유도로 생기는 전류는 그것이 만드는 자기장이 전류를 유도한 자기장의 변화를 줄이는 방향으로 흐른다.
- 패러데이의 전자유도 법칙 : 코일을 관통하는 자속을 변화시킬 때 코일에 유도기전력이 발생하는 현상이다.
- 플레밍의 왼손 법칙 : 도체가 자기장에서 받고 있는 힘의 방향을 알 수 있다(전동기 회전의 원리).

20 자속밀도 $B = 0.2[\text{Wb/m}^2]$의 자장 내에 길이 2[m], 폭 1[m], 권수 5회의 구형 코일이 자장과 30°의 각도로 놓여 있을 때 코일이 받는 회전력[N·m]은?(단, 이 코일에 흐르는 전류는 2[A]이다)

① $\sqrt{\dfrac{3}{2}}$ ② $\dfrac{\sqrt{3}}{2}$
③ $2\sqrt{3}$ ④ $\sqrt{3}$

해설
회전력
$$T = IBabN\cos\theta = 2 \times 0.2 \times 2 \times 1 \times 5 \times \cos 30°$$
$$= 4 \times \cos 30° = 4 \times \dfrac{\sqrt{3}}{2} = 2\sqrt{3}[\text{N}\cdot\text{m}]$$

19 그림에서 단자 A-B 사이의 전압은 몇 [V]인가?

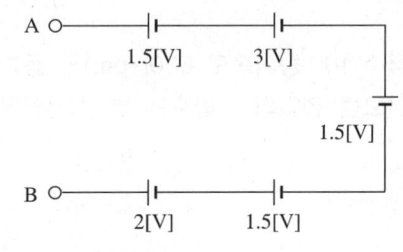

① 1.5 ② 2.5
③ 6.5 ④ 9.5

해설
$V_{AB} = 1.5 + 3 + 1.5 - 1.5 - 2 = 2.5[\text{V}]$

21 변압기 내부에서 결함이나 고장이 발생하면 가스에 의해 동작하는 보호장치인 부흐홀츠 계전기의 설치 위치로 옳은 것은?

① 콘서베이터 내부
② 변압기 저압 측 부싱
③ 변압기 고압 측 부싱
④ 변압기 본체와 콘서베이터 사이

해설
부흐홀츠 계전기
부흐홀츠 계전기는 권선 또는 철심 결함과 관련된 국부적인 아크 또는 가열로 변압기의 절연유가 분해되면서 발생하는 수소 및 CH계열 가스에 의해 작동하는 릴레이로 콘서베이터와 변압기 사이 배관에 설치한다.

22 여러 개의 다이오드를 직렬로 연결하여 사용하는 경우에 대한 설명으로 옳은 것은?

① 효율 대비 비용이 적게 든다.
② 맥동률을 감소시킬 수 있다.
③ 과전류로부터 보호할 수 있다.
④ 과전압으로부터 보호할 수 있다.

해설
다이오드의 직렬접속
다이오드의 직렬연결은 역전압 한계 정격(Breakdown Voltage)을 높이기 위해 사용하며 과전압으로부터의 보호에 사용이 가능하다. 반면에 다이오드의 병렬연결은 전류 정격을 높이는 데 사용한다.

23 변압기는 어떤 원리로 작동하는 기기인가?

① 쿨롱의 법칙
② 패러데이 법칙
③ 전자유도 법칙
④ 질량보존의 법칙

해설
변압기의 작동 원리(전자유도작용)
• 코일에 전기를 흘려 자기장을 생성한다.
• 이 자기장이 다른 코일에 유도 전류를 발생시킨다.
• 1차 측 코일과 2차 측 코일의 감은 횟수(권수)에 따라 전압이 변환된다.

24 고장으로 발생한 불평형 전류차가 평형 전류의 특정 비율 이상이 될 경우 동작하는 변압기 보호용 계전기는?

① 비율차동계전기
② 압력계전기
③ 온도계전기
④ 과전류계전기

해설
변압기 보호장치
• 비율차동계전기 : 변압기 내부 사고 보호용으로 주로 사용(동작전류의 비율이 억제전류의 일정치 이상일 때 동작)
• 과전류계전기 : 변압기 2차 측에서 사용되며, 내부 사고에 대한 후비 보호 역할
• 충격압력계전기 : 기계적인 방법으로 변압기를 보호
• 온도 보호장치 : 변압기의 온도를 감지하여 과열을 방지
• 가스 보호장치 : 변압기 내부의 가스를 감지하여 이상 상황을 경고

25 승압용 변압기의 3상 결선방식으로 옳은 것은?

① Y-△
② △-△
③ Y-Y
④ △-Y

해설
3상 변압기의 결선방식
• △-Y결선 : △결선의 장점에 Y결선의 장점을 채용한 결선으로서, 주로 발전소의 승압변압기로서 이용되고 있다.
• Y-△결선 : △-Y결선과 같은 장점을 가지고 있으며, 일반적으로 강압변압기의 결선으로 이용되나, 국내에서는 154[kV]/66[kV]와 같은 곳에 이용된다.
• △-△결선 : 1상의 권선에 고장이 발생하더라도 출력은 감소하나 V결선으로 운전이 가능하며, 선로에 제3고조파 전압이 나타나지 않는 장점이 있다.
• Y-Y결선 : 1차, 2차 측 모두 중성점을 접지하지 않은 경우로 각상 권선에는 제3고조파를 포함한 첨두파형의 전압이 유기되어 층간 절연에 좋지 않은 영향을 미치며, 발전기 권선에 제3고조파 전류가 흘러서 발전기 권선을 가열시킨다.

26 극수 10, 동기속도 600[rpm]인 동기발전기에서 나오는 전압의 주파수는 몇 [Hz]인가?

① 50
② 60
③ 80
④ 120

해설
동기발전기의 회전속도
$N_s = \frac{120f}{p}$[rpm]에서, $600[\mathrm{rpm}] = \frac{120 \times f}{10}$
주파수 $f = \frac{600 \times 10}{120} = 50$[Hz] 이다.

27 동기발전기의 병렬운전조건이 아닌 것은?

① 유도기전력의 크기가 같을 것
② 동기발전기의 용량이 같을 것
③ 유도기전력의 위상이 같을 것
④ 유도기전력의 주파수가 같을 것

해설
동기발전기의 병렬운전조건
• 기전력의 크기가 같을 것
• 기전력의 위상이 같을 것
• 기전력의 주파수가 같을 것
• 기전력의 파형이 같을 것
• 기전력의 상회전 방향이 같을 것

28 동기조상기의 계자를 부족여자로 하여 운전하면?

① 콘덴서로 작용
② 뒤진 역률 보상
③ 리액터로 작용
④ 저항손의 보상

해설
동기조상기의 운전
동기조상기는 무부하 운전 중 과여자일 때는 진상작용을 하는 콘덴서로 동작을 하며, 부족여자일 때는 지상작용을 하는 리액터로 작용한다.

29 동기기 손실 중 무부하손(No Load Loss)이 아닌 것은?

① 풍 손
② 와류손
③ 전기자 동손
④ 베어링 마찰손

해설
동기기의 손실
전기자 동손은 부하손에 속한다.

30 3상 교류발전기의 기전력에 대하여 $\frac{\pi}{2}$[rad] 뒤진 전기자 전류가 흐르면 전기자 반작용은?

① 횡축 반작용으로 기전력을 증가시킨다.
② 증자 작용을 하여 기전력을 증가시킨다.
③ 감자 작용을 하여 기전력을 감소시킨다.
④ 교차 자화작용으로 기전력을 감소시킨다.

해설
동기발전기의 전기자 반작용
부하전류가 흐를 때, 전기자 전류에 의한 회전 자기장이 회전자극의 주자속에 대하여 일정한 크기의 영향을 주게 되는데, 이때 전기자 전류가 유도기전력보다 $\frac{\pi}{2}$[rad]만큼 뒤진(지상) 전기자 전류(I_a)가 흐를 경우 감자 작용이 일어나 기전력을 감소시킨다.

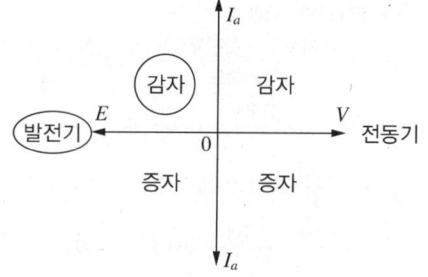

31 직류발전기의 병렬운전 중 한쪽 발전기의 여자를 늘리면 그 발전기는?

① 부하전류는 불변, 전압은 증가
② 부하전류는 줄고, 전압은 증가
③ 부하전류는 늘고, 전압은 증가
④ 부하전류는 늘고, 전압은 불변

해설
직류발전기의 병렬운전

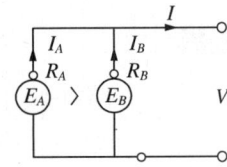

직류발전기의 병렬운전 시 각 발전기에서 부하에 공급하는 용량 관계를 부하분담이라 하며, 각 발전기의 부하분담 관계는 다음과 같다.
- A 발전기 : 계자(여자)전류 증가 → 자속 증가 → 유기기전력 E (전압) 증가 → 부하분담 증가
- B 발전기 : 계자(여자)전류 감소 → 자속 감소 → 유기기전력 E (전압) 감소 → 부하분담 감소

32 60[Hz], 4극 유도전동기가 1,700[rpm]으로 회전하고 있다. 이 전동기의 슬립은 약 얼마인가?

① 3.42[%] ② 4.56[%]
③ 5.56[%] ④ 6.64[%]

해설
유도전동기의 슬립(s)

$s[\%] = \dfrac{\text{동기속도} - \text{회전자속도}}{\text{동기속도}} \times 100[\%] = \dfrac{N_s - N}{N_s} \times 100[\%]$

동기속도 $N_s = \dfrac{120f}{p}[\text{rpm}]$이므로,

$N_s = \dfrac{120 \times 60}{4} = 1,800[\text{rpm}]$

$s[\%] = \dfrac{1,800 - 1,700}{1,800} \times 100[\%] \fallingdotseq 5.56[\%]$

33 동기와트 P_2, 출력 P_o, 슬립 s, 동기속도 N_s, 회전속도 N, 2차 동손 P_{c2}일 때 2차 효율 표기로 틀린 것은?

① $1-s$ ② P_{c2}/P_2
③ P_o/P_2 ④ N/N_s

해설
유도기의 전력 변환(전기-기계적 토크)

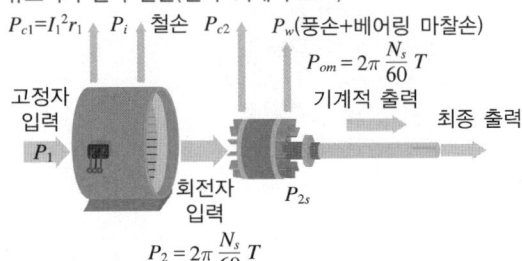

2차 입력 = 1차 출력 = 1차 입력 − 1차 동손 − 1차 철손
- 2차 출력(기계적 출력, P_{om}) = 2차 입력 − 2차 동손

$P_{om} = P_2 - P_{c2} = P_2 - sP_2 = (1-s)P_2[\text{W}]$

- 2차 구리손(동손)

$P_{c2} = sP_2 = \dfrac{s}{1-s}P_0[\text{W}] \cdots (P_2 : \text{2차 입력}, s : \text{슬립})$

- 2차 효율(η_2) = $\dfrac{\text{기계적 출력}}{\text{2차 입력}}$

$\eta_2 = \dfrac{P_{om}}{P_2} = \dfrac{P_2(1-s)}{P_2} = 1-s = \dfrac{N}{N_s}$

- $P_2 : P_{c2} : P_{om} = 1 : s : (1-s)$

34 전기기계의 효율 중 발전기의 규약 효율 η_G는 몇 [%]인가?(단, P는 입력, Q는 출력, L은 손실이다)

① $\eta_G = \dfrac{P-L}{P} \times 100$ ② $\eta_G = \dfrac{P-L}{P+L} \times 100$
③ $\eta_G = \dfrac{Q}{P} \times 100$ ④ $\eta_G = \dfrac{Q}{Q+L} \times 100$

해설
전기기계의 효율
- 발전기 : $\eta = \dfrac{\text{출력}}{\text{입력}} = \dfrac{\text{출력}}{\text{출력} + \text{손실}} \times 100[\%]$
- 전동기 : $\eta = \dfrac{\text{출력}}{\text{입력}} = \dfrac{\text{입력} - \text{손실}}{\text{입력}} \times 100[\%]$

35 6극 직렬권 발전기의 전기자 도체수 300, 매극당 자속 0.02[Wb], 회전수 900[rpm]일 때 유도기전력[V]은?

① 90 ② 110
③ 220 ④ 270

해설
직류발전기의 유도기전력의 크기(E)
$E = \dfrac{pz}{60a}\phi N = \dfrac{6 \times 300}{60 \times 2} \times 0.02 \times 900 = 270[V]$ 이다.
(z : 전기자 도체의 수, a : 병렬회로의 수, p : 극수, ϕ : 매극당 자속[Wb], N : 회전수[rpm], 유도기전력 상수 $K_e = \dfrac{pz}{60a}$)

36 3상 유도전동기의 회전방향을 바꾸기 위한 방법으로 옳은 것은?

① 전원의 전압과 주파수를 바꾸어 준다.
② △-Y 결선으로 결선법을 바꾸어 준다.
③ 기동보상기를 사용하여 권선을 바꾸어 준다.
④ 전동기의 1차 권선에 있는 3개의 단자 중 어느 2개의 단자를 서로 바꾸어 준다.

해설
3상 유도전동기의 회전방향 변경
3상 유도전동기의 3선 중 임의의 2선의 결선을 바꾸면 회전방향이 반대가 되어 역회전한다.

37 3상 유도전동기의 운전 중 급속 정지가 필요할 때 사용하는 제동방식은?

① 단상제동 ② 회생제동
③ 발전제동 ④ 역상제동

해설
3상 유도전동기의 제동방법
- 역상제동 : 전동기가 회전하고 있을 때 전원에 접속된 3선 중 2선을 빨리 바꾸어 접속하면, 회전자장의 방향이 반대로 되어 회전자에 작용하는 토크의 방향이 반대가 되므로 전동기는 빨리 정지한다(제강 공장의 압연기용 전동기 등에 사용).
- 단상제동 : 권선형 유도전동기의 1차 쪽을 단상교류로 여자하고, 2차 쪽에 적당한 크기의 저항을 넣어 기회전방향과 반대방향으로 토크가 발생하므로 제동이 된다.
- 회생제동 : 유도전동기를 동기속도보다 큰 속도로 회전시켜 유도 발전기가 되게 함으로써 발전력을 전원에 반환하며 제동시킨다 (케이블카, 권상기, 기중기 등에 사용).
- 발전제동 : 여자용 직류전원이 필요하다(대형 천장 기중기, 케이블카 등에 사용)

38 변압기의 누설 리액턴스는?(단, 여기서 N은 권수이다)

① N에 비례한다.
② N^2에 비례한다.
③ N에 무관하다.
④ N에 반비례한다.

해설
변압기의 특징
유도전기전력 $e = L\dfrac{di}{dt} = N\dfrac{d\phi}{dt}$ 이므로, $L = \dfrac{N\phi}{I}$ 이다.
여기서, 자속 $\phi = \dfrac{\mu ANI}{l}$ 이므로,
$L = \dfrac{N \times \dfrac{\mu ANI}{l}}{I} = \dfrac{\mu AN^2}{l} \propto N^2$

정답 35 ④ 36 ④ 37 ④ 38 ②

39 역률과 효율이 좋아서 가정용 선풍기, 전기세탁기, 냉장고 등에 주로 사용되는 것은?

① 분상 기동형 전동기
② 반발 기동형 전동기
③ 콘덴서 기동형 전동기
④ 셰이딩 코일형 전동기

해설
단상 유도전동기의 특징
콘덴서 기동형 단상 유도전동기는 분상 기동형 유도전동기에 비해 기동 전류는 작고, 기동 토크는 크기 때문에 기동 특성이 매우 좋으며 콘덴서를 사용하여 역률이 좋아 200[W] 이상의 가정용 펌프, 송풍기 또는 소형의 공작 기계에 많이 사용되고 있다.

40 다음 중 자기소호 기능이 가장 좋은 소자는?

① SCR   ② GTO
③ TRIAC   ④ LASCR

해설
GTO(Gate Turn-off Thyristor)
• 전력용 반도체 소자(사이리스터)의 일종으로 게이트 신호로 전원 On/Off 제어(자기소호 가능)
• 게이트에 역방향의 전류를 흐르게 하는 것으로 턴오프할 수 있는 기능을 가진 사이리스터
• 유도전동기 구동용 PWM 제어 VVVF 인버터, 차량의 보조 전원, 차단기 등에 사용

41 3상 4선식 380/220[V] 선로에서 전원의 중성극에 접속된 전선을 무엇이라 하는가?

① 접지선   ② 중성선
③ 전원선   ④ 접지 측선

해설
• 중성선 : 다중선로에서 전원의 중성극에 접속된 전선을 말한다.
• 접지선 : 접지극에 접속하는 금속선을 말한다.
• 접지 측선 : 저압전로에서 기술상 필요에 따라 접지한 중성선 또는 접지된 전선을 말한다.

42 플로어덕트공사의 사용전압은 몇 [V] 이하로 제한되는가?

① 220   ② 400
③ 600   ④ 700

해설
플로어덕트공사는 400[V] 이하의 점검할 수 없는 은폐되고 건조한 장소에 시설하여야 한다.

저압 옥내배선의 시설장소별 공사의 종류

시설장소		사용전압 400[V] 이하	400[V] 초과
전개된 장소	건조한 장소	애자공사·합성수지몰드공사·금속몰드공사·금속덕트공사·버스덕트공사 또는 라이팅덕트공사	애자공사·금속덕트공사 또는 버스덕트공사
	기타 장소	애자공사·버스덕트공사	애자공사
점검할 수 있는 은폐된 장소	건조한 장소	애자공사·합성수지몰드공사·금속몰드공사·금속덕트공사·버스덕트공사·셀룰러덕트공사 또는 라이팅덕트공사	애자공사·금속덕트공사 또는 버스덕트공사
	기타 장소	애자공사	애자공사
점검할 수 없는 은폐된 장소	건조한 장소	플로어덕트공사 또는 셀룰러덕트공사	-

43 합성수지관을 새들 등으로 지지하는 경우 지지점 간의 거리는 몇 [m] 이하인가?

① 1.5   ② 2.0
③ 2.5   ④ 3.0

해설
합성수지관 및 부속품의 시설
• 관의 지지점 간의 거리는 1.5[m] 이하로 하고, 또한 그 지지점은 관의 끝관과 박스의 접속점 및 관 상호 간의 접속점 등에 가까운 곳에 시설할 것
• 관 상호 간 및 박스와는 관을 삽입하는 깊이를 관의 바깥지름의 1.2배(접착제를 사용하는 경우에는 0.8배) 이상으로 하고 또한 꽂음 접속에 의하여 견고하게 접속할 것

44 금속관공사를 할 경우 케이블 손상방지용으로 사용하는 부품은?

① 부 싱
② 엘 보
③ 커플링
④ 로크너트

해설
- 엘보 : 배관 작업 시 굴곡(직각) 조인트(Joint)에 사용되며, 팔꿈치처럼 굴곡 있는 모양 때문에 엘보(Elbow)라고 부른다.
- 커플링 : 금속관 상호 접속 또는 관과 노멀 벤드와의 접속에 사용되고 내면에 나사가 나 있으며 관의 양측을 돌리어 사용할 수 없는 경우 유니언 커플링을 사용한다.
- 로크너트 : 관과 박스를 접속할 경우 파이프 나사를 죄어 고정시키는 데 사용한다.

45 부하의 역률이 규정값 이하인 경우 역률 개선을 위하여 설치하는 것은?

① 저 항
② 리액터
③ 컨덕턴스
④ 진상용 콘덴서

해설
전력 시스템에서 역률 개선을 위한 장치
- 역률은 전력 시스템에서 유효전력(실제로 일을 하는 전력)과 피상전력(전체 공급된 전력) 간의 비율이다.
- 전력 설비의 역률이 낮으면 전력 손실이 커지고, 설비 효율이 떨어진다. 1에 가까울수록 전기를 잘 사용하고 있다는 뜻이다.
- 역률이 낮은 경우, 대부분 유도성 부하(모터, 변압기 등) 때문에 전류가 지연되어 발생한다.
- 진상용 콘덴서는 지연된 전류를 보상해 줌으로써 역률을 개선한다.
- 콘덴서는 용량성 부하로 작용하여 유도성 부하의 영향을 상쇄한다.

46 변압기 중성점에 중성점 접지공사를 하는 이유는?

① 전류 변동의 방지
② 전압 변동의 방지
③ 전력 변동의 방지
④ 고저압 혼촉 방지

해설
변압기 중성점 접지공사의 주요 목적
- 고저압 혼촉 방지 : 고압과 저압회로가 절연파괴 등으로 접촉할 경우, 저압회로에 고압이 걸려 감전이나 화재 위험이 발생할 수 있다.
- 지락 사고 시 보호 계전기 동작 확보
- 이상 전압 억제

47 어느 가정집이 40[W] LED등 10개, 1[kW] 전자레인지 1개, 100[W] 컴퓨터 세트 2대, 1[kW] 세탁기 1대를 사용하고, 하루 평균 사용시간이 LED등은 5시간, 전자레인지 30분, 컴퓨터 5시간, 세탁기 1시간이라면 1개월(30일) 간의 사용전력량[kWh]은?

① 115
② 135
③ 155
④ 175

해설

사용기구	소비전력[W] × 기구수 × 사용시간[h]	사용전력[Wh]
LED등	40 × 10 × 5	2,000
전자레인지	1,000 × 1 × 0.5	500
컴퓨터	100 × 2 × 5	1,000
세탁기	1,000 × 1 × 1	1,000
1일 사용전력량		4,500

∴ 한 달 사용전력량은 4.5[kW] × 30일 = 135[kWh]

정답 44 ① 45 ④ 46 ④ 47 ②

48 금속관 구부리기에 있어서 관의 굴곡이 3개소가 넘거나 관의 길이가 30[m]를 초과하는 경우 적용하는 것은?

① 커플링 ② 풀 박스
③ 로크너트 ④ 링 리듀서

해설
관의 굴곡
아웃렛 박스 사이 또는 전선인입구를 가지는 기구 사이의 금속관에는 3개소를 초과하는 직각 또는 직각에 가까운 굴곡개소를 만들지 않는다. 굴곡개소가 많은 경우 또는 관의 길이가 30[m]를 초과하는 경우에는 풀 박스를 설치한다.

49 금속관 절단구에 대한 다듬기에 쓰이는 공구는?

① 리머 ② 홀 소
③ 프레셔 툴 ④ 파이프 렌치

해설
- 리머 : 금속관을 자른 후 관 안을 다듬는 데 사용된다.
- 홀소 : 배전반, 분전반 등의 캐비닛에 구멍을 뚫을 때 사용한다.
- 프레셔 툴 : 솔더리스 커넥터 또는 솔더리스 터미널을 압착할 때 사용한다.
- 파이프 렌치 : 금속관과 커플링을 조일 때 사용한다.

50 구리전선의 종단접속방법이 아닌 것은?

① 구리선 압착단자에 의한 접속
② 종단겹침용 슬리브에 의한 접속
③ C형 전선접속기 등에 의한 접속
④ 비틀어 꽂는 형의 전선접속기에 의한 접속

해설
C형 전선접속기 등에 의한 접속은 알루미늄전선의 종단접속에 사용하는 방식이다.
구리전선의 종단접속방법(가는 단선 4[mm²] 이하)
- 압착단자에 의한 접속
- 비틀어 꽂는 형의 전선접속기에 의한 접속
- 종단겹침용 슬리브(E형)에 의한 접속(E형 슬리브를 이용해 구리전선을 겹쳐 접속)

51 한국전기설비규정에 의하여 애자공사를 건조한 장소에 시설하고자 한다. 사용전압이 400[V] 이하인 경우 전선과 조영재 사이의 간격은 최소 몇 [mm] 이상이어야 하는가?

① 25 ② 45
③ 60 ④ 72

해설
애자공사(전선의 지지점 간 거리)

전선 상호 간의 간격		0.06[m] 이상
전선과 조영재 간의 간격	400[V] 이하	25[mm] 이상
	400[V] 초과	45[mm] 이상(단, 건조한 경우 25[mm] 이상)

※ 조영재는 건축물의 벽, 천장, 기둥, 바닥 등 구조 부분을 구성하는 자재를 의미한다.

52 건축물에 고정되는 본체부와 제거할 수 있거나 개폐할 수 있는 덮개로 이루어지며 절연전선, 케이블 및 코드를 완전하게 수용할 수 있는 구조의 배선설비의 명칭은?

① 케이블 래더
② 케이블 트레이
③ 케이블 트렁킹
④ 케이블 브래킷

해설
케이블 트렁킹(Cable Trunking)

53 실내 면적 100[m²]인 교실에 전광속이 2,500[lm]인 40[W] 형광등을 설치하여 평균조도를 150[lx]로 하려면 몇 개의 등을 설치하면 되는가?(단, 조명률은 50[%], 감광 보상률은 1.25로 한다)

① 15
② 20
③ 25
④ 30

해설

조도 설계(주어진 조건)
- 교실 면적(A) : 100[m²]
- 형광등의 광속(F) : 2,500[lm](루멘)
- 형광등 소비 전력 : 40[W] (계산에는 직접 사용되지 않음)
- 목표 평균 조도(E) : 150[lx](럭스)
- 조명률(U) : 50[%](0.5)
- 감광 보상률(D) : 1.25

조도 계산 공식
- 설치 개수 $N = \dfrac{E \times A \times 감광\ 보상률(D)}{F \times 조명률(U)}$

$= \dfrac{150 \times 100 \times 1.25}{2,500 \times 0.5}$

$= 15$개

형광등 15개를 설치해야 평균 조도 150[lx]를 만족할 수 있다.

54 교류 배전반에서 전류가 많이 흘러 전류계를 직접 주회로에 연결할 수 없을 때 사용하는 기기는?

① 전류 제한기
② 계기용 변압기
③ 계기용 변류기
④ 전류계용 절환 개폐기

해설
- 계기용 변류기(CT) : 고전류를 낮춰 전류계 등 계측기에 적합한 수준으로 변환하는 장치. 전류 측정용
- 계기용 변압기(PT) : 고전압을 낮춰 계측기나 보호장치에 공급하는 장치. 전압 측정용
- 전류계용 절환 개폐기 : 여러 회로의 전류를 하나의 전류계로 번갈아 측정할 수 있게 하는 스위치

55 라이팅덕트공사에 의한 저압 옥내배선의 시설기준으로 틀린 것은?

① 덕트의 끝부분은 막을 것
② 덕트는 조영재에 견고하게 붙일 것
③ 덕트의 개구부는 위로 향하여 시설할 것
④ 덕트는 조영재를 관통하여 시설하지 아니할 것

해설

라이팅덕트공사
- 덕트는 조영재에 견고하게 붙일 것
- 덕트의 지지점 간의 거리는 2[m] 이하로 할 것
- 덕트의 끝부분은 막을 것
- 덕트의 개구부는 아래로 향하여 시설할 것
- 덕트는 조영재를 관통하여 시설하지 아니할 것

56 한국전기설비규정에 의한 고압 가공전선로 철탑의 지지물 간 거리는 몇 [m] 이하로 제한하고 있는가?

① 150
② 250
③ 500
④ 600

해설

고압 가공전선로 지지물 간 거리의 제한

지지물의 종류	지지물 간 거리
목주·A종 철주 또는 A종 철근 콘크리트주	150[m] 이하
B종 철주 또는 B종 철근 콘크리트주	250[m] 이하
철 탑	600[m] 이하

정답 53 ① 54 ③ 55 ③ 56 ④

57 A종 철근 콘크리트주의 길이가 12[m]이고, 설계하중이 6.8[kN]인 경우 땅에 묻히는 깊이는 최소 몇 [m] 이상이어야 하는가?

① 1.2
② 1.5
③ 1.8
④ 2.0

해설
가공전선로 지지물의 기초의 안전율
강관을 주체로 하는 철주(강관주) 또는 철근 콘크리트주로서 그 전체길이가 16[m] 이하, 설계하중이 6.8[kN] 이하인 것 또는 목주를 다음에 의하여 시설하는 경우
- 전체의 길이가 15[m] 이하인 경우는 땅에 묻히는 깊이를 전체길이의 6분의 1 이상으로 할 것
- 전체의 길이가 15[m]를 초과하는 경우는 땅에 묻히는 깊이를 2.5[m] 이상으로 할 것

58 과전류차단기로 저압전로에 사용하는 주택용 배선차단기 중 순시트립 범위가 $3I_n$ 초과 ~ $5I_n$ 이하인 배선차단기의 형은 무엇인가?(단, I_n : 차단기 정격전류)

① A
② B
③ C
④ D

해설
순시트립에 따른 구분(주택용 배선차단기)

형	순시트립 범위
B	$3I_n$ 초과 ~ $5I_n$ 이하
C	$5I_n$ 초과 ~ $10I_n$ 이하
D	$10I_n$ 초과 ~ $20I_n$ 이하

비고 1. B, C, D : 순시트립전류에 따른 차단기 분류
2. I_n : 차단기 정격전류

59 450/750[V] 일반용 단심 비닐절연전선의 약호는?

① NRI
② NF
③ NFI
④ NR

해설
배선용 비닐절연전선 약호
- NR : 450/750[V] 일반용 단심 비닐절연전선
- NF : 450/750[V] 일반용 유연성 단심 비닐절연전선

60 최대사용전압이 380[V]인 3상 유도전동기가 있다. 이것의 절연내력 시험전압은 몇 [V]로 하여야 하는가?

① 475
② 500
③ 570
④ 750

해설
회전기(발전기, 전동기) 절연내력 시험전압 규정
- 7[kV] 이하 : 최대사용전압 × 1.5배(최저 500[V])
- 7[kV] 초과 : 최대사용전압 × 1.25배

여기서, 시험전압은 380 × 1.5 = 570[V]로 권선과 대지 사이에 연속하여 10분간 가하여 시험한다.

2025년 제2회 최근 기출복원문제

01 용량이 250[kVA]인 단상 변압기 3대를 △결선으로 운전 중 1대가 고장 나서 V결선으로 운전하는 경우 출력은 약 몇 [kVA]인가?

① 144　　② 353
③ 433　　④ 525

해설
V결선의 3상 출력
$P_V = \sqrt{3} \times P_1$ … (V결선 시 변압기 1대 출력의 $\sqrt{3}$ 배 출력)
$= \sqrt{3} \times 250 \fallingdotseq 433[\text{kVA}]$

02 히스테리시스 곡선의 ㉠가로축(횡축)과 ㉡세로축(종축)은 무엇을 나타내는가?

① ㉠ 자속밀도　　㉡ 투자율
② ㉠ 자기장의 세기　㉡ 자속밀도
③ ㉠ 자화의 세기　㉡ 자기장의 세기
④ ㉠ 자기장의 세기　㉡ 투자율

해설
히스테리시스 곡선

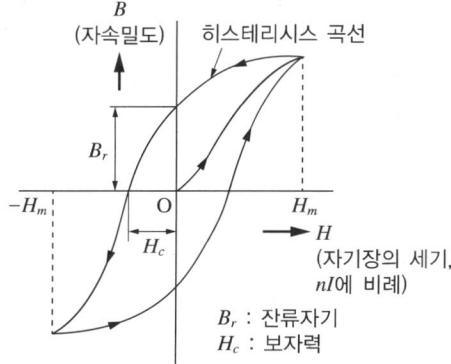

B_r : 잔류자기
H_c : 보자력

03 기전력 50[V], 내부저항 5[Ω]인 전원이 있다. 이 전원에 부하를 연결하여 얻을 수 있는 최대전력[W]은?

① 125　　② 250
③ 500　　④ 1,000

해설
내부저항과 부하저항이 같을 때($r = R$) 최대전력이 공급되므로 부하저항은 5[Ω]이 된다.
$I = \dfrac{V}{r+R} = \dfrac{50}{5+5} = 5[\text{A}]$
$P = I^2 R = 5^2 \times 5 = 125[\text{W}]$

04 $Z_1 = 2 + j11[\Omega]$, $Z_2 = 4 - j3[\Omega]$의 직렬회로에 교류전압 100[V]를 가할 때 합성임피던스는 몇 [Ω]인가?

① 6　　② 8
③ 10　④ 14

해설
RLC 직렬회로의 합성임피던스
$Z_1 + Z_2 = (2+4) + j(11-3) = 6 + j8$
합성 임피던스
$|Z| = R + jX = \sqrt{R^2 + X^2}$
$= \sqrt{6^2 + 8^2} = 10[\Omega]$

05
비투자율이 1인 환상 철심 중 자장의 세기가 H [AT/m]이다. 이때 비투자율이 10인 물질로 바꾸면 철심의 자속밀도[Wb/m²]는?

① $\frac{1}{10}$ 로 줄어든다.

② 10배 커진다.

③ 50배 커진다.

④ 100배 커진다.

해설
자속밀도와 자기장의 세기의 관계식은 $B = \mu H$이므로 비투자율이 10인 물질로 바꾸면 투자율도 10배가 되므로 관계식에 의해 자속밀도도 10배가 커진다.
- 투자율 : 어떤 매질이 주어진 자기장에 대하여 얼마나 자화하는지를 나타내는 값
  $\mu = \mu_0 \mu_r$ [H/m]
  (진공에서의 투자율 $\mu_0 = 4\pi \times 10^{-7}$[H/m], 물질의 비투자율 μ_r(진공 = 1, 공기 ≒ 1))
- 비투자율 : 진공에서의 투자율을 기준으로 얼마나 자화하는지를 나타내는 비율

06
다음은 정전 흡인력에 대한 설명이다. 옳은 것은?

① 정전 흡인력은 전압의 제곱에 비례한다.

② 정전 흡인력은 극판 간격에 비례한다.

③ 정전 흡인력은 극판 면적의 제곱에 비례한다.

④ 정전 흡인력은 쿨롱의 법칙으로 직접 계산한다.

해설
정전 흡인력
$F = \frac{1}{2}\varepsilon_0 E^2 = \frac{1}{2}\varepsilon_0 A \left(\frac{V}{d}\right)^2$ [N]
(ε_0 : 진공 유전율, V : 전압, d : 극판 사이 거리, A : 극판의 면적)
- 정전 흡인력은 전압의 제곱에 비례
- 정전 흡인력은 극판 간의 거리 제곱에 반비례
- 정전 흡인력은 극판 면적에 비례

07
$R - L$ 직렬회로의 시정수 τ[s]는?

① $\frac{R}{L}$

② $\frac{L}{R}$

③ RL

④ $\frac{1}{RL}$

해설
$R - L$ 직렬회로의 시정수
R(저항)과 L(인덕턴스)로 이루어진 직렬회로에서 시정수(τ, 타우)는
$\tau = \frac{L}{R}$[s]
즉, 시정수 값은 전류가 변화에 얼마나 빠르게 반응하는지를 나타내며, 회로가 정상 상태에 도달하는 데 걸리는 시간에 영향을 준다.

08
황산구리 용액에 10[A]의 전류를 60분간 흘릴 경우 석출되는 구리의 양은 대략 몇 [g]인가?(단, 구리의 전기 화학당량은 0.3293×10^{-3}[g/C]이다)

① 1.97

② 5.93

③ 7.82

④ 11.86

해설
전기분해에 의해 석출된 구리의 질량은 패러데이 공식으로 구할 수 있다.
$W = k \cdot Q = k \cdot I \cdot t$
(W : 석출된 물질의 질량[g], k : 물질의 전기 화학당량[g/C], Q : 총 전하량[C], I : 전류의 세기[A], t : 시간[s])
$W = kQ = kIt$
$= (0.3293 \times 10^{-3}) \times 10 \times (60 \times 60)$
$≒ 11.86$[g]

09 다이오드를 사용한 정류 회로에서 다이오드를 여러 개 직렬로 연결하여 사용하는 경우에 대한 설명으로 가장 옳은 것은?

① 다이오드를 과전류로부터 보호할 수 있다.
② 다이오드를 과전압으로부터 보호할 수 있다.
③ 부하 출력의 맥동률을 감소시킬 수 있다.
④ 낮은 전압 전류에 적합하다.

해설
- 다이오드의 직렬연결 : 과전압으로부터 보호
- 다이오드의 병렬연결 : 과전류로부터 보호

10 자체인덕턴스 40[mH]와 90[mH]인 두 개의 코일이 있다. 두 코일 사이에 누설자속이 없다고 하면 상호인덕턴스는 몇 [mH]인가?

① 50 ② 60
③ 65 ④ 130

해설
누설자속이 없다는 것은 자기적으로 완벽하게 접속되었다는 것이다(접속계수 = 1).
$M = K\sqrt{L_1 \times L_2} = 1\sqrt{40 \times 90} = 60[\text{mH}]$
(M : 상호인덕턴스, K : 접속계수, L_1과 L_2 : 인덕턴스)

11 공기 중에서 자기장의 세기가 100[A/m]인 점에 8×10^{-2}[Wb]의 자극을 놓을 때 이 자극에 작용하는 기자력[N]은?

① 8×10^{-4} ② 8
③ 125 ④ 1,250

해설
$F = mH = 8 \times 10^{-2} \times 100 = 8[\text{N}]$

12 길이 2[m]의 균일한 자로에 8,000회의 도선을 감고 10[mA]의 전류를 흘릴 때 자로의 자장의 세기 [AT/m]는?

① 4 ② 16
③ 40 ④ 160

해설
$H = \dfrac{NI}{l} = \dfrac{8,000 \times 10 \times 10^{-3}}{2}$
$= 40[\text{AT/m}]$

13 공기 중에서 3×10^{-5}[C]과 8×10^{-5}[C]의 두 전하를 2[m]의 거리에 놓을 때 그 사이에 작용하는 힘 [N]은?

① 2.7 ② 5.4
③ 10.8 ④ 24

해설
쿨롱의 법칙 : 두 점전하 사이에 작용하는 힘
$F = 9 \times 10^9 \times \dfrac{Q_1 \cdot Q_2}{r^2}$
$= 9 \times 10^9 \times \dfrac{3 \times 10^{-5} \times 8 \times 10^{-5}}{2^2}$
$= 5.4[\text{N}]$

14 다음 회로에서 a, b 간의 합성저항[Ω]은?

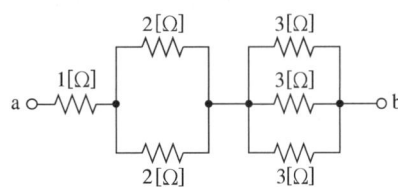

① 1 ② 2
③ 3 ④ 4

해설
- 직렬연결 합성저항 $= R_1 + R_2$
- 병렬연결 합성저항 $= \dfrac{R_1 \times R_2}{R_1 + R_2}$
- R값이 값을 때의 병렬연결 합성저항 $= \dfrac{R}{n}$
- a, b 간의 합성저항 $= 1 + \dfrac{2}{2} + \dfrac{3}{3} = 3[\Omega]$

15 전류에 의한 자계의 세기와 관계가 있는 법칙은?

① 옴의 법칙
② 렌츠의 법칙
③ 키르히호프의 법칙
④ 비오-사바르의 법칙

해설
- 비오-사바르 법칙(Biot-Savart Law) : 전류의 흐름에 의하여 일정한 거리에 자장이 발생된다. $dH = \dfrac{Idl\sin\theta}{4\pi r^2}[\text{AT/m}]$
- 옴의 법칙(Ohm's Law) : 저항이 클수록 같은 전류에서 더 큰 전압이 필요하며, 전류는 전압에 비례하고 저항에 반비례한다.
- 렌츠의 법칙(Lenz's Law) : 유도된 전류는 자기장의 변화를 방해하는 방향으로 흐른다.
- 키르히호프의 법칙(Kirchhoff's Laws)
  - 전류 법칙(KCL) : 한 지점으로 들어오는 전류의 총합 = 나가는 전류의 총합
  - 전압 법칙(KVL) : 폐회로 내 전압의 총합 = 0

16 부하의 전압과 전류를 측정하기 위한 전압계와 전류계의 접속방법으로 옳은 것은?

① 전압계 : 직렬, 전류계 : 병렬
② 전압계 : 직렬, 전류계 : 직렬
③ 전압계 : 병렬, 전류계 : 직렬
④ 전압계 : 병렬, 전류계 : 병렬

해설
전압계는 부하에 병렬, 전류계는 부하에 직렬로 접속한다.

17 RLC 직렬공진 회로에서 최소가 되는 것은?

① 저항값 ② 임피던스값
③ 전류값 ④ 전압값

해설
전압과 전류가 동상인 직렬공진 회로에서 임피던스(Z) 값은 $Z = R$이 되어 최소가 되고, $I = \dfrac{R}{Z}$가 되어 전류값은 최대가 된다.

18 회전자가 1초에 30회전을 하면 각속도는?

① $30\pi[\text{rad/s}]$ ② $60\pi[\text{rad/s}]$
③ $90\pi[\text{rad/s}]$ ④ $120\pi[\text{rad/s}]$

해설
$\omega = 2\pi f = 2 \times \pi \times 30 = 60\pi[\text{rad/s}]$

19 20[A]의 전류를 흘릴 때 전력이 60[W]인 저항에 30[A]를 흘리면 전력은 몇 [W]가 되는가?

① 80 ② 90
③ 120 ④ 135

해설

$P = VI = I^2R$[W]에서 저항 $R = \dfrac{60}{400} = \dfrac{3}{20}$[Ω]을 구하고, 전력 $P = I^2R = 30^2 \times \dfrac{3}{20} = 135$[W]를 구한다.

20 다음 중 저항값이 클수록 좋은 것은?

① 접지저항 ② 절연저항
③ 도체저항 ④ 접촉저항

해설

절연저항은 높을수록 절연 성능이 좋고, 전기적으로 안전하기 때문에 좋은 특성으로 간주된다.

21 6극 직렬권 발전기의 전기자 도체수 300, 매극 자속 0.02[Wb], 회전수 900[rpm]일 때 유도기전력 [V]은?

① 90 ② 110
③ 220 ④ 270

해설

유도기전력의 크기(E)

$E = \dfrac{pz}{60a}\phi N = \dfrac{6 \times 300}{60 \times 2} \times 0.02 \times 900 = 270$[V]

(z : 전기자 도체의 수, a : 병렬회로의 수, p : 극수, ϕ : 매극당 자속[Wb], N : 회전수[rpm], 유도기전력 상수 $K_e = \dfrac{pz}{60a}$)

22 발전기를 정격전압 220[V]로 전부하 운전하다가 무부하로 운전하였더니 단자전압이 242[V]가 되었다. 이 발전기의 전압변동률[%]은?

① 10 ② 14
③ 20 ④ 25

해설

전압변동률(ε)

발전기에 부하를 접속할 때 단자전압을 무부하 상태일 때와 비교하여 얼마만큼 떨어지는가를 퍼센트로 나타낸 것

$\varepsilon[\%] = \dfrac{V_0 - V}{V} \times 100 = \dfrac{무부하전압 - 전부하전압}{전부하전압} \times 100$

$= \dfrac{242 - 220}{220} \times 100 = 10[\%]$

23 계자권선이 전기자와 접속되어 있지 않은 직류기는?

① 직권기 ② 분권기
③ 복권기 ④ 타여자기

해설

직류기의 회로 구조

타여자전동기는 별도의 여자 전원회로를 가지고 있기 때문에 계자권선이 전기자와 접속되어 있지 않다.

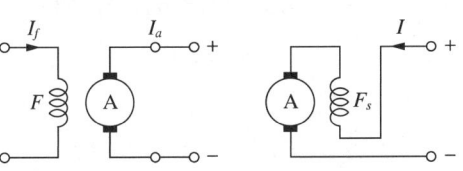

[타여자전동기]　[직권전동기]

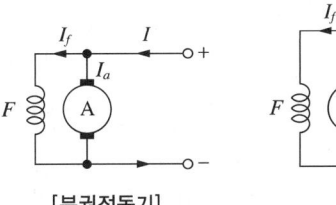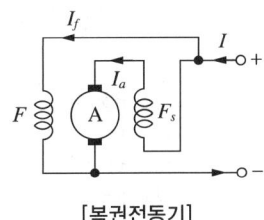

[분권전동기]　[복권전동기]

여기서, A : 전기자
　　　　I : 전동기 전류
　　　　F : 분권 또는 타여자계자권선
　　　　I_a : 전기자전류
　　　　F_s : 직권계자권선
　　　　I_f : 분권 또는 타여자전류

24 직류기의 파권에서 극수에 관계없이 병렬회로수 a는 얼마인가?

① 1
② 2
③ 4
④ 6

해설
전기자권선법 : 고상권, 폐로권, 이층권(중권, 파권)

구 분	중 권	파 권
전기자 병렬회로수(a)	p(극수)	2
브러시수(b)	p(극수)	2
용 도	저전압, 대전류	고전압, 소전류
균압접속	4극 이상 균압환 필요	불필요

25 전압변동률이 적고 자여자이므로 다른 전원이 필요 없으며, 계자저항기를 사용한 전압조정이 가능하므로 전기화학용, 전지의 충전용 발전기로 가장 적합한 것은?

① 타여자발전기
② 직류 복권발전기
③ 직류 분권발전기
④ 직류 직권발전기

해설
직류발전기의 용도
- 타여자발전기 : 계자전압을 전기자전압과 관계없이 조정할 수 있어 워드-레오나드 전압제어 방식의 전원으로 사용하여 직류전동기의 속도와 회전방향을 제어하거나 교류발전기의 여자기 전원으로 사용한다.
- 분권발전기 : 전압변동률이 적으며 자여자이므로 계자저항기를 사용하여 전압조정이 가능하고, 전기화학용 전원, 전지의 충전용, 동기기의 여자용으로 쓰인다.
- 직권발전기 : 승압기, 아크 용접발전기
- 복권발전기 : 평복권발전기는 부하 증가에도 일정한 전압을 유지하므로 직류전원 및 전기기계의 여자 전원으로 사용한다.

26 퍼센트 저항강하 3[%], 리액턴스 강하 4[%]인 변압기의 최대전압변동률[%]은?

① 1
② 5
③ 7
④ 12

해설
변압기의 최대전압변동률
$\varepsilon_{\max} = \sqrt{p^2 + q^2}$ [%]
$= \sqrt{3^2 + 4^2} = 5$ [%]
(p : 퍼센트 저항강하, q : 퍼센트 리액턴스 강하)

27 1차 전압 6,300[V], 2차 전압 210[V], 주파수 60[Hz]의 변압기가 있다. 이 변압기의 권수비는?

① 30
② 40
③ 50
④ 60

해설
변압기의 권수비
권수비 $a = \dfrac{V_1}{V_2} = \dfrac{I_2}{I_1} = \dfrac{N_1}{N_2}$ 이므로
$a = \dfrac{6,300}{210} = 30$

28 변압기의 규약효율은?

① $\dfrac{출력}{입력}$
② $\dfrac{출력}{입력 - 손실}$
③ $\dfrac{출력}{출력 + 손실}$
④ $\dfrac{입력 + 손실}{입력}$

해설
변압기의 효율
- 규약효율 : $\eta = \dfrac{출력}{출력 + 손실(무부하손 + 부하손)} \times 100$ [%]
- 실측효율 : $\eta = \dfrac{출력}{입력} \times 100$ [%]
- 최대효율 : 구리손과 철손이 같게 되는 부하일 때

29 변압기의 결선에서 제3고조파를 발생시켜 통신선에 유도장해를 일으키는 3상 결선은?

① Y-Y
② △-△
③ Y-△
④ △-Y

해설
Y-Y결선(Star-Star Connection)
• 장 점
 - 1, 2차의 전압에 위상차가 없다.
 - 1, 2차 모두 Y결선이므로 중성점을 접지할 수 있으며, 고압의 경우에 이상 전압을 감소시킨다.
 - 상전압이 선간전압의 $\frac{1}{\sqrt{3}}$ 배이므로 절연이 용이하여 고전압에 유리하다.
• 단 점
 - 중성점이 접지되어 있지 않으면 제3고조파 통로가 없어 기전력 파형은 제3고조파를 포함하는 왜형파가 된다.
 - 중성점이 접지되어 있으면 접지선을 통하여 제3고조파 전류가 흘러 통신 장애를 일으킨다.

30 20[kVA]의 단상 변압기 2대를 사용하여 V-V결선으로 하고 3상 전원을 얻고자 한다. 이때 여기에 접속시킬 수 있는 3상 부하의 용량은 약 몇 [kVA]인가?

① 34.6
② 44.6
③ 54.6
④ 64.6

해설
단상변압기 V-V결선
V-V결선의 3상 출력은 $P_V = \sqrt{3}\,P_\triangle$ 이므로,
$P_V = 1.732 \times 20[\text{kVA}] \fallingdotseq 34.64[\text{kVA}]$

31 동기기를 병렬운전할 때 유효순환전류가 흐르는 원인은?

① 기전력의 저항이 다르다.
② 기전력의 위상이 다르다.
③ 기전력의 전류가 다르다.
④ 기전력의 역률이 다르다.

해설
동기발전기의 병렬운전
동기발전기를 여러 대 사용하여 병렬운전하는 경우, 각각의 발전기에서 발생하는 무효전력과 유효전력의 차이로 두 발전기를 순환하는 전류가 발생하게 된다.
• 기전력의 위상이 다를 경우 : 발전기의 계자를 돌려주는 원동기의 출력이 변화하면 계자의 위치가 달라지며 기전력이 위상차가 발생하는데, 이때 두 발전기의 위상이 같아지게 하기 위해서 교번하는 전류(동기화 전류(유효순환전류) 또는 유효횡류)가 흐르게 된다.
• 기전력의 크기가 다를 경우 : 계자의 여자전류의 변화에 의해 생기기 때문에 크기가 다르다면 두 발전기 사이에서 용량이 큰 쪽에서 작은 쪽으로 흐르는 순환전류(무효순환전류 또는 무효횡류)가 발생한다.
• 기전력의 주파수가 다를 경우 : 동기화 전류가 교대로 주기적으로 흐르며 난조의 원인이 된다.
• 기전력의 파형이 다를 경우 : 각 기전력의 순시값이 다르므로 고조파 순환전류가 발생하며 온도상승의 원인이 된다.
• 기전력의 상회전방향이 다를 경우 : 위상을 측정하는 기기인 동기검정기로 측정 시 모두 점등된다.

32 3상 교류발전기의 기전력에 대하여 90° 늦은 전류가 통할 때의 반작용 기자력은?

① 자극축과 일치하고 감자작용
② 자극축보다 90° 빠른 증자작용
③ 자극축보다 90° 늦은 감자작용
④ 자극축과 직교하는 교차자화작용

해설
동기발전기의 전기자 반작용
3상 부하전류(전기자 전류)에 의한 회전자속이 계자자속에 영향을 미치는 현상
• 감자작용(직축 반작용) : L부하인 경우 전기자 전류가 기전력 E보다 위상이 90° 늦은 경우
• 증자작용(직축 반작용) : C부하인 경우 전기자 전류가 기전력 E보다 위상이 90° 앞선 경우
• 교차자화작용(횡축 반작용) : R부하인 경우 전기자 전류와 기전력 E가 동상인 경우

33 3상 동기전동기의 토크에 대한 설명으로 옳은 것은?

① 공급전압 크기에 비례한다.
② 공급전압 크기의 제곱에 비례한다.
③ 부하각 크기에 반비례한다.
④ 부하각 크기의 제곱에 비례한다.

해설
3상 동기전동기의 출력
$P_{s3} = 3 \frac{E_l}{\sqrt{3}} \frac{V_l}{\sqrt{3}} \frac{\sin\delta}{x_s} = \frac{E_l V_l}{x_s} \sin\delta [\mathrm{W}]$ 에서
(E_l : 선간기전력, V_l : 단자전압)
동기전동기에 공급된 전압의 크기에 비례한다.

34 동기발전기의 난조를 방지하는 가장 유효한 방법은?

① 회전자의 관성을 크게 한다.
② 제동권선을 자극면에 설치한다.
③ x_s를 작게 하고 동기화력을 크게 한다.
④ 자극 수를 적게 한다.

해설
난조(Hunting)
동기기가 새로운 부하각을 중심으로 속도가 가속과 감속을 반복하게 되어, 동기기가 고유진동에 가까워지면 공진 작용이 발생하여 진동이 증대하는 이상 현상
• 원인 : 조속기 예민, 큰 전기자 저항, 부하급변, 고조파 성분의 토크, 작은 관성모멘트
• 대책 : 제동권선 설치, 관성모멘트 증대(플라이휠), 조속기 둔감화, 고조파 제거(단절, 분포권)
※ 제동권선 역할 : 난조방지, 파형개선, 이상전압 방지(유도기 농형권선 역할)

35 슬립 4[%]인 유도전동기의 등가부하저항은 2차 저항의 몇 배인가?

① 5
② 19
③ 20
④ 24

해설
유도전동기의 등가부하저항
$R' = r_2'\left(\frac{1-s}{s}\right) = r_2'\left(\frac{1}{s}-1\right)[\Omega]$ 이고
슬립 $s = 0.04$이므로
$R' = r_2'\left(\frac{1}{0.04}-1\right) = r_2'(25-1) = 24 \cdot r_2'$ 이다.
즉, 등가부하저항(R')은 2차 저항(r_2')의 24배이다.

36 3상 380[V], 60[Hz], 4극, 슬립 5[%], 55[kW] 유도전동기가 있다. 회전자속도는 몇 [rpm]인가?

① 1,200
② 1,526
③ 1,710
④ 2,280

해설
유도전동기의 회전자속도
슬립이 5[%]이므로 $N = (1-s)N_s = (1-s)\frac{120f}{p}$ 에서
$N = (1-0.05) \times \frac{120 \times 60}{4} = 1,710 [\mathrm{rpm}]$

37 교류전동기를 기동할 때 그림과 같은 기동특성을 가지는 전동기는?(단, 곡선 ⓐ~ⓔ는 기동단계에 대한 토크 특성 곡선이다)

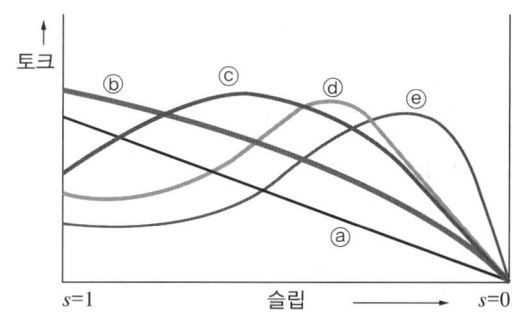

① 반발 유도전동기
② 2중 농형 유도전동기
③ 3상 분권 정류자전동기
④ 3상 권선형 유도전동기

해설
권선형 유도전동기의 비례추이
- 2차 저항 조절 : 권선형 유도전동기의 회전자 권선에 외부 저항을 연결하여 2차 저항을 조절하여 토크와 슬립 간의 관계를 확인한다.
- 토크-슬립 특성 곡선 변화 : 2차 저항이 증가하면 토크-슬립 특성 곡선에서 최대토크 위치가 이동한다(최대토크의 크기는 변하지 않고 슬립(속도)만 변한다).
- 비례추이 : 2차 저항을 조절하여 토크-슬립 특성 곡선이 마치 평행 이동하는 것처럼 보이는 현상(곡선 ⓐ~ⓔ)
  - 기동 토크 증가 : 기동 시($s=1$) 2차 저항을 높여 큰 토크로 기동 가능
  - 속도 제어 : 2차 저항을 조절하여 전동기의 속도를 조절 가능

38 PN 접합 정류소자의 설명 중 틀린 것은?(단, 실리콘 정류소자인 경우이다)

① 온도가 높아지면 순방향 및 역방향 전류가 모두 감소한다.
② 순방향 전압은 P형에 (+), N형에 (-) 전압을 가함을 말한다.
③ 정류비가 클수록 정류 특성은 좋다.
④ 역방향 전압에서는 극히 작은 전류만이 흐른다.

해설
PN 접합 정류소자의 특징
- PN 접합 다이오드의 정류작용 : 순방향 저항은 작고, 역방향 저항은 매우 커서 한쪽 방향으로는 쉽게 전자를 통과시키지만 다른 방향으로는 통과시키지 않는다.
- 순방향 바이어스된 다이오드의 경우, 온도가 증가하면 동일한 순방향 전압을 기준으로 순방향 전류는 증가하는 반면에 동일한 순방향 전류를 기준으로 하면 순방향 전압은 감소한다(온도가 1[℃] 증가할수록 장벽전위는 2[mV] 감소한다).
- 역방향 바이어스된 다이오드의 경우, 온도가 상승하면 역방향 전류는 증가한다.

39 반파 정류회로에서 변압기 2차 전압의 실횻값을 E[V]라 하면 직류전류 평균값은?(단, 정류기의 전압강하는 무시한다)

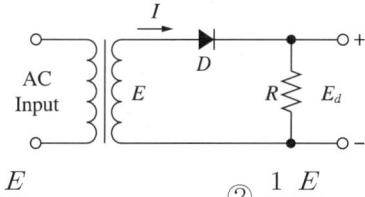

① $\dfrac{E}{R}$
② $\dfrac{1}{2}\dfrac{E}{R}$
③ $\dfrac{2\sqrt{2}}{\pi}\dfrac{E}{R}$
④ $\dfrac{\sqrt{2}}{\pi}\dfrac{E}{R}$

해설
단상 반파 정류회로
직류전압 평균값 V_d(또는 E)일 때
$E_d = \dfrac{\sqrt{2}}{\pi}E = 0.45E$[V] 이므로,
직류전류 평균값 $I_d = \dfrac{\sqrt{2}}{\pi}\dfrac{E}{R} ≒ 0.45\dfrac{E}{R}$[A] 이다.

40 직류전압을 직접 제어하는 것은?

① 브리지형 인버터
② 단상 인버터
③ 3상 인버터
④ 초퍼형 인버터

해설
초퍼(Chopper)형 인버터(Inverter)
직류전류를 직접 On/Off하여 임의의 전압이나 전류를 인위적으로 만들어내는 기기로 직류 신호를 직접 제어하여 교류 신호로 변환한다.

41 금속전선관공사에서 사용되는 후강전선관의 규격이 아닌 것은?

① 16   ② 28
③ 36   ④ 50

해설
- 후강전선관 : 안지름 근접 짝수(호칭), 16, 22, 28, 36, 42, 54, 70, 82, 92, 104[mm]
- 박강전선관 : 바깥지름 근접 홀수(호칭), 19, 25, 31, 39, 51, 63, 75[mm]

42 차단기 문자 기호 중 "VCB"는?

① 진공차단기
② 기중차단기
③ 자기차단기
④ 유입차단기

해설
교류차단기 종류
- 유입차단기(OCB) : 기름
- 공기차단기(ABB) : 가압공기
- 가스차단기(GCB, SF₆CB) : 불활성가스, 가스
- 자기차단기(MBB) : 자기장
- 진공차단기(VCB) : 진공

43 한국전기설비규정에서 교통신호등 회로의 사용전압이 몇 [V]를 초과하는 경우에는 지락 발생 시 자동적으로 전로를 차단하는 장치를 시설하여야 하는가?

① 50   ② 100
③ 150   ④ 200

해설
교통신호등
- 교통신호등의 제어장치 전원 측에는 전용 개폐기 및 과전류차단기를 각 극에 시설하여야 한다.
- 교통신호등 회로의 사용전압이 150[V]를 넘는 경우는 전로에 지락이 생겼을 경우 자동적으로 전로를 차단하는 누전차단기를 시설하여야 한다.

44 케이블공사에서 비닐외장케이블을 조영재의 옆면에 따라 붙이는 경우 전선의 지지점 간의 거리는 최대 몇 [m]인가?

① 1.0   ② 1.5
③ 2.0   ④ 2.5

해설
케이블공사
전선을 조영재의 아랫면 또는 옆면에 따라 붙이는 경우에는 전선의 지지점 간의 거리를 케이블은 2[m](사람이 접촉할 우려가 없는 곳에서 수직으로 붙이는 경우에는 6[m]) 이하, 캡타이어케이블은 1[m] 이하로 하고 또한 그 피복을 손상하지 아니하도록 붙일 것
※ 조영재는 건축물의 벽, 천장, 기둥, 바닥 등 구조 부분을 구성하는 자재를 의미한다.

45 완전확산면은 어느 방향에서 보아도 무엇이 동일한가?

① 광 속 ② 휘 도
③ 조 도 ④ 광 도

해설
완전확산면(Lambertian Surface, 램버시안 표면, 랑베르 표면) 확산면을 바라보는 방향에 관계없이 모든 방향으로의 휘도가 동일한 발광면을 의미한다. 하얀 종이나 보름달이 완전확산면에 가깝다.

46 옥내배선을 합성수지관공사에 의하여 실시할 때 사용할 수 있는 단선의 최대굵기[mm²]는?

① 4   ② 6
③ 10 ④ 16

해설
합성수지관공사에서 사용가능한 단선의 최대굵기는 10[mm²]까지이고, 연선은 10[mm²](알루미늄선은 단면적 16[mm²]) 초과인 전선부터 사용해야 한다.

47 분전반을 나타내는 그림 기호는?

①  ② ⊠
③ ◤◢ ④ ☐ S

해설
배전반 기호

기 호	의 미	기 호	의 미
⊠	배전반	◤◢	제어반
	분전반	⊠	재해방지용 배전반

48 한국전기설비규정에서 가공전선로의 지지물에 하중이 가하여지는 경우에 그 하중을 받는 지지물의 기초의 안전율은 얼마 이상인가?

① 0.5 ② 1
③ 1.5 ④ 2

해설
가공전선로 지지물의 기초의 안전율
가공전선로의 지지물에 하중이 가하여지는 경우에 그 하중을 받는 지지물의 기초의 안전율은 2 이상이어야 한다.
- 15[m] 이하 : 1/6 이상(하중)
- 15[m] 초과 : 2.5[m] 이상
- 전주길이가 14[m] 이상 20[m] 이하이고, 설계하중 6.8[kN] 초과 9.8[kN] 이하일 때 : +30[cm]

49 진동이나 충격이 자주 발생하는 환경에서 전기 기계기구를 안전하게 고정하려면, 볼트나 너트가 풀리는 것을 방지하기 위해 어떤 부품을 사용하는 것이 가장 적절한가?

① 정 슬리브
② 평 와셔
③ 코드 패스너
④ 스프링 와셔

해설
- 와셔 : 볼트 결합부의 구멍이 크거나 너트의 자리 면이 고르지 못할 때 사용된다. 특히 스프링 와셔는 너트의 풀림을 방지할 때 사용된다.
- 슬리브 : 관이나 전선 등을 연결하기 위해 사용되는 재료
- 패스너 : 고정하고 조이거나 잠그기 위한 기구(나사와 비슷한 모양)

50 가공전선로 지지물의 승탑 및 승주방지에서 가공전선로의 지지물에 취급자가 오르고 내리는 데 사용하는 발판 볼트 등은 지표상 몇 [m] 미만에 시설하여서는 아니 되는가?

① 1.2 ② 1.8
③ 2.4 ④ 3.0

해설
가공전선로 지지물의 철탑오름 및 전주오름 방지
가공전선로의 지지물에 취급자가 오르고 내리는 데 사용하는 발판 볼트 등을 지표상 1.8[m] 미만에 시설하여서는 아니 된다.

51 지중전선로 시설 방식이 아닌 것은?

① 직접 매설식
② 관로식
③ 트라이식
④ 암거식

해설
지중전선로의 시설
지중전선로의 전선은 케이블을 사용하고 관로식, 직접 매설식, 암거식에 의하여 시설할 것

52 배전반 및 분전반을 넣은 강판제로 만든 함의 두께는 몇 [mm] 이상인가?(단, 가로 세로의 길이가 30[cm] 초과한 경우이다)

① 0.8 ② 1.2
③ 1.5 ④ 2.0

해설
배전반 및 분기반을 넣은 함의 규격
• 강판제 : 두께 1.2[mm] 이상
• 목재함 : 두께 1.2[cm] 이상으로 불연성 물질을 안에 바른 것
• 난연성 합성수지로 된 것 : 두께 1.5[mm] 이상으로 내아크성인 것

53 옥내배선의 접속함이나 박스 내에서 접속할 때 주로 사용하는 접속법은?

① 슬리브 접속
② 쥐꼬리 접속
③ 트위스트 접속
④ 브리타니아 접속

해설
• 쥐꼬리 접속 : 전선 끝을 서로 꼬아 연결하는 방식으로 주로 박스 내에 사용(종단접속)
• 슬리브 접속 : 두 개의 도선을 금속 슬리브 안에 넣고 압착하여 연결하는 방식(직선접속)
• 트위스트 접속 : 단면적 6[mm^2] 이하의 가는 단선접속
• 브리타니아 접속 : 단면적 10[mm^2] 이하의 굵은 단선접속

54 정격전압 3상 24[kV], 정격차단전류 300[A]인 수전설비의 차단용량은 몇 [MVA]인가?

① 12.47 ② 17.26
③ 24.94 ④ 28.34

해설
차단기의 차단용량
$P_S = \sqrt{3} \times V \times I_S$
$= 1.732 \times 24,000[V] \times 300[A]$
$= 12,470,400 = 12.47 \times 10^6 = 12.47[MVA]$

55 금속관공사에서 녹아웃의 지름이 금속관의 지름보다 큰 경우에 사용하는 재료는?

① 로크너트 ② 부 싱
③ 커넥터   ④ 링 리듀서

해설
링 리듀서
아웃렛 박스 등의 녹아웃의 지름이 관의 지름보다 클 때에 관을 박스에 고정시키기 위해 쓰는 재료

56 수용가 인입구 부근에서 건물의 철골을 접지극으로 사용하여 접지공사를 할 때 대지 사이의 최대 전기저항값[Ω]은?

① 3   ② 5
③ 10   ④ 100

해설
저압수용가 인입구 접지
- 수용장소 인입구 부근에서 다음의 것을 접지극으로 사용하여 변압기 중성점 접지를 한 저압전로의 중성선 또는 접지 측 전선에 추가로 접지공사를 할 수 있다.
  - 지중에 매설되어 있고 대지와의 전기저항값이 3[Ω] 이하의 값을 유지하고 있는 금속제 수도관로
  - 대지 사이의 전기저항값이 3[Ω] 이하인 값을 유지하는 건물의 철골
- 접지도체는 공칭단면적 6[mm^2] 이상의 연동선

57 배전용 기구인 COS(컷아웃 스위치)의 용도로 알맞은 것은?

① 배전용 변압기의 1차 측에 시설하여 변압기의 단락보호용으로 쓰인다.
② 배전용 변압기의 2차 측에 시설하여 변압기의 단락보호용으로 쓰인다.
③ 배전용 변압기의 1차 측에 시설하여 배전 구역 전환용으로 쓰인다.
④ 배전용 변압기의 2차 측에 시설하여 배전 구역 전환용으로 쓰인다.

해설
COS(Cut Out Switch)
주로 변압기 1차 측에 설치하여 변압기의 보호와 단로를 위한 목적으로 사용된다.

58 저압 전로에 정격 전류 50[A]의 전류가 흐를 때 과전류 차단기로 배선 차단기(산업용)를 사용하는 경우 트립하는 전류는 정격 전류의 몇 배에서 트립되어야 하는가?

① 1.13   ② 1.3
③ 1.35   ④ 1.45

해설
배선용 차단기의 과전류 트립 동작 시간 및 특성

정격 전류의 구분	시간	정격 전류의 배수			
		주택용 배선 차단기(MCB)		산업용 배선 차단기(MCCB)	
		부동작 전류	동작 전류	부동작 전류	동작 전류
63[A] 이하	60분	1.13배	1.45배	1.05배	1.3배
63[A] 초과	120분	1.13배	1.45배	1.05배	1.3배

정답 55 ④ 56 ① 57 ① 58 ②

59 전기자동차 충전장치를 설치할 때, 충전장치의 충전 케이블 인출부의 최대 설치 높이는 지면으로부터 몇 [m] 이내인가?(단, 옥내용의 경우이다)

① 0.8
② 1.0
③ 1.2
④ 1.5

해설
전기자동차의 충전장치 시설
충전장치의 충전 케이블 인출부는 옥내용의 경우 지면으로부터 0.45[m] 이상 1.2[m] 이내에, 옥외용의 경우 지면으로부터 0.6[m] 이상에 위치할 것

60 피뢰시스템에 접지도체가 접속된 경우 접지선의 굵기는 최소 몇 [mm^2] 이상이어야 하는가?(단, 접지도체는 구리선을 사용한다)

① 6
② 10
③ 16
④ 22

해설
접지도체의 단면적

접지도체의 종류	큰 고장 전류가 접지도체를 통해 흐르지 않을 경우	접지도체에 피뢰시스템이 접속되는 경우
구 리	6[mm^2] 이상	16[mm^2] 이상
철 제	50[mm^2] 이상	

정답 59 ③ 60 ③

2025년 제3회 최근 기출복원문제

01 컨덕턴스 $G[℧]$, 저항 $R[\Omega]$, 전압 $V[V]$, 전류를 $I[A]$라 할 때 G와의 관계가 옳은 것은?

① $G = \dfrac{R}{V}$ ② $G = \dfrac{I}{V}$

③ $G = \dfrac{V}{R}$ ④ $G = \dfrac{V}{I}$

해설
컨덕턴스는 저항의 역이므로 $G = \dfrac{I}{V}[℧]$가 된다.

02 $10[\Omega]$ 저항 5개를 가지고 얻을 수 있는 가장 작은 합성저항$[\Omega]$ 값은?

① 1   ② 2
③ 4   ④ 5

해설
합성저항이 직렬일 때는 $5 \times 10 = 50[\Omega]$이고,
병렬일 때는 $\dfrac{10}{5} = 2[\Omega]$이므로 가장 작은 합성저항은 $2[\Omega]$이다.

03 어떤 회로에 $50[V]$의 전압을 가하니 $8+j6[A]$의 전류가 흐른다면 이 회로의 임피던스$[\Omega]$는?

① $3-j4$ ② $3+j4$
③ $4-j3$ ④ $4+j3$

해설
임피던스 $Z = \dfrac{V}{I} = \dfrac{50}{8+j6}$
$= \dfrac{50(8-j6)}{(8+j6)(8-j6)} = 4-j3[\Omega]$

04 다음은 전기력선의 성질이다. 틀린 것은?

① 전기력선은 서로 교차하지 않는다.
② 전기력선은 도체의 표면에 수직이다.
③ 전기력선의 밀도는 전기장의 크기를 나타낸다.
④ 같은 전기력선은 서로 끌어당긴다.

해설
같은 전기력선은 서로 반발한다.

05 대칭 3상 △결선에서 선전류와 상전류와의 위상 관계는?

① 상전류가 $\dfrac{\pi}{6}[rad]$ 앞선다.
② 상전류가 $\dfrac{\pi}{6}[rad]$ 뒤진다.
③ 상전류가 $\dfrac{\pi}{3}[rad]$ 앞선다.
④ 상전류가 $\dfrac{\pi}{3}[rad]$ 뒤진다.

해설
선전류(I_l)와 상전류(I_P)의 크기와 위상이 같고, 전류는 $I_l = \sqrt{3} I_P$이고 I_l은 I_P보다 위상이 30° 뒤진다.

정답 1 ② 2 ② 3 ③ 4 ④ 5 ①

06 1[Ah]는 몇 [C]인가?

① 7,200   ② 3,600
③ 1,200   ④ 60

해설
$Q = I \times t [C]$
$= 1[A] \times 3,600[s]$
$= 3,600[C]$

07 전압계 및 전류계의 측정 범위를 넓히기 위하여 사용하는 배율기와 분류기의 접속 방법은?

① 배율기는 전압계와 병렬접속, 분류기는 전류계와 직렬접속
② 배율기는 전압계와 직렬접속, 분류기는 전류계와 병렬접속
③ 배율기 및 분류기 모두 전압계와 전류계에 직렬접속
④ 배율기 및 분류기 모두 전압계와 전류계에 병렬접속

해설
• 배율기 : 저항을 직렬로 연결(전압계의 측정 범위 확대)
• 분류기 : 저항을 병렬로 연결(전류계의 측정 범위 확대)

08 자체 인덕턴스가 0.01[H]인 코일에 100[V], 60[Hz]의 사인파 전압을 가할 때 유도 리액턴스는 약 몇 [Ω]인가?

① 3.77   ② 6.28
③ 12.28   ④ 37.68

해설
유도 리액턴스
$X_L = \omega L = 2\pi f \cdot L$
$= 2\pi \times 60 \times 0.01$
$\fallingdotseq 3.77[\Omega]$

09 1.5[kW]의 전열기를 정격 상태에서 30분간 사용할 때 발열량은 몇 [kcal]인가?

① 648   ② 1,290
③ 1,500   ④ 2,700

해설
발열량 $H = 0.24 P \cdot t$
$= 0.24 \times 1,500[W] \times 30 \times 60[s]$
$= 648,000[cal] = 648[kcal]$

10 그림과 같은 평형 3상 △회로를 등가 Y결선으로 환산하면 각 상의 임피던스는 몇 [Ω]이 되는가? (단, $Z = 12[\Omega]$이다)

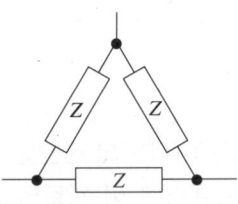

① 48   ② 36
③ 4   ④ 3

해설
Y회로에서 △회로로 등가변환하기 위해서는 각 상의 임피던스를 3배로 하고 △회로에서 Y회로로 등가변환할 때는 각 상의 임피던스를 $\frac{1}{3}$배로 한다. 따라서 12[Ω]를 $\frac{1}{3}$배하면 4[Ω]이다.

11 다음 중 파형률을 나타낸 것은?

① $\dfrac{\text{실횻값}}{\text{평균값}}$ ② $\dfrac{\text{최댓값}}{\text{실횻값}}$

③ $\dfrac{\text{평균값}}{\text{실횻값}}$ ④ $\dfrac{\text{실횻값}}{\text{최댓값}}$

해설

- 파형률 $= \dfrac{\text{실횻값}}{\text{평균값}}$: 파형의 기울기의 정도
- 파고율 $= \dfrac{\text{최댓값}}{\text{실횻값}}$: 파형에서 파두(Wave Front)의 날카로운 정도

12 C_1, C_2를 직렬로 접속한 회로에 C_3를 병렬로 접속하였다. 이 회로의 합성정전용량[F]은?

① $C_3 + \dfrac{1}{\dfrac{1}{C_1} + \dfrac{1}{C_2}}$

② $C_1 + \dfrac{1}{\dfrac{1}{C_2} + \dfrac{1}{C_3}}$

③ $\dfrac{C_1 + C_2}{C_3}$

④ $C_1 + C_2 + \dfrac{1}{C_3}$

해설

합성정전용량

- 직렬 : $\dfrac{1}{C} = \dfrac{1}{C_1} + \dfrac{1}{C_2}$
- 병렬 : $C = C_1 + C_2$

일단, C_1, C_2를 직렬로 접속한 합성용량을 C_x라 하면

$\dfrac{1}{C_x} = \dfrac{1}{C_1} + \dfrac{1}{C_2}$, $C_x = \dfrac{1}{\dfrac{1}{C_1} + \dfrac{1}{C_2}}$

C_x와 C_3은 병렬로 접속했으므로, 구하고자 하는 이 회로의 합성정전용량은

$C_x + C_3 = \dfrac{1}{\dfrac{1}{C_1} + \dfrac{1}{C_2}} + C_3$이다.

13 진공 중에 두 자극 m_1, m_2를 $r[\text{m}]$의 거리에 놓을 때 작용하는 힘 $F[\text{N}]$의 식으로 옳은 것은?

① $F = \dfrac{1}{4\pi\mu_0} \times \dfrac{m_1 m_2}{r}$

② $F = \dfrac{1}{4\pi\mu_0} \times \dfrac{m_1 m_2}{r^2}$

③ $F = 4\pi\mu_0 \times \dfrac{m_1 m_2}{r}$

④ $F = 4\pi\mu_0 \times \dfrac{m_1 m_2}{r^2}$

14 그림의 브리지 회로에서 평형이 될 때의 $C_x[\mu\text{F}]$는?

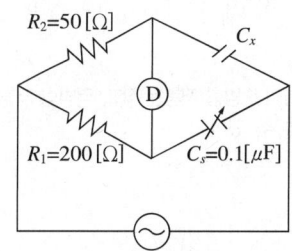

① 0.1 ② 0.2
③ 0.3 ④ 0.4

해설

콘덴서의 임피던스는 $Z_C = \dfrac{1}{\omega C}[\Omega]$이므로, 브리지 회로의 평형 조건은

$R_1 \times \dfrac{1}{\omega C_x} = R_2 \times \dfrac{1}{\omega C_s}$

$\dfrac{1}{C_x} = \dfrac{R_2}{R_1} \times \dfrac{\omega}{\omega C_s}$

$\dfrac{1}{C_x} = \dfrac{50}{200} \times \dfrac{1}{0.1}$

$C_x = 0.4[\mu\text{F}]$

15 5[Ω], 10[Ω], 15[Ω]의 저항을 직렬로 접속하고 전압을 가하였더니 10[Ω]의 저항 양단에 30[V]의 전압이 측정되었다. 이 회로에 공급되는 전전압은 몇 [V]인가?

① 30
② 60
③ 90
④ 120

해설
V_1과 V_2와 V_3의 크기 분배는 저항 R_1과 R_2와 R_3에 비례한다.
또 V_1, V_2, V_3과 V는 $V = V_1 + V_2 + V_3$이 된다.
∴ 10[Ω] 저항의 3배인 30[V] 전압이 인가되므로
15+30+45=90[V]

16 PN 접합의 순방향 저항은 (㉠), 역방향 저항은 매우 (㉡). 따라서 (㉢)작용을 한다. 괄호 안에 들어갈 말로 옳은 것은?

① ㉠ 크고, ㉡ 크다, ㉢ 정류
② ㉠ 작고, ㉡ 크다, ㉢ 정류
③ ㉠ 작고, ㉡ 작다, ㉢ 검파
④ ㉠ 작고, ㉡ 크다, ㉢ 검파

해설
PN 접합의 순방향 저항은 작고, 역방향 저항은 매우 크므로 정류작용을 할 수 있다.

17 자기회로의 길이 l[m], 단면적 A[m²], 투자율 μ[H/m]일 때 자기저항 R[AT/Wb]을 나타낸 것은?

① $R = \dfrac{\mu l}{A}$
② $R = \dfrac{A}{\mu l}$
③ $R = \dfrac{\mu A}{l}$
④ $R = \dfrac{l}{\mu A}$

해설
자기회로에 기자력 NI[A]가 작용할 때 생기는 자속을 ϕ[Wb]라 할 때 NI와 ϕ의 비를 자기저항이라 한다. 자기저항은 자기회로의 길이에 비례하고 단면적에 반비례한다.
$R_m = \dfrac{NI}{\phi} = \dfrac{l}{\mu A}$ [AT/Wb]

18 어떤 도체의 길이를 n배로 하고 단면적을 $\dfrac{1}{n}$로 할 때 저항은 원래 저항보다 어떻게 되는가?

① n배로 된다.
② n^2배로 된다.
③ $\sqrt{n}$배로 된다.
④ $\dfrac{1}{n}$로 된다.

해설
$R = \rho \dfrac{l}{A}$
(R : 도체의 저항, ρ : 주어진 도체의 고유 저항률, l : 길이, A : 단면적)
$R' = \rho \dfrac{nl}{\dfrac{A}{n}} = n^2 \rho \dfrac{l}{A} = n^2 R$
∴ 도체의 저항은 원래 저항보다 n^2배로 된다.

19 다음 설명 중 틀린 것은?

① 앙페르의 오른나사 법칙 : 전류의 방향을 오른나사가 진행하는 방향으로 하면, 이때 발생되는 자기장의 방향은 오른나사의 회전방향이 된다.
② 렌츠의 법칙 : 유도 기전력은 자신의 발생 원인이 되는 자속의 변화를 방해하려는 방향으로 발생한다.
③ 패러데이의 전자유도법칙 : 유도기전력의 크기는 코일을 지나는 자속의 매초 변화량과 코일의 권수에 비례한다.
④ 쿨롱의 법칙 : 두 자극 사이에 작용하는 자력의 크기는 양 자극의 세기의 곱에 비례하며, 자극 간의 거리의 제곱에 비례한다.

해설
쿨롱(Coulomb)의 법칙 : 두 전하 사이에 작용하는 전기력은 전하의 크기에 비례하고 두 전하 사이의 거리의 제곱에 반비례한다는 법칙 $F = \dfrac{1}{4\pi\varepsilon} \cdot \dfrac{Q_1 Q_2}{r^2}$ [N]

15 ③ 16 ② 17 ④ 18 ② 19 ④ **정답**

20 다음 전압과 전류의 위상차는 어떻게 되는가?

$$v = \sqrt{2}\,V\sin\left(\omega t - \frac{\pi}{3}\right)[V]$$
$$i = \sqrt{2}\,I\sin\left(\omega t - \frac{\pi}{6}\right)[A]$$

① 전류가 $\frac{\pi}{3}$ 만큼 앞선다.
② 전압이 $\frac{\pi}{3}$ 만큼 앞선다.
③ 전압이 $\frac{\pi}{6}$ 만큼 앞선다.
④ 전류가 $\frac{\pi}{6}$ 만큼 앞선다.

해설
전압기준 위상차는
$v - i = \left(-\frac{\pi}{3}\right) - \left(-\frac{\pi}{6}\right) = -\frac{\pi}{6}$ 이므로
전압이 전류보다 $\frac{\pi}{6}$ 만큼 뒤진다.
역으로 전류가 전압보다 $\frac{\pi}{6}$ 만큼 앞선다.

21 직류기의 손실 중에서 기계손으로 옳은 것은?

① 풍 손
② 와류손
③ 표유 부하손
④ 브러시의 전기손

해설
직류기의 손실
• 전기적 손실
 − 무부하손 : 철손(히스테리시스손 + 와류손), 유전체손, 여자전류 저항손
 − 부하손 : 동손, 표유 부하손
• 기계적 손실 : 마찰손, 풍손 등

22 다음 ( ) 에 들어갈 내용으로 옳은 것은?

직류발전기에서 계자권선이 전기자에 병렬로 연결된 직류기는 (㉠)발전기라 하며, 전기자권선과 계자권선이 직렬로 접속된 직류기는 (㉡)발전기라 한다.

	㉠	㉡
①	분권	직권
②	직권	분권
③	복권	분권
④	자여자	타여자

해설
직류발전기의 회로 구조
• 분권발전기 : 계자권선과 전기자가 병렬 연결
• 직권발전기 : 계자권선과 전기자가 직렬 연결
• 복권발전기 : 계자권선과 전기자가 직렬−병렬 연결

23 직류 분권발전기가 100[V], 10[A], 1,500[rpm], 계자전류가 2[A]로 정격 운전하고 있다. 계자회로에 10[Ω]의 외부 저항을 직렬로 삽입할 경우 계자권선의 저항의 크기[Ω]는?

① 20 ② 40
③ 80 ④ 100

해설
직류분권발전기의 전기적 특성
계자전압(V_f) = 부하전압(V)이고,
$V_f = I_f \times (R_f + r_{외부})$ 이므로,
계자권선 저항 $R_f = \frac{V_f}{I_f} - r_{외부} = \frac{100}{2} - 10 = 40[\Omega]$

정답 20 ④ 21 ① 22 ① 23 ②

24 직류발전기의 외부특성곡선에서 나타내는 관계로 옳은 것은?

① 계자전류와 단자전압
② 계자전류와 부하전류
③ 부하전류와 단자전압
④ 부하전류와 유기기전력

해설
직류발전기 특성곡선
• 계자전류와 단자전압 : 부하포화곡선
• 계자전류와 유기기전력 : 무부하포화곡선
• 부하전류와 단자전압 : 외부특성곡선

25 직류 분권발전기의 극수 4, 전기자 총 도체수 600으로 매분 600회전할 때 유기기전력이 220[V]이다. 전기자권선이 파권일 때 매극당 자속은 약 몇 [Wb]인가?

① 0.0154
② 0.0183
③ 0.0192
④ 0.0199

해설
직류발전기의 유기기전력
$E = \dfrac{pz}{60a}\phi N[V]$ … (N : 분당회전수[rpm])에서
파권이므로 병렬회로수 $a = 2$
따라서 매극당 자속
$\phi = \dfrac{60aE}{pzN} = \dfrac{60 \times 2 \times 220}{4 \times 600 \times 600} ≒ 0.0183[Wb]$

26 직류전동기의 속도특성그래프에서 ⓐ~ⓓ에 해당하는 것을 순서대로 짝지은 것은?

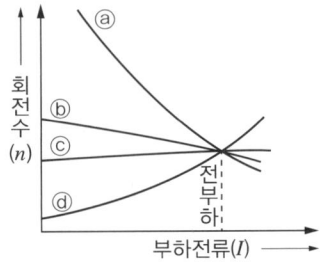

① 차동복권, 분권, 가동복권, 직권
② 직권, 가동복권, 분권, 차동복권
③ 가동복권, 차동복권, 직권, 분권
④ 분권, 직권, 가동복권, 차동복권

해설
직류전동기의 속도변동률
• 속도변동률 = $\dfrac{무부하속도 - 정격속도}{정격속도}$
• 속도변동률 큰 순서 : 직권 > 가동복권 > 분권 > 차동복권

27 1차 전압 6,600[V], 2차 전압 220[V], 주파수 60[Hz], 1차 권수 1,200회인 경우 변압기의 최대자속 [Wb]은?

① 0.012
② 0.021
③ 0.36
④ 0.63

해설
변압기의 유도기전력(e)
• 1차 권선에 유도되는 유도(역)기전력
$E_1 = 4.44 f N_1 \phi_m [V]$ … (f : 주파수, ϕ_m : 최대자속)
• 최대자속(ϕ_m)
$\phi_m = \dfrac{E_1}{4.44 f N_1} = \dfrac{6,600}{4.44 \times 60 \times 1200} ≒ 0.021[Wb]$

28 2대의 변압기로 V결선하여 3상 변압하는 경우 변압기 이용률은 약 몇 [%]인가?

① 57.7
② 66.6
③ 86.6
④ 100

해설
V결선 변압기의 이용률
- 이용률
$$\frac{V결선\ 출력}{설비용량(변압기\ 2대)} = \frac{\sqrt{3}\,VI}{2VI} = \frac{\sqrt{3}}{2} = 0.866 = 86.6[\%]$$
- 출력률
$$\frac{V결선\ 출력}{3상출력(변압기\ 3대)} = \frac{\sqrt{3}\,VI}{3VI} = \frac{1}{\sqrt{3}} = 0.577 = 57.7[\%]$$

29 단상변압기의 병렬운전 시 요구사항으로 틀린 것은?

① 극성이 같을 것
② 정격출력이 같을 것
③ 정격전압과 권수비가 같을 것
④ 저항과 리액턴스의 비가 같을 것

해설
단상 변압기의 병렬운전조건
- 각 변압기의 극성이 같을 것
- 각 변압기의 권수비, 1차와 2차 정격전압이 같을 것
- 각 변압기의 임피던스가 정격용량에 반비례할 것
- 각 변압기의 저항과 리액턴스의 비가 같을 것

30 변압기에서 사용되는 변압기유의 구비조건으로 틀린 것은?

① 점도가 높을 것
② 응고점이 낮을 것
③ 인화점이 높을 것
④ 절연내력이 클 것

해설
변압기유의 구비조건
- 절연내력이 클 것
- 비열이 커서 냉각 효과가 클 것
- 인화점이 높을 것
- 응고점이 낮을 것
- 절연재료 및 금속에 접촉하여도 화학작용을 일으키지 않을 것
- 고온에서 석출물이 생기거나, 산화하지 않을 것

31 변압기 회로의 부하 R_2에 공급되는 전력이 최대로 되는 변압기의 권수비로 옳은 것은?

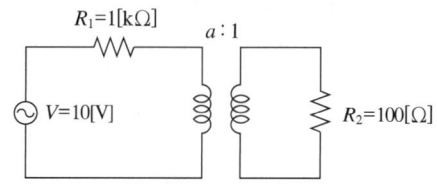

① $\sqrt{5}$
② $\sqrt{10}$
③ 5
④ 10

해설
변압기의 권수비(a)
$$a = \frac{E_1}{E_2} = \frac{V_1}{V_2} = \frac{I_2}{I_1} = \frac{N_1}{N_2} = \sqrt{\frac{Z_1}{Z_2}} = \sqrt{\frac{R_1}{R_2}}$$ 의 관계식으로부터
$$a = \sqrt{\frac{R_1}{R_2}} = \sqrt{\frac{1,000}{100}} = \sqrt{10}$$

32 동기전동기의 위상 특성곡선(V곡선)에 대한 설명으로 옳은 것은?

① 출력을 일정하게 유지할 때, 부하전류와 전기자 전류의 관계를 나타낸 곡선
② 역률을 일정하게 유지할 때, 계자전류와 전기자 전류의 관계를 나타낸 곡선
③ 계자전류를 일정하게 유지할 때, 전기자 전류와 출력 사이의 관계를 나타낸 곡선
④ 공급전압 V와 부하가 일정할 때, 계자전류의 변화에 대한 전기자 전류의 변화를 나타낸 곡선

해설

위상 특성곡선(V곡선)
- 공급전압과 부하를 일정하게 유지하고 전기자 전류(I_a)와 계자 전류(I_f)의 관계를 나타낸 곡선
- 위상 특성곡선에서 볼 수 있듯이 공급 전압, 주파수 및 부하가 일정할 때 여자전류를 변화시키면 전기자 전류와 역률이 변한다.

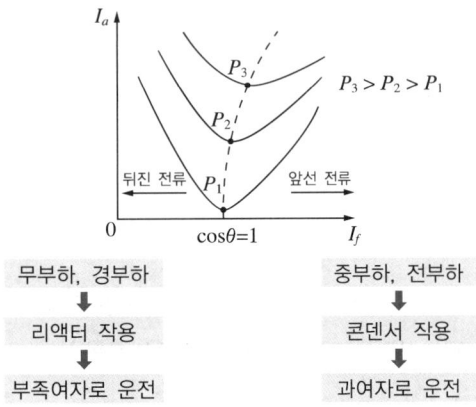

무부하, 경부하 → 리액터 작용 → 부족여자로 운전

중부하, 전부하 → 콘덴서 작용 → 과여자로 운전

33 동기발전기의 단락비가 작을 때의 설명으로 옳은 것은?

① 동기 임피던스가 크고 전기자 반작용이 작다.
② 동기 임피던스가 크고 전기자 반작용이 크다.
③ 동기 임피던스가 작고 전기자 반작용이 작다.
④ 동기 임피던스가 작고 전기자 반작용이 크다.

해설

동기발전기의 단락비 크기에 따른 특징

단락비	단락비가 크다	단락비가 작다
특징	정격전압을 유도하는 데 계자전류를 많이 흘려주어야 함	정격전압을 유도하는 데 계자전류를 적게 흘려주어야 함
종류	철기계	동기계
장점	• 전압변동률이 작음 (안정도 좋음) • 과부하에 잘 견딤 • 전기자 반작용이 작음 • 동기임피던스가 작음	• 기계가 작음 • 공극이 작음 • 무게가 가벼움 • 가격이 저렴함
단점	• 기계가 커짐 • 가격이 비싸짐 • 무게가 무거움 • 효율이 나빠짐	• 전압변동률이 커짐 • 과부하에 약함 • 전기자 반작용 커짐 • 동기임피던스 커짐

34 동기발전기의 병렬운전 중 위상차가 생기면 어떤 현상이 발생하는가?

① 무효횡류가 흐른다.
② 무효전력이 생긴다.
③ 유효횡류가 흐른다.
④ 출력이 요동하고 권선이 가열된다.

해설

동기발전기의 병렬운전조건이 다를 경우
- 유도기전력의 위상이 다를 경우 → 유효순환전류(동기화전류)가 흐름
- 유도기전력의 크기가 다를 경우 → 무효순환전류가 흐름
- 유도기전력의 파형이 다를 경우 → 고조파 무효순환전류가 흐름

35 동기발전기의 전기자권선법 중 집중권인 경우 매극 매상당 슬롯(홈)의 개수는?

① 1
② 2
③ 3
④ 4

해설
동기기의 권선 방식
- 집중권 : 1극 1상의 슬롯이 하나만 있어 1상분의 코일을 모두 모이게 감는 권선 방식

  매극 매상당 슬롯수 = $\dfrac{\text{총 슬롯수}}{\text{상수} \times \text{극수}} = \dfrac{1}{1 \times 1} = 1$

- 분포권 : 1극 1상의 슬롯수가 2개 이상으로 되어 있고, 이것에 1상분의 코일을 고르게 분포시켜 감은 권선 방식
- 분포권 계수(K_d) : 집중권과 분포권의 비율을 말하며, 1극 1상 슬롯(홈)수를 q, 상수를 m이라고 할 때, $K_d = \dfrac{\sin\dfrac{\pi}{2m}}{q\sin\dfrac{\pi}{2mq}}$ 이다.

36 3상 유도전동기의 기동법 중 전전압 기동에 대한 설명으로 틀린 것은?

① 기동 시에 역률이 좋지 않다.
② 소용량으로 기동시간이 길다.
③ 소용량 농형 전동기의 기동법이다.
④ 전동기 단자에 직접 정격전압을 가한다.

해설
유도전동기의 전전압 기동
- 전동기 단자에 정격전압을 직접 가하여 기동
- 전전압 기동의 특징
  - 장점 : 간단하고 경제적인 기동 방법
  - 단점 : 기동 시 정격전류의 5~7배에 달하는 높은 전류가 순간적으로 흐르므로, 역률이 좋지 않고 전압강하로 인한 전동기 권선 및 전원 시스템에 부담을 줌
- 전전압 기동의 적용
  - 소용량 농형 유도전동기(5[kW] 이하)에 주로 사용
  - 기동 전류를 줄이기 위해 기동 저항을 사용하거나, 기동 시간을 짧게 하여 사용함
  - 큰 용량의 전동기를 기동할 때는 전압을 낮춰 기동하는 감전압 기동법(예 Y-△ 기동, 리액터 기동)을 사용함

37 농형 유도전동기의 기동법이 아닌 것은?

① 기동 보상기법
② 리액터 기동법
③ 2차 저항법
④ Y-△ 기동법

해설
2차 저항법은 권선형에서 비례추이를 이용한 기동법이다.

38 정격출력 50[kW], 4극 220[V], 60[Hz]인 3상 유도전동기가 전부하슬립 0.04, 효율 90[%]로 운전되고 있을 때, 다음 중 틀린 것은?

① 2차 효율 = 96[%]
② 1차 입력 = 55.56[kW]
③ 회전자 입력 = 47.9[kW]
④ 회전자 동손 = 2.08[kW]

해설
유도전동기의 전기적 특징
$P_2 : P_c : P_o = 1 : s : 1-s$의 관계식으로부터
- 2차 효율 $\eta_2 = 1-s = 1-0.04 = 0.96 = 96[\%]$
- 1차 입력 $P_1 = \dfrac{\text{출력}}{\text{입력}} = \dfrac{50}{0.9} = 55.56[\text{kW}]$
- 회전자 입력 $P_2 = \dfrac{s}{1-s}P_o = \dfrac{1}{1-0.04} \times 50 = 52.08[\text{kW}]$
- 회전자 동손 $P_c = \dfrac{s}{1-s}P_o = \dfrac{0.04}{1-0.04} \times 50 = 2.08[\text{kW}]$

39 전력변환기기로 틀린 것은?

① 컨버터
② 정류기
③ 인버터
④ 유도전동기

해설
유도전동기는 전기에너지를 운동에너지로 변환하는 기기이다.
전력변환기기의 종류
- 컨버터 : DC → DC
- 정류기 : AC → DC
- 인버터 : DC → AC

정답 35 ① 36 ② 37 ③ 38 ③ 39 ④

40 정류회로에서 상의 수를 크게 할 경우 출력되는 전력의 특징으로 옳은 것은?

① 맥동주파수와 맥동률이 증가한다.
② 맥동률과 맥동주파수가 감소한다.
③ 맥동주파수는 증가하고 맥동률은 감소한다.
④ 맥동률과 주파수는 감소하나 출력이 증가한다.

해설
정류회로의 특징
단상에서 3상 또는 그 이상으로 상수를 늘릴수록 직류에 가까운 전력이 발생하게 된다. 따라서 교류분이 감소하고 맥동(Ripple)주파수는 증가하며 맥동률은 감소한다.

구 분	단상 반파	단상 전파	3상 반파	3상 전파
맥동주파수	$1f$	$2f$	$3f$	$6f$
맥동률[%]	1.21	0.482	0.183	0.042

41 한국전기설비규정(KEC)에 의한 전압의 구분에서 고압 직류의 범위로 옳은 것은?

① 0.6[kV] 초과 7[kV] 이하의 전압
② 0.75[kV] 초과 7[kV] 이하의 전압
③ 1[kV] 초과 7[kV] 이하의 전압
④ 1.5[kV] 초과 7[kV] 이하의 전압

해설
전압의 구분
• 저압 : 직류 1.5[kV] 이하, 교류 1[kV] 이하
• 고압 : 직류 1.5[kV] 초과 7[kV] 이하
       교류 1[kV] 초과 7[kV] 이하
• 특고압 : 7[kV] 초과

42 금속몰드공사에 관한 설명으로 틀린 것은?

① 사용전압은 400[V] 이하로 한다.
② 전선은 절연전선을 사용한다.
③ 점검할 수 없는 은폐장소에 시설한다.
④ 금속몰드의 길이가 4[m] 이하일 경우 접지공사를 생략할 수 있다.

해설
금속몰드공사 시설조건
• 전선은 절연전선(옥외용 비닐절연 전선을 제외)일 것
• 금속몰드 안에는 전선에 접속점이 없도록 할 것. 다만, 전기용품 및 생활용품 안전관리법에 의한 금속제 조인트 박스를 사용할 경우에는 접속할 수 있다.
• 금속몰드의 사용전압이 400[V] 이하로 옥내의 건조한 장소로 전개된 장소 또는 점검할 수 있는 은폐장소에 한하여 시설할 수 있다.
• 몰드의 길이(2개 이상의 몰드를 접속하여 사용하는 경우에는 그 전체의 길이를 말한다)가 4[m] 이하인 것을 시설하는 경우는 접지공사를 하지 않아도 된다.

43 합성수지관을 상호 접속할 경우 삽입하는 관의 깊이는 관 바깥지름의 몇 배 이상으로 해야 하는가? (단, 접착제는 사용하지 않는다)

① 0.8
② 1.0
③ 1.2
④ 1.6

해설
합성수지관공사
관과 전기기계기구는 관 상호 간 및 박스와는 관을 삽입하는 깊이를 관의 바깥지름의 1.2배(접착제를 사용하는 경우에는 0.8배) 이상으로 하고 또한 꽂음 접속에 의하여 견고하게 접속할 것

44 폭연성 먼지가 있는 위험 장소에 금속관공사를 할 경우 관 상호 및 관과 풀 박스 또는 전기 기계 기구는 몇 산 이상의 나사 조임으로 접속하여야 하는가?

① 2
② 3
③ 4
④ 5

해설
폭연성 먼지 위험장소에서의 금속관공사
- 관 상호 간 및 관과 박스 기타의 부속품/풀 박스 또는 전기기계기구와는 5산 이상 나사 조임으로 접속하는 방법 기타 이와 동등 이상의 효력이 있는 방법에 의하여 견고하게 접속하고 또한 내부에 먼지가 침입하지 아니하도록 접속할 것
- 금속관은 박강전선관 또는 이와 동등 이상의 강도를 가지는 것일 것
- 박스 기타의 부속품 및 풀 박스는 쉽게 마모부식 기타의 손상을 일으킬 우려가 없는 패킹을 사용하여 먼지가 내부에 침입하지 아니하도록 시설할 것

45 화약류 저장소에 전기설비를 시설하고자 할 때 적용되는 전로의 최대대지전압[V]은?

① 100
② 150
③ 300
④ 400

해설
화약류 저장소에서 전기설비의 시설
화약류 저장소(총포, 도검, 화약류 등 단속법제조에 규정하는 화약류 저장소) 안에는 전기설비를 시설해서는 안 되나 다음 시설은 제외한다.
- 전로의 대지전압은 300[V] 이하일 것
- 전기기계기구는 전폐형의 것일 것
- 케이블을 전기기계기구에 인입할 때에는 인입구에서 케이블이 손상될 우려가 없도록 시설할 것

46 숙박업소의 입구에 조명을 설치할 경우 최대 몇 분 이내에 소등되는 스위치를 설치해야 하는가?

① 1
② 2
③ 3
④ 5

해설
센서등(타임스위치 포함) 시설기준
- 관광진흥법과 공중위생관리법에 의한 관광숙박업 또는 숙박업(여인숙업을 제외)에 이용되는 객실의 입구등은 1분 이내에 소등되는 것
- 일반주택 및 아파트 각 호실의 현관등은 3분 이내에 소등되는 것

47 같은 금속덕트 내에 절연전선을 넣을 때 전선의 피복 절연물을 포함한 단면적의 총 합계가 금속덕트 내부 단면적의 몇 [%] 이하가 되도록 해야 하는가?(단, 옥외용 비닐절연전선을 제외한다)

① 10
② 20
③ 30
④ 50

해설
금속덕트공사의 시설조건
- 전선은 절연전선(옥외용 비닐절연전선을 제외)일 것
- 금속덕트에 넣은 전선의 단면적(절연피복의 단면적을 포함)의 합계는 덕트의 내부 단면적의 20[%](전광표시장치 기타 이와 유사한 장치 또는 제어회로 등의 배선만을 넣는 경우에는 50[%]) 이하일 것

48 설계하중이 6.8[kN] 이하인 12[m] 길이의 철근 콘크리트주를 설치할 때 지표 아래로 묻히는 깊이는 몇 [m]인가?

① 1
② 1.5
③ 2
④ 3

해설
철근 콘크리트주의 시설
강관을 주체로 하는 철주(강관주) 또는 철근 콘크리트주로서 그 전체 길이가 16[m] 이하, 설계하중이 6.8[kN] 이하인 것 또는 목주를 다음에 의하여 시설하는 경우
- 전체의 길이가 15[m] 이하인 경우는 땅에 묻히는 깊이를 전체 길이의 6분의 1 이상으로 할 것
- 전체의 길이가 15[m]를 초과하는 경우는 땅에 묻히는 깊이를 2.5[m] 이상으로 할 것
- 논이나 그 밖의 지반이 연약한 곳에서는 견고한 전주 버팀대를 시설할 것

따라서 철근 콘크리트주의 전체 길이 12[m]의 6분의 1은 2[m]이다.

49 다음 중 배전선로에서 선로 지지용으로 주로 사용하는 애자의 종류가 아닌 것은?

① LP 애자
② SP 애자
③ 폴리머 애자
④ 현수 애자

해설
애자(Insulator)의 종류
- 애자는 전선과 지지물 사이에 설치되는 것으로 전선을 지지물에 고정시키는 지지체 역할을 함과 동시에 전선과 철탑 간의 절연체 역할을 한다.
- 배전 선로의 애자는 주로 현수 애자, 라인 포스트(LP) 애자 등을 사용한다.
- 전주와 전주 사이에 수평으로 이동하는 경우는 대부분 LP 애자를 사용하고, 선로의 끝부분, 분기되는 부분, 전선의 굵기가 변경되는 부분 등 특별한 경우에는 현수 애자를 사용한다.
- 지지 애자는 말 그대로 어떤 구조물 위에 애자를 설치 후 피 대상 기기를 설치하거나 절연을 추가적으로 확보하기 위해 사용하는 애자이다.
- 지지 애자는 용도에 따라 크게 SP(Station Post Insulator) 애자와 LP(Line Post Insulator) 애자로 나뉘며 이 중 SP 애자는 변전소, 발전소 등에서 사용되며 LP 애자는 강관주 또는 전주에 취부하여 선로 지지용으로 사용된다.

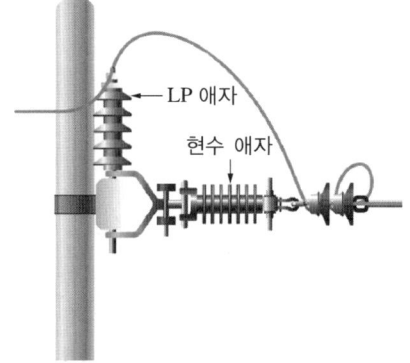

50 수변전설비에서 변류기를 설치하는 이유는?

① 선로 전류를 조정
② 지락 전류를 측정
③ 고전압을 저전압으로 변성
④ 대전류를 소전류로 변성

해설
변류기(CT ; Current Transformer)
- 변류기는 회로의 대전류를 소전류로 변환하여 계기나 계전기에 공급하기 위한 목적으로 사용
- 배전반의 전류계, 전력계, 역률계, 보호 계전기 및 차단기 트립 코일의 전원으로 사용(2차 측 전류의 크기 5[A])

51 조명 공간 전체를 확산성이 좋은 조명으로 균일하게 조명하는 방식은?

① 전반조명 ② 국부조명
③ 간접조명 ④ 직접조명

해설
조명의 종류
- 전반조명(General Lighting) : 조명기구를 일정한 높이 및 간격으로 배치하여 방전체 조도레벨을 균일하게 설계하는 방식
- 국부조명(Local Lighting) : 작업면상 필요한 장소, 즉 어떠한 한정된 공간에만 부분조명하는 방식
- 직접조명(Direct Lighting) : 광원으로부터의 빛이 작업면에 직접 조사되는 조명 방식으로 적은 전력으로 높은 조도를 얻음(균일한 조도를 얻기 어려움)
- 간접조명(Indirect Lighting) : 조명하고 싶은 공간에 직접 비춘다는 개념보다는 광원의 빛을 벽이나 천장에 투사해서 반사되어 퍼져 나오는 빛으로 밝게 하는 종류의 조명

52 비교적 저항이 작고, 부드러우며 전도성이 우수한 옥내배선용 전선은?

① 경동선 ② 연동선
③ 알루미늄선 ④ ACSR

해설
연동선과 경동선의 차이점
- 제조 과정 : 경동선은 900[℃]에서 가열하여 압연한 후, 상온에서 원하는 굵기로 가공한 전선이고, 연동선은 경동선을 600[℃]로 다시 가열하여 서서히 식혀서 만든 전선이다.
- 저항 및 전도성 : 연동선은 경동선보다 저항이 낮고 전도성이 우수하여 전류가 흐르기 쉽다.
- 용도 : 경동선은 주로 옥외용으로 사용되며, 연동선은 저항이 낮고 비싸기 때문에 주로 실내에서 사용된다.
- 재질 : 경동선은 순도 99.9[%] 구리로 만들어지며, 연동선은 경동선을 열처리한 전선이다.

53 분기회로 보호장치를 설치할 때, 전원 측에서 분기점 사이에 다른 분기회로 또는 콘센트의 접속이 없고, 단락의 위험과 화재 및 인체에 대한 위험성이 최소화되도록 시설된 경우, 분기회로의 보호장치 분기회로의 분기점으로부터 몇 [m]까지 이동하여 설치할 수 있는가?

① 1 ② 2
③ 3 ④ 5

해설
과부하 보호장치의 설치 위치
분기회로(S_2)의 보호장치(P_2)는 (P_2)의 전원 측에서 분기점(O) 사이에 다른 분기회로 또는 콘센트의 접속이 없고, 단락의 위험과 화재 및 인체에 대한 위험성이 최소화 되도록 시설된 경우, 분기회로의 보호장치(P_2)는 분기회로의 분기점(O)으로부터 3[m]까지 이동하여 설치할 수 있다.

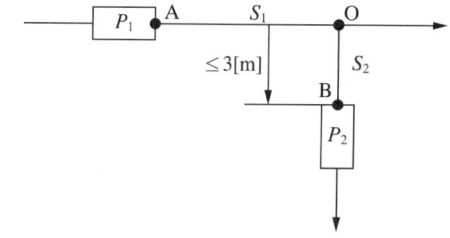

54 전선의 접속법에서 두 개 이상의 전선을 병렬로 사용하는 경우의 시설기준으로 틀린 것은?

① 각 전선의 굵기는 구리인 경우 50[mm^2] 이상이어야 한다.
② 각 전선의 굵기는 알루미늄인 경우 70[mm^2] 이상이어야 한다.
③ 병렬로 사용하는 전선은 각각에 퓨즈를 설치해야 한다.
④ 동극의 각 전선은 동일한 터미널 러그에 완전히 접속해야 한다.

해설
전선의 접속
두 개 이상의 전선을 병렬로 사용하는 경우에는 다음에 의하여 시설할 것
- 병렬로 사용하는 전선에는 각각에 퓨즈를 설치하지 말 것
- 병렬로 사용하는 각 전선의 굵기는 동선 50[mm^2] 이상 또는 알루미늄 70[mm^2] 이상으로 하고, 전선은 같은 도체, 같은 재료, 같은 길이 및 같은 굵기의 것을 사용할 것
- 같은 극의 각 전선은 동일한 터미널 러그에 완전히 접속할 것
- 같은 극인 각 전선의 터미널 러그는 동일한 도체에 2개 이상의 리벳 또는 2개 이상의 나사로 접속할 것
- 교류회로에서 병렬로 사용하는 전선은 금속관 안에 전자적 불평형이 생기지 않도록 시설할 것

55 건축물에 고정되는 본체부와 제거할 수 있거나 개폐할 수 있는 덮개로 이루어지며 절연전선, 케이블 및 코드를 완전하게 수용할 수 있는 구조의 배선설비의 명칭은?

① 케이블 래더(Cable Ladder)
② 케이블 트레이(Cable Tray)
③ 케이블 트렁킹(Cable Trunking)
④ 케이블 브래킷(Cable Bracket)

해설
케이블공사

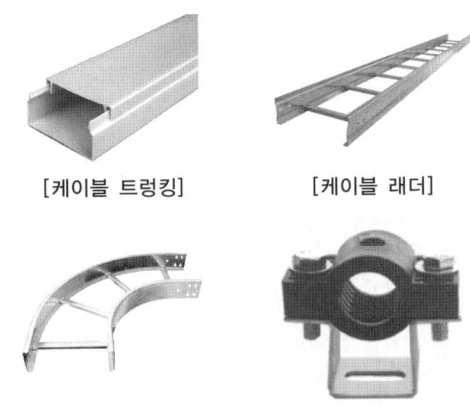

[케이블 트렁킹] [케이블 래더]

[케이블 트레이] [케이블 브래킷]

56 콘크리트 조영재에 볼트를 시설할 때 필요한 공구는?

① 파이프 렌치   ② 볼트 클리퍼
③ 녹아웃 펀치   ④ 드라이빗

해설
드라이빗(Drive-it) 툴
타정총이라고 하며 화약의 폭발력을 이용하여 철근 콘크리트 등의 단단한 재료에 구멍을 뚫거나 드라이빗 핀을 박아 고정하는 데 사용한다.

57 접지공사를 시설하는 주된 목적은?

① 기기의 효율을 좋게 한다.
② 기기의 절연을 좋게 한다.
③ 기기의 누전에 의한 감전을 방지한다.
④ 기기의 누전에 의한 역률을 좋게 한다.

해설
접지공사
전기기기, 금속관 등 접지해야 할 것과 대지를 전기적으로 접속하는 공사로, 전위상승으로 인한 인체감전, 기기손상, 잡음발생, 오동작 등 여러 장해를 방지하고 최소화하는 것

58 가공전선에 케이블을 사용하는 경우 케이블은 조가선에 행거로 시설하여야 한다. 이 경우 사용전압이 고압인 때에는 그 행거의 간격은 몇 [m] 이하로 시설하여야 하는가?

① 0.5
② 0.6
③ 0.7
④ 0.8

해설
가공케이블의 시설
• 케이블은 조가선에 행거로 시설할 것(이 경우에는 사용전압이 고압인 때에는 행거의 간격은 0.5[m] 이하로 하는 것이 좋다)
• 조가선은 인장강도 5.93[kN] 이상의 것 또는 단면적 22[mm²] 이상인 아연도강연선일 것

59 플로어덕트공사의 설명 중 틀린 것은?

① 덕트의 끝부분은 개방한다.
② 덕트 상호 간 접속은 견고하고 전기적으로 완전하게 접속하여야 한다.
③ 덕트 및 박스, 기타 부속품은 물이 고이는 부분이 없도록 시설하여야 한다.
④ 박스 및 인출구는 마루 위로 돌출하지 아니하도록 시설하고 또한 물이 스며들지 아니하도록 밀봉해야 한다.

해설
플로어덕트 및 부속품의 시설
플로어덕트와 박스, 기타 부속품은 다음에 따라 시설하여야 한다.
• 덕트 상호 간 및 덕트와 박스 및 인출구와는 견고하고 또한 전기적으로 완전하게 접속할 것
• 덕트 및 박스, 기타의 부속품은 물이 고이는 부분이 없도록 시설할 것
• 박스 및 인출구는 마루 위로 돌출하지 아니하도록 시설하고 또한 물이 스며들지 아니하도록 밀봉할 것
• 덕트의 끝부분은 막을 것

60 애자공사를 건조한 장소에 시설하고자 한다. 사용전압이 400[V] 이하인 경우 전선과 조영재 사이의 간격은 최소 몇 [mm] 이상이어야 하는가?

① 12
② 25
③ 45
④ 60

해설
애자공사 시설조건
• 전선은 절연전선일 것(옥외용 비닐절연전선과 인입용 비닐절연전선은 제외)
• 전선 상호 간의 간격은 0.06[m] 이상일 것
• 전선과 조영재 사이의 간격은 사용전압이 400[V] 이하인 경우에는 이상 25[mm], 400[V] 초과인 경우에는 45[mm](건조한 장소에 시설하는 경우에는 25[mm] 이상일 것
• 전선의 지지점 간의 거리는 전선을 조영재의 윗면 또는 옆면에 따라 붙일 경우에는 2[m] 이하일 것

교육은 우리 자신의 무지를 점차 발견해 가는 과정이다.

- 윌 듀란트 -

교육이란 사람이 학교에서 배운 것을 잊어버린 후에 남은 것을 말한다.

− 알버트 아인슈타인 −

참 / 고 / 문 / 헌

최박사 국가기술자격연구팀, 전기기능사 5일 완성, 시대고시기획, 2013

김상훈, Win-Q 전기공사기사, 시대고시기획, 2013

김상훈, Win-Q 전기기사, 시대고시기획, 2013

황동호, 이지연, 전기기능사 초스피드 끝내기, 시대고시기획, 2013

노구치 쇼스케, 전기기기 마스터북, 성안당, 2012

검정연구회, 2012 전기기능사, 동일출판사, 2011

이경섭 등, 최신 전기 설비 설계, 문운당, 2010

정인수, 황영한, 전기이론 교류편, 태영문화사, 2009

김대우 등, 전기기기, 명진(진영사), 2008

김휘칠, 전기설비설계, 태영문화사, 2008

Win-Q 전기기능사 필기

개정12판1쇄 발행	2026년 01월 05일 (인쇄 2025년 09월 05일)
초 판 발 행	2014년 01월 15일 (인쇄 2013년 10월 31일)
발 행 인	박영일
책 임 편 집	이해욱
편 저	김대범 · 한규철
편 집 진 행	윤진영 · 김경숙
표지디자인	권은경 · 길전홍선
편집디자인	정경일 · 박동진
발 행 처	(주)시대고시기획
출 판 등 록	제10-1521호
주 소	서울시 마포구 큰우물로 75 [도화동 538 성지 B/D] 9F
전 화	1600-3600
팩 스	02-701-8823
홈 페 이 지	www.sdedu.co.kr

I S B N	979-11-434-0037-6(13560)
정 가	25,000원

※ 저자와의 협의에 의해 인지를 생략합니다.
※ 이 책은 저작권법의 보호를 받는 저작물이므로 동영상 제작 및 무단전재와 배포를 금합니다.
※ 잘못된 책은 구입하신 서점에서 바꾸어 드립니다.

기능사 / 기사·산업기사 / 기능장 / 기술사

단기합격을 위한 완전 학습서
Win-Q 윙크시리즈
WIN QUALIFICATION

Win-Q
승강기기능사
필기+실기

Win-Q
전기기능사
필기

Win-Q
피복아크용접기능사
필기

Win-Q
컴퓨터응용선반·밀링기능사
필기

Win-Q
설비보전기능사
필기+실기

Win-Q
자동화설비기능사
필기

Win-Q
전산응용기계제도기능사
필기

Win-Q
화학분석기능사
필기+실기

자격증 취득에 승리할 수 있도록 **Win-Q시리즈**가 완벽하게 준비하였습니다.

Win-Q
위험물기능사
필기

Win-Q
환경기능사
필기+실기

Win-Q
화훼장식기능사
필기

Win-Q
원예기능사
필기+실기

Win-Q
공조냉동기계산업기사
필기

Win-Q
화학분석기사
필기

Win-Q
위험물산업기사
필기

Win-Q
소방설비기사[전기편]
필기

Win-Q
설비보전산업기사
필기+실기

Win-Q
가스산업기사
필기

Win-Q
에너지관리기사
필기

Win-Q
실내건축산업기사
필기

※ 도서의 이미지 및 구성은 변경될 수 있습니다.